机电一体化系统设计

主　编　王纪坤　李学哲
副主编　杨婉霞　李孝平
参　编　孟祥侠　封孝辉

国防工業出版社
·北京·

内容简介

本书从系统工程的理论出发，参考了大量相关资料，引入了机电一体化方面的最新成果，从机电一体化构成五个基本要素角度，全面系统地介绍了机电一体化构成及原理，系统阐述了机电一体化系统的设计方法，并用典型实例加以说明。全书共分8章，包括概述、机电一体化机械系统设计、机电一体化检测系统设计、机电一体化计算机控制系统设计、机电一体化伺服系统设计、机电一体化抗干扰技术、机电一体化系统实例、机电一体化生产制造系统。

本书注重理论与实际相结合，强调实际应用，可作为高等院校机械设计制造、机械电子工程、机电一体化、工业自动化等专业的教材；也可作为高等专科学校、高等职业学校、成人高校、电视大学相关专业教材，以及机电类工程技术人员和研究人员实用的参考书。

图书在版编目(CIP)数据

机电一体化系统设计/王纪坤，李学哲主编. —北京：国防工业出版社，2013.4
ISBN 978-7-118-08617-1

Ⅰ.①机… Ⅱ.①王… ②李… Ⅲ.①机电-体化-系统设计 Ⅳ.①TH-39

中国版本图书馆CIP数据核字(2013)第052787号

※

国防工業出版社 出版发行

(北京市海淀区紫竹院南路23号 邮政编码100048)
北京奥鑫印刷厂印刷
新华书店经售

*

开本787×1092 1/16 印张21¾ 字数507千字
2013年4月第1版第1次印刷 印数1—4000册 定价49.00元

(本书如有印装错误，我社负责调换)

国防书店：(010)88540777 发行邮购：(010)88540776
发行传真：(010)88540755 发行业务：(010)88540717

前 言

机电一体化技术是将机械技术、电力电子技术、计算机技术、信息技术、传感器技术、接口技术、信号变换技术等多种技术进行有机结合,应用于实际的综合技术。机电一体化系统实现了机械技术与电子、信息、软件等技术的有机结合,极大地扩展了机械系统的发展空间。机电一体化技术属高新技术,是当前发展最快的技术之一,也是先进制造技术的重要组成部分。它的发展推动了当前制造技术的迅速更新换代,使产品向高、精、尖迅速迈进,使劳动生产率迅速提高。

机电一体化的发展改变着人们的传统观念,机电一体化技术已经渗透到世界经济与技术发展的各个领域,成为世界技术竞争的制高点。现在技术竞争的关键是人才的竞争,因此,机电一体化领域的人才培养和专业教育具有重要的意义。现在我国逐渐成为世界制造业基地,传统企业面临大规模的技术改造与设备更新,国内急需大量先进制造技术专业人才。目前,许多高等院校开设了有关机电一体化方面的相关课程,同时有大量的工程技术人员在从事机电一体化方面的研究和技术开发工作。编写本书的目的在于为机电一体化教学和研究领域提供一本内容丰富成熟、体系完整清晰、偏重技术实用的教材和参考书。

本书是在编者们总结多所相关院校课程教学和科研经验,并借鉴该领域已经出版的众多教材和相关技术资料的基础上编写而成的。书中汇集了编者多年的教学讲义和教学资料,并将机电一体化领域近年来的最新发展成果引入其中。本书内容的选择和章节的设置力求实用,将繁杂分散的教学内容用清晰简洁的方式融合起来,注重理论与实践相结合,突出案例教学。

全书共分8章,包括概述、机电一体化机械系统设计、机电一体化检测系统设计、机电一体化计算机控制系统设计、机电一体化伺服系统设计、机电一体化抗干扰技术、机电一体化系统实例、机电一体化生产制造系统。每章后均有思考题,便于教师布置作业、学生课后练习。

本书第一章由杨婉霞、封孝辉编写,第二章由王纪坤编写,第三章由李学哲、李孝平编写,第四章和第五章由王纪坤编写,第六章由杨婉霞、孟祥侠编写,第七章由杨婉霞编写,第八章由王纪坤编写。全书由王纪坤、杨婉霞完成统稿。

本书注重理论与实际相结合,强调实际应用,可作为高等院校机械设计制造、机械电子工程、机电一体化、工业自动化等专业的教材;也可作为高等专科学校、高等职业学校、成人高校、电视大学相关专业教材,以及机电类工程技术人员和研究人员的参考书。

本书在编写的过程中,参考了大量书籍资料,在此表示感谢。

书中存在的错误与不足,敬请批评指正,请联系电子邮箱 huxingzhi@ sina. com。

编 者

2013 年 2 月

目　录

第一章　概论 …… 1

第一节　机电一体化基本概念 …… 1

第二节　典型机电一体化系统 …… 2

第三节　机电一体化技术发展概况 …… 9

第四节　机电一体化系统的构成 …… 10

第五节　机电一体化系统的技术组成 …… 12

第六节　机电一体化系统设计依据与评价标准 …… 14

第七节　机电一体化设计思想与方法 …… 16

第八节　机电一体化设计过程 …… 21

思考题 …… 25

第二章　机电一体化机械系统设计 …… 26

第一节　概述 …… 26

第二节　机械传动 …… 28

第三节　机械传动设计的原则 …… 50

第四节　支撑部件 …… 54

第五节　力学系统性能分析 …… 79

第六节　机械系统的运动控制 …… 87

思考题 …… 92

第三章　机电一体化检测系统设计 …… 94

第一节　概述 …… 94

第二节　线位移检测传感器 …… 99

第三节　角位移检测传感器 …… 106

第四节　速度、加速度传感器 …… 109

第五节　测力传感器 …… 113

第六节　其他传感器 …… 118

第七节　传感器的正确选择和使用 …… 123

第八节　检测信号的采集与处理 …… 125

思考题 …… 134

第四章　机电一体化计算机控制系统设计 …… 135
第一节　概述 …… 135
第二节　工业控制计算机 …… 142
第三节　计算机接口技术 …… 152
第四节　计算机接口设计 …… 162
第五节　D/A 转换器 …… 172
第六节　A/D 转换器 …… 180
思考题 …… 191
第五章　机电一体化伺服系统设计 …… 192
第一节　概述 …… 192
第二节　执行元件 …… 194
第三节　电力电子变流技术 …… 212
第四节　PWM 型变频电路 …… 219
第五节　伺服系统设计 …… 225
思考题 …… 235
第六章　机电一体化抗干扰技术 …… 236
第一节　产生干扰的因素 …… 236
第二节　抗干扰的措施 …… 239
第三节　提高系统抗干扰的措施 …… 244
思考题 …… 246
第七章　机电一体化系统实例 …… 247
实例 1　黄瓜收获机器人和等级自动判别 …… 247
实例 2　三维激光扫描仪 …… 253
实例 3　激光切割技术 …… 256
实例 4　汽车 ABS 系统 …… 260
实例 5　喷水织机 …… 265
实例 6　立体车库 …… 270
实例 7　装载机工作装置 …… 276
实例 8　盾构机 …… 281
实例 9　自动售货机 …… 285
实例 10　自动旋转门 …… 288
实例 11　计算机数控机床 …… 294
思考题 …… 303
第八章　机电一体化生产制造系统 …… 304
第一节　概述 …… 304

第二节　数控机床……315
第三节　工件储运设备……321
第四节　工业机器人……325
第五节　检测与监控系统……329
第六节　辅助设备……335
思考题……340
参考文献……341

第一章　概　论

第一节　机电一体化基本概念

机电一体化技术是20世纪60年代以来,在传统的机械技术基础上,随着电子技术、计算机技术,特别是微电子技术和信息技术的迅猛发展而发展起来的一门新技术。

机电一体化(Mechatronics)一词最早出现在1971年日本《机械设计》杂志的副刊上,这个词的前半部分mecha表示mechanics(机械学),后半部分tronics表示elec-tronics(电子学)。在日本提出这一术语后,日、美、英各国先后有一些专著问世。国际自动控制联合会(IFAC)、美国电气和电子工程师协会(IEEE)先后创办了名为*Mechanics*的期刊,国内也有不少教科书和期刊出版。1996年出版的WEBSTER大词典收录了这个日本造的英文单词,这不仅意味着Mechatronics这个单词得到了世界各国学术界和企业界的认可,而且还意味着"机电一体化"的哲理和思想为世人所接受。

Mechatronics字面上表示机械学与电子学两个学科的综合,我国通常称为机电一体化或机械电子学。但是,机电一体化并非是机械技术与电子技术的简单叠加,而是有着自身体系的新型学科。

机电一体化可以定义为在机械主功能、动力功能、信息功能和控制功能上引进微电子技术,并将机械装置与电子装置用相关软件有机结合而构成系统的总称。

机电一体化是以机械学、电子学和信息科学为主的多门技术学科在机电产品发展过程中相互交叉、相互渗透而形成的一门新兴边缘性技术学科。这里面包含了三重含义:首先,机电一体化是机械学、电子学与信息科学等学科相互融合而形成的学科。图1-1形象地表达了机电一体化与机械学、电子学和信息科学之间的相互关系。其次,机电一体化是一个发展中的概念,早期的机电一体化就像其字面所表述的那样,主要强调机械与电子的结合,即将电子技术"溶入"到机械技术中而形成新的技术与产品。随着机电一体化技术的发展,以计算机技术、通信技术和控制技术为特征的信息技术(即"3C"技术:Computer、Communication和Control Technology)"渗透"到机械技术中,丰富了机电一体化的含义,现代的机电一体化不仅仅指机械、电子与信息技术的结合,还包括光(光学)机电一体化、机电气(气压)一体化、机电液(液压)一体化、机电仪(仪器仪表)一体化等。最后,机电一体化表达了技术之间相互结合的学术思想,强调各种技术在机电产品中的相互协调,以达到系统总体最优。机电一体化是多种技术学科有机结合的产物,而不是它们的简单叠加。

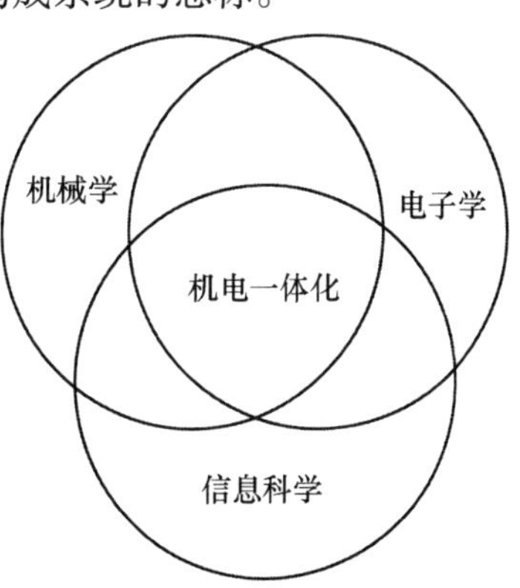

图1-1　机电一体化与其他学科的关系

机电一体化包含机电一体化技术和机电一体化系统两方面的内容。机电一体化技术是指包括技术基础、技术原理在内的,使机电一体化系统得以实现、使用和发展的技术。机电一体化系统有机电一体化产品和机电一体化生产系统。机电一体化产品是指采用机电一体化技术,在机械产品基础上创造出来的新一代产品或设备;机电一体化生产系统是运用机电一体化技术把各种机电一体化设备接目标产品的要求组成的一个高生产率、高柔性、高质量、高可靠性、低能耗的生产系统。

目前,机电一体化产品及系统已经渗透到国民经济和日常工作、生活的许多领域。电冰箱、全自动洗衣机、录像机、照相机等家用电器,电子打字机、复印机、传真机等办公自动化设备,核磁共振成像诊断仪、纤维光束内窥镜等医疗器械,数控机床、工业机器人、自动化物料搬运车等机械制造设备,以及生产制造机电产品或非机电产品的计算机集成制造系统(CIMS)、柔性制造系统(FMS)等都是典型的机电一体化产品或系统。机电一体化产品和系统的种类繁多。随着科学技术的蓬勃发展,新的机电一体化产品和系统不断涌现出来。目前机电一体化产品和系统的分类如图 1－2 所示。

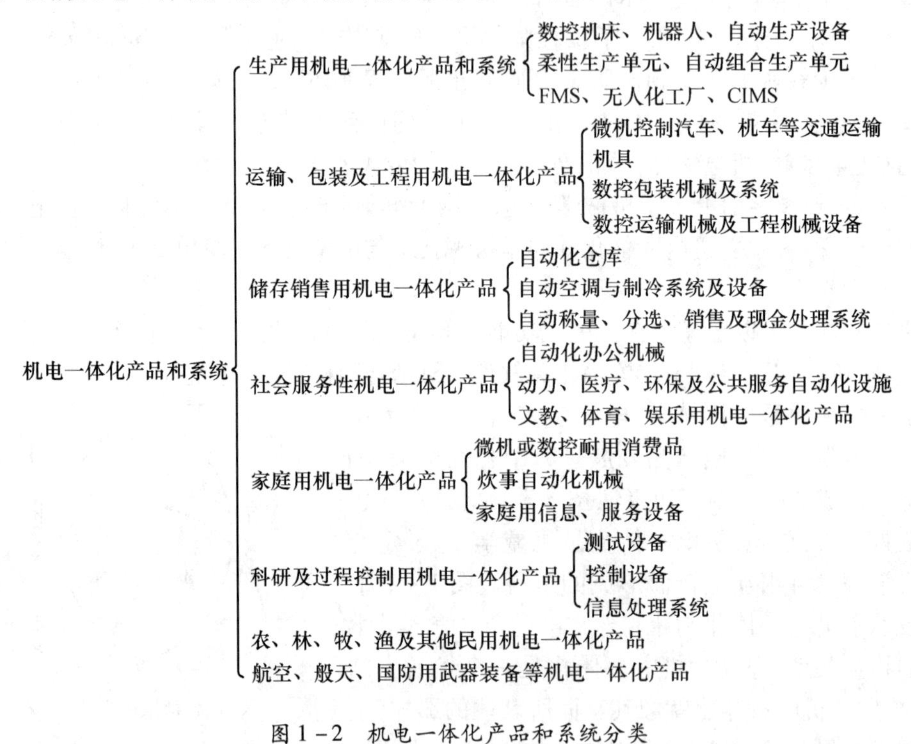

图 1－2 机电一体化产品和系统分类

第二节 典型机电一体化系统

从传统的机电系统向机电一体化系统的过渡主要是依靠引用不断完善的控制技术加以实现的,其范围包括监控、开环控制、闭环控制、自适应控制、模糊控制以及智能控制等。但是控制技术和机电一体化技术两者之间存在着基本的区别,机电一体化伴随着机械系统的再设计,机电一体化系统往往是将复杂的功能,如精密定位,由机械转移给电子,从而产生更加简单的机械系统。

根据机电一体化系统的定义概念，在工厂自动化中，典型的机电一体化系统有以下几种形式。

一、机械手关节伺服系统

图1-3是机械手的一个关节伺服系统，它的受控过程是机器人的关节运动。

伺服系统（Servosystem）又称为随动系统，它是一种反馈控制系统，它的受控变量是机械运动，如位置、速度及加速度。多数伺服系统用来控制运动机械的输出位置紧紧跟随电的输入参考信号。

关节伺服系统可采用微处理机作为控制器，关节轴的实际位置由旋转变压器测量，转换为电的数字信号后，反馈给微处理机控制器。微处理机经过控制算法运算后，输出控制指令，再经过数/模（D/A）转换和伺服功率放大，供给关节轴上的伺服电机。伺服电机根据控制指令驱动关节轴转动，直至机器人手爪到达输入参考信号设定的希望位置为止。

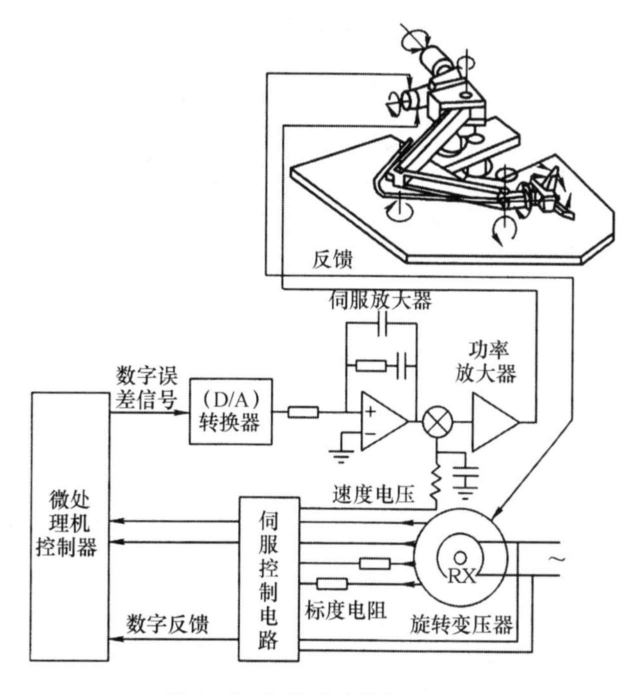

图1-3　机械手关节伺服系统

二、数控机床

通过数字控制（NC）系统控制加工过程的机床称为数控机床。数控系统是一种利用预先决定的指令控制一系列加工作业的系统。指令以数码的形式储存在某种形式的输入介质上，如磁带、磁卡等。指令确定位置、方向、速度以及切割速度等。零件程序包含加工零件所要求的全部指令。数控机床可以形成镗、钻、磨、铣、冲、锯、车、铆、弯、焊以及特种加工等加工作业。

数控通过编制程序以替代原机械凸轮、模具及样板等，显示出柔性及机电一体化的优越性。同一数控机床采用不同的程序可以生产各种不同的零件。数控加工最适合在同一机床上加工大量不同的零件,而极少在同一机床上连续生产单一零件。当一个零件或一个加工过程能由数学定义的时候,数控是最理想的。随着计算机辅助设计(CAD)的应用日益增加,由数学定义的过程和产品越来越多。

图1-4表示了一种三坐标闭环数控机床。它利用闭环系统控制 x、y 及 z 三个坐标位置。x 位置控制器沿 x 方向水平移动工件。y 位置控制器沿 y 方向水平移动铣床头。z 位置控制器沿 z 方向垂直运动铣刀。图中,箭头表示改变 x 位置的信息传递过程。计算机转换符号程序为零件程序或者机器程序。零件或机器程序存储在磁带或磁卡上。数控机床操作人员将数据输进机床,并且监视操作。如果需要改变,必须编制新程序。现在,可以把程序储存在公共数据库内,按需要分配给数控机床。加工中心的图形终端容许操作人员评阅程序,必要时可以加以修改。

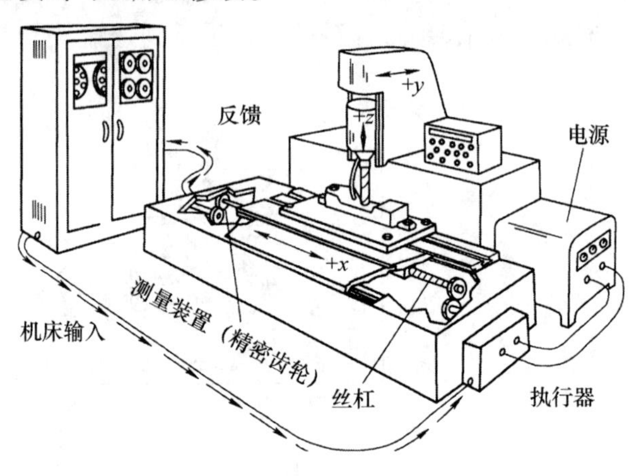

图1-4 三坐标数控机床

三、工业机器人

工业机器人是另一类数控机器。它是可编程多自由度的,用来通过一系列动作,搬运物料、零件、工具,或者其他装置,以实现给定的任务。工业机器人有能力移动零件,加载数控机床,操作压铸机,装配产品,焊接、喷漆、打毛刺,以及包装产品。最典型的工业机器人是具有六自由度的机械手,如图1-5所示。

每一个运动轴都有自己的执行器,连接到机械传动链,以实现关节运动。执行器最常用的是伺服电机,也可以是汽缸、气动马达、液压缸、液压马达或者步进电机。

气动执行器便宜、快速、清洁,但是,气体可压缩性限制了它的精度和保持负载不动的能力。液压执行器能够驱动重负载和保持负载不动,但是价格昂贵,有噪声,比较慢,并且可能产生漏油。电动执行器快速、精密、安静,但是如果配减速器,其游隙会限制它的精度。

最简单的机器人是开环搬运(PNP)机器人。PNP机器人搬取一个物件并将它运到另一个地方。机器人的运动可以由限位开关、凸轮作用阀或者机械挡块控制的气动执行器实现。控制器以事件驱动顺序按时启动沿着一轴的运动。每一个运动一直继续到限位开关断开才停止。然后,控制器再依次启动下一个轴的运动。典型应用包括机床加载或卸载、堆垛以及一般的物料处理任务。开环的PNP机器人是相当精确的,但是缺少各个

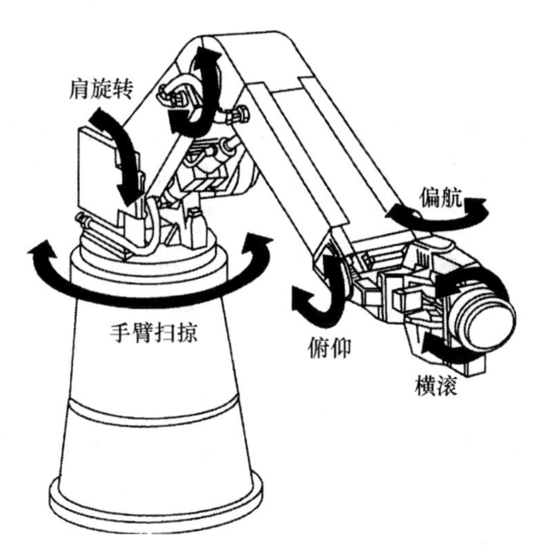

图 1－5　六自由度工业机器人

轴的协调。

四、自动导引车

自动导引车（Automatic Guided Vehicle,AGV）是另一种形式的移动工业机器人。它能够跟踪编程路径,在工厂内将零件从一个地方运送到另一个地方。在汽车工业、电子产品加工工业以及柔性制造系统中,自动导引车物料运输系统已经得到广泛使用。

图 1－6 表示了一种感应导线式 AGV。该车采用单驱动轮/驾驶机构,即前轮为驱动轮,它能够绕驾驶轴转动,因而又是驾驶轮。两个后轮安装在固定轴上,允许沿车身纵轴方向滚动。

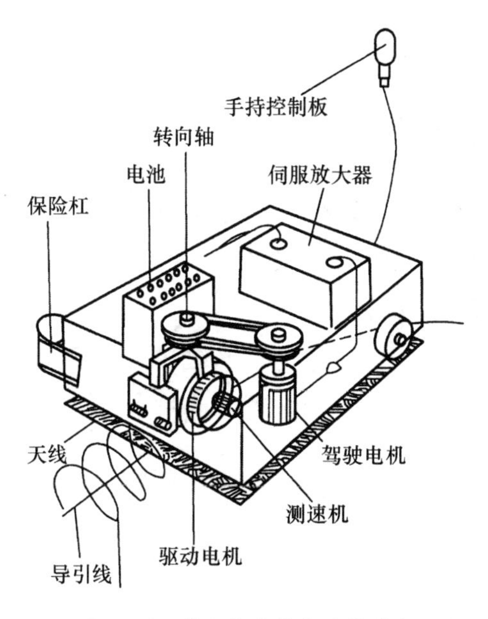

图 1－6　感应导线式自动导引车

五、顺序控制系统

顺序控制系统是按照预先规定的次序完成一系列操作的系统。在顺序控制系统中，每一步操作是一个简单的二进制动作，如电源开关的通断或制造设备专用控制器的启停站等。实现顺序控制功能可有多种手段，如继电器逻辑、集成电路、通用微型计算机等。

当前，普遍采用可编程序逻辑控制器（Pro - gramming Logical Controller，PLC）作为顺序控制器。PLC 具有足够数量的输入/输出（I/O）端口，带有专用的逻辑编程语言，还有通信接口，与制造设备和系统连接十分方便，因而实际使用非常广泛。

根据如何开始和终结操作，顺序控制可以分为两类：①当某一事件发生时，开始或结束操作的称为事件驱动顺序控制；②在某一时刻或一定时间间隔之后，开始或结束操作的称为时间驱动顺序控制。自动洗衣机是最常见的时间驱动顺序控制的实例。洗衣周期以某一操作开始，当某人按压启动按钮时，注水操作开始，直到洗衣桶灌水到设定值时结束。而后，剩下的所有操作都是按计时器开始和结束的。这些操作包括洗衣、放水、漂清以及甩干等全部操作过程。多数批处理控制系统都是属于时间驱动顺序控制系统。时间驱动顺序控制系统由示意图和定时图描写。示意图表示物理方案，而定时图定义顺序操作。

制造工业存在大量事件驱动顺序控制系统。描写事件驱动顺序控制逻辑常用的是梯形图和布尔代数方程。梯形图中最常用的元件是开关、触点、继电器、接触器、马达起动器、延时继电器、气动电磁阀、汽缸、液压电磁阀以及液压缸等。

图 1 - 7 表示了一个自动加工过程的事件驱动顺序控制系统。它由供料和卸料传送带、上料和下料机器人、加工机床、自动装配机以及编码转台等制造设备组成。这些制造设备都与可编程序逻辑控制器（PLC）相连，进行 I/O 信息交换。PLC 根据各个输入、输出状态，通过逻辑运算，决定各个输出状态的变化，控制相应设备的启停，从而实现制造过程的自动化。

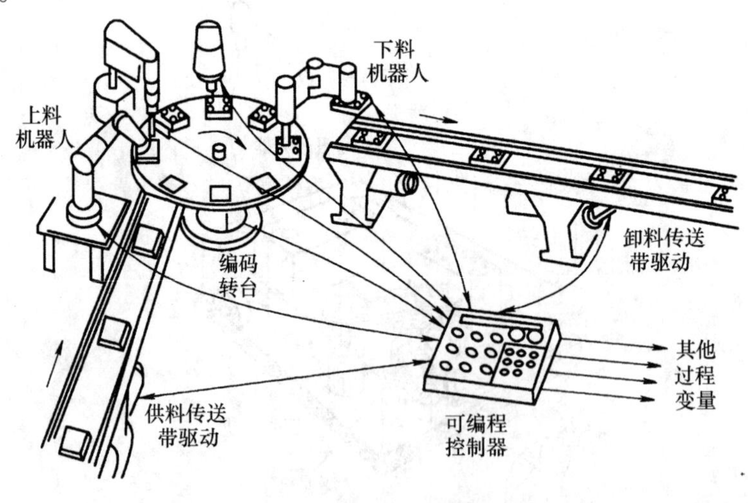

图 1 - 7　加工过程顺序控制系统

六、数控自动化制造系统

在制造工业中，要求生产系统有能力适应不断变化的市场，以很短的周期生产出各种形式的小批量新产品。不管是手工生产，或者是大批量生产线，都是不能满足这些要求的。前者虽然适应性强，但是生产率低；后者固有的装配与传送线缺少柔性，改变起来耗费时间和代价。这种在制造过程中增加柔性的要求，必然导致柔性制造系统概念的发展。

1. 柔性制造系统（FMS）

在柔性制造系统中，将计算机数控机床、工业机器人以及自动导引车连接起来，以适应加工成组产品。图 1-8 表示了一个柔性制造系统。它由两台数控机床、两台工业机器人、三辆自动导引车以及装卸站与刀具库等组成，并通过单元控制器与局域网（LAN）相连，以实现各个独立设备之间的通信。这样的制造系统可以独立应用，也可作为生产线中的一个独立的自动化制造岛。它是机电一体化系统在工厂自动化中应用的范例。

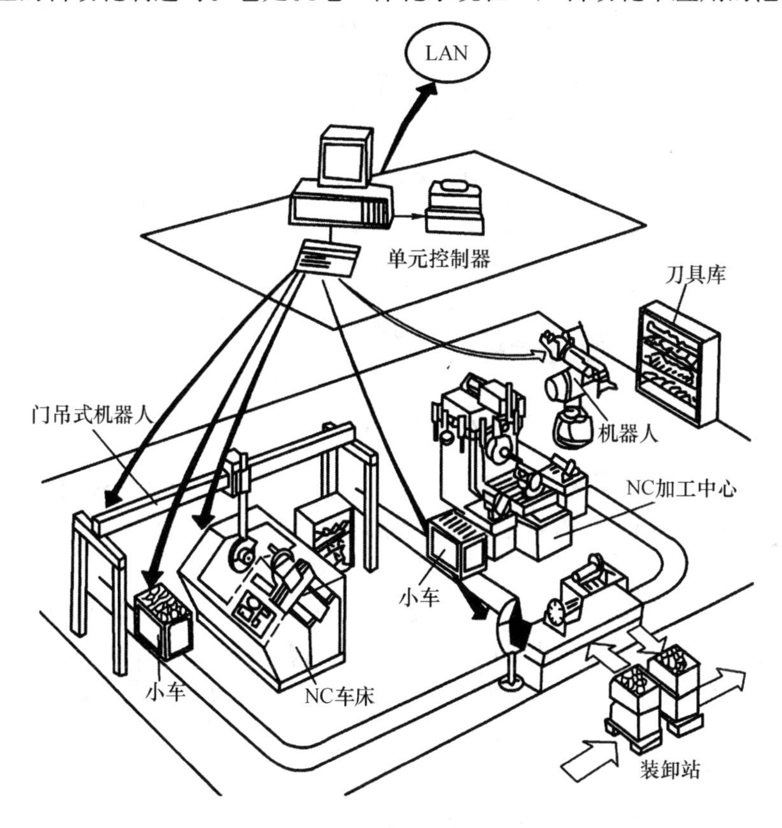

图 1-8 柔性制造系统

2. 计算机集成制造系统（CIMS）

图 1-9 表示了一个经济型 CIMS 的组成。它通过计算机网络，将计算机辅助设计、计算机辅助规划以及计算机辅助制造，统一连接成一个大系统，实现了全厂的自动化。

在 CIMS 制造环境条件下，为使所有信息都能顺利传输，各个独立设备之间的通信是由局域网实现的，并且通信网络是分级管理的，如图 1-10 所示。

在这样一个分级管理的通信结构中，最高级的是制造自动化协议（Manufacturing Auto-mation Protocol，MAP）网络，它由 7 层协议堆栈实现，并采用了宽频带技术，能连接不同厂商提供的各种非标准协议的设备，但是价格较高、实时性不足。中间级采用增强性能结构（Enhanced Performance Architecture，EPA）的 MAP 网，简记为 MAP/EPA。MAP/EPA

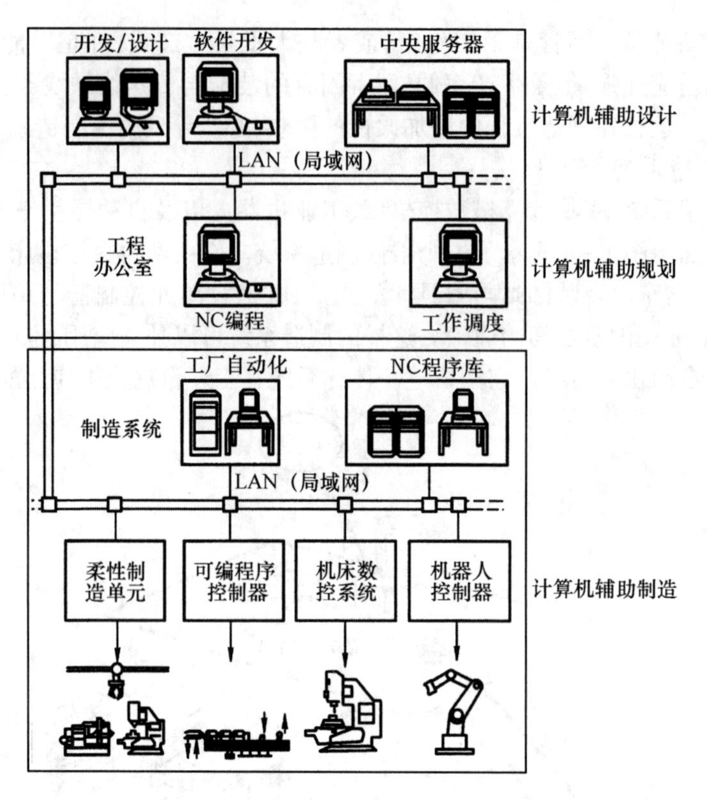

图 1－9　经济型 CIMS 的组成

网采用 3 层的协议堆栈和简单的物理层以及载波频带技术，因此价格便宜，响应速度快。最低级采用现场总线（Field Bus）。现场总线给传感器、执行器以及底层控制器提供了柔性的通信系统。

随着系统越来越复杂，同时技术上进入数字化后，机电一体化的规模越来越大，各厂家便开始独立创建相互关联产品相互连接的专有协议。不同厂家的产品由于协议不同而缺乏互操作性，这样就出现了一系列新问题。由于很难有单独厂家能不依赖别的厂家提供所有产品来满足应用工厂的全部需求，同时任何厂家都不可能在所有产品方面都是最好的，因此常常需要选择一些其他厂家的产品。由于不同厂家设备采用不兼容的协议，导致将各个部分集成于同一网络成为不可能，这就形成了自动化生产的一个个“孤岛”。由于协议的不同，造成了现场仪表不能与系统集成而进一步发挥仪表的智能。

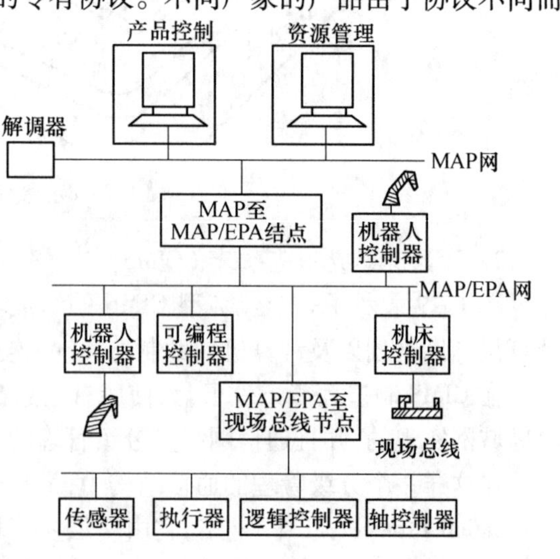

图 1－10　制造系统通信网络分级管理

解决以上矛盾的出路就是制定一种独立于卖方的系统集成标准，因此标准化的总线网络顺势而生。网络是一个开放式系统的关键要素,在此基础上进一步开发出具有互操作性的现场总线。

现场总线于20世纪80年代开始发展,专家们开发新技术作为标准的国际通行的现场总线,以满足总线供电、安全运行、远距离通信等要求,不少系统的供应商都参加了标准的开发。

七、微机电系统

机电一体化在微型化领域的发展产生了微机电系统(MicroElectroMechanical Systems,MEMS)。关于微机电系统一个较普遍的定义为:"微机电系统是电子和机械元件相结合的微装置或系统,采用与集成电路(IC)兼容的批加工技术制造,尺寸可从毫米量级到微米量级范围内变化。这些系统结合了传感和执行功能并进行运算处理,改变了我们感知和控制物理世界的方式。"这一新的领域在欧洲多称为微系统技术(MicroSystems Technology,MST),这一称谓更强调系统的观点,即如何将多个微型化的传感器、执行器、处理电路等元部件集成为一个智能化的有机整体。该领域在精密机械加工方面有传统优势的日本则称为微机器(Micro – Machine)。

20世纪80年代中后期以来,以集成电路工艺和微机械加工工艺为基础制造的微机电系统平均年增长率达到30%。微机电系统是尺寸从毫米量级到微米量级的将电子元件和机械元件集成到一起的机电一体化系统,可以对微小尺寸进行感知、控制、驱动,单独地或配合地完成特定的功能;具有体积和质量小、成本和能耗低、集成度和智能化程度高等一系列特点。

第三节　机电一体化技术发展概况

与其他科学技术一样,机电一体化技术的发展也经历了一个较长期的过程。有学者将这一过程划分为萌芽阶段、快速发展阶段和智能化阶段三个阶段,这种划分方法真实客观地反映了机电一体化技术的发展历程。

(1)"萌芽阶段"指20世纪70年代以前的时期。在这一时期,尽管机电一体化的概念没有正式提出来,但人们在机械产品的设计与制造过程中总是自觉或不自觉地应用电子技术的初步成果来改善机械产品的性能,特别是在第二次世界大战期间,战争刺激了机械产品与电子技术的结合,出现了许多性能优良的军事用途的机电产品。这些机电结合的军用技术在战后转为民用,对战后经济的恢复和技术的进步起到了积极的作用。

(2)20世纪70年代到80年代为第二阶段,称为"快速发展阶段"。在这一时期,人们自觉地、主动地利用3C技术的成果创造新的机电一体化产品。在这一阶段,日本在推动机电一体化技术的发展方面起了主导作用。日本政府于1971年3月颁布了《特定电子工业和特定机械工业振兴临时措施法》,要求企业界"应特别注意促进为机械配备电子计算机和其他电子设备,从而实现控制的自动化和机械产品的其他功能"。经过几年的努力,取得了巨大的成就,推动了日本经济的快速发展。其他西方发达国家对机电一体化技术的发展也给予了极大的重视,纷纷制定了有关的发展战略、政策和法规。我国机电一体化技术的发展也始于这一阶段,从20世纪80年代开始,国家科委和机械电子工业部分别组织专家根据我国国情对发展机电一体化的原则、目标、层次和途径等进行了深入而广泛的研究，制订了一系列有利于机电一体化发展的政策法规，确定了数控机床、工业自动化控制仪表、工业机器人、汽车电子化等15个优先发展领域及6项共性关键技术的研究方向和课题，并明确提出要在2000年使我国的机电一体化产品产值比率（机电一体化产品总产值占当年机械工业总产值的比值）达到15%～20%的发展目标。

（3）从20世纪90年代开始的第三阶段，称为"智能化阶段"。在这一阶段，机电一体化技术向智能化方向迈进，其主要标志是模糊逻辑、人工神经网络和光纤通信等领域的研究成果应用到机电一体化技术中。模糊逻辑与人的思维过程相类似，用模糊逻辑工具编写的模糊控制软件与微处理器构成的模糊控制器，广泛地应用于机电一体化产品中，进一步提高了产品的性能。例如采用模糊逻辑的自动变速箱控制器，可使汽车性能与司机的感觉相适应，用发动机的噪声、道路的坡度、速度和加速度等作为输入量，控制器可以根据这些输入数据找出汽车行驶的最佳方案。除了模糊逻辑理论外，人工神经网络（Artificial Neural Network，ANN）也开始应用于机电一体化系统中。ANN是研究了生物神经网络（Biological Neural Network，BNN）的结果，是对人脑的部分抽象、简化和模拟，反映了人脑学习和思维的一些特点。同时，ANN是一种信息处理系统，它可以完成一些计算机难以完成的工作，如模式识别、人工智能、优化等；也可以用于各种工程技术，特别适用于过程控制、诊断、监控、生产管理、质量管理等方面。因此，ANN在机电一体化产品设计中也十分重要。可以说，智能化将是21世纪机电一体化技术发展的方向。20世纪90年代，中国把机电一体化技术列为重点发展的十大高新技术产业之一。

第四节　机电一体化系统的构成

一、机电一体化系统的基本功能要素

机电一体化系统的形式多种多样，其功能也各不相同。但一般一个较完善的机电一体化系统应包括五个基本要素（子系统）：机械本体、动力部分、检测部分、执行机构、控制器。这些要素的关系及功能如图1－11所示。

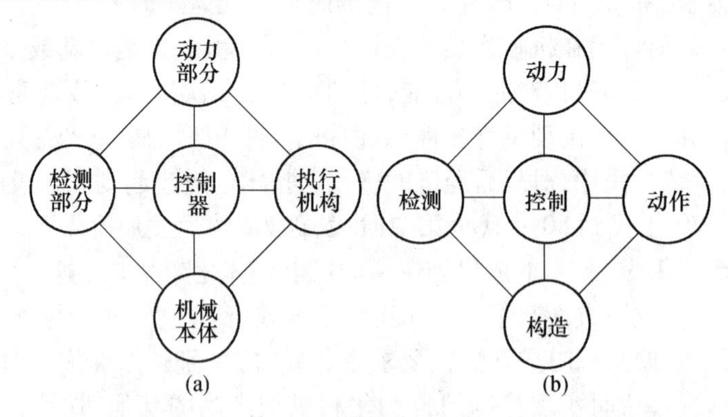

图1－11　机电一体化系统要素的关系及功能

（a）机电一体化系统要素的关系；（b）机电一体化系统的功能。

1．机械本体

机械本体包括机械传动装置和机械结构装置。机械子系统的主要功能是使构造系统

的各子系统零部件按照一定的空间和时间关系安置在一定的位置上，并保持特定的关系。为了充分发挥机电一体化的优点，必须使机械本体部分具有高精度、轻量化和高可靠性。过去的机械均以钢铁为基础材料，要实现机械本体的高性能，除了采用钢铁材料以外，还必须采用复合材料或非金属材料。要求机械传动装置有高刚度、低惯量、较高的谐振频率和适当的阻尼性能，从而对机械系统的结构形式、制造材料、零件形状等方面都相应提出了特定的要求。机械结构是机电一体化系统的机体。各组成要素（子系统）均以机体为骨架进行合理布局，有机结合成一整体，这不仅是系统内部结构的设计问题，而且也包括外部造型的设计问题。要求机电一体化的系统整体布局合理，使用、操作方便，造型美观，色调协调。

2. 动力部分

动力部分的功能应是按照机电一体化系统的要求为系统提供能量和动力使系统正常运行。用尽可能小的动力输入获得尽可能大的输出，是机电一体化系统的显著特征。

3. 检测部分

检测部分的功能是把系统运行过程中所需要的本身和外界环境的各种参数及状态进行检测，变成可识别信号，送往控制装置，经过信息处理后产生相应的控制信息。

4. 执行机构

执行机构的功能应是根据控制信息和指令完成所要求的动作。执行机构是运动部件，它将输入的各种形式的能量转换为机械能。常用的执行机构可分两类：①电气式执行部件，按运动方式的不同又可分为旋转运动元件和直线运动元件，旋转运动元件主要指各种电机，直线运动元件有电磁铁、压电驱动器等等；②液压式执行部件，主要包括液压缸和液压马达等执行元件。

5. 控制器

控制器是机电一体化系统的核心部分。它根据系统的状态信息和系统的目标，进行信息处理，按照一定的程序发出相应的控制信号，通过输出接口送往执行机构，控制整个系统有目的地运行，并达到预期的性能。控制器通常是由电子电路或计算机组成。

二、机电一体化系统的接口

机电一体化系统由许多要素或子系统构成，各子系统之间必须能顺利进行物质、能量和信息的传递与交换，为此各要素或各子系统相接处必须具备一定的联系部件，这个部件就可称为接口，其基本功能主要有三个：①交换，需要进行信息交换和传输的环节之间，由于信号的模式不同（如数字量与模拟量、串行码与并行码、连续脉冲与序列脉冲等），无法直接实现信息或能量的交流，通过接口完成信号或能量的统一。②放大，在两个信号强度相差悬殊的环节间，经接口放大，达到能量的匹配。③传递，变换和放大后的信号在环节间能可靠、快速、准确地交换，必须遵循协调一致的时序、信号格式和逻辑规范。接口具有保证信息传递的逻辑控制功能，使信息按规定模式进行传递。

接口的作用使各要素或子系统连接成为一个有机整体，使各个功能环节有目的地协调一致运动，从而形成了机电一体化的系统工程。

机电一体化产品的五个基本组成要素之间并非彼此无关或简单拼凑、叠加在一起，工作中它们各司其职，互相补充、互相协调，共同完成所规定的功能，即在机械本体的支持下，由传感器检测产品的运行状态及环境变化，将信息反馈给电子控制单元，电子控制单元对各种信息进行处理，并按要求控制执行器的运动，执行器的能源则由动力部分提供。在结构上，各组成要素通过各种接口及相关软件有机地结合在一起，构成一个内部合理匹配、外部效能最佳的完整产品。

例如，日常使用的全自动照相机就是典型的机电一体化产品，其内部装有测光测距传感器，测得的信号由微处理器进行处理，根据信息处理结果控制微型电机，由微型电机驱动快门、变焦及卷片倒片机构，从测光、测距、调光、调焦、曝光到卷片、倒片、闪光及其他附件的控制都实现了自动化。

又如，汽车上广泛应用的发动机燃油喷射控制系统也是典型的机电一体化系统，分布在发动机上的空气流量计、水温传感器、节气门位置传感器、曲轴位置传感器、进气歧管绝对压力传感器、爆燃传感器、氧传感器等连续不断地检测发动机的工作状况和燃油在燃烧室的燃烧情况，并将信号传给电子控制装置（ECU），ECU 首先根据进气歧管绝对压力传感器或空气流量计的进气量信号及发动机转速信号，计算基本喷油时间，然后再根据发动机的水温、节气门开度等工作参数信号对其进行修正，确定当前工况下的最佳喷油持续时间，从而控制发动机的空燃比。此外，根据发动机的要求，ECU 还具有控制发动机的点火时间、怠速转速、废气再循环率、故障自诊断等功能。

第五节　机电一体化系统的技术组成

机电一体化系统是多学科技术的综合应用，是技术密集型的系统工程。其技术组成包括机械技术、检测技术、伺服传动技术、计算机与信息处理技术、自动控制技术和系统总体技术等。现代的机电一体化产品甚至还包含了光、声、化学、生物等技术等应用。

一、机电一体化系统的相关技术

1. 机械技术

机械技术是机电一体化的基础。随着高新技术引入机械行业，机械技术面临着挑战和变革。在机电一体化产品中，它不再是单一地完成系统间的连接，而是要优化设计系统结构、重量、体积、刚性和寿命等参数对机电一体化系统的综合影响。机械技术的着眼点在于如何与机电一体化的技术相适应，利用其他高新技术来更新概念，实现结构上、材料上、性能上以及功能上的变更，满足减少重量、缩小体积、提高精度、提高刚度、改善性能和增加功能的要求。

在制造过程的机电一体化系统中，经典的机械理论与工艺应借助于计算机辅助技术，同时采用人工智能与专家系统等，形成新一代的机械制造技术。这里原有的机械技术以知识和技能的形式存在。如计算机辅助工艺规程编制（CAPP）是目前 CAD/CAM 系统研究的瓶颈，其关键问题在于如何将各行业、企业、技术人员中的标准、习惯和经验进行表达和陈述，从而实现计算机的自动工艺设计与管理。

2. 计算机与信息处理技术

信息处理技术包括信息的交换、存取、运算、判断和决策，实现信息处理的工具是计算机，因此计算机技术与信息处理技术是密切相关的。计算机技术包括计算机的软件技术和硬件技术、网络与通信技术、数据技术等。

在机电一体化系统中，计算机信息处理部分指挥整个系统的运行。信息处理是否正确、及时，直接影响到系统工作的质量和效率。因此计算机应用及信息处理技术已成为促进机电一体化技术发展和变革的最活跃的因素。

人工智能技术、专家系统技术、神经网络技术等都属于计算机信息处理技术。

3. 自动控制技术

自动控制技术范围很广，机电一体化的系统设计是在基本控制理论指导下，对具体控制装置或控制系统进行设计；对设计后的系统进行仿真、现场调试；最后使研制的系统可靠地投入运行。由于控制对象种类繁多，所以控制技术的内容极其丰富，例如高精度定位控制、速度控制、自适应控制、自诊断、校正、补偿、再现、检索等。

随着微型机的广泛应用，自动控制技术越来越多地与计算机控制技术联系在一起，成为机电一体化中十分重要的关键技术。

4. 传感与检测技术

传感与检测装置是系统的感受器官，它与信息系统的输入端相联并将检测到的信息输送到信息处理部分。传感与检测是实现自动控制、自动调节的关键环节，它的功能越强，系统的自动化程度就越高。传感与检测的关键元件是传感器。

传感器是将被测量（包括各种物理量、化学量和生物量等）变换成系统可识别的，与被测量有确定对应关系的有用电信号的一种装置。

现代工程技术要求传感器能快速、精确地获取信息，并能经受各种严酷环境的考验。与计算机技术相比，传感器的发展显得缓慢，难以满足技术发展的要求。不少机电一体化装置不能达到满意的效果或无法实现设计的关键原因在于没有合适的传感器。因此大力开展传感器的研究对于机电一体化技术的发展具有十分重要的意义。

5. 伺服传动技术

伺服传动包括电动、气动、液压等各种类型的驱动装置，由微型计算机通过接口与这些传动装置相连接，控制它们的运动，带动工作机械作回转、直线以及其他各种复杂的运动。伺服传动技术是直接执行操作的技术，伺服系统是实现电信号到机械动作的转换装置或部件，对系统的动态性能、控制质量和功能具有决定性的影响。常见的伺服驱动有电液马达、脉冲油缸、步进电机、直流伺服电机和交流伺服电机等。由于变频技术的发展，交流伺服驱动技术取得突破性进展，为机电一体化系统提供了高质量的伺服驱动单元，极大地促进了机电一体化技术的发展。

6. 系统总体技术

系统总体技术是一种从整体目标出发，用系统的观点和全局角度，将总体分解成相互有机联系的若干单元，找出能完成各个功能的技术方案，再把功能和技术方案组成方案组进行分析、评价和优选的综合应用技术。系统总体技术解决的是系统的性能优化问题和组成要素之间的有机联系问题，即使各个组成要素的性能和可靠性很好，如果整个系统不能很好协调，系统也很难保证正常运行。

接口技术是系统总体技术的关键环节，主要有电气接口、机械接口、人机接口。电气接口实现系统间信号联系；机械接口则完成机械与机械部件、机械与电气装置的连接；人机接口提供人与系统间的交互界面。

二、机电一体化技术与其他技术的区别

机电一体化技术有着自身的显著特点和技术范畴，为了正确理解和恰当运用机电一体化技术，必须认识机电一体化技术与其他技术之间的区别。

1. 机电一体化技术与传统机电技术的区别

传统机电技术的操作控制主要以电磁学原理的各种电器来实现，如继电器、接触器等，在设计中不考虑或很少考虑彼此间的内在联系。机械本体和电气驱动界限分明，整个装置是刚性的，不涉及软件和计算机控制。机电一体化技术以计算机为控制中心，在设计过程中强调机械部件和电器部件间的相互作用和影响，整个装置在计算机控制下具有一定的智能性。

2. 机电一体化技术与并行技术的区别

机电一体化技术将机械技术、微电子技术、计算机技术、控制技术和检测技术在设计和制造阶段就有机结合在一起，十分注意机械和其他部件之间的相互作用。而并行工程是将上述各种技术尽量在各自范围内齐头并进，只在不同技术内部进行设计制造，最后通过简单叠加完成整体装置。

3. 机电一体化技术与自动控制技术的区别

自动控制技术的侧重点是讨论控制原理、控制规律、分析方法和自动系统的构造等。机电一体化技术是将自动控制原理及方法作为重要支撑技术，将自控部件作为重要控制部件。它应用自控原理和方法，对机电一体化装置进行系统分析和性能测算。

4. 机电一体化技术与计算机应用技术的区别

机电一体化技术只是将计算机作为核心部件应用，目的是提高和改善系统性能。计算机在机电一体化系统中的应用仅仅是计算机应用技术中一部分，它还可以作为办公、管理及图像处理等广泛应用。机电一体化技术研究的是机电一体化系统，而不是计算机应用本身。

第六节　机电一体化系统设计依据与评价标准

在设计一个机电一体化系统时，必须确定一系列的设计指标，也就是说，对所设计的系统提出必须满足的要求。同时，对一种新上市的产品进行评价时，也应该有一些标准，才能评定该产品的优劣。

对于任何一个机电一体化系统，设计依据和评价标准大体上应包括以下几个方面。

一、系统功能

任何系统都是供给最终用户使用的，首先要明确产品的用途和功能，即所设计的产品是干什么用的，它应具有哪些基本功能和主要操作。开发机电一体化产品的依据一是需求牵引，二是技术推动：其中主要由市场导向，其次才是技术导向。必须积累足够的市场研究经验和知识，才能清楚地掌握消费者的需求。最终用户添置该机电一体化产品后，能具有哪些用途，这是人们首先关心的问题，同时也是系统生产者预测市场需求的决定因素。例如，当市场上三轴驱动两轴联动的数控系统已经成熟时，生产者应该注意进一步开

发五轴驱动三轴联动的系统。这样既可以具有更高要求的用户订货，又可更广泛地开拓市场。所以说，任何系统的功能要求，都应该从市场需求出发，尊重最终用户的意见，结合技术上的可行性，再作出抉择，不可片面追求功能的多少。

二、性能指标

当系统功能决定后，每一项功能都应该满足一定的性能指标，只有这样，该项功能才具有实用价值。譬如，一台数控系统具有轮廓切削的功能，但是它的定位精度很差，最终还是不能达到加工出合格零件的目的，这项功能就没有意义。所以，性能指标是系统功能的定量度量。性能指标有分辨率、灵敏度、精度、可靠性、线性度、速度和位移范围，以及承载能力、功耗、体积、重量等。数控机床一般至少应包括运行速度、工作精度、工作范围（如机床可加工的工件尺寸和重量等）、最大功率、使用寿命和可靠性（用平均故障间隔时间 MTBF 表示）等。对于某些产品，还有许多具体的要求和指标，如高速、高精度加工中心，要求进给系统的加减速能力、灵敏度和分辨率，各轴运动对工作台面的垂直度和平行度，定位精度和轮廓跟踪精度等。

制定性能指标时，必须有科学的依据，不能轻率从事以免造成浪费。性能指标降低了，会使设计出来的系统不能使用；而性能指标高了，将加大实现的难度和成本，而且可靠性可能降低。

三、使用条件

任何系统都是在一定条件下运行的，其中包括客观的环境条件和主观的人员素质。客观的环境条件有温度、湿度、振动、冲击、噪声、电磁干扰等，主观因素应考虑系统适合何种技术水平的人员使用。这里必须满足操作性、维修性、安全性及性能稳定性等一系列有关人身和设备的正常运转的要求。在满足客观环境和主观因素这两方面的使用条件下，系统应具有一定的平均无故障时间和足够的使用寿命。只有这样，系统才能经久耐用，具有实用价值。

四、社会经济效益

成本概算不仅要考虑产品本身——材料和元件的价格，而且要考虑生产该产品的生产设备和工具，以及产品推向市场前的开发费用、保险消耗以及未来购买者的维修消耗。这些也是影响产品利润和销售的因素，可行性论证时也要考虑。在社会主义市场经济时代，任何新产品的开发，都应该考虑经济效益。经济效益应从两个方面考虑：①从投资一方。花多少经费、人力及时间，可以开发出新一代产品并投放市场，估计在市场上占有多大的份额，将有多大的收益；②从最终用户这一方。分析他们的费效比和经济承受能力。只有在这两方面都考虑成熟了，才能制定出好的新产品开发策略。

由于科学技术发展，社会的进步和人们生活水平的提高，人们对产品的要求不仅包括性能、质量、性价比方面，还包括外观造型、节能节材、保护环境，易于回收和再造等方面，要考虑社会效益，即对整个社会是否有好处，如对资源消耗与环保等是否有利。

在设计机电一体化系统时，应全面考虑各项设计指标，力求做到系统功能相对齐全，性能指标比较合理，实用性强，安全可靠性高，满足使用条件，经济效益好。同时，把它们作为开发新产品的评价标准。在评价新产品时,还应该与世界同类产品比较,注意它们的技术特点、先进性(费效比、节能节材、工作柔性等)以及社会效益等。

第七节　机电一体化设计思想与方法

一、系统的设计思想

系统设计是将工程设计任务或机电一体化产品看作一个整体的系统来研究。从系统出发分析各组成部分之间的有机联系及系统与外界环境的关系,是方案设计中重要的理论方法。系统设计方法主要有功能分析法、结构方案变形法等。

方案设计与概念设计、创新设计及系统设计的相互关系如图1－12所示,这一关系框图有助于提高对设计方法的认识。

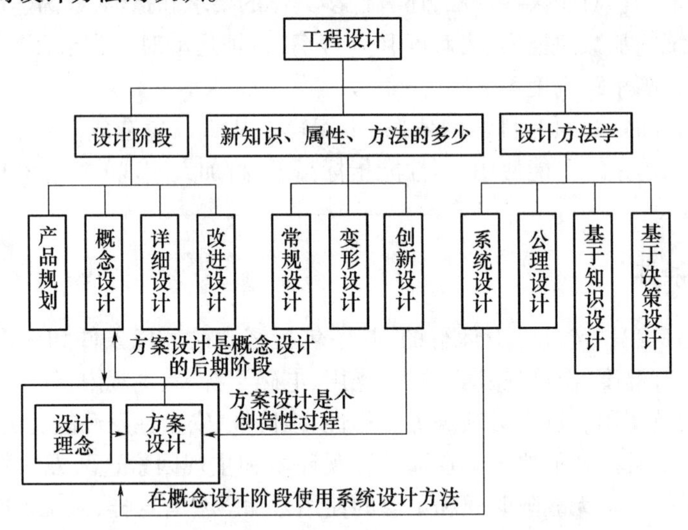

图1－12　方案设计与概念设计、创新设计及系统设计的相互关系

系统的设计方法包括以下方面。

(1) 并行设计——把设计与制造结合起来。把机械工程与电子学和智能化计算机控制集成到机电一体化产品中,而且要协同到整个制造过程的设计和制造中。也就是说,在产品和系统设计的全过程中,应该尽早地把必须考虑的相关学科、专业知识、技术和经验反映到设计中,或把它作为设计约束条件尽早地强制,对产品与系统设计进行限制。

(2) 按系统工程的理论和方法去分析处理问题。遵循系统工程的分析方法进行设计过程规划与控制,并按系统管理原理对风险进行分析、阶段滤波与决策,提高设计开发的成功率。

(3) 多学科交叉进行设计。机电一体化产品或系统往往是复杂而跨学科的,故设计方法可依靠跨部门多专业的设计任务小组完成。

(4) 掌握有关各领域信息资料。设计前和设计中应注意搜索和掌握设计所必须的各领域信息(情报)、文献资料、产品样本与性能等关键信息情报,并作认真的分析和综合。

(5) 以达到顾客满意的设计目标和评价标准为系统设计的最终目的。任何机电产品都是为满足顾客需求而设计制造的,因此成败取决于是否能使顾客完全满意。应该尽力捕捉顾客的需求,倾听他们的意见、要求或愿望。特别注意把功能、产品可靠性、安全性、性能、质量、交货期和成本统一起来考虑。

二、机和电融合的设计思想

在机电一体化系统工程设计中,为了提高系统的性能和柔性,要求广泛的物质和信息的集成。无论在概念设计阶段或者详细设计阶段,都必须始终贯彻机械与电子的紧密结合的原则。换言之,在整个机电一体化系统的设计过程中,都必须考虑电子技术和计算机技术与机械系统的集成,创造出机械装置与电子设备以及软件等有机结合的新产品。

机电一体化系统设计往往伴随着机械系统的再设计,许多现代的机电一体化工程设计不局限于被动地依靠机遇来革新机电产品,而是预先精心计划应用,并充分集成电子技术和机械技术,有目的地创造出最优的新产品,以使新的系统比它们的原有产品更便宜、更简单、更可靠以及更具有工作柔性。

传统的工程设计方法与机电一体化的工程设计方法之间存在着许多的不同点,主要区别见表 1-1。

表 1-1　两种设计方法的区别

传统设计	机电一体化设计	传统设计	机电一体化设计
大批量系统	中小批量系统	机械同步	电子同步
复杂的机械系统	简化的机械系统	笨重结构	轻巧结构
不可调的运动循环	可编程序运动	由机械公差决定精度	由反馈实现精度
常速度驱动	可变速度驱动	人工控制	自动化和可编程序控制

机电一体化设计方法将给产品设计带来各种发展机会。在进行机电一体化系统设计时,要考虑效率和自动化程度的要求,即要求所设计的产品在完成一项操作或一项作业时所需时间和完成这项作业时是全自动还是半自动等。机电一体化产品可贯穿以下设计思想来处理"机"与"电"的关系。

(1)替代机械系统。在极端情况下,机械的功能可以完全由微型计算机和执行器取代,从而使机械产品变成电子产品。如某些条件下的凸轮机构可利用步进电机取代,机械手表可由电子手表取代,由微型计算机、信号线及执行器组成的电操纵取代飞机上笨重的驾驶杆和控制面之间的连杆机构。

(2) 简化机械系统。在许多情况下,机械系统可采用机电一体化方法加以简化。依靠微型计算机和执行器可以提供诸如轮廓、速度以及定位控制任务的功能。例如,传统的打字机为了移动打字头和带动纸前进,需要几套机械系统。现代的打印机,特别是激光打印机,附加了电子控制装置和微型计算机,不仅能自动打印文字,而且有绘图能力;大部分传统照相机可由数码照相机取代;再如,安装在地面上的大型天体望远镜和卫星跟踪天线,采用轻巧的二自由度平衡环结构和计算机控制方法,可以跟踪空间的任意目标。

(3) 增强机械系统。将正常设计的机械与闭环控制回路相组合,可以实现增强机械系统的运动速度、精度以及柔性,有关的部件可以做得更轻、惯量更小。

例如,某些早期的机器人用开关控制终点急刹车的方式工作;还有一些为了实现机器人末端沿直线路径运动,采用了复杂的机械系统。自从在机器人的每个轴上用了伺服驱动电机和谐波齿轮传动后,设计就进步多了,可以对每一根轴提供编程的比例速度,还可以采用空间并联机构,电机直接安装在机器人的基座上,通过编程实现末端轨迹。

(4) 综合机械系统。采用嵌入式微处理系统,有能力综合不同的机械系统以及相关的功能。

例如,如果自动洗衣机由双速(洗/旋)、单向电机驱动,那么为了产生双向洗的动作要求复杂的机械系统;而采用变速电机和控制器,这个动作可以由电机直接驱动实现。

总之,机电一体化设计方法应在一开始就注意充分发挥机械和电子的综合优势,通过机电互补和集成,以求达到设计出最优的新产品,适应竞争日益激烈的世界市场。在这个市场上,工业产品的制造和销售能否获得成功,越来越依赖于机电一体化的设计能力。

三、注重创新的设计思想

所有的产品,特别是更新换代快的机电一体化产品,都必须不断改进和创新。产品的改进和创新,不只是社会和科技发展的必然结果和需要,也是产品市场竞争的需要,所以不论是在新产品的开发还是在老产品改造设计中,都必须给予特别的重视和认真的考虑,并积极努力地去进行产品的设计创新。

任何一个机电一体化系统都是可以进一步改进和发展的,改进和创新的目的是为了克服现有的不足,解决新需求的矛盾。物理、化学与生物效应等和跨领域的专业知识往往是产生原始创新的根据。要应用系统工程的理论和方法指导产品的创新开发设计,并按系统风险漏斗的管理控制方法正确有序地进行,以减少失效的风险。

机电一体化产品与系统创新包括很多方面,既含产品的工作原理,实现工作原理的技术方案、具体的结构设计,用材和制造工艺方法等,也含产品的功能特色、性能指标、外观造型乃至颜色调配等各个方面,其中以工作原理的创新意义最为重大,也最为关键。若工作原理有变,则技术方案、具体结构设计乃至用材和产品的外观造型等可能也随之有变。产品的设计创新首先应从工作原理考虑。工作原理不仅存在于产品的主体设计中,也存在于产品的各个功能模块,如控制、驱动、传动等的设计之中。下面举例加以说明。

1. 工作原理的创新

例如,传统的电影录像是通过光学成像和涂有光敏材料的感光而后冲印完成。继而录像技术利用光电效应产生出模拟的电信号记录在磁带上,然后再通过磁电光的转换实现,进而则是用数字光盘实现。另外,为了减少机械运动之间的摩擦力问题,最初人们是用滚动摩擦代替滑动摩擦;后来人们发明用低摩擦系数的介质(如油液、气体等)将两摩擦副的表面分开脱离接触的静压技术(又称液浮或气浮技术)来降低摩擦;进一步又出现了利用磁的同性相斥原理来达到运动副表面分开而减少摩擦的磁悬浮技术等,所有这些发展都是属于工作原理上的创新。工作原理创新方面在传感测量技术方面就更多了。

2. 技术方案创新

技术方案创新是指在实现同一工作原理时所采用的不同技术方案上的创新。例如,在减少摩擦力的举例中,同样是为了实现将两运动表面分开脱离接触来降低摩擦这一工作原理,但是却有采用液浮、气浮、磁悬浮和静电悬浮等不同的技术方案,而且磁悬浮和静电悬浮既是减少摩擦中的技术方案创新,也是液浮和气浮使两运动表面分开降低摩擦力的工作原理创新。又如,最早的机床是采用改变带轮直径或齿轮的齿数来实现变速,因不能满足工作需要又采用了机械无级调速器来变速,这是一个创新。但机械无级调速器结构复杂,制造困难。后来由于变频调速技术的发展,有了变频调速电机,因而现在广泛来用变频调速电机驱动,既可无级调速,又可简化传动链(如取消齿轮或皮带等)机构,这又是一创新,而且既是变速技术方案的创新,也是变速原理的创新。

3. 结构的创新

以三坐标控制的数控机床为例,传统的结构是工作台做两个坐标方向的移动,主轴头做一个坐标方向的移动,或工作台做一个坐标方向的移动,立柱和主轴头分别做另外两个坐标方向的移动,但是这两种结构形式,对排屑和导轨保护都不利,也不利于发展高速或超高速加工(因运动部件过重,惯性太大),所以把三坐标控制的数控机床结构改成立柱和工作台均固定不动,三个坐标方向的运动均集中由主轴部完成,即主轴头装在机床框架式床身的拖板上,拖板由铝合金做成并可在床身框架上做 x、y 方向移动,滑枕式的主轴头可以伸缩做两向运动,这样就把传统结构存在的问题和缺点克服了,这就是一个结构创新的例子。更为典型的例子是近年出现的虚拟轴机床。传统机床结构为串联式结构,各坐标运动的误差将累积并反映到最终的运动精度上,而虚拟轴机床的结构则属于并联结构,减少了相互影响。

4. 用材和制造工艺上的创新

产品的结构设计确定之后,选用何种材料和使用什么工艺方法来制造,对节能节材、降低制造成本和提高产品性能质量与市场竞争力来说,也是至关重要并有许多可以创新的。例如,许多大型重型数控机床的床身、立柱等大型基础件的制造,通常都是采用铸铁铸造而成,由于这类机床一般为单件或小批生产,用木模铸造工艺生产周期长成本高,能耗材耗也大;采用钢板焊接制造工艺则周期短,节能省材,在相同重量的条件下,还能提高结构的刚性。又如精密数控机床和三坐标测量机,如采用普通的铸铁件床身,则热变形大,影响工作精度,采用天然大理石或人造花岗岩作床身,可以提高机床的热稳定性和工作精度:为了提高加工中心和数控坐标测量机的工作部件的快速移动速度和加、减速的能力,越来越多的厂家把运动部件,如工作台、移动立柱及主轴头拖板用铝合金制成,减少了重量和惯性力,提高了刚性,从而可以采用高速工作。

5. 控制方面的创新

控制方面的创新也包括控制原理创新、技术创新和结构创新等。例如,电器的开关控制,传统多采用接触式机械开关,现在有采用光控、声控或感应的非接触式开关;在技术上,原用电子管,现用晶体管,原用模拟量控制,现在则用数字控制;在系统结构上,原为分立式,现为芯片模块集成式;在外观上,原来比较粗大,现在则比较小巧而且精美等。这些都是控制方面最简单的例子,控制方面的创新还包括控制原理和控制方法的创新,更是层出不穷。

6. 驱动和传动方面的创新

例如,直线运动的实现原来通过旋转电机经过齿轮齿条或摩擦副实现,后来通过滚珠丝杠螺母副实现,现在可以直接通过直线电机实现。

7. 其他方面的创新

如产品功能方面的创新,传统的电话机只能两人相互通话,而现代的电话机既有通话功能,也有录音功能,还有通话时间显示、重拨、免提等功能,还能够显示对话方图像。另外还有产品外观造型的创新等。

在整个创新设计过程中,要尽可能抛弃试凑法的经验设计方法,学习利用创造性现代设计理论、方法和工具,以扩展设计构思范围;学习和利用基于科学理论的发明问题求解理论和方法,提高设计,特别是创新设计的创新水平、学习和利用基于设计实践总结出的设计公理和理论、方法,使产品的设计达到优化水平。

四、机电一体化系统设计常用方法

机电一体化系统设计方案的方法通常有取代法、整体设计法和组合法。

1. 取代法

这种方法就是用电气控制取代原系统中机械控制机构。这种方法是改造旧产品开发新产品或对原系统进行技术改造常用的方法。如用电气调速控制系统取代机械式变速机构,用可编程序控制器取代机械凸轮控制机构、插销板、步进开关、继电器等。这不但可以大大简化机械结构,而且提高了系统的性能。这种方法的缺点是跳不出原系统的框架,不利于开拓思路,尤其在开发全新的产品时更有局限性。

2. 整体设计法

这种方法主要用于新系统(或产品)设计。在设计时完全从系统的整体目标考虑各子系统的设计,所以接口很简单,甚至可能互融一体。例如,某些机床的主轴就是将电机转子与主轴合为一体;直线式伺服电机的定子绕组埋藏在机床导轨之中;把电机与传感器做成一体的产品等。

3. 组合法

就是选用各种标准功能模块组合设计成机电一体化系统。例如,设计一台数控机床,可以从系统整体的角度选择工业系列产品,诸如数控单元、伺服传动单元、位置传感检测单元、主轴调速单元以及各种机械标准件或单元等,然后进行接口设计,将各单元有机地结合起来融为一体。此方法开发设计机电一体化系统(产品),具有设计研制周期短、质量可靠、节约工装设备费用,有利于生产管理、使用和维修。

五、机电一体化系统(产品)设计的类型

机电一体化系统(产品)设计大致可分为开发性设计、适应性设计和变参数设计。

1. 开发性设计

在没有参考样板的情况下进行设计,根据抽象的设计原理和要求,设计出质量和性能方面满足目的要求的系统。最初的录像机、电视机的设计就属于开发性设计。

2. 适应性设计

在原理方案基本保持不变的情况下,对现有系统功能及结构进行重新设计,提高系统的性能和质量。例如,电子式照相机采用电子快门、自动曝光代替手动调整,使其小型化、智能化;汽车的电子式汽油喷射装置代替原来的机械控制汽油喷射装置等。

3. 变参数设计

在设计方案和结构不变的情况下,仅改变部分结构尺寸,使之适应于量的方面有所变更的要求。例如,由于传递扭矩或速比发生变化而需从新设计传动系统和结构尺寸的设

计,就属于变参数设计。

第八节　机电一体化设计过程

机电一体化产品从设计到形成产品进入市场,再到产品走向成熟形成批量,一般经历的阶段如图 1－13 所示。

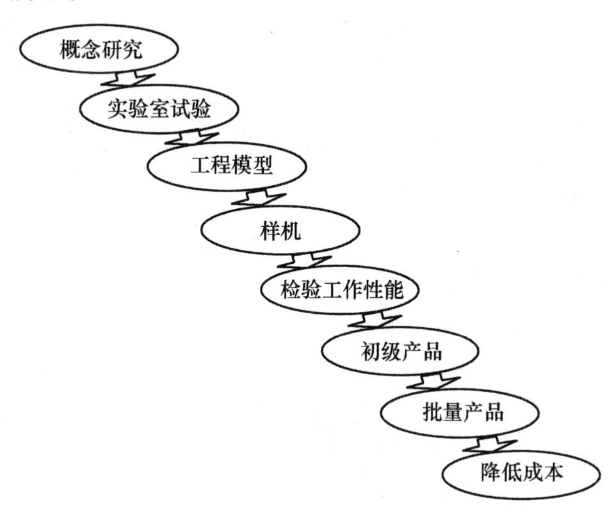

图 1－13　机电一体化产品从设计到市场成熟经历的阶段

机电一体化系统设计从性质上分,有开发性设计、适应性设计和变异性设计。设计性质的不同,设计过程也不一样。就机电一体化产品开发性设计而言,其设计流程可归纳为如图 1－14 所示,每步的内容和方法简述如下。

1. 市场调研、需求分析和技术预测

因为产品是为用户、市场服务的,所以产品的开发设计必须从市场调研、用户访问和收集国内外有关资料开始。调研围绕所要开发设计的产品展开。例如,若要开发设计一台用于加工模具的加工中心,那么调研目标就应以模具加工中心为主,包括数控仿形铣、高速加工中心等。调研的方法可以通过专家问卷调查、用户访问和收集文献、样本资料。调研的主要内容如下:

(1) 现有的模具技术,包括模具类型、材料、形状、尺寸、加工工艺及对加工装备的要求等。

(2) 现代模具加工装备的结构形式,即技术规格、性能特点、精度、效率的水平、存在的问题和差距等。

(3) 用户对开发设计新型模具加工中心的意见和要求,包括技术规格,功能要求 (如三轴联动、五轴联动、自动检测、自动刀具更换或补偿等)、性能指标 (定位精度、加工质量、效率和稳定性、可靠性等) 和其他意见。

(4) 市场情况,包括了解国内外市场年需求量,目前国内外有哪些厂家生产类似的产品,它们的年产值、产量以及销售情况等,以评估市场的饱和度和竞争对手。同时,还要了解同类产品的目前平均价格、一般技术水平和最高水平等。

(5) 发展趋势,包括用户对产品的需求和技术发展需求的趋势,也包括机电一体化产品本身有关技术的发展趋势,如材料技术、制造工艺、控制技术和传感检测技术等。

进行市场调研和收集上述资料的目的是为了给新开发设计的产品定位,即新开发设计的产品应是什么样,它应具有哪些功能特点、性能指标和价位、生产批量价格等。所有这些都是机电一体化产品设计的依据,也是将来评价产品是否符合设计要求的基础。一般的设计依据都是来自市场需求或由用户提出。

对市场调研和收集的资料,必须进行去伪存真的科学分析,即必须反复查证这些材料数据的真实性、可靠性和合理性,而且还应了解其所以然的证据,这样以此为依据才能作出正确的决策,否则决策可能有片面性,甚至是错误的。

另外,现代机电一体化设计还必须考虑到采用环境保护的绿色设计。

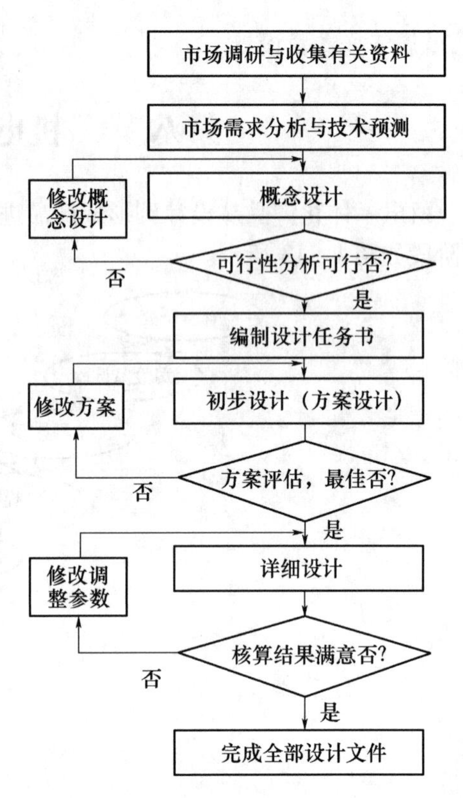

图 1-14　新产品开发设计流程

2. 概念设计

产品的概念设计是实现产品创新的关键。创新设计是通过创新思维、运用创新设计理论和方法设计出原理新颖、结构独特、性能优良、工作高效的机电一体化设备或仪器仪表。虽然创新设计贯穿于产品设计的各个阶段,但创新性表现最为集中、最为突出的阶段是概念设计阶段。产品创新主要来自概念设计阶段所涉及的功能、原理、形态、布局和结构等方面的创新,概念设计过程本质上就是一个产品的创新过程。

概念设计具有的主要特性如下:

(1) 创新性。概念设计的创新是多层次的,从结构修改、结构替换的低层次创新工作到工作原理更换、功能结构修改或增加。整体设计理念的更新等高层次的创新活动都属于概念设计的创新范畴,在众多设计路径所产生的设计结果中,产生出一组可行的新方案。

(2) 工艺可实现性。设计需要适应国内科学、技术、经济等发展的状况和水平,经常要针对生产厂家的设备条件和工艺水平,同时还需要考虑环境、社会等因素。这些限制和要求构成了一组边界条件,只有满足这些约束目标,才可能得到可行解。

(3) 多样性。概念设计的多样性主要体现在其设计路径的多样化。不同的功能定义、功能分解和工作原理会产生完全不同的设计思路和方法,从而在功能载体的设计上产生完全不同的求解方案。

(4) 层次性。概念设计是一个从抽象到具体的信息进化过程,一方面,概念设计分别作用于功能层和载体结构层,并完成由功能层向结构层的映射,如功能定义、功能分解作用于功能层上，而结构修改、结构变异则作用于结构层，由映射关系将两层连接起来。另一方面，在功能层和结构层中也存在自身的层次关系。例如，功能分解就是将功能从一个层次向下一个层次推进。功能的层次性也就决定了结构的层次性，不同层次的功能对应不同层次的结构。

（5）避免不良结构性。概念设计信息的不完整、不一致、不精确甚至是模糊的特性，使得难以对该阶段进行准确定量描述，导致了从问题空间到解空间的映射求解过程的不良结构问题。

（6）反复迭代性。在方案求解的每个过程中，都是由多个子循环，即综合、分析和评价组成，各个子循环多次迭代的结果得到一个全局满意解。

在概念设计阶段，应该对于要求的每一个功能作出求解方法的选择。如果可能的话，应该对于实现每一种功能至少想出几种选择。然后，通过评审和组合这些概念设计，产生优选的系统方案。

概念设计的全过程可划分为前期的设计理念的确定与后期的原理设计及方案设计两大阶段。

设计理念的确定是根据市场需求和机器功用进行设计构想。这一阶段属于形象思维阶段，但对概念设计十分重要，是概念设计中创新层次最高的一个设计阶段，创新的火花往往产生于这一阶段，这一阶段的设计目前更多的是借助于设计人员的创新思维能力、知识与经验的发挥。原理设计及方案设计是概念设计的后期阶段，这一阶段属于逻辑思维阶段，其中原理设计是方案设计的核心，方案设计是原理设计的具体化。

方案设计是概念设计的后期阶段，是在设计师的理念、设计思想、设计灵感及设计经验充分发挥的前提下，进行具体组成和功能结果的方案设计。设计方案是概念设计的结果的表现形式。

总之，概念设计是对新开发产品的构思、设想、设计要求的描述，也是对新产品的市场定位。这既是成功开发设计产品的一个重要环节，也是最富有创造性的工作阶段。

3. 可行性分析

可行性分析主要是对概念设计所提出的机电一体化产品设计要求，从理论、技术和经济等各个方面来进行论证和评估，即分析这些要求在理论上是否正确，技术上是否可行，经济上是否合理。如果其中有一项通不过，原则上都应进行概念设计的修改，只有三个方面都是可行时，开发设计工作才走向下一步。此项工作有时也放到初步设计后一并完成。

为了有助于选择可行的解决方法，以及在详细设计阶段决定工作特性和元件尺寸等参数，可能要求对系统及其元部件进行分析和建模，并采用计算机辅助工程技术进行计算机仿真，试验各种模型并做出选择。这样，可以大大地缩短传统设计的循环过程，从而导致更短的开发周期和更便宜的产品。

4. 编制设计任务书

设计任务书是机电一体化产品设计的主要和重要依据，它是以概念设计为基础，根据可行性分析所确定通过的内容要求，以正式文件的形式加以确定。

设计任务书需要列写出书面的总体要求的技术指标，以便让与开发有关的人士清楚地了解必须满足的功能和要求。其内容主要包括产品名称、产品用途、主要技术规格、技术性能指标，所有这些项目的具体内容和要求都将根据产品的不同而异。而对于用户定制的专用产品，则“设计任务书”由定货用户提出。如果提出的设计任务书与通用产品的内容相似，设计工作可以以此为依据开始，如果提出的任务书内容是另一种形式，此项设计工作就必须从市场调研分析和概念设计开始。

一旦产生了总体的技术指标和定义的功能范围，单个系统元件的设计就可以在可靠的基础上进行。如果总体的技术指标不存在或者准备不充分，这个基础就不能充分利用，设计过程就会被削弱或阻碍，在涉及许多任务组的大系统情况下特别如此，因为每一个小组要处理整个系统设计的不同元件或部件。这时，不能产生足够详细的总体技术指标，将会妨碍单独任务的有效执行。

5. 初步设计——方案设计

初步设计的任务就是根据设计任务书提出的参数和要求，提出实现这些要求的技术方案，其工作内容如下：

(1) 按照系统功能和方便设计、制造角度出发划分模块和子模块，如控制模块、驱动模块、检测模块等。控制模块可划分为输入/输出接口、通信接口、CPU 和存储器等。驱动模块则可划分为可旋转运动模块和直线运动模块、机械部分和电气部分。检测模块也可划分为传感器部分和调制、放大部分，等等。

(2) 提出实现每个模块功能的技术方案。例如实现数控机床主轴旋转和变速功能，可以用直流电机或交流调速电机通过带传动或齿轮传动变速实现，也可采用电机主轴直接驱动；直线进给运动可以用步进电机或伺服电机通过滚珠丝杠传动实现，也可以采用直线电机直接驱动实现；运动控制方式可采用开环、闭环或半闭环的方式等。总之，每个模块、每个功能和参数的实现，都可能有两个或多个技术方案，初步设计时，应尽可能多提出一些可以实现的方案，以供进一步分析、比较、筛选和优化设计。

(3) 对于提出的各个方案中所包含的主要元器件和构件，如电机、传动轴、传动件(齿轮、丝杠)及其主要参数进行预选和粗算，并定出其中 1 ~2 个较优者作最后的比较。

6. 方案设计评估与优化

首先，对系统进行建模并提出优化的目标函数和评价指标，即根据哪几方面参数来评价，是根据系统的动态稳定性、运动精度、工作可靠性、节能、节材和成本，还是其他性能指标，达到什么样的门限值算最优？这里又分为单目标（单项）优化和多目标优化（几项目标要求同时达到）。其次是根据建立起来的模型和评价的目标函数对每一个技术方案进行计算或仿真分析和进一步修改技术方案，最终才能完成方案设计和优化。

对于不同的产品，不同的系统，其数学模型不一样，评价的目标函数和指标也不一样，故此项工作十分复杂，只有采用计算机辅助工程进行分析才能完成，目前此项工作还处在研究之中，只有对某些较为典型又简单系统，如数控机床的伺服进给系统等，可以进行单目标优化外，一般的只能通过简单的工程设计和类比法设计来进行和完成。

7. 详细设计和参数核算

一旦建立了可接受的解决方案后，应尽量直接进入详细设计阶段。然而，为了设计最优的产品或系统，应该改变所选求解方法的参数，例如，元件的尺寸、材料、数量及额定值，以决定它们对系统要求的特性的影响，从而有能力确定使系统性能特性达到最优的参数值。

只有当最优化设计完成后，才能够考虑详细设计，选择标准元器件，绘制加工图样，标明每个元部件的公差，并通过试验，标明哪一个公差对特性变化影响最大，必须严格掌握。

详细设计是对经过方案设计评估确定的方案每一个细节进行详细的考虑和具体的设计。这里包括确定后所有电子元器件的规格参数，安装位置和尺寸，机械零部件（含外购件和标准件）的规格尺寸参数和公差、配合及材料；对于最后选定和设计的元器件或零部件的尺寸参数，如电机的功率，传动轴和齿轮的强度，滚珠丝杠的刚度，整个传动系统的惯量和负载等进行必要的核算，如机电不匹配或不满足要求的应对有关尺寸或参数进行修改，直到符合设计要求，最后画出零件图和加工装配图，包括提出零部件加工装配的技术条件和要求等。目前这一阶段的工作内容基本都已经能够借助于计算机辅助设计/辅助工程（CAD/CAE）软件系统和通过计算机来完成。

8. 完成全部设计文件

主要设计文件如下：

（1）产品的全套图样——零件加工图、部件装配图、产品总装图和包装图等，大设备还要包括吊运和使用安装图。

（2）产品零件明细表、备件表和装箱单。

（3）产品使用说明书、维护说明书、检验标准和检验方法说明书等。

如果作为新产品和正式商品推向市场，详细设计完成后，特别是对于一些重大复杂的产品，还要经过制造原型机或样机，并对其进行实际测试和反复试验并修改的阶段，最后才能成为正式商品，批量生产投放市场。如果是完全掌握了现代化的 CAD/CAE/CAT 技术，则这些阶段有可能省掉，并可保证一次设计成功。

开发一个新的系统，通常不是一次设计就能顺利成功的，而是需要经过设计—制造—试验，再设计—再制造—再试验等反复循环过程，才能设计出达到最终满足设计要求的新产品。

思考题

1. 什么是机电一体化？
2. 机电一体化的发展经历了哪几个阶段，各个阶段有何特点？
3. 机电一体化系统主要由哪几部分组成？各部分的功能是什么？
4. 举例分析机电一体化系统的组成及功能特点。
5. 机电一体化的共性关键技术有哪些？
6. 试分析机电一体化系统设计的一般流程。

第二章 机电一体化机械系统设计

第一节 概 述

机电一体化机械系统是由计算机协调与控制的,用于完成包括机械力、运动和能量流等动力学任务的机械及机电部件相互联系的系统。其核心是由计算机控制的,包括机械、电力、电子、液压、光学等技术的伺服系统。它的主要功能是完成一系列机械运动,每一个机械运动可单独由控制电机、传动机构和执行机构组成的子系统来完成,而这些子系统要由计算机协调和控制,以完成其系统功能要求。机电一体化机械系统的设计要从系统的角度进行合理化和最优化设计。

机电一体化系统的机械结构主要包括执行机构、传动机构和支撑部件。在机械系统设计时,除考虑一般机械设计要求外,还必须考虑机械结构因素与整个伺服系统的性能参数、电气参数的匹配,以获得良好的伺服性能。

一、机电一体化对机械系统的基本要求

机电一体化系统的机械系统与一般的机械系统相比,除要求较高的制造精度外,还应具有良好的动态响应特性,即快速响应和良好的稳定性。

1. 高精度

精度是指系统的输出量对系统的输入量复现的准确程度。精度直接影响产品的质量,尤其是机电一体化产品,其技术性能、工艺水平和功能比普通的机械产品都有很大的提高,因此机电一体化机械系统的高精度是其首要的要求。如果机械系统的精度不能满足要求,则无论机电一体化产品其他系统工作再精确,都很难完成其预定的机械操作。

2. 快速响应

快速响应是指要求机械系统从接到指令到开始执行指令之间的时间间隔短。这样反馈系统才能快速反馈,控制系统才能及时根据机械系统的运行情况得到信息,下达指令,使其准确地完成任务。

3. 良好的稳定性

机电一体化系统稳定性是指系统工作性能不受外界环境的影响和抗干扰的能力。机电一体化系统要求其机械装置在温度、振动等外界干扰的作用下依然能够正常稳定地工作。既系统抵御外界环境的影响和抗干扰能力强。

为确保机械系统的上述特性,在设计中通常提出无间隙、低摩擦、低惯量、高刚度、高谐振频率和适当的阻尼比等要求。此外机械系统还要求具有体积小、重量轻、高可靠性和寿命长等特点。

二、机械系统的组成

机电一体化机械系统主要包括以下三大机构。

1. 传动机构

机电一体化机械系统中的传动机构不仅仅是转速和转矩的变换器,而且已成为伺服系统的一部分,它要根据伺服控制的要求进行选择设计,以满足整个机械系统良好的伺服性能。因此传动机构除了要满足传动精度的要求,而且还要满足小型、轻量、高速、低噪声和高可靠性的要求。

2. 导向机构

导向机构的作用是支撑和导向,为机械系统中各运动装置能安全、准确地完成其特定方向的运动提供保障,一般指导轨、轴承等。

3. 执行机构

执行机构是用以完成操作任务的直接装置。执行机构根据操作指令的要求在动力源的带动下,完成预定的操作。一般要求它具有较高的灵敏度、精确度,良好的重复性和可靠性。由于计算机的强大功能,使传统的作为动力源的电机发展为具有动力、变速与执行等多重功能的伺服电机,从而大大地简化了传动和执行机构。

除了以上三部分外,机电一体化系统的机械部分通常还包括机座、支架、壳体等。

三、机械系统的设计思想

机电一体化的机械系统设计主要包括两个环节:静态设计和动态设计。

1. 静态设计

静态设计是指依据系统的功能要求,通过研究制定出机械系统的初步设计方案。该方案只是一个初步的轮廓,包括系统主要零、部件的种类,各部件之间的连接方式,系统的控制方式,所需能源方式等。

有了初步设计方案后,开始着手按技术要求进行稳态设计,设计系统的各组成部件的结构、运动关系及参数;零件的材料、结构、制造精度确定;执行元件(如电机)的参数、功率及过载能力的验算;相关元、部件的选择;系统的阻尼配置等。稳态设计保证了系统的静态特性要求。

2. 动态设计

动态设计是研究系统在频率域的特性,是借助静态设计的系统结构,通过建立系统组成各环节的数学模型和推导出系统整体的传递函数,利用自动控制理论的方法求得该系统的频率特性(幅频特性和相频特性)。系统的频率特性体现了系统对不同频率信号的反应,决定了系统的稳定性、最大工作频率和抗干扰能力。

静态设计是忽略了系统自身运动因素和干扰因素的影响状态下进行的产品设计,对于伺服精度和响应速度要求不高的机电一体化系统,静态设计就能够满足设计要求。对于精密和高速智能化机电一体化系统,环境干扰和系统自身的结构及运动因素对系统产生的影响会很大,因此必须通过调节各个环节的相关参数,改变系统的动态特性以保证系统的功能要求。动态分析与设计过程往往会改变前期的部分设计方案,有时甚至会推翻整个方案,要求重新进行静态设计。

第二节　机 械 传 动

一、机电一体化系统对机械传动的要求

机械传动是把原动机产生的运动和动力传递给执行机构的中间装置，是一种扭矩和转速的变换器，其目的是在动力机与负载之间使扭矩得到合理的匹配，并可通过机构变换实现对输出的速度调节。

在机电一体化系统中，伺服电机的伺服变速功能在很大程度上代替了传统机械传动中的变速机构，只有当伺服电机的转速范围满足不了系统要求时，才通过传动装置变速。由于机电一体化系统对快速响应指标要求很高，因此机电一体化系统中的机械传动装置不仅仅是解决伺服电机与负载间的力矩匹配问题。而更重要的是为了提高系统的伺服性能。为了提高机械系统的伺服性能，要求机械传动部件转动惯量小、摩擦小、阻尼合理、刚度大、抗振性好、间隙小，并满足小型、轻量、高速、低噪声和高可靠性等要求。

二、同步带传动

同步带是一种兼有链、齿轮、三角胶带等优点的传动零件。同步带传动的开发和应用，至今仅 60 余年，但在各方面已取得迅速进展。

（一）分类

1. 按用途分

（1）一般工业用同步带传动。即梯形齿同步带传动（图 2 - 1）。它主要用于中、小功率的同步带传动，如各种仪器、计算机、轻工机械中均采用这种同步带传动。

（2）高转矩同步带传动。又称 HTD 带（High Torque Drive）或 STPD 带传动（Super Torque Positive Drive）。由于其齿形呈圆弧状（图 2 - 2），在我国通称为圆弧齿同步带传动。它主要用于重型机械的传动中，如运输机械（飞机、汽车）、石油机械和机床、发电机等的传动。

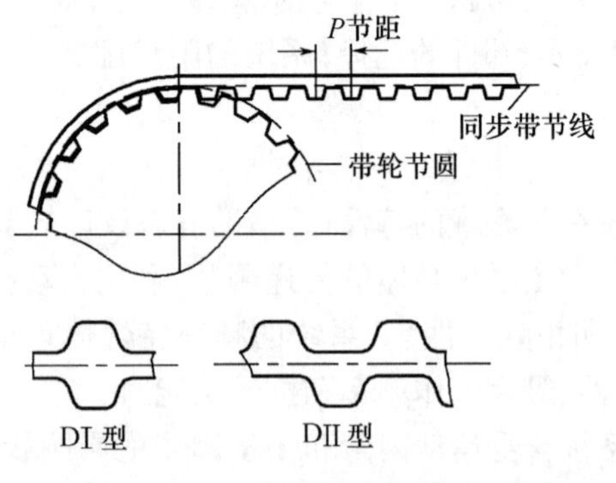

图 2 - 1　同步带传动

（3）特种规格的同步带传动。这是根据某种机器特殊需要而采用的特种规格同步带传动，如工业缝纫机用的、汽车发动机用的同步带传动。

（4）特殊用途的同步带传动。即为适应特殊工作环境制造的同步带。

2. 按规格制度分

（1）模数制。同步带主要参数是模数 m（与齿轮相同），根据不同的模数数值来确定带的型号及结构参数。在20世纪60年代该种规格制度曾应用于日、意、苏等国，后随国际交流的需要，各国同步带规格制度逐渐统一到节距制。目前仅俄罗斯及东欧各国仍采用模数制。

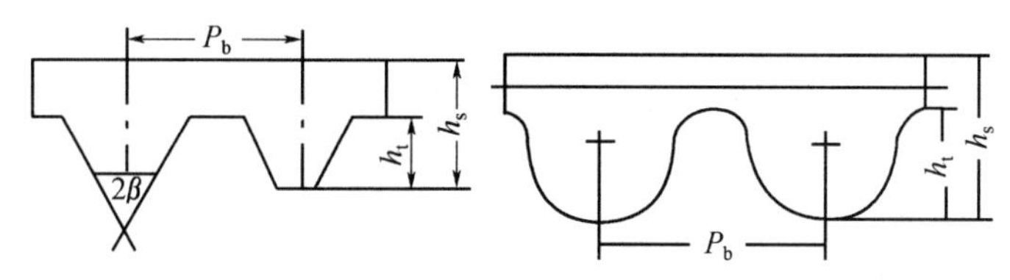

图2-2　同步带截面形状

P_b—节距；h_t—齿厚；h_s—带厚。

（2）节距制。即同步带的主要参数是带齿节距，按节距大小不同，相应带、轮有不同的结构尺寸。该种规格制度目前被列为国际标准。

由于节距制来源于英、美，其计量单位为英制或经换算的米制单位。

（3）DIN米制节距。DIN米制节距是德国同步带传动国家标准制定的规格制度。其主要参数为齿节距，但标准节距数值不同于ISO节距制，计量单位为米制。在我国，由于德国进口设备较多，故DIN米制节距同步带在我国也有应用。

随着人们对齿形应力分布的解析，开发出了传递功率更大的圆弧齿（图2-3(b)），紧接着人们根据渐开线的展成运动，又开发出了与渐开线相近似的多圆弧齿形，使带齿和带轮能更好地啮合（图2-3(c)），使得同步带传动啮合性能和传动性能得到进一步优化，且传动变得更平稳、精确、噪声更小。

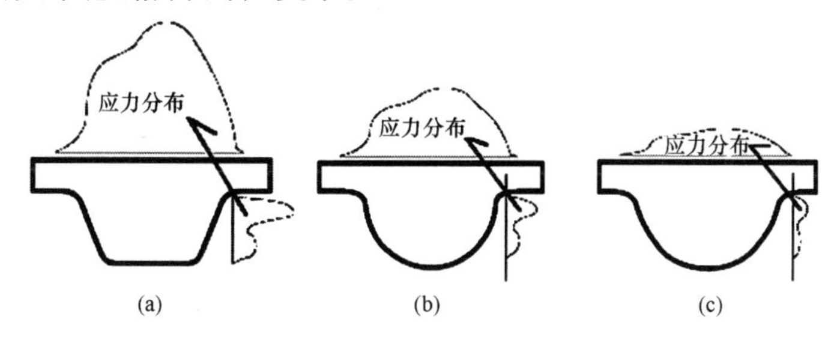

图2-3　同步带齿形的变迁

（a）梯形齿；（b）圆弧齿；（c）近似渐开线齿。

（二）同步带传动的优缺点

1. 工作时无滑动，有准确的传动比

同步带传动是一种啮合传动，虽然同步带是弹性体，但由于其中承受负载的承载绳具有在拉力作用下不伸长的特性，故能保持带节距不变，使带与轮齿槽能正确啮合，实现无滑差的同步传动，获得精确的传动比。

2. 传动效率高，节能效果好

由于同步带作无滑动的同步传动，故有较高的传动效率，一般可达0.98。它与三角带传动相比，有明显的节能效果。

3. 传动比范围大,结构紧凑

同步带传动的传动比一般可达到10左右,而且在大传动比情况下,其结构比三角带传动紧凑。因为同步带传动是啮合传动,其带轮直径比依靠摩擦力来传递动力的三角带带轮要小得多,此外由于同步带不需要大的张紧力,使带轮轴和轴承的尺寸都可减小。所以与三角带传动相比,在同样的传动比下,同步带传动具有较紧凑的结构。

4. 维护保养方便,运转费用低

由于同步带中承载绳采用伸长率很小的玻璃纤维、钢丝等材料制成,故在运转过程中带伸长很小,不需要像三角带、链传动等需经常调整张紧力。此外,同步带在运转中也不需要任何润滑,所以维护保养很方便,运转费用比三角带、链、齿轮要低得多。

5. 恶劣环境条件下仍能正常工作

尽管同步带传动与其他传动相比有以上优点,但它对安装时的中心距要求等方面极其严格,同时制造工艺复杂、制造成本高。

(三) 同步带的结构和尺寸规格

1. 同步带结构

如图2-4所示,同步带一般由承载绳、带齿、带背和包布层组成。

工业用同步带带轮及截面形状如图2-5、图2-6所示。

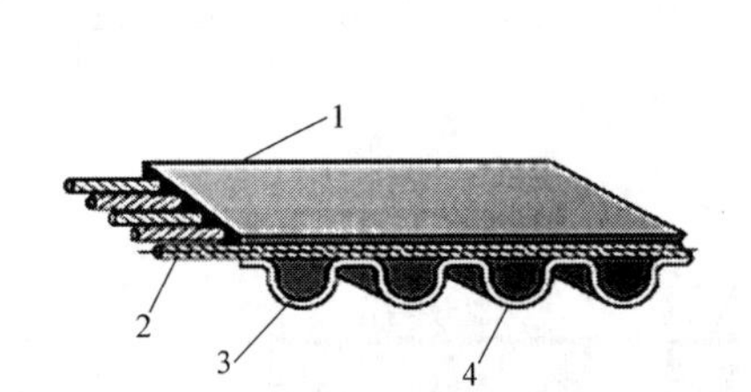

图2-4 同步带结构

1—带背;2—承载绳;3—带齿;4—包布带。

图2-5 常用同步带轮结构

2. 同步带规格型号

根据GB/T 11616—1989、GB/T 11362—1989,我国同步带型号及标记方法分别见表2-1和如图2-7所示。

表2-1 同步带型号

型 号	名称	节距/mm	型 号	名称	节距/mm
MXL(Minima Extra Light)	最轻型	2.032	H(Heavy)	重 型	12.700
XXL(Extra Extra Light)	超轻型	3.175	XH(Extra Heavy)	特重型	22.225
XL(Extra Light)	特轻型	5.080	XXH(Double Extra Heavy)	最重型	31.750
L(Light)	轻 型	9.525			

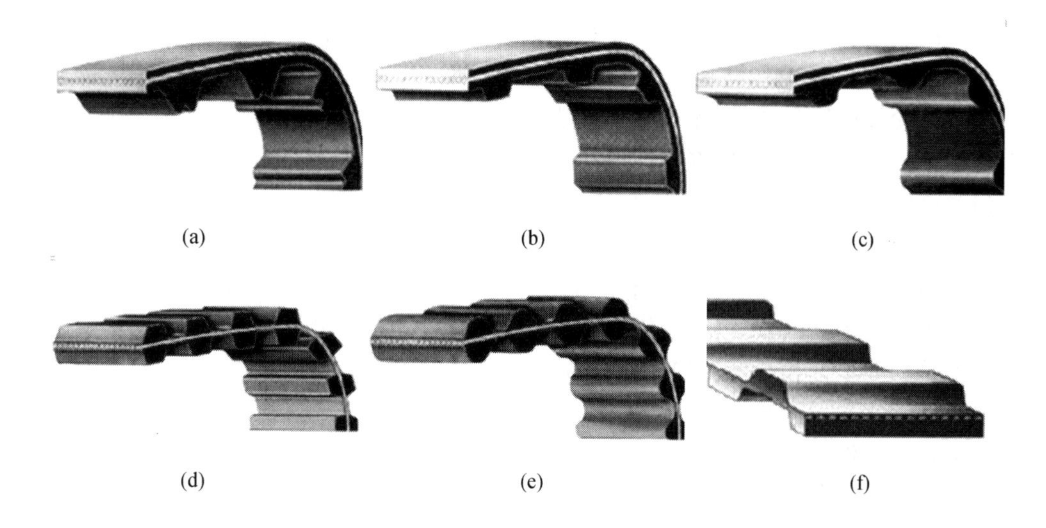

图 2-6　常用同步带结构

（a）RPP 同步带；（b）梯形齿同步带；（c）圆弧齿同步带；（d）梯形齿双面同步带；（e）圆弧齿双面同步带；（f）交错双面齿同步带。

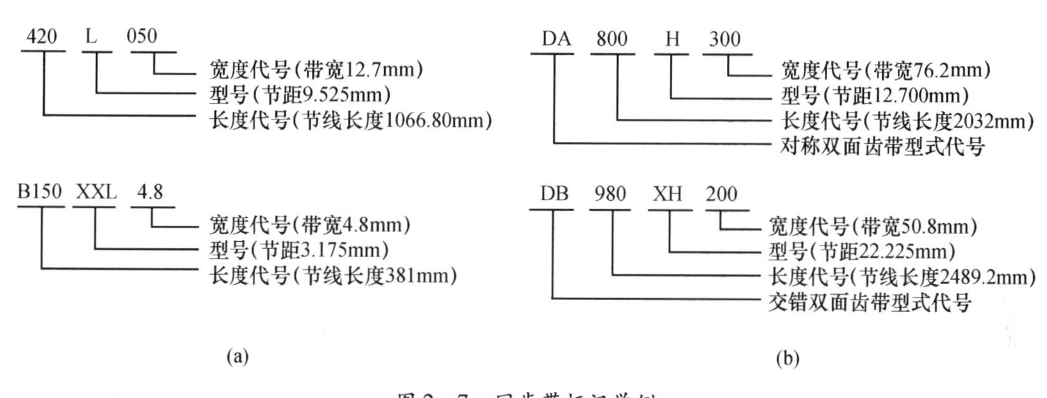

图 2-7　同步带标记举例

（a）单面齿同步带标记；（b）双面齿同步带标记。

（四）同步带的设计计算

1. 失效形式和计算准则

同步带传动主要失效形式有：

（1）承载绳断裂。原因是带型号过小和小带轮直径过小等。

（2）爬齿和跳齿。原因是同步带传递的圆周力过大、带与带轮间的节距差值过大、带的初拉力过小等。

（3）带齿的磨损。原因是带齿与轮齿的啮合干涉、带的张紧力过大等。

（4）其他失效方式。带和带轮的制造安装误差引起的带轮棱边磨损、带与带轮的节距差值太大和啮合齿数过少引起的带齿剪切破坏、同步带背的龟裂、承载绳抽出和包布层脱落等。

在正常的工作条件下，同步带传动的设计准则是在不打滑的条件下，保证同步带的抗拉强度。在灰尘杂质较多的条件下，则应保证带齿的一定耐磨性。

2. 同步带传动的设计计算步骤

设计同步带传动的已知条件如下：

(1) P_m需要传递的名义功率；

(2) n_1、n_2主从动轮的转速或传动比；

(3) 传动部件的用途、工作环境和安装位置等。

根据以上条件，按以下步骤进行设计计算：

(1) 确定带的设计功率；

(2) 选择带型和节距；

(3) 确定带轮齿数和节圆直径；

(4) 确定同步带的节线长度、齿数及传动中心距；

(5) 校验同步带和小带轮的啮合齿数；

(6) 确定实际所需同步带宽度；

(7) 带的工作能力验算。

三、齿轮传动

机电一体化系统中目前使用最多的是齿轮传动，主要原因是齿轮传动的瞬时传动比为常数，传动精确，可以做到零侧隙无回差、强度大、能承受重载荷、结构紧凑、摩擦力小、效率高。在机电一体化系统中，齿轮传动间隙符合规定是一项基本的技术要求。

常用的调整齿侧间隙的方法有以下几种。

1. 圆柱齿轮传动

(1) 偏心套(轴)调整法。如图2－8所示，将相互啮合的一对齿轮中的一个齿轮4装在电机输出轴上，并将电机2安装在偏心套1(或偏心轴)上，通过转动偏心套(偏心轴)的转角，就可调节两啮合齿轮的中心距，从而消除圆柱齿轮正、反转时的齿侧间隙。特点是结构简单，但其侧隙不能自动补偿。

(2) 轴向垫片调整法。如图2－9所示，齿轮1和2相啮合，其分度圆弧齿厚沿轴线方向略有锥度，这样就可以用轴向垫片3使齿轮2沿轴向移动，从而消除两齿轮的齿侧间隙。装配时轴向垫片3的厚度应使得齿轮1和2之间既齿侧间隙小，运转又灵活。特点同偏心套(轴)调整法。

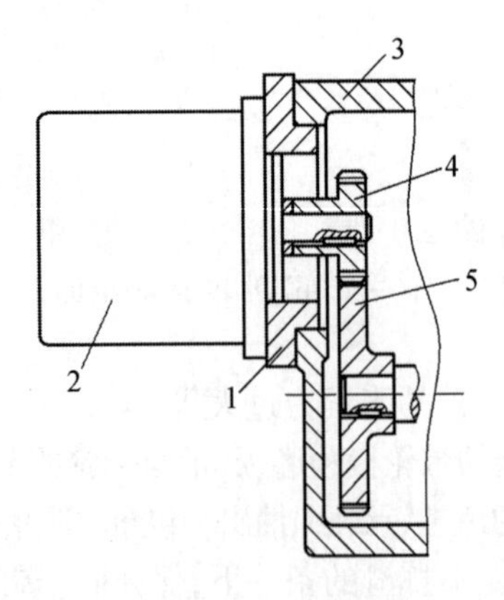

图2－8 偏心套式间隙消除机构
1—偏心套；2—电机；
3—减速箱；4,5—减速齿轮。

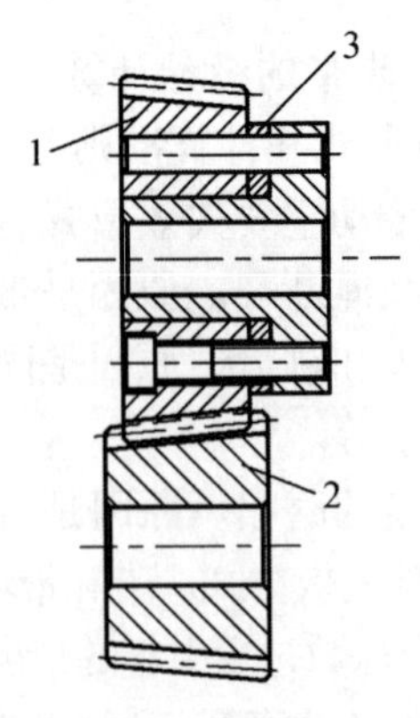

图2－9 圆柱齿轮轴向垫片间隙消除机构
1,2—齿轮；3—垫片。

（3）双片薄齿轮错齿调整法。这种消除齿侧间隙的方法是将其中一个做成宽齿轮，另一个用两片薄齿轮组成。采取措施使一个薄齿轮的左齿侧和另一个薄齿轮的右齿侧分别紧贴在宽齿轮齿槽的左、右两侧，以消除齿侧间隙，反向时不会出现死区，具体调整措施如下：

① 周向弹簧式（图2－10）。在两个薄片齿轮2和4上各开了几条周向圆弧槽，并在齿轮3和4的端面上有安装弹簧2的短柱1。在弹簧2的作用下使薄片齿轮3和4错位而消除齿侧间隙。这种结构形式中的弹簧2的拉力必须足以克服驱动转矩才能起作用。因该方法受到周向圆弧槽及弹簧尺寸限制，故仅适用于读数装置而不适用于驱动装置。

② 可调拉簧式（图2－11）。在两个薄片齿轮1和2上装有凸耳3，弹簧的一端钩在凸耳3上，另一端钩在螺钉7上。弹簧4的拉力大小可用螺母5调节螺钉7的伸出长度，调整好后再用螺母6锁紧。

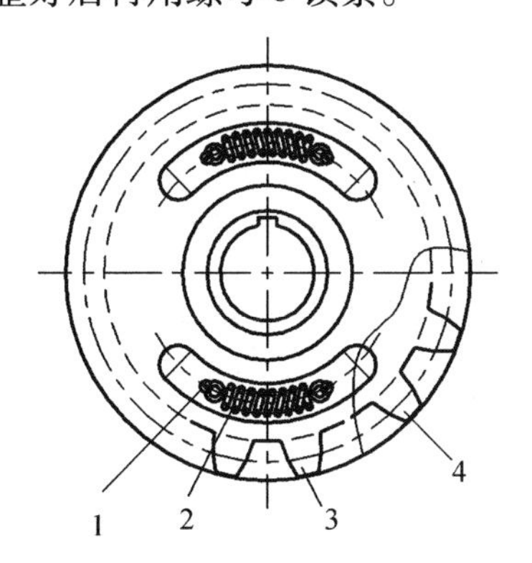

图2－10　薄片齿轮周向拉簧错齿调隙机构
1—短柱；2,3,4—薄片齿轮。

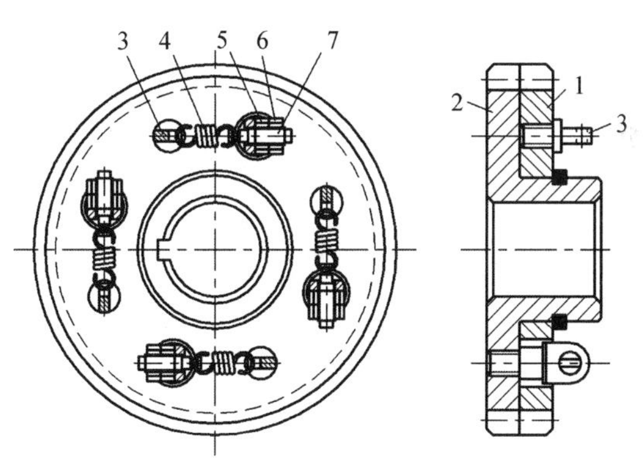

图2－11　可调拉簧式调隙机构
1,2—薄片齿轮；3—凸耳；4—弹簧；
5,6—螺母；7—螺钉。

2. 斜齿轮传动

消除斜齿轮传动齿轮侧隙的方法与上述错齿调整法基本相同，也是用两个薄片齿轮与一个宽齿轮啮合，只是在两个薄片斜齿轮的中间隔开了一小段距离，这样它的螺旋线便错开了。图2－12（a）是薄片错齿调整机构，其特点是结构比较简单，但调整较费时，且齿侧间隙不能自动补偿，图2－12（b）是轴向压簧错齿调整机构，其特点是齿侧隙可以自动补偿，但轴向尺寸较大，结构欠紧凑。

3. 锥齿轮传动

（1）轴向压簧调整法。轴向压簧调整法原理如图2－13所示，在锥齿轮4的传动轴7上装有压簧5，其轴向力大小由螺母6调节。锥齿轮4在压簧5的作用下可轴向移动，从而消除了其与啮合的锥齿轮1之间的齿侧间隙。

（2）周向弹簧调整法。周向弹簧调整法原理如图2－14所示，将与锥齿轮3啮合的齿轮做成大小两片（1、2），在大片锥齿轮1上制有三个周向圆弧槽8，小片锥齿轮2的端面制有三个可伸入槽8的凸爪7。弹簧5装在槽8中，一端顶在凸爪7上，另一端顶镶在槽8中的镶块4上。止动螺钉6装配时用，安装完毕将其卸下，则大小片锥齿轮1、2在弹簧力作用下错齿，从而达到消除间隙的目的。

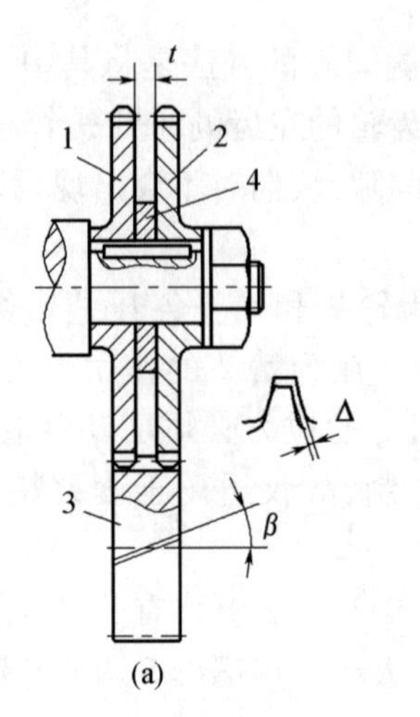

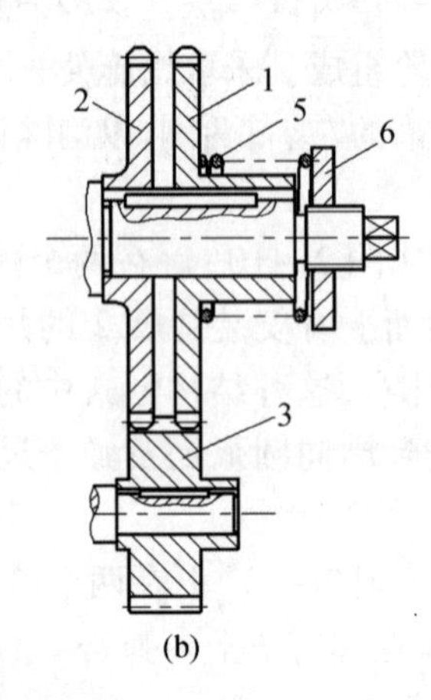

图 2-12　斜齿轮调隙机构

（a）薄片错齿调隙机构；（b）轴向压簧错齿调隙机构。

1,2—薄片齿轮；3—宽齿轮；4—调整螺母；5—弹簧；6—垫片。

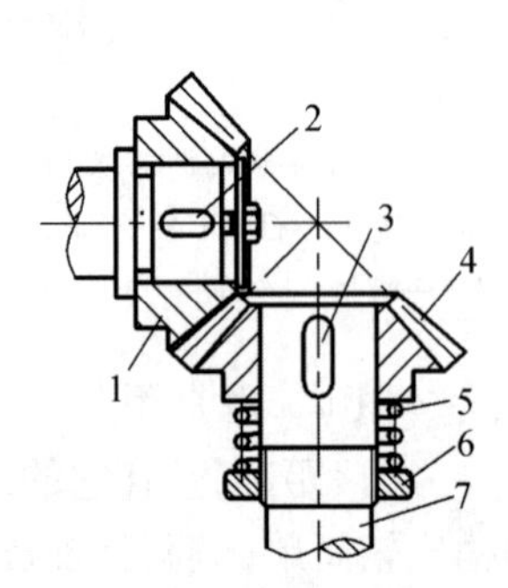

图 2-13　锥齿轮轴向压簧调隙机构

1,4—锥齿轮；2,3—键；

5—压簧；6—螺母；7—轴。

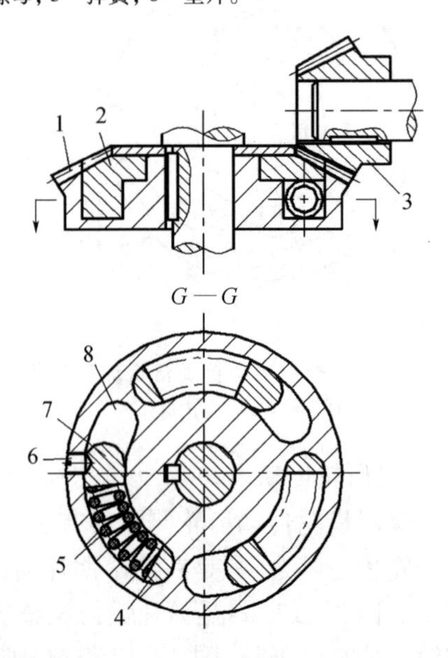

图 2-14　锥齿轮周向弹簧调隙机构

1—大片锥齿轮；2—小片锥齿轮；3—锥齿轮；4—镶块；

5—弹簧；6—止动螺钉；7—凸爪；8—槽。

4. 齿轮齿条传动机构

在机电一体化产品中对于大行程传动机构往往采用齿轮齿条传动，因为其刚度、精度和工作性能不会因行程增大而明显降低，但它与其他齿轮传动一样也存在齿侧间隙，应采取消隙措施。

当传动负载小时，可采用双片薄齿轮错齿调整法，使两片薄齿轮的齿侧分别紧贴齿条的齿槽两相应侧面，以消除齿侧间隙。当传动负载大时，可采用双齿轮调整法。如图 2-15 所示，小齿轮 1、6 分别与齿条 7 啮合，与小齿轮 1、6 同轴的大齿轮 2、5 分别与齿轮 3 啮合，通过预载装置 4 向齿轮 3 上预加负载，使大齿轮 2、5 同时向两个相反方向转动，从而带动小齿轮1、6转动，其齿面便分别紧贴在齿条7上齿槽的左、右侧，消除了齿侧间隙。

四、谐波齿轮传动

谐波齿轮传动具有结构简单、传动比大（几十至几百）、传动精度高、回程误差小、噪声低、传动平稳、承载能力强、效率高等优点，故在工业机器人、航空、火箭等机电一体化系统中日益得到广泛的应用。

（一）谐波齿轮传动的工作原理

谐波齿轮传动是建立在弹性变形理论基础上的一种新型传动，它的出现为机械传动技术带来了重大突破。图2－16所示为谐波齿轮传动的示意图。它由三个主要构件组成，即具有内齿的刚轮1、具有外齿的柔轮2和波发生器3。这三个构件和少齿差行星传动中的中心内齿轮、行星轮和系杆相当。通常波发生器为主动件，而刚轮和柔轮之一为从动件，另一个为固定件。当波发生器装入柔轮内孔时，由于前者的总长度略大于后者的内孔直径，故柔轮变为椭圆形，于是在椭圆的长轴两端产生了柔轮与刚轮轮齿的两个局部啮合区；同时在椭圆短轴两端，两轮轮齿则完全脱开。至于其余各处，则视柔轮回转方向的不同，或处于啮合状态，或处于非啮合状态。当波发生器连续转动时，柔轮长短轴的位置不断交化，从而使轮齿的啮合处和脱开处也随之不断变化，于是在柔轮与刚轮之间就产生了相对位移，从而传递运动。

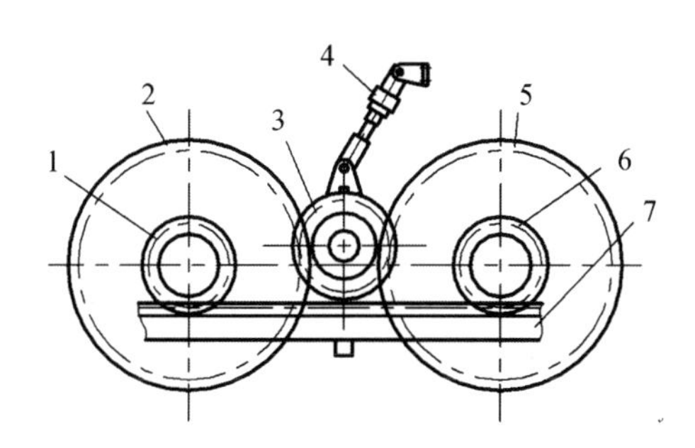

图2－15　齿轮齿条的双齿轮调隙机构
1,6—小齿轮；2,5—大齿轮；
3—齿条；4—预载装置；7—齿条。

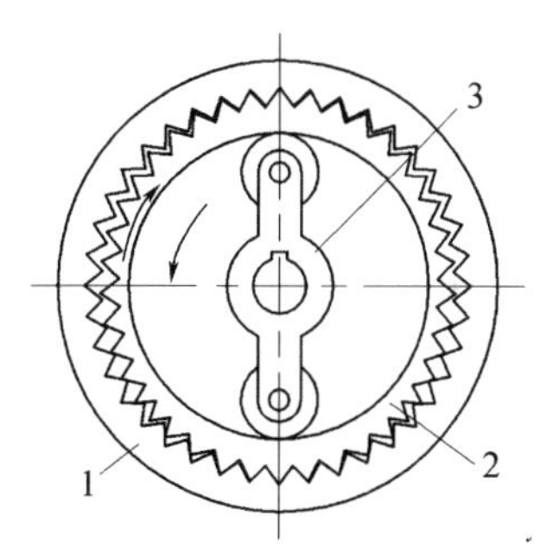

图2－16　谐波齿轮啮合原理
1—刚轮；2—柔轮；3—波发生器。

在波发生器转动一周期间，柔轮上一点变形的循环次数与波发生器上的凸起部位数是一致的，称为波数。常用的有两波和三波两种。为了有利于柔轮的力平衡和防止轮齿干涉，刚轮和柔轮的齿数差应等于波发生器波数（波发生器上的滚轮数）的整倍数，通常取为等于波数。

由于在谐波齿轮传动过程中，柔轮与刚轮的啮合过程与行星齿轮传动类似，故其传动比可按周转轮系的计算方法求得。

（二）谐波齿轮传动的传动比计算

与行星齿轮轮系传动比的计算相似，则

$$i_{rg}^{H}=\frac{\omega_r-\omega_H}{\omega_g-\omega_H}=\frac{z_g}{z_r} \tag{2-1}$$

式中：ω_g、ω_r、ω_H 分别为刚轮、柔轮和波形发生器的角速度；z_g、z_r 分别为刚轮和柔轮的齿数。

（1）当柔轮固定时，$\omega_r=0$，则

$$i_{rg}^{H}=\frac{0-\omega_H}{\omega_g-\omega_H}=\frac{z_g}{z_r},\ \frac{\omega_g}{\omega_H}=1-\frac{z_r}{z_g}=\frac{z_g-z_r}{z_g}$$

$$i_{Hg}=\frac{\omega_H}{\omega_g}=\frac{z_g}{z_g-z_r} \tag{2-2}$$

设 $z_r=200$、$z_g=202$ 时，则 $i_{Hg}=101$。结果为正值，说明刚轮与波形发生器转向相同。

（2）当刚轮固定时，$\omega_g=0$，则

$$i_{rg}^{H}=\frac{\omega_r-\omega_H}{0-\omega_H}=\frac{z_g}{z_r},\ \frac{\omega_r}{\omega_H}=1-\frac{z_g}{z_r}=\frac{z_r-z_g}{z_r}$$

$$i_{Hr}=\frac{\omega_H}{\omega_r}=\frac{z_r}{z_r-z_g} \tag{2-3}$$

设 $z_r=200$、$z_g=202$ 时，则 $i_{Hr}=-100$。结果为负值，说明柔轮与波形发生器转向相反。

（三）谐波齿轮减速器产品及选用

目前尚无谐波齿轮减速器的国标，不同生产厂家标准代号也不尽相同。以 XBl 型通用谐波齿轮减速器为例，其标记代号如图 2－17 所示。

例如，XB1—120—100—6—G 表示单级、卧式安装，具有水平输出轴，机型为 120，减速比为 100，最大回差为 6′，G 表示油脂润滑。

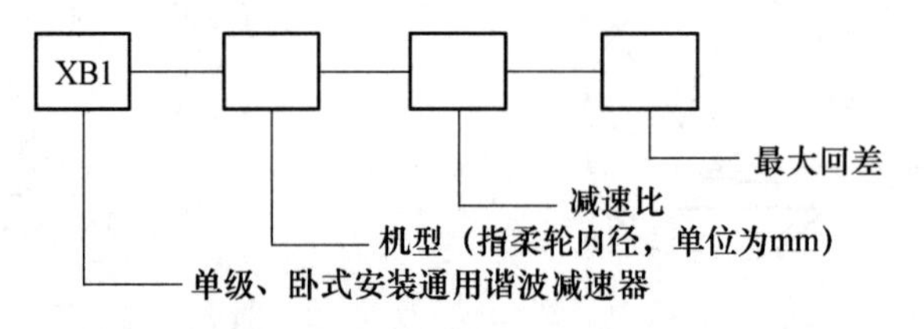

图 2－17　谐波齿轮减速器标记示例

设计者也可根据需要单独购买不同减速比、不同输出转矩的谐波齿轮减速器中的三大构件（图 2－18），并根据其安装尺寸与系统的机械构件相联结。图 2－19 为小型谐波齿轮减速器结构图。

谐波齿轮减速器选用说明：

（1）样本中的图表参数为标准产品，用户选型时需确定以下三项参数：

① 传动比或输出转速（r/min）；

② 减速机输入功率（kW）；

③ 额定输入转速（r/min）。

（2）如减速机输入转速是可调的，则在选用减速机型号时应分别确定：

工作条件为“恒功率”时按最低转速选用机型；工作条件为“恒扭矩”时，按最高转速选用机型。订货时须说明是否与电机直联，电机型号及参数。

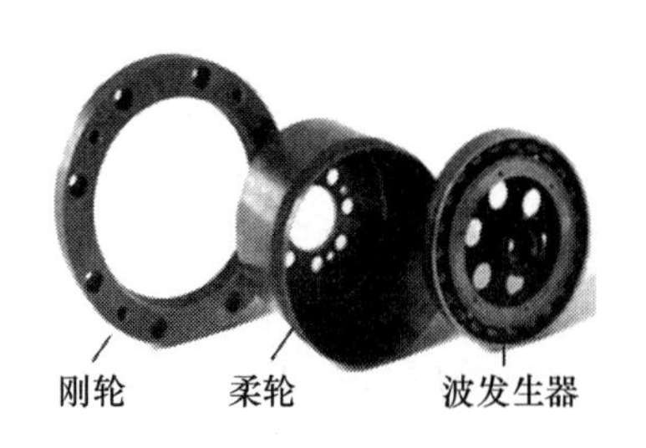

图 2－18　谐波减速器三大构件

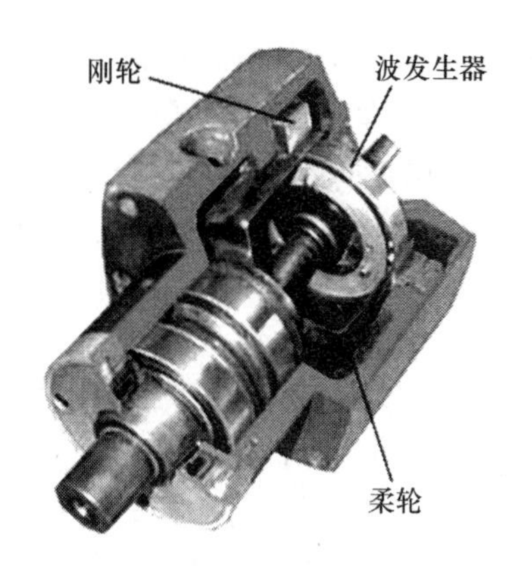

图 2－19　谐波减速器结构

（3）选用减速机输入功率 P_{C1} 与输出扭矩 T_{C2} 的计算：

$$P_{C1} = PK_A \tag{2-4}$$

$$T_{C2} = TK_A \tag{2-5}$$

式中　P——减速机额定输入功率(kW)；

T——减速机额定输出扭矩(N·m)；

K_A——工作情况系数，见表 2－2。

表 2－2　XB1 谐波减速器工作情况系数

原动机	负荷性质	每日工作时间/h		
		1～2	2～10	10～24
电机	轻微冲击	1.00	1.30	1.50
	中等冲击	1.30	1.50	1.75
	较大冲击或惯性冲击	1.50	1.75	2.00

（4）减速器输出轴装有齿轮、链轮、三角皮带轮及平皮带轮时，需要校验轴伸的悬臂负荷 F_{C1}，校验公式为

$$F_{C1} = 2TK_A/DFR \tag{2-6}$$

式中　D——齿轮、链轮、皮带轮的节圆直径(m)；

FR——悬臂负荷系数（齿轮 $FR=1.5$；链轮 $FR=1.2$；三角皮带轮 $FR=2$；平皮带轮 $FR=2.5$）。

当悬臂负荷 F_{C1} 小于或等于许用悬臂负荷 F（表 2－3），即 $F_{C1} \leqslant F$ 时，即可通过。

表 2－3　XB1 谐波齿轮减速机轴伸许用悬臂负荷

型　号	XB1－100	XB1－120	XB1－160	XB1－200	XB1－250
许用悬臂负荷 F/N	4000	5000	10000	15000	17000

（5）如减速机使用在有可能发生过载的工作场合，应安装过载保护装置。

五、滚珠螺旋传动

滚珠螺旋传动是在丝杠和螺母滚道之间放入适量的滚珠，使螺纹间产生滚动摩擦。

丝杠转动时,带动滚珠沿螺纹滚道滚动。螺母上设有反向器,与螺纹滚道构成滚珠的循环通道。为了在滚珠与滚道之间形成无间隙甚至有过盈配合,可设置预紧装置。为延长工作寿命,可设置润滑件和密封件。

滚珠螺旋传动与滑动螺旋传动或其他直线运动副相比,有下列特点:

(1) 传动效率高。一般滚珠丝杠副的传动效率达90% ~95%,耗费能量仅为滑动丝杆的1/3。

(2) 运动平稳。滚动摩擦系数接近常数,启动与工作摩擦力矩差别很小。启动时无冲击,预紧后可消除间隙产生过盈,提高接触刚度和传动精度。

(3) 工作寿命长。滚珠丝杠螺母副的摩擦表面为高硬度(58HRC ~ 62HRC)、高精度,具有较长的工作寿命和精度保持性。寿命为滑动丝杆副的4倍~10倍。

(4) 定位精度和重复定位精度高。由于滚珠丝杆副摩擦小、温升小、无爬行、无间隙,通过预紧进行预拉伸以补偿热膨胀,因此可达到较高的定位精度和重复定位精度。

(5) 同步性好。用几套相同的滚珠丝杆副同时传动几个相同的运动部件,可得到较好的同步运动。

(6) 可靠性高。润滑密封装置结构简单,维修方便。

(7) 不能自锁。用于垂直传动时,必须在系统中附加自锁或制动装置。

(8) 制造工艺复杂。滚珠丝杆和螺母等零件加工精度、表面粗糙度要求高,故制造成本较高。

(一)工作原理与结构

如图2-20所示,丝杠和螺母的螺纹滚道间装有承载滚珠,当丝杠或螺母转动时,滚珠沿螺纹滚道滚动,则丝杠与螺母之间相对运动时产生滚动摩擦,为防止滚珠从滚道中滚出,在螺母的螺旋槽两端设有回程引导装置,它们与螺纹滚道形成循环回路,使滚珠在螺母滚道内循环。

滚珠丝杠副中滚珠的循环方式有内循环和外循环两种。

(1) 内循环。内循环方式的滚珠在循环过程中始终与丝杠表面保持接触,在螺母的侧面孔内装有接通相邻滚道的反向器,利用反向器引导滚珠越过丝杠的螺纹顶部进入相邻滚道,形成一个循环回路。一般在同一螺母上装有2个~4个滚珠用反向器,并沿螺母圆周均匀分布。内循环方式的优点是滚珠循环的回路短、流畅性好、效率高,螺母的径向尺寸也较小。其不足之处是反向器加工困难、装配调整也不方便。

图2-20　滚珠丝杠副结构

(2) 外循环。外循环方式中的滚珠在循环反向时,离开丝杠螺纹滚道,在螺母体内或体外作循环运动。从结构上看,外循环有以下三种形式,即螺旋槽式、插管式和端盖式。图2-21为端盖式循环和插管循环原理图。除了通用方式(图2-21)外,由于滚珠丝杠副的应用越来越广,对其研究也更深入,为了提高其承载能力,开发出了新型的滚珠循环方式(UHD)(图2-22(b)),为了提高回转精度,一种无螺母的丝杠副(图2-22(c))已研制成功。

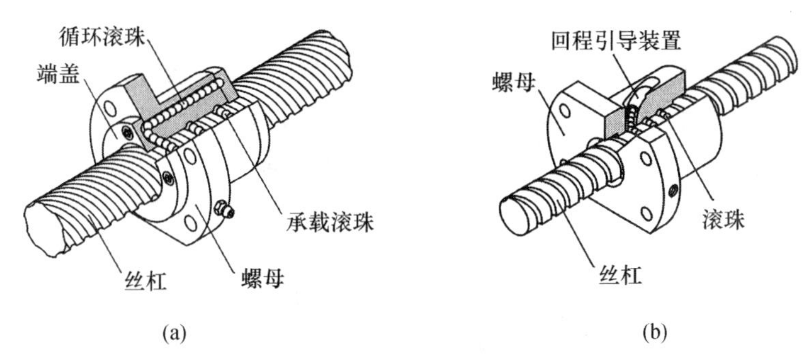

图 2－21　丝杠螺母结构

（a）端盖循环；（b）插管循环。

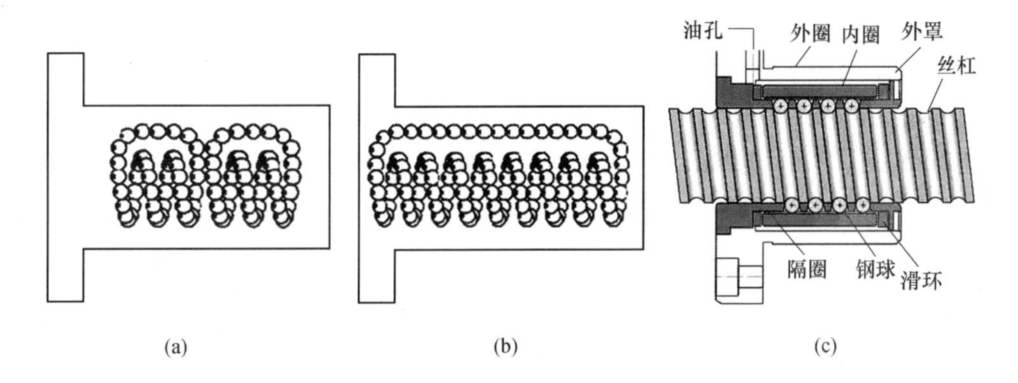

图 2－22　滚珠的排列方式和新型丝杠螺母结构

（a）通用方式；（b）UHD 方式；（c）新型"螺母"。

（二）滚珠丝杠副轴向间隙的调整和施加预紧力的方法

滚珠丝杠副除了对本身单一方向的传动精度有要求外，对其轴向间隙也有严格要求，以保证其反向传动精度。滚珠丝杠副的轴向间隙是承载时在滚珠与滚道型面接触点的弹性变形所引起的螺母位移量和螺母原有间隙的总和。通常采用双螺母预紧或单螺母（大滚珠、大导程）的方法，把弹性变形控制在最小限度内，以减小或消除轴向间隙，并可以提高滚珠丝杠副的刚度。

1. 双螺母预紧原理

双螺母预紧原理如图 2－23 所示，是在两个螺母之间加垫片来消除丝杠和螺母之间的间隙。根据垫片厚度不同分成两种形式，当垫片厚度较厚时即产生"预拉应力"，而当垫片厚度较薄时即产生"预压应力"，以消除轴向间隙。

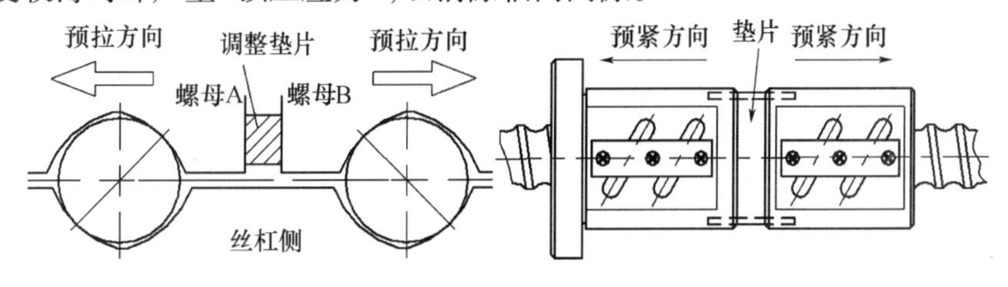

图 2－23　双螺母预紧原理

2．单螺母预紧原理(增大滚珠直径法)

单螺母预紧原理如图2－24所示，为了补偿滚道的间隙，设计时将滚珠的尺寸适当增大，使其四点接触，产生预紧力，为了提高工作性能，可以在承载滚珠之间加入间隔钢球。

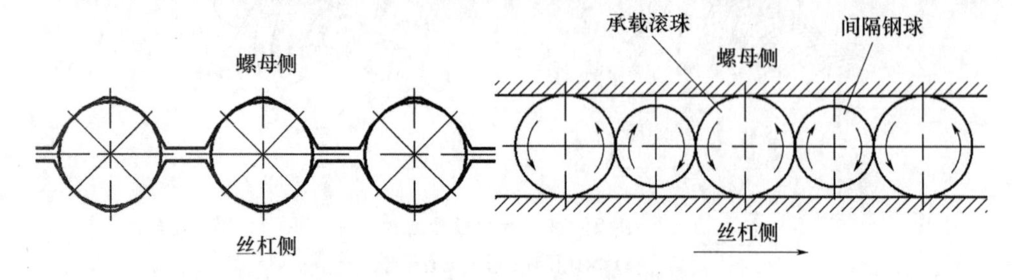

图2－24　单螺母预紧原理(增大滚珠直径法)

3．单螺母预紧原理(偏置导程法)

偏置导程法原理如图2－25所示，仅仅是在螺母中部将其导程增加一个预压量Δ，以达到预紧的目的。

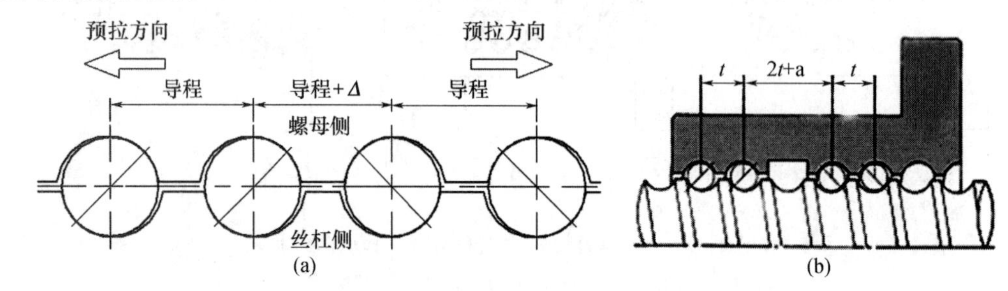

图2－25　单螺母预紧原理(偏置导程法)

(三) 滚珠丝杠副的轴向弹性变形

滚珠丝杠受轴向载荷后，滚珠和滚道面将产生弹性变形，轴向弹性变形量δ_a与轴向载荷F_a之间的关系与滚动轴承的计算相同，根据赫兹的点接触理论，δ_a和F_a满足

$$\delta_a \propto F_a^{2/3} \tag{2-7}$$

1．单螺母预紧(无预紧)的轴向弹性变形

轴向弹性变形为

$$\delta_a = \frac{1.2}{\sin\alpha}\left(\frac{Q}{D_a}\right)^{1/3} (\mu m) \tag{2-8}$$

式中　α——钢球和滚道的接触角(45°)；

D_a——钢球直径(mm)；

Q——单个钢球所受载荷(N)，且

$$Q = 10 \times F_a / Z\sin\alpha$$

式中　Z——钢球数；

ξ——和精度、结构有关的系数。

2．双螺母预紧时的轴向变形量

如图2－26所示，对两个螺母A和B施加预紧力F_{ao}后，螺母A、B均变形至X点。如

果这时作用有外力 F_a，则螺母 A 从 X 点向 X_1 点、螺母 B 从 X 点向 X_2 点移动（图 2－27）。由于 δ_a 和 F_a 成正比关系，假设其比例系数为 k，则有 $\delta_{ao}=kF_{ao}^{2/3}$，并且螺母 A 和 B 的变形量分别为

$$\delta_A = kF_A^{2/3} \tag{2-9}$$

$$\delta_B = kF_B^{2/3} \tag{2-10}$$

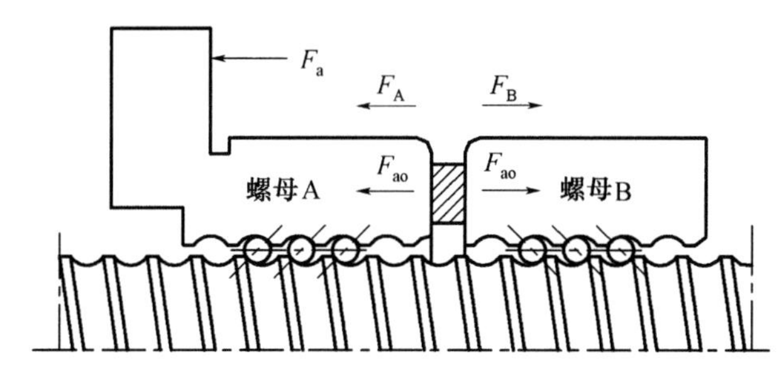

图 2－26 双螺母预紧

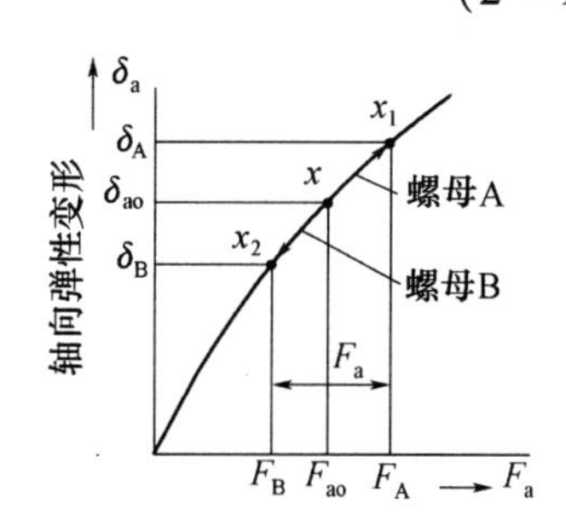

图 2－27 预压曲线

由于在外力 F_a 作用下螺母 A 和 B 的变形量相同（方向相反），所以

$$\delta_A - \delta_{ao} = \delta_{ao} - \delta_B \tag{2-11}$$

而且，当仅有外力 F_a 作用时，$F_A - F_B = F_a$。

随着 F_a 的增加使 F_b 接近零时，则外力几乎全被螺母 A 吸收。

当 $\delta_B=0$ 时，$kF_A^{2/3}-kF_{ao}^{2/3}=kF_{ao}^{2/3}$

$$F_A^{2/3} = 2F_{ao}^{2/3}$$

$$F_A = \sqrt{8}F_{ao} \approx 3F_{ao} \tag{2-12}$$

又因为 $\delta_A-\delta_{ao}=\delta_{ao}$，所以

$$\delta_{ao} = \frac{1}{2}\delta_A \tag{2-13}$$

因此，当施加预紧力的 3 倍的轴向载荷时，预紧滚珠丝杠副变形量仅为无预紧滚珠丝杠副的二分之一，即刚度增加了一倍（图 2－28）。刚度 K 可写成

$$K = \frac{F_a}{10\times\delta_{ao}} = \frac{3F_{ao}}{5\delta_a} \tag{2-14}$$

式中 K——刚度（N/μm）；

F_a——轴向载荷（N）；

δ_{ao}——预紧丝杠副的轴向弹性变形量（μm）；

F_{ao}——预紧载荷（N）；

δ_a——无预紧丝杠副的轴向弹性变形量（μm）。

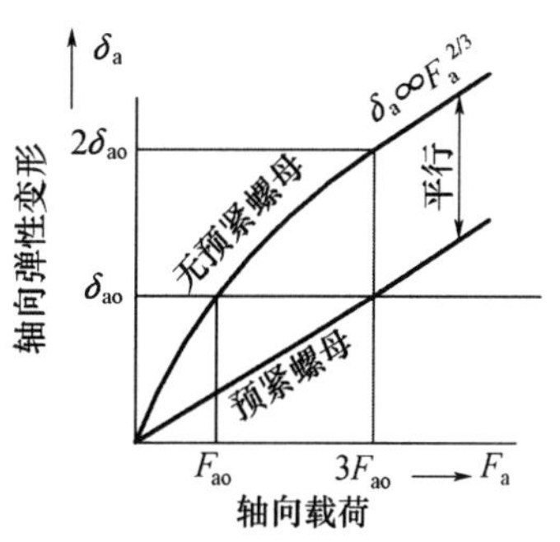

图 2－28 弹性变形曲线

目前，制造的单螺母式滚珠丝杠副的轴向间隙达 0.05mm，而双螺母式的经加预紧力调整后基本上能消除轴向间隙。应用该方法消除轴向间隙时应注意以下两点：

（1）预紧力大小必须合适，过小不能保证无隙传动；过大将使驱动力矩增大，效率降

低，寿命缩短。预紧力应不超过最大轴向负载的1/3。

（2）要特别注意减小丝杠安装部分和驱动部分的间隙，这些间隙用预紧的方法是无法消除的，而它对传动精度有直接影响。

（四）滚珠丝杠副的主要尺寸、精度等级和标注方法

1．主要尺寸

滚珠丝杠副的主要尺寸及其计算公式见表2－4。

表2－4　滚珠丝杠副的主要尺寸及其计算公式

主要尺寸	符号	计算公式												
标称直径（滚珠中心圆直径）	D_0 /mm	30		40		50			60			70		根据承载能力选用
导程	p /mm	5	6	6	8	6	8	10	8	10	12	10	12	根据承载能力选用
螺旋升角	λ /(°)	3°2′	3°39′	2°44′	3°39′	2°11′	2°55′	3°39′	2°26′	3°2′	3°39′	2°17′	2°44′	$\lambda=\arctan\frac{p}{\pi D_0}$ 一般 $\lambda=2°\sim5°$
滚珠直径	d_0 /mm	3.175	3.969	3.969	4.763	3.969	4.763	5.953	4.763	5.953	7.144	5.953	7.144	
螺纹滚道半径	R	一般 $R=(0.52\sim0.58)d_0$ 目前，内循环常数取 $R=0.52d_0$ 外循环常数取 $R=0.52d_0$ 或 $R=0.56d_0$												
接触角	α /(°)	$\alpha=45$												
偏心距	e	$e=\left(R-\frac{d_0}{2}\right)\sin\alpha=0.707\left(R-\frac{d_0}{2}\right)$												
丝杠外径	d	$d=D_0-(0.2\sim0.25)d_0$												
丝杠内径	d_1	$d_1=D_0+2e-2R$												
螺纹牙顶圆角半径	r_3	$r_3=0.1d_0$（用于内循环）												
螺母外径	D	$D=D_0-2e+2R$												
螺母内径	D_1	$D_1=D_0+(0.2\sim0.25)d_0$（外循环） $D_1=D_0+\frac{D_0-d}{3}$（内循环）												

2．精度等级

JB316.2—82《滚珠丝杠副精度》标准规定分为6个等级：C、D、E、F、G、H。C级最高，H级最低。滚珠丝杠副精度包括各元件的制造精度和装配后的综合精度，如丝杠公称直径尺寸变动量、丝杠和螺母的表面粗糙度、丝杠大径对螺纹轴线的径向圆跳动、导程误差等。各等级对各项均有公差要求。表2－5列出了各精度等级的导程公差。

表 2-5　滚珠丝杠副精度等级导程公差

项　目	符号	精　度　等　级					
		C	D	E	F	G	H
基本导程极限偏差/μm	δL_0	±4	±5	±6	—	—	—
2π 弧度内导程公差/μm	$\delta L_{2\pi}$	4	5	6	—	—	—
任意 300mm 内导程公差/μm	δL_{300}	5	10	15	25	50	100
螺纹全长内导程公差/μm	δL_1	$\delta L_1=\delta L_{300}\times\left(\frac{L-2L_0}{300}\right)^{K_1}$					
	K_1	0.8	0.8	0.8	0.8	0.8	1.0
导程误差曲线的带宽公差/μm	δL_b	$\delta L_b=\delta L_{300}\times\left(\frac{L-2L_0}{300}\right)^{K_2}$					
	K_2	0.6	0.6	0.6	0.6	0.6	—
注:测量螺纹全长内导程误差时,应在螺纹两端分别扣除长度 L_0,$L_0=(2\sim4)p$(p 为基本导程)							

为了提高经济性,按实际使用的导程精度要求,在每一精度等级内再分项,用以规定各精度等级的检查项目(表 2-6)。项目 1~5 表示导程精度检验项目的规定内容,未指定的检验项目,其误差值(偏差值)不超过下一等级的规定值,H 级不作规定。例如 D3 表示只检验 3 个项目,其余两个项目不得超过 E 级的规定。

表 2-6　导程精度检验项目

序号	项　目	符号	检验项目选择标号				
			1	2	3	4	5
1	任意 300mm 螺纹长度内导程误差	δL_{300}	√	√	√	√	√
2	螺纹全长内导程误差	δL_1		√	√	√	√
3	导程误差曲线的带宽	δL_b			√	√	√
4	基本导程偏差	δL_0				√	√
5	2π 弧度内导程误差	$\delta L_{2\pi}$					√

数控机床、精密机床和精密仪器用于进给系统时,根据定位精度和重复定位精度的要求,可选用 C、D、E 级等;一般动力传动,其精度等级偏低,可选用 F、G 级等。各类型机械精度等级要求,可参考表 2-7。

表 2-7　种类机械精度等级要求

机 械 种 类		坐　标　方　向			
		X(横向)	Y(立向)	Z(纵向)	W(刀杆、镗杆)
开环系统	数控压力机	E	—	E	—
	数控绘图机	E	—	E	—
	数控车床	E、D	—	E	—

（续）

机械种类		坐标方向			
		X(横向)	Y(立向)	Z(纵向)	W(刀杆、镗杆)
开环系统	数控磨床	D、C	—	D	—
	数控线切割机	D	—	D	—
	数控钻床	E	E、F	E	—
	数控铣床	D	D	D	—
	数控镗床	D、C	D、C	D、C	E
	数控坐标镗床	D、C	D、C	D、C	D
	自动换刀数控机床	D、C	D、C	D、C	E
坐标镗床，螺纹磨床		D、C	D、C	D、C	D
仪表机床		D、C	D、C	D、C	—
普通机床，通用机床		F	F	F	—

3．标注方法

滚珠丝杠副结构、规格、精度的标注方法如图2－29所示。（各制造厂略有不同）。

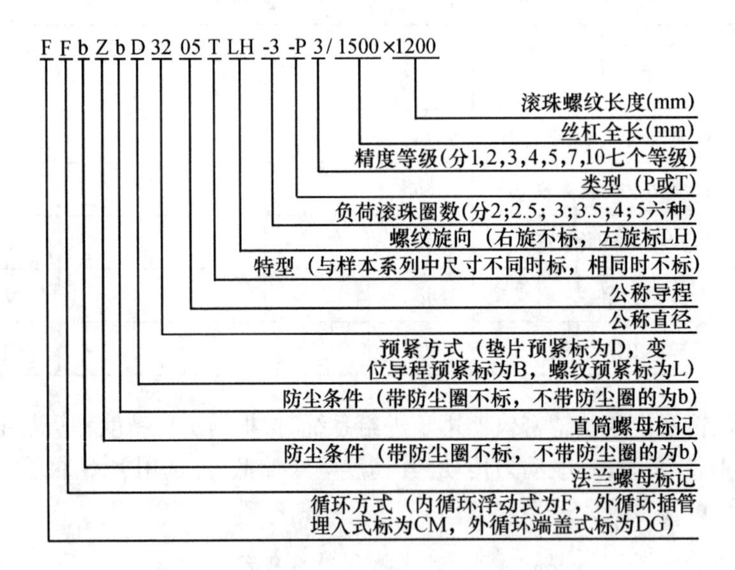

图2－29　南京工艺装备制造厂滚珠丝杠副标记法

（五）滚珠丝杠副的安装

丝杠的轴承组合及轴承座、螺母座以及其他零件的连接刚性，对滚珠丝杠副传动系统的刚度和精度都有很大影响，需在设计、安装时认真考虑。为了提高轴向刚度，丝杠支撑常用推力轴承为主的轴承组合，仅当轴向载荷很小时，才用向心推力轴承。表2－8中列出了四种典型支撑方式及其特点。

表 2-8 滚珠丝杠副支撑形式

序号	支撑方式	简图	特点	支撑系数	
				压杆稳定系数 f_k	临界转速系数 f_c
1	单推—单推 J-J		(1)轴向刚度较高; (2)预拉伸安装时,须加载荷较大,轴承寿命比方案2低; (3)适宜中速、精度高,并可用双推—单推组合	1	3.142
2	双推—双推 F-F		(1)轴向刚度最高; (2)预拉伸安装时,须加载荷较小,轴承寿命较高; (3)适宜高速、高刚度、高精度	4	4.730
3	双推—简支 F-S		(1)轴向刚度不高,与螺母位置有关; (2)双推端可预拉伸安装; (3)适宜中速、精度较高的长丝杠	2	3.927
4	双推—自由 F-O		(1)轴向刚度低,与螺母位置有关; (2)双推端可预拉伸安装; (3)适宜中小载荷与低速,更适宜垂直安装,短丝杠	0.25	1.875

除表中所列特点外,当滚珠丝杠副工作时,因受热(摩擦及其他热源)而伸长,它对第一种支撑方式的预紧轴承将会引起卸载,甚至产生轴向间隙,此时与第三、四种支撑方式类似,但对第二种支撑方式,其卸载结果可能在两端支撑中造成预紧力的不对称,且只能允许在某个范围内,即要严格限制其温升,故这种高刚度、高精度的支撑方式更适宜于精密丝杠传动系统。普通机械常用第三、四种方案,其费用比较低廉,前者用于长丝杠,后者用于短丝杠。

(六)滚珠丝杠副的设计计算

设计滚珠丝杠副的已知条件:工作载荷 F(N)或平均工作载荷 F_m(N),使用寿命 L'_h(h),丝杠的工作长度(或螺母的有效行程)L(m),丝杠的转速 n(平均转速 n_m 或最大转速 n_{max})(r/min),以及滚道硬度 HRC 和运转情况。

一般的设计步骤及方法如下:

(1)丝杠副的计算载荷 F_C(N):

$$F_C = K_F K_H K_A F_m \tag{2-15}$$

式中 K_F——载荷系数,按表 2-9 选取;

K_H——硬度系数,按表 2-10 选取;

K_A——精度系数,按表 2-11 选取;

F_m——平均工作载荷(N)。

表 2-9 载荷系数

载荷性质	无冲击平稳运转	一般运转	有冲击和振动运转
K_F	1~1.2	1.2~1.5	1.5~2.5

表 2-10 硬度系数

滚道实际硬度/HRC	≥58	55	50	45	40
K_H	1.0	1.11	1.56	2.4	3.85

表 2-11 精度系数

精度系数	C、D	E、F	G	H
K_A	1.0	1.1	1.25	1.43

(2) 计算额定动载荷 C'_a(N),即

$$C'_a = F_C \sqrt{\frac{n_m L'_h}{1.67 \times 10^4}} \tag{2-16}$$

式中 n_m——丝杠副的平均转速(r/min);

L'_h——运转寿命(h);

F_C——计算载荷(N)。

(3) 根据 C'_a 在滚珠丝杠系列中选择所需要的规格,使所选规格的丝杠副的额定动载荷 $C_a \geqslant C'_a$。

(4) 验算传动效率、刚度及工作稳定性,如不满足要求则应另选其他型号并重新验算。

(5) 对于低速($n \leqslant 10$r/min)传动,只按额定静载荷计算即可。

例 2-1 试设计一数控铣床工作台进给用滚珠丝杠副。已知平均工作载荷 F_m = 3800N,丝杠工作长度 l = 1.2m,平均转速 n_m = 100r/min,最大转速 n_{max} = 10000r/min,使用寿命 L'_h = 15000h,丝杠材料为 CrWMn 钢,滚道硬度为 58HRC~62HRC,传动精度要求 $\sigma = \pm 0.03$。

解 (1) 求计算载荷 F_C:

$$F_C = K_F K_H K_A F_m = 1.2 \times 1.0 \times 1.0 \times 3800 = 4560(\text{N})$$

式中,载荷系数由表 2-9、表 2-10、表 2-11 查得。

(2) 根据寿命条件计算额定动载荷 C'_a:

$$C'_a = F_C \sqrt{\frac{n_m L'_h}{1.67 \times 10^4}} = 4560 \times \sqrt{\frac{100 \times 15000}{1.67 \times 10^4}} \approx 20422(\text{N})$$

(3) 根据必须的额定动载荷 C'_a 选择丝杠副尺寸,由 $C_a \geqslant C'_a$ 查表 2-12,得如下规格:

表 2-12 南京工艺装备制造厂 FFZD 系列滚珠丝杠

单位:mm

FFZD 型内循环垫片预紧螺母式滚珠丝杠副尺寸系列

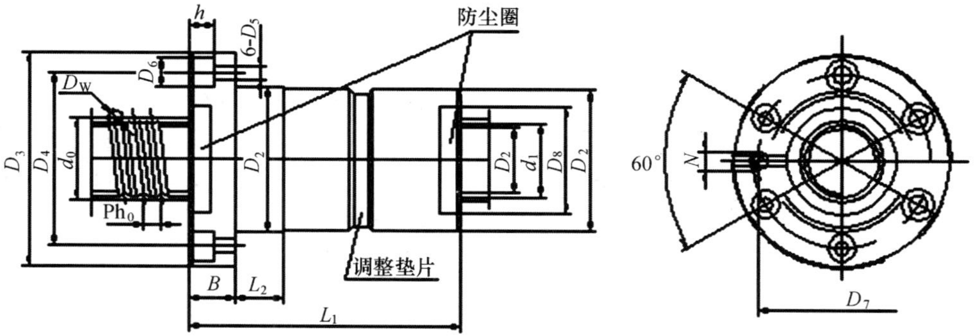

规格型号	公称直径 D_0	公称导程 p	丝杠外径 d	钢球直径 d_0	丝杠底径 d_1	循环圈数	基本额定负荷 动负荷 C_a(kN)	基本额定负荷 静负荷 C_{oa}(kN)	刚度 K_C N/μm	螺母安装连接尺寸 D_1(g6)	$D_2(^{-0.1}_{-0.2})$	L_2	D_3	B	D_4	D_5	D_6	h	D_7	M	D_8	L_1
FFZD3210-3	32	10	32.5	7.144	27.3	3	25.7	50.2	772	53	53	15	90	15	71	9	15	9	70	M6	44	146
FFZD3210-5	32	10	32.5	7.144	27.3	5	40	83.8	1256	53	53	15	90	15	71	9	15	9	70	M6	44	191
FFZD4005-3	40	5	39.5	3.5	36.9	3	13	40.6	1025	60	60	10	94	15	75	9	15	9	75	M6	48	88
FFZD4005-5	40	5	39.5	3.5	36.9	5	20.2	67.7	1671	60	60	10	94	15	75	9	15	9	75	M6	48	111
FFZD4006-5	40	6	38.9	4	35.9	5	23.5	73	1658	60	60	10	94	15	75	9	15	9	74	M6	48	128
FFZD5005-3	50	5	49	3.5	46.4	3	14.3	51.1	1213	71	71	10	110	15	90	9	15	9	84	M8×1	60	87
FFZD5005-5	50	5	49	3.5	46.4	5	22.2	85.1	1981	71	71	10	110	15	90	9	15	9	84	M8×1	60	111
FFZD5006-3	50	6	48.9	4	45.9	3	17	57.2	1224	71	71	15	110	15	90	9	15	9	84	M8×1	60	101
FFZD5006-5	50	6	48.9	4	45.9	5	26.4	95.4	1997	71	71	15	110	15	90	9	15	9	84	M8×1	60	130

注:(1) K_C 是在预紧力 F_P 为 $0.1C_a$、轴向载荷 F 为 $0.3C_a$ 时的理论计算值;

(2) 当轴向载荷 F 不等于 $0.3C_a$ 时,$K_C = K\left(\frac{F}{0.3C_a}\right)^{1/3}$,式中 K 是表中的刚度值,FFZD 型滚珠丝杆副正常工作环境温度范围 ±60℃

规格型号	公称直径 D_0/mm	公称导程 p/mm	丝杠外径 d /mm	钢球直径 d_W/mm	丝杠底径 d_1/mm	循环圈数	动负荷 C_a/kN
FFZD3210-3	32	10	32.5	7.144	27.3	3	25.7
FFZD4006-5	40	6	38.9	4	35.9	5	23.5
FFZD5006-5	50	6	48.9	4	45.9	5	26.4

考虑各种因素,选 FFZD5006-5,其中:

公称直径　$D_a=50\text{mm}$

导程　$p=6\text{mm}$

螺旋角　$\lambda=\arctan(6/(50\pi))=2°11'$

滚珠直径　$d_0=4\text{mm}$

滚道半径　$R=0.52d_0=0.52\times4=2.08(\text{mm})$

偏心距　$e=0.707\left(R-\dfrac{d_0}{2}\right)=0.707\times(2.08-2)=5.6\times10^{-2}(\text{mm})$

丝杠内径　$d_1=45.9\text{mm}$

(4) 稳定性验算:

① 假设为双推—简支(F-S),因为丝杠较长,所以用压杆稳定性来求临界载荷,即

$$F_{cr}=\frac{\pi^2EI_a}{(\mu l)^2}$$

式中　E——丝杠的弹性模量,对于钢 $E=206\text{GPa}$;

I_a——丝杠危险截面的轴惯性矩,$I_a=\dfrac{\pi d^4}{64}=\dfrac{\pi\times0.0459^4}{64}=2.18\times10^{-7}(\text{m}^4)$;

μ——长度系数,两端用铰接时,$\mu=\dfrac{2}{3}$。

所以

$$F_{cr}=\frac{\pi^2EI_a}{(\mu l)^2}=\frac{\pi^2\times206\times10^9\times2.18\times10^{-7}}{(2/3\times1.2)^2}=6.93\times10^5(\text{N})$$

故$\dfrac{F_{cr}}{F_m}=\dfrac{6.93\times10^5}{3800}=182.2\gg[S]=2.5\sim4$(表 2-13),丝杠是安全的,不会失稳。

表 2-13　稳定性系数

有关系数 \ 支撑方式	双推—自由 F-O	双推—简支 F-S	双推—双推 F-F
$[S]$	3~4	2.5~3.3	—
μ	2	2/3	—
f_c	1.875	3.927	4.730
注:μ——长度系数;f_c——临界转速系数			

② 临界转速 n_{cr} 验证。高速运转时,需验算其是否会发生共振的最高转速,要求丝杠

最高转速 $n_{max} < n_{cr}$。

临界转速可按下列公式计算：

$$n_{cr} = 9910\frac{f_c^2 d_1}{(\mu l)^2} = 9910 \times \frac{3.927^2 \times 0.0459}{\left(\frac{2}{3} \times 1.2\right)^2} \approx 10960(\text{r/min})$$

$n_{cr} > n_{max} = 10000\text{r/min}$，所以不会发生共振。

(5) 刚度验算：滚珠丝杠在工作负载 F(N)和转矩 T(N·m)共同作用下引起每个导程的变形量为

$$\Delta L_0 = \pm\frac{pF}{EA} \pm \frac{p^2 T}{2\pi G J_c} \ (\text{m})$$

式中 A——丝杠的截面积，$A = \frac{\pi}{4}d_1^2(\text{m}^2)$；

J_c——丝杠的极惯性矩，$J_c = \frac{\pi}{32}d_1^4(\text{m}^4)$；

G——钢的切变模量，对于钢 $G = 83.3\text{GPa}$；

T——转矩(N·m)，$T = F_m\frac{D_0}{2}\tan(\lambda + \rho)$，其中 ρ 为摩擦角，这里取 $\tan\rho = 0.0025$，即 $\rho = 8'40''$，则 $T = F_m\frac{D_0}{2}\tan(\lambda + \rho) = 3800 \times \frac{50}{2} \times 10^{-3}\tan(2'11'' + 8'40'') \approx 3.8(\text{N} \cdot \text{m})$

按最不利的情况，即取 $F = F_m$，则

$$\Delta L_0 = \frac{pF}{EA} + \frac{p^2 T}{2\pi G J_c} = \frac{4pF}{\pi E d_1^2} + \frac{16p^2 T}{\pi^2 G d_1^4}$$

$$= \left(\frac{4 \times 6 \times 10^{-3} \times 3800}{3.14 \times 206 \times 10^9 \times 0.0459^2} + \frac{16 \times (6 \times 10^{-3})^2 \times 3.8}{(3.14)^2 \times 83.3 \times 10^9 \times 0.0459^4}\right)$$

$$\approx 6.752 \times 10^{-2}(\mu\text{m})$$

丝杠在工作长度上的弹性变形所引起的导程误差为

$$\Delta L = l\frac{\Delta L_0}{p} = 1.2 \times \frac{6.752 \times 10^{-2}}{6 \times 10^{-3}} \approx 13.5(\mu\text{m})$$

通常要求丝杠的导程误差 ΔL 应小于其传动精度的1/2，即

$$\Delta L < \frac{1}{2}\sigma = \frac{1}{2} \times 0.03\text{mm} = 15\mu\text{m}$$

该丝杠的导程误差 ΔL 满足上式，所以其刚度可满足要求。

(6) 效率验算：滚珠丝杠副的传动效率为

$$\eta = \frac{\tan\lambda}{\tan(\lambda + \rho)} = \frac{\tan(2°11')}{\tan(2°11' + 8'40'')} = 0.939$$

η 要求为90%～95%，所以该丝杠副能满足使用要求。

经上述计算验证，FFZD5006－5 各项性能指标均符合题目要求，可选用。

第三节　机械传动设计的原则

一、机电一体化系统对机械传动的要求

机械传动是一种把动力机产生的运动和动力传递给执行机构的中间装置，是一种扭矩和转速的变换器，其目的是在动力机与负载之间使扭矩得到合理的匹配，并可通过机构变换实现对输出的速度调节。

在机电一体化系统中，伺服电机的伺服变速功能在很大程度上代替了传统机械传动中的变速机构，只有当伺服电机的转速范围满足不了系统要求时，才通过传动装置变速。由于机电一体化系统对快速响应指标要求很高，因此机电一体化系统中的机械传动装置不仅仅是解决伺服电机与负载间的力矩匹配问题。而更重要的是为了提高系统的伺服性能。为了提高机械系统的伺服性能，要求机械传动部件转动惯量小、摩擦小、阻尼合理、刚度大、抗振性好、间隙小，并满足小型、轻量、高速、低噪声和高可靠性等要求。

二、总传动比的确定

根据上面所述，机电一体化系统的传动装置在满足伺服电机与负载的力矩匹配的同时，应具有较高的响应速度，即启动和制动速度。因此，在伺服系统中，通常采用负载角加速度最大原则选择总传动比，以提高伺服系统的响应速度。传动模型如图 2－30 所示。图中：

J_m——电机 M 转子的转动惯量；

θ_m——电机 M 的角位移；

J_L——负载 L 的转动惯量；

T_{LF}——摩擦阻转矩；

i——齿轮系 G 的总传动比。

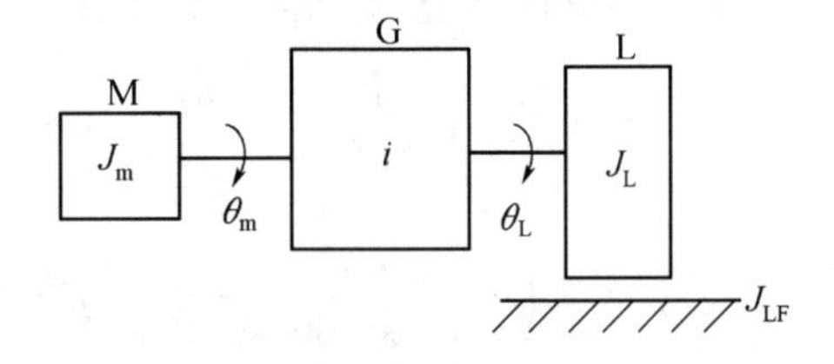

图 2－30　电机、传动装置和负载的传动模型

根据传动关系，有

$$i=\frac{\theta_m}{\theta_L}=\frac{\dot{\theta}_m}{\dot{\theta}_L}=\frac{\ddot{\theta}_m}{\ddot{\theta}_L} \qquad (2-17)$$

式中　θ_m、$\dot{\theta}_m$、$\ddot{\theta}_m$——电机的角位移、角速度、角加速度；

θ_m、$\dot{\theta}_L$、$\dot{\theta}_L$——负载的角位移、角速度、角加速度。

T_{LF}换算到电机轴上的阻抗转矩为 T_{LF}/i；J_L 换算到电机轴上的转动惯量为 J_L/i^2。设 T_m 为电机的驱动转矩，在忽略传动装置惯量的前提下，根据旋转运动方程，电机轴上的合转矩为

$$T_a=T_m-\frac{T_{LF}}{i}=\left(J_m+\frac{J_L}{i^2}\right)\times\ddot{\theta}_m=\left(J_m+\frac{J_L}{i^2}\right)\times i\times\ddot{\theta}_L$$

则

$$\ddot{\theta}_L=(T_m i-T_{LF})/(J_m i^2+J_L) \qquad (2-18)$$

上式中改变总传动比 i，则 $\ddot{\theta}_L$ 也随之改变。根据负载角加速度最大的原则，令 $\frac{d\ddot{\theta}_L}{di}=0$，解得

$$i=\frac{T_{LF}}{T_m}+\sqrt{\left(\frac{T_{LF}}{T_m}\right)^2+\frac{J_L}{J_m}}$$

若不计摩擦，即 $T_{LF}=0$，则

$$i=\sqrt{J_L/J_m}$$

或

$$T_L/i^2=T_m \tag{2-19}$$

上式表明，传动装置总传动比 i 的最佳值就是 J_L 换算到电机轴上的转动惯量正好等于电机转子的转动惯量 J_m，此时，电机的输出转矩一半用于加速负载，一半用于加速电机转子，达到了惯性负载和转矩的最佳匹配。

当然，上述分析是忽略了传动装置的惯量影响而得到的结论，实际总传动比要依据传动装置的惯量估算适当选择大一点。在传动装置设计完以后，在动态设计时，通常将传动装置的转动惯量归算为负载折算到电机轴上，并与实际负载一同考虑进行电机响应速度验算。

三、传动链的级数和各级传动比的分配

机电一体化传动系统中，为既满足总传动比要求，又使结构紧凑，常采用多级齿轮副或蜗轮蜗杆等其他传动机构组成传动链。下面以齿轮传动链为例，介绍级数和各级传动比的分配原则，这些原则对其他形式的传动链也有指导意义。

1. 等效转动惯量最小原则

齿轮系传递的功率不同，其传动比的分配也有所不同。

1）小功率传动装置

电机驱动的二级齿轮传动系统如图 2－31 所示。由于功率小，假定各主动轮具有相同的转动惯量 J_1；轴与轴承转动惯量不计；各齿轮均为实心圆柱齿轮，且齿宽 b 和材料均相同；效率不计。

则有

$$i_1=(\sqrt{2}\cdot i)^{1/3}$$

$$i_2=2^{-1/6}i^{2/3}$$

式中 i_1, i_2——齿轮系中第一、第二级齿轮副的传动比；

i——齿轮系总传动比，$i=i_1 i_2$。

同理，对于 n 级齿轮系，有

$$i_1=2^{\frac{2^n-n-2}{2(2^n-1)}}i^{\frac{1}{2^n-1}} \tag{2-20}$$

$$i_k=\sqrt{2}\left(\frac{i}{2^{\frac{n}{2}}}\right)^{\frac{2(k-1)}{2^n-1}} \tag{2-21}$$

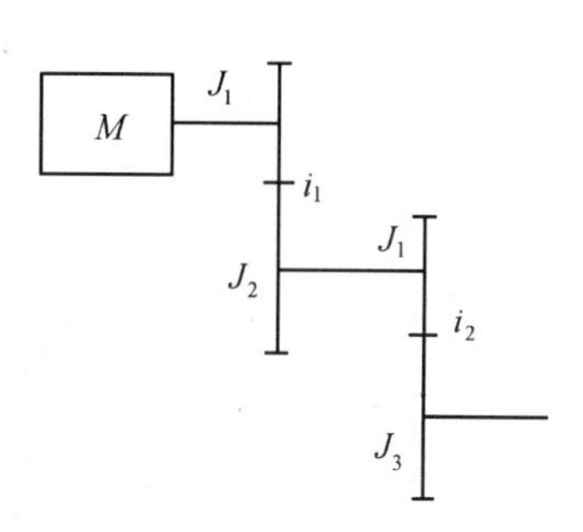

图 2－31 电机驱动的两级齿轮传动

由此可见，各级传动比分配的结果应遵循“前小后大”的

原则。

例 2-2 设 $i=80$,传动级数 $n=4$ 的小功率传动,试按等效转动惯量最小原则分配传动比。

解

$$i_1=2^{\frac{2^4-4-1}{2(2^4-1)}}\times 80^{\frac{1}{2^4-1}}=1.7268$$

$$i_2=\sqrt{2}\left(\frac{80}{2^{4/2}}\right)^{\frac{2^{(2-1)}}{2^4-2}}=2.1085$$

$$i_3=\sqrt{2}\left(\frac{80}{2^{4/2}}\right)^{\frac{4}{15}}=3.1438$$

$$i_4=\sqrt{2}\left(\frac{80}{2^2}\right)^{\frac{8}{15}}=6.9887$$

验算:$I=i_1 i_2 i_3 i_4\approx 80$。

以上是已知传动级数进行各级传动比的确定。若以传动级数为参变量,齿轮系中折算到电机轴上的等效转动惯量 J_e 与第一级主动齿轮的转动惯量 J_1 之比为 J_e/J_1,其变化与总传动比 i 的关系如图 2-32 所示。

2)大功率传动装置

大功率传动装置传递的扭矩大,各级齿轮副的模数、齿宽、直径等参数逐级增加,各级齿轮的转动惯量差别很大。确定大功率传动装置的传动级数及各级传动比可依据图 2-33~图 2-35 来进行。传动比分配的基本原则仍应为“前小后大”。

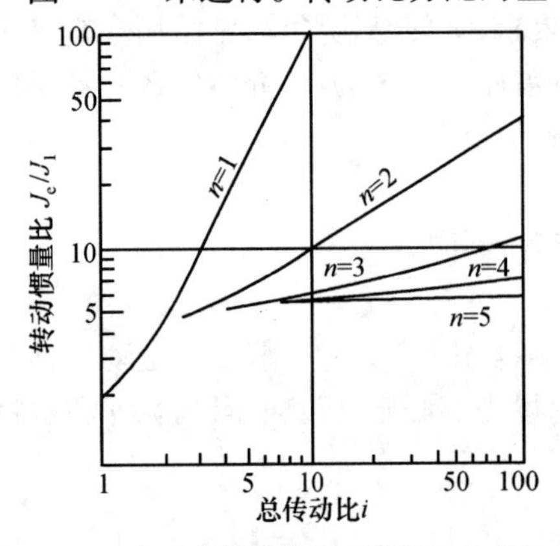

图 2-32 小功率传动装置确定传动级数曲线

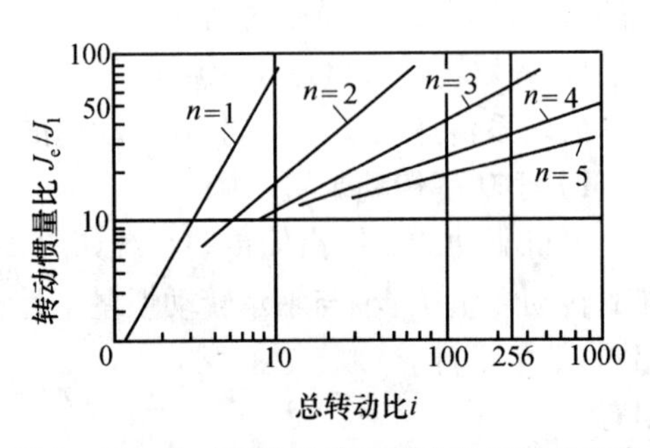

图 2-33 大功率传动装置确定传动级数曲线

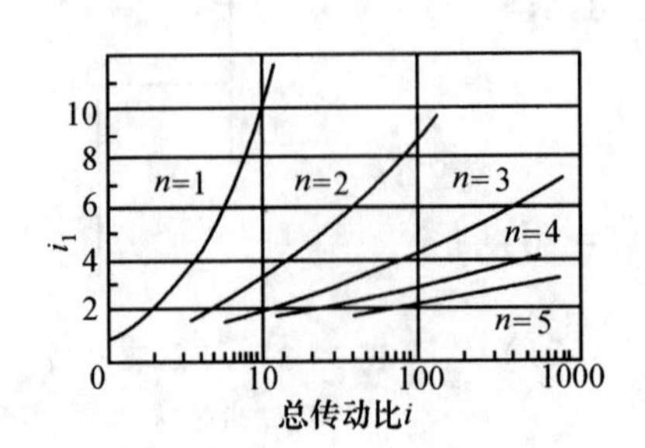

图 2-34 大功率传动装置确定第一级传动比曲线

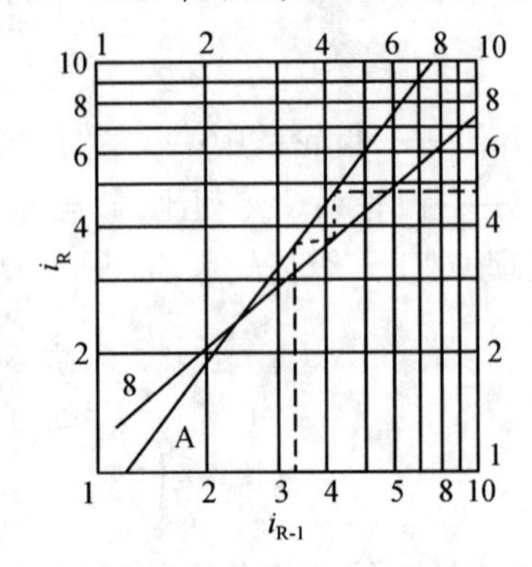

图 2-35 大功率传动装置确定各级传动比曲线

例 2－3　设有 $i = 256$ 的大功率传动装置，试按等效转动惯量最小原则分配传动比。

解　查图 2－33，得 $n = 3, J_e/J_1 = 70$；$n = 4, J_e/J_1 = 35$；$n = 5, J_e/J_1 = 26$。为兼顾到 J_e/J_1 值的大小和传动装置结构紧凑，选 $n = 4$。查图 2－34，得 $i_1 = 3.3$。查图 2－35，在横坐标 i_{k-1} 上 3.3 处作垂直线与 A 线交于第一点，在纵坐标 i_k 轴上查得 $i_2 = 3.7$。通过该点作水平线与 B 曲线相交得第二点 $i_3 = 4.24$。由第二点作垂线与 A 曲线相交得第三点 $i_4 = 4.95$。

验算 $i_1 i_2 i_3 i_4 = 256.26$，满足设计要求。

由上述分析可知，无论传递的功率大小如何，按"转动惯量最小"原则来分配，从高速级到低速级的各级传动比总是逐级增加的，而且级数越多，总等效惯量越小。但级数增加到一定数量后，总等效惯量的减少并不明显，而从结构紧凑、传动精度和经济性等方面考虑，级数不能太多。

2. 质量最小原则

质量方面的限制常常是伺服系统设计应考虑的重要问题，特别是用于航空、航天的传动装置，按"质量最小"的原则来确定各级传动比就显得十分必要。

1）大功率传动装置

对于大功率传动装置的传动级数确定主要考虑结构的紧凑性。在给定总传动比的情况下，传动级数过少会使大齿轮尺寸过大，导致传动装置体积和质量增大；传动级数过多会增加轴、轴承等辅助构件，导致传动装置质量增加。设计时应综合考虑系统的功能要求和环境因素，通常情况下传动级数要尽量地少。

大功率减速传动装置按"质量最小原则"确定的各级传动比表现为"前大后小"的传动比分配方式。减速齿轮传动的后级齿轮比前级齿轮的转矩要大得多，同样传动比的情况下齿厚、质量也大得多，因此减小后级传动比就相应减少了大齿轮的齿数和质量。

大功率减速传动装置的各级传动比可以按图 2－36 和图 2－37 选择。

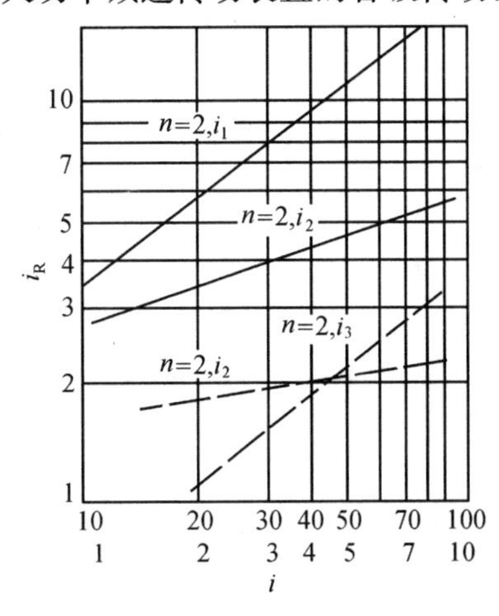

图 2－36　大功率传动装置两级传动比曲线
（$i < 10$ 时，使用图中的虚线）

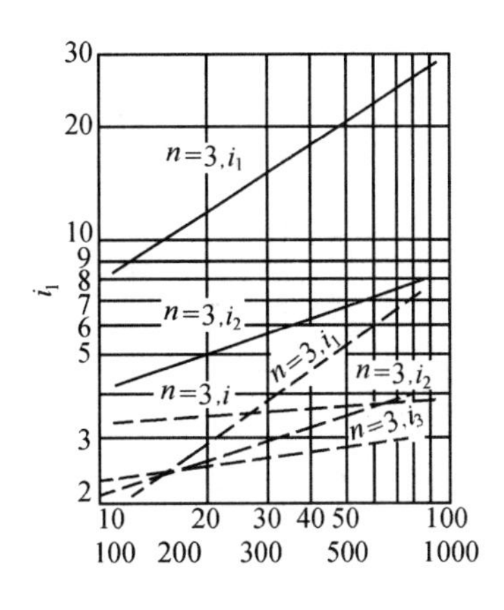

图 2－37　大功率传动装置三级传动比曲线
（$i < 100$ 时，使用图中的虚线）

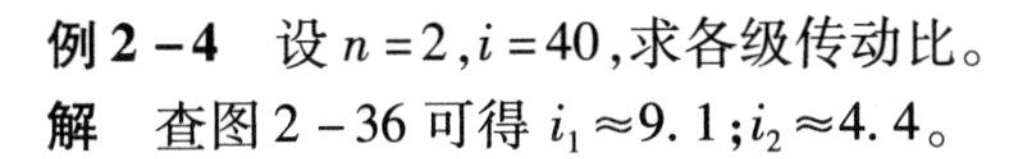

例 2－4　设 $n = 2, i = 40$，求各级传动比。

解　查图 2－36 可得 $i_1 \approx 9.1$；$i_2 \approx 4.4$。

例 2-5 设 $n=3$，$i=202$，求各级传动比。

解 查图 2-37 可得

$$i_1 \approx 12; i_2 \approx 5; i_3 \approx 3.4$$

2）小功率传动装置

对于小功率传动装置，按"质量最小"原则来确定传动比时，通常选择相等的各级传动比。在假设各主动小齿轮传动比的模数、齿数均相等这样的特殊条件下，各大齿轮的分度圆直径均相等，因而每级齿轮副的中心距也相等。这样便可设计成如图 2-38 所示的回曲式齿轮传动链；其总传动比可以非常大。显然，这种结构十分紧凑。

3. 输出轴转角误差最小原则

以图 2-39 所示四级齿轮减速传动链为例。四级传动比分别为 i_1、i_2、i_3、i_4，齿轮 1～8的转角误差依次为 $\Delta\Phi_1 \sim \Delta\Phi_8$。该传动链输出轴的总转动角误差为

$$\Delta\Phi_{\max} = \frac{\Delta\Phi_1}{i_1 i_2 i_3 i_4} + \frac{\Delta\Phi_2 + \Delta\Phi_3}{i_2 i_3 i_4} + \frac{\Delta\Phi_4 + \Delta\Phi_5}{i_3 i_4} + \frac{\Delta\Phi_6 + \Delta\Phi_7}{i_4} + \Delta\Phi_8 \quad (2-22)$$

由上式可以看出，如果从输入端到输出端的各级传动比按"前小后大"原则排列，则总转角误差较小。而且低速级的误差在总误差中占的比重很大。因此，要提高传动精度，就应减少传动级数，并使末级齿轮的传动比尽可能大，制造精度尽量高。

4. 三种原则的选择

在设计齿轮传动装置时，上述三条原则应根据具体工作条件综合考虑。

(1) 对于传动精度要求高的降速齿轮传动链，可按输出轴转角误差最小的原则设计。若为增速传动，则应在开始几级就增速。

(2) 对于要求运转平稳、启停频繁和动态性能好的降速传动链，可按等效转动惯量最小原则和输出轴转角误差最小的原则设计。

(3) 对于要求质量尽可能小的降速传动链，可按质量最小原则设计。

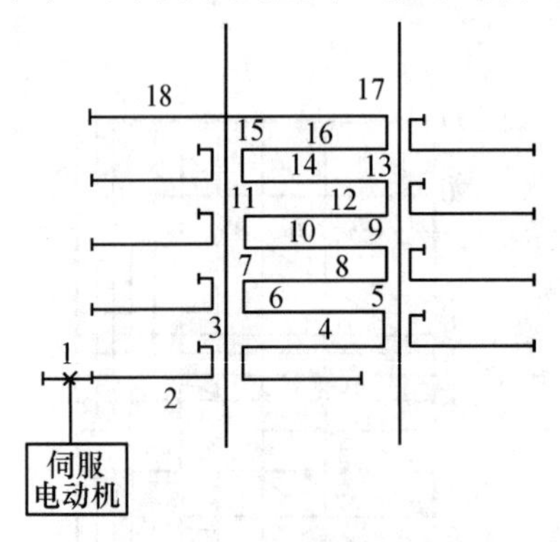

图 2-38 回曲式齿轮传动链

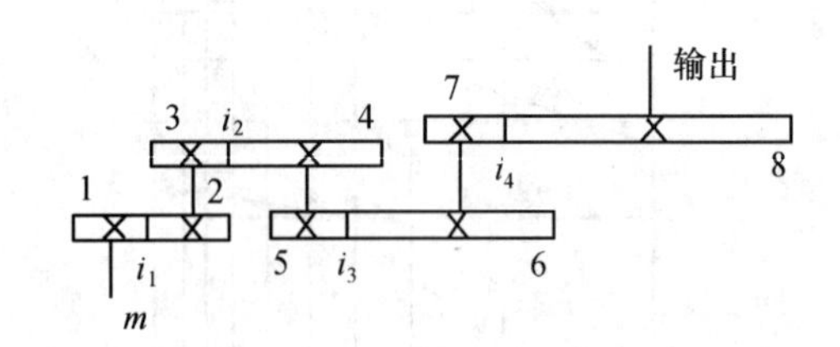

图 2-39 四级减速齿轮传动链

第四节 支撑部件

一、轴系的支撑部件

轴系由轴及安装在轴上的齿轮、带轮等传动部件组成，有主轴轴系和中间传动轴轴

系。轴系的主要作用是传递扭矩及传动精确的回转运动,它直接承受外力(力矩)。对于中间传动轴轴系一般要求不高。而对于完成主要作用的主轴轴系的旋转精度、刚度、热变形及抗振性等的要求较高。通常在设计轴系时满足以下要求:

(1) 旋转精度。旋转精度是指在装配之后,在无负载、低速旋转的条件下,轴前端的径向跳动和轴向窜动量。其大小取决于轴系各组成零件及支撑部件的制造精度与装配调整精度。如高精密金刚石车刀切削加工机床主轴的轴端径向跳动量为 0.025μm 时,才能达到零件加工表面粗糙度 $Ra<0.05\mu m$ 的要求。

在工作转速下,其旋转精度即它的运动精度取决于其转速、轴承性能以及轴系的动平衡状态。

(2) 刚度。轴系的刚度反映了轴系组件抵抗静、动载荷变形的能力。载荷为弯矩、转矩时,相应的变形量为挠度、扭转角,其刚度为抗弯刚度和抗扭刚度。轴系受载荷为径向力(如带轮、齿轮上承受的径向力)时会产生弯曲变形。所以除强度验算之外,还必须进行刚度验算。

(3) 抗振性。轴系的振动表现为强迫振动和自激振动两种形式。其振动原因有轴系配件质量不匀引起的动不平衡、轴的刚度及单向受力等,它们直接影响旋转精度和轴系寿命。对高速运动的轴系必须以提高其静刚度、动刚度、增大轴系阻尼比等措施来提高轴系的动态性能,特别是抗振性。

(4) 热变形。轴系的受热会使轴伸长或使轴系零件间隙发生变化,影响整个传动系统的传动精度、旋转精度及位置精度。又由于温度的上升会使润滑油的黏度发生变化,使滑动或滚动轴承的承载能力降低。因此应采取措施将轴系部件的温升限制在一定范围之内。

(5) 轴上零件的布置。轴上传动件的布置是否合理对轴的受力变形、热变形及振动影响较大。因此在通过带轮将运动传入轴系尾部时,应该采用卸荷式结构,使带的拉力不直接作用在轴端;另外传动齿轮应尽可能安置在靠近支撑处,以减少轴的弯曲和扭转变形。如主轴上装有两对齿轮,均应尽量靠近前支撑,并使传递扭矩大的齿轮副更靠近前支撑,使主轴受扭转部分的长度尽可能缩短。在传动齿轮的空间布置上,也应尽量避免弯曲变形的重叠。例如,机床主轴不仅受切削力还受传动齿轮的圆周力(均可等效为轴心线上的径向力)的作用,如按图 2-40(a) 布置,当传动齿轮 1 和 2 的圆周力 F_2 与作用在轴端的切削力 F_1 同向时,轴端弯曲变形量($\Delta=\Delta_1-\Delta_2$)较小,而前轴承的支撑力 F_R 为最大。如按图 2-40(b) 布置时,其 F_2 与 F_1 反向,轴端变形量($\Delta=\Delta_1+\Delta_2$)为最大,但前轴承的支撑反力 F_R 最小。设计中要综合考虑这些因素的影响。

(一) 轴系用轴承的类型与选择

滚动轴承是广泛应用的机械支撑。滚动轴承它主要由滚动体支撑轴上的负荷,并与机座作相对旋转、摆动等运动,以求在较小的摩擦力矩下,达到传递功率的目的。

轴系组件所用的轴承有滚动轴承和滑动轴承两大类。随着机床精度要求的提高和变速范围的扩大,简单的滑动轴承难以满足要求,滚动轴承的应用越来越广。滚动轴承不断发展,不仅在性能上基本满足使用要求,而且它由专业工厂大量生产,因此质量容易控制。但滑动轴承所具有的工作平稳和抗振性好的特点,是滚动轴承所难以代替的。所以出现了各种多楔动压轴承及静压轴承,使滑动轴承的应用范围在不断扩大,

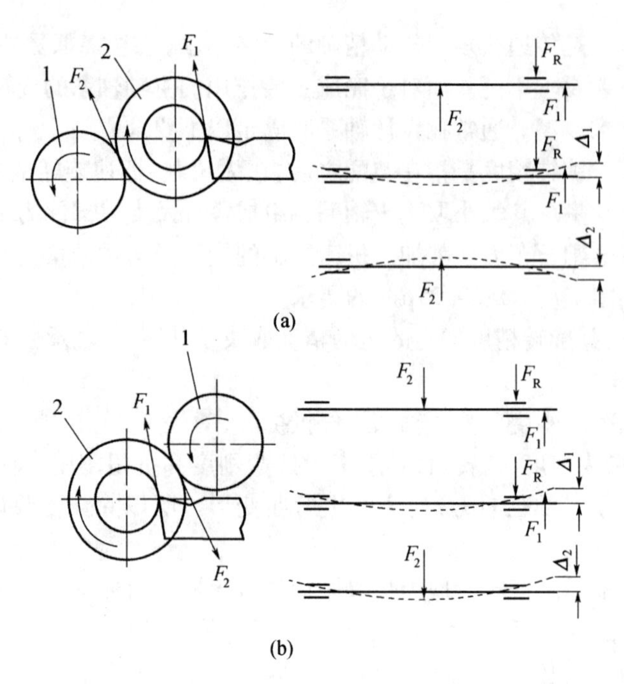

图 2-40　机床主轴传动齿轮空间布置比较

尤其在一些精密机械设备上,各种新式的滑动轴承得到了广泛应用。下面重点就滚动轴承进行介绍。

近年来随着新材料、制造工艺、润滑及结构设计等诸方面的研究,已大大提高滚动轴承的性能,所以,在各个领域中,滚动轴承得到了广泛使用。随着工业的发展,对滚动轴承的性能、寿命和可靠性提出了更高的要求。所以,目前在世界范围内正广泛开展着以滚动轴承为主要对象的研究工作,在结构设计、计算理论、试验方法、制造技术、装配技术、材料科学、润滑研究及应用选型设计等方面取得重要进展,使滚动轴承的性能、寿命和可靠性已有大幅度的提高。

滚动轴承优良的性能、寿命和可靠性,不仅仅取决于轴承的设计和制造,而且还取决于应用设计。只有对滚动轴承及其系统的应用进行系统设计,考虑影响滚动轴承可靠性和寿命的各种因素,才能够确保滚动轴承性能的发挥和寿命的提高。可以说,离开了滚动轴承系统的合理选型设计和应用就无法考虑轴承的使用寿命。

滚动轴承有许多种类,尽管 ISO、GB 标准中已经标准化,但其尺寸范围仍然很宽,因此给我们选择合适的轴承带来了困难。在设计轴系选择轴承时,我们应该考虑以下几点:

(1) 满足使用性能要求,包括承载能力、旋转精度、刚度及转速等;

(2) 满足安装空间要求;

(3) 维护保养方便;

(4) 使用环境,如温度、环境气氛对轴承的影响;

(5) 性价比。

在选择轴承时,首先可根据表 2-14 选择轴承的类型,同时考虑轴承的组合条件,一般的选择流程如图 2-41 所示。

表 2-14 各种轴承的性能比较

		深沟球轴承	角接触轴承			4点接触轴承	调心球轴承	圆柱滚子轴承				滚针轴承	圆锥滚子轴承		球面滚子调心轴承	推力球轴承		推力深沟球轴承	推力滚柱轴承	推力滚针轴承	圆锥滚子推力轴承	推力调心轴承
			单列	组合	双列			NU-N	NJ-NF	NUP-NH	NNU-NU		单列	双·四列		单向推力球轴承	带调心座球轴承					
负载能力	径向	○	○	◎	◎	○	○	◎	◎	◎	◎	◎	◎	◎	◎	×	×	×	×	×	×	△
	轴向	○ ↔	◎ ←	◎ ↔*	◎ ↔	◎ ↔	△ ↔	×	△ ←	△ ↔	×	×	◎ ←	◎ ↔	△ ↔	○ ←*	○ ←*	◎ ↔	◎ ←	◎ ←	◎ ←	◎ ←
	复合	○	○	◎	◎	○	△	×	△	△	×	×	◎	◎	△	×	×	×	×	×	×	△
	振动冲击	△	△	△	△	△	△	◎	◎	◎	◎	○	◎	◎	◎	△	△	△	○	○	◎	◎
高速性		◎	◎	◎	○	◎	△	◎	◎	◎	◎	○	○	○	○	△	△	△	△	△	△	△
高精度		◎	◎	◎		◎		◎			◎		○			○		◎				
低噪音低转矩		◎						○														
刚度				○		○		○	○	○	◎	○	○	◎				○	◎	◎	◎	
内外圈倾斜		○	△	×	×	×	◎	△	△	△	△	△	△	△	◎	×	◎	×	×	×	×	◎
内外圈分离		×	×	×	×	■*	×	■	■	■	■	■	■	■	×	■	■	■	■	■*	■	■
布置	固定侧	■ ↔	■ ←	■ ↔	■ ↔	■ ↔	■ ↔	×	■ ←	■ ↔	×	×	■ ↔	■ ↔	■ ↔							
	自由侧	□		□	□	□	□	■	□	□	■	■		□	□							
备注			DF组合	*DT组合单向		*也有非分离形							DF组合			*组合轴承双向可				*也有非分离形		

注：↔双向轴向载荷；←单向轴向载荷；◎适合；○可用；×不适合；■能用；□可用，但在配合面须考虑轴的伸缩

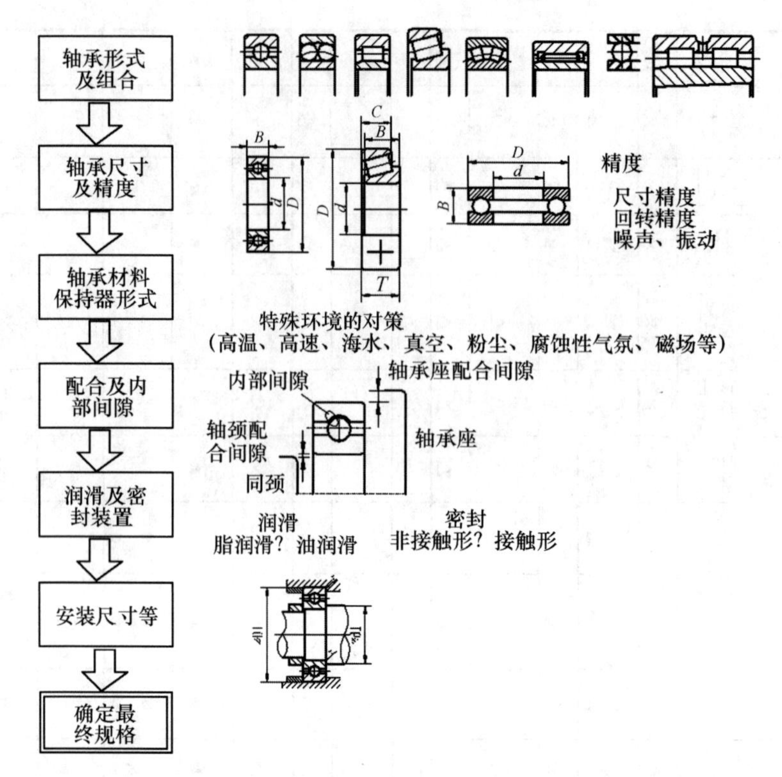

图 2-41 轴承选用流程

滚动轴承所受载荷的大小、方向和性质,是选择滚动轴承类型的主要依据。一般情况下,滚子轴承比球轴承负荷能力大。各种滚动轴承的径向承载和轴向承载能力比较如图2-42所示。

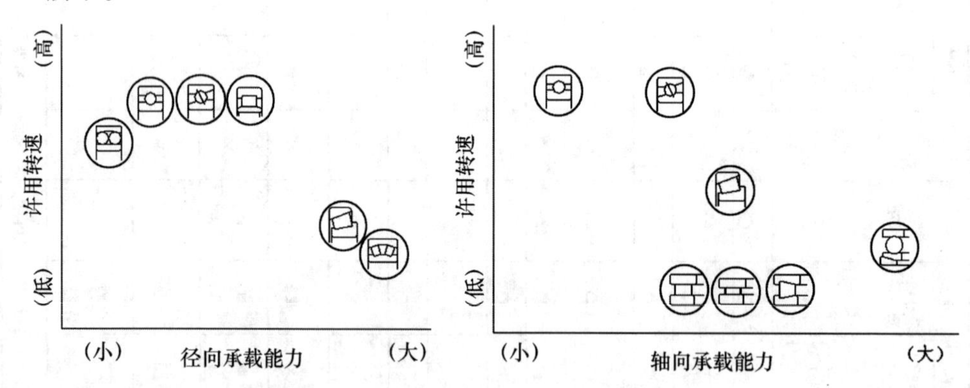

图 2-42 轴承径向轴向承载能力比较

当滚动轴承承受纯轴向载荷时,一般选用推力轴承,当滚动轴承承受纯径向载荷时,一般选用深沟球轴承和短圆柱滚子轴承;当滚动轴承承受径向载荷的同时,还有不太大的轴向载荷时,可选用深沟球轴承、角接触球轴承、圆锥滚子轴承及调心球或调心滚子轴承;当轴向载荷较大时,可选择接触角较大的角接触球轴承及圆锥滚子轴承,或者选用向心轴承和推力轴承组合在一起,这在极高轴向负荷或特别要求有较大轴向刚性时尤为适宜。

当采用角接触球轴承及圆锥滚子轴承时,由于轴承的接触角 $\alpha \neq 0$,因此,在工作时作用的径向载荷会派生出一轴向负荷，故在设计时应充分认识到这一点，建议成对地使用这类轴承。

短圆柱滚子轴承主要用于承受径向负荷。但是，内、外圈带有挡边的短圆柱滚子轴承，如 12000 型、42000 型和 92000 型轴承，也能承受一定的轴向负荷。在轴向负荷不大时，也可以选择这类轴承作两端固定支撑。但是，作用于滚子两端的轴向负荷，由于其作用线不与滚子中心线重合，故相对滚子来讲将形成一力矩，此力矩将使滚子在轴承轴向平面内倾斜，改变沿滚子长度上的负荷分布。轴向载荷与径向载荷之比越大，这种倾斜越严重。所以。一般使用时，轴向负荷应小于径向负荷的 0.13 倍，此时，轴向负荷对短圆柱滚子轴承的寿命影响甚小，可以不予考虑。

（二）常用几种主轴滚动轴承配置

表 2－15 列出几种典型主轴轴承的配置形式及工作性能。

表 2－15　常见主轴滚动轴承配置形式及工作性能

序号	轴承配置形式	前支撑轴承型号		后支撑轴承型号		前支撑承载能力		刚度		振摆		温升		极限转速系数	热变形前端位移系数
		径向	轴向	径向	轴向	径向	轴向	径向	轴向	径向	轴	总的	前支撑		
1	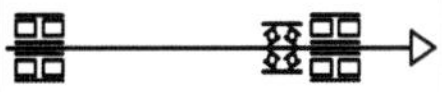	NN3000	230000	NN3000		1.0	1.0	1.0	1.0	1.0	1.0	1.0	1.0	1.0	1.0
2	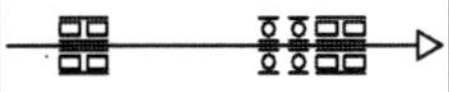	NN3000	5100 两个	NN3000		1.0	1.0	0.9	3.0	1.0	1.0	1.15	1.2	0.65	1.0
3	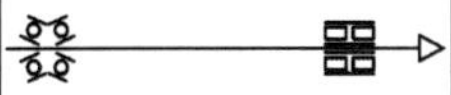	NN3000		30000 两个			0.6		0.7		1.0	0.6	0.5	1.0	3.0
4		3000		3000		0.8	1.0	0.7	1.0	1.0	1.0	0.8	0.75	0.6	0.8
5	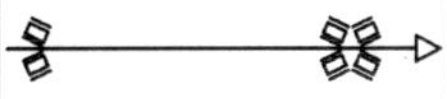	3500		3000		1.5	1.0	1.13	1.0	1.0	1.4	1.4	0.6	0.8	0.8
6		30000 两个		30000 两个		0.7	0.7	0.45	1.0	1.0	1.0	0.7	0.5	1.2	0.8
7		30000 两个		30000 两个		0.7	1.0	0.35	2.0	1.0	1.0	0.7	0.5	1.2	0.8
8		30000 两个	5100	30000	8000	0.7	1.0	0.35	1.5	1.0	1.0	0.85	0.7	0.75	0.8
9		84000	5100	84000	8000	0.6	1.0	1.0	1.5	1.0	1.0	1.1	1.0	0.5	0.9

注：设这些主轴组件结构尺寸大致相同，并将第一种形式的工作性能指标均设为 1.0，其他形式的性能指标值均以第一种机构为参考

（三）其他轴承

1. 非标滚动轴承

非标滚动轴承适应轴承精度要求较高，结构尺寸较小或因特殊要求而未能采用标准

轴承而需自行设计的情形。图2-43为微型滚动轴承,图(a)与(b)具有杯形外圈而没有内圈,锥形轴颈与滚珠直接接触,其轴向间隙由弹簧或螺母调整,图(c)采用碟形垫圈来消除轴向间隙,垫圈的作用力比作用在轴承上的最大轴向力大2倍~3倍。

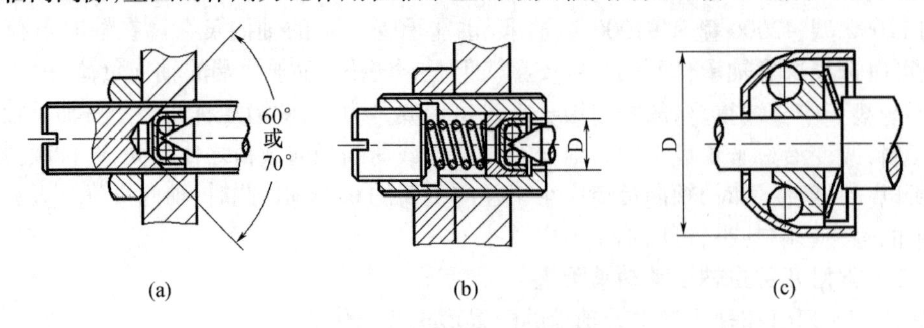

图2-43 微型滚动轴承

2. 静压轴承

滑动轴承阻尼性能好、支撑精度高、具有良好的抗振性和运动平稳性。按照液体介质的不同、目前使用的有液体滑动轴承和气体滑动轴承两大类。按油膜和气膜压强的形成方法又有动压、静压和动静压相结合的轴承之分。

动压轴承是在轴旋转时,油(气)被带入轴与轴承间所形成的楔形间隙中,由于间隙逐渐变窄,使压强升高,将轴浮起而形成油(气)楔,以承受载荷。其承载能力与滑动表面的线速度成正比,低速时承载能力很低。故动压轴承只适用于速度很高且速度变化不大的场合。

静压轴承是利用外部供油(气)装置将具有一定压力的液(气)体通过油(气)孔进入轴套油(气)腔,将轴浮起而形成压力油(气)膜,以承受载荷。其承载能力与滑动表面的线速度无关,故广泛应用于低、中速、大载荷、高精度的机器。它具有刚度大、精度高、抗振性好、摩擦阻力小等优点。

液体静压轴承工作原理如图2-44所示,油腔1为轴套8内面上的凹入部分;包围油腔的四周称为封油面;封油面与运动表面构成的间隙称为油膜厚度。为了承载,需要流量补偿。补偿流量的机构称为补偿元件,也称节流器,如图中右侧所示。压力油经节流器第一次节流后流入油腔,又经过封油面第二次节流后从轴向(端面)和周向(回油槽7)流入油箱。

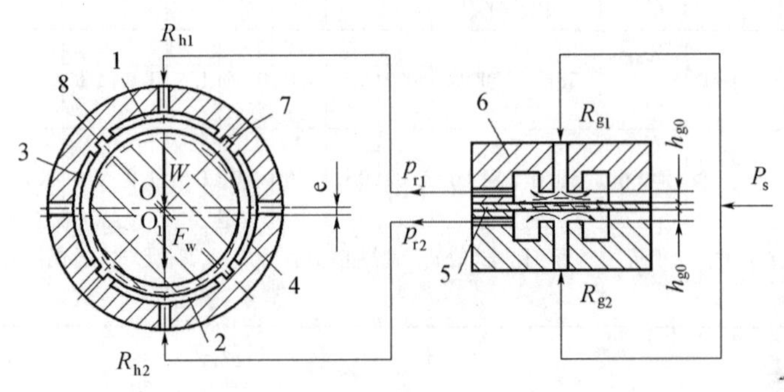

图2-44 液体静压轴承工作原理

在不考虑轴的质量，且四个节流器的液阻相等（$R_{g1}=R_{g2}=R_{g3}=R_{g4}=R_{g0}$）时，油腔1、2、3、4的压力相等（$p_{r1}=p_{r2}=p_{r3}=p_{r4}=p_{r0}$），主轴被一层油膜隔开，油膜厚度为$A_0$。轴和轴套中心重合。

考虑轴的径向载荷W作用时，轴心O移至O_1，位移为e，各个油腔压力就发生变化，油腔1的间隙增大，其液阻R_{h1}减小，油腔压力p_{r1}降低；油腔2却相反；油腔3、4压力相等。若油腔1、2的油压变化而产生的压力差能满足$p_{r2}-p_{r1}=F_w/A$（A为每个油腔有效承载面积，设四个油腔面积相等），主轴便处于新的平衡位置，即轴向下位移很小的距离，但远小于油膜厚度A_0，轴仍然处在液体支撑状态下旋转。

因为流经每个油腔的流量Q_{h0}等于流经节流器的流量Q_{g0}，即$Q_h=Q_g=Q_0$。设P_s为节流器进口前的系统油压，R_h（R_{h1}、R_{h2}、R_{h3}、R_{h4}）为各油腔的液阻，则$Q=p_r/R_h=(p_s-p_r)/R_g$，求得油腔压力为

$$p_r=\frac{p_s}{1+R_g/R_h}$$

对于油腔1和2：$p_{r1}=\dfrac{p_s}{1+R_{g1}/R_{h1}}$，$p_{r2}=\dfrac{p_s}{1+R_{g2}/R_{h2}}$。

当主轴受到载荷W作用下降时，油腔液阻$R_{h2}>R_{h1}$，同时节流器中节流薄膜上凸到虚线位置，节流器液阻$R_{g2}<R_{g1}$；二者同时作用，使$P_{r2}\gg P_{r1}$，轴的下降位移很小，即油膜刚度很大。

可见液体静压支撑的两个特点：若轴重不计，压力油通入先把轴托到轴瓦中心脱离接触，再无机械摩擦启动轴；载荷作用使轴偏离中心，油膜压力有自动调节作用，将轴托向原位。

节流器的作用是调节支撑各油腔的压力，使轴受载偏离中心时能自动部分恢复。常用的有小孔节流器、毛细管节流器、薄膜节流器等。

小孔节流器的孔径远大于孔长，油液几乎没有沿程摩擦损失，通过小孔的流量同液体黏度无关，液体流动是紊流。优点是结构简单尺寸小，油腔刚度较大。缺点是温度变化引起的流体黏度变化将影响油腔工作性能。

毛细管节流器的长度远大于孔径，形状有直管、螺旋管和环形管等。优点是温升变化小，油液的流动是层流，工作性能稳定，缺点是轴向长度大。

3. 磁悬浮轴承

磁悬浮轴承是利用磁场力将轴无机械摩擦、无润滑地悬浮在空间的一种新型轴承。其工作原理如图2-45所示。径向磁悬浮轴承由转子4（转动部件）和定子6（固定部件）两部分组成。定子部分装上电磁体，保持转子悬浮在磁场中。转子转动时，由位移传感器5检测转子的偏心，并通过反馈与基准信号1（转子的理想位置）进行比较，调节器2根据偏差信号进行调节。并把调节信号送到功率放大器3以改变电磁体（定子）的电流，从而改变磁悬浮力的大小，使转子恢复到理想位置。

径向磁悬浮轴承的转轴（如主轴）一般要配备辅助轴承，工作时辅助轴承不与转轴接触，当断电或磁悬浮失控时能托住高速旋转的转轴，起到安全保护作用。辅助轴承与转子之间的间隙一般等于转子与电磁体气隙的一半。轴向悬浮轴承的工作原理与径向磁悬浮轴承相同。

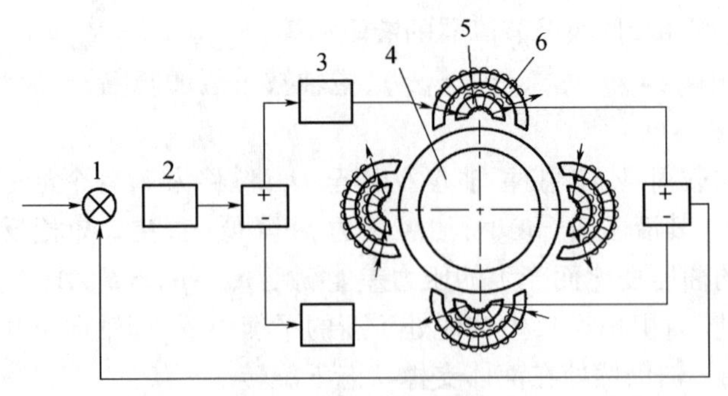

图 2-45　磁力轴承

1—基准信号；2—调节器；3—功率放大器；4—转子；5—位移传感器；6—定子。

（四）典型主轴结构

图 2-46(a)为一精密分度头主轴系统。它采用的是密珠轴承，主轴由止推密珠轴承 2、4 和径向密珠轴承 1、3 组成。这种轴承所用滚珠数量多且接近于多头螺旋排列。由于密集的钢珠有误差平均效应，减小了局部误差对主轴轴心位置的影响，故主轴回转精度有所提高；每个钢珠公转时沿着自己的滚道滚动而不相重复，减小了滚道的磨损，主轴回转精度可长期保持。实践证明，提高钢珠的密集度有利于主轴回转精度的提高，但过多的增加钢珠会增大摩擦力矩。

因此，在保证主轴运转灵活的前提下，尽量增多钢珠数量。图 2-46(b)为推力密珠轴承保持架孔的分布，图 2-46(c)为径向密珠轴承保持架孔的分布情况。

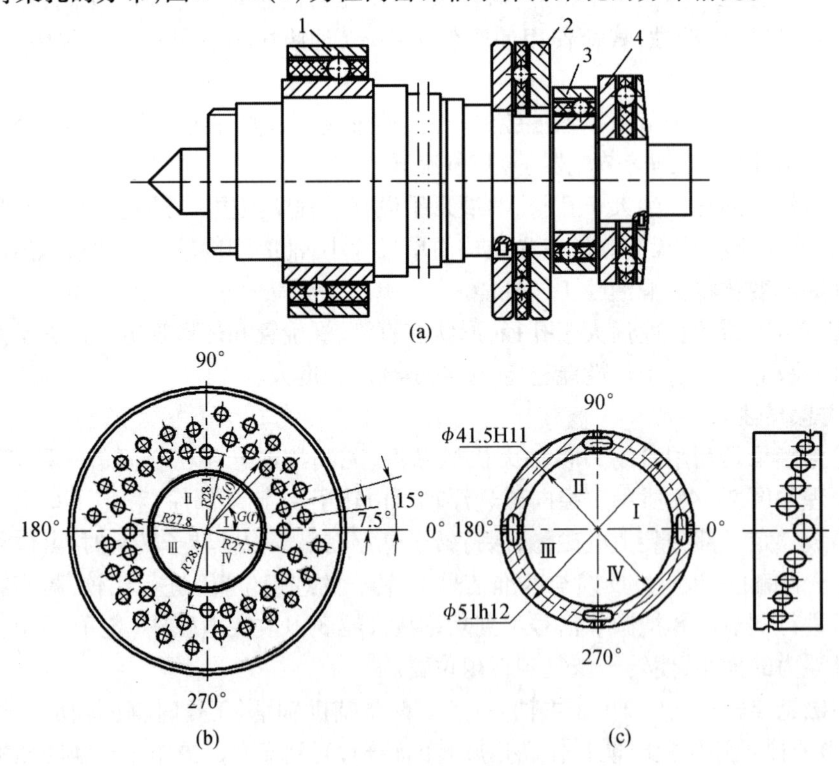

图 2-46　精密分度头主轴系统

二、导轨

（一）导轨副的种类及基本要求

各种机械运行时，由导轨副保证执行件的正确运动轨迹，并影响执行件的运动特性。导轨副包括运动导轨和支撑导轨两部分。支撑导轨用以支撑和约束运动导轨，使之按功能要求作正确的运动。

1. 按导轨副运动导轨的轨迹分类

（1）直线运动导轨副。支撑导轨约束了运动导轨的五个自由度，仅保留沿给定方向的直线移动自由度。

（2）旋转运动导轨副。支撑导轨约束了运动导轨的五个自由度，仅保留绕给定轴线的旋转运动自由度。

2. 按导轨副导轨面间的摩擦性质分类

（1）滑动摩擦导轨副；

（2）滚动摩擦导轨副；

（3）流体摩擦导轨副。

3. 按导轨副结构分类

（1）开式导轨。必须借助运动件的自重或外载荷，才能保证在一定的空间位置和受力状态下，运动导轨和支撑导轨的工作面保持可靠的接触，从而保证运动导轨的规定运动。开式导轨一般受温度变化的影响较小。

（2）闭式导轨。借助导轨副本身的封闭式结构，保证在变化的空间位置和受力状态下，运动导轨和支撑导轨的工作面都能保持可靠的接触，从而保证运动导轨的规定运动。闭式导轨一般受温度变化的影响较小。

4. 按直线运动导轨副的基本截面形状分类

（1）矩形导轨。如图 2－47 所示，导轨面上的支反力与外载荷相等，承裁能力较大。承载面（项面）和导向面（侧面）分开，精度保持性较好。加工维修较方便。矩形导轨分为凸矩形和凹矩形。凹矩形易存润滑油，但也易积灰尘污物，必须进行防护。

（2）三角形导轨。如图 2－47 所示，导轨面上的支反力大于载荷，使摩擦力增大，承载面与导向面重合，磨损量能自动补偿，导向精度较高。顶角在 90° ± 30°范围内变化。顶角越小，导向精度越高，但摩擦力也越大。故小顶角用于轻载精密机械，大顶角用于大型机械。凹形与凸形的作用同前，凹形也称 V 形导轨。

（3）燕尾形导轨。如图 2－47 所示，在承受颠覆力矩的条件下高度较小，用于多坐标多层工作台，使总高度减小，加工维修较困难。凹形与凸形的作用同前。

以上三种导轨形状均由直线组成，称为棱柱面导轨。

（4）圆形导轨。如图 2－47 所示，制造方便，外圆采用磨削，内孔经过珩磨，可达到精密配合，但磨损后很难调整和补偿间隙，圆柱形导轨有两个自由度，适用于同时作直线运动和转动的地方。若要限制转动，可在圆柱表面开键槽或加工出平面，但不能承受大的扭矩，亦可采用双圆柱导轨。圆柱导轨用于承受轴向载荷的场合。

5. 导轨副的组合形式

（1）双矩形组合。各种机械执行件的导轨一般由两条导轨组合，高精度或重载下才

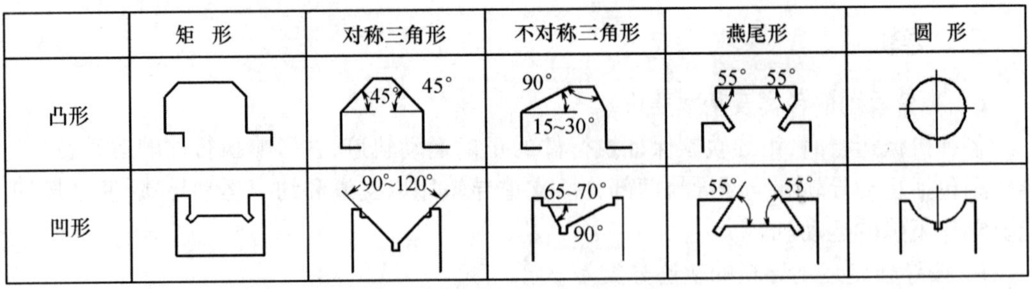

	矩　形	对称三角形	不对称三角形	燕尾形	圆　形
凸形		45° 45°	90° 15~30°	55° 55°	
凹形		90°~120°	65~70° 90°	55° 55°	

图 2-47　导轨的截面形状

考虑两条以上的导轨组合。两条矩形导轨的组合突出了矩形导轨的优缺点。侧面导向有以下两种组合:宽式组合,两导向侧面间的距离大,承受力矩时产生的摩擦力矩较小,为考虑热变形,导向面间隙较大,影响导向精度;窄式组合,两导向侧面间的距离小,导向面间隙较小。承受力矩时产生的摩擦力矩较大,可能产生自锁。

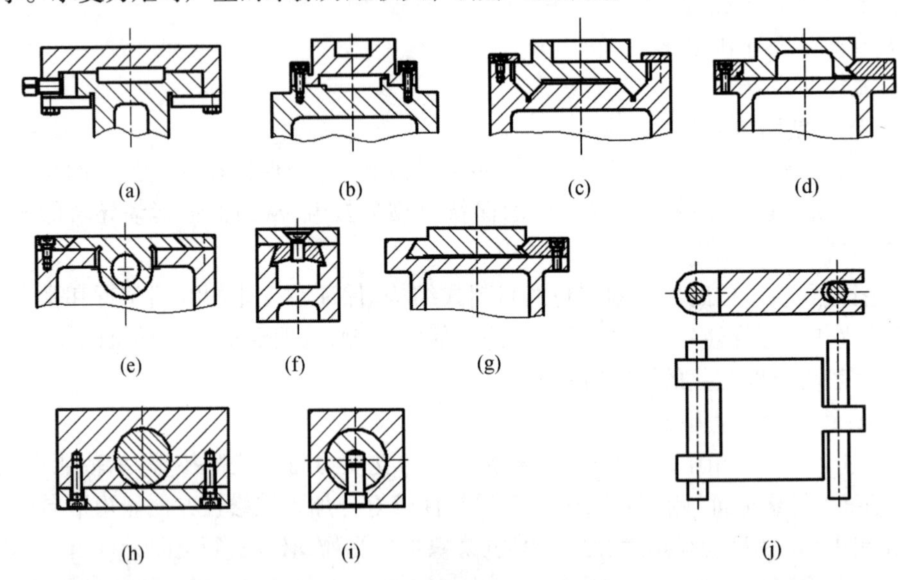

图 2-48　导轨的结构与组合

(a) 双矩形; (b) 双矩形; (c) 双三角形; (d) 矩形—三角形; (e) 燕尾形;
(f) 燕尾形; (g) 三角形—燕尾形; (h) 圆形; (i) 圆形; (j) 双圆形。

(2) 双三角形组合。两条三角形导轨的组合突出了三角形导轨的优缺点,但工艺性差。用于高精度机械。

(3) 矩形—三角形组合。导向性优于双矩形组合,承载能力优于双三角形组合,工艺性介于二者之间,应用广泛。但要注意:若两条导轨上的载荷相等,则摩擦力不等使磨损量不同,破坏了两导轨的等高性。结构设计时应注意,一方面要在两导轨面上摩擦力相等的前提下使载荷非对称布置,一方面要使牵引力通过两导轨面上摩擦力合力的作用线。若因结构布置等原因不能做到,则应使牵引力与摩擦合力形成的力偶尽量减小。

(4) 三角形—平面导轨组合。这种组合形式的导轨具有三角形和矩形组合导轨的基本特点,但由于没有闭合导轨装置,因此只能用于受力向下的场合。

对于三角形和矩形、三角形和平面组合导轨,由于三角形和矩形(或平面)导轨的摩擦阻力不相等，因此在布置牵引力的位置时，应使导轨的摩擦阻力的合力与牵引力在同一直线上，否则就会产生力矩，使三角形导轨对角接触，影响运动件的导向精度和运动的灵活性。

(5) 燕尾形导轨及其组合。燕尾形组合导轨的特点是制造、调试方便；燕尾与矩形组合时，它兼有调整方便和能承受较大力矩的优点，多用于横梁、立柱和摇臂等导轨。

6. 导轨副应满足的基本要求

(1) 导向精度。导向精度主要是指动导轨沿支撑导轨运动的直线度或圆度。影响它的因素有导轨的几何精度、接触精度、结构形式、刚度、热变形、装配质量以及液体动压和静压导轨的油膜厚度、油膜刚度等。

(2) 耐磨性。是指导轨在长期使用过程中能否保持一定的导向精度。因导轨在工作过程中难免有所磨损，所以应力求减小磨损量，并在磨损后能自动补偿或便于调整。

(3) 疲劳和压溃。导轨面由于过载或接触应力不均匀而使导轨表面产生弹性变形，反复运行多次后就会形成疲劳点，呈塑性变形，表面形成龟裂、剥落而出现凹坑，这种现象就是压溃。疲劳和压溃是滚动导轨失效的主要原因，为此应控制滚动导轨承受的最大载荷和受载的均匀性。

(4) 刚度。导轨受力变形会影响导轨的导向精度及部件之间的相对位置，因此要求导轨应有足够的刚度。为减轻或平衡外力的影响，可采用加大导轨尺寸或添加辅助导轨的方法提高刚度。

(5) 低速运动平稳性。低速运动时，作为运动部件的动导轨易产生爬行现象。低速运动的平稳性与导轨的结构和润滑，动、静摩擦系数的差值，以及导轨的刚度等有关。

(6) 结构工艺性。设计导轨时，要注意制造、调整和维修的方便，力求结构简单，工艺性及经济性好。

(二) 导轨副间隙调整

为保证导轨正常工作，导轨滑动表面之间应保持适当的间隙。间隙过小，会增加摩擦阻力；间隙过大，会降低导向精度。导轨的间隙如依靠刮研来保证，要费很大的劳动量，而且导轨经长期使用后，会因磨损而增大间隙，需要及时调整，故导轨应有间隙调整装置。矩形导轨需要在垂直和水平两个方向上调整间隙。

常用的调整方法有压板和镶条法两种方法。对燕尾形导轨可采用镶条(垫片)方法同时调整垂直图 2－49(b)和水平(图 2－49(a)、(c))两个方向的间隙。对矩形导轨可采用修刮压板(图 2－50(a))、调整螺钉(图 2－50(b))或修刮调整垫片的厚度(图 2－50(c))的方法进行间隙的调整(图 2－50)。

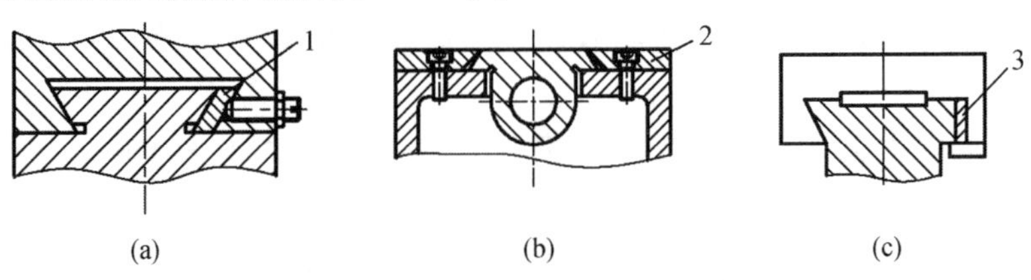

图 2－49　燕尾导轨及其组合的间隙调整

1—斜镶条；2—压板；3—直镶条。

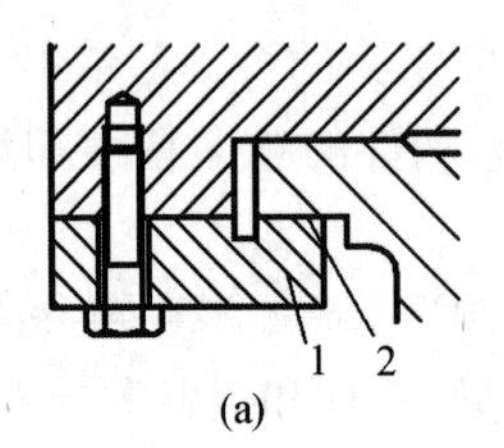

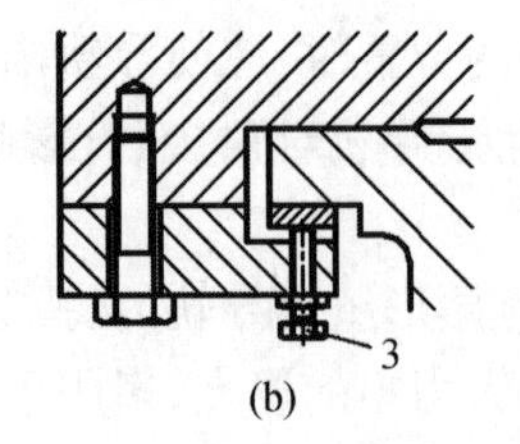

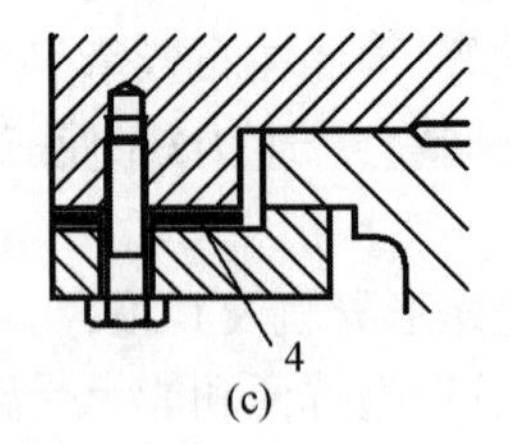

图 2-50　矩形导轨垂直方向间隙的调整

1—压板；2—接合面；3—调整螺钉；4—调整垫片。

（三）导轨副的材料选择

滑动导轨常用材料有铸铁、钢、有色金属和塑料等。

1. 铸铁

铸铁有良好的耐磨性、抗振性和工艺性。常用铸铁的种类有如下几种。

（1）灰铸铁。一般选择 HT200，用于手工刮研、中等精度和运动速度较低的导轨，硬度在 180HB 以上。

（2）孕育铸铁。把硅铝孕育剂加入铁水而得，耐磨性高于灰铸铁。

（3）合金铸铁。包括：含磷量高于 0.3% 的高磷铸铁，耐磨性高于孕育铸铁一倍以上；磷铜钛铸铁和钒钛铸铁，耐磨性高于孕育铸铁二倍以上；各种稀土合金铸铁，有很高的耐磨性和机械性能。

铸铁导轨的热处理方法，通常有接触电阻淬火和中高频感应淬火。接触电阻淬火，淬硬层为 0.15mm ~ 0.2mm。硬度可达 55HRC。中高频感应淬火，淬硬层为 2mm ~ 3mm，硬度可达 48HRC ~ 55HRC，耐磨性可提高二倍，但在导轨全长上依次淬火易产生变形，全长上同时淬火需要相应的设备。

2. 钢

镶钢导轨的耐磨性较铸铁可提高 5 倍以上。常用的钢有 9Mn2V、CrWMn、GCr15、T8A、45、40Cr 等采用表面淬火或整体淬硬处理，硬度为 52HRC ~ 58HRC；20Cr、20CrMnTi、15 等渗碳淬火，渗碳淬硬至 56HRC ~ 62HRC；38CrMoAlA 等采用氮化处理。

3. 有色金属

常用的有色金属有黄铜 HPb59-1，锡青铜 ZCuSn6Pb3Zn6，铝青铜 ZQAl9-2 和锌合金 ZZn-Al10-5，超硬铝 LC4、铸铝 ZL106 等，其中以铝青铜较好。

4. 塑料

镶装塑料导轨具有耐磨性好（但略低于铝青铜），抗振性能好，工作温度适应范围广（-200℃ ~ +260℃），抗撕伤能力强，动、静摩擦系数低、差别小，可降低低速运动的临界速度，加工性和化学稳定件好，工艺简单，成本低等优点。目前在各类机床的动导轨及图形发生器工作台的导轨上都有应用。塑料导轨多与不淬火的铸铁导轨搭配。

导轨的使用寿命取决于导轨的结构、材料、制造质量、热处理方法以及使用与维护。提高导轨的耐磨性，使其在较长时期内保持一定的导向精度，就能延长设备的使用寿命。常用的提高导轨耐磨性的方法有：采用镶装导轨，提高导轨的精度与改善表面粗糙度，采用卸荷装置减小导轨单位面积上的压力（比压）等。

（四）滚动导轨副

1．滚动导轨的特点

（1）滚动直线导轨副是在滑块与导轨之间放入适当的钢球（图 2－51），使滑块与导轨之间的滑动摩擦变为滚动摩擦，大大降低二者之间的运动摩擦阻力，从而获得以下性能：

① 动、静摩擦力之差很小，随动性极好，即驱动信号与机械动作滞后的时间间隔极短，有益于提高数控系统的响应速度和灵敏度；

② 驱动功率大幅度下降，只相当于普通机械的 1/10；

③ 与 V 形十字交叉滚子导轨相比，摩擦阻力可下降约 1/40 倍；

④ 适应高速直线运动，其瞬时速度比滑动导轨提高约 10 倍；

⑤ 能实现高定位精度和重复定位精度；

⑥ 能实现无间隙运动，提高机械系统的运动刚度。

（2）承载能力大。其滚道采用圆弧形式，增大了滚动体与圆弧滚道接触面积，从而大大地提高了导轨的承载能力，可达到平面滚道形式的 13 倍。采用合理比值的圆弧沟槽，接触应力小，承接能力及刚度比平面与钢球点接触时大大提高，滚动摩擦力比双圆弧滚道有明显降低。

（3）刚性强。在该导轨制作时，常需要预加载荷，这使导轨系统刚度得以提高，所以滚动直线导轨在工作时能承受较大的冲击和振动。

（4）寿命长。由于是纯滚动，摩擦系数为滑动导轨的 1/50 左右，磨损小，因而寿命长，功耗低，便于机械小型化。

（5）成对使用导轨副时，具有“误差均化效应”，从而降低基础件（导轨安装面）的加工精度要求，降低基础件的机械制造成本与难度。

（6）传动平稳可靠。由于摩接力小，动作轻便，因而定位精度高，微量移动灵活准确。

（7）具有结构自调整能力。装配调整容易，因此降低了对配件加工精度要求。

（8）导轨采用表面硬化处理，使导轨具有良好的耐磨性；心部保持良好的力学性能。

（9）简化了机械结构的设计和制造。

2．滚动直线导轨的分类

（1）按滚动体的形状分类。有钢珠式和滚柱式两种，如图 2－51（a）、（b）所示。滚柱式由于为线接触，故其有较高的承载能力，但摩擦力也较大，同时加工装配也相对复杂。目前使用较多的是钢珠式。

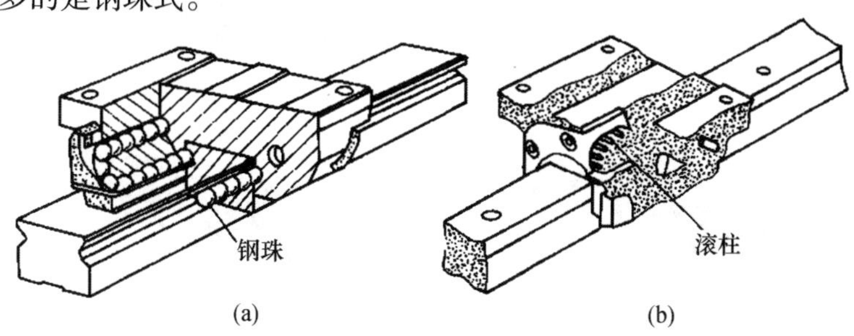

图 2－51　滚动直线导轨结构

（a）钢珠式；（b）滚柱式。

（2）按导轨截面形状分类。有矩形和梯形两种，如图2－52所示。其中图2－52(a)所示为四方向等载荷式，导轨截面为矩形，承载时各方向受力大小相等。梯形截面如图2－52(b)所示，导轨能承受较大的垂直载荷，而其他方向的承载能力较低，但对于安装基准的误差调节能力较强。

（3）按滚道沟槽形状分类。有单圆弧和双圆弧两种，如图2－53所示。单圆弧沟槽为二点接触，如图2－53(a)所示。双圆弧沟槽为四点接触，如图2－53(b)所示。前者运动摩擦和安装基准平均作用比后者要小，但其静刚度比后者稍差。

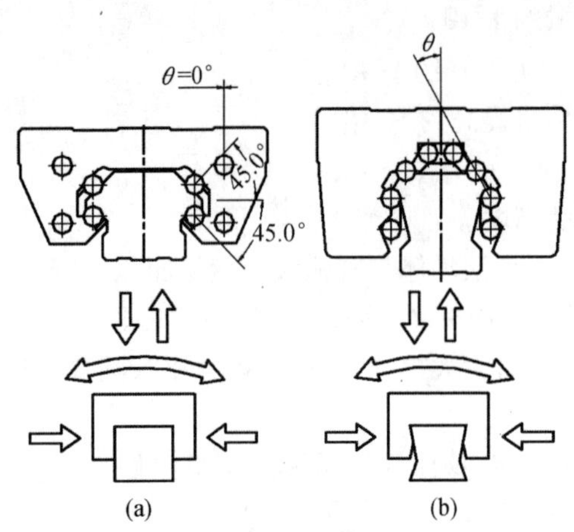

图2－52　滚动直线导轨的截面形状

(a)矩形导轨；(b)梯形导轨。

注：箭头粗细表示受力大小。

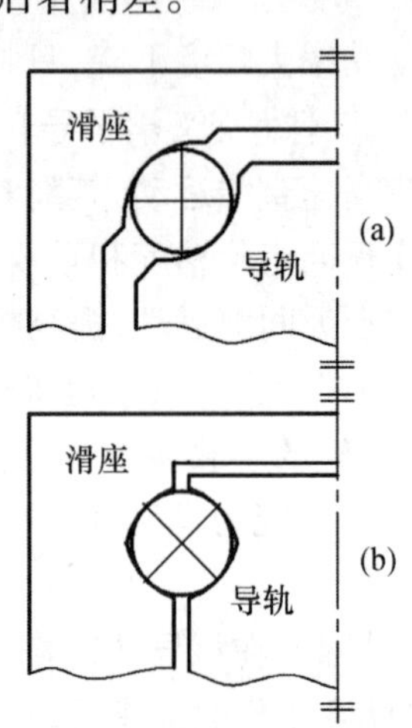

图2－53　滚动直线导轨截面形式

常用的滚动直线导轨如图2－54所示，表2－16为GGB AA四方向等载荷型滚动直线导轨副基本参数，图2－55为GGB系列直线滚动导轨型号编制规则。

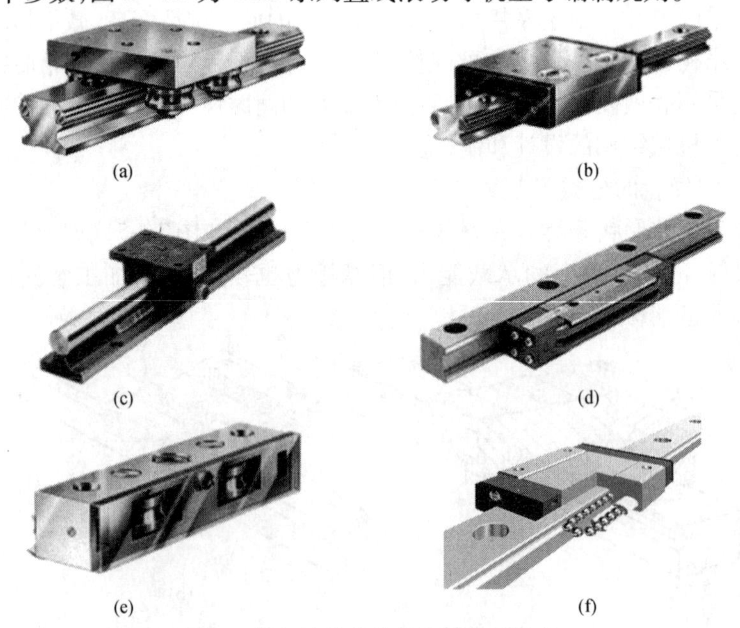

图2－54　滚动直线导轨副结构形式

(a)滚轮式A；(b)滚轮式B；(c)圆柱导轨；(d)侧面导轨；(e)滚轮轴承单元；(f)滚珠式。

表 2-16 GGB AA 四方向等载荷型滚动直线导轨副

型 号	导轨副尺寸/mm		滑块尺寸/mm										油杯尺寸/mm			导轨尺寸/mm					额定动载	额定静载	额定力矩		
	H	W	B_1	B_2	B_3	K	T	T_1	M_1	L_1	L_2	L_3	L_4	G	N	B_4	H_1	$d×D×h$	F	单根最大长度 L_{max}	C/kN	C_0/kN	M_A /(N·m)	M_B /(N·m)	M_C /(N·m)
GGB16AA	24	16	47	4.5	38	19.4	7	11	M5	58	40.5	30	2.5	Φ4	4	16	15	4.5×7.5×5.3	60	500	6.07	6.8	55.5	55.5	88.8
GGB20AA	30	22	63	5	53	24	10	10	M6	70	50	40	11	M6	6	20	18	6×9.5×8.5	60	1400	11.6	14.5	92.4	92.4	154
GGB25AA	37	24	70	6.5	57	30.5	12	16	M8	79.5	59	45	11	M6	7.2	23	22	7×11×9	60	3000	17.7	22.6	149.8	149.8	246
GGB30AA	42	31	90	9	72	35	10	18	M10	95.2	70	52	11	M6	7	28	26	9×14×12	80	3000	27.6	34.4	311.3	311.3	546
GGB35AA	48	33	100	9	82	38	13	21	M10	107.8	81	62	11	M6	8	34	29	9×14×12	80	3000	35.1	47.2	488	488	790
GGB45AA	62	38	120	10	100	51	15	25	M12	135	102	80	11	M6	12	45	38	14×20×16	100	3000	42.5	71	848	848	1448
GGB55AA	70	44	140	12	116	57	20	29	M14	161	118	95	14	M8×1	12	53	44	16×23×20	120	3000	79.4	101	1547	1547	2580
GGB65AA	90	54	170	14	142	76	23	37	M16	195	147	110	14	M8×1	12	63	53	18×26×22	150	3000	115	163	3237	3237	4860
GGB85AA	110	65	215	15	185	94	30	55	M20	243.4	179	140	14	M8×1	14	85	65	24×35×28	180	3000	172.2	257.4	6076.4	6076.4	12842

3. 滚动直线导轨的有关计算

循环式直线导轨副的承载能力用额定动载荷 C_a 和额定静载荷 C_{oa} 表示。其额定寿命 L 用下式计算：

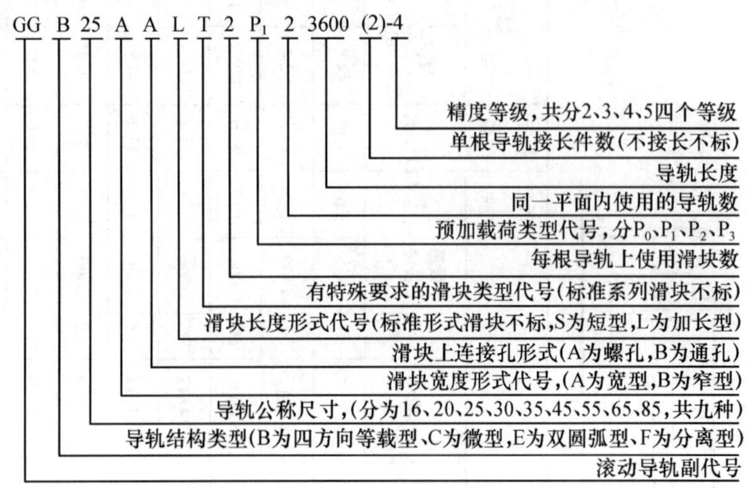

图 2-55　GGB 系列直线滚动导轨型号编制规则

$$L = \frac{2 \times l_S \times n_z \times 60 \times L_h}{10^3} \tag{2-23}$$

式中　L——额定寿命(km)；

l_S——行程长度(m)；

n_z——每分钟往复次数；

L_h——小时为单位的额定寿命。

额定寿命 L 与额定动载荷 C_a 的关系式可表示为

$$L = \left(\frac{f_h f_t f_c f_a}{f_w} \frac{C_a}{P}\right)^{\varepsilon} K \text{ (km)} \tag{2-24}$$

式中　P——实际工作载荷(kN)；

ε——指数，滚珠 $\varepsilon=3$，滚子 $\varepsilon=10/3$；

K——额定寿命单位，滚珠 $K=50$(km)，滚子 $K=100$(km)；

f_h——硬度系数，$f_h=\left(\frac{\text{滚道实际硬度(HRC)}}{58}\right)^{3.6}$；

f_t——温度系数，查表 2-17；

f_c——接触系数，查表 2-18；

f_a——精度系数，查表 2-19；

f_w——载荷系数，查表 2-20。

例 2-6　如图 2-56 所示，中等精度水平安装直线滚动支撑系统，工作台质量 $m=200$kg，负载 $P=6$kN，有效行程 $L_s=1$m，每分钟往复次数 $n_z=8$，移动速度 $v_s=16$m/min。常温运行，无明显冲击振动，目标寿命 10 年，试选择 GGB 型直线滚动导轨副的规格。

表 2-17 温度系数

工作温度/℃	f_t
≤100	1.00
100~150	0.90
150~200	0.73
200~250	0.60

表 2-18 接触系数

每根导轨上的滑块数	f_c
1	1.00
2	0.81
3	0.72
4	0.66
5	0.61

表 2-19 精度系数

精度系数	C	D	E	F	G	H
f_a	1.0	1.0	0.9	0.9	0.8	0.7

表 2-20 载荷系数

工 作 条 件	f_w
无外部冲击或振动的低速运动场合,速度小于15m/min	1~1.5
无明显冲击或振动的中速运动场合,速度小于60m/min	1.5~2
有外部冲击或振动的高速运动场合,速度大于60m/min	2~3.5

分析 直线运动滚动支撑系统所受的负荷,受下列各种因素的影响:配置形式(水平、垂直、横排等),移动件的重心和受力点位置,导轨上移动件牵引力的作用点,启动及终止时的惯性力以及运动阻力等。

按照工程力学可求出每个滑块承受的载荷,便于选用合适的导轨和滑块数。如图2-57所示,滑块移动的卧式导轨副,W 为作用于同一平面内若干套滚动直线导轨副的总

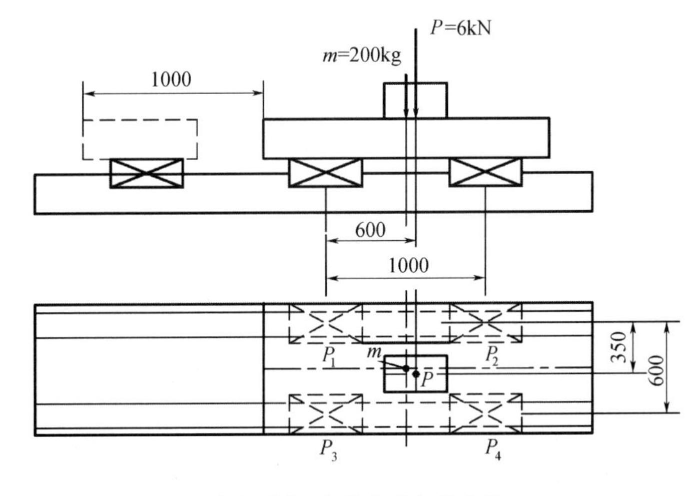

图 2-56 直线滚动支撑系统

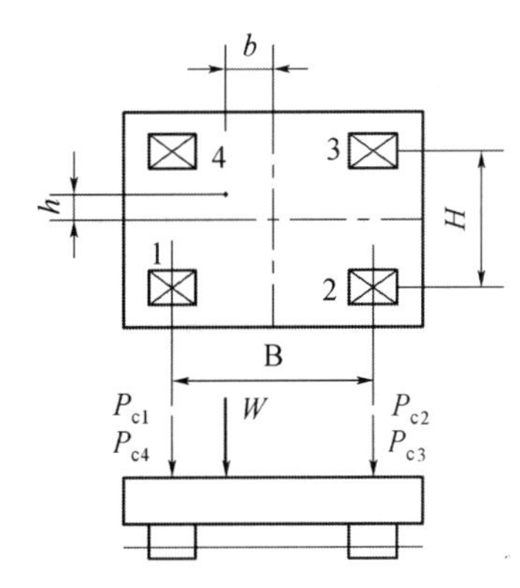

图 2-57 载荷计算分析

载荷,由于作用点不在几何中心,则 P_{c1}、P_{c2}、P_{c3}、P_{c4} 间有如下关系:

$$P_{c1} = \frac{W}{4} + \frac{W}{2} \times \frac{b}{B} - \frac{W}{2} \times \frac{h}{H},\ P_{c2} = \frac{W}{4} - \frac{W}{2} \times \frac{b}{B} - \frac{W}{2} \times \frac{h}{H}$$

$$P_{c3} = \frac{W}{4} - \frac{W}{2} \times \frac{b}{B} + \frac{W}{2} \times \frac{h}{H}, P_{c4} = \frac{W}{4} + \frac{W}{2} \times \frac{b}{B} + \frac{W}{2} \times \frac{h}{H}$$

本题中,m 作用在几何中心,而 P 不在几何中心,因此计算时应注意。

解 选 E 级精度,各项系数分别为

$$f_h = 1, f_t = 1, f_c = 0.81, f_a = 0.9, f_w = 1.8$$

寿命按每年工作 300 天,每天 2 班,每班 8h,开机率以 0.8 计。

$$L_h = 10 \times 300 \times 2 \times 8 \times 0.8 = 38400(\text{h})$$

$$L = \frac{2 \times l_S \times n_z \times 60 \times L_h}{10^3} = \frac{2 \times 1 \times 8 \times 60 \times 38400}{10^3} = 36864(\text{km})$$

计算每个滑块的载荷,工作台重力为 2kN,工作载荷为 6kN。

$$P_1 = \frac{2}{4} + \frac{6}{4} - \left(\frac{600 - 400}{2 \times 1000} + \frac{350 - 250}{2 \times 600}\right) \times \frac{6}{2} = 1.45(\text{kN})$$

$$P_2 = \frac{2}{4} + \frac{6}{4} + \left(\frac{600 - 400}{2 \times 1000} - \frac{350 - 250}{2 \times 600}\right) \times \frac{6}{2} = 2.05(\text{kN})$$

$$P_3 = \frac{2}{4} + \frac{6}{4} - \left(\frac{600 - 400}{2 \times 1000} - \frac{350 - 250}{2 \times 600}\right) \times \frac{6}{2} = 1.95(\text{kN})$$

$$P_4 = \frac{2}{4} + \frac{6}{4} + \left(\frac{600 - 400}{2 \times 1000} + \frac{350 - 250}{2 \times 600}\right) \times \frac{6}{2} = 2.55(\text{kN})$$

取最大值 $P_4 = 2.55kN$ 计算需要的动载荷为

$$C_a = \frac{f_w P}{f_h f_t f_c f_a}\sqrt[3]{\frac{L}{50}} = \frac{1.8 \times 2.55}{1 \times 1 \times 0.81 \times 0.9}\sqrt[3]{\frac{36864}{50}} = 56.88(\text{kN})$$

因此,从表中选 GGB55 - AA2$P_1$2 × 2200 × E 直线滚动导轨副,其 $C_a = 79.4$kN,$C_{oa} = 101$kN。

三、支撑件

支撑件是机电一体化设备中的基础部件。设备的零部件安装在支撑件上或在其导轨面上运动。所以,支撑件既起支撑作用,承受其他零部件的重量及在其上保持相对的运动,又起基准定位作用,确保部件间的相对位置。因此,支撑件是设备中十分重要的零部件。

(一) 支撑件设计的基本要求

1. 应具有足够的刚度和抗振性

由于支撑件的自重和其他零部件的质量以及运动部件惯性力的作用,使其本身或与其他零部件的接触表面发生变形。若变形过大会影响设备的精度或工作时产生振动。为了减小受力变形,支撑件应具有足够的刚度。

刚度是抵抗载荷变形的能力。抵抗恒定载荷变形的能力称为静刚度;抵抗交变载荷变形的能力称为动刚度。如果基础部件的刚性不足,则在工件的重力、夹紧力、摩擦力、惯性力和工作载荷等的作用下,就会产生变形、振动或爬行,而影响产品定位精度、加工精度及其他性能。

机座或机架的静刚度，主要是指它们的结构刚度和接触刚度。动刚度与静刚度、材料阻尼及固有振动频率有关。在共振条件下的动刚度为

$$K_{\omega} = 2K\xi = 2K\frac{B}{\omega_{n}} \tag{2-25}$$

式中 K——静刚度（N/m）；

ξ——阻尼比；

B——阻尼系数；

ω_{n}——固有振动频率（1/s）。

动刚度是衡量抗振性的主要指标，在一般情况下，动刚度越大，抗振性越好。抗振性是指承受受迫振动的能力。受迫振动的振源可能存在于系统（或产品）内部，为驱动电机转子或转动部件旋转时的不平衡惯性力等。振源也可能来自于设备的外部，如邻近机器设备、运行车辆、人员活动等。

抗振性包括两个方面的含义：①抵抗受迫振动的能力，即能限制受迫振动的振幅不超过允许值的能力；②抵抗自激振动的能力。例如，机床在进行切削过程中，由于切削力的变化或外界的激振，使机床产生不允许的振动，影响其加工质量，严重时甚至不能进行工作。设备的刚度与抗振性有一定的关系，如果刚度不足，则容易产生振动。

2. 应具有较小的热变形和热应力

设备在工作时由于传动系统中的齿轮、轴承以及导轨等因摩擦而发热，电机、强光灯、加热器等热源散发出的热量，都将传到支撑件上，由于热量分布、散发得不均匀，支撑件各处温度不同，由此产生热变形、影响系统原有精度。对于数控机床及其他精密机床，热变形对机床的加工精度有极其重要的影响。在设计这类设备时，应予以足够的重视。

3. 耐磨性

为了使设备能持久地保持其精度，支撑件上的导轨应具有良好的耐磨性。因此对导轨的材料、结构和形状，热处理及保护和润滑等应作周密的考虑。

4. 结构工艺性及其他要求

设计支撑件时，还应考虑毛坯制造、机械加工和装配的结构工艺性。正确地进行结构设计和必要的计算以保证用最少的材料达到最佳的性能指标，并达到缩短生产周期、降低造价、操作方便、搬运装吊安全等要求。

（二）支撑件的材料选择

支撑件的材料，除应满足上述要求外，还应保证足够的强度、冲击韧性和耐磨性等。目前常用的材料有铸铁、钢板和型钢、天然和人造花岗岩、预应力钢筋混凝土等。

1. 铸铁

铸造可以铸出形状复杂的支撑件，存在于铸铁中的片状或球状石墨在振动时形成阻尼，抗振性比钢高3倍。但生产铸铁支撑件需要制作木模、芯盒等，制造周期长，成本高，故适宜于成批生产。

常用铸铁的种类如下：

（1）一级灰口铸铁HT200。抗拉、弯性能好，可用作带导轨的支撑件，但流动性稍差，不宜制作结构太复杂的支撑件。

（2）二级灰口铸铁HT150。铸造性能好，但力学性能稍差，用于制作形状复杂但受载

不大的支撑件。

(3) 合金铸铁。需要支撑件带导轨时耐磨性好，多采用高磷铸铁、磷铜钛铸铁、钒钛做铁、铬钼铸铁等。耐磨性比灰口铸铁高2倍~3倍，但成本较高。

铸造支撑件不可避免有内应力，引起蠕变，必须进行时效处理，目前常用的处理方法有：

(1) 自然时效处理。将铸件毛坯或经粗加工后的半成品置放在露天场地，经过数月、数年甚至数十年(精密机械支撑件)的风吹日晒雨淋，使内应力通过变形逐渐消除，形状趋于稳定后再加工。或者加工与时效反复轮流进行。自然时效的时间取决于支撑件的尺寸大小、结构形状、铸造条件和机械精度要求等因素。自然时效方法简单，效果好，但占地面积大，周期长，影响资金周转。

(2) 人工时效处理。将铸件平放在烘炉内的烘板上，以便整体受热均匀，根据铸件的要求和实际条件选择温度的高低和温度变化的速度。一般最高温度为530℃~550℃，温度过高会降低硬度，过低则内应力消除很慢。高精度机械的支撑件加工与时效应轮流反复多次。

(3) 振动时效处理。以接近铸件固有频率的频率对铸件进行激振或振动，使之逐渐消除内应力。

2. 钢板与型钢

用钢板与型钢焊接成支撑件，生产周期比铸造快1.7倍~3.5倍，钢的弹性模量约为铸铁的2倍，承受同样载荷，壁厚可做得比铸件薄，重量也轻。但是，钢的阻尼比只约为铸铁的1/3，抗振性差，结构和焊缝上要采取抗振指施。

3. 天然和人造花岗岩

天然花岗岩的优点很多：性能稳定，精度保持性好。由于经历长期的自然时效，残余应力极小，内部组织稳定；抗振性好，阻尼比钢大15倍；耐磨性比铸铁高5倍~10倍；导热系数和线膨胀系数小，热稳定性好；抗氧化性强；不导电；抗磁；与金属不黏合，加工方便，通过研磨和抛光容易得到很高的精度和表面粗糙度。目前，用于三坐标测量机和印制板数控钻床等。用作气浮导轨的基底很理想。主要缺点是，结晶颗粒粗于钢铁的晶粒，抗冲击性能差，脆性较大，油和水等液体易渗入晶界中，使岩石局部变形胀大，难以制作形状复杂的零件。

4. 预应力钢筋混凝土

主要用于制造不常移动的大型机械的机身、底座、立柱等支撑件。预应力钢筋混凝土支撑件的刚度和阻尼比较之铸铁大5倍，抗振性好，成本较低。但钢筋的配置对支撑件影响较大，应按弹性理论或有限元法所得的主应力方向进行钢筋的配置。制作时混凝土的保养方法也影响性能，混凝土耐腐蚀性差，油渗导致疏松，表面应喷漆或喷涂塑料，脆性也较大。使用条件较为严格方能保持工作寿命。

(三) 支撑件的结构设计

1. 选取有利的截面形状

为了保证支撑件的刚度和强度，减轻重量和节省材料，必须根据设备的受力情况，选择合理的截面形状。支撑件承受载荷的情况虽然复杂，但不外乎拉、压、弯、扭四种形式及其组合。当受弯曲和扭转载荷时，支撑件的变形不但与截面面积大小有关，而且与截面形状,即与截面的惯性矩有很大的关系。表 2-21 是截面积近似地皆为 10000mm^2 的十种不同的截面形状的抗弯和抗扭惯性矩的比较。从中可以看出:

(1) 空心结构的刚度要比实心结构的刚度大。因此,用加大横截面的轮廓尺寸,并减小壁厚的方法可以提高刚度。

表 2-21 各种截面形状的抗弯和抗扭惯性矩(截面积为 10000mm^2)

截面形状	惯性矩计算值/cm^4 惯性矩相对值		截面形状	惯性矩计算值/cm^4 惯性矩相对值	
	抗弯	抗扭		抗弯	抗扭
φ113	800/1.0	1600/1.0	100, 100, 17.3	833/1.04	1400/0.88
φ160, φ113	2420/3.02	4840/3.02	100, 100, 142, 142	2563/3.21	2040/1.27
φ196, φ160	4030/5.04	80600/5.04	50, 200	3333/4.17	680/0.43
φ196, φ160		108/0.07	85, 200, 235, 50	5867/7.35	1316/0.82
150, 25, 10, 300	15517/19.4	1600/1.0	25, 10, 150, 300	2720/3.4	
注:分母上的值为相对于圆截面的比值					

(2) 采用圆形空心截面,对于提高抗弯和抗扭刚度的效果都很好。对于正方形空心截面,提高抗弯刚度效果很好,但提高抗扭刚度效果较差。长方形空心截面,对提高长边方向的抗弯刚度非常显著,但抗扭刚度则减小了。

(3) 对于不封闭的截面,它的抗扭刚度极差,从提高刚度的角度出发,大的支撑件应做成封闭的截面。但是有些支撑件的内部往往需要安装传动机构、电器设备、润滑冷却设备等,必须在大件的壁上开孔,而无法保持其横截面为封闭式。

2. 设置隔板和加强筋

设置隔板和加强筋是提高刚度的有效方法。特别是当截面无法封闭时,必须用隔板(指联接支撑件四周外壁的内板)或加强筋来提高刚度。加强筋的作用与隔板有所不同,隔板主要用于提高机座的自身刚度,而加强筋则主要用于提高局部刚度。

图 2-58 所示为加强筋和隔板布置实例,其中图 2-58(a)所示为带中间隔板的支撑件;图 2-58(b)为带加强筋、双层壁结构的支撑件;图 2-58(c)所示为带加强筋的圆形截面支撑件。

加强筋常见的有直形筋、三角筋、十字筋和米字筋四种形式,如图 2-59 所示。直形筋的铸造工艺最简单,但刚度最小;米字筋的刚度最大,但铸造工艺最复杂。一般负载较小的设备,多采用直形筋。

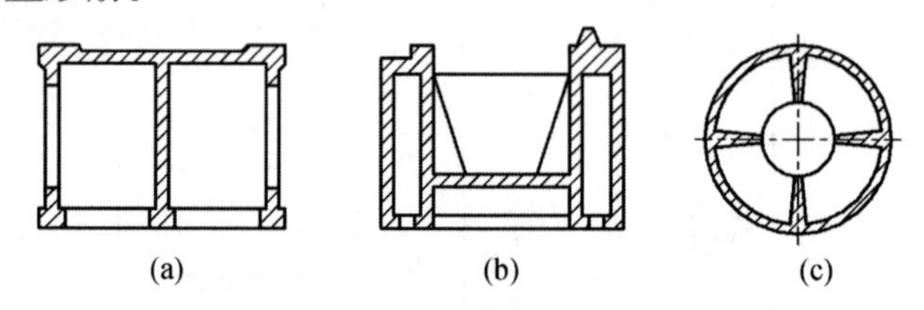

图 2-58 隔板和加强筋

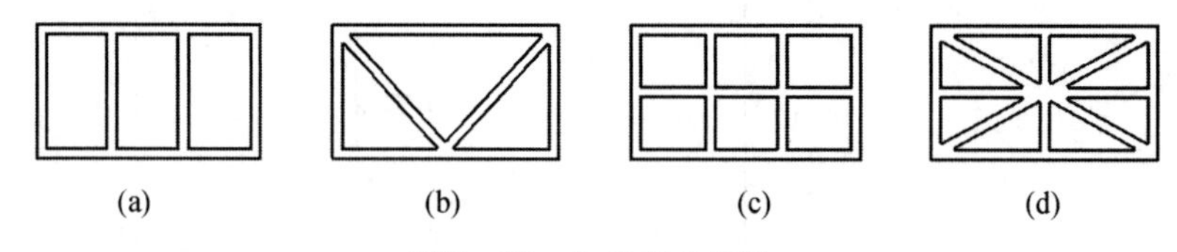

图 2-59 加强筋的形状

(a) 直形筋;(b) 三角筋;(c) 十字筋;(d) 米字形。

加强筋的高度可取为壁厚的 4 倍 ~5 倍,其厚度可取为壁厚的 0.8 倍左右。

3. 选择合理的壁厚

铸造支撑件按其长度 L、宽度 B、高度 H(m)计算当量尺寸 C:

$$C = \frac{2L + B + H}{4} \text{ (m)} \tag{2-26}$$

然后根据表 2-22 选择最小壁厚。选择的壁厚还应考虑具体工艺条件和经济性。选择出的最小壁厚是基本尺寸,局部受力处还可适当加厚,隔板比基本壁厚减薄 1mm ~2mm,筋板可比基本壁厚减薄 2mm ~4mm。焊接支撑件的壁厚可取铸件的 60% ~80%。

表 2-22 根据当量壁厚选择铸铁支撑件的最小壁厚

当量尺寸 C/m	0.75	1.0	1.5	1.8	2.0	2.5	3	3.5	4.5
外壁厚/mm	8	10	12	14	16	18	20	22	25
隔板或筋厚/mm	6	8	10	12	12	14	16	18	20

4. 选择合理的结构以提高连接处的局部刚度和接触刚度

在两个平面接触处，由于微观的不平度，实际接触的只是凸起部分。当受外力作用时，接触点的压力增大，产生一定的变形，这种变形称为接触变形。为了提高连接处的接触刚度，固定接触面的表面祖糙度应小于 *Ra*2.5，以便增加实际接触面积；固定螺钉应在接触面上造成一个预压力，压强一般为 2MPa，并据此设计固定螺钉的直径和数量，以及拧紧螺母的扭矩。图 2-60 所示均为提高连接刚度的结构。

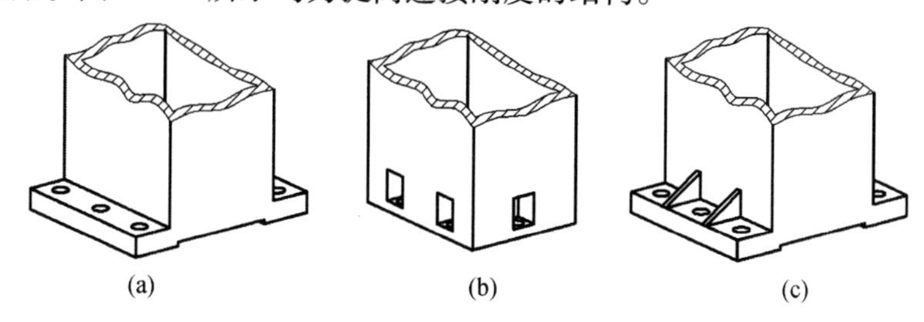

图 2-60 提高连接刚度的措施

5. 提高阻尼比

提高抗振性的途径，除提高静刚度、减轻质量及采取消振和隔振措施外，还可提高阻尼比。在铸件中保留砂芯，在焊接支撑件中填砂或混凝土，都可达到提高阻尼比的目的。

6. 用模拟刚度试验类比法设计支撑

设计支撑件的尺寸和隔扳、加强筋的布置时，常用模拟刚度试验和实测方法进行类比分析确定。

7. 支撑件的结构工艺性

机座一般体积较大、结构复杂、成本高，尤其要注意其结构工艺性，以便于制造和降低成本。在保证刚度的条件下，应力求铸件形状简单，拔模容易，型芯要少，便于支撑和制造。机座壁厚应尽量均匀，力求避免截面的急剧变化，凸起过大、壁厚过薄、过长的分型线和金属的局部堆积等。铸件要便于清砂，为此，必须开有足够大的清砂口，或几个清砂口。在同一侧面的加工表面，应处于同一个平面上，以便一起刨出或铣出。另外，机座必须有可靠的加工工艺基准面，若因结构原因没有工艺基准，可设计工艺基准，以便于制造。

（四）焊接支撑件的设计

焊接机架具有许多优点：在刚度相同的情况下可减轻质量 30% 左右；改型快，废品极少，生产周期短、成本低。

焊接机架常采用普通碳素结构钢（如厚、薄钢板、角钢、槽钢、钢管等）制成。现将几种典型的接头形式介绍如下，作为结构设计时的参考。

（1）采用减振接头。为了解决钢板较薄时易产生薄壁振动的缺点。在结构设计时可采取一些消振的方法。如图 2-61 所示为双层壁板 A 和 B 的减震接头，筋 C 与壁或筋与筋之间的接触处 D 不焊。冷却后焊缝收缩使 D 处压紧。振动发生时，摩擦力可以消耗振动的能量。

图 2-62 ~ 图 2-65 为常见的几种典型接头形式。

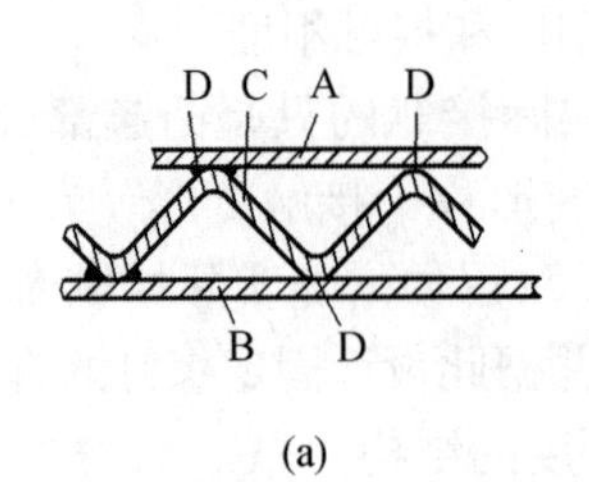

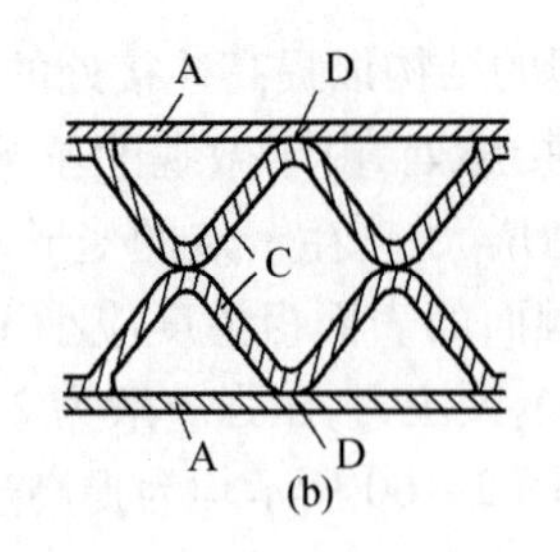

图 2-61 减震接头

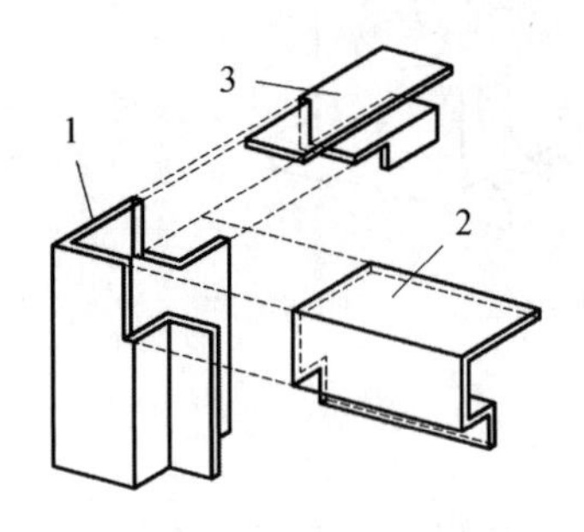

图 2-62 板料接头型式
1—竖梁；2—前横梁；3—左横梁。

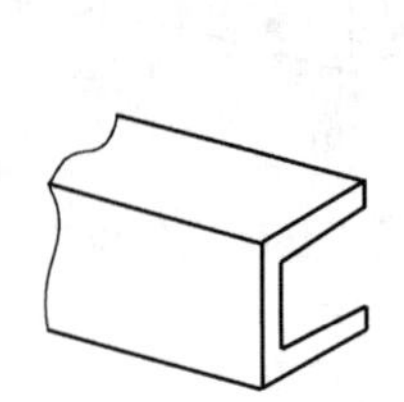

图 2-63 槽钢接头形式

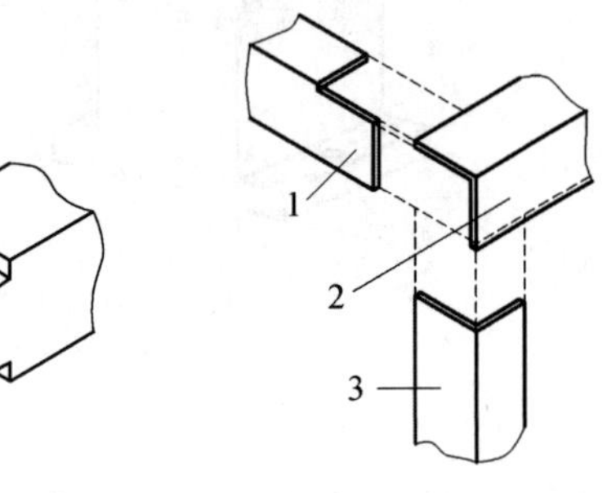

图 2-64 板料接头型式
1—左横梁；2—前横梁；3—竖梁。

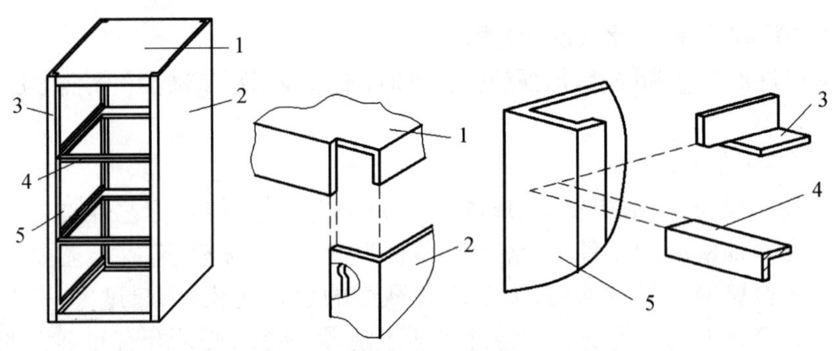

图 2-65 板料机箱焊接接头型式
1—顶板；2 —右侧板；3 —左横梁；4 —前横梁；5 —左侧板；6—底板。

（2）为了制造方便，焊接结构应尽量避免圆角。

（3）布置焊接支撑件的筋板，除局部截面考虑强度外，主要从刚度的角度进行设计。直形筋板的工艺性好，如图 2-66(a)、(b)所示，平行于弯曲平面布置的纵向直形筋对抗扭刚度没有作用。

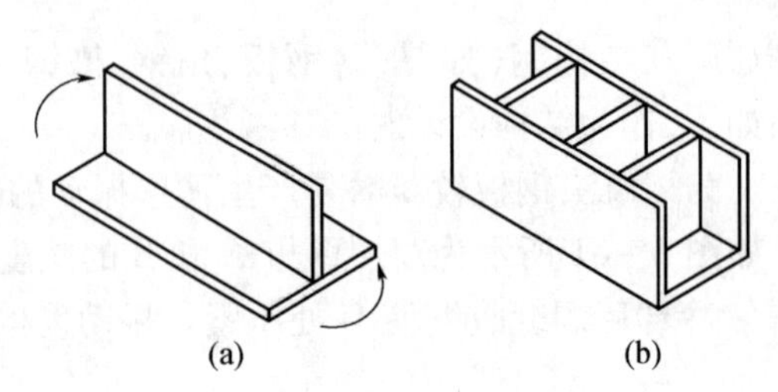

图 2-66 直形筋板

若要同时提高抗弯和抗扭刚度,可用斜向筋板,如图 2－67(a)所示。而对角筋板对提高构件的抗扭刚度效果更为显著,如图 2－67(b)所示。

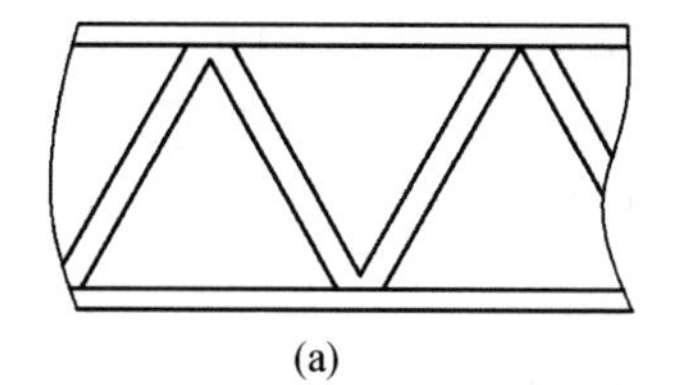

(a)

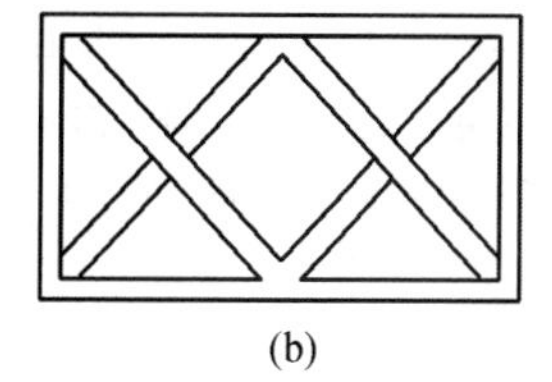

(b)

图 2－67　斜向筋板和对角筋板

(a) 斜向筋板; (b) 对角筋板。

第五节　力学系统性能分析

为了保证机电一体化系统具有良好的伺服特性,不仅要满足系统的静态特性,还必须利用自动控制理论的方法进行机电一体化系统的动态分析与设计。动态设计过程首先是针对静态设计的系统建立数学模型,然后用控制理论的方法分析系统的频率特性,找出并通过调节相关机械参数改变系统的伺服性能。

一、数学模型建立

机械系统数学模型的建立是通过折算的办法将复杂的结构装置转换成等效的简单函授关系,数学表达式一般是线性微分方程(通常简化成二阶微分方程)。机械系统的数学模型分析的是输入(如电机转子运动)和输出(如工作台运动)之间的相对关系。等效折算过程是将复杂结构关系的机械系统的惯量、弹性模量和阻尼(或阻尼比)等力学性能参数归一处理,从而通过数学模型来反映各环节的机械参数对系统整体的影响。

下面以数控机床进给传动系统为例,来介绍建立数学模型的方法。在图 2－68 所示的数控机床进给传动系统中,电机通过两级减速齿轮 z_1、z_2、z_3、z_4 及丝杠螺母副驱动工作台作直线运动。设 J_1 为轴Ⅰ部件和电机转子构成的转动惯量;J_2、J_3 为轴Ⅱ、Ⅲ部件构成的转动惯量;K_1、K_2、K_3 分别为轴Ⅰ、Ⅱ、Ⅲ的扭转刚度系数;K 为丝杠螺母副及螺母底座部分的轴向刚度系数;m 为工作台质量;C 为工作台导轨黏性阻尼系数;T_1、T_2、T_3 分别为轴Ⅰ、Ⅱ、Ⅲ的输入转矩。

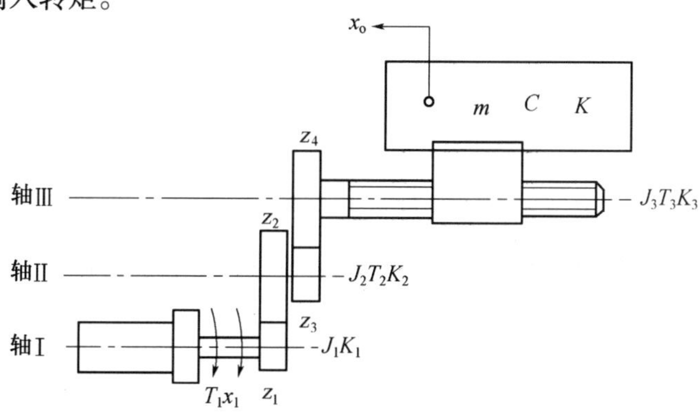

图 2－68　数控机床进给系统

建立该系统的数学模型，首先是把机械系统中各基本物理量折算到传动链中的某个元件上（本例折算到轴Ⅰ上），使复杂的多轴传动关系转化成单一轴运动，转化前后的系统总力学性能等效；然后，在单一轴基础上根据输入量和输出量的关系建立它的输入/输出的数学表达式（数学模型）。根据该表达式进行的相关机械特性分析就反映了原系统的性能。在该系统的数学模型建立过程中，分别针对不同的物理量（如 J、K、ω）求出相应的折算等效值。

机械装置的质量（惯量）、弹性模量和阻尼等机械特性参数对系统的影响是线性叠加关系，因此在研究各参数对系统影响时，可以假设其他参数为理想状态，单独考虑特性关系。下面就基本机械性能参数，分别讨论转动惯量、弹性模量和阻尼的折算过程。

1. 转动惯量的折算

把轴Ⅰ、Ⅱ、Ⅲ上的转动惯量和工作台的质量都折算到轴Ⅰ上，作为系统的等效转动惯量。设 T'_1、T'_2、T'_3 分别为轴Ⅰ、Ⅱ、Ⅲ的负载转矩，ω_1、ω_2、ω_3 分别为轴Ⅰ、Ⅱ、Ⅲ的角速度；v 为工作台位移时的线速度。

（1）Ⅰ、Ⅱ、Ⅲ轴转动惯量的折算。根据动力平衡原理，Ⅰ、Ⅱ、Ⅲ轴的力平衡方程分别为

$$T_1 = J_1 \frac{d\omega_1}{dt} + T'_1 \qquad (2-27)$$

$$T_2 = J_2 \frac{d\omega_2}{dt} + T'_2 \qquad (2-28)$$

$$T_3 = J_3 \frac{d\omega_3}{dt} + T'_3 \qquad (2-29)$$

因为轴Ⅱ的输入转矩 T_2 是由轴Ⅰ上的负载转矩获得，且与它们的转速成反比，所以

$$T_2 = \frac{z_2}{z_1} T_1$$

又根据传动关系有

$$\omega_2 = \frac{z_1}{z_2}\omega_1$$

把 T_2 和 ω_2 值代入式(2-9)，并将式(2-8)中的 T_1 也带入，整理得

$$T'_1 = J_2\left(\frac{z_1}{z_2}\right)^2 \frac{d\omega_1}{dt} + \left(\frac{z_1}{z_2}\right)T'_2 \qquad (2-30)$$

同理

$$T'_2 = J_3\left(\frac{z_1}{z_2}\right)\left(\frac{z_3}{z_4}\right)^2 \frac{d\omega_1}{dt} + \left(\frac{z_3}{z_4}\right)T'_3 \qquad (2-31)$$

（2）工作台质量折算到Ⅰ轴。在工作台与丝杠间，T'_3 驱动丝杠使工作台运动。根据动力平衡关系有

$$T'_3 2\pi = m\left(\frac{dv}{dt}\right)L$$

式中　v——工作台线速度；

L——丝杠导程。

即丝杠转动一周所做的功等于工作台前进一个导程时其惯性力所做的功。

又根据传动关系，有

$$v = \frac{L}{2\pi}\omega_3 = \frac{L}{2\pi}\left(\frac{z_1}{z_2}\frac{z_3}{z_4}\right)\omega_1$$

把 v 值代入上式整理后，得

$$T'_3 = \left(\frac{L}{2\pi}\right)^2\left(\frac{z_1}{z_2}\frac{z_3}{z_4}\right)m\frac{\mathrm{d}\omega_1}{\mathrm{d}t} \tag{2-32}$$

(3) 折算到轴 I 上的总转动惯量。把式(2-11)、式(2-12)、式(2-13)代入式(2-8)、式(2-9)和式(2-10)，消去中间变量并整理后求出电机输出的总转矩为

$$T_1 = \left[J_1 + J_2\left(\frac{z_1}{z_2}\right)^2 + J_3\left(\frac{z_1}{z_2}\frac{z_3}{z_4}\right)^2 + m\left(\frac{z_1}{z_2}\frac{z_3}{z_4}\right)^2\left(\frac{L}{2\pi}\right)^2\right]\frac{\mathrm{d}\omega_1}{\mathrm{d}t} = J_\Sigma\frac{\mathrm{d}\omega_1}{\mathrm{d}t}$$

其中

$$J_\Sigma = J_1 + J_2\left(\frac{z_1}{z_2}\right)^2 + J_3\left(\frac{z_1}{z_2}\frac{z_3}{z_4}\right)^2 + m\left(\frac{z_1}{z_2}\frac{z_3}{z_4}\right)^2\left(\frac{L}{2\pi}\right)^2 \tag{2-33}$$

式中：J_Σ 为系统各环节的转动惯量（或质量）折算到轴 I 上的总等效转动惯量；$J_2\left(\frac{z_1}{z_2}\right)^2$、$J_3\left(\frac{z_1}{z_2}\frac{z_3}{z_4}\right)^2$、$m\left(\frac{z_1}{z_2}\frac{z_3}{z_4}\right)^2\left(\frac{L}{2\pi}\right)^2$ 分别为Ⅱ、Ⅲ轴转动惯量和工作台质量折算到 I 轴上的折算转动惯量。

2. 黏性阻尼系数的折算

机械系统工作过程中，相互运动的元件间存在着阻力，并以不同的形式表现出来，如摩擦阻力、流体阻力以及负载阻力等，这些阻力在建模时需要折算成与速度有关的黏滞阻尼力。

当工作台均速转动时，轴Ⅲ的驱动转矩 T_3 完全用来克服黏滞阻尼力的消耗。考虑到其他各环节的摩擦损失比工作台导轨的摩擦损失小得多，故只计工作台导轨的黏性阻尼系数 C。根据工作台与丝杠之间的动力平衡关系，有

$$T_3 2\pi = CvL$$

即丝杠转一周 T_3 所做的功，等于工作台前进一个导程时其阻尼力所做的功。

根据力学原理和传动关系，有

$$T_1 = \left(\frac{z_2}{z_1}\frac{z_4}{z_3}\right)^2\left(\frac{L}{2\pi}\right)^2 C\omega_1 = C'\omega_1 \tag{2-34}$$

式中 C'——工作台导轨折算到轴 I 上的黏性阻力系数，即

$$C' = \left(\frac{z_2}{z_1}\frac{z_4}{z_3}\right)^2\left(\frac{L}{2\pi}\right)^2 C \tag{2-35}$$

3. 弹性变形系数的折算

机械系统中各元件在工作时受力或力矩的作用，将产生轴向伸长、压缩或扭转等弹性变形，这些变形将影响到整个系统的精度和动态特性。建模时要将其折算成相应的扭转

刚度系数或轴向刚度系数。

上例中，应先将各轴的扭转角都折算到轴Ⅰ上来，丝杠与工作台之间的轴向弹性变形会使轴Ⅲ产生一个附加扭转角，也应折算到轴Ⅰ上，然后求出轴Ⅰ的总扭转刚度系数。同样，当系统在无阻尼状态下，T_1、T_2、T_3 等输入转矩都用来克服机构的弹性变形。

（1）轴向刚度的折算。当系统承担负载后，丝杠螺母副和螺母座都会产生轴向弹性变形，图2-69是它的等效作用图。在丝杠左端输入转矩 T_3 的作用下，丝杠和工作台之间的弹性变形为 δ，对应的丝杠附加扭转角为 $\Delta\theta_3$。根据动力平衡原理和传动关系，在丝杠轴Ⅲ上有：

$$T_3 2\pi = K\delta L$$

$$\delta = \frac{\Delta\theta_3}{2\pi}L$$

所以

$$T_3 = \left(\frac{1}{2\pi}\right)^2 K\Delta\theta_3 = K'\Delta\theta_3$$

式中 K'——附加扭转刚度系数，即

$$K' = \left(\frac{1}{2\pi}\right)^2 K \qquad (2-36)$$

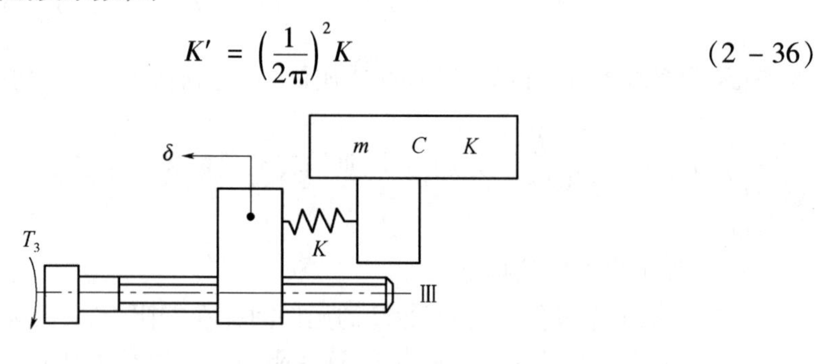

图2-69 弹性变形的等效图

（2）扭转刚度系数的折算。设 θ_1、θ_2、θ_3 分别为轴Ⅰ、Ⅱ、Ⅲ在输入转矩 T_1、T_2、T_3 的作用下产生的扭转角。根据动力平衡原理和传动关系，有

$$\theta_1 = \frac{T_1}{K_1}$$

$$\theta_2 = \frac{T_2}{K_2} = \left(\frac{z_2}{z_1}\right)\frac{T_1}{K_2}$$

$$\theta_3 = \frac{T_3}{K_3} = \left(\frac{z_2}{z_1}\frac{z_4}{z_3}\right)\frac{T_1}{K_3}$$

由于丝杠和工作台之间轴向弹性变形使轴Ⅲ附加了一个扭转角 $\Delta\theta_3$，因此轴Ⅲ上的实际扭转角为

$$\theta_{\text{Ⅲ}} = \theta_3 + \Delta\theta_3$$

将 θ_3、$\Delta\theta_3$ 值代入，则有

$$\theta_{\text{Ⅲ}} = \frac{T_3}{K_3} + \frac{T_3}{K'} = \left(\frac{z_2}{z_1}\frac{z_4}{z_3}\right)\left(\frac{1}{K_3} + \frac{1}{K'}\right)T_1$$

将各轴的扭转角折算到轴Ⅰ上得轴Ⅰ的总扭转角，即

$$\theta = \theta_1 + \left(\frac{z_2}{z_1}\right)\theta_2 + \left(\frac{z_2}{z_1}\frac{z_4}{z_3}\right)\theta_{\text{Ⅲ}}$$

将 θ_1、θ_2、$\theta_{\text{Ⅲ}}$ 值代入上式，有

$$\theta = \frac{T_1}{K_1} + \left(\frac{z_2}{z_1}\right)^2\frac{T_1}{K_2} + \left(\frac{z_2}{z_1}\frac{z_4}{z_3}\right)^2\left(\frac{1}{K_3} + \frac{1}{K'}\right)T_1$$

$$= \left[\frac{1}{K_1} + \left(\frac{z_2}{z_1}\right)^2\frac{1}{K_2} + \left(\frac{z_2}{z_1}\frac{z_4}{z_3}\right)^2\left(\frac{1}{K_3} + \frac{1}{K'}\right)\right]T_1 = \frac{T_1}{K_\Sigma} \tag{2-37}$$

式中　K_Σ——折算到轴Ⅰ上的总扭转刚度系数，即

$$K_\Sigma = \frac{1}{\frac{1}{K_1} + \left(\frac{z_2}{z_1}\right)^2\frac{1}{K_2} + \left(\frac{z_2}{z_1}\frac{z_4}{z_3}\right)^2\left(\frac{1}{K_3} + \frac{1}{K'}\right)} \tag{2-38}$$

4. 建立系统的数学模型

根据以上的参数折算，建立系统动力平衡方程和推导数学模型。

设输入量为轴Ⅰ的输入转角 X_i；输出量为工作台的线位移 X_0。根据传动原理，把 X_0 折算成轴Ⅰ的输出角位移 Φ。在轴Ⅰ上根据动力平衡原理有

$$J_\Sigma\frac{d^2\Phi}{dt^2} + C'\frac{d\Phi}{dt} + K_\Sigma\Phi = K_\Sigma X_i \tag{2-39}$$

又因为

$$\Phi = \left(\frac{2\pi}{L}\right)\left(\frac{z_2}{z_1}\frac{z_4}{z_3}\right)X_0 \tag{2-40}$$

因此，动力平衡关系可以写成下式：

$$J_\Sigma\frac{d^2X_0}{dt^2} + C'\frac{dX_0}{dt} + K_\Sigma X_0 = \left(\frac{z_1}{z_2}\frac{z_3}{z_4}\right)\left(\frac{L}{2\pi}\right)K_\Sigma X_i \tag{2-41}$$

这就是机床进给系统的数学模型，它是一个二阶线性微分方程。其中 J_Σ、C'、K_Σ 均为常数。通过对式(2-41)进行拉普拉斯变换求得该系统的传递函数为

$$G(s) = \frac{X_0(s)}{X_i(s)} = \frac{\left(\frac{z_1}{z_2}\frac{z_3}{z_4}\right)\left(\frac{L}{2\pi}\right)K_\Sigma}{J_\Sigma s^2 + C's + K_\Sigma} = \left(\frac{z_1}{z_2}\frac{z_3}{z_4}\right)\left(\frac{L}{2\pi}\right)\frac{\omega_n^2}{s^2 + 2\xi\omega_n s + \omega_n^2} \tag{2-42}$$

式中　ω_n——系统的固有频率，且

$$\omega_n = \sqrt{K_\Sigma/J_\Sigma} \tag{2-43}$$

ξ——系统的阻尼比，且

$$\xi = C'/(2\sqrt{J_\Sigma K_\Sigma}) \tag{2-44}$$

ω_n 和 ξ 是二阶系统的两个特征参量，它们是由惯量（质量）、摩擦阻力系数、弹性变形系数等结构参数决定的。对于电气系统，ω_n 和 ξ 则由 R、C、L 物理量组成，它们具有相似的特性。

将 $s=j\omega$ 代入式(2-42)可求出 $A(\omega)$ 和 $\Phi(\omega)$，即该机械传动系统的幅频特性和相

频特性。由 $A(\omega)$ 和 $\Phi(\omega)$ 可以分析出系统输入/输出之间不同频率的输入(或干扰)信号对输出幅值和相位的影响,从而反映了系统在不同精度要求状态下的工作频率和对不同频率干扰信号的衰减能力。

二、力学性能参数对系统性能的影响

机电一体化的机械系统要求精度高、运动平稳、工作可靠,这不仅仅是静态设计(机械传动和结构)所能解决的问题,而是要通过对机械传动部分与伺服电机的动态特性进行分析,调节相关力学性能参数,达到优化系统性能的目的。

通过以上的分析可知,机械传动系统的性能与系统本身的阻尼比 ξ、固有频率 ω_n 有关。ω_n、ξ 又与机械系统的结构参数密切相关。因此,机械系统的结构参数对伺服系统性能有很大影响。

1. 阻尼的影响

一般的机械系统均可简化为二阶系统,系统中阻尼的影响可以由二阶系统单位阶跃响应曲线来说明。由图 2-70 可知,阻尼比不同的系统,其时间响应特性也不同。

(1) 当阻尼比 $\xi=0$ 时,系统处于等幅持续振荡状态,因此系统不能无阻尼。

(2) 当 $\xi\geqslant 1$ 时,系统为临界阻尼或过阻尼系统。此时,过渡过程无振荡,但响应时间较长。

(3) 当 $0<\xi<1$ 时,系统为欠阻尼系统,此时,系统在过渡过程中处于减幅振荡状态,其幅值衰减得快慢,取决于衰减系数 $\xi\omega_n$。在 ω_n 确定以后,ξ 越小,其振荡越剧烈,过渡过程越长。相反,ξ 越大,则振荡越小,过渡过程越平稳,系统稳定性越好,但响应时间较长,系统灵敏度降低。

因此,在系统设计时,应综合考其性能指标,一般取 $0.5<\xi<0.8$ 的欠阻尼系统,既能保证振荡在一定的范围内,过渡过程较平稳,过渡过程时间较短,又具有较高的灵敏度。

2. 摩擦的影响

当两物体产生相对运动或有运动趋势时,其接触面要产生摩擦。摩擦力可分为黏性摩擦力、库仑摩擦力和静摩擦力三种,方向均与运动趋势方向相反。

图 2-71 反应了三种摩擦力与物体运动速度之间的关系。当负载处于静止状态时,

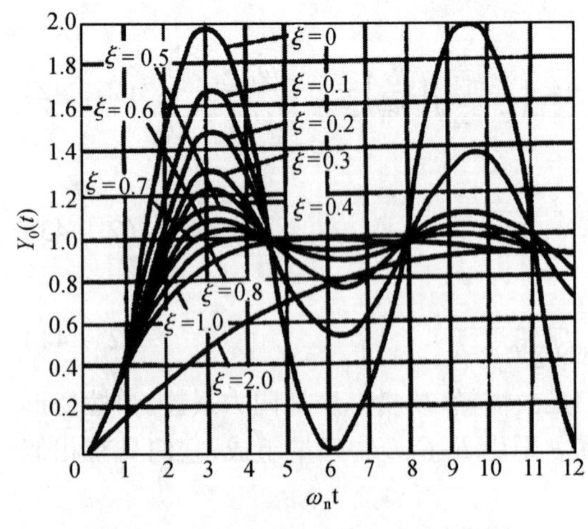

图 2-70 二阶系统单位阶跃响应曲线

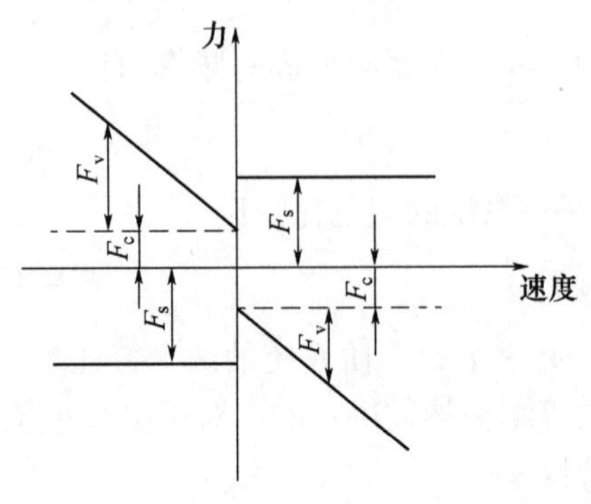

图 2-71 摩擦力—速度曲线

摩擦力为静摩擦力 F_s,其最大值发生在运动开始前的一瞬间;当运动一开始,静摩擦力即消失,此时摩擦力立即下降为动摩擦(库仑摩擦)力 F_c,库仑摩擦力是接触面对运动物体的阻力,大小为一常数;随着运动速度的增加,摩擦力成线性增加,此时摩擦力为黏性摩擦 F_v。由此可见,只有物体运动后的黏性摩擦力是线性的,而当物体静止时和刚开始运动时,其摩擦是非线性的。摩擦对伺服系统的影响主要有:引起动态滞后,降低系统的响应速度,导致系统误差和低速爬行。

在图 2-72 所示机械系统中,设系统的弹簧刚度为 K。如果系统开始处于静止状态,当输入轴以一定的角速度转动时,由于静摩擦力矩 T 的作用,在 $\theta_i \leqslant \left|\frac{T_s}{K}\right|$ 范围内,输出轴将不会运动,θ_i 值即为静摩擦引起的传动死区。在传动死区内,系统将在一段时间内对输入信号无响应,从而造成误差。

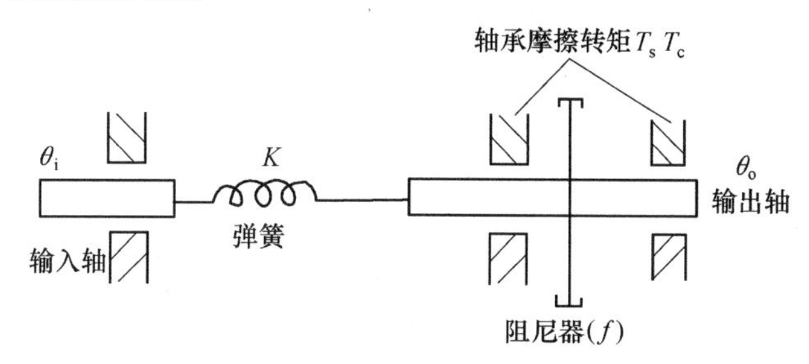

图 2-72　力传递与弹性变形示意图弹性

当输入轴以恒速 Ω 继续运动,在 $\theta_i > \left|\frac{T_s}{K}\right|$ 后,输出轴也以恒速 Ω 运动,但始终滞后输入轴一个角度 θ_{ss},若黏滞摩擦系统为 f,则有

$$\theta_{ss} = \frac{f\Omega}{K} + \frac{T_c}{K} \tag{2-45}$$

式中:$f\Omega/K$ 为黏滞摩擦引起的动态滞后;T_s/K 为库仑摩擦所引起的动态滞后;θ_{ss} 为系统的稳态误差。

由以上分析可知,当静摩擦大于库仑摩擦,且系统在低速运行时(忽略黏性摩擦引起的滞后),在驱动力引起弹性变形的作用下,系统总是启动、停止的交替变化之中运动,该现象称为低速爬行现象,低速爬行导致系统运行不稳定。爬行一般出现在某个临界转速以下,而在高速运行时并不出现。

设计机械系统时,应尽量减少静摩擦和降低动、静摩擦之差值,以提高系统的精度、稳定性和快速响应性。因此,机电一体化系统中,常常采用摩擦性能良好的塑料(金属滑动导轨,滚动导轨,滚珠丝杠,静、动压导轨;静、动压轴承,磁轴承等新型传动件和支撑件),并进行良好的润滑。

此外,适当地增加系统的惯量 J 和黏性摩擦系数 f 也有利于改善低速爬行现象,但惯量增加将引起伺服系统响应性能的降低;增加黏性摩擦系数 f 也会增加系统的稳态误差,故设计时必须权衡利弊,妥善处理。

3. 弹性变形的影响

机械传动系统的结构弹性变形是引起系统不稳定和产生动态滞后的主要因素,稳定性是系统正常工作的首要条件。当伺服电机带动机械负载按指令运动时,机械系统所有的元件都会因受力而产生程度不同的弹性变形。由式(2-43)、式(2-44)知,其固有频率与系统的阻尼、惯量、摩擦、弹性变形等结构因素有关。当机械系统的固有频率接近或落入伺服系统带宽之中时,系统将产生谐振而无法工作。因此为避免机械系统由于弹性变形而使整个伺服系统发生结构谐振,一般要求系统的固有频率 ω_n 要远远高于伺服系统的工作频率。通常采取提高系统刚度、增加阻尼、调整机械构件质量和自振频率等方法来提高系统抗振性,防止谐振的发生。

采用弹性模量高的材料,合理选择零件的截面形状和尺寸、对轴承、丝杠等支撑件施加预加载荷等方法均可以提高零件的刚度。在多级齿轮传动中,增大末级减速比可以有效地提高末级输出轴的折算刚度。

另外,在不改变机械结构固有频率的情况下,通过增大阻尼也可以有效地抑制谐振。因此,许多机电一体化系统设有阻尼器以使振荡迅速衰减。

4. 惯量的影响

转动惯量对伺服系统的精度、稳定性、动态响应都有影响。惯量大,系统的机械常数大,响应慢。由式(2-44)可以看出,惯量大,ξ 值将减小,从而使系统的振荡增强,稳定性下降;由式(2-43)可知,惯量大,会使系统的固有频率下降,容易产生谐振,因而限制了伺服带宽,影响了伺服精度和响应速度。惯量的适当增大只有在改善低速爬行时有利。因此,机械设计时在不影响系统刚度的条件下,应尽量减小惯量。

三、传动间隙对系统性能的影响

机械系统中存在着许多间隙,如齿轮传动间隙、螺旋传动间隙等。这些间隙对伺服系统性能有很大影响,下面以齿轮间隙为例进行分析。

图2-73所示为一典型旋转工作台伺服系统框图。图中所用齿轮根据不同要求有不同的用途,有的用于传递信息(G_1、G_3),有的用于传递动力(G_2、G_4),有的在系统闭环之内(G_2、G_3),有的在系统闭环之外(G_1、G_4)。由于它们在系统中的位置不同,其齿隙的影响也不同。

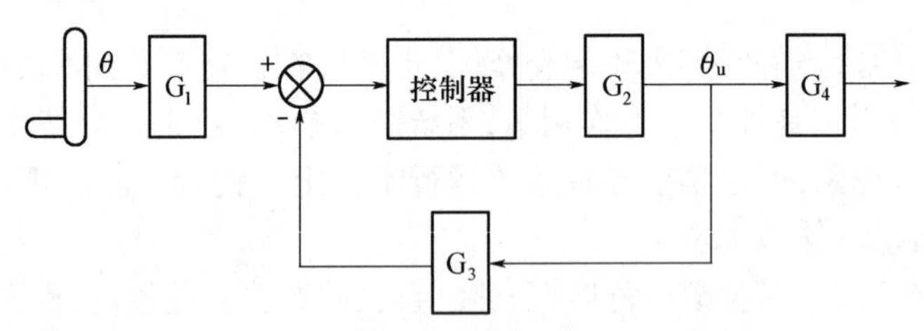

图2-73 典型转台伺服系统框图

(1) 闭环之外的齿轮 G_1、G_4 的齿隙,对系统稳定性无影响,但影响伺服精度。由于齿隙的存在,在传动装置逆运行时造成回程误差,使输出轴与输入轴之间呈非线性关系,输出滞后于输入,影响系统的精度。

(2) 闭环之内传递动力的齿轮 G_2 的齿隙,对系统静态精度无影响,这是因为控制系统有自动校正作用。又由于齿轮副的啮合间隙会造成传动死区,若闭环系统的稳定裕度较小,则会使系统产生自激振荡,因此闭环之内动力传递齿轮的齿隙对系统的稳定性有影响。

(3) 反馈回路上数据传递齿轮 G_3 的齿隙既影响稳定性,又影响精度。

因此,应尽量减小或消除间隙,目前在机电一体化系统中,广泛采取各种机械消隙机构来消除齿轮副、螺旋副等传动副的间隙。

第六节 机械系统的运动控制

机电一体化系统要求具有较高的响应速度。影响系统响应速度的因素除控制系统的信息处理速度和信息传输滞后因素的外,机械系统的力学性能参数对系统的响应速度影响非常大。

一、机械传动系统的动力学原理

图 2-74 所示是带有制动装置的电机驱动机械运动装置,图中 T 为电机的驱动力矩(N·m),当加速时 M 为正值,减速时 M 为负值;J 为负载和电机转子的转动惯量(kg·m²);n 为轴的转速(r/min);根据动力学平衡原理知:

$$T = J\frac{\mathrm{d}\omega}{\mathrm{d}t} \tag{2-46}$$

若 T 为恒定时,可求得

$$\omega = \int \frac{T}{J}\mathrm{d}t = \frac{T}{J}t + \omega_0 \tag{2-47}$$

当用转速 n 表示式(2-47)时,得

$$n = \frac{30T}{\pi J}t + n_0 \tag{2-48}$$

式中:ω_0 和 n_0 为初始转速。

由式(2-48)即可求出加速或减速所需时间

$$t = \frac{\pi J(n - n_0)}{30T} \tag{2-49}$$

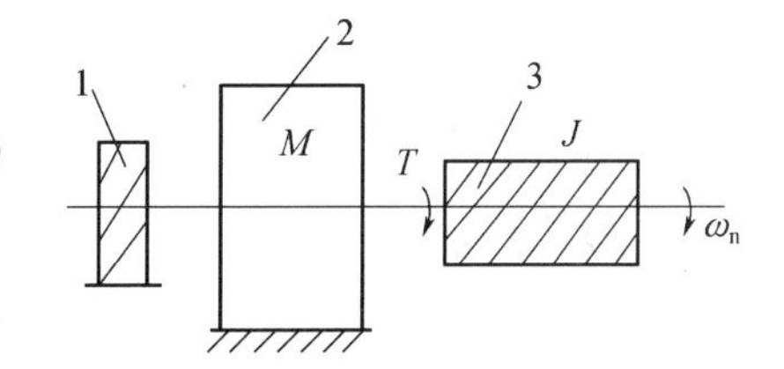

图 2-74 电机驱动机械运动装置
1—制动器;2—电机;3—负载。

以上各式中 T 和 J 都是与时间无关的函数。但在实际问题中,例如启动时电机的输出力矩是变化的,机械手装置中转臂至回转轴的距离在回转时也是变化的,因而 J 也随之变化。若考虑力矩 T 与 J 是时间的函数,则

$$T = f_1(t),\ J = f_2(t)$$

由式(2-47)得

$$\frac{\mathrm{d}\omega}{\mathrm{d}t} = \frac{f_1(t)}{f_2(t)}$$

积分后得

$$\omega = \int \frac{f_1(t)}{f_2(t)}\mathrm{d}t + \omega_0$$

或

$$n = \frac{30}{\pi}\int \frac{f_1(t)}{f_2(t)}\mathrm{d}t + n_0 \qquad (2-50)$$

二、机械系统的制动控制

机械系统的制动问题就是讨论在一定时间内把机械装置减速至预定的速度或减速到停止时的相关问题,如机床的工作台停止时的定位精度就取决于制动控制的精度。

制动过程比较复杂,是一个动态过程,为了简化计算,以下近似地作为等减速运动来处理。

1. 制动力矩

当已知控制轴的速度(转速)、制动时间、负载力矩 M_L、装置的阻力矩 M_f 以及等效转动惯量 J 时,就可计算制动时所需的力矩。因负载力矩也起制动作用,所以也看作制动力矩。下面分析将某一控制轴的转速,在一定时间内由初速 n_0 减至预定的转速 n 的情况。由式(2-40),得

$$M_B + M_L + M_f = \frac{\pi J(n_0 - n)}{30t}$$

即

$$M_B = \frac{\pi J(n_0 - n)}{30t} - M_L - M_f \qquad (2-51)$$

式中 M_B——控制轴设置的制动力矩(N·m);

t——制动控制时间(s)。

在式(2-51)中 M_L 与 M_f 均以其绝对值代入。若已知装置的机械效率 η 时,则可以通过效率反映阻力矩,即:$M_L + M_f = M_L/\eta$。则上式可写成

$$M_B = \frac{\pi J}{30}\frac{n_0 - n}{t} - \frac{M_L}{\eta} \qquad (2-52)$$

2. 制动时间

机械装置在制动器选定后,就可计算到停止时所需要的时间。这时,制动力矩 M_B、等效负载力矩 M_L、等效摩擦阻力矩 M_f、装置的等效转动惯量 J 以及制动速度是已知条件。制动开始后,总的制动力矩为

$$\sum M_B = M_B + M_L + M_f \qquad (2-53)$$

由式(2-33)得

$$t = \frac{\pi J}{30}\frac{n_0 - n}{\sum M_B} \qquad (2-54)$$

3. 制动距离(制动转角)

开始制动后,工作台或转臂因其自身惯性作用,往往不是停在预定的位置上。为了提高运动部件停止的位置精度,设计时应确定制动距离以及制动的时间。

设控制轴转速为 n(r/min),直线运动速度为 v_0(m/min)。当装在控制轴上的制动器动作后,控制轴减速到 n(r/min),工作台速度降到 v(m/min),试求减速时间内总的转角

和移动距离。

根据式(2－48)得

$$n=\frac{1}{60}\left\{\frac{30t}{\pi J}\left(\sum M_B\right)+n_0\right\}$$

式中:n 的单位为 r/s。以初速 n_0(r/min)转动的控制轴上作用有 $\sum M_B$ 的制动力矩在 t 秒内转了 n_B 转,n_B 的表达式为

$$\begin{aligned}n_B&=\int_0^t n\mathrm{d}t=\frac{1}{60}\int_0^t\left\{\frac{30t}{\pi J}\left(\sum M_B\right)+n_0\right\}\mathrm{d}t\\&=\frac{1}{60}\left\{\frac{30}{\pi J}\left(\sum M_B\right)\frac{t^2}{2}+n_0t\right\}\\&=\frac{1}{60}\times\frac{1}{2}\left\{\frac{30}{\pi J}\left(\sum M_B\right)t+2n_0\right\}t\end{aligned}$$

将式(2－52)带入上式,则有

$$n_B=\frac{1}{2}\frac{n+n_0}{60}t \tag{2－55}$$

将式(2－54)代入式(2－55),后得

$$n_B=\frac{\pi J}{3600}\frac{(n_0^2-n^2)}{\sum M_B} \tag{2－56}$$

由式(2－56)可求出总回转角(rad)为

$$\varphi_B=2\pi n_B=\frac{\pi^2 J}{1800}\frac{(n_0^2-n^2)}{\sum M_B} \tag{2－57}$$

用类似的方法可推导有关直线运动的制动距离。设初速度为 v_0(m/min),终速度为 v(m/min),制动时间为 t,且认为是匀减速制动,则制动距离为

$$S_B=\frac{1}{2}\frac{v+v_0}{60}t \tag{2－58}$$

当 t 为未知值时,代入式(2－54)求得 S_B 为

$$S_B=\frac{\pi J}{3600}\frac{(v+v_0)(n_0-n)}{\sum M_B} \tag{2－59}$$

例 2－7 图 2－75 所示为一进给工作台。电机 M、制动器 B、工作台 A、齿轮 G1 ~ G4 以及轴 1、2 的数据见表 2－23。试求:

(1)此装置换算至电机轴的等效转动惯量。

(2)设控制轴上制动器 B($M_B=50\text{N}\cdot\text{m}$)动作后,希望工作台停止在所要求的位置上。试求制动器开始动作的位置(摩擦阻力矩可忽略不计)。

(3)设工作台导轨面摩擦系数 $\mu=0.05$,此导轨面的滑动摩擦考虑在内时,工作台的制动距离变化多少?

解 (1)等效转动惯量。

该装置回转部分对轴 0 的等效转动惯量为

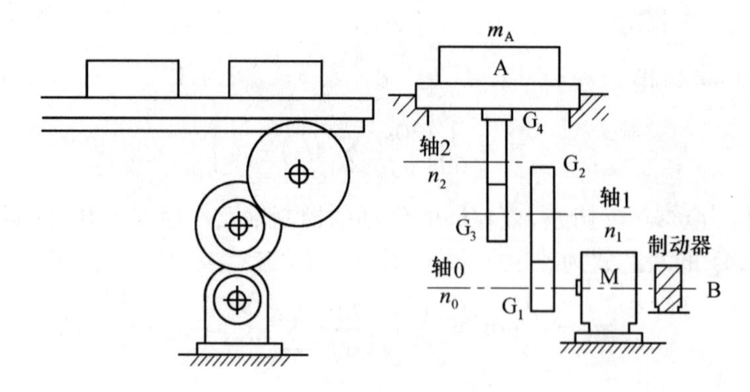

图 2-75 进给工作台

$$[J_1]_0 = J_M + J_B + J_{G1} + (J_{G2} + J_{G3} + J_{S1})\left(\frac{n_1}{n_0}\right)^2 + (J_{G4} + J_{S2})\left(\frac{n_2}{n_0}\right)^2$$

$$= 0.0403 + 0.0055 + 0.0028 + (0.606 + 0.017 + 0.0008) \times \frac{180}{720} +$$

$$(0.153 + 0.0008) \times \left(\frac{102}{720}\right)^2 = 0.0907(\text{kg} \cdot \text{m}^2)$$

表 2-23 例 2-5 的参数表

	齿轮				轴		工作台	电机	制动器
	G_1	G_2	G_3	G_4	1	2	A	M	B
速度 /(m/min)	720	180	180	102	100	102	90	720	
J	J_{G1}	J_{G2}	J_{G3}	J_{G4}	J_{S1}	J_{S2}	J_S	J_M	J_R
/(kg·m²)	0.0028	0.606	0.017	0.153	0.0008	0.0008		0.0403	0.0055
注:工作台质量(包括工件在内)m_A = 300kg									

装置的直线运动部分对轴 0 的等效转动惯量为

$$[J_2]_0 = \frac{m_A v^2}{4\pi^2 n_0^2} = \frac{300 \times 90^2}{4\pi^2 \times 720^2} = 0.1187(\text{kg} \cdot \text{m}^2)$$

因此,与装置的电机轴有关的等效转动惯量为

$$[J]_0 = [J_1]_0 + [J_2]_0 = (0.0907 + 0.1187) = 0.2094(\text{kg} \cdot \text{m}^2)$$

(2) 停止距离

停止距离可由式(2-59)求出,其中 $n=0, v=0$,则

$$S = \frac{\pi[J]_0}{3600}\frac{v_0 n_0}{M_B} = \frac{\pi \times 0.2094}{3600}\frac{90 \times 720}{50} = 0.2369(\text{m})$$

即停止位置之前 236.9mm 时制动器应开始工作。

(3)停止距离的变化

考虑工作台导轨间有摩擦力时,换算到电机轴上的等效摩擦力矩 M_f,可以从下式求得:

$$[M_f]_0 = \mu m_A g \frac{v}{2\pi n_0} = 0.05 \times 300 \times 9.8 \times \frac{90}{2\pi \times 720} = 2.9245(\text{N}\cdot\text{m})$$

开始制动到停止所移动的距离 S_B 可从式(2-59)求出,即

$$S_B = \frac{\pi[J]_0}{3600}\frac{vn_0}{M_B + M_f} = \frac{0.2094\pi}{3600} \times \frac{90 \times 720}{50 + 2.9245} = 0.2237(\text{m})$$

所以计入滑动部分的摩擦力后,比忽略摩擦力时停止距离短 13.2mm。

三、机械系统的加速控制

在力学分析时,加速与减速的运动形态是相似的。但对于实际控制问题来说,由于驱动源一般使用电机,而电机的加速和减速特性有差异。此外,制动控制时制动力矩当作常值,一般问题不大,而在加速控制时电机的启动力矩并不一定是常值,所以加速控制的计算要复杂一些。

下面分别讨论加速力矩为常值和随控制轴的转速而变化的两种情况。

1. 加速(启动)时间

计算加速时间分为加速力矩为常值和加速力矩随时间而变化的两种情况。计算时应知道加速力矩、等效负载力矩、等效摩擦阻力矩、装置的等效转动惯量以及转速(速度)。

1) 加速力矩为常值的情况

设 $[M_A]_i$ 为控制轴的净加速力矩(N·m)、$[M_M]_i$ 为控制轴上电机的加速力矩(N·m),则 $[M_A]_i$ 可表示为

$$[M_A]_i = [M_M]_i - [M_L]_i - [M_f]_i \tag{2-60}$$

在概略计算时可用机械效率 η 来估算摩擦阻力矩,得

$$[M_A]_i = [M_M]_i - [M_L]/\eta \tag{2-61}$$

加速时间为

$$t = \frac{\pi[J]}{30}\frac{n - n_0}{[M_A]_i} \tag{2-62}$$

式中 n_0, n——轴的初转速与加速后的转速(r/min)。

2) 加速力矩随时间而变化

为简化计算,一般先求出平均加速力矩再计算加速时间。计算平均加速力矩的方法有两种:①把开始加速时的电机输出力矩和最大电机输出力矩的平均值作为平均加速力矩;②根据电机输出力矩—转速曲线和负载—转速曲线来求出平均加速力矩。

设 M_{M0} 为开始加速时的电机输出力矩(N·m);M_{Mmax} 为加速时间内最大电机输出力矩(N·m);M_{Lmax} 为加速时间内最大负载力矩(含阻力矩)(N·m);M_{Lmin} 为加速时间内负载力矩(含阻力矩)(N·m)。

求平均加速力矩 M_{Mm} 和平均负载力矩 M_{Lm}:

$$M_{Mm} = \frac{1}{2}(M_{M0} + M_{Mmax}) \tag{2-63}$$

$$M_{Lm} = \frac{1}{2}(M_{Lmin} + M_{Lmax}) \tag{2-64}$$

平均加速力矩 M_{Mm} 可按下式求出，为区别 M_{Mm}，记为 M'_{Mm}，即

$$M'_{Mm} = M_{Mm} - M_{Lm}$$

电机启动力矩特性曲线可以从样本上查到，也可用电流表测量电流来推定，当电机电流一定时，电机的启动力矩与电流成正比，即

$$\frac{\text{启动电源}}{\text{标称电源}} = \frac{\text{启动力矩}}{\text{标称力矩}}$$

根据测得的电流值的变化就可推定启动力矩—转速（时间）的特性曲线。

2. 加速距离

设控制轴的初转速为 n_0（r/min），直线运动部分的速度为 v_0（m/min）。当增速到转速为 n、速度为 v 时，求此时间内控制轴总转数 n_A、总回转角 φ_A 和移动距离 s_A。

当平均加速度力矩为一常数时，加速过程中的 n_A、φ_A 和 s_A 的公式与制动过程中的公式类似，加速时间内控制轴的总转数为

$$n_A = \frac{1}{6}\left(\frac{30}{\pi[J]_i}\right)M'_{Mm}\frac{t^2}{2} + n_0 t$$

或

$$n_A = \frac{1}{2}\frac{n + n_0}{60}t$$

借鉴式(2-62)，消去 t 后得

$$n_A = \frac{\pi[J]_i}{3600}\frac{n_2 - n_0^2}{M'_{Mm}} \tag{2-65}$$

将式(2-65)中 $M'_{Mm} = M_{Mm} - M_{Lm}$，得

$$n_A = \frac{\pi[J]_i}{1800}\frac{n^2 - n_0^2}{M_{Mm} - M_{Lm}} \tag{2-66}$$

加速过程中轴的回转角为 $\varphi_A = 2\pi n_A$

$$\varphi_A = \frac{\pi^2[J]_i}{1800}\frac{n^2 - n_0^2}{M_{Mm} - M_{Lm}} \tag{2-67}$$

式中，φ_A 的单位为 rad。

与制动过程类似，加速过程中移动距离为

$$S_A = \frac{1}{2}\frac{v + v_0}{60}t\ (\text{m})$$

或

$$S_A = \frac{\pi[J]_i}{3600}\frac{(v + v_0)(n - n_0)}{M_{Mm} - M_{Lm}} \tag{2-68}$$

思考题

1. 机电一体化系统对机械传动系统的要求是什么？

2. 机电一体化机械系统由哪几部分机构组成？

3. 常用的传动机构有哪些？

4. 同步带传动的优缺点是什么？

5. 同步带传动的失效形式有哪些？并简述设计计算步骤。

6. 齿轮传动最佳传动比分配原则是什么？输出轴转角误差最小原则的含义是什么？

7. 齿轮传动的齿侧间隙调整方法有哪些？

8. 简述谐波齿轮传动的优缺点？

9. 设有一谐波齿轮减速器，其减速比为100，柔轮齿数为100。试计算刚轮固定时该谐波减速器的刚轮齿数及输出轴的转动方向（相对于输入轴比较）。

10. 滚珠螺旋传动与滑动螺旋传动或其他直线传动相比有哪些特点？

11. 滚珠丝杠副轴向间隙的调整预紧方法有哪些？

12. 简述双螺母预紧时提高轴向刚度的原理？

13. 试述滚珠丝杠副主要尺寸参数及其涵义？

14. 试述滚珠丝杠副的精度等级及标注方法？

15. 试述滚珠丝杠副安装时的支撑方式及其特点？

16. 试述滚珠丝杠副设计计算的一般步骤？

17. 试述轴系设计时的基本要求有哪些？

18. 选择轴系轴承时应考虑哪些因素？

19. 试述导轨的种类及对导轨的基本要求？

20. 常用的导轨副材料有哪些？

21. 试述滚动导轨副的特点有哪些？

22. 试述支撑件设计的基本要求有哪些？

23. 从系统的动态特性角度来分析：产品的组成零部件和装配精度高，但系统的精度并不一定就高的原因。

第三章　机电一体化检测系统设计

第一节　概　　述

在机电一体化系统中,离不开检测系统这个重要环节。若没有传感器对原始的各种参数进行精确而可靠的自动检测,那么信号转换、信息处理、正确显示、控制器的最佳控制等,都是无法进行和实现的。

检测系统是机电一体化产品中的一个重要组成部分,用于实现计测功能。在机电一体化产品中,传感器的作用就相当于人的感官,用于检测有关外界环境及自身状态的各种物理量(如力、位移、速度、位置等)及其变化,并将这些信号转换成电信号,然后再通过相应的变换、放大、调制与解调、滤波、运算等电路将有用的信号检测出来,反馈给控制装置或送去显示。实现上述功能的传感器及相应的信号检测与处理电路,就构成了机电一体化产品中的检测系统。

随着现代测量、控制及自动化技术的发展,传感器技术越来越受到人们的重视,应用越来越普遍。凡是应用到传感器的地方,必然伴随着相应的检测系统。传感器与检测系统可对各种材料、机件、现场等进行无损探伤、测量和计量;对自动化系统中各种参数进行自动检测和控制。尤其是在机电一体化产品中,传感器及其检测系统不仅是一个必不可少的组成部分,而且已成为机与电有机结合的一个重要纽带。

一、检测系统的组成

机电一体化产品中需要检测的物理量分成电量和非电量两种形式,非电量的检测系统有两个重要环节:

(1) 把各种非电量信息转换为电信号,这就是传感器的功能。传感器又称为一次仪表。

(2) 对转换后的电信号进行测量,并进行放大、运算、转换、记录、指示、显示等处理,称为电信号处理系统,通常称为二次仪表。机电一体化系统一般采用计算机控制方式,因此,电信号处理系统通常是以计算机为中心的电信号处理系统。非电量检测系统的结构形式如图 3-1 所示。

对于电量检测系统,只保留了电信号的处理过程,省略了一次仪表的处理过程。

二、传感器的概念及基本特性

传感器是一种以一定的精确度将被测量转换为与之有确定对应关系的、易于精确处理和测量的某种物理量(如电量)的测量部件或装置。通常传感器是将非电量转换成电量来输出。传感器的特性(静态特性和动态特性)是其内部参数所表现的外部特征,决定了传感器的性能和精度。

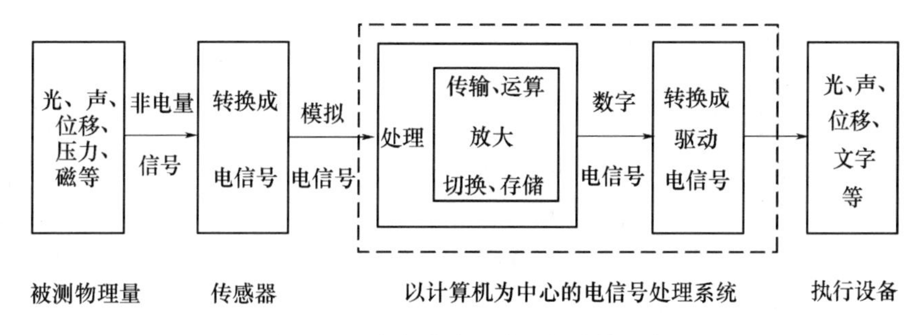

图 3－1　非电量检测系统的结构形式

1．传感器的构成

传感器一般是由敏感元件、转换元件和基本转换电路三部分组成，如图 3－2 所示。

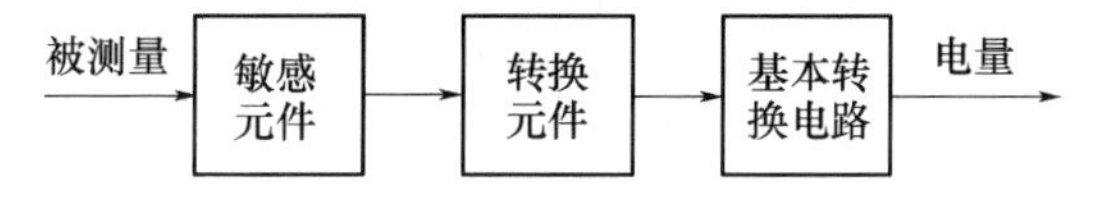

图 3－2　传感器组成框图

（1）敏感元件。是一种能够将被测量转换成易于测量的物理量的预变换装置，而输入、输出间具有确定的数学关系（最好为线性），如弹性敏感元件将力转换为位移或应变输出。

（2）转换元件。是将敏感元件输出的非电物理量转换成电信号（如电阻、电感、电容等）形式。例如将温度转换成电阻变化，位移转换为电感或电容等传感元件。

（3）基本转换电路。将电信号量转换成便于测量的电量，如电压、电流、频率等。

有些传感器（如热电偶）只有敏感元件，感受被测量时直接输出电动势。有些传感器由敏感元件和转换元件组成，无需基本转换电路，如压电式加速度传感器。还有些传感器由敏感元件和基本转换电路组成，如电容式位移传感器。有些传感器，转换元件不止一个，要经过若干次转换才能输出电量。大多数传感器是开环系统，但也有个别的是带反馈的闭环系统。

2．传感器的静态特性

传感器变换的被测量的数值处在稳定状态时，传感器的输入/输出关系称为传感器的静态特性。描述传感器静态特性的主要技术指标有：线性度、灵敏度、迟滞、重复性、分辨率和零漂。

（1）线性度。传感器的静态特性是在静态标准条件下，利用一定等级的标准设备，对传感器进行往复循环测试，得到输入/输出特性（列表或画曲线）。通常希望这个特性（曲线）为线性，这对标定和数据处理带来方便。但实际的输出与输入特性只能接近线性，对比理论直线有偏差，如图 3－3 所示。实际曲线与其两个端尖连线（称理论直线）之间的偏差称为传感器的非线性误差。取其中最大值与输出满度值之比作为评价线性度（或非线性误差）的指标。

$$\gamma_L = \pm \frac{\Delta_{max}}{y_{FS}} \times 100\% \tag{3-1}$$

式中　γ_L——线性度（非线性误差）；

Δ_{max}——最大非线性绝对误差；

y_{FS}——输出满度值。

(2) 灵敏度。传感器在静态标准条件下，输出变化对输入变化的比值称灵敏度，用 S_0 表示，即

$$S_0 = \frac{输出量的变化量}{输入量的变化量} = \frac{\Delta y}{\Delta x} \quad (3-2)$$

对于线性传感器来说，它的灵敏度 S_0 是个常数。

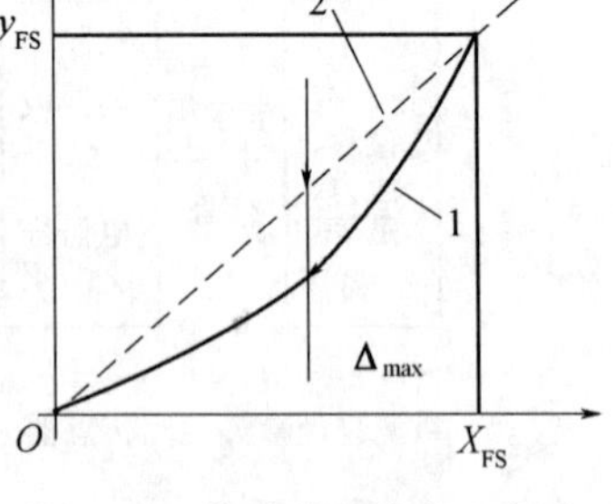

图 3-3　传感器线性度示意图
1—实际曲线；2—理想曲线。

(3) 迟滞。传感器在正(输入量增大)、反(输入量减小)行程中输出/输入特性曲线的不重合程度称迟滞，迟滞误差一般以满量程输出 y_{FS} 的百分数表示，即

$$\gamma_H = \frac{\Delta H_m}{y_{FS}} \times 100\%$$

或

$$\gamma_H = \pm \frac{1}{2} \frac{\Delta H_m}{y_{FS}} \times 100\% \quad (3-3)$$

式中　ΔH_m——输出值在正、反行程间的最大差值。

迟滞特性一般由实验方法确定，如图 3-4 所示。

(4) 重复性。传感器在同一条件下，被测输入量按同一方向作全量程连续多次重复测量时，所得输入/输出曲线的不一致程度，称重复性，如图 3-5 所示。重复性误差用满量程输出的百分数表示，即

$$\gamma_R = \pm \frac{\Delta R_m}{y_{FS}} \times 100\% \quad (3-4)$$

式中　ΔR_m——输出最大重复性误差。

重复特性也用实验方法确定，常用绝对误差表示，如图 3-5 表示。

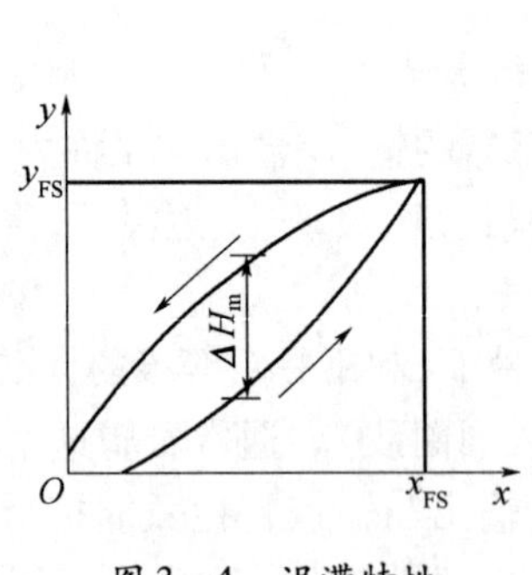

图 3-4　迟滞特性

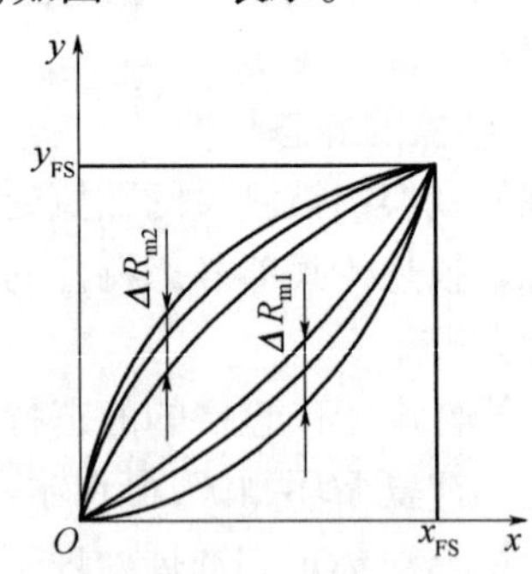

图 3-5　重复特性

(5) 分辨力。传感器能检测到的最小输入增量称分辨力，在输入零点附近的分辨力称为阈值。分辨力与满度输入比的百分数表示称为分辨率。

(6) 漂移。由于传感器内部因素或外界干扰的情况下，传感器的输出变化称为漂移。当输入状态为零时的漂移称为零点漂移。在其他因素不变情况下，输出随着时间的变化产生的漂移称为时间漂移；随着温度变化产生的漂移称为温度漂移。

(7) 精度。表示测量结果和被测的"真值"的靠近程度。精度一般是在校验或标定的方法来确定,此时"真值"则靠其他更精确的仪器或工作基准来给出。国家标准中规定了传感器和测试仪表的精度等级,如电工仪表精度分 7 级,分别是 0.1、0.2、0.5、1.0、1.5、2.5、5 级。精度等级(S)的确定方法是:首先算出绝对误差与输出满度量程之比的百分数,然后靠近比其低的国家标准等级值即为该仪器的精度等级。

3. 传感器的动态特性

动态特性是指传感器测量动态信号时,输出对输入的响应特性。传感器测量静态信号时,由于被测量不随时间变化,测量和记录过程不受时间限制。而实际中大量的被测量是随时间变化的动态信号,传感器的输出不仅需要精确地显示被测量的大小,还要显示被测量时间变换的规律,即被测量的波形。传感器能测量动态信号的能力用动态特性表示。

动态特性好的传感器,其输出量随时间的变化规律将再现输入量随时间的变化规律,即它们具有同一个时间函数。但是,除了理想情况外,实际传感器的输出信号与输入信号不会具有相同的时间函数,由此引起动态误差。

动态特性参数一般都用阶跃信号输入状态下的输出特性和不同频率信号输入状态下的幅值变化和相位变化表达。

三、传感器的分类

传感器种类多,可以按被测物理量分类,这种分类方法表达了传感器的用途,便于根据不同用途选择传感器。还可按工作原理分类,这种分法便于学习、理解和区分各种传感器。机电一体化产品主要以微型计算机作信息处理机和控制器,传感器获取的有关外界环境及自身状态变化的信息,一般反馈给计算机进行处理或实施控制。因此,这里将传感器按输出信号的性质分类,分为开关型、模拟型和数字型,如图 3-6 所示。

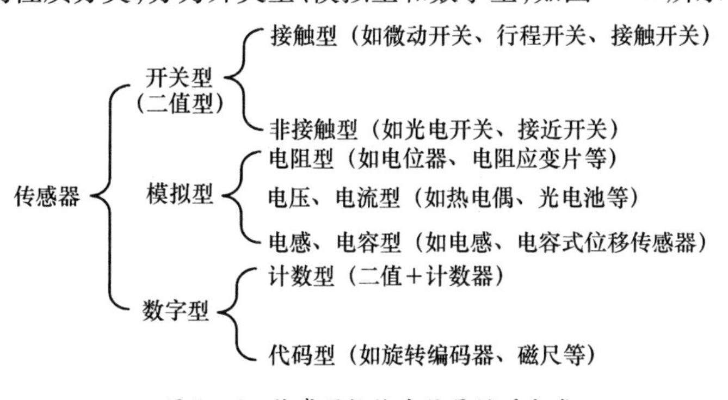

图 3-6 传感器按输出信号性质分类

开关型传感器只输出"1"和"0"或开(ON)和关(OFF)两个值。如果传感器的输入物理量达到某个值以上时,其输出为"1"(ON 状态),在该值以下时输出为"0"(OFF 状态),其临界值就是开、关的设定值。这种"1"和"0"数字信号可直接送入微型计算机进行处理。

模拟型传感器的输出是与输入物理量变化相对应的连续变化的电量。传感器的输入/输出关系可能是线性的,也可能是非线性的。线性输出信号可直接采用,而非线性输出信号则需进行线性化处理。这些线性信号一般需进行模拟/数字转换(A/D),将其转换成数字信号后再送给微型计算机处理。

数字型传感器有计数型和代码型两大类。计数型又称脉冲计数型,它可以是任何一种脉冲发生器,所发出的脉冲数与输入量成正比,加上计数器就可以对输入量进行计数。计数型传感器可用来检测通过输送带上的产品个数,也可用来检测执行机构的位移量,这时执行机构每移动一定距离或转动一定角度就会发出一个脉冲信号,例如,光栅检测器和增量式光电编码器就是如此。代码型传感器即绝对值式编码器,它输出的信号是二进制数字代码,每一代码相当于一个一定的输入量之值。代码的“1”为高电平,“0”为低电平,高低电平可用光电元件或机械式接触元件输出。通常被用来检测执行元件的位置或速度,如绝对值型光电编码器、接触型编码器等。

四、传感器的发展方向

由于传感器位于检测系统的入口,是获取信息的第一个环节,因此它的精度、可靠性、稳定性、抗干扰性等直接关系到机电一体化产品的整机性能指标。因此,传感器的研究与开发一直受到人们的重视,传感器的性能不断提高,主要表现在以下几个方面。

(一)新型传感器的开发

鉴于传感器的工作机理是基于各种效应和定律,由此启发人们进一步发现新现象、采用新原理、开发新材料、采用新工艺,并以此研制出具有新原理的新型物性型传感器,这是发展高性能、多功能、低成本和小型化传感器的重要途径。传感器正经历着从以结构型为主转向以物性型为主的过程。

(二)传感器的集成化和多功能化

随着微电子学、微细加工技术和集成化工艺等方面的发展,出现了多种集成化传感器。这类传感器,或是同一功能的多个敏感元件排列成线型、面型的阵列型传感器;或是多种不同功能的敏感元件集成一体,成为可同时进行多种参数测量的传感器;或是传感器与放大、运算、温度补偿等电路集成一体具有多种功能——实现了横向和纵向的多功能。

(三)传感器的智能化

传感器与计算机的相结合,就是传感器的智能化。智能化传感器不仅具有信号检测、转换功能,同时还具有记忆、存储、解析、统计处理及自诊断、自校准、自适应等功能。如进一步将传感器与计算机的这些功能集成于同一芯片上,就成为智能传感器。

五、信号传输与处理电路

传感器输出信号一般比较微弱(mV、μV 级),有时夹杂其他信号(干扰或载波),因此,在传输过程中,需要依据传感器输出信号的具体特征和后端系统的要求,对传感器输出信号进行各种形式的处理,如阻抗变换、电平转换、屏蔽隔离、放大、滤波、调制、解调、A/D 和 D/A 转换器等,同时还要考虑在传输过程中可能受到的干扰影响,如噪声、温度、湿度、磁场等,采取一定的措施,传感器信号处理电路的内容要依据被测对象的特点和环境条件来决定。

传感器信号处理电路内容的选择所要考虑的主要问题如下:

(1) 传感器输出信号形式,是模拟信号还是数字信号,电压还是电流。

(2) 传感器输出电路形式,是单端输出还是差动输出。

(3) 传感器电路输出能力，是电压还是功率，输出阻抗大小。

(4) 传感器的特性，如线性度、信噪比、分辨率。

由于电子技术的发展和微加工技术的应用，现在的许多传感器中已经配置了部分处理电路(或配置有专用处理电路)，大大简化了设计和维修人员的技术难度。例如：反射式光电开关传感器中集成了逻辑控制电路；压力传感器的输出连接专用接口处理电路后可以直接输送给 A/D 转换器；光电编码传感器的输出是5V 的脉冲信号，可以直接传送给计算机。

第二节 线位移检测传感器

一、光栅位移传感器

光栅是一种新型的位移检测元件，是一种将机械位移或模拟量转变为数字脉冲的测量装置。它的特点是测量精确度高(可达 ±1μm)、响应速度快、量程范围大、可进行非接触测量等。其易于实现数字测量和自动控制，广泛用于数控机床和精密测量中。

(一) 光栅的构造

光栅就是在透明的玻璃板上，均匀地刻出许多明暗相间的条纹，或在金属镜面上均匀地划出许多间隔相等的条纹，通常线条的间隙和宽度是相等的。以透光的玻璃为载体的称为透射光栅，不透光的金属为载体的称为反射光栅；根据光栅的外形可分为直线光栅和圆光栅。

光栅位移传感器的结构如图 3-7 所示。它主要由标尺光栅、指示光栅、光电器件和光源等组成。通常，标尺光栅和被测物体相连，随被测物体的直线位移而产生位移。一般标尺光栅和指示光栅的刻线密度是相同的，而刻线之间的距离 W 称为栅距。光栅条纹密度一般为每毫米 25 条、50 条、100 条、250 条等。

(二) 工作原理

如果把两块栅距 W 相等的光栅平行安装，且让它们的刻痕之间有较小的夹角 θ 时，这时光栅上会出现若干条明暗相间的条纹，这种条纹称莫尔条纹，它们沿着与光栅条纹几乎垂直的方向排列，如图 3-8 所示。莫尔条纹是光栅非重合部分光线透过而形成的亮带，它由一系列四棱形图案组成，如图中的 $d-d$ 线区所示。$f-f$ 线区则是由于光栅的遮光效应形成的。

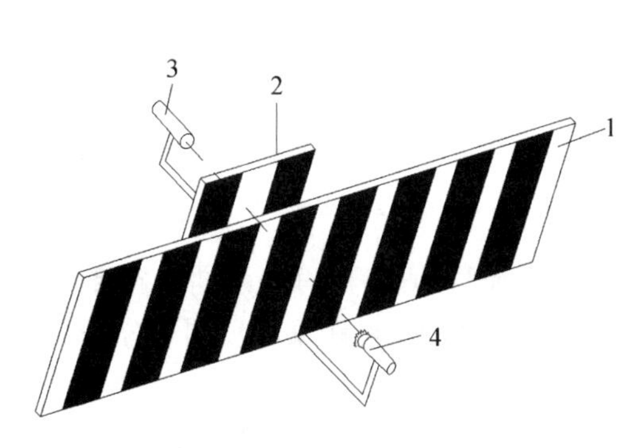

图 3-7 光栅位移传感器的结构原理

1—标尺光栅；2—指示光栅；3—光电器件；4—光源。

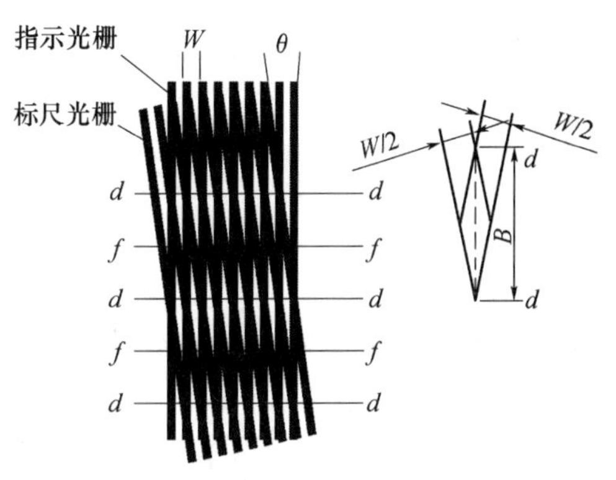

图 3-8 莫尔条纹

莫尔条纹具有如下特点：

(1) 莫尔条纹的位移与光栅的移动成比例。当指示光栅不动,标尺光栅向左右移动时,莫尔条纹将沿着近于栅线的方向上下移动;光栅每移动过一个栅距 W,莫尔条纹就移动过一个条纹间距 B,查看莫尔条纹的移动方向,即可确定主光栅的移动方向。

(2) 莫尔条纹具有位移放大作用。莫尔条纹的间距 B 与两光栅条纹夹角 θ 之间关系为

$$B = \frac{W}{2\sin\dfrac{\theta}{2}} \approx \frac{W}{\theta} \tag{3-5}$$

式中,θ 的单位为 rad,B、W 的单位为 mm。所以莫尔条纹的放大倍数为

$$K = \frac{B}{W} \approx \frac{1}{\theta} \tag{3-6}$$

可见 θ 越小,放大倍数越大。实际应用中,θ 角的取值范围都很小。例如,当 $\theta = 10'$ 时,$K = 1/\theta = 1/0.029\text{rad} \approx 345$。也就是说,指示光栅与标尺光栅相对移动一个很小的 W 距离时,可以得到一个很大的莫尔条纹移动量 B,可以用测量条纹的移动来检测光栅微小的位移,从而实现高灵敏度的位移测量。

(3) 莫尔条纹具有平均光栅误差的作用。莫尔条纹是由一系列刻线的交点组成,它反映了形成条纹的光栅刻线的平均位置,对各栅距误差起了平均作用,减弱了光栅制造中的局部误差和短周期误差对检测精度的影响。

通过光电元件,可将莫尔条纹移动时光强的变化转换为近似正弦变化的电信号,如图 3-9 所示。其电压为

$$U = U_0 + U_m \sin\frac{2\pi x}{W} \tag{3-7}$$

式中 U_0——输出信号的直流分量；

U_m——输出信号的幅值；

x——两光栅的相对位移。

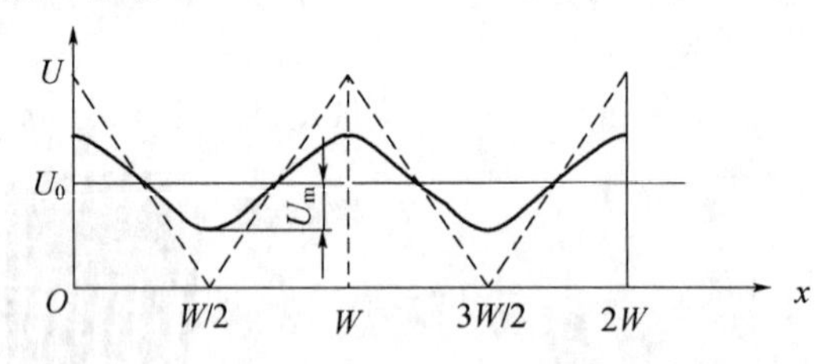

图 3-9 光栅输出波形

将此电压信号放大、整形变换为方波,经微分转换为脉冲信号,再经辨向电路和可逆计数器计数,则可用数字形式显示出位移量,位移量等于脉冲与栅距乘积。测量分辨率等于栅距。

提高测量分辨率的常用方法是细分,且电子细分应用较广。这样可在光栅相对移动一个栅距的位移(电压波形在一个周期内)时,得到 4 个计数脉冲,将分辨率提高 4 倍,这

就是通常说的电子4倍频细分。

二、感应同步器

感应同步器是利用电磁感应原理把两个平面绕组间的位移量转换成电信号的一种位移传感器。按测量机械位移的对象不同可分为直线型和圆盘型两类,分别用来检测直线位移和角位移。由于它成本低,受环境温度影响小,测量精度高,且为非接触测量,所以在位移检测中得到广泛应用,特别是在各种机床的位移数字显示、自动定位和数控系统中。

(一)感应同步器的结构

直线型感应同步器由定尺和滑尺两部分组成,如图3-10所示。图3-11为直线型感应同步器定尺和滑尺的结构。其制造工艺是先在基板(玻璃或金属)上涂上一层绝缘黏合材料,将铜箔粘牢,用制造印制线路板的腐蚀方法制成节距T一般为2mm的方齿形线圈。定尺绕组是连续的。滑尺上分布着两个励磁绕组,分别称为正弦绕组和余弦绕组。当正弦绕组与定尺绕组相位相同时,余弦绕组与定尺绕组错开1/4节距。滑尺和定尺相对平行安装,其间保持一定间隙(0.05mm~0.2mm)。

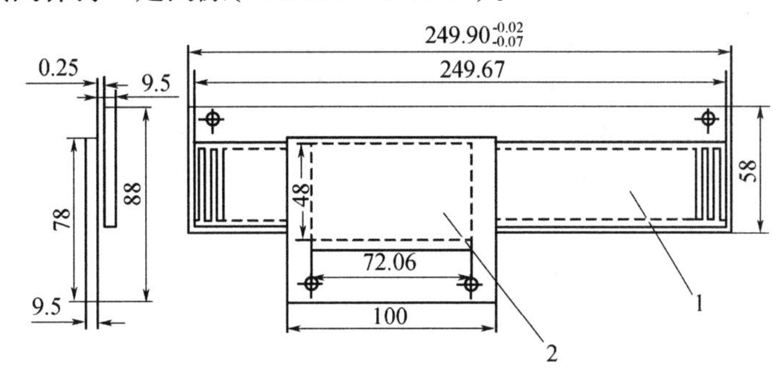

图3-10 直线型感应同步器的组成

1—定尺;2—滑尺。

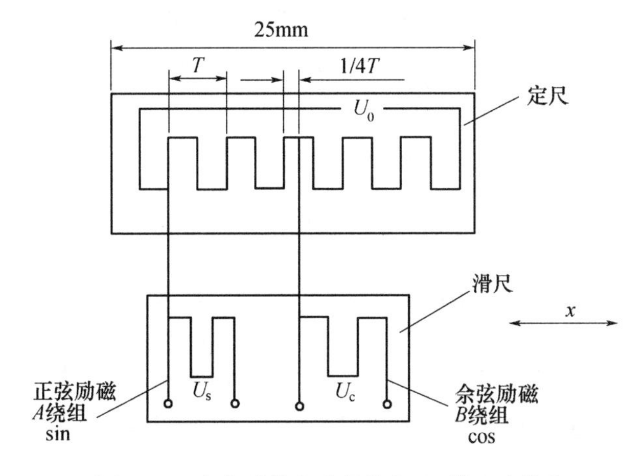

图3-11 直线型感应同步器定尺、滑尺的结构

(二)感应同步器的工作原理

在滑尺的正弦绕组中,施加频率为f(一般为2kHz~10kHz)的交变电流时,定尺绕组感应出频率为f的感应电势。感应电势的大小与滑尺和定尺的相对位置有关。当两绕组

同向对齐时,滑尺绕组磁通全部交链于定尺绕组,所以其感应电势为正向最大。移动1/4节距后,两绕组磁通不交链,即交链磁通量为零;再移动1/4节距后,两绕组反向时,感应电势负向最大。依次类推,每移动一节距,周期性的重复变化一次,其感应电势随位置按余弦规律变化,如图3-12(a)所示。

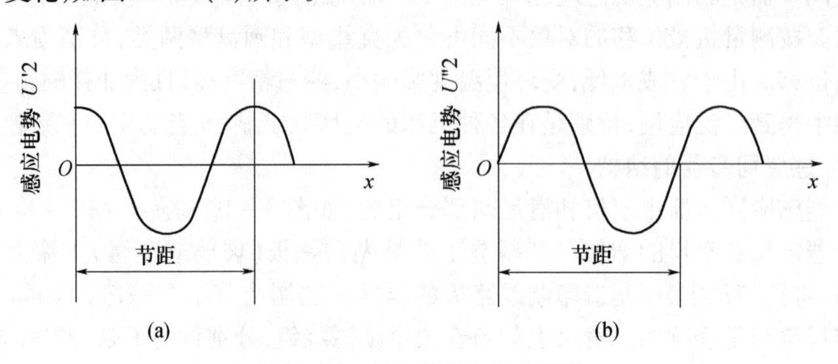

图3-12　定尺感应电势波形图

(a)仅对A绕组激磁;(b)仅对B绕组激磁。

同样,若在滑尺的余弦绕组中,施加频率为f的交变电流时,定尺绕组上也感应出频率为f的感应电势。其感应电势随位置按正弦规律变化,如图3-12(b)所示。设正弦绕组供电电压为U_s,余弦绕组供电电压为U_c,移动距离为x,节距为T,则正弦绕组单独供电时,在定尺上感应电势为

$$U'_2 = KU_s\cos\frac{x}{T}360° = KU_s\cos\theta \tag{3-8}$$

余弦绕组单独供电所产生的感应电势为

$$U''_2 = KU_c\sin\frac{x}{T}360° = KU_c\sin\theta \tag{3-9}$$

由于感应同步器的磁路系统可视为线性,可进行线性叠加,所以定尺上总的感应电势为

$$U_2 = U'_2 + U''_2 = KU_s\cos\theta + KU_c\sin\theta \tag{3-10}$$

式中　K——定尺与滑尺之间的耦合系数;

θ——定尺与滑尺相对位移的角度表示量(电角度);

$$\theta = \left(\frac{x}{T}\right)360° = \frac{2\pi x}{T}$$

T——节距,表示直线感应同步器的周期,标准式直线感应同步器的节距为2mm。

感应同步器是利用感应电压的变化来进行位置检测的。根据对滑尺绕组供电方式的不同,以及对输出电压检测方式的不同,感应同步器的测量方式有相位和幅值两种工作法,前者是通过检测感应电压的相位来测量位移,后者是通过检测感应电压的幅值来测量位移。

(三)测量方法

1. 相位工作法

当滑尺的两个励磁绕组分别施加相同频率和相同幅值,但相位相差90°的两个电压时,定尺感应电势相应随滑尺位置而变。设

$$U_s = U_m \sin\omega t \tag{3-11}$$

$$U_c = U_m \cos\omega t \tag{3-12}$$

则

$$\begin{aligned} U_2 &= U_2' + U_2'' \\ &= KU_m \sin\omega t\cos\theta + KU_m \cos\omega t\sin\theta \\ &= KU_m \sin(\omega t + \theta) \end{aligned} \tag{3-13}$$

从上式可以看出,感应同步器把滑尺相对定尺的位移 x 的变化转成感应电势相角 θ 的变化。因此,只要测得相角 θ,就可以知道滑尺的相对位移为

$$x = \frac{\theta}{360°}T \tag{3-14}$$

2. 幅值工作法

在滑尺的两个励磁绕组上分别施加相同频率和相同相位、但幅值不等的两个交流电压,即

$$U_s = -U_m \sin\phi\sin\omega t \tag{3-15}$$

$$U_c = U_m \cos\phi\sin\omega t \tag{3-16}$$

根据线性叠加原理,定尺上总的感应电势 U_2 为两个绕组单独作用时所产生的感应电势 U_2' 和 U_2'' 之和。即

$$\begin{aligned} U_2 &= U_2' + U_2'' \\ &= -KU_m \sin\phi\sin\omega t\cos\theta + KU_m \cos\phi\sin\omega t\sin\theta \\ &= KU_m (\sin\phi\cos\theta - \cos\theta\sin\phi)\sin\omega t \\ &= KU_m \sin(\theta - \phi)\sin\omega t \end{aligned} \tag{3-17}$$

式中 $KU_m\sin(\theta-\phi)$——感应电势的幅值;

U_m——滑尺励磁电压最大的幅值;

ω——滑尺交流励磁电压的角频率,$\omega=2\pi f$;

ϕ——指令位移角。

由上式知,感应电势 U_2 的幅值随$(\theta-\phi)$作正弦变化,当 $\phi=\theta$ 时,$U_2=0$。随着滑尺的移动,逐渐变化。因此,可以通过测量 U_2 的幅值来测得定尺和滑尺之间的相对位移。

三、磁栅位移传感器

磁栅是利用电磁特性来进行机械位移的检测。主要用于大型机床和精密机床作为位置或位移量的检测元件。磁栅和其他类型的位移传感器相比,具有结构简单、使用方便、动态范围大(1m~20m)和磁信号可以重新录制等特点。其缺点是需要屏蔽和防尘。

(一)磁栅式位移传感器的结构和工作原理

磁栅式位移传感器的结构原理如图 3-13 所示。它由磁尺(磁栅)、磁头和检测电路等部分组成。磁尺是采用录磁的方法,在一根基体表面涂有磁性膜的尺子上,记录下一定波长的磁化信号,以此作为基准刻度标尺。磁头把磁栅上的磁信号检测出来并转换成电信号。检测电路主要用来供给磁头激励电压和磁头检测到的信号转换为脉冲信号输出。

磁尺是在非导磁材料如铜、不锈钢、玻璃或其他合金材料的基体上，涂覆、化学沉积或电镀上一层 10μm ~ 20μm 厚的硬磁性材料（如 Ni - Co - P 或 Fe - Co 合金），并在它的表面上录制相等节距周期变化的磁信号。磁信号的节距一般为 0.05mm、0.1mm、0.2mm、1mm。为了防止磁头对磁性膜的磨损，通常在磁性膜上涂一层 1μm ~ 2μm 的耐磨塑料保护层。

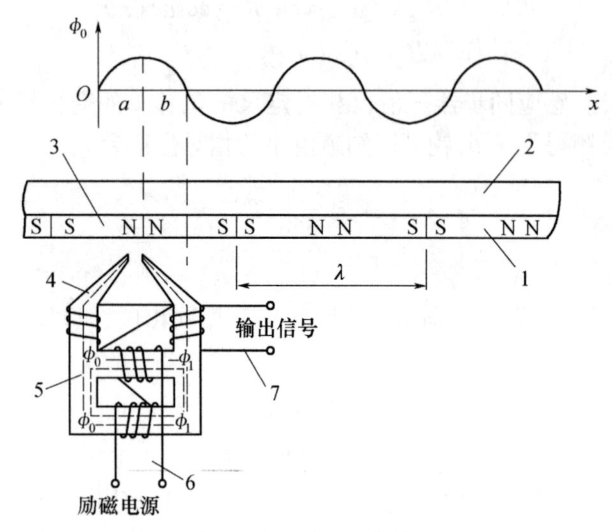

图 3 - 13 磁栅工作原理

1—磁性膜；2—基体；3—磁尺；4—磁头；5—铁芯；6—励磁绕组；7—拾磁绕组。

磁栅按用途分为长磁栅与圆磁栅两种。长磁栅用于直线位移测量，圆磁栅用于角位移测量。

磁头是进行磁—电转换的变换器，它把反映空间位置的磁信号转换为电信号输送到检测电路中去。普通录音机、磁带机的磁头是速度响应型磁头，其输出电压幅值与磁通变化率成正比，只有当磁头与磁带之间有一定相对速度时才能读取磁化信号，所以这种磁头只能用于动态测量，而不用于位置检测。为了在低速运动和静止时也能进行位置检测，必须采用磁通响应型磁头。

磁通响应型磁头是利用带可饱和铁芯的磁性调制器原理制成的，其结构如图 2 - 8 所示。在用软磁材料制成的铁芯上绕有两个绕组，一个为励磁绕组，另一个为拾磁绕组，这两个绕组均由两段绕向相反并绕在不同的铁芯臂上的绕组串联而成。将高频励磁电流通入励磁绕组时，在磁头上产生磁通 Φ_1，当磁头靠近磁尺时，磁尺上的磁信号产生的磁通 Φ_0 进入磁头铁芯，并被高频励磁电流所产生的磁通 Φ_1 所调制。于是在拾磁线圈中感应电压为

$$U = U_0 \sin \frac{2\pi x}{\lambda} \sin \omega t \qquad (3-18)$$

式中 U_0——输出电压系数；

λ——磁尺上磁化信号的节距；

x——磁头相对磁尺的位移；

ω——励磁电压的角频率。

这种调制输出信号跟磁头与磁尺的相对速度无关。为了辨别磁头在磁尺上的移动方向,通常采用了间距为$(m \pm 1/4)\lambda$ 的两组磁头(其中 m 为任意正整数)。如图 3-14 所示,i_1、i_2 为励磁电流,其输出电压分别为

$$U_1 = U_0 \sin \frac{2\pi x}{\lambda} \sin \omega t \tag{3-19}$$

$$U_2 = U_0 \cos \frac{2\pi x}{\lambda} \sin \omega t \tag{3-20}$$

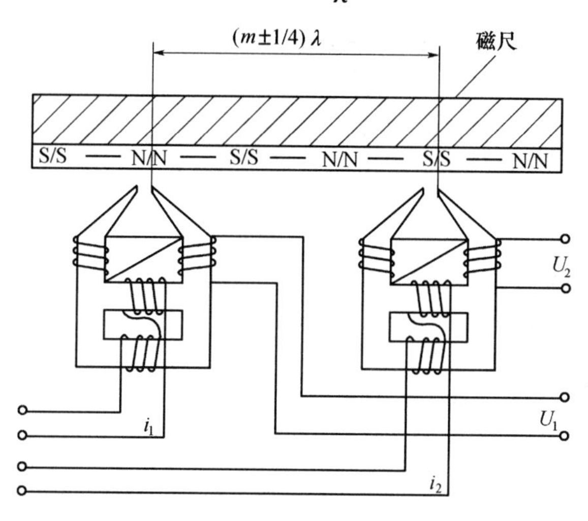

图 3-14 辨向磁头配置

U_1 和 U_2 是相位相差 90°的两列脉冲。至于哪个导前,则取决于磁尺的移动方向。根据两个磁头输出信号的超前或滞后,可确定其移动方向。

(二) 测量方式

磁栅的测量方式有鉴幅测量方式和鉴相测量方式。

1. 鉴幅测量方式

如前所述,磁头有两组信号输出,将高频载波滤掉后则得到相位差为 $\pi/2$ 的两组信号,即

$$U_1 = U_0 \sin \frac{2\pi x}{\lambda} \tag{3-21}$$

$$U_2 = U_0 \cos \frac{2\pi x}{\lambda} \tag{3-22}$$

两组磁头相对于磁尺每移动一个节距发出一个正(余)弦信号,经信号处理后可进行位置检测。这种方法的检测线路比较简单,但分辨率受到录磁节距 λ 的限制,若要提高分辨率就必须采用较复杂的信频电路,所以不常采用。

2. 鉴相测量方式

采用相位检测的精度可以大大高于录磁节距 λ,并可以通过提高内插脉冲频率以提高系统的分辨率。将图中一组磁头的励磁信号移相 90°,则得到输出电压为

$$U_1 = U_0 \sin\frac{2\pi x}{\lambda}\cos\omega t \tag{3-23}$$

$$U_2 = U_0 \cos\frac{2\pi x}{\lambda}\sin\omega t \tag{3-24}$$

在求和电路中相加,则得到磁头总输出电压为

$$U = U_0 \sin\left(\frac{2\pi x}{\lambda} + \omega t\right) \tag{3-25}$$

由上式可知,合成输出电压 U 的幅值恒定,而相位随磁头与磁尺的相对位置 χ 变化而变。读出输出信号的相位,就可确定磁头的位置。

第三节　角位移检测传感器

一、旋转变压器

旋转变压器是一种利用电磁感应原理将转角变换为电压信号的传感器。由于它结构简单,动作灵敏,对环境无特殊要求,输出信号大,抗干扰好,因此被广泛应用于机电一体化产品中。

(一) 旋转变压器的构造和工作原理

旋转变压器在结构上与两相绕组式异步电机相似,由定子和转子组成。当从一定频率(频率通常为400Hz、500Hz、1000Hz 及 5000Hz 等几种)的激磁电压加于定子绕组时,转子绕组的电压幅值与转子转角成正弦、余弦函数关系,或在一定转角范围内与转角成正比关系。前一种旋转变压器称为正余弦旋转变压器,适用于大角位移的绝对测量;后一种称为线性旋转变压器,适用于小角位移的相对测量。

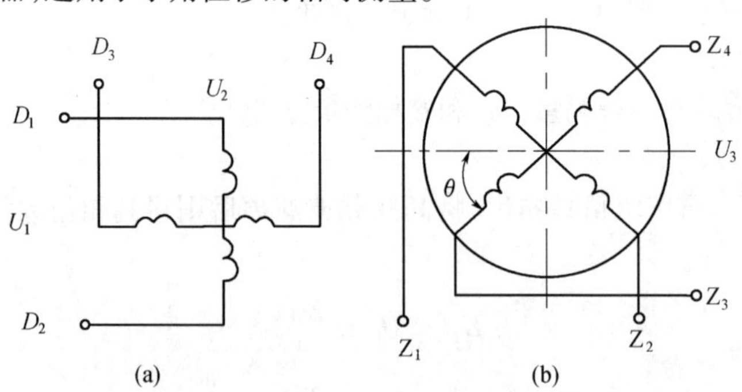

图 3-15　正余弦变压器原理图

D_1D_2—激磁绕组; D_3D_4—辅助绕组; Z_1Z_2—余弦输出绕组; Z_3Z_4—正弦输出绕组。

如图 3-15 所示,旋转变压器一般做成两极电机的形式。在定子上有激磁绕组和辅助绕组,它们的轴线相互成90°。在转子上有两个输出绕组——正弦输出绕组和余弦输出绕组,这两个绕组的轴线也互成90°,一般将其中一个绕组(如 Z_1、Z_2)短接。

(二) 旋转变压器的测量方式

当定子绕组中分别通以幅值和频率相同、相位相差为90°的交变激磁电压时,便可在转子绕组中得到感应电势 U_3,根据线性叠加原理,U_3 值为激磁电压 U_1 和 U_2 的感应电势

之和,即

$$U_1 = U_{\mathrm{m}}\sin\omega t \tag{3-26}$$

$$U_2 = U_{\mathrm{m}}\cos\omega t \tag{3-27}$$

$$U_3 = kU_1\sin\theta + kU_2\sin(90° + \theta) = kU_{\mathrm{m}}\cos(\omega t - \theta) \tag{3-28}$$

式中 $k = w_1/w_2$——旋转变压器的变压比;

w_1, w_2——转子、定子绕组的匝数。

可见,测得转子绕组感应电压的幅值和相位,可间接测得转子转角 θ 的变化。

线性旋转变压器实际上也是正余弦旋转变压器,不同的是线性旋转变压器采用了特定的变压比 k 和接线方式,如图 3-16 所示。这样使得在一定转角范围内(一般为 ±60°),其输出电压和转子转角 θ 成线性关系。此时输出电压为

$$U_3 = kU_1 \frac{\sin\theta}{1 + k\cos\theta} \tag{3-29}$$

根据此式,选定变压比 k 及允许的非线性度,则可推算出满足线性关系的转角范围(图 3-17)。如取 $k = 0.54$,非线性度不超过 ±0.1%,则转子转角范围可以达到 ±60°。

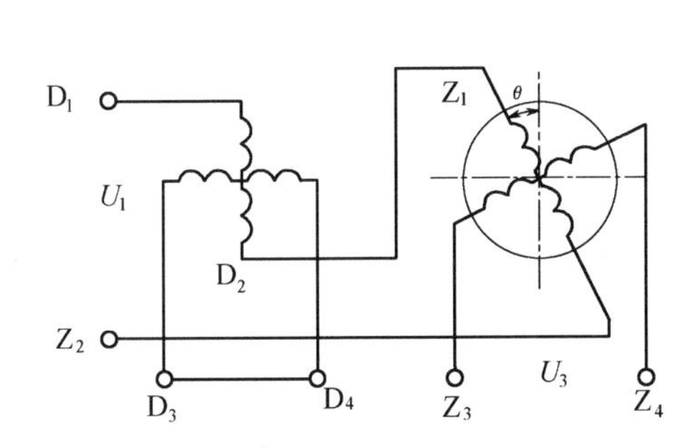

图 3-16 线性旋转变压器原理图

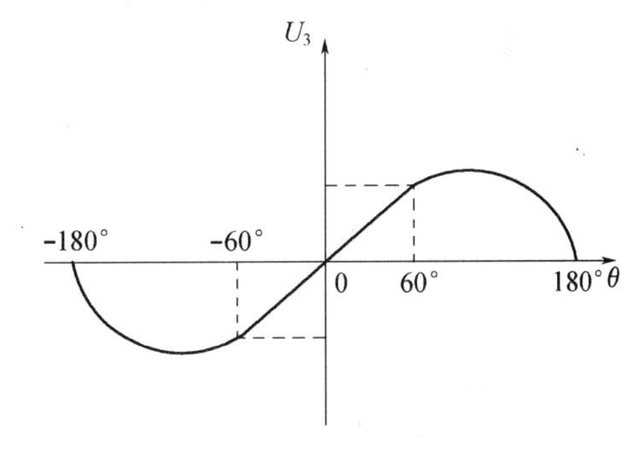

图 3-17 转子转角 θ 与输出电压 U_3 的关系曲线

二、光电编码器

光电编码器是一种码盘式角度—数字检测元件。它有两种基本类型:一种是增量式编码器,一种是绝对式编码器。增量式编码器具有结构简单、价格低、精度易于保证等优点,所以目前采用最多。绝对式编码器能直接给出对应于每个转角的数字信息,便于计算机处理,但当进给数大于一转时,须作特别处理,而且必须用减速齿轮将两个以上的编码器连接起来,组成多级检测装置,使其结构复杂、成本高。

(一) 增量式编码器

增量式编码器是指随转轴旋转的码盘给出一系列脉冲,然后根据旋转方向用计数器对这些脉冲进行加减计数,以此来表示转过的角位移量。增量式编码器的工作原理如图 3-18 所示。

它由主码盘、鉴向盘、光学系统和光电变换器组成。在图形的主码盘(光电盘)周边上刻有节距相等的辐射状窄缝,形成均匀分布的透明区和不透明区。鉴向盘与主码盘平行,并刻有 a、b 两组透明检测窄缝,它们彼此错开 1/4 节距,以使 A、B 两个光电变换器的输出信号在相位上相差 90°。工作时,鉴向盘静止不动,主码盘与转轴一起转动,光源发

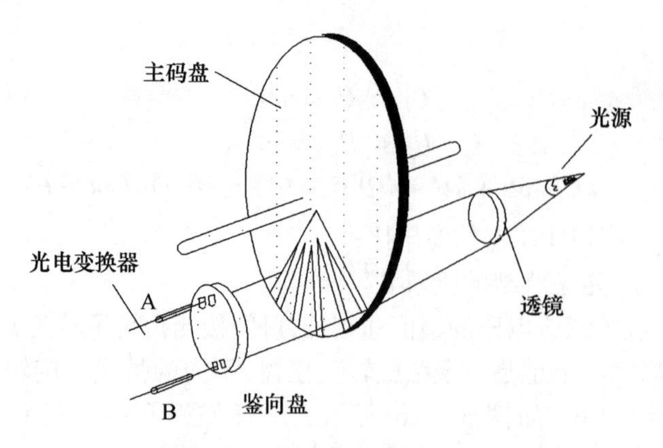

图 3－18　增量式编码器工作原理

出的光投射到主码盘与鉴向盘上。当主码盘上的不透明区正好与鉴向盘上的透明窄缝对齐时，光线被全部遮住，光电变换器输出电压为最小；当主码盘上的透明区正好与鉴向盘上的透明窄缝对齐时，光线全部通过，光电变换器输出电压为最大。主码盘每转过一个刻线周期，光电变换器将输出一个近似的正弦波电压，且光电变换器 A、B 的输出电压相位差为 90°。经逻辑电路处理就可以测出被测轴的相对转角和转动方向。

利用增量式编码器还可以测量轴的转速。方法有两种，分别应用测量脉冲的频率和周期的原理。

（二）绝对式编码器

绝对式编码器是把被测转角通过读取码盘上的图案信息直接转换成相应代码的检测元件。编码盘有光电式、接触式和电磁式三种。

光电式码盘是目前应用较多的一种，它是在透明材料的圆盘上精确地印制上二进制编码。图 3－19 所示为四位二进制的码盘，码盘上各圈圆环分别代表一位二进制的数字码道，在同一个码道上印制黑白等间隔图案，形成一套编码。黑色不透光区和白色透光区分别代表二进制的“0”和“1”。在一个四位光电码盘上，有四圈数字码道，每一个码道表示二进制的一位，里侧是高位，外侧是低位，在 360°范围内可编数码数为 $2^4=16$ 个。

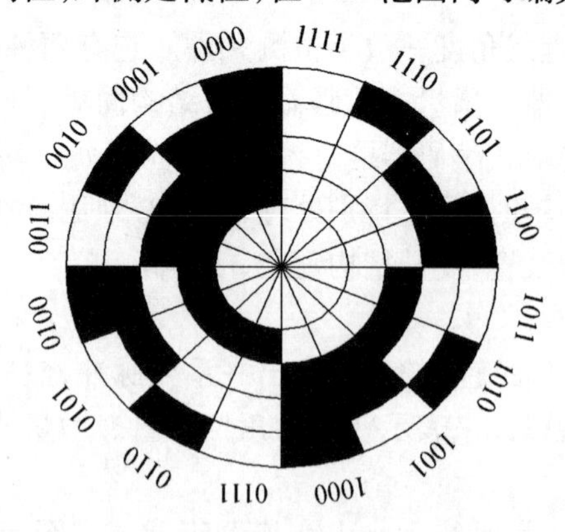

图 3－19　四位二进制的码盘

工作时，码盘的一侧放置电源，另一边放置光电接收装置，每个码道都对应有一个光电管及放大、整形电路。码盘转到不同位置，光电元件接收光信号，并转成相应的电信号，经放大整形后，成为相应数码电信号。但由于制造和安装精度的影响，当码盘回转在两码段交替过程中，会产生读数误差。例如，当码盘顺时针方向旋转，由位置“0111”变为“1000”时，这四位数要同时都变化，可能将数码误读成16种代码中的任意一种，如读成1111、1011、1101、…0001等，产生了无法估计的很大的数值误差，这种误差称非单值性误差。

为了消除非单值性误差，可采用以下的方法。

1. 循环码盘（或称格雷码盘）

循环码习惯上又称格雷码，它也是一种二进制编码，只有“0”和“1”两个数。图3-20所示为四位二进制循环码。这种编码的特点是任意相邻的两个代码间只有一位代码有变化，即“0”变为“1”或“1”变为“0”。因此，在两数变换过程中，所产生的读数误差最多不超过“1”，只可能读成相邻两个数中的一个数。所以，它是消除非单值性误差的一种有效方法。

2. 带判位光电装置的二进制循环码盘

这种码盘是在四位二进制循环码盘的最外圈再增加一圈信号位。图3-21所示就是带判位光电装置的二进制循环码盘。该码盘最外圈上的信号位的位置正好与状态交线错开，只有当信号位处的光电元件有信号时才读数，这样就不会产生非单值性误差。

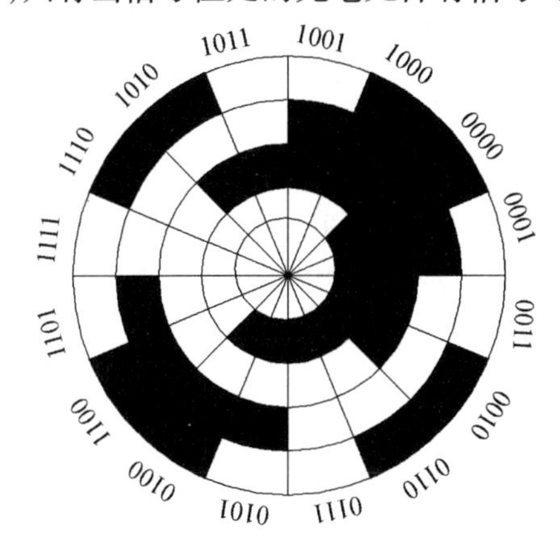

图3-20　四位二进制循环码盘

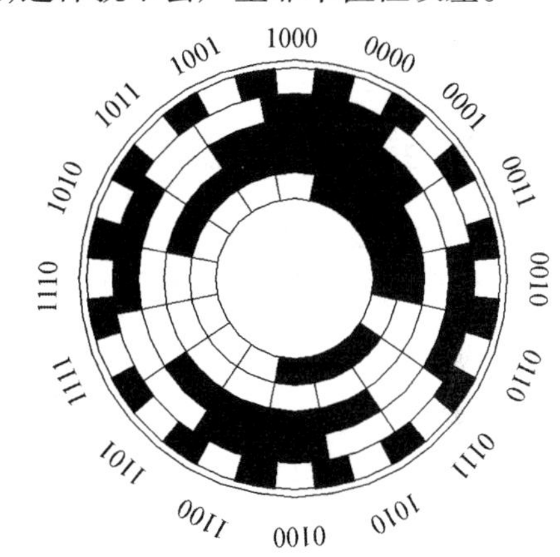

图3-21　带判位光电装置的二进制循环码盘

第四节　速度、加速度传感器

一、直流测速发电机

直流测速发电机是一种测速元件，实际上它就是一台微型的直流发电机。根据定子磁极激磁方式的不同，直流测速发电机可分为电磁式和永磁式两种。如以电枢的结构不同来分，有无槽电枢、有槽电枢、空心杯电枢和圆盘电枢等。

测速发电机的结构有多种，但原理基本相同。图3-22所示为永磁式测速发电机原理电路图。恒定磁通由定子产生，当转子在磁场中旋转时，电枢绕组中即产生交变的电势，经换向器和电刷转换成正比的直流电势。

直流测速发电机的输出特性曲线如图 3－23 所示。从图中可以看出，当负载电阻 $R_L \to \infty$ 时，其输出电压 V_0 与转速 n 成正比。随着负载电阻 R_L 变小，其输出电压下降，而且输出电压与转速之间并不能严格保持线性关系。由此可见，对于要求精度比较高的直流测速发电机，除采取其他措施外，负载电阻 R_L 应尽量大。

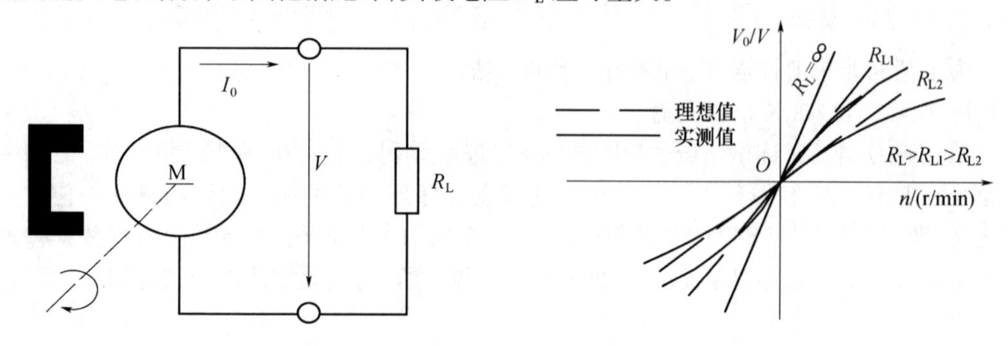

图 3－22 永磁式测速发电机原理图　　图 3－23 直流测速发电机输出特性

直流测速发电机的特点是输出斜率大、线性好，但由于有电刷和换向器、构造和维护比较复杂，摩擦转矩较大。

直流测速发电机在机电控制系统中，主要用作测速和校正元件。在使用中，为了提高检测灵敏度，尽可能把它直接连接到电机轴上。有的电机本身就已安装了测速发电机。

二、光电式速度传感器

光电脉冲测速原理如图 3－24 所示。物体以速度 V 通过光电池的遮挡板时，光电池输出阶跃电压信号，经微分电路形成两个脉冲输出，测出两脉冲之间的时间间隔 Δt，则可测得速度为

$$V = \Delta x / \Delta t \tag{3-30}$$

式中　Δx——光电池挡板上两孔间距（m）。

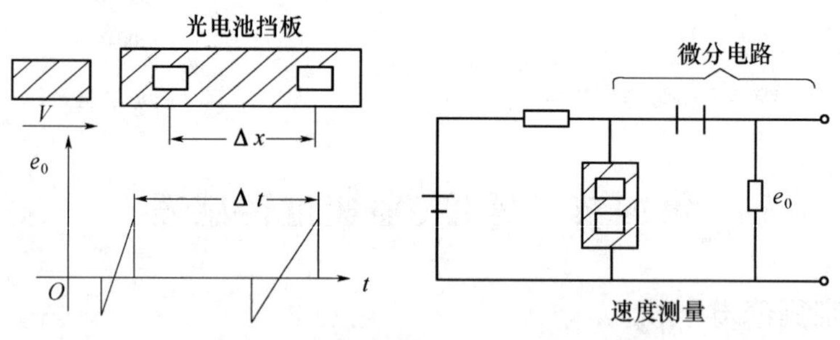

图 3－24 光电式速度传感器工作原理图

光电式转速传感器是由装在被测轴（或与被测轴相连接的输入轴）上的带缝圆盘、光源、光电器件和指示缝隙圆盘组成，如图 3－25 所示。光源发出的光通过缝隙圆盘和指示缝隙盘照射到光电器件上，当缝隙圆盘随被测轴转动时，由于圆盘上的缝隙间距与指示缝隙的间距相同，因此圆盘每转一周，光电器件输出与圆盘缝隙数相等的电脉冲，根据测量时间 t 内的脉冲数 N，则可测得转速为

$$n = \frac{60N}{Zt} \tag{3-31}$$

式中 Z——圆盘上的缝隙数；

n——转速(r/min)；

t——测量时间(s)。

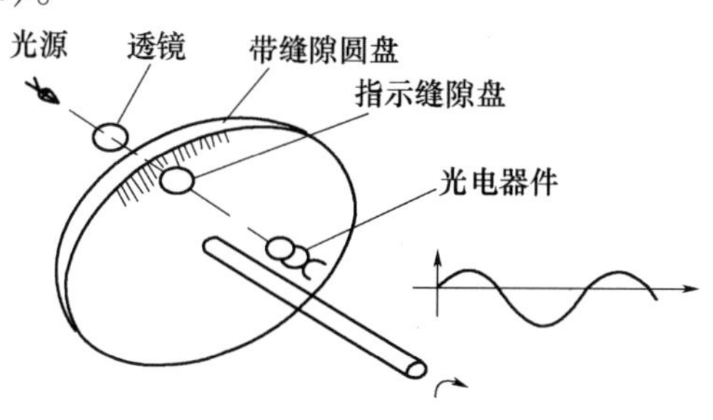

图 3-25 光电式转速传感器的结构原理图

一般取 $Zt = 60 \times 10^m (m = 0,1,2,\cdots)$。利用两组缝隙间距 W 相同,位置相差 $(i/2 + 1/4)W$(i 为正整数)的指示缝隙和两个光电器件,则可辨别出圆盘的旋转方向。

三、差动变压器式速度传感器

差动变压器式除了可测量位移外,还可测量速度。其工作原理如图 3-26 所示。差动变压器式的原边线圈同时供以直流和交流电流,即

$$i(t) = I_0 + I_m \sin\omega t \tag{3-32}$$

式中 I_0——直流电流(A)；

I_m——交流电流的最大值(A)；

ω——交流电流的角频率(rad/s)。

当差动变压器以被测速度 $V = dx/dt$ 移动时,在其副边两个线圈中产生感应电势,将它们的差值通过低通滤波器滤除励磁高频角频率后,则可得到与速度 v(m/s)相对应的电压输出,即

$$U_v = 2kI_0 v \tag{3-33}$$

式中 k——磁芯单位位移互感系数的增量(H/m)。

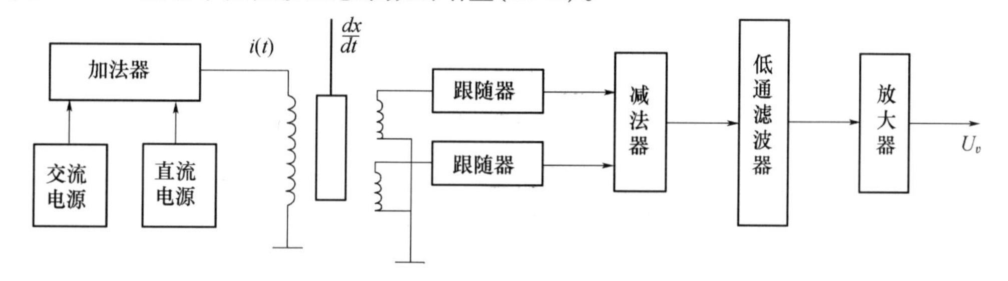

图 3-26 差动变压器测速原理

差动变压器漂移小,其主要性能为:测量范围 10mm/s ~ 2000mm/s(可调),输出电压 ±10V(max),输出电流 ±10mA(max),频带宽度不小于 500Hz。

四、加速度传感器

作为加速度检测元件的加速度传感器有多种形式，它们的工作原理大多是利用惯性质量受加速度所产生的惯性力而造成的各种物理效应，进一步转化成电量，来间接度量被测加速度。最常用的有应变片式和压电式等。

电阻应变式加速度计结构原理如图 3－27 所示。它由重块、悬臂梁、应变片和阻尼液体等构成。当有加速度时，重块受力，悬臂梁弯曲，按梁上固定的应变片之变形便可测出力的大小，在已知质量的情况下即可计算出被测加速度。壳体内灌满的黏性液体作为阻尼之用。这一系统的固有频率可以做得很低。

压电加速度传感器结构原理如图 3－28 所示。使用时，传感器固定在被测物体上，感受该物体的振动，惯性质量块产生惯性力，使压电元件产生变形。压电元件产生的变形和由此产生的电荷与加速度成正比。压电加速度传感器可以做得很小，重量很轻，故对被测机构的影响就小。压电加速度传感器的频率范围广、动态范围宽、灵敏度高、应用较为广泛。

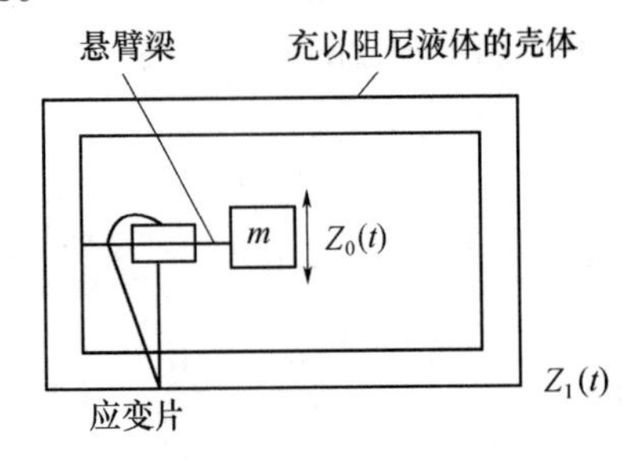

图 3－27　应变式加速度传感器

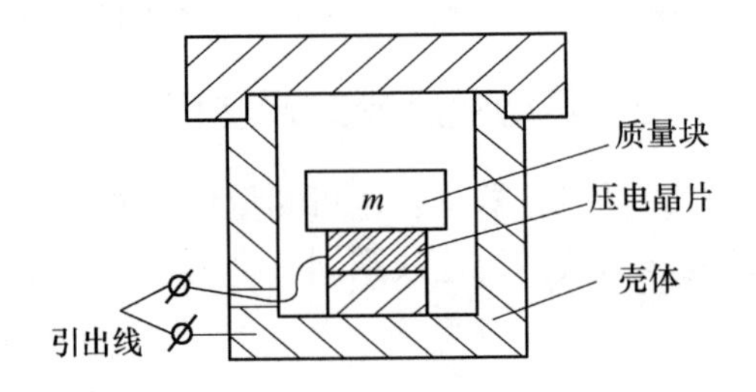

图 3－28　压电加速度传感器

图 3－29 为一种空气阻尼的电容式加速度传感器。该传感器采用差动式结构，有两个固定电极，两极板之间有一用弹簧支撑的质量块，此质量块的两端经过磨平抛光后作为可动极板。弹簧较硬使系统的固有频率较高，因此构成惯性式加速度计的工作状态。当传感器测量垂直方向的振动时，由于质量块的惯性作用，使两固定极相对质量块产生位移，使电容 C_1、C_2 中一个增大，另一个减小，它们的差值正比于被测加速度。由于采用空气阻尼，气体黏度的温度系数比液体小得多，因此这种加速度传感器的精度较高，频率响应范围宽，可以测得很高的加速度值。

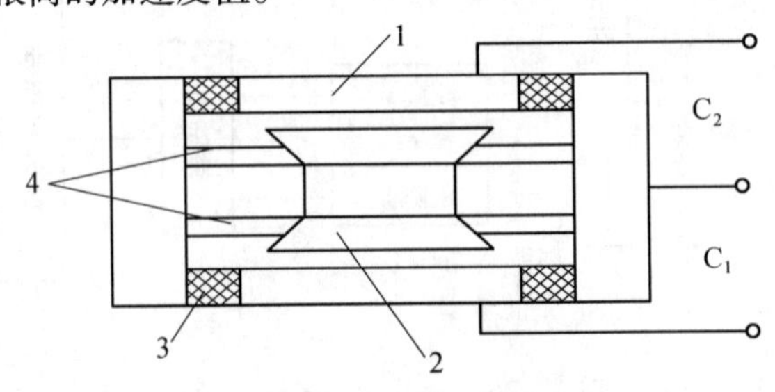

图 3－29　电容式加速度传感器

1—固定电极；2—质量块(动电极)；3—绝缘体；4—弹簧片。

第五节　测力传感器

在机电一体化工程中，力、压力和扭矩是很常用的机械参量。近年来，各种高精度力、压力和扭矩传感器的出现，更以其惯性小、响应快、易于记录、便于遥控等优点得到了广泛的应用。按其工作原理可分为弹性式、电阻应变式、电感式、电容式、压电式和磁电式等，而电阻应变式传感器应用较为广泛。

电阻应变式测力传感器的工作原理是基于电阻应变效应。粘贴有应变片的弹性元件受力作用时产生变形，应变片将弹性元件的应变转换为电阻值的变化，经过转换电路输出电压或电流信号。

一、测力传感器

测力传感器按其量程大小和测量精度不同而有很多规格品种，它们的主要差别是弹性元件的结构形式不同，以及应变片在弹性元件上粘贴的位置不同。通常测力传感器的弹性元件有柱式、梁式等。

（一）柱式弹性元件

柱式弹性元件有圆柱形、圆筒形等几种，如图 3－30 所示。这种弹性元件结构简单、承载能力大，主要用于中等载荷和大载荷（可达数兆牛）的拉（压）力传感器。其受力后，产生的应变为

$$\varepsilon = \frac{P}{AE} \tag{3-34}$$

用电阻应变仪测出的指示应变为

$$\varepsilon_i = 2(1+\mu)\varepsilon \tag{3-35}$$

式中　P——作用力；

A——弹性体的横截面积；

E——弹性材料的弹性模量；

μ——弹性材料的泊松比。

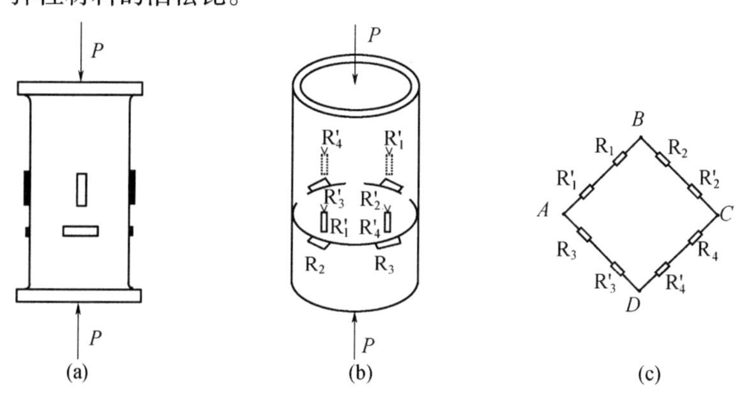

图 3－30　柱式弹性元件及其电桥

（二）悬臂梁式弹性元件

其特点是结构简单、加工方便、应变片粘贴容易、灵敏度较高，如图 3-31 所示，主要用于小载荷及高精度的拉、压力传感器中。可测量 0.01N 到几千牛的拉、压力。在同一截面正反两面粘贴应变片，并应在该截面中性轴的对称表面上。若梁的自由端有一被测力 P，则应变与 P 力的关系为

$$\varepsilon = \frac{6PL}{bh^2E} \tag{3-36}$$

指示应变与表面弯曲应变之间的关系为

$$\varepsilon_i = 4\varepsilon \tag{3-37}$$

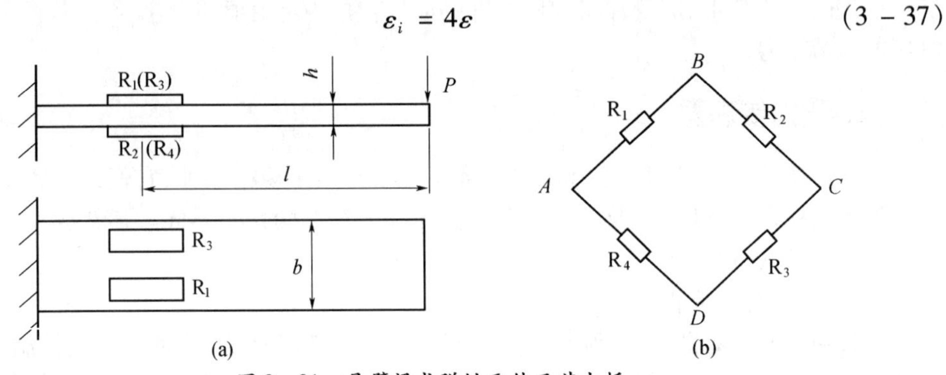

图 3-31　悬臂梁式弹性元件及其电桥

（a）弹性元件；（b）电桥。

二、压力传感器

电阻应变压力传感器主要用于测量流体压力，有时也用于测量土壤压力。同样，按传感器所用弹性元件有膜式、筒式等。

（一）膜式压力传感器

它的弹性元件为四周固定的等截面圆形薄板，又称平膜板或膜片，其一表面承受被测分布压力，另一侧面粘有应变片或专用的箔式应变花，并组成电桥，如图 3-32 所示。膜片在被测压力 p 作用下发生弹性变形，应变片在任意半径 r 的径向应变和切向应变分别为

$$\varepsilon_r = \frac{3p}{8h^2E}(1-\mu^2)(r_0^2-3r^2) \tag{3-38}$$

$$\varepsilon_t = \frac{3p}{8h^2E}(1-\mu^2)(r_0^2-r^2) \tag{3-39}$$

式中　p——被测压力；

h——膜片厚度；

r——膜片任意半径；

E——膜片材料的弹性模量；

μ——膜片材料的泊松比；

r_0——膜片有效工作半径。

由分布曲线可知，电阻 R_1 和 R_3 的阻值增大（受正的切向应变 ε_t）；而电阻 R_2 和 R_4 的

阻值减小(受负的径向应变 ε_r)。因此,电桥有电压输出,且输出电压与压力成比例。

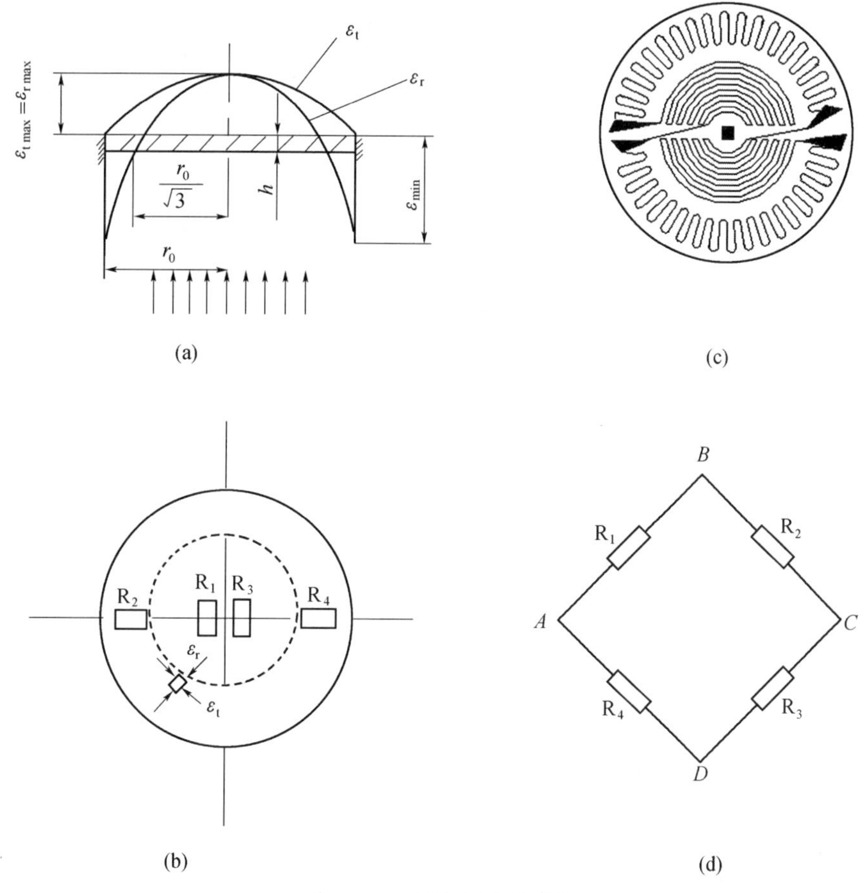

图 3-32　膜式压力传感器

(a) 膜片应变分布曲线;(b) 贴有应变片的膜片;(c) 箔式应变花;(d)电桥。

(二)筒式压力传感器

它的弹性元件为薄壁圆筒,筒的底部较厚。这种弹性元件的特点是,圆筒受到被测压力后表面各处的应变是相同的。因此应变片的粘贴位置对所测应变不影响。如图 3-33 所示。工作应变片 R_1、R_3 沿圆周方向粘贴在筒壁,温度补偿片 R_2、R_4 贴在筒底外壁上,并连接成全桥线路,这种传感器适用于测量较大的压力。

对于薄壁圆筒(壁厚与壁的中面曲率半径之比小于 1/20),筒壁上工作应变片的切向应变 ε_t 与被测压力 p 的关系,可用下式求得:

$$\varepsilon_t = \frac{(2-\mu)D_1}{2(D_2-D_1)E}p \tag{3-40}$$

对于厚壁圆筒(壁厚与壁的中面曲率半径之比大于 1/20),则有

$$\varepsilon_t = \frac{(2-\mu)D_1^2}{2(D_2^2-D_1^2)E}p \tag{3-41}$$

式中　D_1——圆筒内孔直径;

D_2——圆筒外壁直径;

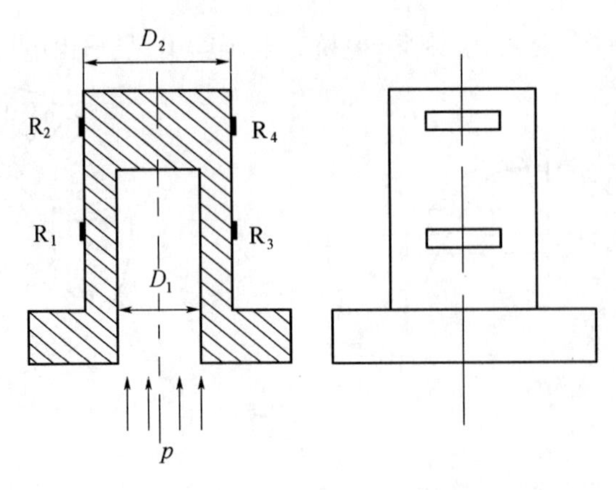

图 3－33　筒式压力传感器

E——圆筒材料的弹性模量；

μ——圆筒材料的泊松比。

（三）压阻式压力传感器

压阻式传感器的结构如图 3－34 所示。其核心部分是一圆形的硅膜片。在沿某晶向切割的 N 型硅膜片上扩散四个阻值相等的 P 型电阻，构成平衡电桥。硅膜片周边用硅杯固定，其下部是与被测系统相连的高压腔，上部为低压腔，通常与大气相通。在被测压力作用下，膜片产生应力和应变，P 型电阻产生压阻效应，其电阻发生相对变化。

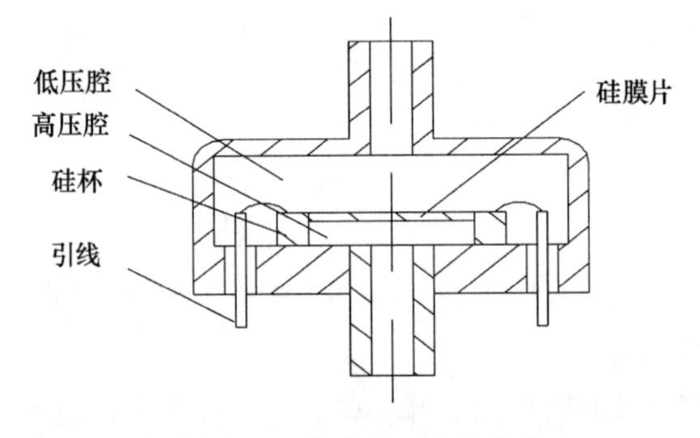

图 3－34　压阻式压力传感器

压阻式压力传感器适用于中、低压力、微压和压差测量。由于其弹性敏感元件与变换元件一体化，尺寸小且可微型化，固有频率很高。

三、力矩传感器

图 3－35 所示为机器人手腕用力矩传感器原理，它是检测机器人终端环节（如小臂）与手爪之间力矩的传感器。目前国内外研制腕力传感器种类较多，但使用的敏感元件几乎全都是应变片，不同的只是弹性结构有差异。图中驱动轴 B 通过装有应变片 A 的腕部与手部 C 连接。当驱动轴回转并带动手部回转而拧紧螺丝钉 D 时，手部所受力矩的大小可通过应变片电压的输出测得。

图 3－36 为无触点检测力矩的方法。传动轴的两端安装上磁分度圆盘 A，分别用磁头 B 检测两圆盘之间的转角差，用转角差与负荷 M 成比例的关系，即可测量负荷力矩的大小。

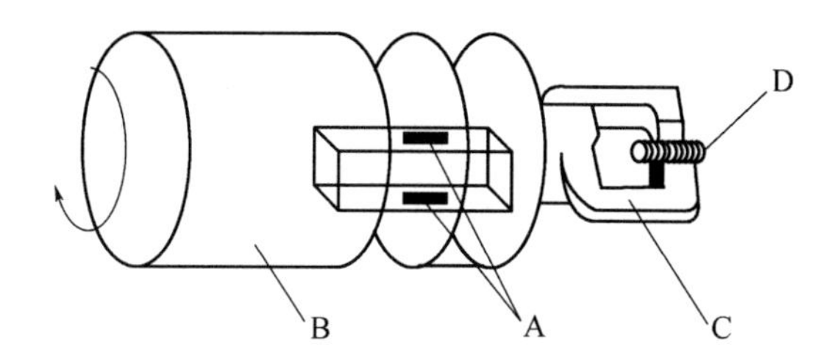

图 3-35　机器人手腕用力矩传感器原理

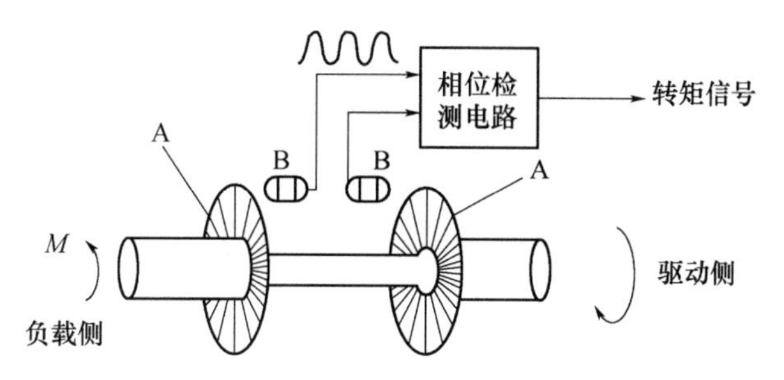

图 3-36　无触点力矩测量原理

四、力与力矩复合传感器

图 3-37 为机器人十字架式腕力传感器。这是一种用来测量机械手与支座间的作用力,从而推算出机械手施加在工件上力的传感器。

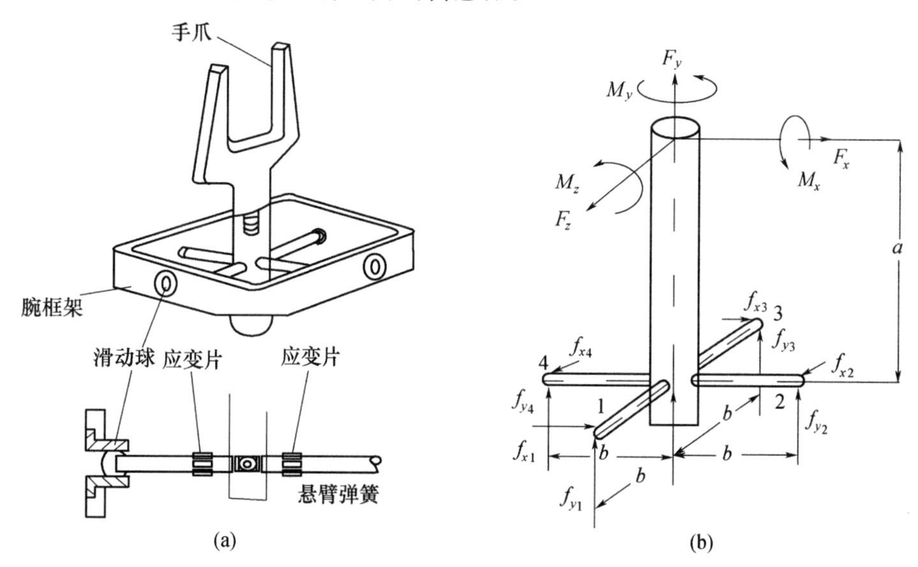

图 3-37　机器人十字架式腕力传感器原理

(a) 结构;(b) 受力状况。

由图 3-37(a)可知,四根悬臂梁以十字架结构固定在手腕轴上,各悬臂外端插入腕框架内侧的孔中。为使悬臂在相对弯曲时易于滑动,悬臂端部装有尼龙球。悬臂梁的截面可为圆形或正方形,每根梁的上下左右侧面各贴一片应变片,相对面上的两片应变片构成一组半桥。通过测量一个半桥的输出,即可测出一个参数。整个手腕通过应变片,可检测出八个参数,即f_{x1}、f_{x2}、f_{x3}、f_{x4}、f_{y1}、f_{y2}、f_{y3}、f_{y4}。利用这些参数可计算出手腕顶端x、y、z三个方向上的力F_x、F_y、F_z和力矩M_x、M_y、M_z。作用在手腕上各力或力矩的参数如图3-37(b)所示,可由下式计算:

$$\begin{cases} F_x = -f_{x1} - f_{x3} \\ F_y = -f_{y1} - f_{y2} - f_{y3} - f_{y4} \\ F_z = -f_{x2} - f_{x4} \\ M_x = af_{x2} + af_{x4} + bf_{y1} - bf_{y3} \\ M_y = -bf_{x1} + bf_{x3} + bf_{x2} - bf_{x4} \\ M_z = -af_{x1} - af_{x3} - bf_{y2} + bf_{y4} \end{cases} \tag{3-42}$$

图3-38为机器人手腕用力觉传感器结构原理。图中P_{x+}、P_{x-}为在y方向施力时,产生与施力大小成正比的弯曲变形的挠性杆,杆的两侧贴有应变片,检测应变片的输出即可知道y向受力的大小。P_{y+}、P_{y-}为在x方向施力时,产生与施力大小成正比的弯曲变形的挠性杆,杆的两侧贴有应变片,检测应变片的输出即可知道x向受力的大小。Q_{x+}、Q_{x-}、Q_{y+}、Q_{y-}为检测z向施力大小的挠性杆,原理同上。综合应用上述挠性杆也可测量手腕所受回转力矩的大小。

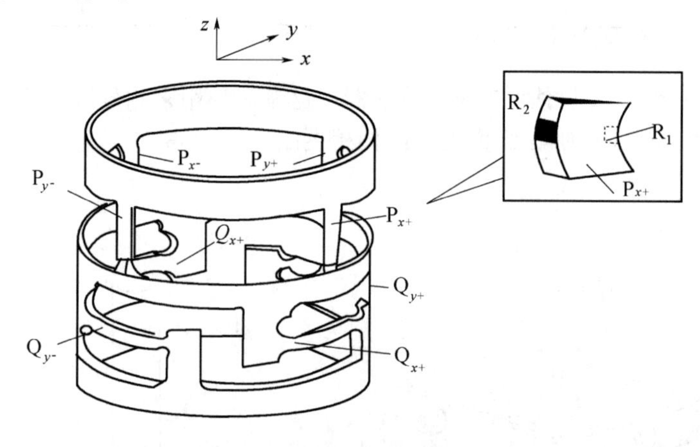

图3-38 机器人腕力传感器原理

应用腕力传感器,可以控制机械手进行孔轴装配、棱线跟踪、物体表面的平面区域的方向检测等作业。

第六节 其他传感器

由于新材料、新工艺的不断出现和微型计算机的发展,新型传感器不断涌现,下面介绍几种新型传感器。

一、固态图像传感器

固态图像传感器是采用光电转换原理,将被测物体的光像转换为电子图像信号输出的一种大规模集成电路光电元件,常称电荷耦合器件(CCD)。其工作过程是:首先由光学系统将被测物体成像在 CCD 的受光面上,受光面下的许多光敏单元形成了许多像素点,这些像素点将投射到它的光强转换成电荷信号并存储;然后在时钟脉冲信号控制下,将反映光像的被存储电荷信号读取并顺序输出,从而完成了从光图像到电信号的转换过程。

图像传感器体积小,析像度高,功耗小,广泛用于非接触的尺寸、形状、损伤的测量,以及图像处理和自动控制等领域。

(一) CCD 的基本结构和原理

CCD 器件是在 MOS 电容器基础理论上发展起来的。是在 N 型或 P 型硅衬底上生成一层厚度约 120nm 的二氧化硅层(SiO_2),该二氧化硅层具有介质作用,然后在二氧化硅层上依一定次序沉积金属电极,形成金属—氧化物—半导体电容阵列,即 MOS 电容器阵列,最后加上输入和输出端便构成了 CCD 器件。

CCD 的工作原理是建立在 CCD 的基本功能上,即电荷的产生、存储和转移。

1. 电荷的产生、存储

构成 CCD 的基本单元是 MOS 电容器,其结构如图 3-39(a)所示。结构中半导体以 P 型硅为例,金属电极和硅衬底是电容器两极,SiO_2 为介质。在金属电极(栅极)上加正向电压 U_G,正电压 U_G 超过 MOS 晶体管的开启电压时,这时形成的电场穿过 SiO_2 薄层吸引硅中带负电的电子在 Si—SiO_2 的界面上,而排斥 Si—SiO_2 界面附近带正电的空穴,因此形成一个表面带负电荷而里面没有电子和空穴的耗尽区。与此同时,Si—SiO_2 界面处的电势(也称表面势 U_s)发生相应变化。耗尽区对带负电的电子是一个势能特别低的区域,与周围非耗尽区相比,它就像一个陷阱,因此称为电子势阱。如果此时有光照射在硅片上,在光子作用下,半导体硅产生了电子—空穴对,由此产生的光生电子就被附近的势阱所吸收,而同时产生的光生空穴就被电场排斥出耗尽区。势阱内所吸收的光生电子数量与入射到该势阱附近的光强成正比,存储了电荷的势阱被称为电荷包,图 3-39(b)为已存储信号电荷—光生电子的示意图。在一定条件下,所加电压 U_G 越大,耗尽区就越深。这时,表面势 U_s 也就越大,同时 MOS 光敏元件所能容纳的电荷量就越大。

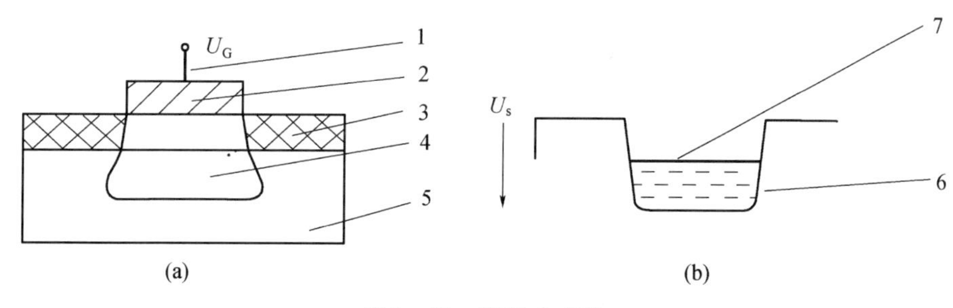

图 3-39　MOS 电容器

(a) 结构;(b) 势阱。

1—电极;2—金属电极;3—SiO_2;4—耗尽区;5—硅衬底;6—势阱;7—信号电荷。

2. 电荷的转移

若 MOS 电容器之间排列足够紧密(通常相邻 MOS 电容器电极间隙小于 3μm),使相邻 MOS 电容的势阱相互沟通,即相互耦合,那么就可使信号电荷(电子)在各个势阱中转移,并力图向表面势 U_s 最大的位置堆积。因此,在各个栅极上加以不同幅值的正脉冲

U_G,就可改变它们对应的 MOS 的表面势,亦即可改变势阱的深度,从而使信号电荷由浅阱向深阱自由移动。三个 MOS 电容器在三相时钟脉冲电压作用下,其电荷转移过程如图 3-40 所示。

三相时钟脉冲电压如图 3-40(a)所示。每组相位差 2π/3,分别供给三个 MOS 电容器。图 3-40(b)分别表示 t_1、t_2、t_3、t_4、时刻信号电荷的堆积情况。由图可见,信号电荷随栅栏脉冲变化而沿势阱之间依次从一端移位到另一端。

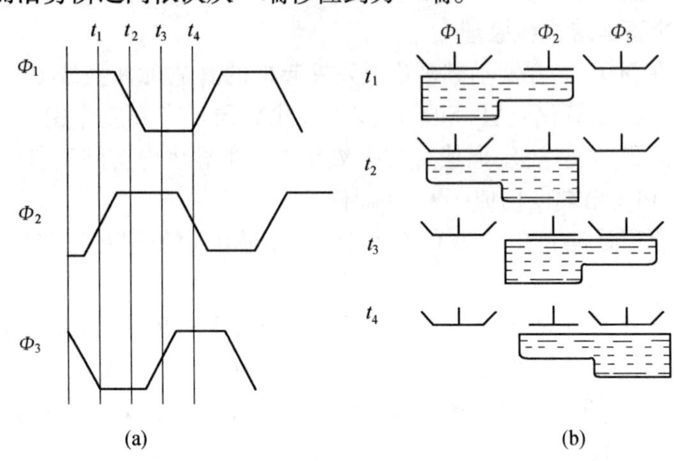

图 3-40　电荷转移过程

(a) 三相时钟脉冲电压; (b) 电荷转移。

3. 电荷的输出

CCD 电荷信号的输出有多种方法,浮置扩散放大器输出结构如图 3-41 所示。当电荷转移到 Φ_3 电极下的势阱时,若输出控制极 2 处于高位点,则在势阱与浮置扩散区之间形成电荷通道,使 Φ_3 下势阱的信号电荷注入浮置扩散区,并充入电容 C,此时,信号电荷控制 MOSFET 管(绝缘栅场效应管)的栅极电位变化,这一作用结果必然改变该管源极输出电压 U_D,U_D 的大小与电荷量成比例。测量完毕,输出控制极 2 回零,而将复位控制极 3 置高位,把浮置扩散区中剩余电荷抽到 CCD 漏极,等待下一个电荷包到来。

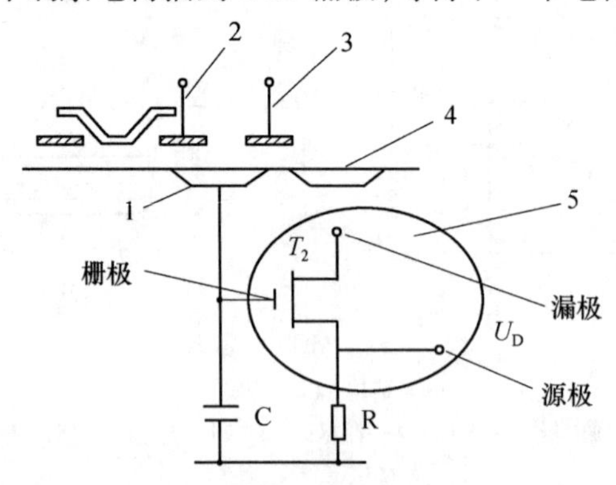

图 3-41　CCD 的输出端

1—浮置扩散层; 2—输出控制极; 3—复位控制极; 4—CCD 漏极; 5—MOSFEF 管。

(二) CCD 的应用

固态图像传感器依其光敏元排列方式分为线型、面型。已应用的有 1024、1728、

2048、4096 像素的线型传感器和 32×32、100×100、320×244、490×400 像素以及 28 万～38 万像素、130 万像素的面型传感器。

CCD 图像传感器在生产自动化中得到广泛应用。它可以判别被测物体的位置、尺寸、形状和异物的混入。CCD 图像传感器检测工件尺寸的测量系统如图 3－42 所示。通过透镜将被测工件放大成像于 CCD 传感器的光敏阵列上，由视频处理器将 CCD 输出信号进行存储和数字处理，并将测得结果显示或判断，可实现对工件形状和尺寸的非接触测量。

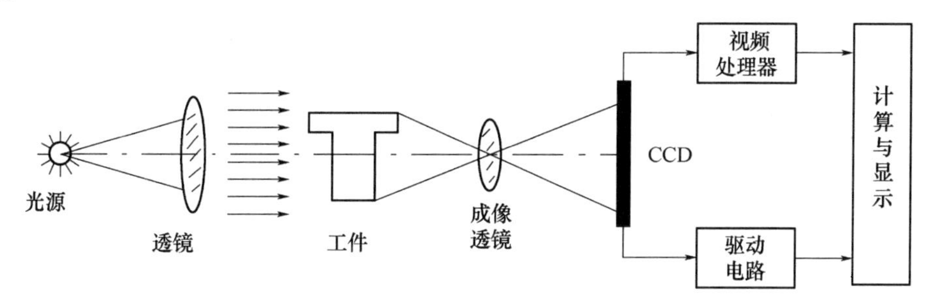

图 3－42　工件尺寸检测系统

二、激光检测

激光检测主要是利用激光的方向性、单色性、相干性以及随时间、空间的可聚焦性的特点，所以无论在测量精确度和测量范围上都具有明显的优越性。如利用其方向性做成激光准直仪和激光经纬仪；利用其单色性和相干性，以激光为光源的干涉仪可实现对长度、位移、厚度、表面形状和表面粗糙度等的检测；将激光束以不同形式照射在运动的固体或流体上，产生多普勒效应（又称 LDA），可测量运动物体速度、流体浓度和流量等。

（一）激光多普勒效应

当激光照射到相对运动的物体上时，被物体散射（或反射）光的频率将发生改变，这种现象称为多普勒效应。相应地，将散射（或反射）光的频率与光源光频率的差值称为多普勒频移。对于如图 3－43 所示的激光测速系统，激光光源 S 和受光点 P（即反射表面）之间有相对运动，由于反射表面运动速度而引起光波频率漂移，此时，多普勒频移为

$$f_{\mathrm{d}} = \frac{v\cos\theta}{\lambda} \tag{3-43}$$

式中　v——反射表面运动速度；

λ——光源光波波长；

θ——物体运动速度方向与激光传播方向的夹角。

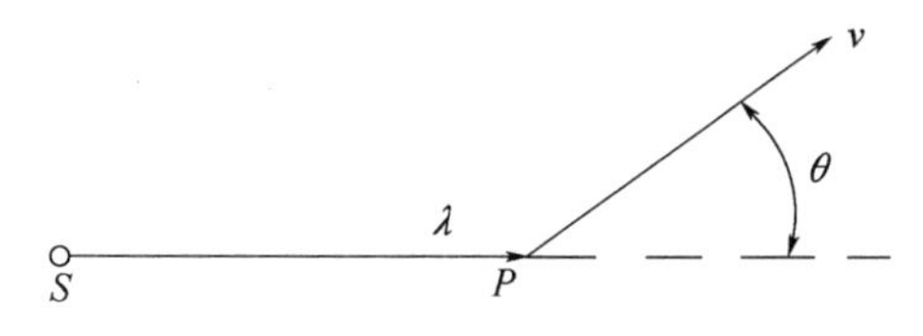

图 3－43　激光多普勒频移测速系统

由上式可知,若能测得多普勒频移f_d,则可求得物体运动速度v。

(二) 应用

组成激光测速系统的主要光学部件有激光光源,入射光系统和收集光系统等。

激光多普勒流速计原理如图3-44所示。由激光器发射出的单色平行光,经透镜聚集到被测流体内。由于流体中存在着运动粒子,一些光波散射,散射光与未散射光之间产生频移,它与流体速度成正比。图中散射光由透镜6收集,未散射光由透镜5收集,最后在光电倍增管9中进行混频后输出信号。该信号输入到频率跟踪器内进行处理,获得与多普勒频移f_d相应的模拟信号,从测得的f_d值可得到粒子运动速度,从而获得流体流速。

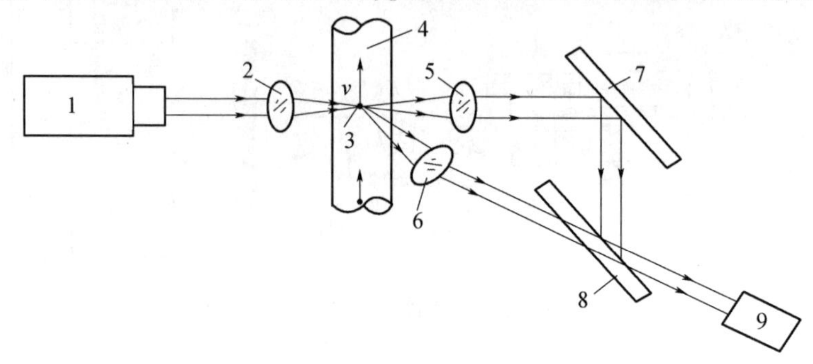

图3-44 激光多普勒流速计原理

1—激光器; 2—聚焦透镜; 3—粒子; 4—管道; 5,6—接收透镜;
7—平面镜; 8—分光镜; 9—光电倍增管。

激光测速是一种非接触测量,对被测物体无任何干扰。在实现自动测量时,一般采用多普勒信号处理器接受来自光电接收器的电信号,从中取出速度信息,把这些信息传输给计算机进行分析和显示。

三、超声波检测

频率在16Hz~2×10^4Hz范围内的机械波,能为人耳所闻,称为声波;低于16Hz的机械波称为次声波;高于2×10^4Hz的机械波,称为超声波。检测用的超声波频率通常在几十万赫以上,这时它的波长很短,方向性好,易于形成光束。它在介质中传播时,与光波相似。它遵循几何光学的基本规律,具有反射、折射和聚焦等特性。这些都是超声波检测的应用基础。超声波被用于无损探伤、厚度测量、流速测量、黏度测量等。

超声波检测的基本原理是利用某些非声量的物理量(如密度、流量等)与描述超声波介质声学特性的超声量(声速、衰减、声阻抗)之间存在着直接或间接的关系。探索到这些规律,通过超声量的测定来测出某些被测物理量。

超声波检测多采用超声波源向被测介质发射超声波,然后接收与被测介质相作用之后的超声波,从中得到所需信息,其检测过程如图3-45所示。

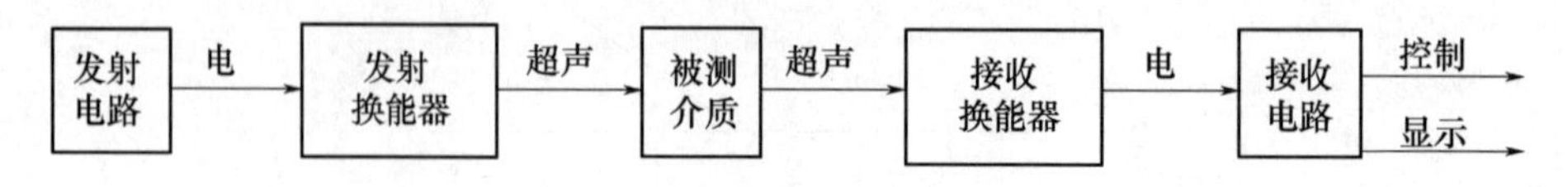

图3-45 超声波检测过程

图3-46是一种便携式超声探伤系统的工作原理,它能对材料如金属板中存在的缺陷进行类型识别,同时也能把其尺寸计算出来。

在同步电路的控制下,发射电路产生脉冲波激励超声探头发射超声波,超声波遇到缺陷后产生反射信号,接收放大电路对反射信号放大,经门控电路排除同步发射信号及底面反射回波信号而选出缺陷信号,然后高速A/D电路对之进行实时采样,CPU-TMS320C25对采样数据进行一系列处理,最后计算结果——缺陷的类型及尺寸由显示电路显示。

此外,利用超声波作为机器人的眼睛,已被证明完全可以识别一些物体的位置和形状。

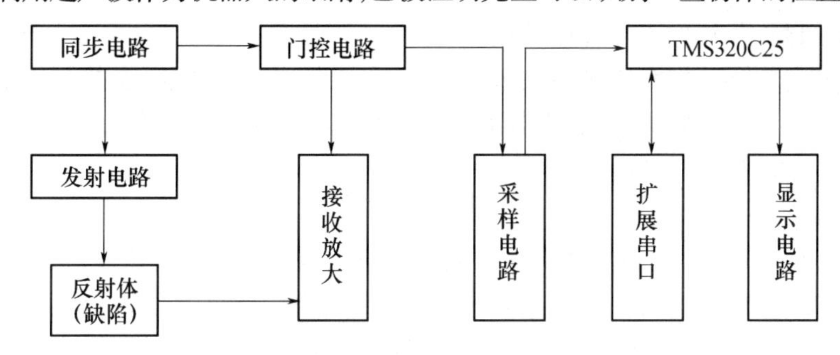

图3-46 超声探伤系统的工作原理

第七节 传感器的正确选择和使用

一、传感器的选择

无论何种传感器,作为测量与控制系统的首要环节,通常都必须具有快速、准确、可靠且又经济的实现信息转换的基本要求。因此,选择传感器应从以下几个方面考虑。

(1) 测试要求和条件。测量目的、被测物理量选择、测量范围、输入信号最大值和频带宽度、测量精度要求、测量所需时间要求等。

(2) 传感器特性。精度、稳定性、响应速度、输出量性质、对被测物体产生的负载效应、校正周期、输入端保护等。

(3) 使用条件。安装条件、工作场地的环境条件(温度、湿度、振动等)、测量时间、所需功率容量、与其他设备的连接、备件与维修服务等。

以上是选择传感器的主要考虑出发点。总之,为了提高测量精度,应从传感器的使用目的、使用环境、被测对象状况、精度要求和信号处理等条件综合考虑,注意传感器的工作范围要足够大;与测量或控制系统相匹配性好,转换灵敏度高和线性程度好;响应快,工作可靠性好;精度适当,且稳定性好;适用性和适应性强,即动作能量小,对被测量状态影响小;内部噪声小而又不易受外界干扰的影响,使用安全;使用经济,即成本低、寿命长,且易于使用、维修和校准。

二、传感器的正确使用

传感器的正确使用是指:传感器的输出特性进行线性化处理和补偿;传感器的标定;

抗干扰措施。

1.线性化处理与补偿

在机电一体化测控系统中,特别是需对被测参量进行显示时,总是希望传感器及检测电路的输出和输入特性呈线性关系,使测量对象在整个刻度范围内灵敏度一致,以便于读数及对系统进行分析处理。但是大多数传感器具有不同程度的非线性特性,这使较大范围的动态检测存在着很大的误差。在使用模拟电路组成检测回路时,为了进行非线性补偿,通常采用与传感器输入/输出特性相反特性的元件,通过硬件进行线性化处理。另外,在含有微型计算机的测量系统中,这种非线性补偿可以用软件来完成,其补偿过程较简单,精确度也很高,又减少了硬件电路的复杂性。

当输出量中包含有被测物理量之外的因素时,为了克服这些因素的影响需要采取相应的措施加以补偿。如外界环境温度变化,将会使测量系统产生附加误差,影响测量精度,因此有必要对温度进行补偿。

2. 传感器的标定

传感器的标定,就是利用精度高一级的标准量具对传感器进行定度的过程,从而确定其输出量和输入量之间的对应关系,同时也确定不同使用条件下的误差关系。传感器使用前要进行标定,使用一段时间后还要定期进行校正,检查精度性能是否满足原设计指标。

3. 抗干扰措施

传感器大多要在现场工作,而现场的条件往往是不可预料的,有时是极其恶劣的。各种外界因素要影响传感器的精度和性能,所以在检测系统中,抗干扰是非常重要的,尤其是在微弱输入信号的系统中。常采用的抗干扰措施有屏蔽、接地、隔离和滤波等。

1）屏蔽

屏蔽就是用低电阻材料或磁性材料把元件、传输导线、电路及组合件包围起来,以隔离内外电磁或电场的相互干扰。屏蔽可分为三种,即电场屏蔽、磁场屏蔽及电磁屏蔽。电场屏蔽主要用来防止元器件或电路间因分布电容耦合形成的干扰。磁场屏蔽主要用来消除元器件或电路间因磁场寄生耦合产生的干扰,磁场屏蔽的材料一般都选用高磁导率的磁性材料。电磁屏蔽主要用来防止高频电磁场的干扰,电磁屏蔽的材料应选用导电率较高的材料,如铜、银等,利用电磁场在屏蔽金属内部产生涡流而起屏蔽作用。电磁屏蔽的屏蔽体可以不接地,但一般为防止分布电容的影响,可以使电磁屏蔽的屏蔽体接地,起到兼有电场屏蔽的作用。电场屏蔽体必须可靠接地。

2）接地

电路或传感器中的地指的是一个等电位点,它是电路或传感器的基准电位点,与基准电位点相连接,就是接地。传感器或电路接地,是为了清除电流流经公共地线阻抗时产生噪声电压,也可以避免受磁场或地电位差的影响。把接地和屏蔽正确结合起来使用,就可抑制大部分的噪声。

3）隔离

当电路信号在两端接地时,容易形成地环路电流,引起噪声干扰。这时,常采用隔离的方法,把电路的两端从电路上隔开。隔离的方法主要采用变压器隔离和光电耦合器隔离。

在两个电路之间加入隔离变压器可以切断地环路，实现前后电路的隔离，变压器隔离只适用于交流电路。在直流或超低频测量系统中，常采用光电耦合的方法实现电路的隔离。

4）滤波

虽然采取了上述的一些抗干扰措施，但仍会有一些噪声信号混杂在检测信号中，因此检测电路中还常设置滤波电路，对由外界干扰引入的噪声信号加以滤除。

滤波电路或滤波器是一种能使某一种频率顺利通过而另一种频率受到较大衰减的装置。因传感器的输出信号大多数是缓慢变化的，因而对传感器输出信号的滤波常采用有源低通滤波器，它只允许低频信号通过而不能通过高频信号。有些传感器需用高通滤波器。除此以外，有时还要使用带通滤波器和带阻滤波器。总之，由于不同检测系统的不同需要，应选用不同的滤波电路。

第八节　检测信号的采集与处理

一、检测系统的组成

检测系统的组成首先跟传感器输出的信号形式和仪器的功能有关，并由此决定检测系统的类型。

（一）模拟信号检测系统

模拟式传感器是目前应用最多的传感器，如电阻式、电感式、电容式、压电式、磁电式及热电式等传感器均输出模拟信号，其输出是与被测物理量相对应的连续变化的电信号。检测系统的基本组成如图 3－47 所示。

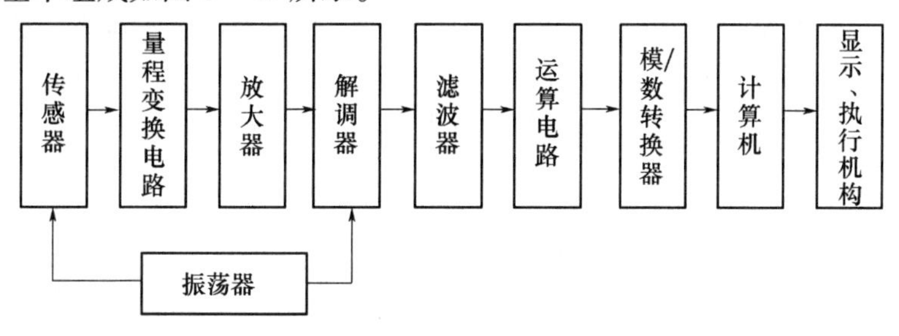

图 3－47　模拟信号检测系统的基本组成

在图 2－42 中，振荡器用于对传感器信号进行调制，并为解调提供参考信号；量程变换电路的作用是避免放大器饱和并满足不同测量范围的需要；解调器用于将已调制信号恢复成原有形式；滤波器可将无用的干扰信号滤除，并取出代表被测物理量的有效信号；运算电路可对信号进行各种处理，以正确获得所需的物理量，其功能也可在对信号进行 A/D 转换后，由数字计算机来实现；计算机对信号进行进一步处理后，可获得相应的信号去控制执行机构，而在不需要执行机构的检测系统中，计算机则将有关信息送去显示或打印输出。

在具体的机电一体化产品的检测系统中，也可能没有图 2－42 中的某些部分或增加一些其他部分，如有些传感器可不进行调制与解调，而直接进行阻抗匹配、放大和滤波等。

（二）数字信号检测系统

数字式传感器可直接将被测量转换成数字信号输出，既可提高检测精度、分辨率及抗干扰能力，又易于信号的运算处理、存储和远距离传输。因此，尽管目前数字式传感器品种还不很多，但却得到了越来越多的应用。最常见的数字式传感器有光栅、磁栅、容栅、感应同步器、光电编码器等，主要用于几何位置、速度等的测量。

数字信号检测系统有绝对码数字式和增量码数字式。当传感器输出的编码与被测量一一对应时，称为绝对码。绝对码检测系统如图 3－48 所示。每一码道的状态由相应光电元件读出，经光电转换和放大整形后，得到与被测量相对应的编码。纠错电路纠正由于各个码道刻划误差而可能造成的粗大误差。采用循环码（格雷码）传感器时则先转换为二进制码，再译码输出。

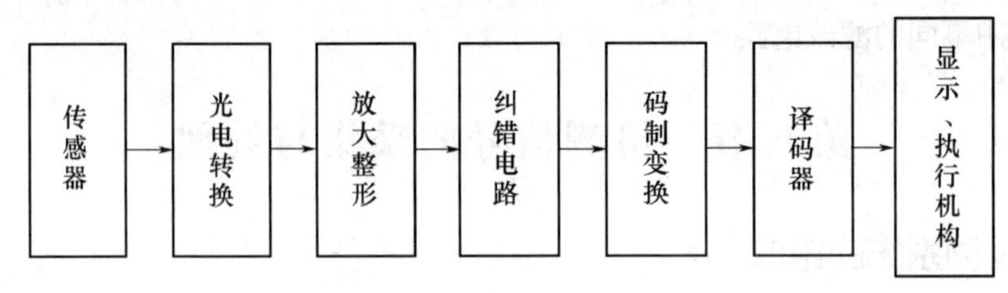

图 3－48　绝对码数字信号检测系统

当传感器输出增量码信号，即信号变化的周期数与被测量成正比，其增量码数字信号检测系统的典型组成如图 2－49 所示。

在图 3－49 中，传感器的输出多数为正弦波信号，需先经放大、整形后变成数字脉冲信号。在精度要求不高和无需辨向时，脉冲信号可直接送入计数器和计算机，但在多数情况下，为提高分辨率，常采用细分电路使传感器信号每变化 $1/n$ 个周期计一个数，其中 n 称为细分数。辨向电路用于辨别被测量的变化方向。当脉冲信号所对应的被测量不便读出和处理时，需进行脉冲当量变换。计算机可对信号进行复杂的运算处理，并将结果直接送去显示或打印输出，或求取控制量以控制执行机构。

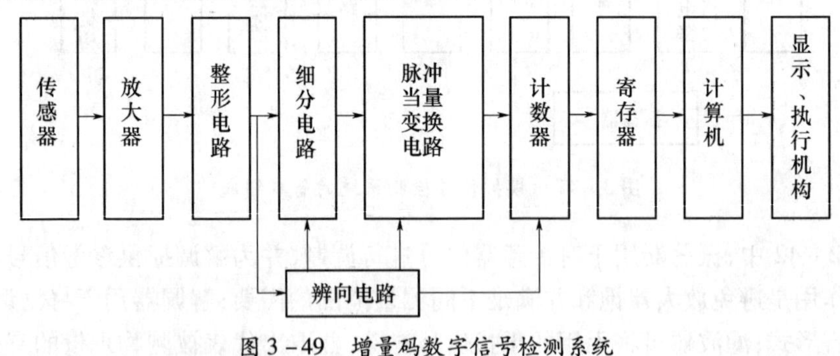

图 3－49　增量码数字信号检测系统

（三）开关信号检测系统

传感器的输出信号为开关信号，如光电开关和电触点开关的通断信号等。这类信号的测量电路实质为功率放大电路。

二、模拟量的转换输入

在机电一体化产品中，控制和信息处理功能多数采用计算机来实现。因此，检测信号一般都需要被采集到计算机中做进一步处理,以便获得所需的信息。模拟式传感器输出的是连续信号,首先必须将其转换成能够被计算机接收的数字信号,然后才送入计算机进行处理。

(一) 模拟量的转换输入方式

模拟量的转换输入方式主要有四种,如图 3-50 所示。图 3-50(a)是最简单的一种方式。传感器输出的模拟信号经 A/D 转换器转换成数字信号,通过三态缓冲器送入计算机总线。这种方式仅适用于只有一路检测信号的场合。第二种方式如图 3-50(b)所示,多路检测信号共用一个 A/D 转换器,通过多路模拟开关依次对各路信号进行采样,其特点是电路简单,节省元器件,但信号采集速度低,不能获得同一瞬时的各路信号。第三种方式如图 3-50(c)所示,它与第二种方式的主要区别是信号的采集/保持电路在多路开关之前,因而可获得同一瞬时的各路信号。图 3-50(d)所示为第四种方式,其中各路信号都有单独的采样/保持电路和 A/D 转换通道,可根据检测信号的特点,分别采用不同的采样/保持电路或不同精度的 A/D 转换器,因而灵活性大,抗干扰能力强,但电路复杂,采用的元器件较多。

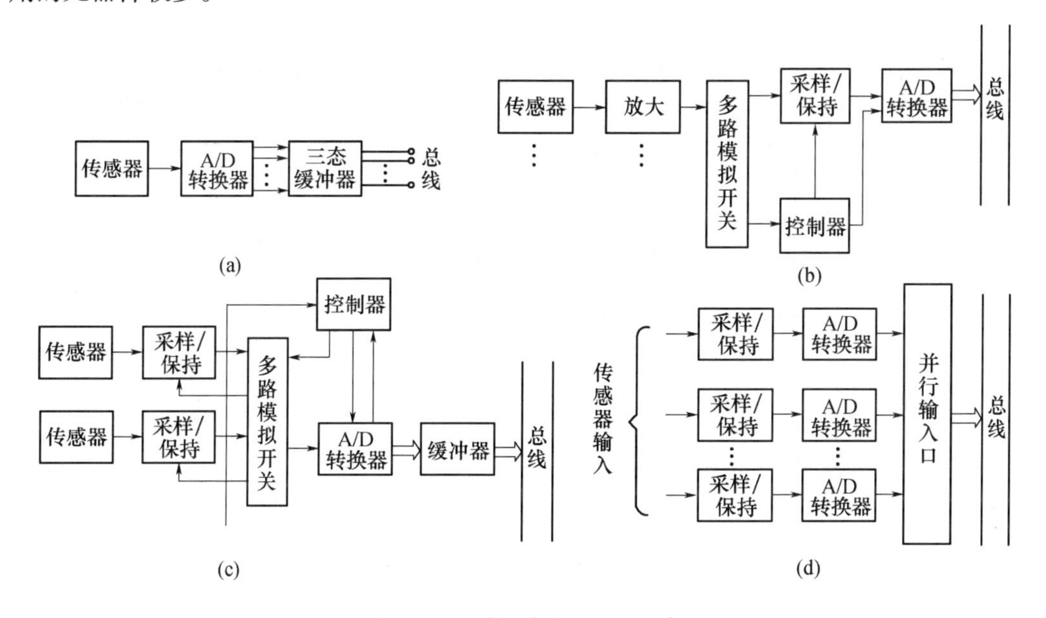

图 3-50 模拟量转换输入方式

上述四种方式中,除第一种外,其他三种都可用于对多路检测信号进行采集,因此对应的系统常称作多路数据采集系统。

(二) 多路模拟开关

多路模拟开关又称为多路转换开关,简称多路开关,其作用是分别或依次把各路检测信号与 A/D 转换器接通,以节省 A/D 转换器件。因为在实际的系统中,被测量的回路往往是几路或几十路,不可能对每一个回路的参量配置一个 A/D 转换器,常利用多路开关,轮流切换各被测回路与 A/D 转换器间的通路,以达到各回路分时占用 A/D 转换电路。

图 3-51 表示一个 8 通道的模拟开关的结构图,它由模拟开关 $S_0 \sim S_7$ 及开关控制与驱动电路组成。8 个模拟开关的接通与断开,通过用二进制代码寻址来指定,从而选择特定的通道。例如,当开关地址为 000 时,S_0 开关接通,$S_1 \sim S_7$ 均断开,当开关地址为 111

时，S_7 开关接通，其他 7 个开关断开。模拟开关一般采用 MOS 场效应管，如果后级电路具有足够的输入阻抗，则可以直接连接。

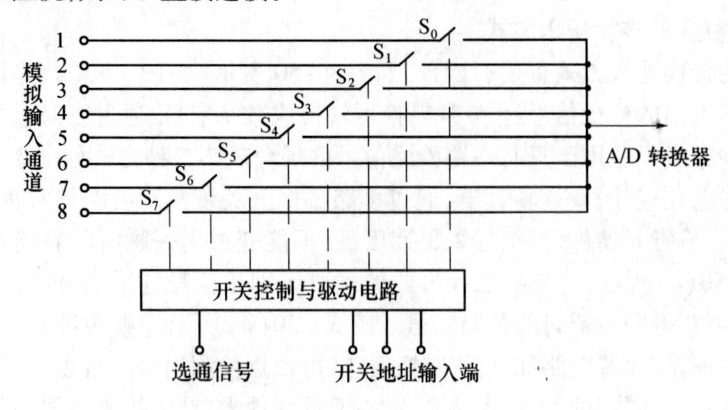

图 3－51　多路模拟开关结构

图 3－52 是 AD7501 型多路模拟开关集成芯片的管脚功能图，这是具有 8 路输入通道、1 路公共输出的多路开关 CMOS 集成芯片。由三个地址线（A_0、A_1、A_2）的状态及 EN 端来选择 8 个通道之中的一路，片上所有的逻辑输入端与 TTL/DTL 及 CMOS 电路兼容。

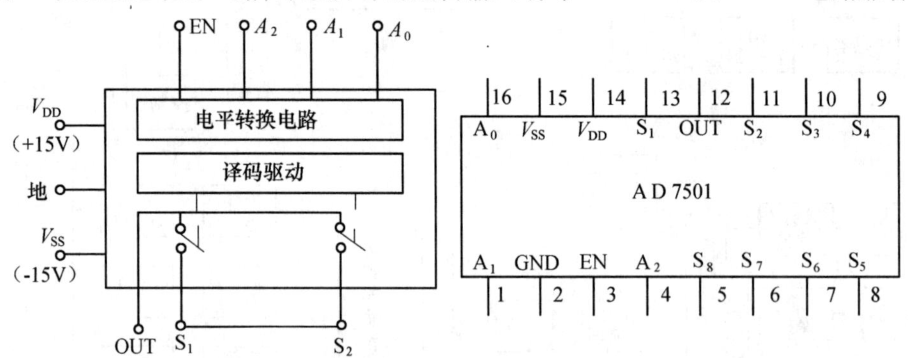

图 3－52　AD7501 型管脚功能图

AD7503 与 AD7501 除了 EN 端的控制逻辑电平相反外，其他完全一样。表 3－1 列出 AD7501 的真值表，多路通道的接通逻辑关系：

在实际应用中，对于多路 A/D 通道的切换开关，要求多路模拟输入，而输出是公用的一条线（称多输入—单输出），而对于多路 D/A 通道切换开关，则要求输入是公用一条信号线，输出是多通道（称单输入—多输出）。上述 AD7501～AD7503 都是多输入—单输出的多路开关。CD4051、CD4052 芯片允许双向使用，既可用于多输入—单输出的切换，也可以用于单输入—多输出的切换。

表 3－1　AD7501 真值表

A_2	A_1	A_0	EN	“ON”
0	0	0	1	1
0	0	1	1	2
0	1	0	1	3

（续）

A_2	A_1	A_0	EN	“ON”
0	1	1	1	4
1	0	0	1	5
1	0	1	1	6
1	1	0	1	7
1	1	1	1	8
×	×	×	0	无

（三）信号采集与保持

采集是把时间连续的信号变成一串不连续的脉冲时间序列的过程。信号采样是通过采样开关来实现。采样开关又称采样器，实质上它是一个模拟开关，每隔时间间隔 T 闭合一次，每次闭合持续时间 τ，其中，T 称为采样周期，其倒数 $f_s=1/T$ 称为采样频率，τ 称为采样时间或采样宽度，采样后的脉冲序列称为采样信号。采样信号是一个离散的模拟信号，它在时间轴上是离散的，但在函数轴上仍是连续的，因而还需要用 A/D 转换器将其转换成数字量。

A/D 转换过程需要一定时间，为防止产生误差，要求在此期间内保持采样信号不变。实现这一功能的电路称采样/保持电路。

典型的采样/保持电路由模拟开关、保持电容和运算放大器组成，如图 3－53 所示。运算放大器 A_1 和 A_2 接成跟随器，作缓冲器用。当控制信号 U_c 为高电平时场效应管 VF 导通，对输入信号采样。输入信号 u_i 通过 A_1 和 VF 向电容 C 充电，并通过 A_2 输出 u_o。由于 A_1 的输出阻抗很小，A_2 的输出阻抗很大，因而在 VF 导通期间 $u_o=u_i$。当 U_c 为低电平时，VF 截止，电容 C 将采样器间的信号电平保持下来，并经 A_2 缓冲后输出。

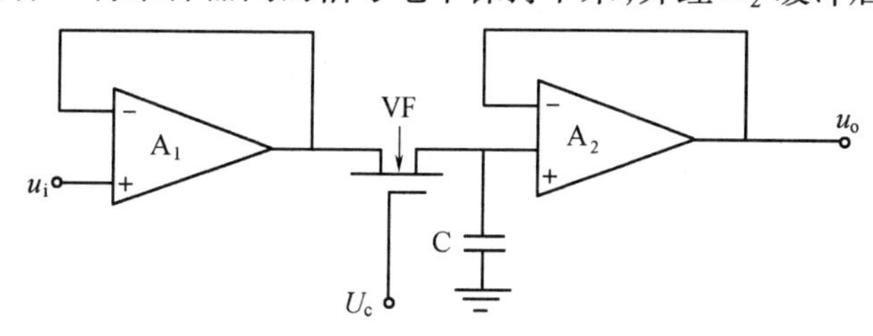

图 3－53 采样/保持电路

该电路中，场效应管 VF 即为采样开关，其关断电阻和 A_2 的输入阻抗越高，C 的泄漏电阻越大，u_o 的保持时间就越长，保持精度越好。

图 3－54 是单片集成的 LF198 采样/保持电路原理图，其中 S 是模拟开关，B 是开关驱动电路，二极管 VD_1 和 VD_2 是开关保护电路。当控制信号 U_c 为高电平时，S 闭合，$u_o=u_i$；当 U_c 为低电平时，S 断开，u_i 被保持在外接电容 C 上。在 S 断开期间，若 u_i 发生变化，A_1 的输出 u'_o 可能变化很大甚至超过开关电路所能承受的电压，这时由二极管构成的保护电路可将 u'_o 嵌位在 u_i+U_D 范围内（U_D 为二极管正向电压降）。

应当指出，目前许多 A/D 转换器本身带有多路开关和采样/保持器。此外，在输入信号变化非常缓慢时，也可不用保持电路。

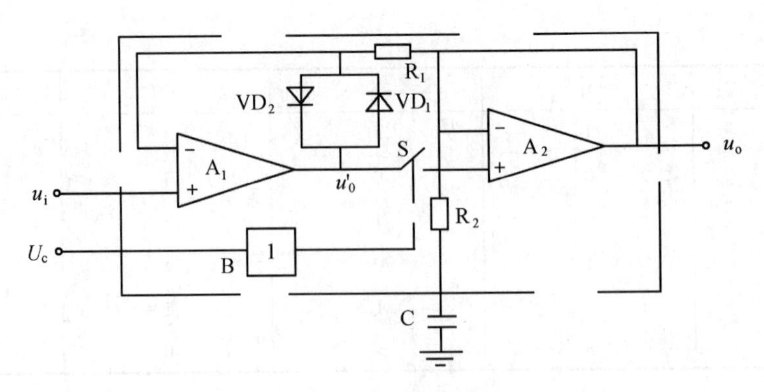

图 3－54 LF198 采样/保持电路

三、数字信号的预处理

传感器的输出信号被采入计算机后往往要先进行适当的预处理，其目的是去除混杂在有用信号中的各种干扰，并对检测系统的非线性、零位误差和增益误差等进行补偿和修正。数字信号预处理一般用软件的方法来实现。

（一）数字滤波

混杂在有用信号中的干扰信号有两大类：周期性干扰和随机性干扰。典型的周期干扰是 50Hz 的工频干扰，采用积分时间为 20ms 整数倍的双积分型 A/D 转换器，可有效地消除其影响。对于随机性干扰，可采用数字滤波的方法予以削弱或消除。

数字滤波实质上是一种程序滤波，与模拟滤波相比具有如下优点：①不需要额外的硬件设备，不存在阻抗匹配问题，可以使多个输入通道共用一套数字滤波程序，从而降低了仪器的硬件成本。②可以对频率很低或很高的信号实现滤波。③可以根据信号的不同而采用不同的滤波方法或滤波参数，灵活、方便、功能强。数字滤波的方法很多，下面介绍几种常用的方法。

1．中值滤波

中值滤波方法对缓慢变化的信号中由于偶然因素引起的脉冲干扰具有良好的滤除效果。其原理是，对信号连续进行 n 次采样，然后对采样值排序，并取序列中位值作为采样有效值。程序算法就是通用的排序算法。采样次数 n 一般取为大于 3 的奇数。当 $n>5$ 时排序过程比较复杂，可采用“冒泡”算法。

2．算术平均滤波

算术平均滤波方法的原理是，对信号连续进行 n 次采样，以其算术平均值作为有效采样值。该方法对压力、流量等具有周期脉动特点的信号具有良好的滤波效果。采样次数 n 越大，滤波效果越好，但灵敏度也越低，为便于运算处理，常取 $n = 4$、8、16。

3．滑动平均滤波

在中值滤波和算术平均滤波方法中，每获得一个有效的采样数据必须进行 n 次采样，当采样速度较慢或信号变化较快时，系统的实时性往往得不到保证。采用滑动平均滤波的方法可以避免这一缺点。该方法采用循环队列作为采样数据存储器，队列长度固定为 n，每进行一次新的采样，把采样数据放入队尾，扔掉原来队首的一个数据。这样，在队列中始终有 n 个最新的数据。对这 n 个最新数据求取平均值，作为此次采样的有效值。这种方法每采样一次，便可得到一个有效采样值，因而速度快，实时性好，对周期性干扰具有良好的抑制作用。图 3-55 是滑动平均滤波程序的流程图。

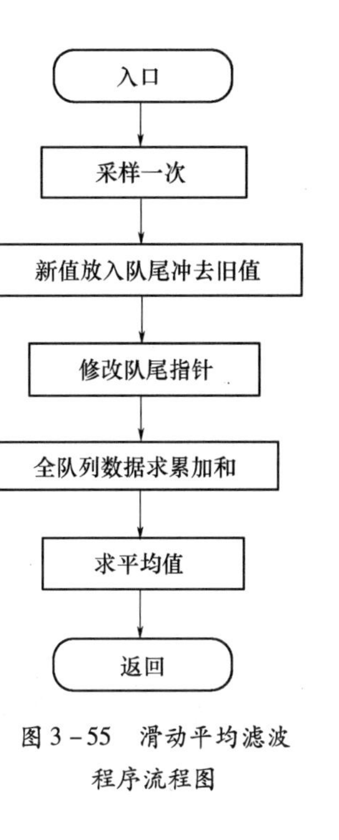

图 3-55　滑动平均滤波程序流程图

4. 低通滤波

当被测信号缓慢变化时，可采用数字低通滤波的方法去除干扰。数字低通滤波器是用软件算法来模拟硬件低通滤波的功能。

一阶 RC 低通滤波器的微分方程为

$$u_i = iR + u_o = RC\frac{du_o}{dt} + u_o = \tau\frac{du}{dt} + u_o \quad (3-44)$$

式中　$\tau = RC$——电路的时间常数。

用 X 替代 u_i，Y 替代 u_o，将微分方程转换成差分方程，得

$$X(n) = \tau\frac{Y(n) - Y(n-1)}{\Delta t} + Y(n) \quad (3-45)$$

整理后得

$$Y(n) = \frac{\Delta t}{\tau + \Delta t}X(n) + \frac{\tau}{\tau + \Delta t}Y(n-1) \quad (3-46)$$

式中　Δt——采样周期；

$X(n)$——本次采样值；

$Y(n)$，$Y(n-1)$——本次和上次的滤波器输出值。

取 $\alpha = \Delta t/(\tau + \Delta t)$，则式(3-46)可改写成

$$Y(n) = \alpha X(n) + (1-\alpha)Y(n-1) \quad (3-47)$$

式中　α——滤波平滑系数，通常取 $\alpha \ll 1$。

由式(3-47)可见，滤波器的本次输出值主要取决于其上次输出值，本次采样值对滤波器输出仅有较小的修正作用，因此该滤波器算法相当于一个具有较大惯性的一阶惯性环节，模拟了低通滤波器的功能，其截止频率为

$$f_C = \frac{1}{2\pi\tau} = \frac{\alpha}{2\pi\Delta t(1-\alpha)} = \frac{\alpha}{2\pi\Delta t} \quad (3-48)$$

如取 $\alpha = 1/32$，$\Delta t = 0.5s$，即每秒采样 2 次，则 $f_c \approx 0.01Hz$，可用于频率相当低的信号的滤波。

图 3-56 是按照式(3-47)所设计的低通数字滤波器的程序流程图。

(二) 静态误差补偿

1. 非线性补偿

在机电一体化产品中，常用软件方法对传感器的非线性传输特性进行补偿校正，以降低对传感器的要求。图 3-57 为传感器的非线性校正系统。当传感器及其调理电路至 A/D 转换器的输入—输出有非线性，如图 3-57(b)所示，可按图 3-57(c)所示的反非线性特性进行转换，进行非线性的校正，使输出 y 与输入 x 呈理想直线关系，如图 3-57(d)所示。

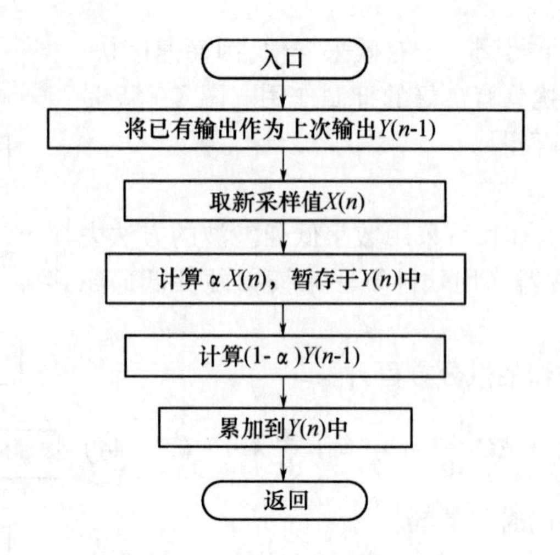

图 3-56　低通滤波程序流程图

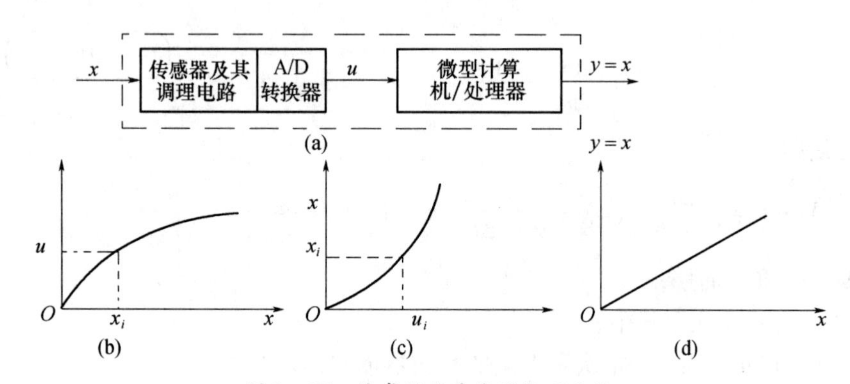

图 3-57　传感器的非线性校正系统

(a) 传感器非线性校正系统框图；(b) 输入 x—输出 u 特性；

(c) 反非线性特性 $u-x$；(d) 校正后传感器系统的输入 x—输出 y 特性。

软件校正非线性的方法很多，概括起来有计算法、查表法、插值法和拟合法等，下面介绍曲线拟合法。

这种方法是采用 n 次多项式来逼近非线性曲线。该多项式方程的各个系数由最小二乘法确定。其具体步骤如下：

(1) 对传感器及其调理电路进行静态标定，得校准曲线。标定点的数据如下。

输入 x_i：$x_1, x_2, x_3, \cdots, x_N$。

输出 u_i：$u_1, u_2, u_3, \cdots, u_N$。

N 为标定点个数，$i=1,2,\cdots,N$。

(2) 设反非线性特性拟合方程为

$$x_i(u_i) = a_0 + a_1 u_i + a_2 u_i^2 + a_3 u_i^3 + \cdots + a_n u_i^n \tag{3-49}$$

式中　$a_0, a_1, a_2, a_3, \cdots, a_n$——待定常数

(3) 求解待定常数 $a_0, a_1, a_2, a_3, \cdots, a_n$。根据最小二乘法来确定待定常数的基本思想是，由多项式方程(3-49)式确定的各个 $x_i(u_i)$ 值与各个点的标定值 x_i 之均方差应最小，即

$$\sum_{i=1}^{N}[x_i(u_i)-x_i]^2=\sum_{i=1}^{N}[(a_0+a_1u_i+a_2u_i^2+\cdots+a_nu_i^n)-x_i]^2$$
$$=\text{最小值}=F(a_0,a_1,\cdots,a_n) \tag{3-50}$$

所以对该函数求导并令它为0,即令

$$\begin{cases}\dfrac{\partial F(a_0,a_1,\cdots,a_n)}{\partial a_0}=0\\ \dfrac{\partial F(a_0,a_1,\cdots,a_n)}{\partial a_1}=0\\ \vdots\\ \dfrac{\partial F(a_0,a_1,\cdots,a_n)}{\partial a_n}=0\end{cases}$$

从这 $n+1$ 个方程中可解出 $a_0,a_1,\cdots,a_n$ 等 $n+1$ 个系数,就可写出反非线性特性拟合方程式。有了反非线性特性曲线的 n 次多项式近似表达式,就可利用该表达式编写非线性校正程序。

在实际应用中,$x_i(u_i)$ 的阶次 n 需根据要求的逼近精度来确定。一般来讲,n 值越大,逼近精度越高,但计算工作量也越大。阶次 n 还与被逼近的反非线性函数的特性有关,若该函数接近于线性,可取 $n=1$,即用一次多项式逼近;若该函数接近于抛物线,可取 $n=2$,即用二次多项式逼近。

2. 零位误差补偿

检测系统的零位误差是由温度漂移和时间漂移引起的。采用软件对零位误差进行补偿的方法又称数字调零,其原理如图 3-68 所示。多路模拟开关可在微型机控制下将任一路被测信号接通,并经测量及放大电路和 A/D 转换器后,将信号采入微型计算机。在测量时,先将多路开关接通某一被测信号,然后将其切换到零信号输入端,由微型计算机先后对被测量和零信号进行采样,设采样值分别为 x 和 a_0,其中 a_0 即为零位误差,由微型计算机执行下列运算:$y = x-a_0$,就可得到经过零位误差补偿后的采样值 y。

3. 增益误差补偿

增益误差同样是由温度漂移和时间漂移等引起的。增益误差补偿又称校准,采用软件方法可实现全自动校准,其原理与数字调零相似。在检测系统工作时,可每隔一定时间自动校准一次。校准时,在微型机控制下先把多路开关接地(图 3-58),得到采样值 a_0,然后把多路开关接基准输入 U_R,得到采样值 x_R,并寄存 a_0 和 x_R。在正式测量时,如测得

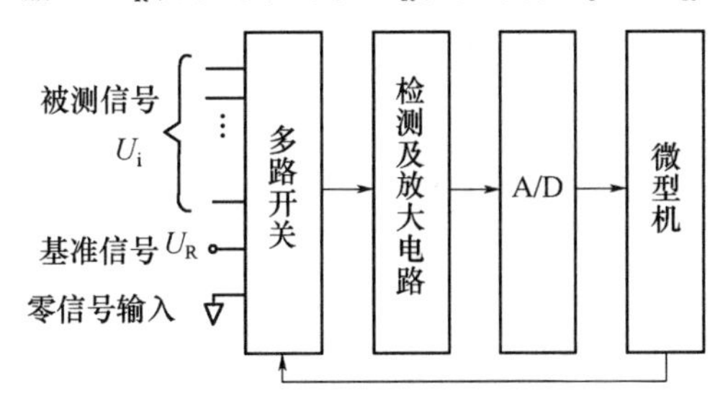

图 3-58 数字调零及全自动校准原理

对应输入信号 U_i 的采样值为 x_i，则输入信号可按下式计算：

$$U_i = \frac{x_i - a_0}{x_R - a_0} U_R \qquad (3-51)$$

采用上述校准方法可使测得的输入信号 U_i 与检测系统的漂移和增益变化无关，因而实现了增益误差的补偿。

思考题

1. 传感器的静态和动态特性区别何在？用哪些指标来衡量？
2. 试述光栅传感器的工作原理及特点。
3. 试述感应同步器的工作原理及特点。
4. 感应同步器的测量方式有哪些类型？写出励磁方式和输出检测信号的表达式。
5. 试述磁栅的工作原理及特点。
6. 磁栅通常采用哪些测量方式？写出不同测量方式的表达式。
7. 感应同步器和磁栅对安装有什么要求？
8. 试述旋转变压器的工作原理及特点。
9. 什么是增量编码器？什么是绝对编码器？二者有何不同？
10. 有哪些因素会影响直流测速发电机的测量结果？
11. 试述固态图像传感器的工作原理及特点。怎样实现电荷的产生、存储、转移和传输。
12. 激光具有哪些特性？试述应用激光传感器测流速的基本原理。
13. 试述超声波检测的基本原理。
14. 试述传感器的正确选择和使用。
15. 模拟式和数字式传感器信号检测系统是怎样组成的？
16. 多路模拟开关和采集/保持电路的作用是什么？
17. 与模拟滤波器相比，数字滤波器有哪些优点？常采用的数字滤波的方法有哪些？
18. 试举一方法说明如何对传感器的非线性特性进行数字线性化？
19. 零位误差和增量误差产生的原因是什么？如何用软件方法对其进行补偿？

第四章　机电一体化计算机控制系统设计

机电一体化系统中的计算机占有相当重要的地位,它代表着系统的先进性和智能性。计算机以其运算速度快、可靠性高、价格便宜,被广泛地应用于工业、农业、国防以及日常生活的各个领域。计算机用于机电一体化系统是近年来发展非常迅速的领域。例如,卫星跟踪天线的控制、电气传动装置的控制、数控机床、工业机器人的运动、力控系统、飞机、大型油轮的自动驾驶仪等。如今,走进现代化生产车间,你将会看到许多常规的控制仪表和调节器已经被计算机所取代,计算机时刻不断地监控整个生产过程,对生产中的各种参数,如温度、压力、流量、液位、转速和成分等进行采样,迅速进行复杂的数据处理、打印和显示生产工艺过程的统计数字和参数,并发出各种控制命令。

第一节　概　述

一、计算机控制系统的组成

将模拟式自动控制系统中的控制器的功能用计算机来实现,就组成了一个典型的计算机控制系统,如图4-1所示。因此,简单地说,计算机控制系统就是采用计算机来实现的工业自动控制系统。

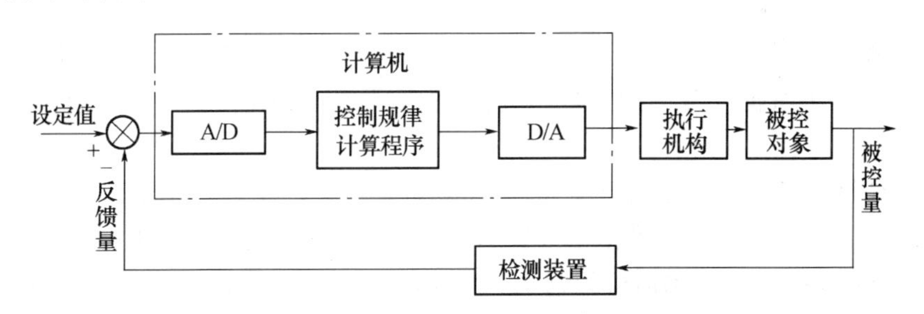

图4-1　计算机控制系统基本框图

在控制系统中引入计算机,可以充分利用计算机的运算、逻辑判断和记忆等功能完成多种控制任务。在系统中,由于计算机只能处理数字信号,因而给定值和反馈量要先经过A/D转换器将其转换为数字量,才能输入计算机。当计算机接收了给定量和反馈量后,依照偏差值,按某种控制规律进行运算(如PID运算),计算结果(数字信号)再经过D/A转换器,将数字信号转换成模拟控制信号输出到执行机构,便完成了对系统的控制作用。

典型的机电一体化控制系统结构如图4-2所示,它可分为硬件和软件两大部分。硬件是指计算机本身及其外围设备,一般包括中央处理器、内存储器、磁盘驱动器、各种接口电路、以A/D转换和D/A转换为核心的模拟量I/O通道、数字量I/O通道以及各种显示、记录设备、运行操作台等。

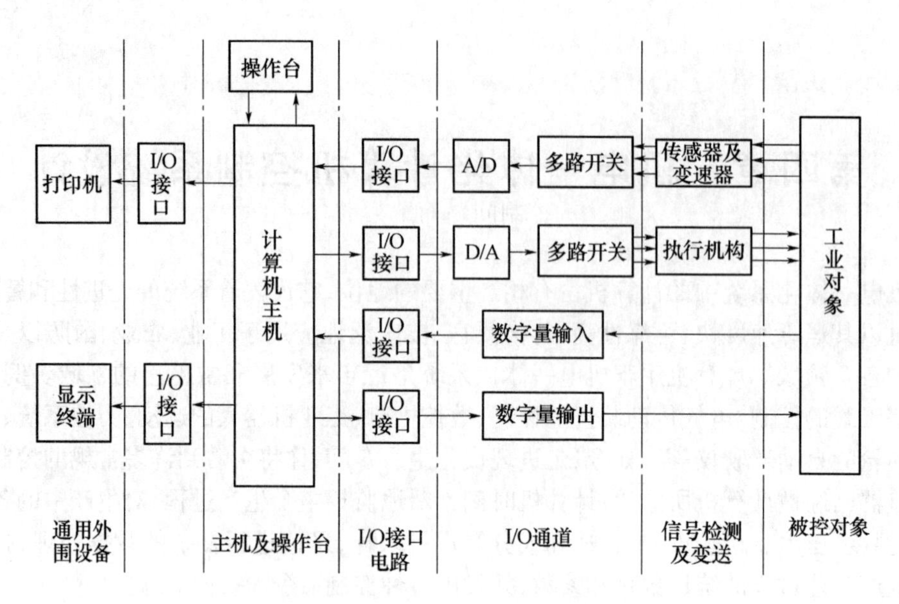

图4-2 典型计算机控制系统的组成框图

(1) 由中央处理器、时钟电路、内存储器构成的计算机主机是组成计算机控制系统的核心部件,主要进行数据采集、数据处理、逻辑判断、控制量计算、越限报警等,通过接口电路向系统发出各种控制命令,指挥全系统有条不紊地协调工作。

(2) 操作台是人—机对话的联系纽带,操作人员可通过操作台向计算机输入和修改控制参数,发出各种操作命令;计算机可向操作人员显示系统运行状况,发出报警信号。操作台一般包括各种控制开关、数字键、功能键、指示灯、声讯器、数字显示器或CRT显示器等。

(3) 通用外围设备主要是为了扩大计算机主机的功能而配置的。它们用来显示、存储、打印、记录各种数据。常用的有打印机、记录仪、图形显示器(CRT)、软盘、硬盘及外存储器等。

(4) I/O接口与I/O通道是计算机主机与外部连接的桥梁,常用的I/O接口有并行接口和串行接口。I/O通道有模拟量I/O通道和数字量I/O通道。其中模拟量I/O通道的作用是,一方面将经由传感器得到的工业对象的生产过程参数变换成二进制代码传送给计算机;另一方面将计算机输出的数字控制量变换为控制操作执行机构的模拟信号,以实现对生产过程的控制。数字量通道的作用是,除完成编码数字输入、输出外,还可将各种继电器、限位开关等的状态通过输入接口传送给计算机,或将计算机发出的开关动作逻辑信号经由输出接口传送给生产机械中的各个电子开关或电磁开关。

(5) 传感器的主要功能是将被检测的非电学量参数转变成电学量,如热电偶把温度变成电压信号,压力传感器把压力变成电信号等。变送器的作用是将传感器得到的电信号转变成适用于计算机接口使用的标准的电信号(如直流0~10mA)。

此外,为了控制生产过程,还需有执行机构。常用的执行机构有各种电动、液动、气动开关,电液伺服阀,交、直流电机,步进电机等。

软件是指计算机控制系统中具有各种功能的计算机程序的总和,如完成操作、监控、管理、控制、计算和自诊断等功能的程序。整个系统在软件指挥下协调工作。从功能区分，软件可分为系统软件和应用软件。

系统软件是由计算机的制造厂商提供的，用来管理计算机本身的资源和方便用户使用计算机的软件。常用的有操作系统、开发系统等，它们一般不需用户自行设计编程，只需掌握使用方法或根据实际需要加以适当改造即可。

应用软件是用户根据要解决的控制问题而编写的各种程序，如各种数据采集、滤波程序、控制量计算程序、生产过程监控程序等。

在计算机控制系统中，软件和硬件不是独立存在的，在设计时必须注意两者相互间的有机配合和协调，只有这样才能研制出满足生产要求的高质量的控制系统。

二、计算机在控制中的应用方式

根据计算机在控制中的应用方式，可以把计算机控制系统划分为四类，即操作指导控制系统、直接数字控制系统、监督计算机控制系统和分级计算机控制系统。

1. 操作指导控制系统

如图 4－3 所示，在操作指导控制系统中，计算机的输出不直接用来控制生产对象。计算机只是对生产过程的参数进行采集，然后根据一定的控制算法计算出供操作人员参考、选择的操作方案和最佳设定值等，操作人员根据计算机的输出信息去改变调节器的设定值，或者根据计算机输出的控制量执行相应的操作。操作指导控制系统的优点是结构简单，控制灵活安全，特别适用于未摸清控制规律的系统，常常被用于计算机控制系统研制的初级阶段，或用于试验新的数学模型和调试新的控制程序等。由于最终需人工操作，故不适用于快速过程的控制。

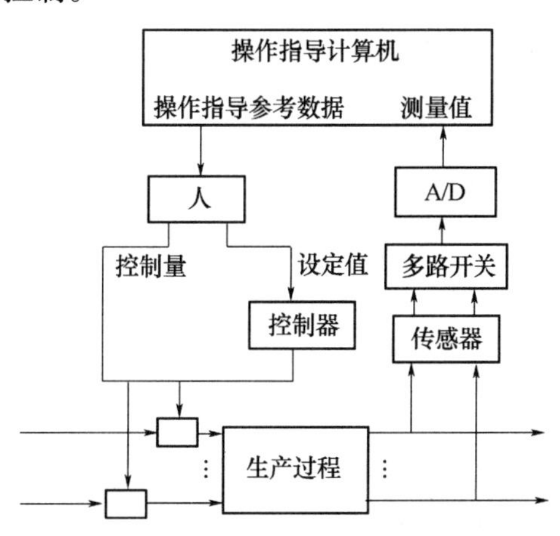

图 4－3　计算机操作指导控制系统示意图

2. 直接数字控制系统

直接数字控制（Direct Digital Control，DDC）系统是计算机用于工业过程控制最普遍的一种方式，其结构如图 4－4 所示。计算机通过输入通道对一个或多个物理量进行巡回检测，并根据规定的控制规律进行运算，然后发出控制信号，通过输出通道直接控制调节阀等执行机构。

在 DDC 系统中的计算机参加闭环控制过程，它不仅能完全取代模拟调节器，实现多

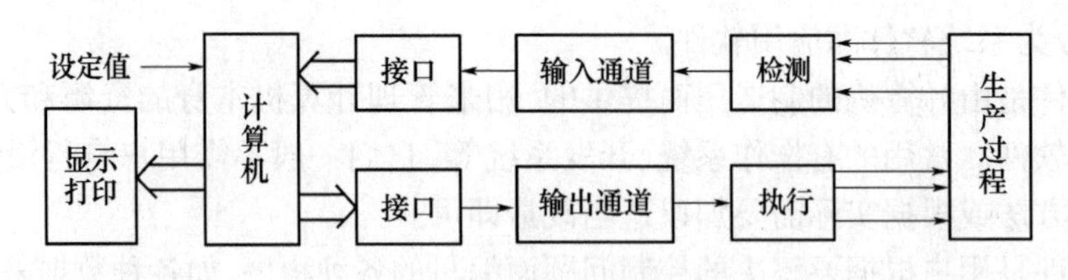

图 4-4　直接数字控制系统

回路的 PID(比例、积分、微分)调节,而且不需改变硬件,只需通过改变程序就能实现多种较复杂的控制规律,如串级控制、前馈控制、非线性控制、自适应控制、最优控制等。

3. 监督计算机控制系统

在监督计算机控制(Supervisory Computer Control,SCC)系统中计算机根据工艺参数和过程参量检测值,按照所设计的控制算法进行计算,计算出最佳设定值直接传送给常规模拟调节器或者 DDC 计算机,最后由模拟调节器或 DDC 计算机控制生产过程。SCC 系统有两种类型,一种是 SCC + 模拟调节器,另一种是 SCC + DDC 控制系统。监督计算机控制系统构成示意图如图 4-5 所示。

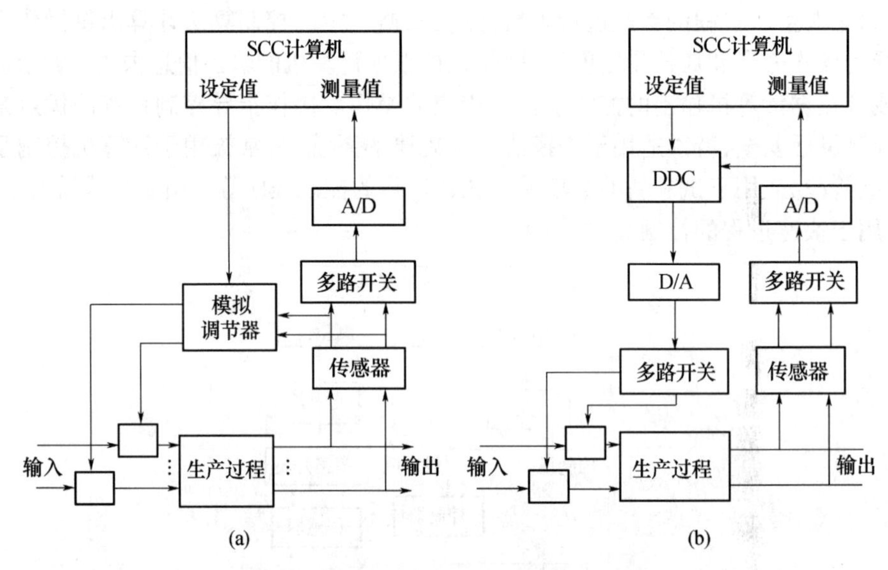

图 4-5　监督计算机控制系统构成示意图

(a) SCC + 模拟调节器系统;(b) SCC + DDC 系统。

1) SCC 加上模拟调节器的控制系统

这种类型的系统中,计算机对各过程参量进行巡回检测,并按一定的数学模型对生产工况进行分析、计算后得出被控对象各参数的最优设定值送给调节器,使工况保持在最优状态。当 SCC 计算机发生故障时,可由模拟调节器独立执行控制任务。

2) SCC 加上 DDC 的控制系统

这是一种二级控制系统,SCC 可采用较高档的计算机,它与 DDC 之间通过接口进行信息交换。SCC 计算机完成工段、车间等高一级的最优化分析和计算,然后给出最优设定值,送给 DDC 计算机执行控制。

通常在 SCC 系统中,选用具有较强计算能力的计算机,其主要任务是输入采样和计算设定值。由于它不参与频繁的输出控制,可有时间进行具有复杂规律的控制算式的计算。因此,SCC 能进行最优控制、自适应控制等,并能完成某些管理工作。SCC 系统的优点是不仅可进行复杂控制规律的控制,而且其工作可靠性较高,当 SCC 出现故障时,下级仍可继续执行控制任务。

4. 分级计算机控制系统

生产过程中既存在控制问题,也存在大量的管理问题。同时,设备一般分布在不同的区域,其中各工序、各设备同时并行地工作,基本相互独立,故全系统是比较复杂的。这种系统的特点是功能分散,用多台计算机分别执行不同的控制功能,既能进行控制又能实现管理。图 4-6 是一个四级计算机控制系统。其中过程控制级为最底层,对生产设备进行直接数字控制;车间管理级负责本车间各设备间的协调管理;工厂管理级负责全厂各车间生产协调,包括安排生产计划、备品备件等;企业(公司)管理级负责总的协调,安排总生产计划,进行企业(公司)经营方向的决策等。

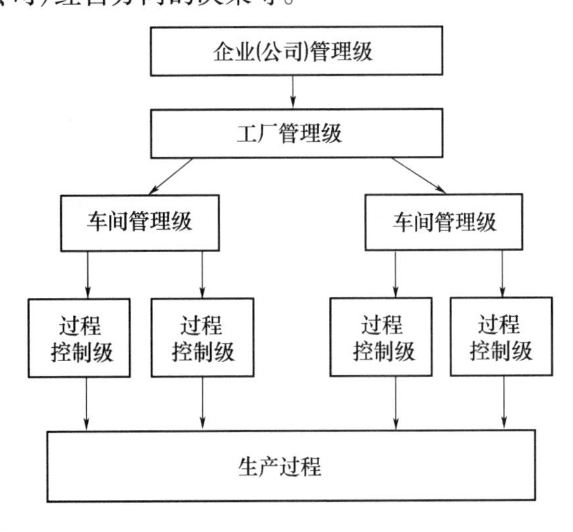

图 4-6 计算机分级控制系统

三、典型机电一体化控制系统

1. 计算机过程控制系统

用计算机对温度、压力、流量、液面、速度等过程参数进行测量与控制的系统称为计算机过程控制系统。图 4-7 介绍了工业炉计算机控制的典型情况,其燃料为燃料油或者煤气,为了保证燃料在炉膛内正常燃烧,必须保持燃料和空气的比值恒定。图中描述了燃料和空气的比值控制过程,它可以防止空气太多时,过剩空气带走大量热量;也可防止当空气太少时,由于燃料燃烧不完全而产生许多一氧化碳或炭黑。为了保持所需的炉温,将测得的炉温送入数字计算机计算,进而控制燃料和空气阀门的开度。为了保持炉膛压力恒定,避免在压力过低时从炉墙的缝隙处吸入大量过剩空气,或在压力过高时大量燃料通过缝隙逸出炉外,同时还采用了压力控制回路。测得的炉膛压力送入计算机,进而控制烟道出口挡板的开度。此外,为了提高炉子的热效率,还需对炉子排出的废气进行分析,一般是用氧化锆传感器测量烟气中的微量氧,通过计算而得出其热效率,并用以指导燃烧调节。

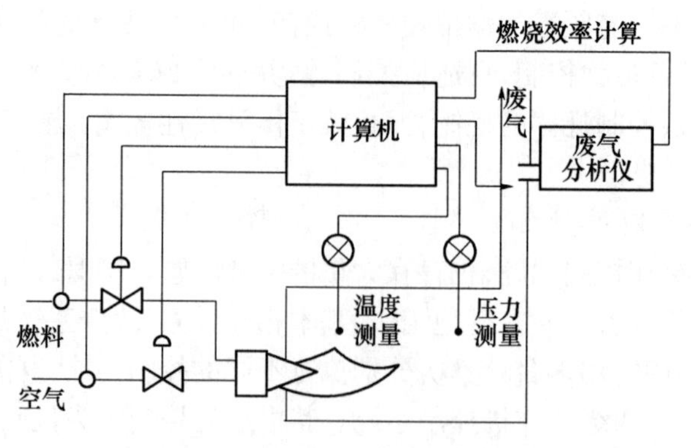

图 4-7　工业炉的计算机控制

2. 微型计算机控制的电机调速系统

由于微型计算机具有极好的快速运算、信息存储、逻辑判断和数据处理能力,电机调速系统中的许多控制要求很容易在计算机中实现。例如,变流装置的非线性补偿,起动和调速时选用不同的控制方式或不同的控制参数,四象限运行时的逻辑切换,在 PWM 型逆变器、交—交变频或某些生产机械传动控制中要求的电压、电流基准曲线等。由于采用计算机控制,可大大提高系统的性能。

图 4-8 是计算机控制的双闭环直流调速系统的原理图。其中,晶闸管触发器,速度调节器和电流调节器均由计算机实现。

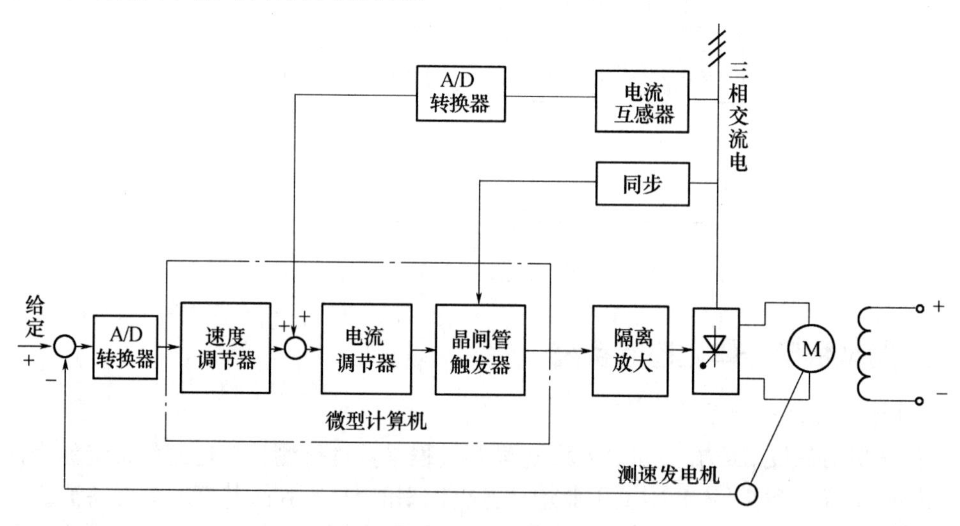

图 4-8　计算机控制的双闭环系统

3. 计算机数字程序控制系统

采用计算机来实现顺序控制和数字程序控制是计算机在自动控制领域中应用的一个重要方面。它广泛地应用于机床控制、生产自动线控制、运输机械控制和交通管理等许多工业自动控制系统中。

顺序控制是使生产机械或生产过程按预先规定的时序(或现场输入条件等)而顺序动作的自动控制系统。目前这类系统中多采用微处理器构成的可编程序控制器(PC 或 PLC)。可编程序控制器使用方便,可靠性高,应用广泛。

数字程序控制系统是指能根据输入的指令和数据，控制生产机械按规定的工作顺序、运动轨迹、运动距离和运动速度等规律而自动完成工作的自动控制系统。数字程序控制系统（通常简称数控）一般用于机床控制系统中，这类机床称为数控机床。

目前数控系统多采用16位或32位工业控制微机系统或多微处理机系统控制。它按运动轨迹可以分为点位控制系统和轮廓（轨迹）控制系统。点位控制系统中，被控机构（如刀具）在移动中不进行加工，对运动轨迹没有具体要求，只要能准确定位即可，它适用于数控钻床、冲床等类机床的控制。轮廓控制系统中，被控机构按加工件的设计轮廓曲线连续地移动，并在移动中进行加工，最终将工件加工成所需的形状，它适用于数控铣床、车床、线切割机、绣花机等机床和生产机械的控制。

在图4－9中表示出一个在线、开环、实时的简单机床数字程序控制系统的构成框图。根据所使用的软件，该系统既可以设计成平面点位控制系统，又可设计成平面轮廓控制系统。图中微型计算机是系统的核心部件，它完成程序和数据的输入、存储、加工轨迹计算和步进电机控制程序、显示程序、故障诊断程序等控制程序的执行等。

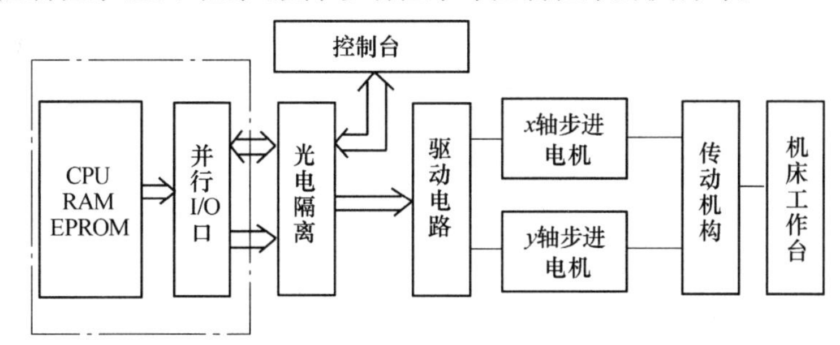

图4－9　简单机床数字程序控制系统构成框图

4. 工业机器人

工业机器人是一种应用计算机进行控制的替代人进行工作的高度自动化系统，它主要由控制器、驱动器、夹持器、手臂和各种传感器组成。工业机器人计算机系统能够对力觉、触觉、视觉等外部反馈信息进行感知、理解、决策，并及时按要求驱动运动装置、语音系统完成相应任务。图4－10给出了智能机器人的一般结构，它是一个多级的计算机控制系统。可以这样说：没有计算机，就没有现代的工业机器人。

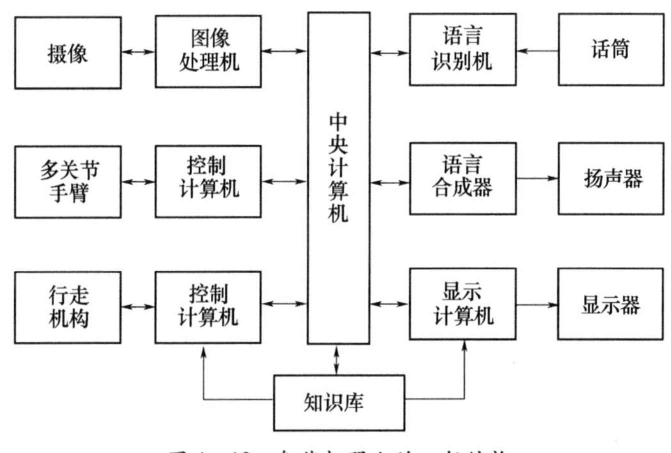

图4－10　智能机器人的一般结构

第二节　工业控制计算机

工业控制计算机是用于工业控制现场的计算机，它是处理来自检测传感器的输入信息，并把处理结果输出到执行机构去控制生产过程，同时可对生产进行监督、管理的计算机系统。应用于工业控制的计算机主要有单片微型计算机、可编程序控制器（PLC）、总线工控机等类型。

根据机电一体化系统的大小和控制参数的复杂程度，可以采用不同的微型计算机。对于小系统，一般监视控制量为开关量和少量数据信息的模拟量，这类系统采用单片机或可编程控制器就能满足控制要求。对于数据处理量大的系统，则往往采用基于各类总线结构的工控机，如 STD 总线工控机、IBM - PC 总线工控机、Multibus 工控机等。对于多层次、复杂的机电一体化系统，则要采用分级分步式控制系统，在这种控制系统中，根据各级及控制对象的特点，可分别采用单片机、可编程控制器、总线工控机和微型机来分别完成不同的功能。

一、工业控制计算机的特点及要求

由于工业控制计算机的应用对象及使用环境的特殊性，决定了工业控制机主要有以下一些特点和要求。

1. 实时性

实时性是指计算机控制系统能在限定的时间内对外来事件作出反应的能力。为满足实时控制要求，通常既要求从信息采集到生产设备受到控制作用的时间尽可能短，又要求系统能实时地监视现场的各种工艺参数，并进行在线修正，对紧急事故能及时处理。因此，工业控制计算机应具有较完善的中断处理系统以及快速信号通道。

2. 可靠性

工业控制计算机通常控制着工业过程的运行，如果其质量不高，运行时发生故障，又没有相应的冗余措施，则轻者使生产停顿，重者可能产生灾难性的后果。很多生产过程是日夜不停地连续运转，因此要求与这些过程相连的工业控制机也必须无故障地连续运行，实现对生产过程的正确控制。另外，许多用于工业现场工业控制机，环境恶劣，震动、冲击、噪声、高频辐射及电磁波干扰往往十分严重，以上这一切都要求工业控制计算机具有高质量和很强的抗干扰能力，并且具有较长的平均无故障间隔时间。

3. 硬件配置的可装配可扩充性

工业控制计算机的使用场合千差万别，系统性能、容量要求、处理速度等都不一样，特别是与现场相连接的外围设备的接口种类、数量等差别更大，因此宜采用模块化设计方法。

4. 可维护性

工业控制计算机应有很好的可维护性，这要求系统的结构设计合理，便于维修，系统使用的板级产品一致性好，更换模板后，系统的运行状态和精度不受影响；软件和硬件的诊断功能强，在系统出现故障时，能快速准确地定位。另外，模块化模板上的信号应加上隔离措施，保证发生故障时故障不会扩散，这也可使故障定位变得容易。

作为计算机控制系统的设计者,应根据机电一体化系统(或产品)中的信息处理量、应用环境、市场状况及操作者特点,合理地优选工业控制机产品。

二、单片微型计算机

单片微型计算机简称为单片机,它是将CPU、RAM、ROM和I/O接口集成在一块芯片上,同时还具有定时/计数、通信和中断等功能的微型计算机。自1976年Intel公司首片单片机问世以来,随着集成电路制造技术的发展,单片机的CPU依次出现了8位和16位机型,并使运行速度、存储器容量和集成度不断提高。现在比较常用的单片机一般具有数十千字节的闪存、16位的A/D及"看门狗"等功能,而各种满足专门需要的单片机也可由生产厂家定做。

单片机以其体积小、功能齐全、价格低等优点,越来越被广泛地应用在机电一体化产品中,特别是在数字通信产品、智能化家用电器和智能仪器领域,单片机以其几元到几十元人民币的价格优势独霸天下。由于单片机的数据处理能力和接口限制,在大型工业控制系统中,它一般只能辅助中央计算机系统测试一些信号的数据信息和完成单一量控制。

单片机的生产厂家和种类很多,如美国Intel公司的MCS系列、Zilog公司的SUPER系列、Motolora公司的6801和6805系列,日本National公司的MN6800系列、HITACHI公司的HD6301系列等,其中Intel公司的MCS单片机产品在国际市场上占有最大的份额,在我国也获得最广泛的应用。下面以MCS系列单片机为例,来介绍单片机的结构、性能及使用上的特点。

1. MCS-48单片机系列

MCS-48系列是8位的单片机,根据存储器的配置不同,该系列包括有8048、8049、8021、8035等多种机型,由于价格低廉,目前仍有简单的控制场合在使用。其主要特点如下:

(1) 8位CPU,工作频率1MHz~6MHz。

(2) 64B的RAM数据存储器,1KB程序存储器。

(3) 5V电源,40引脚双列直插式封装。

(4) 6MHz工作频率时机器周期为2.5μs,所有指令为1个~2个机器周期。

(5) 有96条指令,其中大部分为单字节指令。

(6) 8B堆栈,单级中断,两个中断源。

(7) 两个工作寄存器区。

(8) 一个8位定时/计数器。

2. MCS-51单片机系列

MCS-51系列比48系列要先进得多,也是市场上应用最普遍的机型。它具有更大的存储器扩展能力、更丰富的指令系统和配置了更多的实用功能。MCS-51单片机也是8位的单片机,该系列包括有8031、8051、8751、2051、89C51等多种机型。其主要特点如下:

(1) 8位CPU,工作频率1MHz~12MHz。

(2) 128B的RAM数据存储器,4KB的ROM程序存储器。

(3) 5V 电源,40 引脚双列直插式封装。

(4) 12MHz 工作频率时机器周期为 1μs,所有指令为 1 个 ~4 个机器周期。

(5) 外部可分别扩展 64KB 数据存储器和程序存储器。

(6) 2 级中断,5 个中断源。

(7) 21 个专用寄存器,有位寻址功能。

(8) 2 个 16 位定时/计数器,1 个全双工串行通信口。

(9) 4 组 8 位 I/O 口。

3. MCS -96 单片机系列

MCS -96 系列是 16 位单片机,适用于高速的控制和复杂数据处理系统中,硬件和指令系统的设计上较 8 位机有很多不同之处。MCS -96 单片机系列主要有 8096、8094、8396、8394、8796 等多种机型。其主要特点如下:

(1) 16 位 CPU,工作频率 6MHz ~12MHz。

(2) 232B 的 RAM 数据存储器,8KB 的 ROM 程序存储器。

(3) 48 和 68 两种引脚,多种封装形式。

(4) 高速 I/O 接口,能测量和产生高分辨率的脉冲(12MHz 时为 2μs),6 条专用 I/O,2 条可编程 I/O。

(5) 外部可分别扩展 64KB 数据存储器和程序存储器。

(6) 可编程 8 级优先中断,21 个中断源。

(7) 脉宽调制输出,提供一组能改变脉宽的可编程脉宽信号。

(8) 2 个 16 位定时/计数器,4 个 16 位软件定时器。

(9) 5 组 8 位 I/O 口。

(10) 10 位 A/D 转换器,可接受 4 路或 8 路的模拟量输入。

(11) 6.25μs 的 16 位乘 16 位和 32 位除 16 位指令。

(12) 运行时可对 EPROM 编程,ROM/EPROM 的内容可加密。

(13) 全双工串行通信口及专门的波特率发生器。

另外一种 16 位的单片机是 8098 单片机,其内部结构和性能与 8096 完全一样,但外部数据总线却只有 8 位,因此是准 16 位单片机。由于 8098 减少了 I/O 线,其外形结构简化,芯片的制造成本降低,因此应用非常广泛。MCS -98 单片机系列主要有 8398、8798 等几种机型。

三、可编程序控制器

在制造业的自动化生产线上,各道工序都是按预定的时间和条件顺序执行的,对这种自动化生产线进行控制的装置称为顺序控制器。以往顺序控制器主要是由继电器组成,改变生产线工序、执行次序或条件需改变硬件连线。随着大规模集成电路和微处理器在顺序控制器中的应用,顺序控制器开始采用类似微型计算机的通用结构,把程序存储于存储器中,用软件实现开关量的逻辑运算、延时等过去用继电器完成的功能,形成了可编程序逻辑控制器 PLC(Programable Logic Controller)。现在它已经发展成了除了可用于顺序控制,还具有数据处理、故障自诊断、PID 运算、联网等能力的多功能控制器。因此,现已把它们统称为可编程序控制器(Programable Controller,PC)。

图4－11是PLC应用于逻辑控制的简单事例。输入信号由按扭开关、限位开关、继电器触点等提供各种开关信号，并通过接口进入PC，经PC处理后产生控制信号，通过输出接口送给线圈、继电器、指示灯、电机等输出装置。

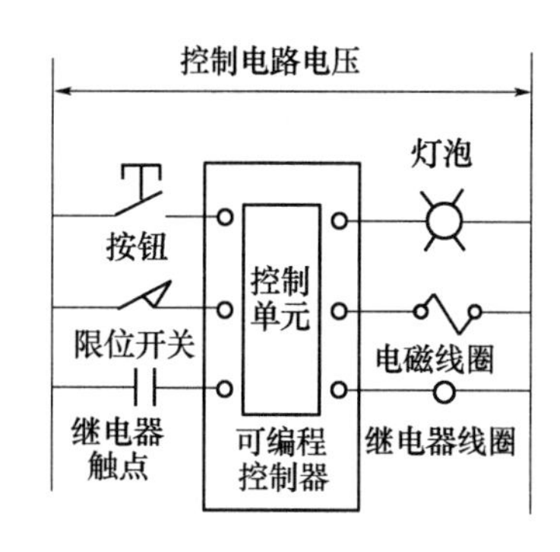

图4－11 PLC逻辑控制电路

目前，世界上生产PC的工厂有上百家，总产量已达千万台的数量级，其中通用电气、德克萨斯仪器、Honey－well、西门子、三菱、富士、东芝等公司的产品最为著名，这些公司为开拓市场，竞争十分激烈，竞相发展新的机型系列。而我国在PC技术上，不论是PC的制造水平，还是使用PC的广度与深度，与发达国家相比差距仍比较大。

1. PC的组成原理

PC实际上是一个专用计算机，它的结构组成与通用微机基本相同，主要包括CPU、存储器、接口模块、外部设备、编程器等。下面介绍PC的各主要部分。

1）CPU

与通用CPU一样，它按PC的系统程序的要求，接收并存储从编程器键入的用户程序和数据；用扫描的方式接收现场输入装置的状态和数据，并存入输入状态表或数据寄存器中；诊断电源、内部电路的故障和编程过程中的语法错误等。PC进入运行状态后，从存储器逐条读入用户程序，经过命令解释后按指令规定的任务产生相应的控制输出，去启动有关的控制门电路，分时、分渠道地执行数据的存取、传送、组合、比较和变换等工作；完成用户程序规定的逻辑和算术运算等任务；根据运算结果更新有关标志位的状态和输出状态寄存器的内容，再由输出状态表的位状态和数据寄存器的有关内容，实现输出控制、制表打印和数据通信等内容。

PC的运行方式是采取扫描工作机制，这是和微处理器的本质区别。扫描工作机制就是按照定义和设计的要求连续和重复地检测系统输入，求解目前的控制逻辑，以及修正系统输出。在PC的典型扫描机制中，I/O服务处于扫描周期的末尾，并且为扫描计时的组成部分。这种典型的扫描称为同步扫描。扫描循环一周所花费的时间为扫描周期。根据不同的PC扫描周期一般为10ms～100ms。在多数PC中，都设有一个“看门狗”计时器，测量每一次扫描循环的长度，如果扫描时间超过预设的长度（如150ms～200ms），系统将激发临界警报。参考图4－12，在同步扫描周期内，除I/O扫描之外，还有服务程序、通信窗口、内部执行程序等。

2）存储器

存储器分为系统程序存储器和用户程序存储器。

系统程序存储器的作用是存放监控程序、命令解释、功能子程序、调用管理程序和各种系统参数等。系统程序是由PC生产厂家提供的，并固化在存储器中。

用户存储器的作用是存储用户编写的梯形逻辑图等程序。用户程序是使用者根据现场的生产过程和工艺要求编写的控制程序。PC产品说明中提供的存储器型号和容量一般指的是用户程序存储器。

3）接口模块

它是 CPU 与现场 I/O 装置和其他外部设备之间的连接部件。PC 是通过接口模块来实现对工业设备或生产过程的检测、控制和联网通信。各个生产厂家都有各自的模块系列供用户选用。PLC 模块包括：如下几种类型：

（1）数字量 I/O 模块。完成数字量信号的输入/输出，一般替代继电器逻辑控制。数字量输入模块的技术指标有输入点数、公共端极性、隔离方式、电源电压、输入电压和输出电流等；数字量输出模块的技术指标有输出形式、输出点数、公共端极性、隔离方式、电源电压、输出电流、响应时间和开路端电流等。

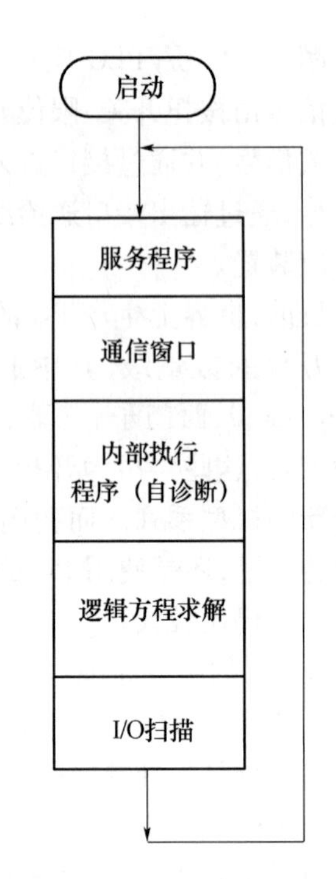

图 4－12　PLC 的扫描工作机制

（2）模拟量 I/O 模块。控制系统中，经常要对电流、电压、温度、压力、流量、位移和速度等模拟量进行信号采集和输入给 CPU 进行判断和控制，模拟量输入模块就是用来将这些模拟量输入信号转换成 PC 能够识别的数字量信号的模块，模拟量输入模块的技术指标包括输入点数、隔离方式、转换方式、转换时间、输入范围、输入阻抗和分辨率等。模拟量输出模块就是将 CPU 输出的数字信息变换成电压或电流对电磁阀、电磁铁和其他模拟量执行机构进行控制，它的技术指标包括输出点数、隔离方式、转换时间、输出范围、负载电阻和分辨率等。

（3）专用和智能接口模块。上述的接口模块都是在 PC 的扫描方式下工作的，能满足一般的继电器逻辑控制和回路调节控制，然而对于同上位机通信、控制 CRT 和其他显示器、连接各种传感器和其他驱动装置等工作需要专门的接口模块完成。专用和智能接口模块主要有扩展接口模块、通信模块、CRT/LCD 控制模块、PID 控制模块、高速计算模块、快速响应模块和定位模块等。

4）编程器

为用户提供程序的编制、编辑、调试和监控的专用工具，还可以通过其键盘去调用和显示 PC 的一些内部状态和系统参数。它通过通信端口与 CPU 联系，完成人机对话功能。各个厂家为自己的 PC 提供专用的编程器，不同品牌的 PC 编程器一般不能互换使用。

5）外部设备

一般 PC 都可以配置打印机、EPROM 写入器、高分辨率大屏幕显示器等外围设备。

2．PC 的性能特点

（1）存储器。可以是带有电源保护的 RAM、EPROM 或 EEPROM。

（2）数字量 I/O 端子。具有继电逻辑控制中的 I/O 继电器功能，端子点数多少是决定 PC 的控制规模的主要参数。

（3）计数器和定时器。在 PC 的逻辑顺序控制中，替代继电器逻辑控制中的时间继电器和计数继电器。

（4）标志(软继电器)。在 PC 的逻辑顺序控制中用作中间继电器，其中部分的标志具有保持作用。

(5) 平均扫描时间。指扫描用户程序的时间,决定了 PC 的控制响应速度。

(6) 诊断。由通电检查和故障指示的软件完成。

(7) 通信接口。一般采用 RS－232 接口标准,可以连接打印机和上位机等设备。

(8) 编程语言。一般采用继电器控制方式的梯形图语言和语句表,并在此基础上建立的控制系统流程图和顺序功能图等语言。

除上述一般特性外,高性能的 PC 还具有下列特性:

(1) 数据传送和矩阵处理功能。可以满足工厂管理的需要。

(2) PID 调节功能。备有模拟量的输入/输出模块和 PID 调节控制软件包,以满足闭环控制的要求。

(3) 远程 I/O 功能。I/O 通道可分散安装在被控设备的附近,以减少现场电缆布线和系统成本。

(4) 图形显示功能。借助图形显示软件包(组态软件等),可显示被控设备的运行状态,方便操作者监控系统的运行。

(5) 冗余控制。控制系统设计中,备用一台同样的 PC 系统作为待机状态,当原系统出现故障时,系统会自动切换,使待机的 PC 投入运行,从而提高控制的可靠性。

(6) 网络功能。通过数据通道与其他数台 PC 连接或与管理计算机连接,以构成控制网络,实现大规模生产管理系统。

3. PC 的结构特点

PC 的结构分成单元式和模块式两种。

(1) 单元式。特点是结构紧凑、体积小、成本低、安装方便。它是将所有的电路都装在一个机箱内,构成一个整体。为了实现输入/输出点数的灵活配置和易于扩展,通常都有不同点数的基本单元和扩展单元,其中某些单元为全输入和全输出型。

(2) 采用积木式组成方式。在机架上按需要插上 CPU、电源、I/O 模块及各种特殊功能模块,构成一个综合控制系统。这种结构的特点是 CPU 与各种接口模块都是独立的模块,因此配置很灵活,可以根据不同的系统规模要求选用不同档次的 CPU 等各种模块。由于不同档次模块的结构尺寸和连接方式相同,对 I/O 点数很多的系统选型、安装调试、扩展、维护都非常方便。目前大的 PC 控制系统均采用该种结构。这种结构形式的 PC 除了各种模块外,还需要用主基板、扩展基板及基板间连接电缆将各模块连成整体。

四、总线工业控制机

总线工业控制机(简称总线工控机)是目前工业领域应用相当广泛的工业控制计算机,它具有丰富的过程输入/输出接口功能、迅速响应的实时功能和环境适应能力。总线工控机的可靠性较高,如 STD 总线工控机的使用寿命达到数十年,平均故障间隔时间(MTBF)超过上万小时,且故障修复时间(MTTR)较短。总线工控机的标准化、模板式设计大大简化了设计和维修难度,且系统配置的丰富的应用软件多以结构化和组态软件形式提供给用户,使用户能够在较短的时间内掌握和熟练应用。

下面介绍两类在工业现场得到广泛使用的工业控制机。

1. STD 总线工控机

STD 总线工控机最早是由美国的 Pro－log 公司在 1978 年推出的,是目前国际上工业控制领域最流行的标准总线之一，也是我国优先重点发展的工业标准微机总线之一，它的正式标准为 IEEE - 961 标准。按 STD 总线标准设计制造的模块式计算机系统，称为 STD 总线工控机。

开发 STD 总线的最初目的是为了推广一个面向工业控制的 8 位机总线系统。STD 标准可以支持几乎所有的 8 位处理机。如 Intel 的 8080、Motorola 的 6800、Zilog 公司的 Z80、Nationnal 公司的 NSC800 等。在 16 位机大量生产之后，改进型的 STD 总线可支持 16 位处理机，如 8086、68000、80286 等。为了进一步提高 STD 总线系统的性能，新近已推出了 STD32 位总线。

STD 总线工控机采用了开放式的系统结构，模块化是 STD 总线工控机设计思想中最突出的特点，其系统组成没有固定的模式和标准机型，而是提供了大量的功能模板，用户根据需要，通过对模板的品种和数量的选择与组合，即可配置成适用于不同工业对象、不同生产规模的生产过程的工控机。现在 STD 工控机已广泛应用于工业生产过程控制、工业机器人、数控机床、钢铁冶金、石油化工等各个领域，成为我国中小型企业和传统工业改造方面主要的机型之一。

典型 STD 总线工控机系统的构成如图 4 - 13 所示，其总线工控机的突出特点：模块

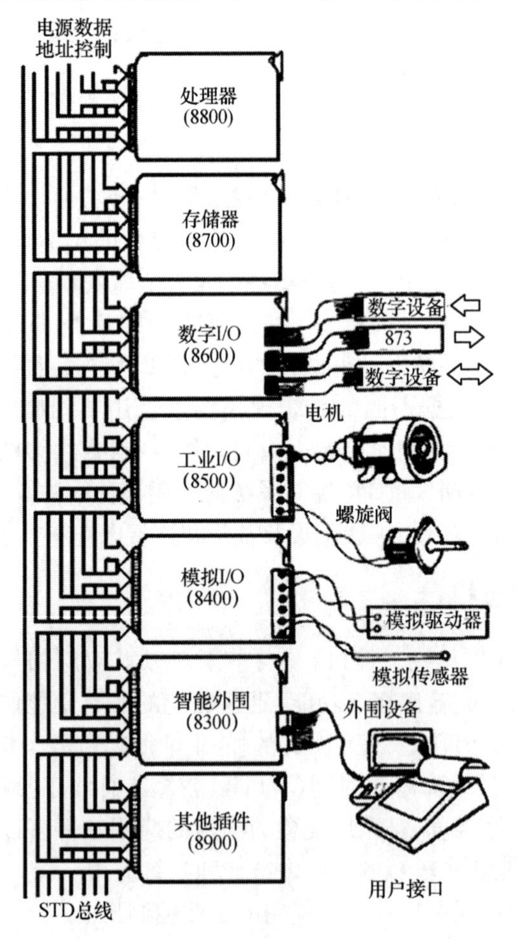

图 4 - 13　用 STD 总线工控机组成的计算机控制系统

化设计，系统组成、修改和扩展方便；各模块间相对独立，使检测、调试、故障查找简便迅速；有多种功能模板可供选用，大大减少了硬件设计工作量；系统中可运行多种操作系统及系统开发的支持软件，使控制软件开发的难度大幅降低。因此，在用 STD 总线进行控制系统设计的主要硬件设计工作是选择合适的标准化功能模板，并将这些模板通过 STD 总线连接成所需的控制装置。下面分别介绍各种模板的特点。

（1）数字量 I/O 模板。数字量 I/O 模板用于处理开关信号的输入和输出，其主要功能是滤波、电平转换、电气隔离和功率驱动等。工业上常用的开关信号有 BCD 码、计数和定时信号、各种开关的状态、指示灯的亮和灭、晶闸管的导通和截止、电机的启动和停止等。这些开关信号可通过数字量 I/O 模板经总线与 CPU 模板相连。针对不同的开关信号，有各种各样的数字量 I/O 模板可供选用。图 4－14 是一种典型的数字量 I/O 模板电路原理。

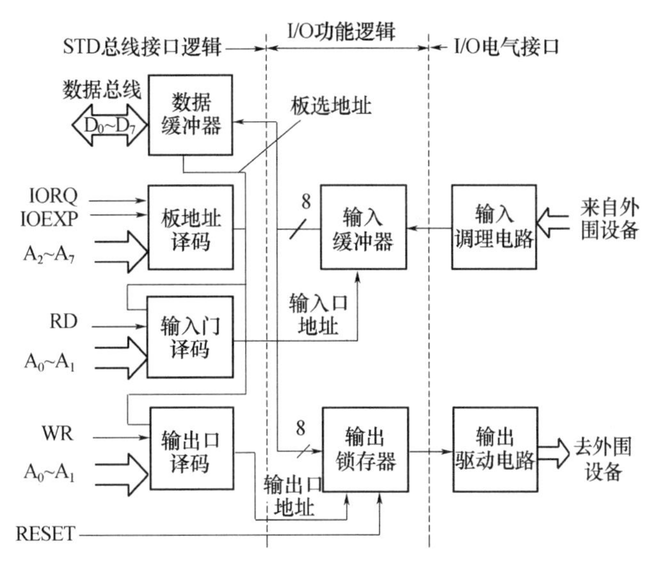

图 4－14　数字量 I/O 模板原理框图

（2）模拟量 I/O 模板。模拟量 I/O 模板用于处理模拟信号的输入和输出，其主要功能是对微处理机和被控对象之间的模拟信号进行 A/D 和 D/A 转换。STD 总线工控机也有多种多样的模拟量 I/O 模板可供选用，图 4－15 所示是一种光电隔离型 A/D 模板的结构示意图，D/A 模板的结构与之类似。在模板选用时主要考虑系统中信号的最高频率、电平范围、信号数量等参数及系统对信号的转换速度、精度及分辨率等要求，以既满足控制系统需要又不造成过大的浪费为原则。

（3）信号调理模。信号调理模板用于在传感器与 A/D 转换器之间、D/A 转换器与执行元件之间对信号进行调理，其主要功能有非电量转换、信号形式变换、信号放大、滤波、线性化、共模抑制及隔离等。典型的信号调理模板产品有热电偶、热电阻、电流/电压（I/V）转换、前置放大板、隔离放大板等。图 4－16 是信号调理模板的应用事例。信号调理模板应根据传感器与执行机构的要求来匹配，并应充分地考虑信号的信噪比、放大增益的可调范围、零点的调整方法、滤波的通带增益和阻带衰减率等参数。

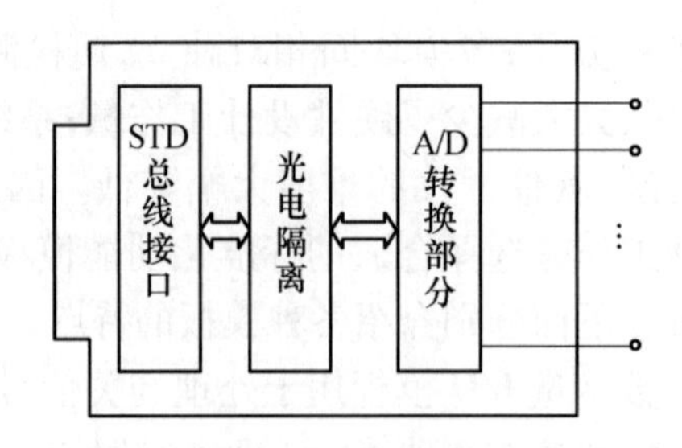

图 4-15 光电隔离型 A/D 模板的结构示意图

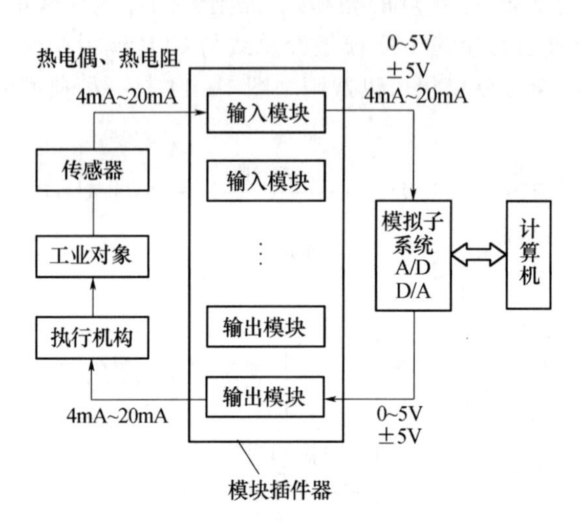

图 4-16 信号调理模板应用

(4) CPU 模板。STD 总线所支持的微处理器有 Z80、8080、8086、80286、80386、80486 以及 MCS51/96 系列单片机等。选用时应根据所设计的控制方法的复杂程度、计算工作量、采样周期等情况来选择合适字长和执行速度的 CPU 模板,或选择带有专门算法或 DMA(直接存储器存取)通道的 CPU 模板。

(5) 存储器模板。CPU 板上一般都有一定容量的工作存储器,但有些控制系统往往还需要选用专用的存储器扩展插件,如有电池支持的 RAM 插件、EPROM 插件、EEPROM 插件等。存储器的扩展应根据控制系统的程序量、需存储的数据量以及程序和数据存储和运行方式来合理选择。

(6) 其他特殊功能模板。STD 总线工控机还可提供多种具有特殊功能的模板,如步进电机和伺服电机控制模板、机内仪表和远程仪表接口模板等。当系统中有该类控制时,应优先选用特殊功能模板,以减少硬件设计工作量和获得较高的性价比。

STD 总线工控机系统的设计除简单的硬件设计外,主要是软件设计。STD 总线工控机上可以运行多种丰富的支持软件,如 STD-DOS(一种与 MS-DOS 兼容,专用于 STD 总线工控机的操作系统)、ROM-DOS(一种与 MS-DOS 兼容,并吧 DOSAA 代码固化在 EPROM 中运行的操作系统)、VRTX 嵌入式实时多任务操作系统等,并提供丰富的标准算法程序库,因此软件的开发也是相对比较容易的,通常只需开发适用于所设计的控制系统的应用软件即可。应用软件开发的主要工作是:借助于支持软件提供的各种开发工具,利用程序库中所提供的各种标准计算和控制算法程序,针对所设计系统的特点和要求,开发专用的接口软件,将选用的各种标准模块和算法程序连接和拼装成所需的控制系统应用软件。

2. PC 总线工业控制机

IBM 公司的 PC 总线微型计算最初是为了个人或办公室使用而设计的,它早期主要用于文字处理、或一些简单的办公室事务处理。早期产品基于一块大底板结构,加上几个 I/O 扩充槽。大底板上具有 8088 处理器,加上一些存储器、控制逻辑电路等。加入 I/O 扩充槽的目的是为了外接一些打印机、显示器、内存扩充和软盘驱动器接口卡等。

随着微处理器的更新换代,为了充分利用 16 位机如 Intel80286 等的性能,通过在原 PC 总线的基础上增加一个 36 引脚的扩展插座,形成了 AT 总线。这种结构也称为工业标准结构(Industry Standard Architecture,ISA)。

PC/AT 总线的 IBM 兼容计算机由于价格低廉,使用灵活,软件资源非常丰富,因而用户众多,在国内更是主要流行机种之一。一些公司研制了与 PC/AT 总线兼容的诸如数据采集、数字量、模拟量 I/O 等模板,在实验室或一些过程闭环控制系统中使用。但是未经改进的 PC/AT 总线微机,其设计组装形式不适于在恶劣工业环境下长期运行。例如,PC/AT总线模板的尺寸不统一,没有严格规定的模板导轨和其他固定措施,抗振动能力差;大底板结构功耗大,没有强有力的散热措施,不利于长期连续运行;I/O 扩充槽少(5 个 ~8 个),不能满足许多工业现场的需要。

为克服上述缺点,使 PC/AT 总线微机适用于工业现场控制,近几年来许多公司推出了 PC/AT 总线工业控制机,一般对原有微机作了以下几方面的改进:

(1) 机械结构加固,使微机的抗振性好。

(2) 采用标准模板结构。改进整机结构,用 CPU 模板取代原有的大底板,使硬件构成积木化,便于维修更换,也便于用户组织硬件系统。

(3) 加上带过滤器的强力通风系统,加强散热,增加系统抵抗粉尘的能力。

(4) 采用电子软盘取代普通的软磁盘,使之能适于在恶劣的工业环境下工作。

(5) 根据工业控制的特点,常采用实时多任务操作系统。

采用 PC 总线工业控制机有许多优点,尤其是支持软件特别丰富,各种软件包不计其数,这可大大减少软件开发的工作量,而且计算机联网方便,容易构成多微机控制与管理一体化的综合系统、分级计算机控制系统和集散控制系统。

表 4-1 给出了计算机及三种常用工业控制计算机的性能比较关系。

表 4-1 计算机及三种常用工业控制计算机的性能比较

计算机机型 / 比较项目	计算机	单片机	可编程序控制器(PLC)	总线工控机
控制系统的设计	一般不用作工业控制(标准化设计)	自行设计(非标准化)	标准化接口配置相关接口模板	标准化接口配置相关接口模板
系统功能	数据、图像、文字处理	简单的逻辑控制和模拟量控制	逻辑控制为主,也可配置模拟量模板	逻辑控制和模拟量控制功能
硬件设计	无须设计(标准化整机,可扩展)	复杂	简单	简单

（续）

比较项目 \ 计算机机型	计算机	单片机	可编程序控制器(PLC)	总线工控机
程序语言	多种语言	汇编语言	梯形图	多种语言
软件开发	复杂	复杂	简单	较复杂
运行速度	快	较慢	慢	很快
带负载能力	差	差	强	强
抗干扰能力	差	差	强	强
成本	较高	很低	较高	很高
适用场合	实验室环境的信号采集及控制	家用电气、智能仪器、单机简单控制	逻辑控制为主的工业现场控制	较大规模的工业现场控制

第三节　计算机接口技术

计算机控制系统的硬件,除主机外,通常还包括两类外围设备,一类是常规外围设备,如键盘、CRT 显示器、打印机、磁盘机等;另一类是被控设备和检测仪表、显示装置、操作台等。由于计算机存储器的功能单一(保存信息)、品种有限(ROM、RAM)、存取速度与 CPU 的工作速度基本匹配,因此,存储器可以直接连接到 CPU 总线上。而外围设备种类繁多,有机械式、机电式和电子式;有的作为输入设备、有的作为输出设备;工作速度不一,外围设备的工作速度通常比 CPU 的速度低得多,且不同外围设备的工作速度往往又差别很大;信息类型和传送方式不同,有的使用数字量,有的使用模拟量,有的要求并行传送信息,有的要求串行传送信息。因此,仅靠 CPU 及其总线是无法承担上述工作的,必须增加 I/O 接口电路和 I/O 通道才能完成外围设备与 CPU 的总线相连。I/O 接口是计算机控制系统不可缺少的组成部分。

一、接口、通道及其功能

1. I/O 接口电路

I/O 接口电路也简称接口电路。它是主机和外围设备之间交换信息的连接部件(电路)。它在主机和外围设备之间的信息交换中起着桥梁和纽带作用。接口电路主要作用如下:

1) 解决主机 CPU 和外围设备之间的时序配合和通信联络问题

主机的 CPU 是高速处理器件,如 8086 - 1 的主频为 10MHz,一个时钟周期仅为 100ns,一个最基本的总线周期为 400ns。而外围设备的工作速度比 CPU 的速度慢得多。如常规外围设备中的电传打字机传送信息的速度是毫秒级;工业控制设备中的炉温控制采样周期是秒级。为保证 CPU 的工作效率并适应各种外围设备的速度配合要求,应在 CPU 和外围设备间增设一个 I/O 接口电路,满足两个不同速度系统的异步通信联络。

I/O 接口电路为完成时序配合和通信联络功能,通常都设有数据锁存器、缓冲器、状态寄存器以及中断控制电路等。通过接口电路,CPU 通常采用查询或中断控制方式为慢速外围设备提供服务，就可保证 CPU 和外围设备间异步而协调的工作，既满足了外围设备的要求，又提高了 CPU 的利用率。

2）解决 CPU 和外围设备之间的数据格式转换和匹配问题

CPU 是按并行处理设计的高速处理器件，即 CPU 只能读入和输出并行数据。但是，实际上要求其发送和接收的数据格式却不仅仅是并行的，在许多情况下是串行的。例如，为了节省传输导线，降低成本，提高可靠性，机间距离较长的通信都采用串行通信。又如，由光电脉冲编码器输出的反馈信号是串行的脉冲列，步进电机要求提供串行脉冲，等等。这就要求应将外部送往计算机的串行格式的信息转换成 CPU 所能接收的并行格式，也要将 CPU 送往外部的并行格式的信息转换成与外围设备相容的串行格式，并且要以双方相匹配的速率和电平实现信息的传送。这些功能在 CPU 控制下主要由相应的接口芯片来完成。

3）解决 CPU 的负载能力和外围设备端口选择问题

即使是 CPU 和某些外围设备之间仅仅进行并行格式的信息交换，一般也不能将各种外围设备的数据线、地址线直接挂到 CPU 的数据总线和地址总线上。这里主要存在两个问题：①CPU 总线的负载能力的问题；②外围设备端口的选择问题。因为过多的信号线直接接到 CPU 总线上，必将超过 CPU 总线的负载能力，采用接口电路可以分担 CPU 总线的负载，使 CPU 总线不致于超负荷运行，造成工作不可靠。CPU 和所有外围设备交换信息都是通过双向数据总线进行的，如果所有外围设备的数据线都直接接到 CPU 的数据总线上，数据总线上的信号将是混乱的，无法区分是送往哪一个外围设备的数据还是来自哪一个外围设备的数据。只有通过接口电路中具有三态门的输出锁存器或输入缓冲器，再将外围设备数据线接到 CPU 数据总线上，通过控制三态门的使能（选通）信号，才能使 CPU 的数据总线在某一时刻只接到被选通的那一个外围设备的数据线上，这就是外围设备端口的选址问题。使用可编程并行接口电路或锁存器、缓冲器就能方便地解决上述问题。

此外，接口电路可实现端口的可编程功能以及错误检测功能。一个端口通过软件设置既可作为输入口又可作为输出口，或者作为位控口，使用非常灵活方便。同时，多数用于串行通信的可编程接口芯片都具有传输错误检测功能，如可进行奇/偶校验、冗余校验等。

2. I/O 通道

I/O 通道也称为过程通道。它是计算机和控制对象之间信息传送和变换的连接通道。计算机要实现对生产机械、生产过程的控制，就必须采集现场控制对象的各种参量，这些参量分两类：一类是模拟量，即时间上和数值上都连续变化的物理量，如温度、压力、流量、速度、位移等。另一类是数字量（或开关量），即时间上和数值上都不连续的量，如表示开关闭合或断开两个状态的开关量，按一定编码的数字量和串行脉冲列等。同样，被控对象也要求得到模拟量（如电压、电流）或数字量两类控制量。但是如前所述，计算机只能接收和发送并行的数字量，因此，为使计算机和被控对象之间能够连通起来，除了需要 I/O 接口电路外，还需要 I/O 通道，由它将从被控对象采集的参量变换成计算机所要求的数字量（或开关量）的形式，送入计算机。计算机按某一数学公式计算后，又将其结果以数字量形式或转换成模拟量形式输出至被控制对象，这就是 I/O 通道所要完成的功能。

应当指出,I/O 接口和 I/O 通道都是为实现主机和外围设备(包括被控对象)之间信息交换而设的器件,其功能都是保证主机和外围设备之间能方便、可靠、高效率的交换信息。因此,接口和通道紧密相连,在电路上往往结合在一起了。例如,目前大多数大规模集成电路 A/D 转换器芯片,除了完成 A/D 转换,起模拟量输入通道的作用外,其转换后的数字量保存在片内具有三态输出的输出锁存器中,同时具有通信联络及 I/O 控制的有关信号端,可以直接挂到主机的数据总线及控制总线上去,这样 A/D 转换器也就同时起到了输入接口的作用,有的书中把 A/D 转换器也统称为接口电路。大多数集成电路 D/A 转换器也一样,都可以直接挂到系统总线上,同时起到输出接口和 D/A 转换的作用。但是在概念上应当注意到两者之间的联系和区别。

二、I/O 信号的种类

在微机控制系统或微机系统中,主机和外围设备间所交换的信息通常分为数据信息、状态信息和控制信息三类。

1. 数据信息

数据信息是主机和外围设备交换的基本信息,通常是 8 位或 16 位的数据,它可以用并行格式传送,也可以用串行格式传送。数据信息又可以分为数字量、模拟量、开关量和脉冲量。

(1) 数字量。数字量是指由键盘、磁盘机、拨码开关、编码器等输入的信息,或者是主机送给打印机、磁盘机、显示器、被控对象等的输出信息。它们是二进制码的数据或是以 ASCII 码表示的数据或字符(通常为 8 位的)。

(2) 模拟量。来自现场的温度、压力、流量、速度、位移等物理量也是一类数据信息。一般通过传感器将这些物理量转换成电压或电流,电压和电流仍然是连续变化的模拟量,要经过 A/D 转换变成数字量,最后送入计算机。反之,从计算机送出的数字量要经过 D/A转换,变成模拟量,最后控制执行机构。所以模拟量代表的数据信息都必须经过变换才能实现交换。

(3) 开关量。开关量表示两个状态,如开关的闭合和断开、电机的启动和停止、阀门的打开和关闭等。这样的量只要用一位二进制数就可以表示。

(4) 脉冲量。它是一个一个传送的脉冲列。脉冲的频率和脉冲的个数可以表示某种物理量。如检测装在电机轴上的脉冲信号发生器发出的脉冲,可以获得电机的转速和角位移数据信息。

2. 状态信息

状态信息是外围设备通过接口向 CPU 提供的反映外围设备所处的工作状态的信息。它作为两者交换信息的联络信号。输入时,CPU 读取准备好(READY)状态信息,检查待输入的数据是否准备就绪,若准备就绪则读入数据,未准备就绪就等待。输出时,CPU 读取忙(BUSY)信号状态信息,检查输出设备是否已处空闲状态,若为闲状态则可向外围设备发送新的数据,否则等待。

3. 控制信息

控制信息是 CPU 通过接口传送给外围设备的。控制信息随外围设备的不同而不同,有的控制外围设备的启动、停止;有的控制数据流向,控制输入还是输出;有的作为端口寻址信号等。

三、计算机和外部的通信方式

计算机和外部交换信息又称为通信(Communication)。按数据传送方式分为并行通信和串行通信两种基本方式。

1. 并行通信

并行通信就是把传送数据的 n 位数用 n 条传输线同时传送。其优点是传送速度快、信息率高。并且,通常只要提供两条控制和状态线,就能完成 CPU 和接口及设备之间的协调、应答,实现异步传输。它是计算机系统和计算机控制系统中常常采用的通信方式。但是并行通信所需的传输线(通常为电缆线)多,增加了成本,接线也较麻烦,因此在长距离、多数位数据的传送中较少采用。

为适应并行通信的需要,目前已设计出许多种并行接口电路芯片。如 Z-80 系列的 PIO、M6800 系列的 PIA、Intel 系列的 8255A 等,都是可编程的并行 I/O 接口芯片,其中的各个端口既可以设定为输入口,又可以设定为输出口,具有必要的联络、控制信号端,在微机控制系统中选用这些接口芯片构成并行通信通路十分方便。

2. 串行通信

串行通信是数据按位进行传送的。在传输过程中,每一位数据都占据一个固定的时间长度,一位一位的串行传送和接收。串行通信又分为全双工方式和半双工方式、同步方式和异步方式。

(1) 全双工方式。CPU 通过串行接口和外围设备相接。串行接口和外围设备间除公共地线外,有两根数据传输线,串行接口可以同时输入和输出数据,计算机可同时发送和接收数据,这种串行传送方式就称为全双工方式,信息传输效率较高。

(2) 半双工方式。CPU 也通过串行接口和外围设备相接。但是串行接口和外围设备间除公共地线外;只有一根数据传输线,某一时刻数据只能一个方向传送,这称半双工方式,信息传输效率低些。但是对于像打印机这样单方向传输的外围设备,只用此半双工方式就能满足要求了,不必采用全双工方式,可省一根传输线。

(3) 同步通信。采用同步通信时,将许多字符组成一个信息组,通常称为信息帧。在每帧信息的开始加上同步字符,接着字符一个接一个地传输(在没有信息要传输时,要填上空字符,同步传输不允许有间隙)。接收端在接收到规定的同步字符后,按约定的传输速率,接收对方发来的一串信息。相对于异步通信来说,同步通信的传输速度略高些。

(4) 异步通信。标准的异步通信格式如图 4-17 所示。由图可见,每个字符在传输时,由一个"1"跳变到"0"的起始位开始。其后是 5 个~8 个信息位(也称字符位),信息位由低到高排列,即第一位为字符的最低位,最后一位为字符的最高位。其后是可选择的奇偶校验位,最后为"1"的停止位,停止位为 1 位、1 位半或 2 位。如果传输完一个字符后立即传输下一个字符,那么后一个字符的起始位就紧挨着前一个字符的停止位了。字符传输前,输出线为"1"状态,称为标识态,传输一开始,输出线状态由"1"变为"0"状态,作为起始位。传输完一个字符之后的间隔时间输出线又进入标识态。

为适应串行通信的需要,已设计出许多种串行通信接口芯片,如 Z-80 系列的 SIO、M6800 系列的 ACIA 和 Intel 系列的 8251A 等,都是可编程的,既可以接成全双工方式又

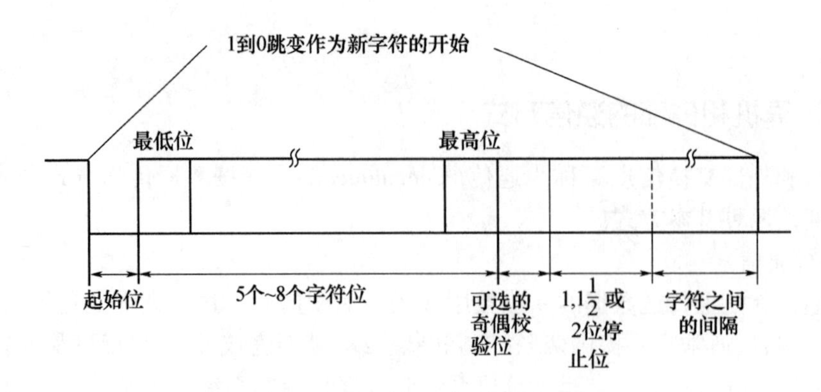

图4－17　标准的异步通信数据格式

可接成半双工方式,既可实现同步通信,又可实现异步通信。

四、I/O控制方式

我们知道,外围设备种类繁多,它们的功能不同,工作速度不一,与主机配合的要求也不相同,CPU采用分时控制,每个外围设备只在规定的时间片内得到服务。为了使各个外围设备在CPU控制下成为一个有机的整体,协调的、高效率的、可靠的工作,就要规定一个CPU控制(或称调度)各个外围设备的控制策略,或者称为控制方式。

通常采用的有三种I/O控制方式:程序控制方式、中断控制方式和直接存储器存取(DMA)方式。在进行微机控制系统设计时,可按不同要求来选择各外围设备的控制方式。

1. 程序控制方式

程序控制I/O方式,是指CPU和外围设备之间的信息传送,是在程序控制下进行的。它又可分为无条件I/O方式和查询式I/O方式。

(1) 无条件I/O方式。无条件I/O方式是指不必查询外围设备的状态即可进行信息传送的I/O方式。即在此种方式下,外围设备总是处于就绪状态,如开关、LED显示器等。一般它仅适用于一些简单外围设备的操作。

无条件传送方式的工作原理如图4－18所示。CPU和外围设备之间的接口电路通常采用输入缓冲器和输出锁存器。由地址总线和$M/\overline{IO}$信号端经端口译码器译出所选中的

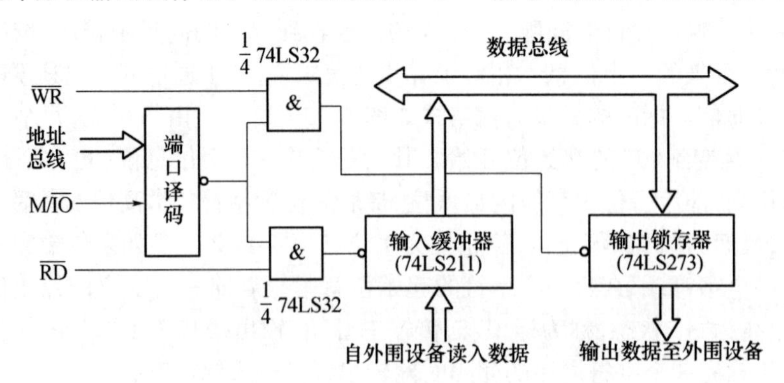

图4－18　无条件传送方式I/O接口电路原理图

I/O 端口，用$\overline{WR}$、$\overline{RD}$信号决定数据流向。

外围设备提供的数据自输入缓冲器接入。当 CPU 执行输入指令时，读信号$\overline{RD}$有效，选择信号 M/$\overline{IO}$处于低电平，因而按端口地址译码器所选中的三态输入缓冲器被选通，使已准备好的输入数据经过数据总线读入 CPU。CPU 向外设输出数据时，由于外设的速度通常比 CPU 的速度慢得多，因此输出端口需要加锁存器，CPU 可快速的将数据送入锁存器锁存，即去处理别的任务，在锁存器锁存的数据可供较慢速的外围设备使用，这样既提高了 CPU 的工作效率，又能与较慢速外围设备动作相适应。CPU 执行输出指令时，M/$\overline{IO}$和$\overline{WR}$信号有效，CPU 输出的数据送入按端口译码器所选中的输出锁存器中保存，直到该数据被外围设备取去，CPU 又可送入新的一组数据，显然第二次存入数据时，需确定该输出锁存器是空的。

(2) 查询式 I/O 方式。

查询式 I/O 方式，也称为条件传送方式。按查询式传送，CPU 和外围设备的 I/O 接口除需设置数据端口外，还要有状态端口。查询式 I/O 接口电路原理框图如图 4－19 所示。

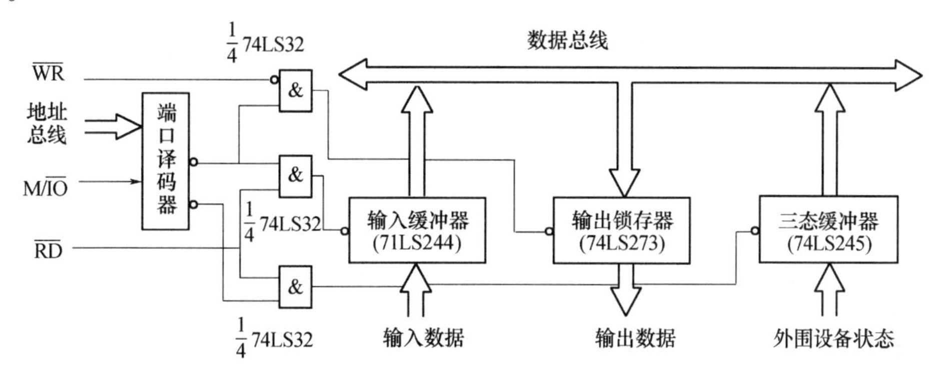

图 4－19　查询式 I/O 方式接口电路原理框图

状态端口的指定位表明外围设备的状态，通常只是"0"或"1"的两状态开关量。交换信息时，CPU 通过执行程序不断读取并测试外围设备的状态，如果外围设备处于准备好的状态（输入时）或者空闲状态（输出时），则 CPU 执行输入指令或输出指令，与外围设备交换信息，否则，CPU 要等待。当一个微机系统中有多个外围设备采用查询式 I/O 方式交换信息时，CPU 应采用分时控制方式，逐一查询，逐一服务，其工作原理如下：每个外围设备提供一个或多个状态信息，CPU 逐次读入并测试各个外围设备的状态信息，若该外围设备请求服务（请求交换信息），则为之服务，然后清除该状态信息。否则，跳过，查询下一个外围设备的状态。各外围设备查询完一遍后，再返回从头查询起，直到发出停止命令为止。

查询式 I/O 方式是微机控制系统中经常采用的，假设某微机控制系统中采用查询式对 1#、2#、3#三个外围设备进行 I/O 管理，其查询和 I/O 处理的简化程序流程图如图 4－20 所示。

从原理上看，查询式比无条件传送方式可靠，接口电路简单，不占用中断输入线，同时查询程序也简单,易于设计调试。由于查询式 I/O 方式是通过 CPU 执行程序来完成的,因此各外设的工作与程序的执行保持同步关系,特别适用于多个按一定规律顺序工作的生产机械或生产过程的控制,如组合机床、自动线、温度巡检、定时采集数据等。

但是在查询式 I/O 方式下,CPU 要不断地读取状态字和检测状态字,不管那个外围设备是否有服务请求,都必须一一查询,许多次的重复查询,可能都是无用的,而又占去了 CPU 的时间,效率较低。

例如,用查询式管理键盘输入,若程序员在终端按每秒打入 10 个字符的速度计算,那么计算机平均用 100ms 的时间完成一个字符的输入过程,而实际上真正用来从终端读入一个字符并送出显示等处理的时间只需约 50μs,如果同时管理 30 台终端,那么用于测试状态和等待时间为:$100000\ \mu s - 50 \times 30\mu s = 98500\mu s$。可见,98.5% 的时间都在查询等待中浪费了。

I/O 方式的选择必须符合实时控制的要求。对于查询式 I/O 方式,满足实时控制要求的使用条件是:所有外围设备的服务时间的总和必须小于或等于任一外围设备的最短响应时间。

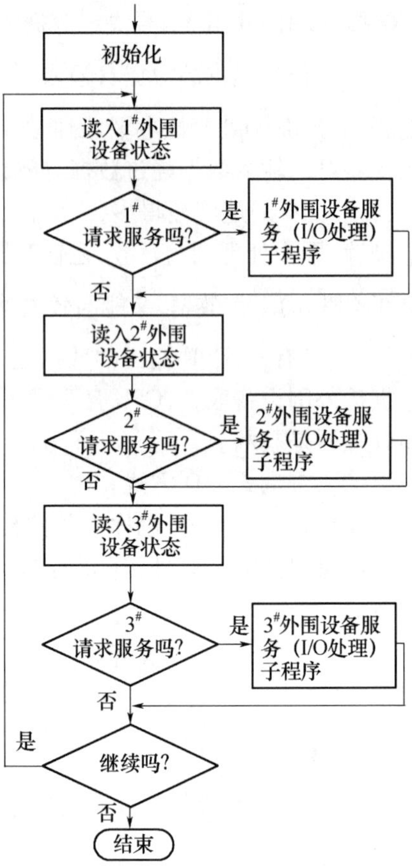

图 4-20　查询式 I/O 处理简化程序流程图

这里所说的服务时间是指某台外围设备服务子程序的执行时间。最短响应时间是指某台设备相邻两次请求服务的最短间隔时间。某台设备提出服务请求后,CPU 必须在其最短响应时间内响应它的请求,给予服务,否则就要丢失信息,甚至造成控制失误。最严重的情况是,在一个循环查询周期内,所有外围设备(指一个 CPU 管理的)都提出了服务请求,都得分别给予服务,因此,就提出了上述必须满足的使用条件。

这种方式一般适用于各外围设备服务时间不太长、最短响应时间差别不大的情况。若各外围设备的最短响应时间差别大且某些外围设备服务时间长,采用这种方式不能满足实时控制要求,就要采用中断控制方式。

2. 中断控制方式

为了提高 CPU 的效率和使系统具有良好的实时性,可以采用中断控制 I/O 方式。采用中断方式 CPU 就不必花费大量时间去查询各外围设备的状态了。而是当外围设备需要请求服务时,向 CPU 发出中断请求,CPU 响应外围设备中断,停止执行当前程序,转去执行一个外围设备服务的程序,此服务程序称为中断服务处理程序,或称中断服务子程序。中断处理完毕,CPU 又返回来执行原来的程序。

在中断传送时的接口电路如图 4-21 所示。当输入装置输入一数据,发出选通信号,把数据存入锁存器,又使 D 触发器置"1",发出中断请求。若中断是开放的,CPU 接受了中断请求信号后，在现行指令执行完后，暂停正在执行的程序，发出中断响应信号 INTA，于是外设把一个中断矢量放到数据总线上，CPU 就转入中断服务程序，读入或输出数据，同时清除中断请求标志。当中断处理完后，CPU 返回被中断的程序继续执行。

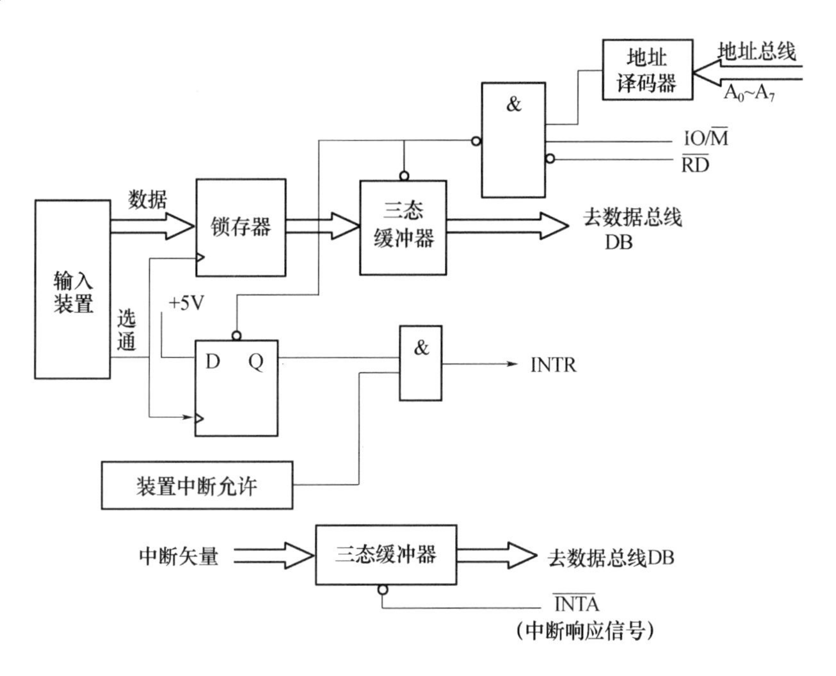

图 4-21　中断传送方式的接口电路

微机控制系统中，可能设计有多个中断源，且多个中断源可能同时提出中断请求。多重中断处理必须注意如下四个问题：

(1) 保存现场和恢复现场。为了不致造成计算和控制的混乱和失误，进入中断服务程序首先要保存通用寄存器的内容，中断返回前又要恢复通用寄存器的内容。

(2) 正确判断中断源。CPU 能正确判断出是哪一个外围设备提出中断请求，并转去为该外围设备服务，即能正确地找到申请中断的外围设备的中断服务程序入口地址，并跳转到该入口。

(3) 实时响应。就是要保证每个外围设备的每次中断请求，CPU 都能接收到并在其最短响应时间之内给予服务完毕。

(4) 按优先权顺序处理。多个外围设备同时或相继提出中断请求时，应能按设定的优先权顺序，按轻重缓急逐个处理。必要时应能实现优先权高的中断源可中断比它的优先权较低的中断处理，从而实现中断嵌套处理。

3. 直接存储器存取方式

利用中断方式进行数据传送，可以大大提高 CPU 的利用率，但在中断方式下，仍必须通过 CPU 执行程序来完成数据传送。每进行一次数据传送，就要执行一次中断过程，其中保护和恢复断点、保护和恢复寄存器内容的操作与数据传送没有直接关系，但会花费掉 CPU 的不少时间。例如对磁盘来说，数据传输率由磁头的读写速度来决定，而磁头的读写速度通常超过 2×10^5B/s，这样磁盘和内存之间传输一个字节的时间不能超过 5μs，采用中断方式就很难达到这么高的处理速度。

所以希望用硬件在外设与内存间直接进行数据交换(DMA)而不通过 CPU,这样数据传送的速度上限就取决于存储器的工作速度。但是,通常系统的地址和数据总线以及一些控制信号线是由 CPU 管理的。在 DMA 方式时,就希望 CPU 把这些总线让出来(CPU 连到这些总线上的线处于第三态——高阻状态),而由 DMA 控制器接管,控制传送的字节数,判断 DMA 是否结束,以及发出 DMA 结束等信号。通常 DMA 的工作流程如图 4-22 所示。

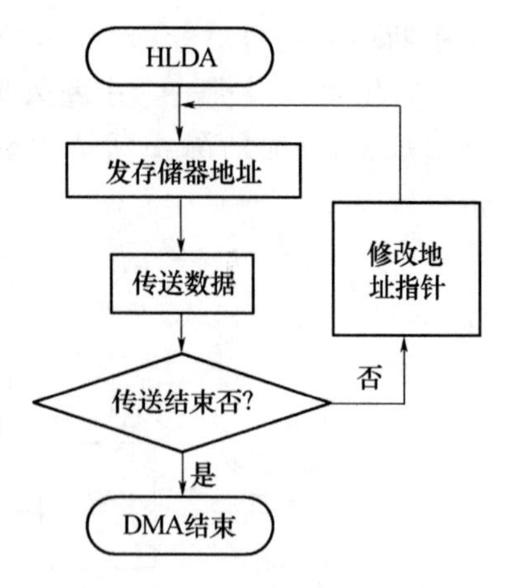

图 4-22　DMA 工作流程图

能实现上述操作的 DMA 控制器的硬件框图如图 4-23 所示。当外设把数据准备好以后,发出一个选通脉冲使 DMA 请求触发器置 1,它一方面向控制/状态端口发出准备就绪信号,另一方面向 DMA 控制器发出 DMA 请求。于是 DMA 控制器向 CPU 发出 HOLD 信号,当 CPU 在现行的机器周期结束后发出 HLDA 响应信号,于是 DMA 控制器就接管总线,向地址总线发出地址信号,在数据总线上给出数据,并给出存储器写的命令,就可把由外设输入的数据写入存储器。然后修改地址指针,修改计数器,检查传送是否结束,若未结束,则循环,直至整个数据传送完毕。随着大规模集成电路技术的发展,DMA 传送已不局限于存储器与外设间的信息交换,而可以扩展为在存储器的两个区域之间,或两种高速的外设之间进行 DMA 传送。

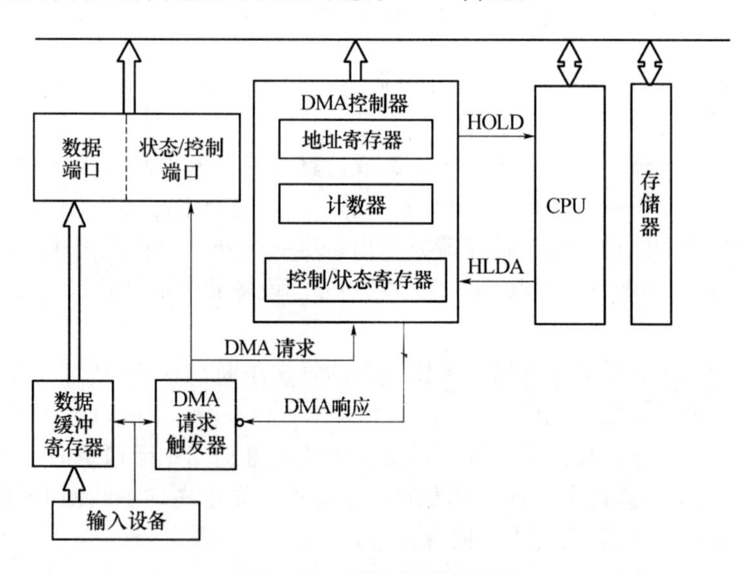

图 4-23　DMA 控制器框图

在 8086 系统中,通常采用的是 Intel 系列高性能可编程 DMA 控制器 8237A。它允许 DMA 传输速度高达 1.6MB/s。8237A 内部包含 4 个独立的通道,每个通道包含 16 位的地址寄存器和 16 位的字节计数器,还包含一个 8 位的模式寄存器等,4 个通道公用控制寄存器和状态寄存器。图 4-24 是 8237A 的内部编程结构和外部连接。例如在 IBMPC/

XT 系统中就使用了 8237A,其中 8237A 通道 0 用来对动态 RAM 进行刷新,通道 2 和通道 3 分别用来进行软盘、硬盘驱动器和内存之间的数据传输。通道 1 用来提供其他传输功能,如网络通信功能。系统中采用固定优先级,动态 RAM 进行刷新操作时的优先级最高,硬盘和内存的数据传输对应的优先级最低。4 个 DMA 请求信号中,$DREQ_0$ 和系统板相连,其他三个请求信号 $DREQ_1$、$DREQ_2$、$DREQ_3$,都接到总线扩展槽的引脚上,由对应的软盘接口板、硬盘接口板和网络接口板提供。同样,DMA 应答信号 $DACK_0$ 送到系统板,而 $DACK_1$ ~ $DACK_3$ 送到扩展槽。

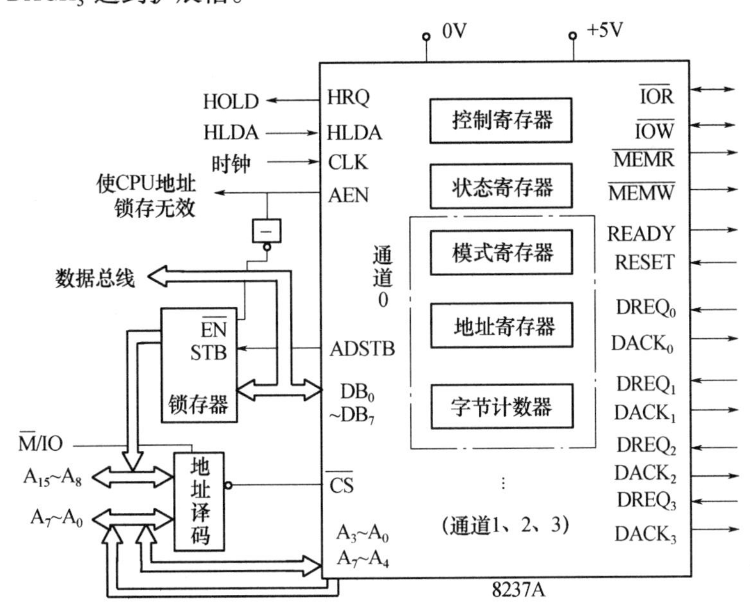

图 4-24 8237A 的内部编程结构和外部连接

五、I/O 接口的编址方式

计算机控制系统中,存储器和 I/O 接口都接到 CPU 的同一数据总线上。当 CPU 与存储器和 I/O 接口进行数据交换时,就涉及 CPU 与哪一个 I/O 接口芯片的哪一个端口联系,还是从存储器的哪一个单元联系的地址选择问题,即寻址问题。这涉及 I/O 接口的编址方式,通常有两种编址方式,一种是 I/O 接口与存储器统一编址,另一种是 I/O 接口独立编址。

1. I/O 接口独立编址方式

这种编址方式是将存储器地址空间和 I/O 接口地址空间分开设置,互不影响。设有专门的输入指令(IN)和输出指令(OUT)来完成 I/O 操作,例如,Z80 微处理器的 I/O 接口是按独立编址方式的,它利用 MREQ 和 IORQ 信号来区分是访问存储器地址空间还是I/O 接口地址空间,利用读、写操作信号$\overline{RD}$、$\overline{WR}$区分是读操作还是写操作。存储器的地址译码使用 16 位地址(A_0 ~ A_{15}),可以寻址 64KB 的内存空间,而 I/O 接口的地址译码仅使用地址总线的低 8 位(A_0 ~ A_7),可以寻址 256 个 I/O 端口地址空间。

8086 微处理器的 I/O 接口也是属于独立编址方式的。它允许有 64K 个 8 位的 I/O

端口,两个编号相邻的8位端口可以组合成一个16位端口。指令系统中既有访问8位端口的I/O指令,也有访问16位端口的I/O指令。

8086 I/O指令可以分为两大类:一类是直接的I/O指令,(如INAL,55H;OUT70H,AX),另一类是间接的I/O指令(如INAX,DX;OUTDX,AL),在执行间接I/O指令前,必须在DX寄存器中先设置好访问端口号。

2. I/O接口与存储器统一编址方式

这种编址方式不区分存储器地址空间和I/O接口地址空间,把所有的I/O接口的端口都当作是存储器的一个单元对待,每个接口芯片都安排一个或几个与存储器统一编号的地址号。也不设专门的输入/输出指令,所有传送和访问存储器的指令都可用来对I/O接口操作。M6800和6502微处理器以及Intel51系列的51、96系列单片机就是采用I/O接口与存储器统一编址的。

两种编址方式有各自的优缺点,独立编址方式的主要优点是内存地址空间与I/O接口地址空间分开,互不影响,译码电路较简单,并设有专门的I/O指令,所编程序易于区分,且执行时间短,快速性好。其缺点是只用I/O指令访问I/O端口,功能有限且要采用专用I/O周期和专用的I/O控制线,使微处理器复杂化。统一编址方式的主要优点是访问内存的指令都可用于I/O操作,数据处理功能强;同时I/O接口可与存储器部分公用译码和控制电路。其缺点是:I/O接口要占用存储器地址空间的一部分;因不用专门的I/O指令,程序中较难区分I/O操作。

I/O接口的编址方式是由所选定的微处理器决定了的,接口设计时应按选定的处理器所规定的编址方式来设计I/O接口地址译码器。但是独立编址的微处理器的I/O接口也可以设计成统一编址方式使用,如在8086系统中,就可通过硬件将I/O接口的端口与存储器统一编址。这时应在$\overline{RD}$信号或者$\overline{WR}$信号有效的同时,使M/$\overline{IO}$信号处于高电平,通过外部逻辑组合电路的组合,产生对存储器的读、写信号,CPU就可以用功能强、使用灵活方便的各条访内指令来实现对I/O端口的读、写操作。

第四节　计算机接口设计

计算机接口设计的任务是根据生产机械控制或生产过程管理的要求,及外围设备的特性,选定各被控设备的I/O控制方式,设计出合适的I/O接口硬件电路和相应的接口控制程序,使CPU与被控设备之间能适时、可靠的交换信息,从而保证系统的实时控制、数据采集和管理等技术要求。

一、I/O接口与系统的连接

计算机接口是CPU和外围设备之间的连接界面。典型的I/O接口和外部的连接如图4-25所示。

图4-25中的I/O接口电路通常是一块大规模集成电路芯片。虽然不同芯片的内部结构差别很大,但其外部接口连接主要分为两类问题,一类是与I/O设备相连;另一类是与系统总线相连,CPU是通过系统总线与I/O接口相连接的。图4-26~图4-28中,分别画出典型的I/O接口芯片Z-80PIO、8255A和8251A与CPU和外围设备的连接关系,

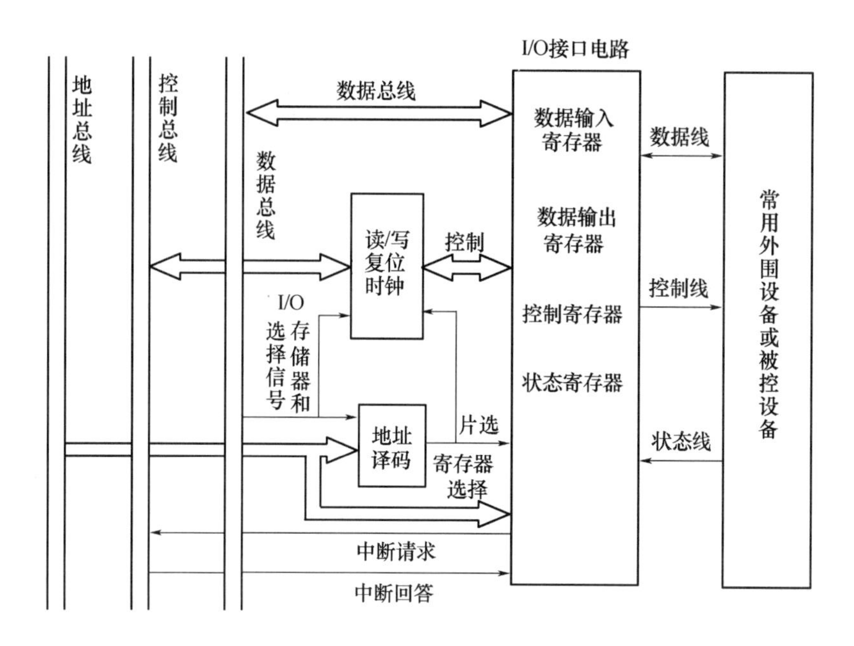

图 4-25　典型的 I/O 接口与外部连接

由图 4-26、图 4-27 和图 4-28 可见，接口芯片与 CPU 之间必要的连接信号有下列四类：

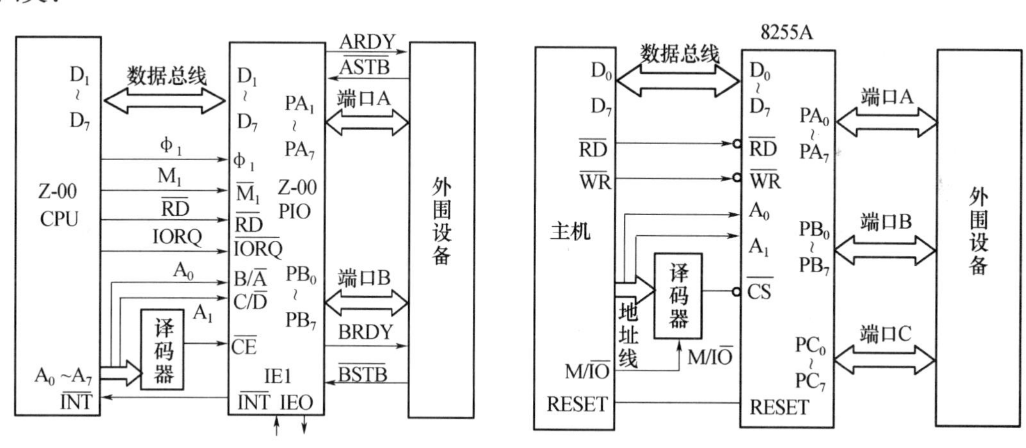

图 4-26　Z-80PIO 与 CPU 和外设的连接　　　图 4-27　8255A 与 CPU 和外设的连接

（1）数据信号 $D_0 \sim D_7$。即接口芯片的 8 位数据线接到系统数据总线上。CPU 与外围设备之间的信息交换都通过数据总线传输，CPU 对接口芯片的编程命令和接口芯片送往 CPU 的状态信息也经由数据线传输。

（2）读/写控制信号 $\overline{RD}$、$\overline{WR}$（或 $\overline{IOR}$、$\overline{IOW}$）。接口芯片接收 CPU（及其配套电路）发出的读/写控制信号，当 $\overline{RD}$（或 $\overline{IOR}$）信号为低电平时，表示 CPU 从接口寄存器读取数据或状态信息。当 $\overline{WR}$（或 $\overline{IOW}$）信号为低电平时，表示 CPU 往接口寄存器写入数据或控制命令。但是，也有特殊之处，如 Z-80PIO 无 $\overline{WR}$ 引脚，有 $\overline{IORQ}$、$\overline{M1}$ 引脚，Z-80CPU 与 PIO 之

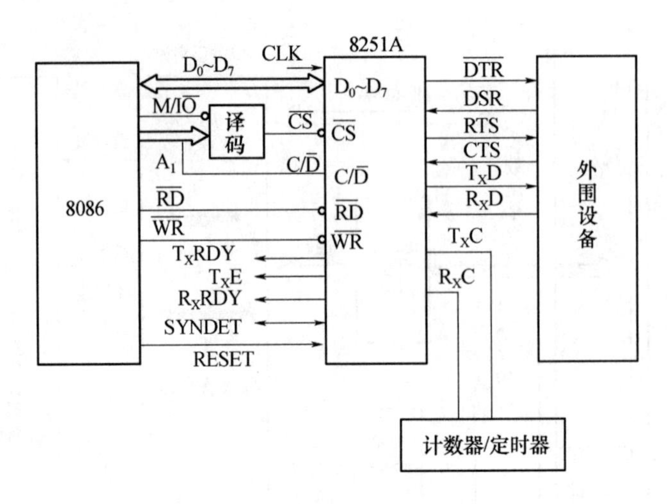

图 4-28　8251A 与 CPU 和外设的连接例

间不连$\overline{WR}$线，而连接$\overline{IORQ}$、$\overline{M_1}$信号线。又如 8251A，还要由 CPU 提供控制/数据信号 C/$\overline{D}$，以区分当前读/写的是数据还是控制信息或状态信息。

（3）片选信号$\overline{CS}$和地址线 A_1、A_0。片选信号$\overline{CS}$是由 CPU 的地址信号通过译码得到的，此外还应加上存储器和 I/O 选择控制信号，在 8086 最小模式系统中，这就是 M/$\overline{IO}$（或$\overline{M}$/IO），在最大模式系统中，可用$\overline{IOWC}$和$\overline{IORC}$来直接指出 I/O 地址空间。某些通用接口芯片（如 PIO、CTC、8255A 等）内部有四个 I/O 端口（寄存器），为了寻址片内的四个寄存器，就要引入地址线 A_1、A_0。

（4）时钟、复位、中断控制、联络信号等控制信号所用接口芯片不同，这些控制信号有所不同。例如，8251A，除需时钟（CLK）、复位（RESET）信号外，还要求有四个收发联络信号（T_XRDY——发送器准备好、T_XE——发送器空、R_XRDY——接收器准备好和 SYNDET——同步检测信号）。

因此，在系统设计时，在接口芯片与 CPU 连接部分就要把上述必需的连接信号考虑进去，并进行恰当的连接。特殊的信号线，需特殊处理。如图 4-27 中，8251A 芯片的 C/$\overline{D}$信号接的地址线 A_1，这是因为 8251A 只有两个连续的端口地址，数据输入端口和数据输出端口合用同一个偶地址，而状态端口和控制端口合用同一个奇地址。虽然 CPU 给出两个偶地址，但用 A_1 可区分奇地址端口和偶地址端口。当 A_1 为低电平时，可选中偶地址端口，再与$\overline{RD}$或$\overline{WR}$配合，便实现了数据的读/写；反之，便实现了状态信息的读取或控制信息的写入。这样一来，地址线 A_1 的电平变化正好符合了 8251A 对 C/$\overline{D}$端的信号要求，因此，在 8086/8088 系统中，将地址线 A_1 和 8251A 中的 C/$\overline{D}$端相连。

二、I/O 接口扩展

通常选用的微型计算机系统都已配备有相当数量的通用可编程序 I/O 接口电路，如并行接口 8155、8255A、串行接口 8251A、计数器/定时器 8253 以及 DMA 控制器和中断控制器等。但是选用通用的计算机系统用于控制生产对象时，往往接口和内存还不够用，必须扩展 I/O 接口及内存容量。因此，I/O 接口扩展是计算机控制系统硬件设计的主要任务之一。

1. 地址译码器的扩展

扩展 I/O 接口必然要解决 I/O 接口的端口（寄存器）的编址、选址问题。每个通用接口部件都包含一组寄存器，CPU 和外围设备进行数据传输时，各类信息在接口中进入不同的寄存器，一般称这些寄存器为 I/O 端口。一个双向工作的接口芯片通常有四个端口，如 Z－80P10 有 A 数据端口、B 数据端口、A 控制端口和 B 控制端口。8255A 有 A、B、C 三个数据端口和一个控制端口。计算机主机和外部之间的信息交换都是通过接口部件的 I/O 端口进行的。因此扩展的地址译码电路不仅要提供接口芯片的片选信号，而且还能对芯片内的 I/O 端口（寄存器）寻址。

前面已介绍了 I/O 接口有两种编址方式，即与存储器独立编址和统一编址，今以独立编址为例，说明如何扩展 I/O 接口的地址译码。

地址译码要用译码器，常用的译码器有 2—4（四中选一）、3—8（八中选一）和 4—16（十六中选一）译码器等。微机系统中最常采用的是 74LS138（3—8）译码器和 74LS155（双 2—4）译码器。74LS138 的管脚图如图 4－29 所示。其译码功能是：A、B、C 三个地址输入端分别输入 000 ～111 时，则 $Y_0 \sim Y_7$ 依次是低电平。

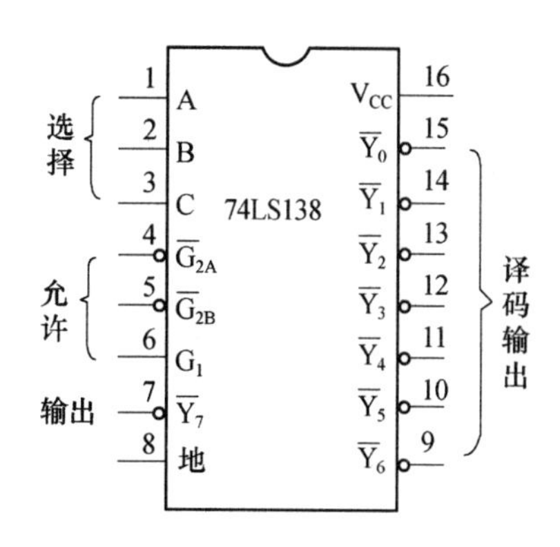

图 4－29　74LS138 管脚图

2. 负载能力的扩展

扩展的 I/O 接口和存储器的数据线都同时挂到 CPU 的数据总线上，各芯片的地址都要挂到 CPU 的地址线上，控制线也一样，要挂到 CPU 的控制总线上。计算机系统设计时，都考虑了各总线的驱动能力问题，CPU 的数据、地址和控制总线都经过总线收发器（如 74LS245）或缓冲器（如 74L8244）才形成系统总线。因此，系统总线的负载能力较强。但是其负载能力还是有限的，不能无限制地增加，特别是当设计者自己设计微机控制系统时，更有必要考虑 CPU 各总线的负载能力。因为当负载过重时，各信号线的电压就会偏离正常值，“0”电平偏高，或“1”电平偏低，造成系统工作不稳定、抗干扰能力差，严重时甚至会损坏器件。因此总线负载能力的扩展也是 I/O 接口扩展设计中必须考虑的问题之一。

微机系统中，通常采用两种不同工艺制造的器件，即 TTL 器件和 MOS 器件（TTL 又分标准 TTL 器件 74XXX，和低功耗肖特基 TTL 器件 74LSXXX）。它们之间级连使用，逻辑电平是一致的（“1”电平为 1.8V～3.8V，“0”电平为 0.8V～0.3V），但功耗和驱动能力有差别。它们的输入/输出电流，见表 2－4。

由表 4－2 可见，MOS 器件的输入电流小，驱动能力也差。一个 MOS 器件只能带一个标准 74XXX 器件（约 1.6 mA）或四个 74LSXXX 器件（4×0.4mA），但它可以驱动 10 个左右的 MOS 器件。通常，同类器件带 8 个～10 个没有问题，若超过了就要加驱动器。

表 4-2　TTL 和 MOS 器件 I/O 电流

I ＼ 意义 ＼ 器件		74×××	74LS×××	MOS
I_{1H}	输入为高电平时的输入电流	40μA	20μA	10μA
I_{1L}	输入为低电平时的输入电流	-1.6mA	-0.4mA	-0.1mA
I_{0H}	输出为高电平时的拉电流	-0.4mA	-0.2mA ~ -1.2mA	-0.2mA
I_{0L}	输出为的电平时的灌电流	16mA	8mA ~ 16mA	1.6mA

应用总线收发器可以提高总线驱动能力。Intel 系列芯片的典型收发器为 8286，是 8 位的。所以，在数据总线为 8 位的 8088 系统中，只用一片 8286 就可以构成数据总线收发器，而在数据总线为 16 位的 8086 系统中，则要用 2 片 8286。

从图 4-30 中，可以看到 8286 具有两组对称的数据引线，$A_7 \sim A_0$ 为输入数据线，$B_7 \sim B_0$ 为输出数据线，当然，由于在收发器中数据是双向传输的，所以实际上输入线和输出线也可以交换。用 T 表示的引脚信号就是用来控制数据传输方向的。当 T=1 时，就使 $A_7 \sim A_0$ 为输入线，当 T=0 时，则使 $B_7 \sim B_0$ 为输入线。在系统中，T 端和 CPU 的 DT/R 端相连，$DT/\overline{R}$为数据收发信号。当 CPU 进行数据输出时，$DT/\overline{R}$为高电平，于是数据流由 $A_7 \sim A_0$ 进入，从 $B_7 \sim B_0$ 送出。当 CPU 进行数据输入时，$DT/\overline{R}$为低电平，于是数据流由 $B_7 \sim B_0$ 进入，而从 $A_7 \sim A_0$ 送出。

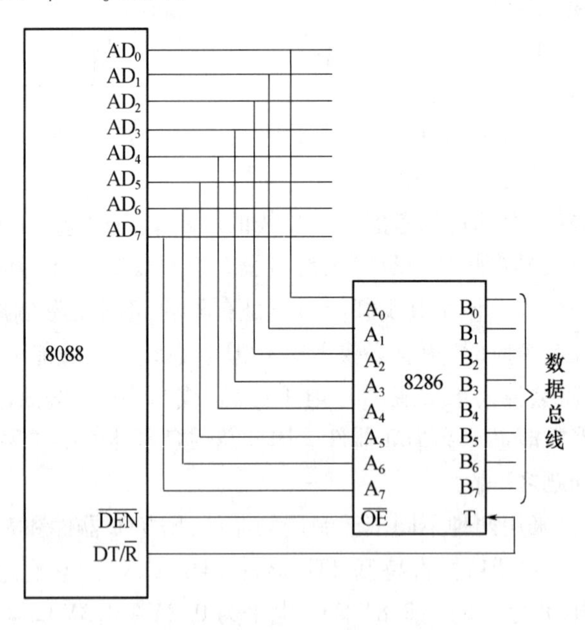

图 4-30　8286 收发器和 8088 的连接

$\overline{OE}$是输出允许信号，此信号决定了是否允许数据通过 8286。当$\overline{OE}=1$ 时，数据在两个方向上都不能传输。只有$\overline{OE}=0$ 时，数据才允许传输。

单向三态门 74LS244 和三态输出锁存器 74LS373（74LS273）是微机系统中常用的接

口芯片，它们也同时起到提高驱动能力的作用。

三、模拟量的采样与处理

模拟量输入通道是完成模拟量的采集并转换成数字量送入计算机的任务。依据被控参量和控制要求的不同，模拟量输入通道的结构形式不完全相同。目前普遍采用的是公用运算放大器和 A/D 转换器的结构形式，其组成方框图如图 4－31 所示。

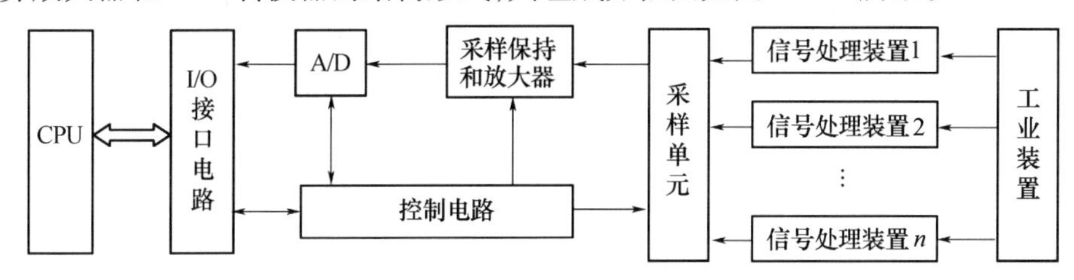

图 4－31　模拟量输入通道方框图

模拟量输入通道主要由信号处理装置、采样单元、采样保持器、信号放大器、A/D 转换器和控制电路等部分组成。本书第四章已经介绍了一些传感器的工作原理、信号的采集与保持的相关电路，以及信号放大和非线性补偿等内容，下面介绍其他相关内容。

1. 信号处理装置

信号处理装置一般包括敏感元件、传感器、滤波电路、线性化处理及电参量间的转换电路等。转换电路是把经由各种传感器所得到的不同种类和不同电平的被测模拟信号变换（电桥和信号放大）成统一的标准信号，为后端数据采集提供标准范围。

在生产现场，由于各种干扰源的存在，所采集的模拟信号中可能夹杂着干扰信号。如通常生产过程被测参量（如温度、流量等）的信号频率低（1Hz 以下），却夹杂上许多高于 1Hz 的干扰信号成分（如 50Hz 的电源干扰），为此必须进行信号滤波。根据检测信号的频带范围，合理选择低通、高通或带通等无源滤波器或有源滤波器，以消除干扰信号。

另外，有些转换后的电信号与被测参量呈现非线性。如采用热敏元件测量温度，由于热敏元件存在非线性，所得到的温度—电压曲线就存在非线性特性，即所测电压值在某一段不能反映温度的线性变化。因此，应作适当处理，使之接近线性化。在硬件上可采用加负反馈放大器或采用线性化处理电路（如冷端补偿）的办法达到此目的。在软件上也可以用计算机进行分段线性化数字处理的办法来解决。

2. 采样单元

采样单元也称为多路转换器或多路切换开关，它的作用是把多个已变换成统一电压信号（0～40mV）的测量信号按序或随机地接到采样保持器或直接接到数据放大器上。即在模拟输入通道中，多路模拟输入量只用一个 A/D 转换器，借助采样单元把各路模拟量分时接到 A/D 转换器进行转换，实现了 CPU 对各路模拟量分时采样的目的。

3. 计算机采样与量化

模拟信号的计算机数据采集过程需要解决用离散数据表达连续信号的精度问题。理论上，当信号采集时间间隔越短，计算机获取的模拟信号信息越真实。下面进一步分析一下模拟信号转换为数字信号的过程。

1）采样过程

采样过程（简称采样）是用采样开关（或采样单元）将模拟信号按一定时间间隔抽样成离散模拟信号的过程，如图 4 - 32 所示。

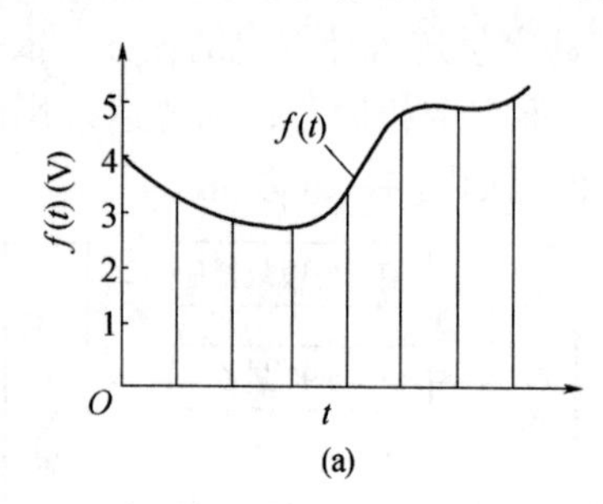

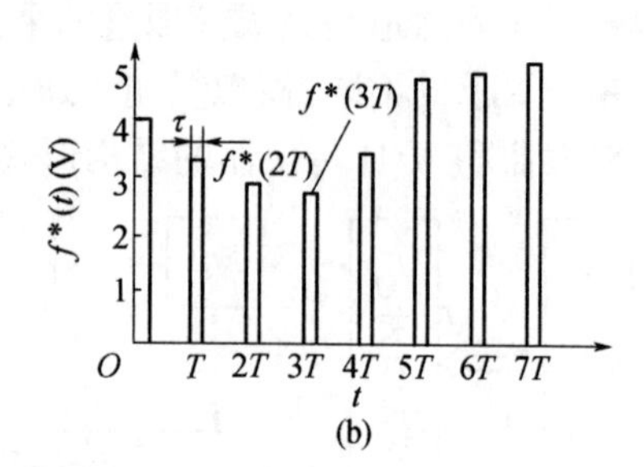

图 4 - 32　采样过程

（a）模拟信号；（b）离散模拟信号。

图 4 - 32（a）是被采样的模拟信号 $f(t)$，$f(t)$ 是时间上连续且幅值上也连续的信号。$f(t)$ 被按一定时间间隔 T 周期开、闭的采样开关分割成如图 4 - 32（b）所示的时间上离散而幅值上连续的离散模拟信号 $f^*(t)$。离散模拟信号 $f^*(t)$ 是一连串的脉冲信号，又称为采样信号。采样开关两次采样（闭合）的间隔时间 T，称为采样周期，采样开关闭合的时间，称为采样时间 $0,T,2T,\cdots$ 各时间点，称为采样时刻。

采样是计算机控制的特点之一。一个控制系统中的模拟输入量可能有多个，甚至上百个，计算机利用采样开关对各输入量逐个采样，依次处理，再逐个输出，实现对各通道和控制回路分时控制。

按分时采样控制的特点，在一个周期内，计算机对全部通道进行一次按序或随机采样，得到的是一组不同通道的输入信号，而对每一通道来说，只是在采样时间内向计算机输入信号。因此，A/D 转换器从每一通道所得到的是一串以采样周期为周期、以采样时间为脉宽、以采样时刻的信号幅值为幅值的脉冲信号。

2）量化过程

因采样后得到的离散模拟信号本质上还是模拟信号，未数量化，不能直接送入计算机，故还需经数量化，变成数字信号才能被计算机接收和处理。

量化过程（简称量化）就是用一组数码（如二进制码）来逼近离散模拟信号的幅值，将其转换成数字信号，如图 4 - 33 所示。

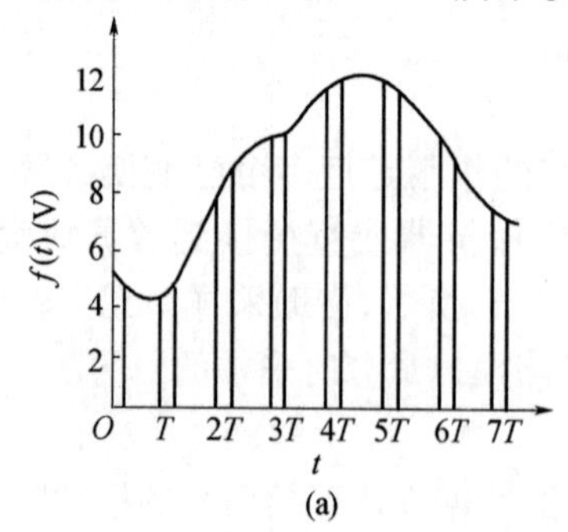

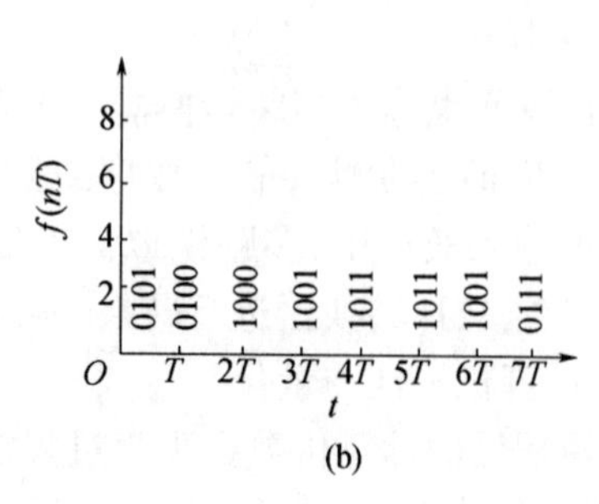

图 4 - 33　量化

（a）离散模拟信号；（b）数字信号。

由于计算机的数值信号是有限的,因此用数码来逼近模拟信号是近似的处理方法。

量化单位 q 是指量化后二进制数的最低位所对应的模拟量的值。设 f_{max} 和 f_{min} 分别为转换信号的最大值和最小值,i 为转换后二进制数的位数,则量化单位为

$$q = \frac{f_{max} - f_{min}}{2^i} \tag{4-1}$$

对于同一转换信号范围,i 越大,即转换后的位数越多,q 就越小,量化误差越小。由于量化后的数值是以量化单位为单位逼近模拟量得到的,是取相邻两个数字量中更接近的一个数值(四舍五入)作为采样值的量化量,因此量化误差的最大值为 $\pm\frac{q}{2}$,而不是 q。

例如,模拟信号 $f_{max} = 16V$、$f_{min} = 0V$,取 $i = 4$,则 $q = 1V$,量化误差最大值 $e_{max} = \pm 0.5V$。

由以上分析可知,在采样过程中,如果采样频率足够高,并选择足够字长的量化数值,使得量化误差足够小,就会保证采样处理的精度。因此,可以用经采样量化后得到的一系列离散的二进制数字量来表示某一时间上连续的模拟信号。从而满足计算机计算、处理和控制的需要。

四、输入/输出通道

在微型计算机控制系统中,为了实现对生产过程的控制,要将对象的各种测量参数,按要求的方式送入微机。微型计算机经过运算、处理后,将结果以数字量的形式输出,此时也要把该输出变换为适合于对生产过程进行控制的量。所以在微型计算机和生产过程之间,必须设置信息的传递和变换的连接通道。该连接通道称为输入与输出通道,它包括模拟量输入通道、模拟量输出通道、数字量输入通道和数字量输出通道,其组成如图 4-34 所示。

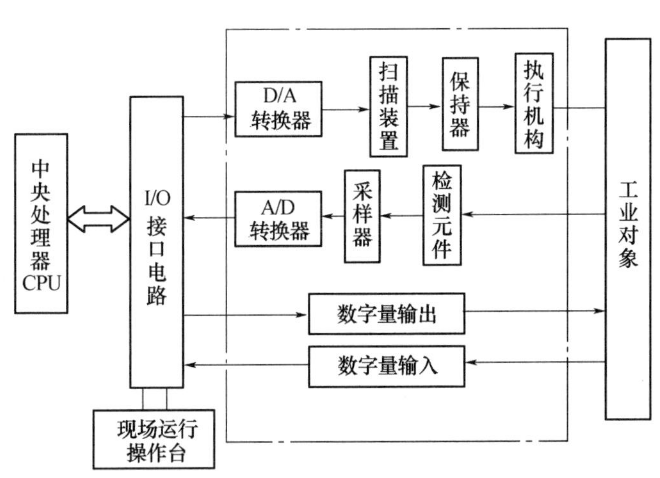

图 4-34 输入与输出通道的组成

1. 模拟量输入通道

模拟量输入一般由信号处理装置、多路转换器、采样保持和 A/D 转换器等组成。它

的任务是把从控制对象检测到的模拟信号，转换成二进制数字信号，经 I/O 接口送入微型计算机。

关于信号检测处理、多路转换、采样保持等内容在前面已经介绍。

2. 模拟量输出通道

模拟量输出通道主要由 D/A 转换器和输出保持器组成。它们的任务是把微机输出的数字量转换成模拟量。多路模拟量输出通道的结构形式，主要取决于输出保持器的结构形式。保持器一般有数字保持方案和模拟保持方案两种。这就决定了模拟量输出通道的两种基本结构形式。

1）一个通道设置一个 D/A 转换器的形式

微机和通路之间通过独立的接口缓冲器传送信息，这是一种数字保持的方案，如图 4-35所示。这种结构通常用于混合计算，测试自动化和模拟量显示的应用中，其特点是速度快、精度高、工作可靠，即使某一路 D/A 转换器有故障，也不会影响其他通路的工作。但是，如果输出通道的数量很多，将使用较多的 D/A 转换器，因此这种结构价格很高。当然，随着大规模集成电路技术的发展，D/A 转换器价格的下降，这种方案会得到广泛的应用。

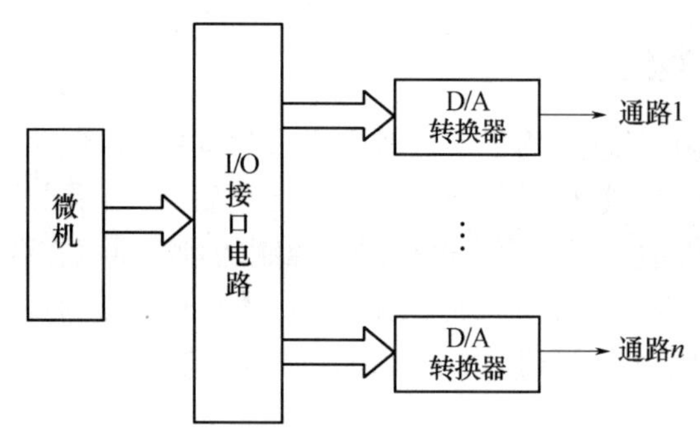

图 4-35　一个通路一个 D/A 转换器

2）多个通道共用一个 D/A 转换器的形式

这种结构的转换器共用一个 D/A，它是在微型计算机控制下分时工作。即依次把 D/A转换器转换成的模拟电压（或电流）通过多路模拟开关传送给输出采样保持器。这种结构形式的优点是节省了 D/A 转换器。但因为分时工作，只适用于通路数量多且速度要求不高的场合。它需要多路模拟开关，且要求输出采样保持器的保持时间与采样时间之比比较大。通常应用在监控和 DDC 的系统中。这种方案工作可靠性较差。

3. 数字量输入通道

在微机控制系统中，数字量输入的情况是很多的，如用编码器的位置检测和速度检测；用按钮或转换开关控制系统的启停或选择工作状态；在生产现场用行程开关反映生产设备的运行状态等。这些输入信号分为编码数字（二进制数）、开关量和脉冲列等三类，它们都属于数字信号，因此，微机控制系统中应设立数字量输入通道。

随输入数字信号的类型不同，数字量输入通道的结构也不同。

(1) 编码信号。编码信号一般是 TTL 电平（或转换成 TTL 电平），可将 TTL 电平的编码数字直接接到并行接口电路的输入端口上。对于可靠性要求很高的场合，有时也加上光电隔离电路,输入数字信号经光电隔离后再接到接口端口上。

(2) 脉冲列。假定脉冲频率不高,则可采用软件计数的方法,将脉冲信号加到并行接口的一个输入端,用查询方式或中断方式对输入脉冲计数。假定脉冲频率高,软件计数来不及处理,则接口电路中需外加硬件计数器,如使用可编程定时/计数器 8253 就很方便,计数值可随时准确的读入 CPU,读取计数值时不影响计数器连续准确地计数。

(3) 开关信号。来自操作台或控制箱的按钮、转换开关,拨码开关、继电器或来自现场的行程开关等的触点接通或断开的信号输入,首先必须经过电平转换电路,将触点的通断转换成高电平或低电平,同时要考虑滤波,防触头抖动以及采用光电隔离或继电器隔离等特殊措施。最后将一个个开关信号接到并行接口的输入端口上去。图 4-36 画出几种微机系统中常用的电平转换、滤波、去抖动及光电隔离和继电器隔离电路。

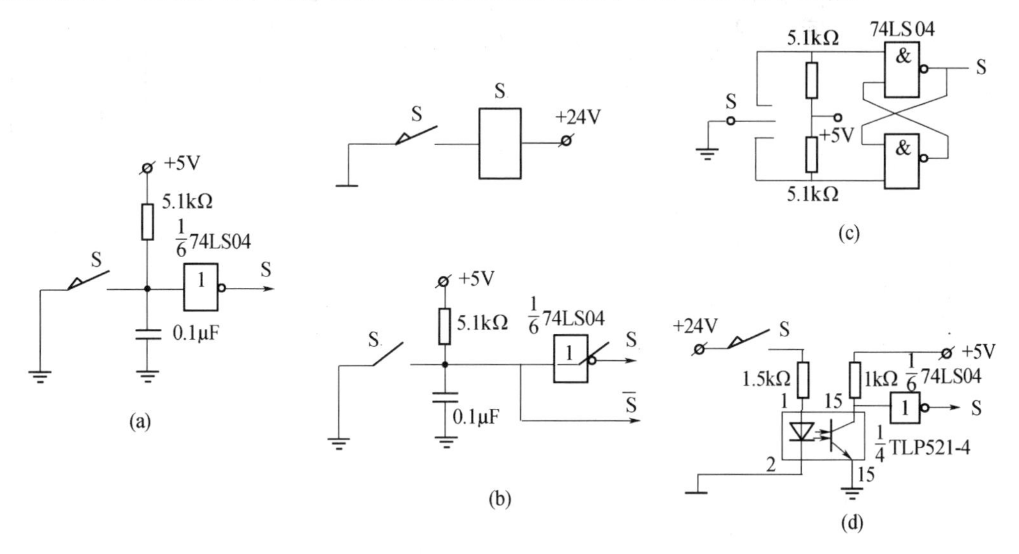

图 4-36 开关量输入电路

(a) 电平转换及滤波器;(b) 继电器隔离及电平转换电路;
(c) 消除开关二次反跳触发器电路;(d) 光电隔离及电平转换电路。

4. 数字量输出通道

数字量输出通道输出的数字信号有三类:二进制编码数字、“1”或“0”的开关信号和脉冲信号。计算机计算的设定值、控制量以及从现场采样的物理参量(经 A/D 转换后的数字量)等都是编码数字,常常要送出至操作面板上的数字显示器上显示;电机启停、阀门开关等控制要求 CPU 送出“1”或“0”的开关控制信号;步进电机控制要求送出脉冲列。

编码数字可直接从 I/O 接口电路的输出端口送出,一般输出数据需要锁存。当编码数字送出的距离较长时,为节省传输线路和提高可靠性,可采用串行发送的方式,数据接收端再采用串—并转换电路(如 74LS164)将其转换成并行输出形式,供外部(如 LED 显示器)使用。

对于步进电机这类要求输出脉冲列的对象,输出通道应加脉冲产生及其控制电路,如使用 8253 就很方便,让它工作于方波发生器的模式,输出脉冲的频率及个数都可通过程序设置来控制,具体电路参阅图 4-37。

开关量输出通常有 TTL 电平逻辑信号输出、电子无触点开关输出和继电器输出几种形式。

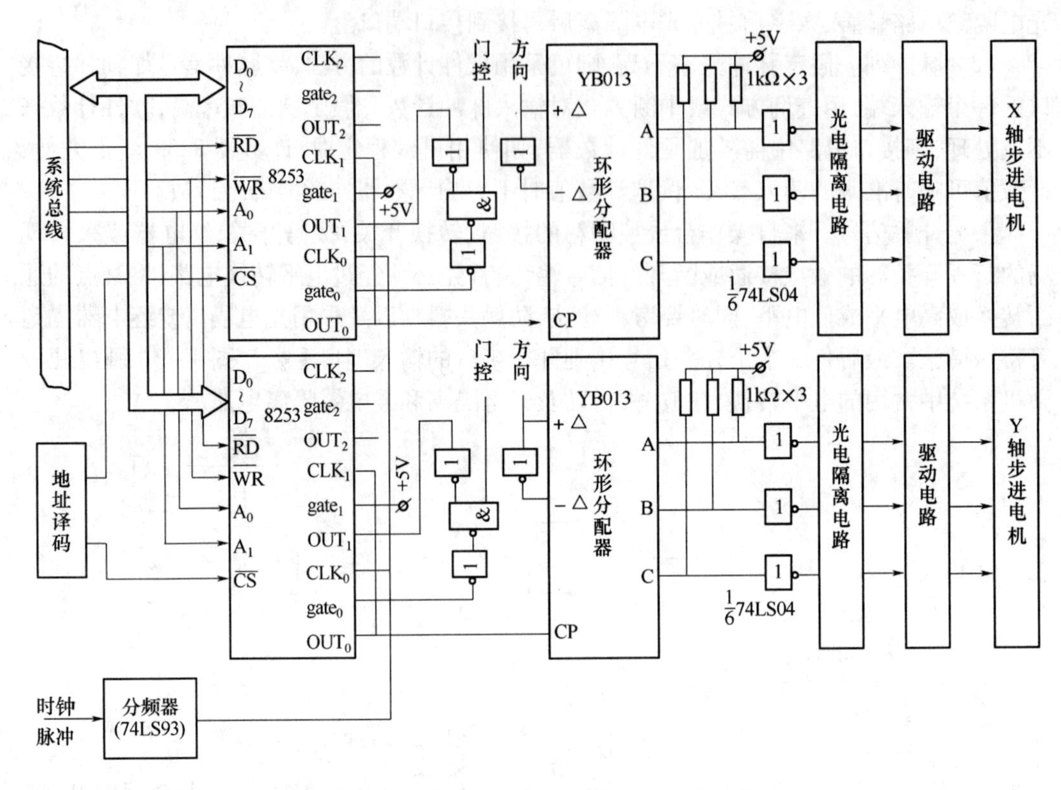

图 4-37　一种使用步进电机串行 D/A 转换电路

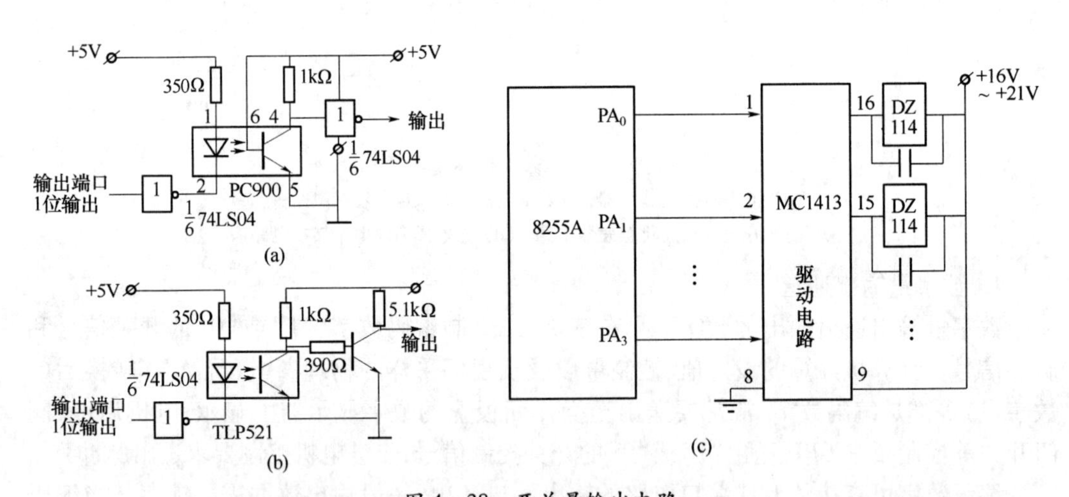

图 4-38　开关量输出电路

(a) TTL 电平输出(PC900 为高速光电隔离电路)；(b) 晶体管开关输出；(c) 继电器输出。

为保证计算机安全、可靠的工作，输出部分要加光电隔离电路，同时为驱动继电器或其他执行部件，输出通道一般都要加功率放大电路。图 4-38 画出几种开关量输出的具体电路。

第五节　D/A 转换器

D/A 转换器是将数字量转换成模拟量的装置。目前常用的 D/A 转换器是将数字量转换成电压或电流的形式，被转换的方式可分为并行转换和串行转换，前者因为各位代码都同时送到转换器相应位的输入端，转换时间只取决于转换器中的电压或电流的建立时间及求和时间(一般为微秒级)，所以转换速度快，应用较多。

一、并行 D/A 转换器的工作原理

D/A 转换器是把输入的数字量转换为与输入量成比例的模拟信号的器件，为了了解它的工作原理，先分析一下图 4-39 所示的 R-2R 梯形电阻解码网络的原理电路。在图中，整个电路由若干个相同的支电路组成，每个支电路有两个电阻和一个开关，开关 $S-i$ 是按二进"位"进行控制的。当该位为"1"时，开关将加权电阻与 I_{OUT1} 输出端接通；该位为"0"时，开关与 I_{OUT2} 接通。

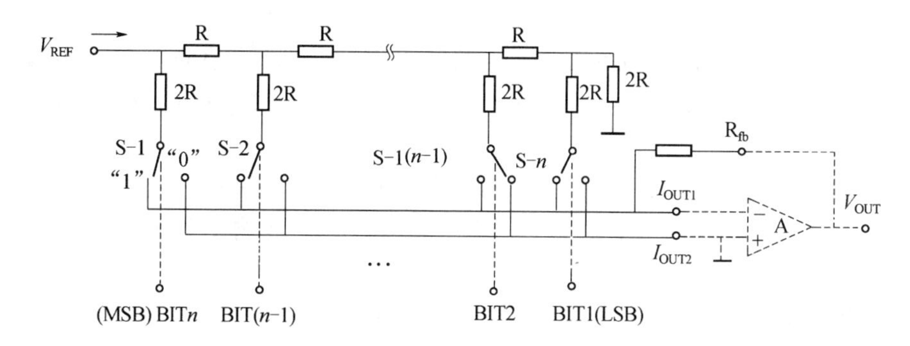

图 4-39　R-2R 梯形电阻解码网络原理图

由于 I_{OUT2} 接地，I_{OUT1} 为虚地，所以

$$I = \frac{V_{REF}}{\sum R} \tag{4-2}$$

流过每个加权电阻的电流依次为

$$I_1 = (1/2^n) \times (V_{REF}/\sum R)$$

$$I_2 = (1/2^{n-1}) \times (V_{REF}/\sum R)$$

$$\cdots$$

$$I_n = (1/2^1) \times (V_{REF}/\sum R) \tag{4-3}$$

由于 I_{out1} 端输出的总电流是置"1"各位加权电流的总和，I_{OUT2} 端输出的总电流是置"0"各位加权电流的总和，所以当 D/A 转换器输入为全"1"时，I_{OUT1} 和 I_{OUT2} 分别为

$$I_{OUT1V} = (V_{REF}/\sum R) \times (1/2 + 1/2^2 + \cdots + 1/2^n) \tag{4-4}$$

$$I_{OUT2} = 0$$

当运算放大器的反馈电阻 R_{fb} 等于反相端输入电阻 $\sum R$ 时，其输出模拟电压为

$$U_{OUT1} = -I_{OUT1} \times R_{fb} = -V_{REF}(1/2^1 + 1/2^2 + \cdots + 1/2^n) \tag{4-5}$$

对于任意二进制码，其输出模拟电压为

$$U_{OUT} = -V_{REF}(a_1/2^1 + a_2/2^2 + \cdots + a_n/2^n) \tag{4-6}$$

式中：$a_i=1$ 或 $a_i=0$，由上式便可得到相应的模拟量输出。

二、D/A 转换器的主要参数

（1）分辨率。D/A 转换器的分辨率表示当输入数字量变化 1 时，输出模拟量变化的大小。它反映了计算机数字量输出对执行部件控制的灵敏程度。对于一个 N 位的 D/A 转换器其分辨率为

$$\text{分辨率} = \frac{\text{满刻度值}}{2^N} \tag{4-7}$$

分辨率通常用数字量的位数来表示，如 8 位、10 位、12 位、16 位等。分辨率为 8 位，表示它可以对满量程的 $1/2^8=1/256$ 的增量作出反应。所以，n 位二进制数最低位具有的权值就是它的分辨率。

（2）稳定时间。稳定时间系指 D/A 转换器中代码有满刻度值的变化时，其输出达到稳定（一般稳定到 ±1/2 最低位值相当的模拟量范围内）所需的时间，一般为几十纳秒到几微秒。

（3）输出电平。不同型号的 D/A 转换器件的输出电平相差较大，一般为 5V～10V。也有一些高压输出型，输出电平为 24V～30V。还有一些电流输出型，低的为 20mA，高的可达 3A。

（4）输入编码。一般二进制编码比较通用，也有 BCD 等其他专用编码形式芯片。其他类型编码可在 D/A 转换前用 CPU 进行代码转换变成二进制编码。

（5）温度范围。较好的 D/A 转换器工作温度范围为 -40℃～85℃，较差的为 0℃～70℃，按计算机控制系统使用环境查器件手册选择合适的器件类型。

三、8 位 D/A 转换器 DAC0832

DAC0832 是双列直插式 8 位 D/A 转换器。能完成数字量输入到模拟量（以电流形式）输出的转换。图 4-40 和图 4-41 分别为 DAC0832 的内部结构图和引脚图。其主要参数如下：分辨率为 8 位（满度量程的 1/256），转换时间为 1μs，基准电压为 -10V～10V，供电电源为 5V～15V，功耗 20mW，与 TTL 电平兼容。

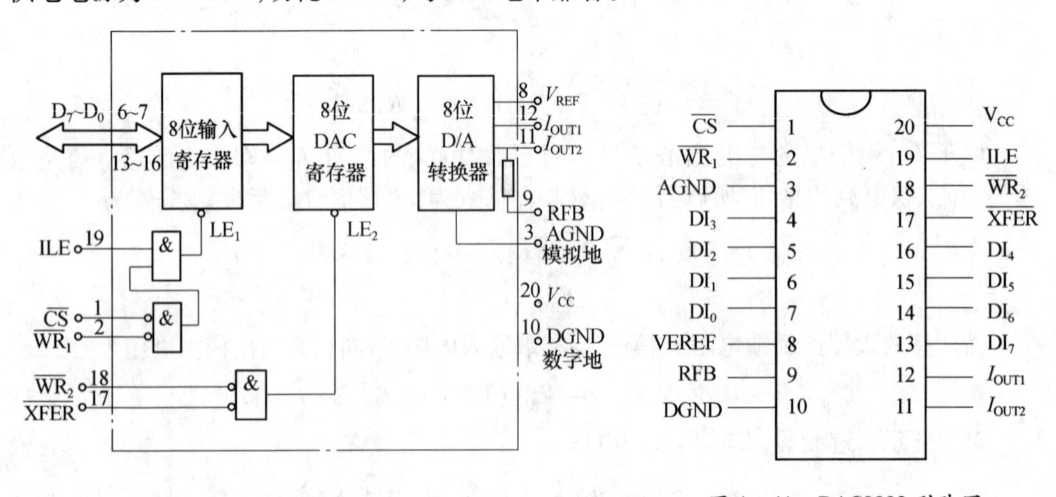

图 4-40　DAC0832 内部结构图

图 4-41　DAC0832 引脚图

从图4-40中可见，在DAC0832中有两级锁存器，第一级锁存器称为输入寄存器，它的锁存信号为ILE，第二级锁存器称为DAC寄存器，它的锁存信号也称为通道控制信号$\overline{XFER}$。因为有两级锁存器，所以DAC0832可以工作在双缓冲器方式，即在输出模拟信号的同时可以采集下一个数据，于是，可以有效地提高转换速度。另外，有了两级锁存器以后，可以在多个D/A转换器同时工作时，利用第二级锁存器的锁存信号来实现多个转换器的同时输出。

图4-40中，当ILE为高电平、$\overline{CS}$和$\overline{WR_1}$为低电平时，$\overline{LE_1}$为1，这种情况下，输入寄存器的输出随输入而变化。此后，当$\overline{WR_1}$由低电平变高时，$\overline{LE_1}$成为低电平，此时，数据被锁存到输入寄存器中，这样，输入寄存器的输出端不再随外部数据的变化而变化。

对第二级锁存来说，$\overline{XFER}$和$\overline{WR_2}$同时为低电平时，$\overline{LE_2}$为高电平，这时，8位的DAC寄存器的输出随输入而变化，此后，当$\overline{WR_2}$由低电平变高时，$\overline{LE_2}$变为低电平，于是，将输入寄存器的信息锁存到DAC寄存器中。

图4-41中各引脚的功能定义如下：

$\overline{CS}$——片选信号，它和允许输入锁存信号ILE合起来决定$\overline{WR_1}$是否起作用。

ILE——允许锁存信号。

$\overline{WR_1}$——写信号1，它作为第一级锁存信号将输入数据锁存到输入寄存器中，$\overline{WR_1}$必须和$\overline{CS}$、ILE同时有效。

$\overline{WR_2}$——写信号2，它将锁存在输入寄存器中的数据送到8位DAC寄存器中进行锁存，此时，传送控制信号$\overline{XFER}$必须有效。

$\overline{XFER}$——传送控制信号，用来控制$\overline{WR_2}$。

$DI_7 \sim DI_0$——8位的数据输入端，DI_7为最高位。

I_{OUT1}——模拟电流输出端，当DAC寄存器中全为1时，输出电流最大，当DAC寄存器中全为0时，输出电流为0。

I_{OUT2}——模拟电流输出端，I_{OUT2}为一个常数与I_{OUT1}的差，即$I_{OUT1}+I_{OUT2}=$常数。

RFB——反馈电阻引出端，DAC0832内部已经有反馈电阻，所以，RFB端可以直接接到外部运算放大器的输出端，这样，相当于将一个反馈电阻接在运算放大器的输入端和输出端之间。

VREF——参考电压输入端，此端可接一个正电压，也可接负电压、范围为-10V~10V。外部标准电压通过VREF与T形电阻网络相连。

V_{CC}——芯片供电电压，范围为5V~15V，最佳工作状态是15V。

AGND——模拟量地，即模拟电路接地端。

DGND——数字量地。

DAC0832可处于三种不同的工作方式。

（1）直通方式。当ILE接高电平，$\overline{CS}$、$\overline{WR_1}$、$\overline{WR_2}$和$\overline{XFER}$都接数字地时，DAC处于直通方式，8位数字量一旦到达$DI_7 \sim DI_0$输入端，就立即加到8位D/A转换器，被转换成模

拟量。例如在构成波形发生器的场合，就要用到这种方式，即，把要产生基本波形存在ROM中的数据，连续取出送到DAC去转换成电压信号。

（2）单缓冲方式。只要把两个寄存器中的任何一个接成直通方式，而用另一个锁存数据，DAC就可处于单缓冲工作方式。一般的做法是将$\overline{WR_2}$和$\overline{XFER}$都接地，使DAC寄存器处于直通方式，另外把ILE接高电平，$\overline{CS}$接端口地址译码信号，$\overline{WR_1}$接CPU系统总线的$\overline{IO}/W$，这样便可以通过一条OUT指令，选中该端口，使$\overline{CS}$和$\overline{WR_1}$有效，启动D/A转换。

（3）双缓冲方式。主要在以下两种情况下需要用双缓冲方式的D/A转换。

① 需在程序的控制下，先把转换的数据传入输入寄存器，然后在某个时刻再启动D/A转换。这样可以做到数据转换与数据输入同时进行，因此转换速度较高。为此，可将ILE接高电平，$\overline{WR_1}$和$\overline{WR_2}$均接CPU的$\overline{IO}/W$，$\overline{CS}$和$\overline{XFER}$分别接两个不同的I/O地址译码信号。执行OUT指令时，$\overline{WR_1}$和$\overline{WR_2}$均变低电平。这样，可先执行一条OUT指令，选中$\overline{CS}$端口，把数据写入输入寄存器；再执行第二条OUT指令，选中$\overline{XFER}$端口，把输入寄存器内容写入DAC寄存器，实现D/A转换。

图4-42是DAC0832工作于双缓冲方式下，与8位数据总线的微机相连的逻辑图。其中，$\overline{CS}$的口地址为320H，XFER的口地址为321H，当CPU执行第一条OUT指令，选中$\overline{CS}$端口，选通输入寄存器，将累加器中的数据传入输入寄存器。再执行第二条OUT指令，选中$\overline{XFER}$端口，把输入寄存器的内容写入DAC寄存器，并启动转换。执行第二条OUT指令时，累加器中的数据为多少是无关紧要的，主要目的是使$\overline{XFER}$有效。

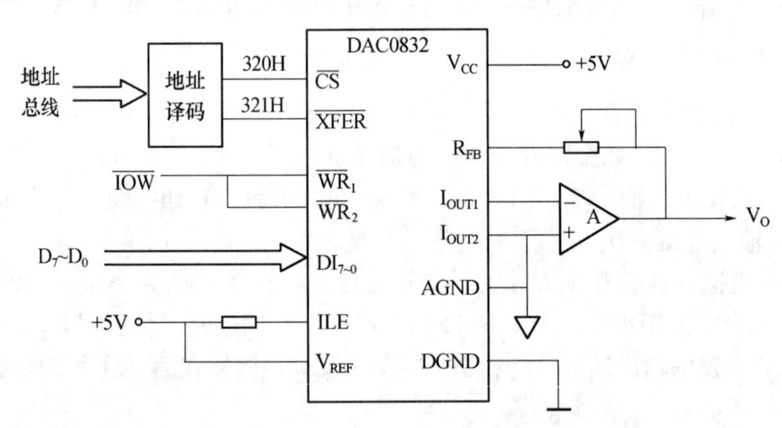

图4-42　DAC0832与8位数据总线微机的连接图

② 在需要同步进行D/A转换的多路DAC系统中，采用双缓冲方式，可以在不同的时刻把要转换的数据分别打入各DAC的输入寄存器，然后由一个转换命令同时启动多个DAC的转换。图4-43是一个用3片DAC0832构成的3路DAC系统。图中，$\overline{WR_1}$和$\overline{WR_2}$接CPU的写信号WR，3个DAC的$\overline{CS}$引脚各由一个片选信号控制，3个$\overline{XFER}$信号连在一起，接到第4个选片信号上。ILE可以根据需要来控制，一般接高电平，保持选通状态。它也可以由CPU形成的一个禁止信号来控制，该信号为低电平时，禁止将数据写入DAC

寄存器。这样,可在禁止信号为高电平时,先用3条输出指令选择3个端口,分别将数据写入各DAC的输入寄存器,当数据准备就绪后,再执行一次写操作,使$\overline{XFER}$变低,同时选通3个D/A的DAC寄存器,实现同步转换。

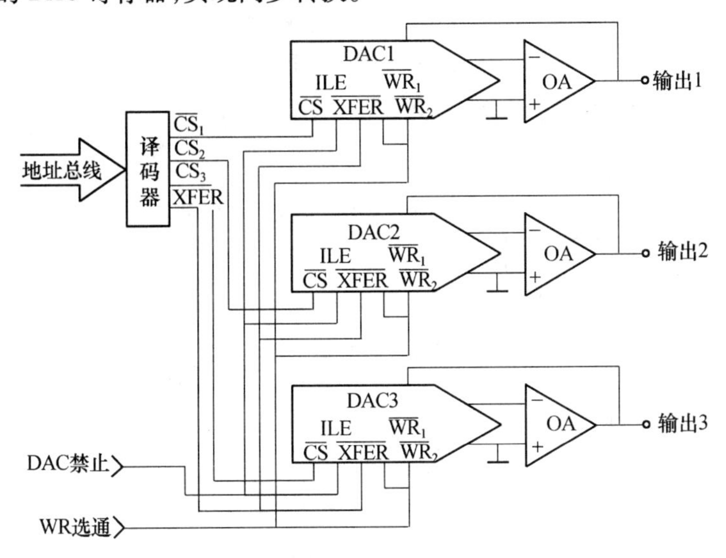

图4-43 用DAC0832构成的3路DAC系统

DAC0832可具有单极性或双极性输出。

(1) 单极性输出电路。单极性输出电路如图4-44所示。D/A芯片输出电流i经输出电路转换成单极性的电压输出。图4-44(a)为反相输出电路,其输出电压为

$$U_{OUT} = -iR \tag{4-8}$$

图4-44(b)是同相输出电路,其输出电压为

$$U_{OUT} = iR\left[1+\frac{R_2}{R_1}\right] \tag{4-9}$$

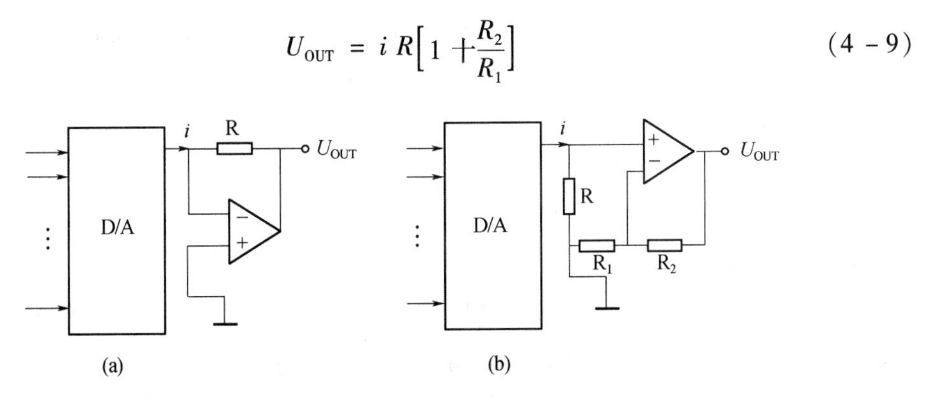

图4-44 单极性输出电路

(a) 反相输出;(b) 同相输出。

(2) 双极性输出。在某些微机控制系统中,要求D/A的输出电压是双极性的。例如要求输出-5V~+5V。在这种情况下,D/A的输出电路要作相应的变化。图4-45就是DA0832双极性输出电路实例。图中,D/A的输出经运算放大器A_1和A_2放大和偏移以后,在运算放大器A_2的输出端就可得到双极性的-5V~+5V的输出电压。这里,V_{REF}为

A_2 提供一个偏移电流，且 V_{REF} 的极性选择应使偏移电流方向与 A_1 输出的电流方向相反。再选择 $R_4 = R_3 = 2R_2$，以使偏移电流恰好为 A_1 输出电流的1/2。从而使 A_2 的输出特性在 A_1 的输出特性基础上，上移1/2的动态范围。由电路各参数计算可得最后的输出电压表达式为

$$U_{OUT} = -2V_1 - V_{REF}$$

设 V_1 为 $-5V \sim 0V$，选取 V_{REF} 为 $+5V$，则

$$U_{OUT} = (0 \sim 10)V - 5V = -5V \sim +5V$$

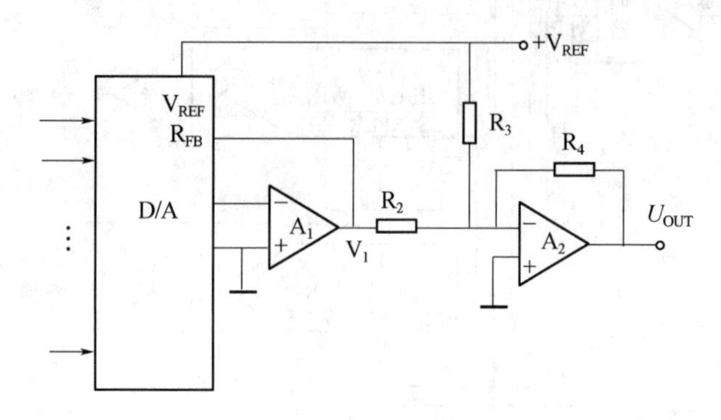

图 4-45　双极性输出电路

四、12 位 D/A 转换器 DAC 1210

1. DAC 1210 的主要性能及特点

DAC 1210（与 DAC 1208、DAC 1209 是一个系列）是双列直插式 24 引脚集成电路芯片。输入数字为 12 位二进制数字；分辨率 12 位；电流建立时间 1μs；供电电源 5V ~ 15V（单电源供电）；基准电压 V_{REF} 范围 -10V ~ +10V。

DAC 1210 的特点是：线性规范只有零位和满量程调节；与所有的通用微处理机直接接口；单缓冲、双缓冲或直通数字数据输入；与 TTL 逻辑电平兼容；全四象限相乘输出。

2. DAC 1210 引脚说明

DAC 1210 的引脚排列图如图 4-46 所示。各引脚的定义如下：

控制信号（所有控制信号都是电平激励信号）。

$\overline{CS}$——片选（低电平有效）。

$\overline{WR_1}$——写入 1（低电平有效），$\overline{WR_1}$ 用于将数字数据位（D_1）送到输入锁存器。当 $\overline{WR_1}$ 为高电平时，输入锁存器中的数据被锁存。12 位输入锁存器分成两个锁存器，一个存放高 8 位的数据，而另一个存放低 4 位。Byte1/Byte2 控制脚为高电平时选择两个锁存器，处于低电平时则改写 4 位输入锁存器。

Byte1/Byte2——字节顺序控制。当此控制端为高电平时，输入锁存器中的 12 个单元都被使能。当为低电平时，只使能输入锁存器中的最低 4 位。

$\overline{WR_2}$——写入 2（低电平有效）。

$\overline{XFER}$——传送控制信号（低电子有效）。该信号与 $\overline{WR_2}$ 结合时，能将输入锁存器中

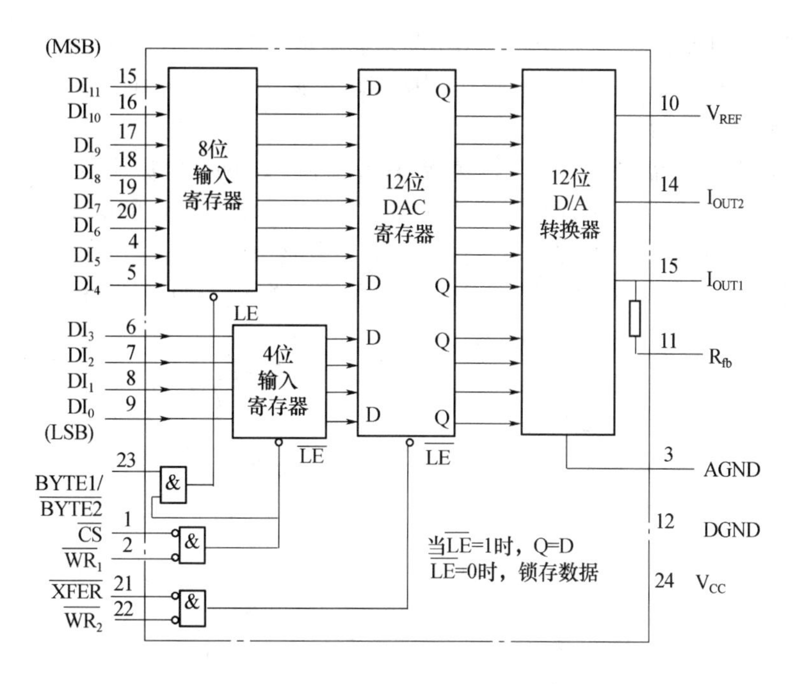

图 4-46　DAC1210 原理框图及引脚图

的 12 位数据转移到 DAC 寄存器中。

DI_0 ~ DI_1——数据写入。DI_0 是最低有效位（LSB），DI_1 是最高有效位（MSB）。

I_{OUT1}——数模转换器电流输出 1。DAC 寄存器中所有数字码为全“1”时 I_{OUT1} 为最大，为全“0”时 I_{OUT1} 为 0。

I_{OUT2}——数模转换器电流输出 2。I_{OUT2} 为常量减去 I_{OUT1}，即 $I_{OUT1}+I_{OUT2}=$ 常量（固定基准电压），该电流等于 $V_{REF}\times(1-1/4096)$ 除以基准输入阻抗。

R_{fb}——反馈电阻。集成电路芯片中的反馈电阻用作为 DAC 提供输出电压的外部运算放大器的分流反馈电阻。芯片内部的电阻应当一直使用（不是外部电阻），因为它与芯片上的 R-2RT 形网络中的电阻相匹配，已在全温度范围内统调了这些电阻。

V_{REF}——基准输入电压。该输入端把外部精密电压源与内部的 R-2RT 形网络连接起来。V_{REF} 的选择范围是 -10V ~ +10V。在四象限乘法 DAC 应用中，也可以是模拟电压输入。

V_{CC}——数字电源电压。它是器件的电源引脚。V_{CC} 的范围在直流电压 5V ~ 15V，工作电压的最佳值为 15V。

AGND——模拟地。它是模拟电路部分的地。

DGND——数字地。它是数字逻辑的地。

3. DAC 1210 的输入与输出

DAC 1210 有 12 位数据输入线，当与 8 位的数据总线相接时，因为 CPU 输出数据是按字节操作的，那么送出 12 位数据需要执行两次输出指令，例如，第一次执行输出指令送出数据的低 8 位，第二次执行输出指令再送出数据的高 4 位。为避免两次输出指令之间在 D/A 转换器的输出端出现不需要的扰动模拟量输出，就必须使低 8 位和高 4 位数据同时送入 DAC 1210 的 12 位输入寄存器。为此，往往用两级数据缓冲结构来解决 D/A 转换器和总线的连接问题。工作时,CPU 先用两条输出指令把 12 位数据送到第一级数据缓冲器,然后通过第三条输出指令把数据送到第二级数据缓冲器,从而使 D/A 转换器同时得到 12 位待转换的数据。

DAC 1210 是电流相加型 D/A 转换器,有 I_{OUT2} 和 I_{OUT2} 两个电流输出端,通常要求转换后的模拟量输出为电压信号,因此,外部应加运算放大器将其输出的电流信号转换为电压输出。加一个运算放大器可构成单极性电压输出电路,加两个运算放大器则可构成双极性电压输出电路。图 4-47 中绘出 DAC 1210 单缓冲单极性电压输出电路原理图。

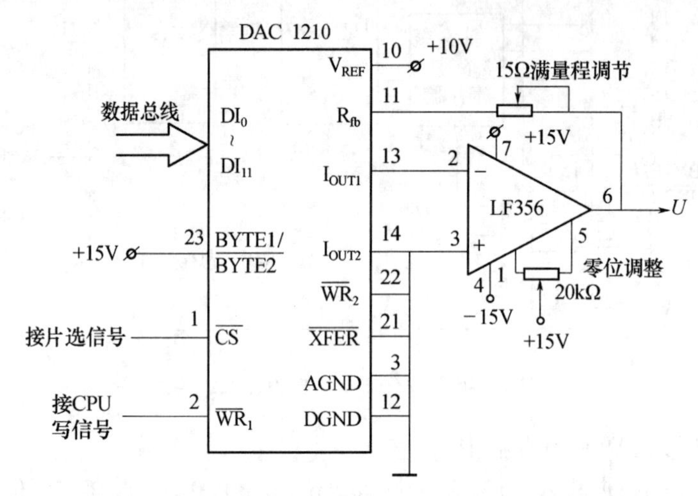

图 4-47　DAC 1210 单缓冲单极性电压输出电路

由上面分析可知,DAC 1210 与 DAC 0832 有许多相似之处,其主要差别在于分辨率不同,DAC 1210 具有 12 位的分辨率,而 DAC 0832 只有 8 位分辨率。例如,若取 V_{REF} = 10V,按单极性输出方式,当 DAC 0832 输入数字 0000,0001 时其输出电压约为 39.06mV,而 DAC 1210 输入数字 0000,0000,0001 时,其输出电压约为 2.44mV。可见,DAC 1210 的分辨率比 DAC 0832 的分辨率高 16 倍,因此转换精度更高。

第六节　A/D 转换器

A/D 转换是指通过一定的电路将模拟量转变为数字量。实现 A/D 转换的方法比较多,常见的有计数法、双积分法和逐次逼近法。由于逐次逼近式 A/D 转换具有速度快、分辨率高等优点,而且采用该法的 ADC 芯片成本较低,因此获得了广泛的应用。下面仅以逐次逼近式 A/D 转换器为例,说明 A/D 转换器的工作原理。

一、A/D 转换器的工作原理

逐次逼近式 A/D 转换器的原理如图 4-48 所示。它由逐次逼近寄存器、D/A 转换器、比较器和缓冲寄存器等组成。当启动信号由高电乎变为低电平时,逐次逼近寄存器清 0,这时,D/A 转换器输出电压 V_0 也为 0,当启动信号变为高电平时,转换开始,同时,逐次逼近寄存器进行计数。

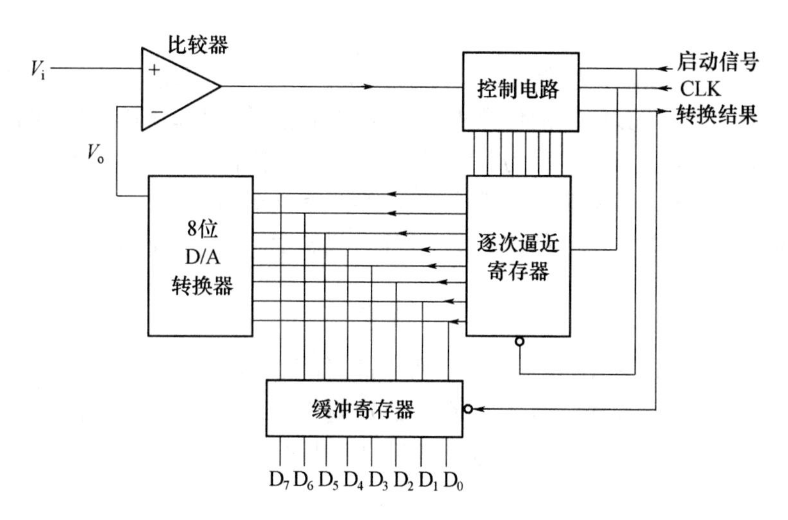

图 4－48　逐次逼近式 A/D 转换

逐次逼近寄存器工作时与普通计数器不同，它不是从低位往高位逐一进行计数和进位，而是从最高位开始，通过设置试探值来进行计数。具体讲，在第一个时钟脉冲到来时，控制电路把最高位送到逐次逼近寄存器，使它的输出为 10000000，这个输出数字一出现，D/A 转换器的输出电压 V_o 就成为满量程值的 128/255。这时，若 $V_o > V_i$ 则作为比较器的运算放大器的输出就成为低电平，控制电路据此清除逐次逼近寄存器中的最高位；若 $V_o \leqslant V_i$，则比较器输出高电平，控制电路使最高位的 1 保留下来。

若最高位被保留下来，则逐次逼近寄存器的内容为 10000000，下一个时钟脉冲使次低位 D_6 为 1。于是，逐次逼近寄存器的值为 11000000，D/A 转换器的输出电压 V_o 到达满量程值的 192/255。此后，若 $V_o > V_i$，则比较器输出为低电平，从而使次高位域复位；若 $V_o < V_i$，则比较器输出为高电平，从而保留次高位为 1……重复上述过程，经过 N 次比较以后，逐次逼近寄存器中得到的值就是转换后的数值。

转换结束以后，控制电路送出一个低电平作为结束信号，这个信号的下降沿将逐次逼近寄存器中的数字量送入缓冲寄存器，从而得到数字量输出。

目前，绝大多数 A/D 转换器都采用逐次逼近的方法。

二、A/D 转换器的主要技术参数

A/D 转换器的种类很多，按转换二进制的位数分类：8 位的 ADC0801、0804、0808、0809；10 位的 AD7570、AD573、AD575、AD579；12 位的 AD574、AD578、AD7582；16 位的 AD7701、AD7705 等。A/D 转换器的主要技术参数如下：

1. 分辨率

分辨率通常用转换后数字量的位数表示，如 8 位、10 位、12 位、16 位等。分辨率为 8 位表示它可以对满量程的 $1/2^8 = 1/256$ 的增量作出反应。分辨率是指能使转换后数字量变化 1 的最小模拟输入量。

2. 量程

量程是指所能转换的电压范围，如 5V、10V 等。

3. 转换精度

转换精度是指转换后所得结果相对于实际值的准确度，有绝对精度和相对精度两种表示法。绝对精度常用数字量的位数表示，如绝对精度为 ±1/2LSB。相对精度用相对于满量程的百分比表示。如满量程为 10V 的 8 位 A/D 转换器，其绝对精度为 $1/2 \times 10/2^8 = \pm 19.5\text{mV}$，而 8 位 A/D 的相对精度为 $1/2^8 \times 100\% \approx 0.39\%$。

精度和分辨率不能混淆。即使分辨率很高，但温度漂移、线性不良等原因可能造成精度并不是很高。

4. 转换时间

转换时间是指启动 A/D 到转换结束所需的时间。不同型号、不同分辨率的器件，转换时间相差很大。一般几微秒至几百毫秒，逐次逼近式 A/D 转换器的转换时间为 1μs ~ 200μs。在设计模拟量输入通道时，应按实际应用的需要和成本来确定这一项参数的选择。

5. 工作温度范围

较好的 A/D 转换器的工作温度为 -40℃ ~85℃，较差的为 0 ~70℃。应根据具体应用要求查器件手册，选择适用的型号。超过工作温度范围，将不能保证达到额定精度指标。

三、8 位 A/D 转换器 ADC 0809

ADC 0809 是单片双列直插式集成电路芯片，是 8 通路 8 位 A/D 转换器，其主要特点：分辨率 8 位；总的不可调误差 ±1LSB；当模拟输入电压范围为 0 ~5V 时，可使用单一的5V电源；转换时间 100μs；温度范围 -40℃ ~ +85℃；不需另加接口逻辑可直接与 CPU 连接；可以输入 8 路模拟信号；输出带锁存器；逻辑电平与 TTL 兼容。

1. 电路组成及转换原理

ADC 0809 是一种带有 8 位转换器、8 位多路切换开关以及与微处理机兼容的控制逻辑的 CMOS 组件。8 位 A/D 转换器的转换方法为逐次逼近法。在 A/D 转换器的内部含有一个高阻抗斩波稳定比较器，一个带有模拟开关树组的 256R 分压器，以及一个逐次逼近的寄存器。八路的模拟开关由地址锁存器和译码器控制，可以在 8 个通道中任意访问一个单边的模拟信号，其原理框图如图 4 -49 所示。

ADC 0809 无需调零和满量程调整，又由于多路开关的地址输入能够进行锁存和译码，而且它的三态 TTL 输出也可以锁存，所以易于与微处理机进行接口。

从图中可以看出，ADC 0809 由两大部分所组成，第一部分为八通道多路模拟开关，它的基本原理与 CD 4051 类似。它用于控制 C、B、A 端子和地址锁存允许端子，可使其中一个通道被选中。第二部分为一个逐次逼近型 A/D 转换器，它由比较器、控制逻辑、输出缓冲锁存器、逐次逼近寄存器以及开关树组和 256R 电阻分压器组成。后两种电路（开关树组和 256R 电阻分压器）组成 D/A 转换器。控制逻辑用来控制逐次逼近寄存器从高位到低位逐次取“1”，然后将此数字量送到开关树组（8 位开关），用来控制开关 $S_7 \sim S_0$ 与参考电平相连接。参考电平经 256R 电阻分压器，则输出一个模拟电压 U_o，U_o、U_i 在比较器中进行比较。当 $U_o > U_i$ 时，本位 $D=0$；当 $U_o \leq U_i$ 时，则本位 $D=1$。因此，从 $D_7 \sim D_0$ 比较 8 次即可逐次逼近寄存器中的数字量，即与模拟量 U_i 所相当的数字量相等。此数字量送入

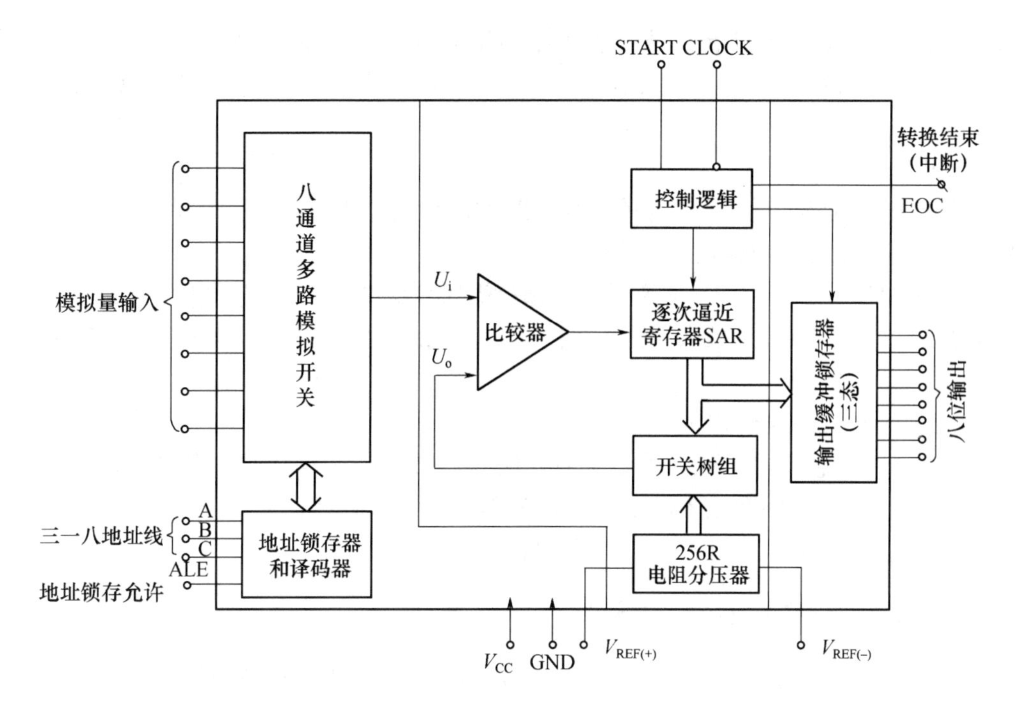

图 4－49　ADC 0808/0809 原理框图

输出锁存器，并同时发转换结束脉冲。

2．ADC 0808/0809 的外引脚功能

ADC 0808/0809 的管脚排列如图 4－50 所示，其主要管脚的功能如下：

IN0～IN7——8 个模拟量输入端。

START——启动 A/D 转换器，当 START 为高电平时，开始 A/D 转换。

EOC——转换结束信号。当 A/D 转换完毕之后，发出一个正脉冲，表示 A/D 转换结

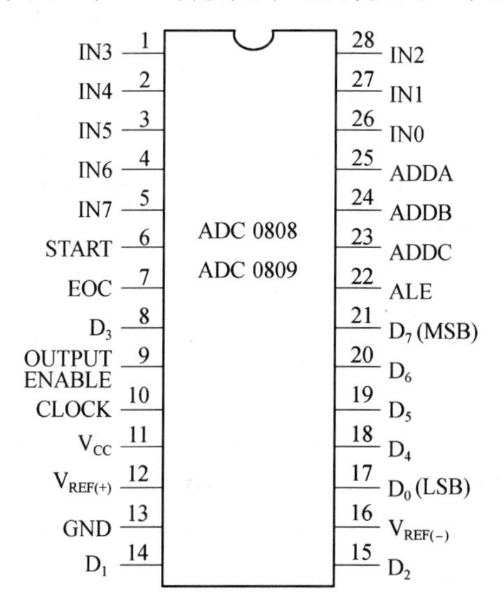

图 4－50　ADC 0808/0809 管脚排列图

束。此信号可用作为 A/D 转换是否结束的检测信号或中断申请信号。

OE——输出允许信号。如此信号被选中时，允许从 A/D 转换器锁存器中读取数字量。

CLOCK——时钟信号。

ALE——地址锁存允许，高电平有效。当 ALE 为高电平时，允许 C、B、A 所示的通道被选中，并将该通道的模拟量接入 A/ D 转换器。

ADDA、ADDB、ADDC——通道号地址选择端，C 为最高位，A 为最低位。当 C、B、A 全零(000)时，选中 IN0 通道接入；为 001 时，选中 IN1 通道接入；为 111 时，选中 IN7 通道接入。

$D_7 \sim D_0$——数字量输出端。

$V_{REF}(+)$、$V_{REF}(-)$——参考电压输入端，分别接 +、- 极性的参考电压，用来提供 D/A 转换器权电阻的标准电平。在模拟量为单极性输入时；$V_{REF}(+)=5V$，$V_{REF}(-)=0V$，当模拟量为双极性输入时，$V_{REF}(+)$、$V_{REF}(-)$。

四、12 位 A/D 转换器 AD574

AD574 是一个完整的 12 位逐次逼近式带三态缓冲器的 A/D 转换器，它可以直接与 8 位或 16 位微型机总线进行接口。AD574 的分辨率为 12 位，转换时间 15μs ~ 35μs。AD574 有 6 个等级，其中 AD574AJ、AD574AK 和 AD574AL 适用于 0 ~ +70℃温度范围内工作；AD574AS、AD574AT 和 AD574AV 可用在 -55℃ ~ 125℃温度范围内工作。

1. AD574 的电路组成

AD574 的原理框图如图 4-51 所示。AD574 由模拟芯片和数字芯片两部分组成。

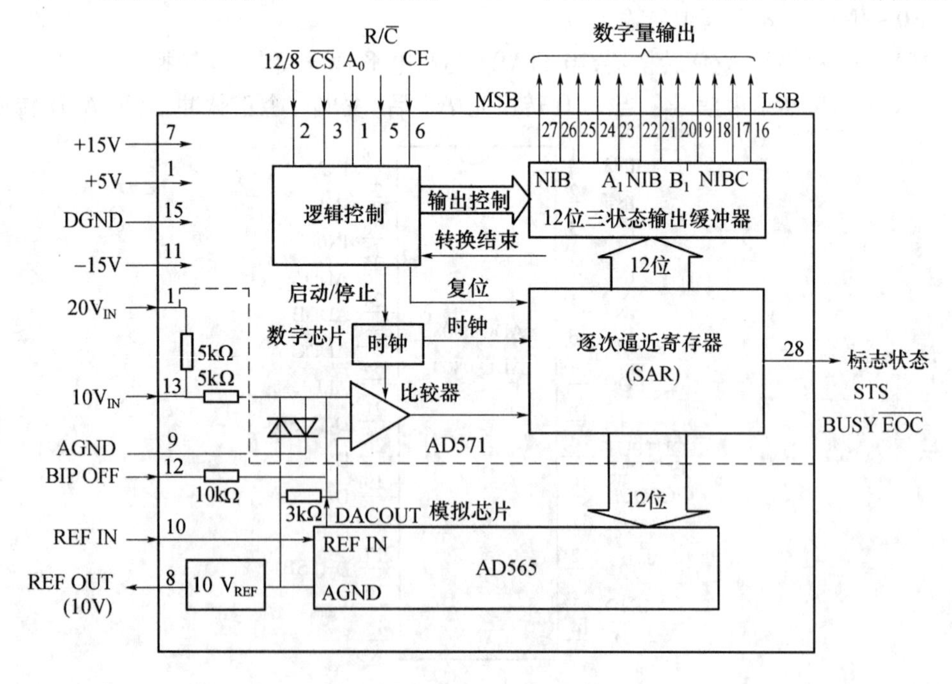

图 4-51 AD574 原理框图

其中模拟芯片由高性能的 AD565(12 位 D/A 转换器)和参考电压模块组成。它包括高速电流输出开关电路、激光切割的膜片式电阻网络,故其精度高,可达 $\pm\frac{1}{4}$LSB。数字芯片是由逐次逼近寄存器(SAR)、转换控制逻辑、时钟、总线接口和高性能的锁存器、比较器组成。逐次逼近的转换原理前已述及,此处不再重复。

2. AD574 引脚功能说明

AD574 各个型号都采用 28 引脚双列直插式封装,引脚图如图 4-52 所示。

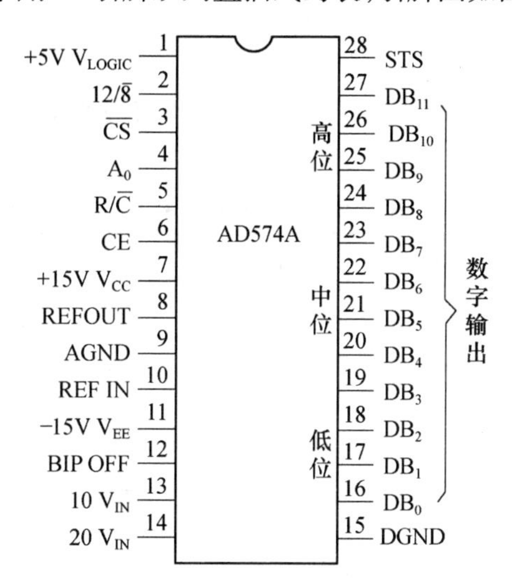

图 4-52 AD574A 引脚图

$DB_0 \sim DB_{11}$——12 位数据输出,分三组,均带三态输出缓冲器。

V_{LOGIC}——逻辑电源 5V(4.5V ~ 5.5V)。

V_{CC}——正电源 15V(13.5V ~ 16.5V)。

V_{EE}——负电源 -15V(-13.5V ~ -16.5V)。

AGND、DGND——模拟、数字地。

$\overline{CE}$——片允许信号,高电平有效。简单应用中固定接高电平。

$\overline{CS}$——片选择信号,低电平有效。

R/$\overline{C}$——读/转换信号。$\overline{CE}=1$,$\overline{CS}=0$,$R/\overline{C}=0$ 时,转换开始,启动负脉冲,400ns。

$\overline{CE}=1$、$\overline{CS}=0$、$R/\overline{C}=1$ 时,允许读数据。

A_0——转换和读字节选择信号。

$$\begin{cases}\overline{CE}=1、\overline{CS}=0、R/\overline{C}=0、A_0=0\text{ 时,启动按 12 位转换}\\ \overline{CE}=1、\overline{CS}=0、R/\overline{C}=0、A_0=1\text{ 时,启动按 8 位转换}\end{cases}$$

$$\begin{cases}\overline{CE}=1、\overline{CS}=0、R/\overline{C}=1、A_0=0\text{ 时,读取转换后高 8 位数据}\\ \overline{CE}=1、\overline{CS}=0、R/\overline{C}=1、A_0=1\text{ 时,读取转换后的低 4 位数据(低 4 位 +0000)}\end{cases}$$

12/$\overline{8}$——输出数据形式选择信号。

$12/\overline{8}$端接 PIN1(VLoGIc)时,数据按 12 位形式输出。

$12/\overline{8}$端接 PINl5(DGND)时,数据按双 8 位形式输出。

STS——转换状态信号。转换开始 STS = 1;转换结束 STS = 0。

$10V_{IN}$——模拟信号输入。单极性 0 ~ 10V,双极性 ±5V。

$20V_{IN}$——模拟信号输入。单极性 0 ~ 20V,双极性 ±10V。

REF IN——参考电压输入。

REF OUT——参考电压输出。

BIP OFF——双极性偏置。

AD574 真值表见表 4 - 3。单极性输入电路和双极性输入电路分别如图 4 - 53、图 4 - 54所示。

表 4 - 3　A/D574 真值表

CE	$\overline{CS}$	$R/\overline{C}$	$12/\overline{8}$	A_0	操　作
0	×	×	×	×	禁止
×	1	×	×	×	禁止
1	0	0	×	0	启动 12 位转换
1	0	0	×	1	启动 8 位转换
1	0	1	V_{UOGCO}	×	一次读取 12 位输出数据
1	0	1	DGND	0	读取高 8 位输出数据
1	0	1	DGND	1	读取低 4 位输出数据尾随 4 个 0

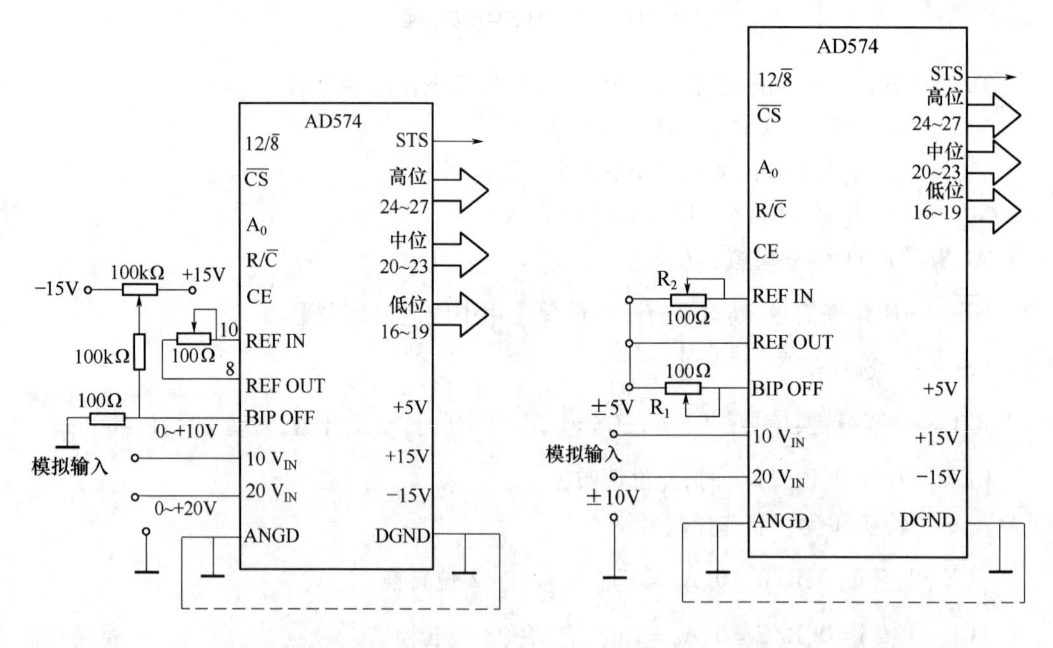

图 4 - 53　AD574 单极性输入电路　　图 4 - 54　AD574 双极性输入电路

五、A/D 转换器与系统的连接及举例

A/D 转换器对外的信号连接涉及模拟输入信号、数据输出信号、启动转换信号、转换

结束信号和数据的读取等内容。A/D 转换器和系统连接时，要处理好下列问题。

1. 输入模拟电压的连接

A/D 转换器的输入模拟电压可以是单端输入也可以是双端输入。如单通路 8 位A/D 转换器 ADC 0804 的两个输入端为 VIN(－)、VIN(＋)，如果用单端输入的正向信号，则把 VIN(－)接地，信号加到 VIN(＋)端；如果用单端输入的负向信号，则把 VIN(＋)接地，信号加到 VIN(－)端。如果用双端输入，则模拟信号加在 VIN(－)端和 VIN(＋)端之间。

ADC 0808/0809 可以从 IN0 ~ IN7 接 8 路模拟电压输入，通常接成单端、单极性输入，这时 $V_{REF}(+)=5V$、$V_{REF}(-)=0V$，也可以接成双极性输入，这时 $V_{REF}(+)$ 和 $V_{REF}(-)$ 应分别接 ＋、－ 极性的参考电压。

AD574 是单端输入模拟电压，在 $10V_{IN}$ 和 $20V_{IN}$ 中任一端和 AGND 之间输入，可输入单极性电压或双极性电压，输入模拟电压的极性不同其输入电路也不同(图 4－54、图 4－55)。

2. 数据输出和系统总线的连接

A/D 转换器数据输出有两种方式：一种是 A/D 芯片内部带有三态输出门，其数据输出线可以直接挂到系统数据总线上去；另一种是 A/D 芯片内部不带三态输出门，或虽有三态输出门，但它不受外部信号控制，而是当转换结束时自动开门的，如 AD570 就是这种芯片，这类 A/D 转换器芯片的数据输出线都不能和系统数据总线直接相连接，而应外加输入缓冲器(如 74LS244)或通过并行 I/O 接口的输入端口才能和 CPU 之间交换数据。

ADC 0804、ADC 0808/0809 等的数据输出线都具有三态输出门，其 8 位数据输出线可以直接接到系统数据总线上去。

AD574 的数据输出线也有三态输出门，可直接接数据总线。但是，它是 12 位输出，就有一个 A/D 输出数位和总线数位的对应关系问题。如果 AD574 直接接到 16 位的系统数据总线上，那么可以将 AD574 的数据输出 $DB_0 \sim DB_{11}$ 按位接到数据总线 $D_0 \sim D_{11}$ 上，也可以接 8 位数据总线，按字节分时读出，此时将 $DB_4 \sim DB_{11}$ 接数据总线 $D_0 \sim D_7$，而其低 4 位管脚($DB_0 \sim DB_3$)接到高 4 位上去($DB_8 \sim DB_{11}$)。通过控制信号 A_0 来区别，当 $A_0=0$ 时，则允许高 8 位数据呈现在管脚 20 ~ 27 上，而当 $A_0=1$ 时，高 8 位被禁止，低 4 位呈现在管脚 24 ~ 27 上，而管脚 20 ~ 23 为 0，这样 CPU 执行两条字节输入指令就可将转换后的 12 位数据读入。

3. A/D 转换启动信号

A/D 转换器是由 CPU 发出启动转换信号的。启动信号有电平启动和脉冲启动两种方式。如 AD570、AD571、AD572 等要求用电平启动信号，在整个 A/D 转换期间，启动电平信号不能撤销。CPU 一般要通过并行接口输出端或用 D 触发器发出和保持有效的电平启动信号。ADC 0804、ADC 0808/0809 和 AD574 都要求用脉冲启动信号。通过读/写信号或程序控制得到足够宽度的脉冲信号。

4. 转换结束信号及转换数据的读取

A/D 转换结束时，A/D 转换芯片输出转换结束信号。转换结束信号也有两种：电平信号和脉冲信号。CPU 检测到转换结束信号即可读取转换后数据。CPU 一般可以采用三种方式和 A/D 转换器进行联络来实现对转换数据的读取。

(1) 程序查询方式。就是在启动 A/D 转换器工作以后，程序不断读取 A/D 转换结束信号，若检测到结束信号有效，则认为完成一次转换，即可用输入指令读取转换后数据。

(2) 中断方式。即把 A/D 转换器送出的转换结束信号作为中断申请信号(有时可能要外加一个反相器)，送到 CPU 或中断控制器的中断请求输入端。

(3) 是固定的延迟程序方式。用这种方式时，要预先精确地知道完成一次 A/D 转换需要的时间。CPU 发出启动 A/D 命令之后，执行一个固定的延迟程序，然后发出读取数据的指令。延迟时间应略大于完成一次 A/D 转换所需的时间。

上述三种方式中，当 A/D 转换时间较长和响应要求快的复杂系统，一般选用中断方式。当 A/D 转换时间较短时，可用查询方式或延迟方式。实际运用中要根据具体情况选定。

例 4-2 8 位 A/D 转换器 ADC 0808/0809 和 CPU 的连接

若指定 8 路模拟电压输入端口地址为 78H ~ 7FH。转换结束信号以中断方式与 CPU 联络。采用 74LS138 做输入通道地址译码器，那么，可画出 ADC 0808/0809 和 8086CPU 的连接原理电路图(图 4-55)。

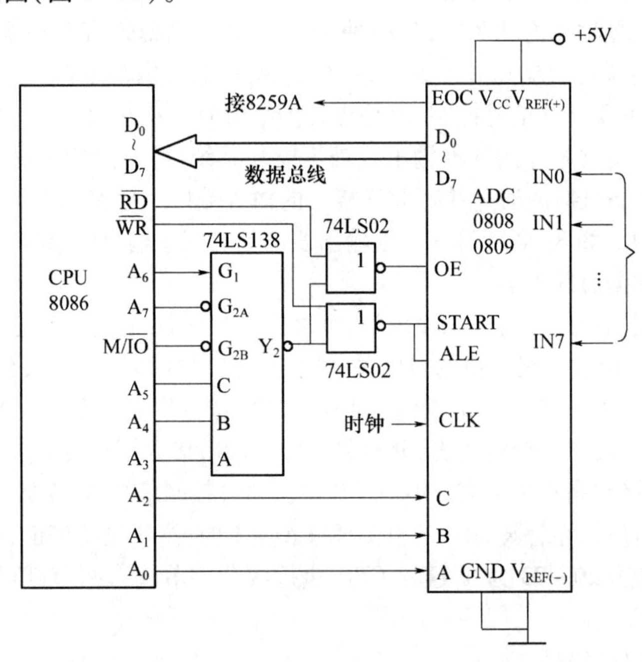

图 4-55 ADC 0808/0809 与 CPU 连接例

由于 ADC 0808/0809 的数据输出带三态输出门，故可直接接到 CPU 数据总线上。按图 4-55 所示接线，74LS138 的环译出的地址范围正好是 78H ~ 7FH。低 3 位地址线 $A_2 \sim A_0$ 直接分别接到 ADC 0808/0809 的采样地址输入端 C、B、A 上，用于选通 8 路输入通路中的其中一路。那么用一条输出指令即可启动某一通路开始转换(使 ADC 0808/0809 的 START 端和 ALE 端得到一个启动正脉冲信号)

```
CONTV1:MOV AL,00H;      可以是不为 00H 的其他数字
       OUT 78H,AL;      选通 IN0 通路并开始转换
       … …
```

```
CONTV7:MOV AL,00H;
       OUT 7FH,AL;       选通 IN7 通路并开始转换
       … …
```

转换结束,ADC 0808/0809 从 EOC 端发出一个正脉冲信号,通过中断控制器 8259A 向 CPU 发出中断请求,CPU 响应中断后,转去执行中断服务程序。中断服务程序中,执行一条输入指令,即可读取转换后数据。如执行 INAL,78H,即可将已启动转换的 IN0 通路的转换数据读入 AL 中。因为执行这条指令时,使片选信号 Y_7 和读信号 $\overline{RD}$ 同时出现有效低电平,ADC 0808/0809 的输出允许信号 $\overline{OE}$ 端出现一正脉冲,使输出三态门开启,CPU 既可读取转换后数据。

例 4-3 AD574 与 8031 的连接。

图 4-56 为 AD574 与 8031 单片机的接口电路。由于 AD574 片内有时钟,故无需外加时钟信号。该电路采用单极性输入方式,可对 0~10V 或 0~20V 模拟信号进行转换。转换结果的高 8 位从 D_{11} ~ D_4 输出,低 4 位从 D_3 ~ D_0 输出,并且直接和单片机的数据总线相连。遵循左对齐原则,D_3 ~ D_0 应接单片机数据总线的高半字节。为了实现启动 A/D 转换和转换结果的读出,AD574 的片选信号 $\overline{CS}$ 由地址总线的次低位 A_1($P_{0.1}$)提供,在读写时,A_1 应设置为低电平。AD574 的 CE 信号由单片机的 $\overline{WR}$ 和 A_7($P_{0.7}$)经一级或非门产生。R/$\overline{C}$ 则由 $\overline{RD}$ 和 A_7 经一级或非门提供。可见在读写时,A_7 亦应为低电平。输出状态信号 STS 接 $P_{3.2}$ 端供单片机查询,以判断 A/D 转换是否结束。12/$\overline{8}$ 端接地,AD574 由地址总线的最低位 A_0($P_{0.0}$)控制,以实现全 12 位转换,并将 12 位数据分两次送入数据总线上。

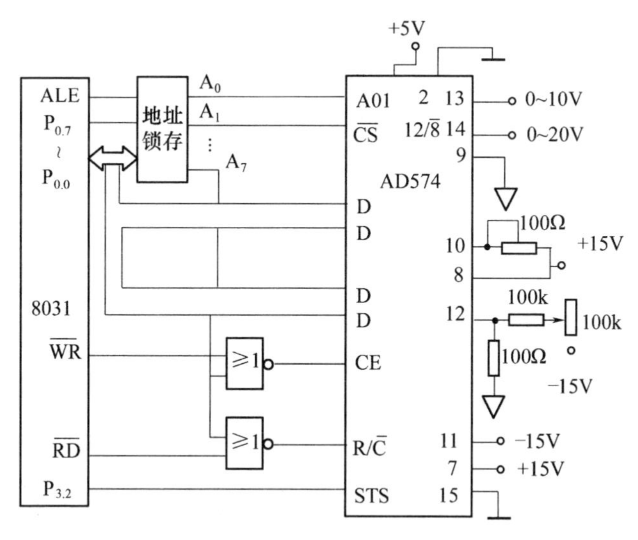

图 4-56 AD574 与 8031 的接口

利用该接口电路完成一次 A/D 转换,并把转换结果高 8 位放入 R_2 中、低 8 位放入 R_3 中的工作程序如下:

```
MAIN:     MOV R0,#7CH       ;选择 AD574,并令 A0 =0
```

```
        MOVX @R0,A          ;启动 A/D 转换,全 12 位
LOOP:   NOP
        JB P3.2,LOOP        ;查询转换是否结束
        MOVX A,@R0          ;读取高 8 位
        MOV R2,A            ;存入 R2 中
        MOV R0,#7DH         ;令 A0 =1
        MOVX A,@R0          ;读取低 4 位,尾随 4 个 0
        MOV R3,A            ;存入 R3 中
        … …
```

例 4-4 12 位 A/D 转换器 AD574 与外部的连接

图 4-57 所示是 AD574 与外部连接电路。输入模拟电压信号是双极性(-、+),所以按双极性输入接线。通过运算放大器放大后的输入直流电压的线性变化范围为 -5V ~ +5V,从 $10V_{IN}$端输入。AD574 的$\overline{CE}$端固定接 +5V,恒为"1"。那么当按 74LS138 译码器给 AD574 译得的一个偶地址执行一条输出指令时,有$\overline{CS}=0$、$A_0=0$、$R/\overline{C}=0$,就可启动 AD574 按 12 位转换。转换结束信号 STS 接至系统并行接口 8255A 的某一输入线上,CPU 可以检测该输入线的状态,当检测到该输入线的状态由"1"变为"0"时,表示转换已结束,因 $12/\overline{8}$端接 DGND 端,则 CPU 连续执行两条输入指令即可读取转换后数据。第一条输入指令按启动转换时的偶地址($A_0=0$)操作,读入的是转换后的高 8 位数据。第二条输入指令应按启动转换时的偶地址加 1 后的奇地址($A_0=1$)操作,读入的是转换后的低 4 位数据和后跟 4 个"0"。

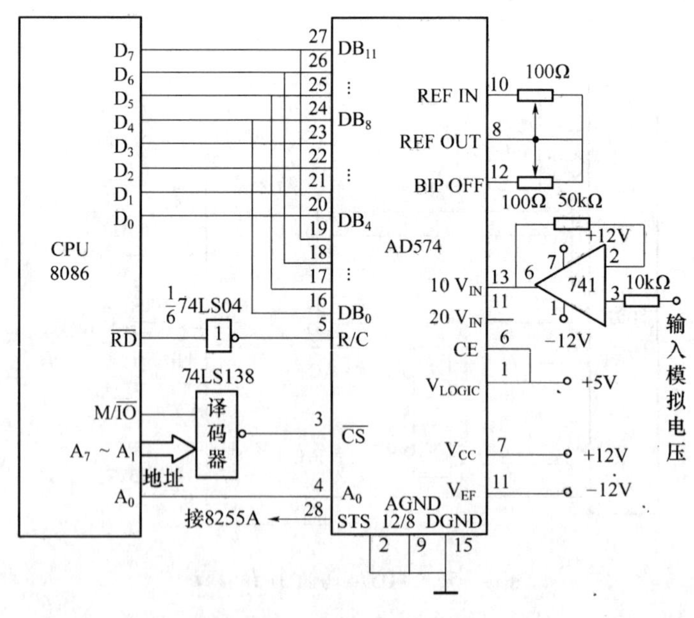

图 4-57 AD574 与外部的连接

设转换结束信号 STS 接 8255A 的 PA:,8255A 已初始化设定为 A 口输入。查询法启动和读取 AD574 的转换数据的接口程序如下:

```
        OUT ADPORT,AL ;启动A/D按12位转换,ADPORT是AD574的一个偶地址
WAITl:  IN AL, PA      ;读取转换结束信号,PA是8255A的A端口地址
        MOV CL,03      ;
        RCR AL,CL      ;右移三次
        JC WAIT1       ;如为高电平,则等待
        IN AL,ADPORT   ;读取转换后高8位数据
        MOV AH,AL      ;高8位数据传送到AH
        IN AL,ADPORT+1;读取转换后的低4位数据后跟4个0
        ……
```

思考题

1. 何谓I/O接口？计算机控制过程中为什么需要I/O接口？

2. 试分析家用变频空调的计算机控制原理(重点分析输入/输出通道)。

3. 试举例说明几种工业控制计算机的应用领域。

4. 计算机的I/O过程中的编址方式有哪些,各有什么特点？

5. 若12位A/D转换器的参考电压是 ±2.5V,试求出其采样量化单位q。若输入信号为1V,问转换后的输出数据值是多少。

6. 用ADC 0809测量某环境温度,其温度范围为30℃~50℃,线性温度变送器输出0~5V,试求测量该温度环境的分辨率和精度。

7. 中断和查询是计算机控制中的主要I/O方式,试论述其优、缺点。

8. 计算机的输入/输出通道中通常设置有缓冲器,请问该通道中的缓冲器通常起到哪些作用？

第五章　机电一体化伺服系统设计

第一节　概　述

伺服系统是一种能够跟踪输入的指令信号进行动作，从而获得精确的位置、速度及动力输出的自动控制系统。如防空雷达控制就是一个典型的伺服控制过程，它是以空中的目标为输入指令要求，雷达天线要一直跟踪目标，为地面炮台提供目标方位；加工中心的机械制造过程也是伺服控制过程，位移传感器不断地将刀具进给的位移传送给计算机，通过与加工位置目标比较，计算机输出继续加工或停止加工的控制信号。绝大部分机电一体化系统都具有伺服功能，机电一体化系统中的伺服控制是为执行机构按设计要求实现运动而提供控制和动力的重要环节。

一、伺服系统的结构组成

机电一体化的伺服控制系统的结构、类型繁多，但从自动控制理论的角度来分析，伺服控制系统一般包括控制器、被控对象、执行环节、检测环节、比较环节等五部分。图5－1给出了系统组成原理框图。

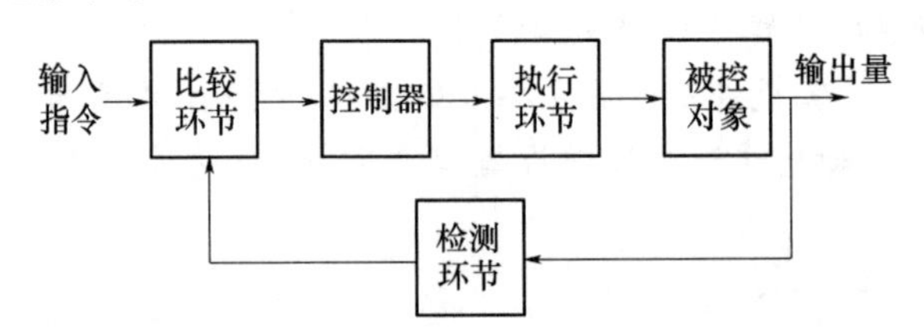

图5－1　伺服系统组成原理框图

（1）比较环节：是将输入的指令信号与系统的反馈信号进行比较，以获得输出与输入间的偏差信号的环节，通常由专门的电路或计算机来实现。

（2）控制器：通常是计算机或PID控制电路，主要任务是对比较元件输出的偏差信号进行变换处理，以控制执行元件按要求动作。

（3）执行环节：作用是按控制信号的要求，将输入的各种形式的能量转化成机械能，驱动被控对象工作。机电一体化系统中的执行元件一般指各种电机或液压、气动伺服机构等。

（4）被控对象：是指被控制的机构或装置，是直接完成系统目的的主体。一般包括传动系统、执行装置和负载。

（5）检测环节：是指能够对输出进行测量，并转换成比较环节所需要的量纲的装置。一般包括传感器和转换电路。

在实际的伺服控制系统中，上述的每个环节在硬件特征上并不独立，可能几个环节在一个硬件中,如测速直流电机既是执行元件又是检测元件。

二、伺服系统的分类

伺服系统的分类方法很多,常见的分类方法如下:

1. 按被控量参数特性分类

按被控量不同,机电一体化系统可分为位移、速度、力矩等各种伺服系统。其他系统还有温度、湿度、磁场、光等各种参数的伺服系统。

2. 按驱动元件的类型分类

按驱动元件的不同可分为电气伺服系统、液压伺服系统、气动伺服系统。电气伺服系统根据电机类型的不同又可分为直流伺服系统、交流伺服系统和步进电机控制伺服系统。

3. 按控制原理分类

按自动控制原理,伺服系统又可分为开环控制伺服系统、闭环控制伺服系统和半闭环控制伺服系统。

开环控制伺服系统结构简单、成本低廉、易于维护,但由于没有检测环节,系统精度低、抗干扰能力差。闭环控制伺服系统能及时对输出进行检测,并根据输出与输入的偏差,实时调整执行过程,因此系统精度高,但成本也大幅提高。

尽管伺服系统的结构类型很多,但它与一般的反馈控制系统一样,也是由控制器、被控对象、反馈测量装置等部分组成。控制器是按预定的控制规律调节能量的输入,以使系统产生所希望的输出。被控对象一般指机器的运动部分,如工业机器人的手臂、数控机床的工作台以及自动导引车的驱动轮等。通常,被控对象还包括功率放大器、执行机构、减速器以及内反馈回路等。图5-2所示为数控机床工作台伺服系统的工作原理图。

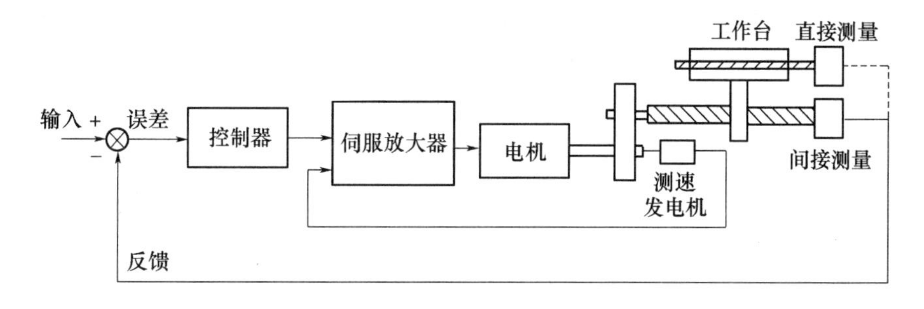

图5-2 半闭环与全闭环伺服系统

图5-2中,位置反馈传感器可以安装在伺服电机轴(或丝杠)上,用以间接测量工作台的位移,如图5-2中实线所示。间接测量的系统称为半闭环系统,因为工作台的移动是在闭环控制回路之外。半闭环伺服系统可避免传动机构的非线性(如齿隙、库仑摩擦、非刚性等)引起系统产生极限环和爬行振荡。当位置传感器安装于输出轴(工作台)上时,传感器直接测量工作台的移动。直接测量的系统称为全闭环系统。全闭环系统对输出进行直接控制,可以获得十分良好的控制精度。但是,因受机械传动部件的非线性影响严重,故只有在要求精度高的场合,才采用全闭环系统。一般的数控机床则采用半闭环系统。半闭环系统比全闭环系统容易实现,可以节省投资。

三、伺服系统的技术要求

机电一体化伺服系统要求具有精度高、响应速度快、稳定性好、负载能力强和工作频率范围大等基本要求，同时还要求体积小、重量轻、可靠性高和成本低等。

1. 系统精度

伺服系统精度指的是输出量复现输入信号要求的精确程度，以误差的形式表现，即动态误差、稳态误差和静态误差。稳定的伺服系统对输入变化是以一种振荡衰减的形式反映出来，振荡的幅度和过程产生了系统的动态误差；当系统振荡衰减到一定程度以后，称其为稳态，此时的系统误差就是稳态误差；由设备自身零件精度和装配精度所决定的误差通常指静态误差。

2. 稳定性

伺服系统的稳定性是指当作用在系统上的干扰消失以后，系统能够恢复到原来稳定状态的能力；或者当给系统一个新的输入指令后，系统达到新的稳定运行状态的能力。如果系统能够进入稳定状态，且过程时间短，则系统稳定性好；否则，若系统振荡越来越强烈，或系统进入等幅振荡状态，则属于不稳定系统。机电一体化伺服系统通常要求较高的稳定性。

3. 响应特性

响应特性指的是输出量跟随输入指令变化的反应速度，决定了系统的工作效率。响应速度与许多因素有关，如计算机的运行速度、运动系统的阻尼、质量等。

4. 工作频率

工作频率通常是指系统允许输入信号的频率范围。当工作频率信号输入时，系统能够按技术要求正常工作；而其他频率信号输入时，系统不能正常工作。在机电一体化系统中，工作频率一般指的是执行机构的运行速度。

上述的四项特性是相互关联的，是系统动态特性的表现特征。利用自动控制理论来研究、分析所设计系统的频率特性，就可以确定系统的各项动态指标。系统设计时，在满足系统工作要求（包括工作频率）的前提下，首先要保证系统的稳定性和精度，并尽量提高系统的响应速度。

第二节　执 行 元 件

一、执行元件的分类及其特点

执行元件是能量变换元件，目的是控制机械执行机构运动。机电一体化伺服系统要求执行元件具有转动惯量小、输出动力大、便于控制、可靠性高和安装维护简便等特点。根据使用能量的不同，可以将执行元件分为电气式、液压式和气动式等几种类型，如图5－3所示。

（1）电气式执行元件是将电能转化成电磁力，并用电磁力驱动执行机构运动，如交流电机、直流电机力矩电机、步进电机等。对控制用电机性能除要求稳速运转之外，还要求加速、减速性能和伺服性能，以及频繁使用时的适应性和便于维护性。

电气执行元件的特点是操作简便、便于控制、能实现定位伺服、响应快、体积小、动力较大和无污染等优点，但过载能力差、易于烧毁线圈、容易受噪声干扰。

（2）液压式执行元件是先将电能变化成液体压力，并用电磁阀控制压力油的流向，从而使液压执行元件驱动执行机构运动。液压式执行元件有直线式油缸、回转式油缸、液压马达等。

液压执行元件的特点是输出功率大、速度快、动作平稳、可实现定位伺服、响应特性好和过载能力强。缺点是体积庞大、介质要求高、易泄漏和环境污染。

（3）气压式执行元件与液压式执行元件的原理相同，只是介质由液体改为气体。气压式执行元件的特点是介质来源方便、成本低、速度快、无环境污染，但功率较小、动作不平稳、有噪声、难于伺服。

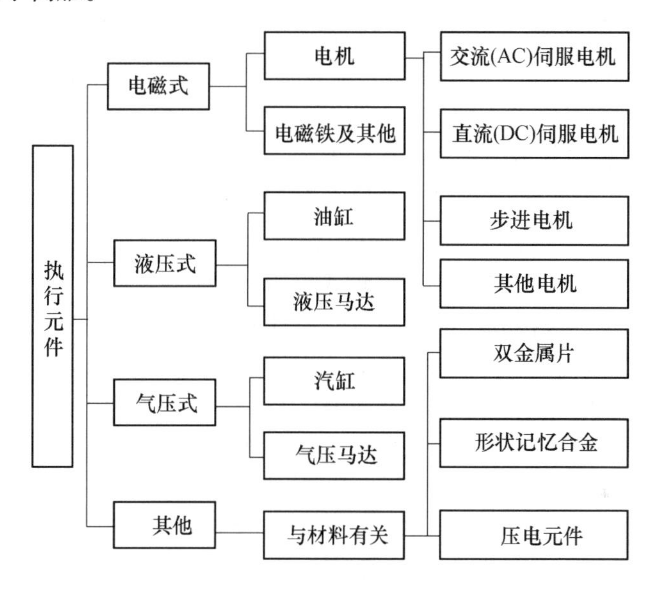

图 5-3　执行元件的种类

在闭环或半闭环控制的伺服系统中，主要采用直流伺服电机、交流伺服电机或伺服阀控制的液压伺服马达作为执行元件。液压伺服马达主要用在负载较大的大型伺服系统中，在中、小型伺服系统中，则多数采用直流或交流伺服电机。由于直流伺服电机具有优良的静、动态特性，并且易于控制，因而在20世纪90年代以前，一直是闭环系统中执行元件的主流。近年来，由于交流伺服技术的发展，使交流伺服电机可以获得与直流伺服电机相近的优良性能，而且交流伺服电机无电刷磨损问题，维修方便，随着价格的逐年降低，正在得到越来越广泛的应用，因而目前已形成了与直流伺服电机共同竞争市场的局面。在闭环伺服系统设计时，应根据设计者对技术的掌握程度及市场供应、价格等情况，适当选取合适的执行元件。

二、直流伺服电机

直流伺服电机具有良好的调速特性、较大的启动转矩和相对功率、易于控制及响应快等优点。尽管其结构复杂，成本较高，在机电一体化控制系统中还是具有较广泛的应用。

1. 直流伺服电机的分类

直流伺服电机按励磁方式可分为电磁式和永磁式两种。电磁式的磁场由励磁绕组产生;永磁式的磁场由永磁体产生。电磁式直流伺服电机是一种普遍使用的伺服电机,特别是大功率电机(100W 以上)。永磁式伺服电机具有体积小、转矩大、力矩和电流成正比、伺服性能好、响应快功率体积比大、功率重量比大、稳定性好等优点。由于功率的限制,目前主要应用在办公自动化、家用电气、仪器仪表等领域。

直流伺服电机按电枢的结构与形状又可分为平滑电枢型、空心电枢型和有槽电枢型等。平滑电枢型的电枢无槽,其绕组用环氧树脂粘固在电枢铁芯上,因而转子形状细长,转动惯量小。空心电枢型的电枢无铁芯,且常做成杯形,其转子转动惯量最小。有槽电枢型的电枢与普通直流电机的电枢相同,因而转子转动惯量较大。

直流伺服电机还可按转子转动惯量的大小而分成大惯量、中惯量和小惯量直流伺服电机。大惯量直流伺服电机(又称直流力矩伺服电机)负载能力强,易于与机械系统匹配,而小惯量直流伺服电机的加减速能力强、响应速度快、动态特性好。

2. 直流伺服电机的基本结构及工作原理

直流伺服电机主要由磁极、电枢、电刷及换向片结构组成(图 5-4)。其中磁极在工作中固定不动,故又称定子。定子磁极用于产生磁场。在永磁式直流伺服电机中,磁极采用永磁材料制成,充磁后即可产生恒定磁场。在他励式直流伺服电机中,磁极由冲压硅钢片叠成,外绕线圈,靠外加励磁电流才能产生磁场。电枢是直流伺服电机中的转动部分,故又称转子,它由硅钢片叠成,表面嵌有线圈,通过电刷和换向片与外加电枢电源相连。

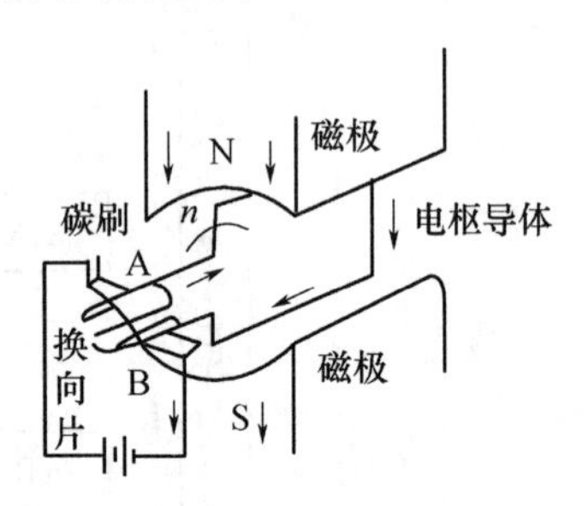

图 5-4 直流伺服电机基本结构

直流伺服电机是在定子磁场的作用下,使通有直流电的电枢(转子)受到电磁转矩的驱使,带动负载旋转。通过控制电枢绕组中电流的方向和大小,就可以控制直流伺服电机的旋转方向和速度。当电枢绕组中电流为零时,伺服电机则静止不动。

直流伺服电机的控制方式主要有两种:一种是电枢电压控制,即在定子磁场不变的情况下,通过控制施加在电枢绕组两端的电压信号来控制电机的转速和输出转矩;另一种是励磁磁场控制,即通过改变励磁电流的大小来改变定子磁场强度,从而控制电机的转速和输出转矩。

采用电枢电压控制方式时,由于定子磁场保持不变,其电枢电流可以达到额定值,相应的输出转矩也可以达到额定值,因而这种方式又称为恒转矩调速方式。而采用励磁磁场控制方式时,由于电机在额定运行条件下磁场已接近饱和,因而只能通过减弱磁场的方法来改变电机的转速。由于电枢电流不允许超过额定值,因而随着磁场的减弱,电机转速增加,但输出转矩下降,输出功率保持不变,所以这种方式又称为恒功率调速方式。

3. 直流伺服电机的特性分析

直流伺服电机采用电枢电压控制时的电枢等效电路如图 5-5 所示。

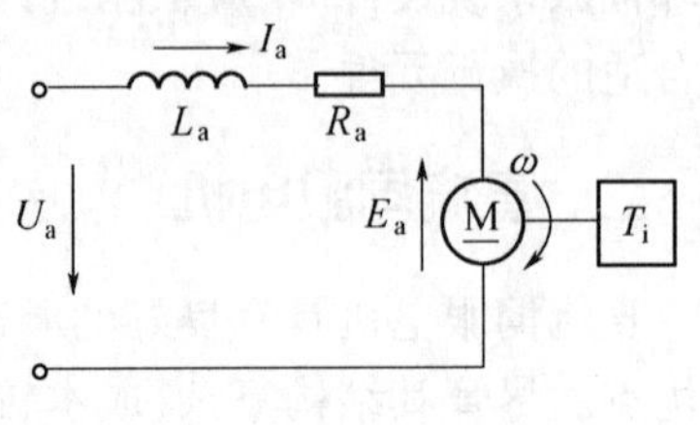

图 5-5 电枢等效电路

当电机处于稳态运行时,回路中的电流 I_a 保持

不变,则电枢回路中的电压平衡方程式为

$$E_a = U_a - I_aR_a \tag{5-1}$$

式中 E_a——电枢反电动势;

U_a——电枢电压;

I_a——电枢电流;

R_a——电枢电阻。

转子在磁场中以角速度 ω 切割磁力线时,电枢反电动势 E_a 与角速度 ω 之间存在如下关系:

$$E_a = C_e\Phi\omega \tag{5-2}$$

式中 C_e——电动势常数,仅与电机结构有关;

Φ——定子磁场中每极气隙磁通量。

由式(5-1)、式(5-2)得

$$U_a - I_aR_a = C_e\Phi\omega \tag{5-3}$$

此外,电枢电流切割磁场磁力线所产生的电磁转矩 T_m,可由下式表达:

$$T_m = C_m\Phi I_a$$

则

$$I_a = \frac{T_m}{C_m\Phi} \tag{5-4}$$

式中 C_m——转矩常数,仅与电机结构有关。

将式(5-4)代入式(5-3)并整理,可得到直流伺服电机运行特性的一般表达式,即

$$\omega = \frac{U_a}{C_e\Phi} - \frac{R_a}{C_eC_m\Phi^2}T_m \tag{5-5}$$

由此可以得出空载($T_m=0$,转子惯量忽略不计)和电机启动($\omega=0$)时的电机特性。

(1) 当 $T_m=0$ 时:

$$\omega = \frac{U_a}{C_e\Phi} \tag{5-6}$$

ω 称为理想空载角速度。可见,角速度与电枢电压成正比。

(2) 当 $\omega=0$ 时:

$$T_m = T_d = \frac{C_m\Phi}{R_a}U_a \tag{5-7}$$

式中 T_d——启动瞬时转矩,其值也与电枢电压成正比。

如果把角速度 ω 看作是电磁转矩 T_m 的函数,即 $\omega=f(T_m)$,则可得到直流伺服电机的机械特性表达式,即

$$\omega = \omega_0 - \frac{R_a}{C_eC_m\Phi^2}T_m \tag{5-8}$$

式中 ω_0——常数,$\omega_0=\dfrac{U_a}{C_e\Phi}$。

如果把角速度 ω 看作是电枢电压 U_a 的函数，即 $\omega=f(U_a)$，则可得到直流伺服电机的调节特性表达式，即

$$\omega = \frac{U_a}{C_e\Phi} - kT_m \tag{5-9}$$

式中 k——常数，$k=\frac{R_a}{C_eC_m\Phi^2}$。

根据式(5-8)和式(5-9)，给定不同的 U_a 值和 T_m 值，可分别绘出直流伺服电机的机械特性曲线和调节特性曲线，如图5-6、图5-7所示。

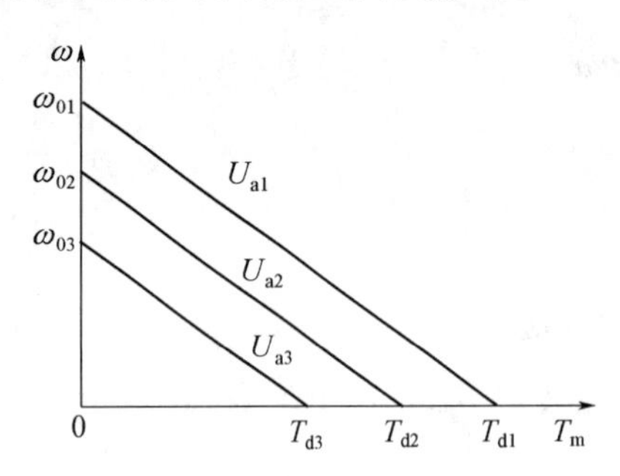

图5-6 直流伺服电机机械特性

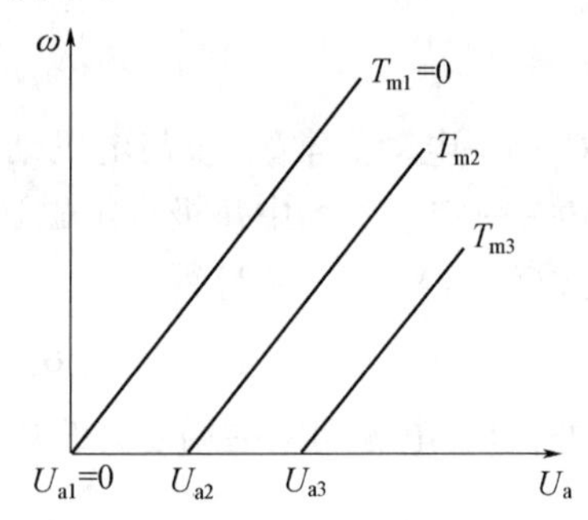

图5-7 直流伺服电机调节特性

由图5-6可见，直流伺服电机的机械特性是一组斜率相同的直线簇。每条机械特性和一种电枢电压相对应，与 ω 轴的交点是该电枢电压下的理想空载角速度，与 T_m 轴的交点则是该电枢电压下的启动转矩。

由图5-7可见，直流伺服电机的调节特性也是一组斜率相同的直线簇。每条调节特性和一种电磁转矩相对应，与 U_a 轴的交点是启动时的电枢电压。

从图中还可看出，调节特性的斜率为正，说明在一定负载下，电机转速随电枢电压的增加而增加；而机械特性的斜率为负，说明在电枢电压不变时，电机转速随负载转矩增加而降低。

4. 影响直流伺服电机特性的因素

上述对直流伺服电机特性的分析是在理想条件下进行的，实际上电机的驱动电路、电机内部的摩擦及负载的变动等因素都对直流伺服电机的特性有着不容忽略的影响。

1）驱动电路对机械特性的影响

直流伺服电机是由驱动电路供电的，假设驱动电路内阻是 R_i，加在电枢绕组两端的控制电压是 U_c，则可画出如图5-8所示的电枢等效回路。在这个电枢等效回路中，电压平衡方程式为

$$E_a = U_c - I_a(R_a + R_i) \tag{5-10}$$

于是在考虑了驱动电路的影响后，直流伺服电机的机械特性表达式变为

$$\omega = \omega_0 - \frac{R_a + R_i}{C_eC_m\Phi^2}T_m \tag{5-11}$$

将式(5-11)与式(5-8)比较可以发现，由于驱动电路内阻 R_i 的存在而使机械特性曲线变陡了。图5-9给出了驱动电路内阻影响下的机械特性图。

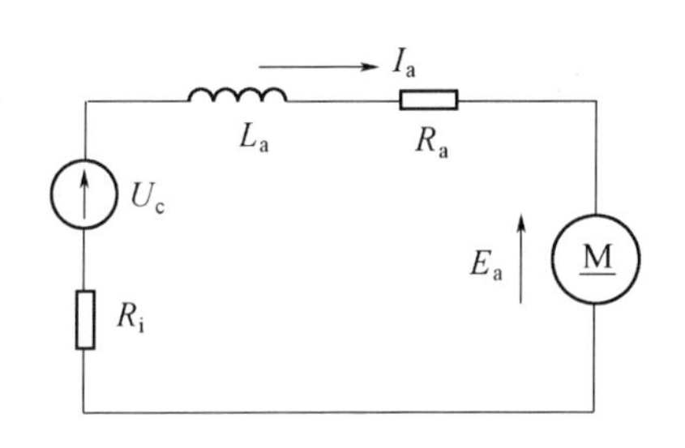

图 5-8　含驱动电路的电枢等效回路

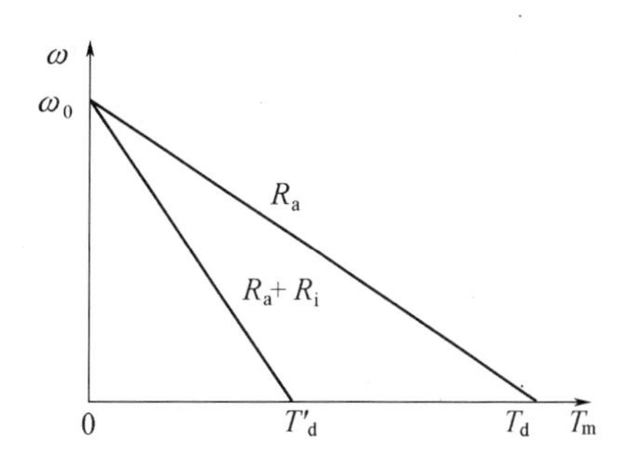

图 5-9　驱动电路内阻对机械特性的影响

如果直流伺服电机的机械特性较平缓,则当负载转矩变化时,相应的转速变化较小,这时称直流伺服电机的机械特性较硬;反之,如果机械特性较陡,当负载转矩变化时,相应的转速变化就较大,则称其机械特性较软。显然,机械特性越硬,电机的负载能力越强;机械特性越软,负载能力越低。毫无疑问,对直流伺服电机应用来说,其机械特性越硬越好。由图 5-8 可见,由于功放电路内阻的存在而使电机的机械特性变软了,这种影响是不利的,因而在设计直流伺服电机功放电路时,应设法减小其内阻。

2）直流伺服电机内部的摩擦对调节特性的影响

由图 5-6 可见,直流伺服电机在理想空载时(即 $T_{ml}=0$),其调节特性曲线从原点开始。但实际上直流伺服电机内部存在摩擦(如转子与轴承间摩擦等),直流伺服电机在启动时需要克服一定的摩擦转矩,因而启动时电枢电压不可能为零,这个不为零的电压称为启动电压,用 U_b 表示,如图 5-10 所示。电机摩擦转矩越大,所需的启动电压就越高。通常把从零到启动电压这一电压范围称为死区,电压值处于该区内时,不能使直流伺服电机转动。

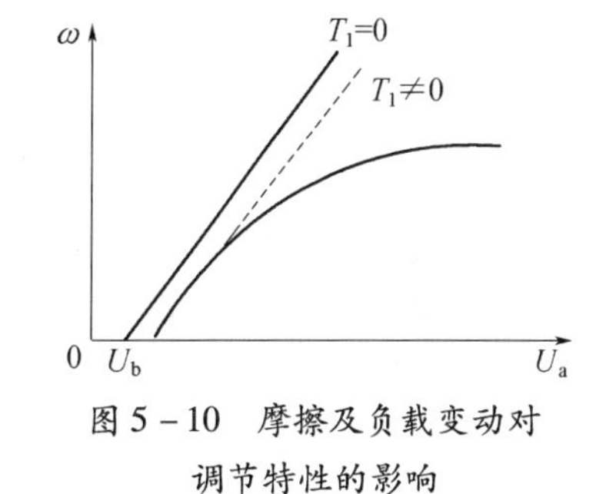

图 5-10　摩擦及负载变动对调节特性的影响

3）负载变化对调节特性的影响

由式(5-5)知,在负载转矩不变的条件下,直流伺服电机角速度与电枢电压成线性关系。但在实际伺服系统中,经常会遇到负载随转速变动的情况,如黏性摩擦阻力是随转速增加而增加的,数控机床切削加工过程中的切削力也是随进给速度变化而变化的。这时由于负载的变动将导致调节特性的非线性,如图 5-9 所示。可见由于负载变动的影响,当电枢电压 U_a 增加时,直流伺服电机角速度 ω 的变化率越来越小,这一点在变负载控制时应格外注意。

5. 直流伺服系统

由于伺服控制系统的速度和位移都有较高的精度要求,因此直流伺服电机通常以闭环或半闭环控制方式应用于伺服系统中。

直流伺服系统的闭环控制是针对伺服系统的最后输出结果进行检测和修正的伺服控制方法,而半闭环控制是针对伺服系统的中间环节(如电机的输出速度或角位移等)进行监控和调节的控制方法。它们都是对系统输出进行实时检测和反馈,并根据偏差对系统实施控制。两者的区别仅在于传感器检测信号位置的不同,因而导致设计、制造的难易程度不同及工作性能的不同，但两者的设计与分析方法是基本上一致的。闭环和半闭环控制的位置伺服系统的结构原理分别如图5-11、图5-12所示。

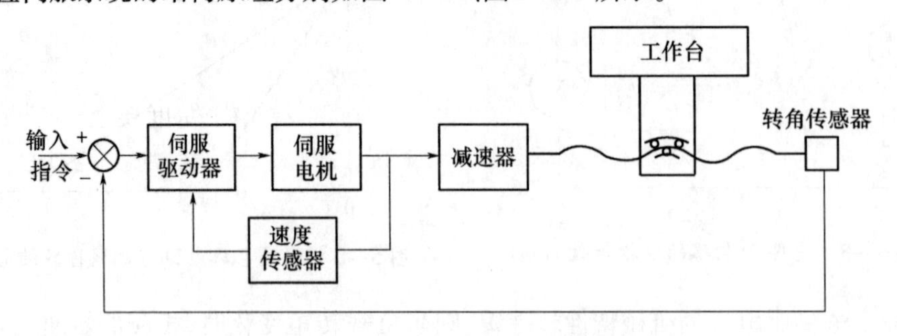

图5-11　闭环伺服系统结构原理图

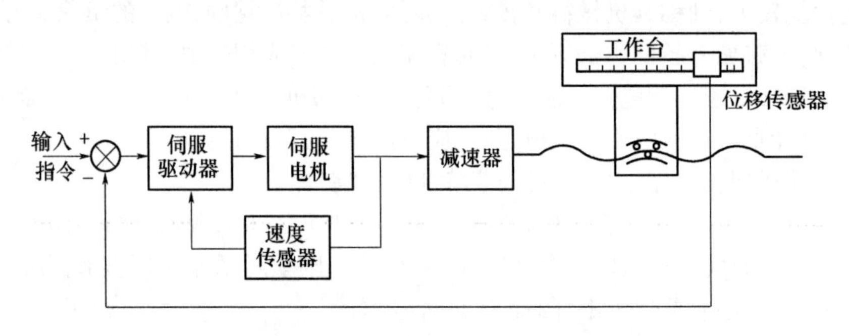

图5-12　半闭环伺服系统结构原理图

设计闭环伺服系统必须首先保证系统的稳定性，然后在此基础上采取各种措施满足精度及快速响应性等方面的要求。当系统精度要求很高时，应采用闭环控制方案。它将全部机械传动及执行机构都封闭在反馈控制环内，其误差都可以通过控制系统得到补偿，因而可达到很高的精度。但是闭环伺服系统结构复杂，设计难度大，成本高，尤其是机械系统的动态性能难于提高，系统稳定性难于保证。因而除非精度要求很高时，一般应采用半闭环控制方案。

影响伺服精度的主要因素是检测环节，常用的检测传感器有旋转变压器、感应同步器、码盘、光电脉冲编码器、光栅尺、磁尺及测速发电机等。如被测量为直线位移，则应选尺状的直线位移传感器，如光栅尺、磁尺、直线感应同步器等。如被测量为角位移，则应选圆形的角位移传感器，如光电脉冲编码器、圆感应同步器、旋转变压器、码盘等。一般来讲，半闭环控制的伺服系统主要采用角位移传感器，闭环控制的伺服系统主要采用直线位移传感器。在位置伺服系统中，为了获得良好的性能，往往还要对执行元件的速度进行反馈控制，因而还要选用速度传感器。速度控制也常采用光电脉冲编码器，既测量电机的角位移，又通过计时而获得速度。

在闭环控制的伺服系统中，机械传动与执行机构在结构形式上与开环控制的伺服系统基本一样，即由执行元件通过减速器和滚动丝杠螺母机构，驱动工作台运动。

直流伺服电机的控制及驱动方法通常采用晶体管脉宽调制(PWM)控制和晶闸管放大器驱动控制。

三、步进电机

步进电机又称电脉冲马达，是通过脉冲数量决定转角位移的一种伺服电机。由于步进电机成本较低，易于采用计算机控制，因而被广泛应用于开环控制的伺服系统中。步进电机比直流电机或交流电机组成的开环控制系统精度高，适用于精度要求不太高的机电一体化伺服传动系统。目前，一般数控机械和普通机床的微机改造中大多数均采用开环步进电机控制系统。

1. 步进电机的结构与工作原理

步进电机按其工作原理分，主要有磁电式和反应式两大类，这里只介绍常用的反应式步进电机的工作原理。三相反应式步进电机的工作原理如图 5－13 所示，其中步进电机的定子上有 6 个齿，其上分别缠有 W_A、W_B、W_C 三相绕组，构成三对磁极，转子上则均匀分布着 4 个齿。步进电机采用直流电源供电。当 W_A、W_B、W_C 三相绕组轮流通电时，通过电磁力吸引步进电机转子一步一步地旋转。

首先假设 U 相绕组通电，则转子上下两齿被磁吸住，转子就停留在 U 相通电的位置上。然后 U 相断电，V 相通电，则磁极 U 的磁场消失，磁极 V 产生了磁场，磁极 V 的磁场把离它最近的另外两齿吸引过去，停止在 V 相通电的位置上，这时转子逆时针转了 30°。随后 V 相断电，W 相通电，根据同样的道理，转子又逆时针转了 30°，停止在 W 相通电的位置上。若再 U 相通电，W 相断电，那么转子再逆转 30°。定子各相轮流通电一次，转子转一个齿。

步进电机绕组按 U→V→W→U→V→W→U…依次轮流通电，步进电机转子就一步步地按逆时针方向旋转。反之，如果步进电机按倒序依次使绕组通电，即 U→W→V→U→W→V→U…，则步进电机将按顺时针方向旋转。

步进电机绕组每次通断电使转子转过的角度称为步距角。上述分析中的步进电机步距角为 30°。

对于一个真实的步进电机，为了减少每通电一次的转角，在转子和定子上开有很多定分的小齿，其中定子的三相绕组铁芯间有一定角度的齿差，当 U 相定子小齿与转子小齿对正时，V 相和 W 相定子上的齿则处于错开状态，如图 5－14 所示。工作原理与上同，只是步距角是小齿距夹角的 1/3。

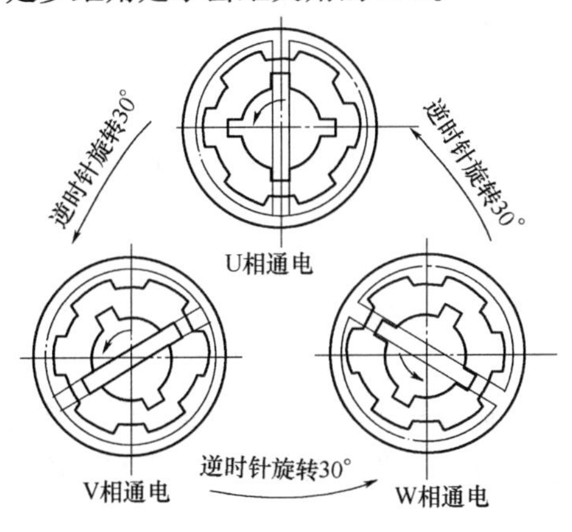

图 5－13　步进电机运动原理图

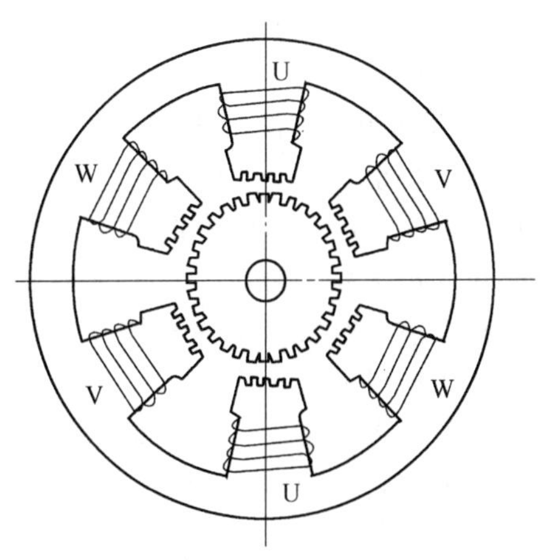

图 5－14　三相反应式步进电机

2. 步进电机的通电方式

如果步进电机绕组的每一次通断电操作称为一拍，每拍中只有一相绕组通电，其余断电，这种通电方式称为单相通电方式。三相步进电机的单相通电方式称为三相单三拍通电方式，如 A→B→C→A→…。

如果步进电机通电循环的每拍中都有两相绕组通电，这种通电方式称为双相通电方式。三相步进电机采用双相通电方式时（如 AB→BC→CA→AB→…），称为三相双三拍通电方式。

如果步进电机通电循环的各拍中交替出现单、双相通电状态，这种通电方式称为单双相轮流通电方式。三相步进电机采用单双相轮流通电方式时，每个通电循环中共有六拍，因而又称为三相六拍通电方式，即 A→AB→B→BC→C→CA→A→…。

一般情况下，m 相步进电机可采用单相通电、双相通电或单双相轮流通电方式工作，对应的通电方式可分别称为 m 相单 m 拍、m 相双 m 拍或 m 相 2m 拍通电方式。

由于采用单相通电方式工作时，步进电机的矩频特性（输出转矩与输入脉冲频率的关系）较差，在通电换相过程中，转子状态不稳定，容易失步，因而实际应用中较少采用。图 5-15 是某三相反应式步进电机在不同通电方式下工作时的矩频特性曲线。显然，采用单双相轮流通电方式可使步进电机在各种工作频率下都具有较大的负载能力。

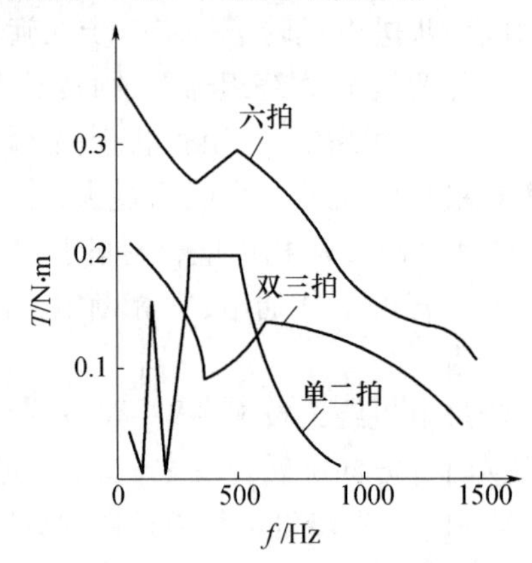

图 5-15　不同通电方式时的矩频特性

通电方式不仅影响步进电机的矩频特性，对步距角也有影响。一个 m 相步进电机，如其转子上有 z 个小齿，则其步距角可通过下式计算：

$$\alpha = \frac{360^\circ}{kmz} \tag{5-12}$$

式中　k——通电方式系数（当采用单相或双相通电方式时，$k=1$；当采用单双相轮流通电方式时，$k=2$）。

可见采用单双相轮流通电方式还可使步距角减小 1/2。步进电机的步距角决定了系统的最小位移，步距角越小，位移的控制精度越高。

3. 步进电机的使用特性

（1）步距误差。步距误差直接影响执行部件的定位精度。步进电机单相通电时。步距误差取决于定子和转子的分齿精度和各相定子的错位角度的精度。多相通电时，步距角不仅与加工装配精度有关，还和各相电流的大小、磁路性能等因素有关。国产步进电机的步距误差一般为 $\pm 10' \sim \pm 15'$，功率步进电机的步距误差一般为 $\pm 20' \sim \pm 25'$。精度较高的步进电机可达 $\pm 2' \sim \pm 5'$。

（2）最大静转矩。是指步进电机在某相始终通电而处于静止不动状态时，所能承受的最大外加转矩，亦即所能输出的最大电磁转矩，它反映了步进电机的制动能力和低速步进运行时的负载能力。

（3）启动矩—频特性。空载时步进电机由静止突然启动，并不失步地进入稳速运行所允许的最高频率称为最高启动频率。启动频率与负载转矩有关。图5-16给出了90BF002型步进电机的启动矩频特性曲线。由图可见,负载转矩越大,所允许的最大启动频率越小。选用步进电机时应使实际应用的启动频率与负载转矩所对应的启动工作点位于该曲线之下,才能保证步进电机不失步地正常启动。当伺服系统要求步进电机的运行频率高于最大允许启动频率时,可先按较低的频率启动,然后按一定规律逐渐加速到运行频率。

(4) 运行矩频特性。步进电机连续运行时所能接受的最高频率称为最高工作频率,它与步距角一起决定执行部件的最大运行速度。最高工作频率决定于负载惯量 J,还与定子相数、通电方式、控制电路的功率驱动器等因素有关。图5-17是90BF002型步进电机的运行矩频特性曲线。由图可见,步进电机的输出转矩随运行频率的增加而减小,即高速时其负载能力变差,这一特性是步进电机应用范围受到限制的主要原因之一。选用步进电机时,应使实际应用的运行频率与负载转矩所对应的运行工作点位于运行矩频特性之下,才能保证步进电机不失步地正常运行。

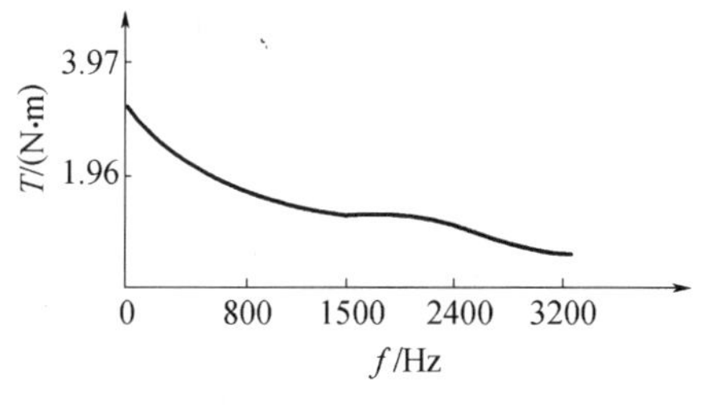

图5-16 启动矩频特性

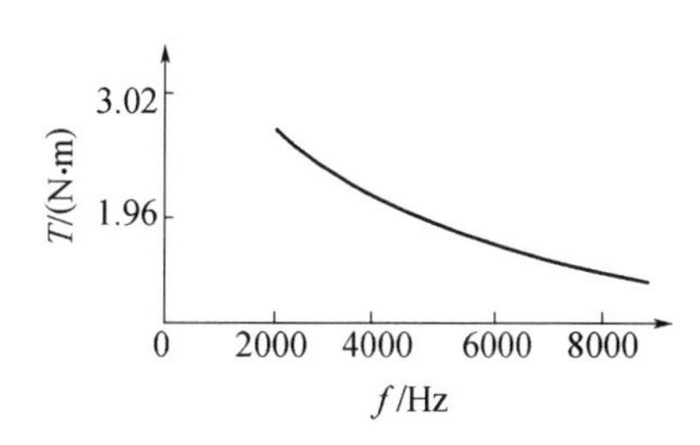

图5-17 运行矩频特性

(5) 最大相电压和最大相电流。分别是指步进电机每相绕组所允许施加的最大电源电压和流过的最大电流。实际应用的相电压或相电流如果大于允许值,可能会导致步进电机绕组被击穿或因过热而烧毁,如果比允许值小得太多,步进电机的性能又不能充分发挥出来。因而设计或选择步进电机的驱动电源时,应充分考虑这两个电气参数。

4. 步进电机的控制与驱动

步进电机的电枢通断电次数和各相通电顺序决定了输出角位移和运动方向,控制脉冲分配频率可实现步进电机的速度控制。因此,步进电机控制系统一般采用开环控制方式。图5-18为开环步进电机控制系统框图,系统主要由环形分配器、功率驱动器、步进电机等组成。

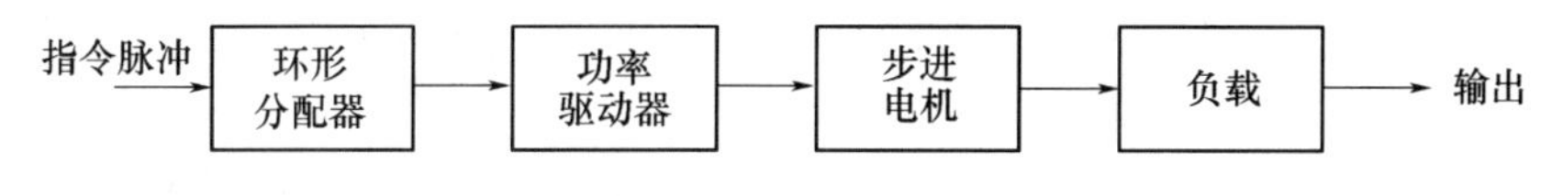

图5-18 开环步进电机控制系统框图

(1) 环形分配。步进电机在一个脉冲的作用下,转过一个相应的步距角,因而只要控制一定的脉冲数,即可精确控制步进电机转过的相应的角度。但步进电机的各绕组必须按一定的顺序通电才能正确工作,这种使电机绕组的通断电顺序按输入脉冲的控制而循环变化的过程称为环形脉冲分配。

实现环形分配的方法有两种。

一种是计算机软件分配，采用查表或计算的方法使计算机的三个输出引脚依次输出满足速度和方向要求的环形分配脉冲信号。这种方法能充分利用计算机软件资源，以减少硬件成本，尤其是多相电机的脉冲分配更显示出它的优点。但由于软件运行会占用计算机的运行时间，因而会使插补运算的总时间增加，从而影响步进电机的运行速度。

另一种是硬件环形分配，采用数字电路搭建或专用的环形分配器件将连续的脉冲信号经电路处理后输出环形脉冲。采用数字电路搭建的环形分配器通常由分立元件（如触发器、逻辑门等）构成，特点是体积大、成本高、可靠性差。专用的环形分配器目前市面上有很多种，如 CMOS 电路 CH250 即为三相步进电机的专用环形分配器，它的引脚功能图及三相六拍线路图如图 5-19 所示。这种方法的优点是使用方便，接口简单。

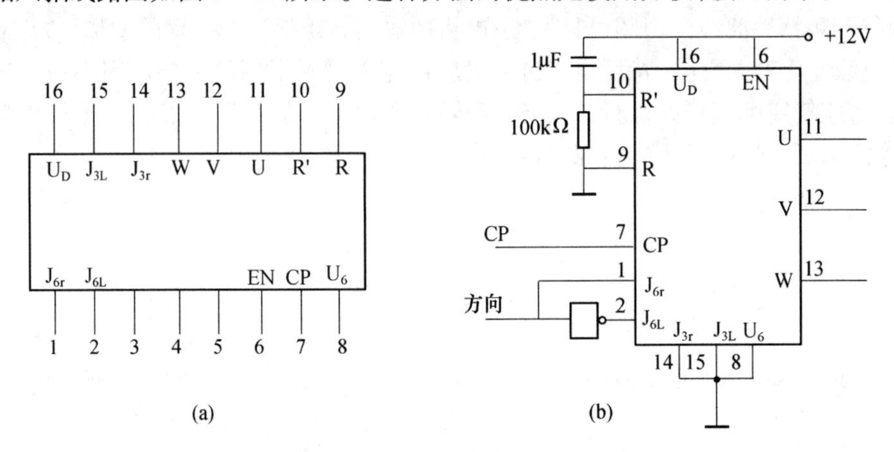

图 5-19　环形分配器 CH250 引脚图

（2）功率驱动。要使步进电机能输出足够的转矩以驱动负载工作，必须为步进电机提供足够功率的控制信号，实现这一功能的电路称为步进电机驱动电路。驱动电路实际上是一个功率开关电路，其功能是将环形分配器的输出信号进行功率放大，得到步进电机控制绕组所需要的脉冲电流及所需要的脉冲波形。步进电机的工作特性在很大程度上取决于功率驱动器的性能，对每一相绕组来说，理想的功率驱动器应使通过绕组的电流脉冲尽量接近矩形波。但由于步进电机绕组有很大的电感，要做到这一点是有困难的。

常见的步进电机驱动电路有三种。

1）单电源驱动电路

这种电路采用单一电源供电，结构简单，成本低，但电流波形差，效率低，输出力矩小，主要用于对速度要求不高的小型步进电机的驱动。图 5-20 所示为步进电机的一相绕组驱动电路（每相绕组的电路相同）。

当环形分配器的脉冲输入信号 U_u 为低电平（逻辑 0，约 1V）时，虽然 VT_1、VT_2 管都导通，但只要适当选择 R_1、R_3、R_5 的阻值，使 $U_{b3}<0$（约为 -1V），那么 VT_3 管就处于截止状态，该相绕组断电。当输入信号 U_u 为高电平 3.6V（逻辑 1）时。$U_{b3}>0$（约为 0.7V），VT_3 管饱和导通，该相绕组通电。

2）双电源驱动电路

又称高低压驱动电路，采用高压和低压两个电源供电。在步进电机绕组刚接通时，通过高压电源供电，以加快电流上升速度，延迟一段时间后，切换到低压电源供电。这种电

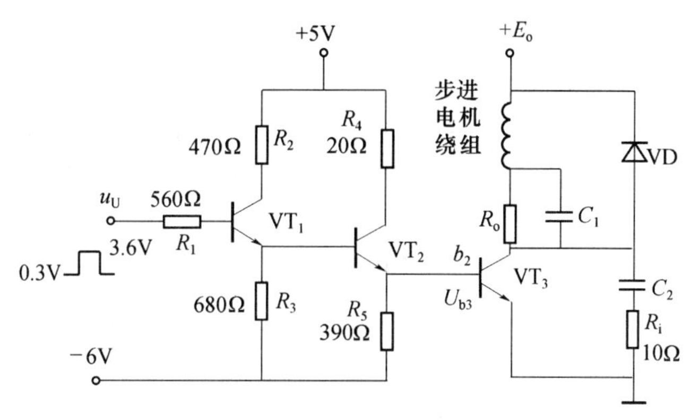

图 5-20 单电源驱动电路

路使电流波形、输出转矩及运行频率等都有较大改善，如图 5-21 所示。

当环形分配器的脉冲输入信号 U_u 为高电平时（要求该相绕组通电），二极管 VT_g、VT_d 的基极都有信号电压输入，使 VT_g、VT_d 均导通。于是在高压电源作用下（这时二极管 VD_1 两端承受的是反向电压，处于截止状态，可使低压电源不对绕组作用）绕组电流迅速上升，电流前沿很陡。当电流达到或稍微超过额定稳态电流时，利用定时电路或电流检测器等措施切断 VT_g 基极上的信号电压，于是 VT_g 截止，但此时 VT_d 仍然是导通的，因此绕组电流即转而由低压电源经过二极管 VD_1 供给。当环形分配器输出端的电压 U_u 为低电平时（要求绕组断电），VT_d 基极上的信号电压消失，于是 VT_d 截止，绕组中的电流经二极管 VD_2 及电阻 R_{f2} 向高压电源放电，电流便迅速下降。采用这种高低压切换型电源，电机绕组上不需要串联电阻或者只需要串联一个很小的电阻 R_{f1}（为平衡各相的电流），所以电源的功耗比较小。由于这种供压方式使电流波形得到很大改善，所以步进电机的转矩—频率特性好，启动和运行频率得到很大的提高。

3）斩波限流驱动电路

这种电路采用单一高压电源供电，以加快电流上升速度，并通过对绕组电流的检测，控制功放管的开和关，使电流在控制脉冲持续期间始终保持在规定值上下，其波形如图 5-22所示。这种电路出力大，功耗小，效率高，目前应用最广。图 5-23 所示为一种斩波限流驱动电路原理图，其工作原理如下：

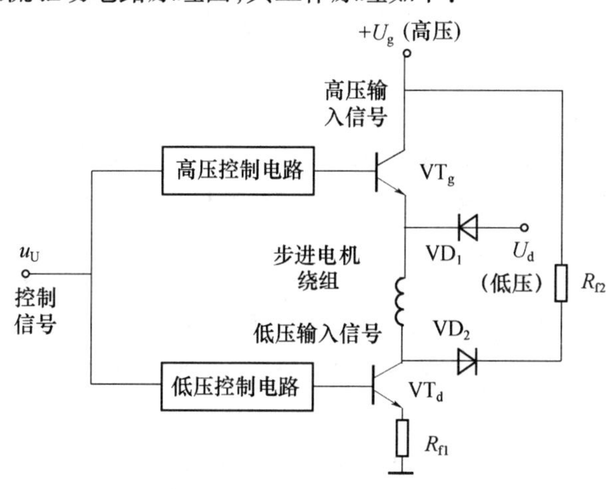

图 5-21 高、低压驱动电路

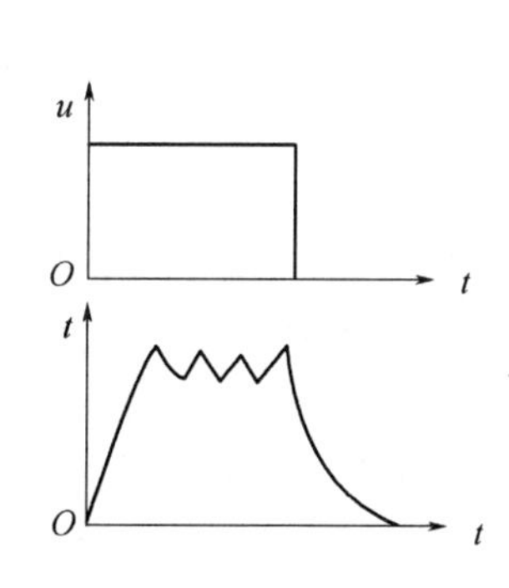

图 5-22 斩波限流驱动电路波形图

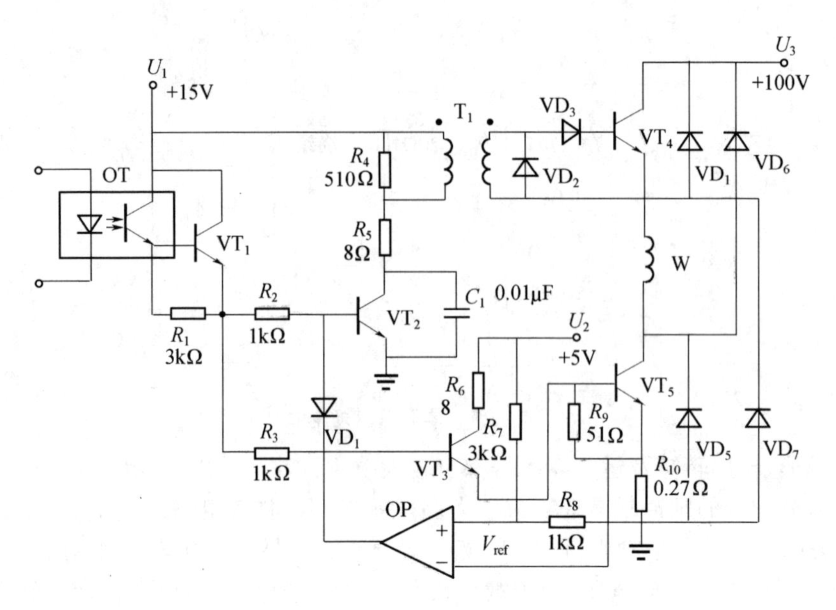

图 5－23　斩波限流驱动电路

当环形分配器的脉冲输入高电平(要求该相绕组通电)加载到光电耦合器 OT 的输入端时,晶体管 VT_1 导通,并使 VT_2 和 VT_3 也导通。在 VT_2 导通瞬间,脉冲变压器 T_1 在其二次线圈中感应出一个正脉冲,使大功率晶体管 VT_4 导通。同时由于 VT_3 的导通,大功率晶体管 VT_5 也导通。于是绕组 W 中有电流流过,步进电机旋转。由于 W 是感性负载,其中电流在导通后逐渐增加,当其增加到一定值时,在检测电阻 R_{10} 上产生的压降将超过由分压电阻 R_7 和电阻 R_8 所设定的电压值 V_{ref},使比较器 OP 翻转,输出低电平使 VT_2 截止。在 VT_2 截止瞬时,又通过 T_1 将一个负脉冲交连到二次线圈,使 VT_4 截止。于是电源通路被切断,W 中储存的能量通过 VT_5、R_{10} 及二极管 VD_7 释放,电流逐渐减小。当电流减小到一定值后,在 R_{10} 上的压降又低于 V_{ref},使 OP 输出高电平,VT_2、VT_4 及 W 重新导通。在控制脉冲持续期间,上述过程不断重复。当输入低电平时,VT_1 ~ VT_5 等相继截止,W 中的能量则通过 VD_6、电源、地和 VD_7 释放。

该电路限流值可达 6A 左右,改变电阻 R_{10} 或 R_8 的值,可改变限流值的大小。

四、交流伺服电机

20 世纪后期,随着电力电子技术的发展,交流电机应用于伺服控制越来越普遍。与直流伺服电机比较,交流伺服电机不需要电刷和换向器,因而维护方便和对环境无要求;此外,交流电机还具有转动惯量、体积和重量较小,结构简单、价格便宜等优点;尤其是交流电机调速技术的快速发展,使它得到了更广泛的应用。交流电机的缺点是转矩特性和调节特性的线性度不及直流伺服电机好;其效率也比直流伺服电机低。因此,在伺服系统设计时,除某些操作特别频繁或交流伺服电机在发热和起、制动特性不能满足要求时,选择直流伺服电机外,一般尽量考虑选择交流伺服电机。

用于伺服控制的交流电机主要有同步型交流电机和异步型交流电机。采用同步型交流电机的伺服系统,多用于机床进给传动控制、工业机带入关节传动和其他需要运动和位置控制的场合。异步型交流电机的伺服系统，多用于机床主轴转速和其他调速系统。

1. 异步型交流电机

三相异步电机定子中的三个绕组在空间方位上也互差 120°，三相交流电源的相与相之间的电压在相位上也是相差 120°的，当在定子绕组中通入三相电源时，定子绕组就会产生一个旋转磁场。旋转磁场的转速为

$$n_1 = 60\frac{f_1}{P} \tag{5-13}$$

式中 f_1——定子供电频率；

P——定子线圈的磁极对数；

n_1——定子转速磁场的同步转速。

定子绕组产生旋转磁场后，转子导条（鼠笼条）将切割旋转磁场的磁力线而产生感应电流，转子导条中的电流又与旋转磁场相互作用产生电磁力，电磁力产生的电磁转矩驱动转子沿旋转磁场方向旋转。一般情况下，电机的实际转速 n 低于旋转磁场的转速 n_1。如果假设 $n = n_1$，则转子导条与旋转磁场就没有相对运动，就不会切割磁力线，也就不会产生电磁转矩，所以转子的转速 n_1 必然小于 n，为此称三相电机为异步电机。

旋转磁场的旋转方向与绕组中电流的相序有关。假设三相绕组 A、B、C 中的电流相序按顺时针流动，则磁场按顺时针方向旋转，若把三根电源线中的任意两根对调，则磁场按逆时针方向旋转。利用这一特性可很方便地改变三相电机的旋转方向。

综上所述，异步电机的转速方程为

$$n = \frac{60f_1}{p}(1-s) = n_1(1-s) \tag{5-14}$$

式中 n——电机转速；

s——转差率。

根据式（5-14）知道，交流电机的转速与磁极数和供电电源的频率有关。把改变异步电机的供电频率 f_1 实现调速的方法称为变频调速；而改变磁极对数 P 进行调速的方法称为变极调速。变频调速一般是无级调速，变极调速是有级调速。当然，改变转差率 s 也可以实现无级调速，但该办法会降低交流电机的机械特性，一般不使用。

2. 同步型交流电机

同步电机的转子旋转速度与定子绕组所产生的旋转磁场的速度是一样的，所以称为同步电机。同步电机的定子绕组与异步电机相同，它的转子做成显极式的，安装在磁极铁芯上面的磁场线圈是相互串联的，接成具有交替相反的极性，并有两根引线连接到装在轴上的两只滑环上面。磁场线圈是由一只小型直流发电机或蓄电池来激励，在大多数同步电机中，直流发电机是装在电机轴上的，用以供应转子磁极线圈的励磁电流。

由于这种同步电机不能自动启动，所以在转子上还装有鼠笼式绕组而作为电机启动之用。鼠笼绕组放在转子的周围，结构与异步电机相似。

当在定子绕组通上三相交流电源时，电机内就产生了一个旋转磁场，鼠笼绕组切割磁力线而产生感应电流，从而使电机旋转起来。电机旋转之后，其速度慢慢增高到稍低于旋转磁场的转速，此时转子磁场线圈经由直流电来激励，使转子上面形成一定的磁极，这些

磁极就企图跟踪定子上的旋转磁极，这样就增加电机转子的速率直至与旋转磁场同步旋转为止。

同步电机运行时的转速与电源的供电频率有严格不变的关系，它恒等于旋转磁场的转速，即电机与旋转磁场两者的转速保持同步，并由此而得名。同步交流电机的转速用下式表达：

$$n = 60\frac{f_1}{P} \tag{5-15}$$

式中 f_1——定子供电频率；

P——定子线圈的磁极对数；

n——转子转速。

3. 交流伺服电机的性能

对异步电机进行变频调速控制时，希望电机的每极磁通保持额定值不变。若磁通太弱，则铁芯利用不够充分，在同样的转子电流下，电磁转矩小，电机的负载能力下降。若磁通太强，又会使铁芯饱和，使励磁电流过大，严重时会因绕组过热而损坏电机。异步电机的磁通是定子和转子磁动势合成产生的，下面说明怎样才能使磁通保持恒定。

由电机理论知道，三相异步电机定子每相电动势的有效值 E_1 为

$$E_1 = 4.44 f_1 N_1 \Phi_m \tag{5-16}$$

式中 Φ_m——每极气隙磁通；

N_1——定子相绕组有效匝数。

由式(5-16)可见，Φ_m 的值是由 E_1 和 f_1 共同决定的，对 E_1 和 f_1 进行适当的控制，就可以使气隙磁通 Φ_m 保持额定值不变。下面分两种情况说明。

1）基频以下的恒磁通变频调速

这是考虑从基频（电机额定频率 f）向下调速的情况。为了保持电机的负载能力，应保持气隙磁通 Φ_m 不变。这就要求降低供电频率的同时降低感应电机，保持 E_1/f_1 = 常数，即保持电动势与频率之比为常数进行控制。这种控制又称为恒磁通变频调速，属于恒转矩调速方式。

由于，E_1 难于直接检测及直接控制，当 E_1 和 f_1 的值较高时，定子的漏阻抗压降相对比较小，如忽略不计，则可近似地保持定子相电压 U_1 和频率 f_1 的比值为常数，即认为 $U_1 = E_1$，保持 U_1/f_1 = 常数即可。这就是恒压频比控制方式，是近似的恒磁通控制。

当频率较低时，U_1 和 E_1 都变小，定子漏阻抗压降（主要是定子电阻压降）不能忽略。在这种情况下，可以适当提高定子电压以补偿定子电阻压降的影响，使气隙磁通基本保持不变。如图 5-24 所示，其中曲线 a 为 U_1/E_1 = 常数时的电压—频率关系。曲线 b 为有电压补偿时近似的（E_1/f_1 = 常数）电压—频率关系。

2）基频以上的弱磁通变频调速

这是考虑由基频开始向上调速的情况。频率由额定值 f 向上增大，但电压 U 受额定电压 U_{1n} 的限制不能再升高，只能保持 $U_1 = U_{1n}$ 不变。必然会使磁通随着 f_1 的上升而减小，这属于近似的恒功率调速方式，上述两种情况综合起来。异步电机变频调速的基本控制方式如图 5-25 所示。

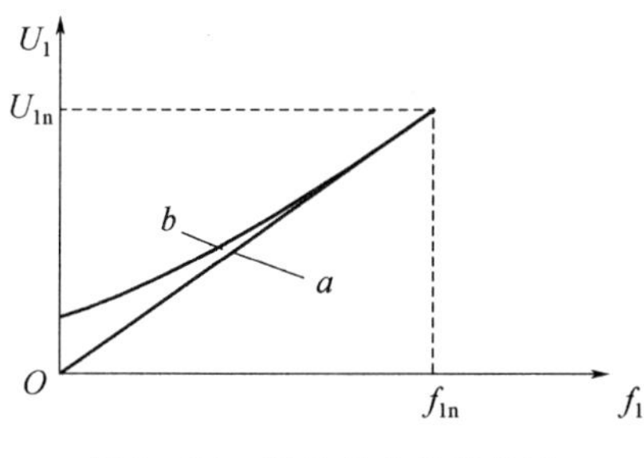

图 5-24　恒压频比控制特性

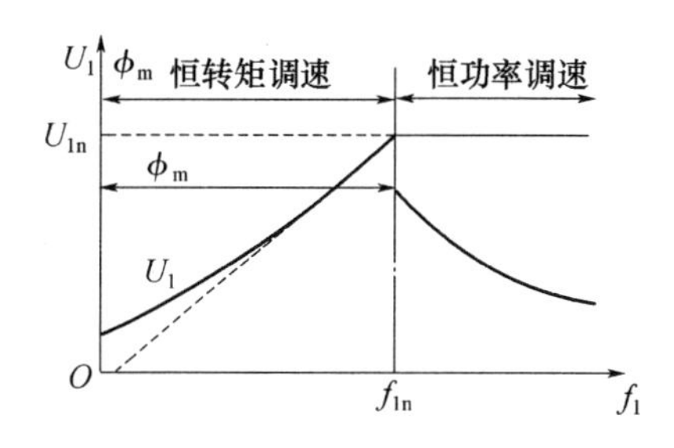

图 5-25　异步电机变频调速控制特性

由上述分析可知，变频调速时，一般需要同时改变电压和频率，以保持磁通基本恒定。因此，变频调速器又称为 VVVF(Variable Voltage Variable Frequency)装置。

4. 交流电机变频调速的控制方案

根据生产的要求、变频器的特点和电机的种类，会出现多种多样的变频调速控制方案。这里只讨论交—直—交(AC-DC-AC)变频器。

1）开环控制

开环控制的通用变频器三相异步电机变频调速系统控制框图如图 5-26 所示。

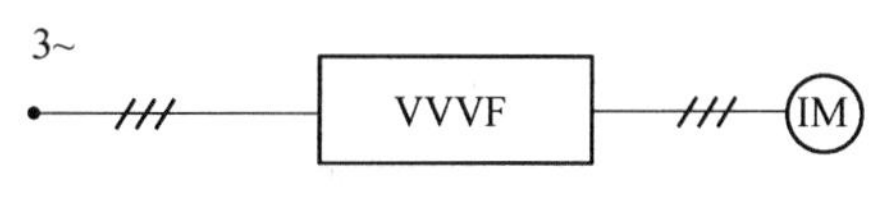

图 5-26　开环异步电机变频调速

VVVF—通用变频器；IM—异步电机。

该控制方案结构简单，可靠性高。但是，由于是开环控制方式，其调速精度和动态响应特性并不是十分理想。尤其是在低速区域电压调整比较困难，不可能得到较大的调速范围和较高的调速精度。异步电机存在转差率，转速随负荷力矩变化而变动，即使目前有些变频器具有转差补偿功能及转矩提升功能，也难以达到 0.5% 的精度，所以采用这种 V/F 控制的通用变频器异步机开环变频调速适用于一般要求不高的场合，如风机、水泵等机械。

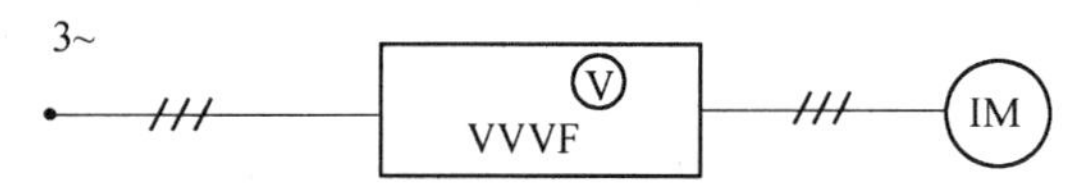

图 5-27　矢量控制变频器的异步电机变频调速

VVVF—矢量变频器。

2）无速度传感器的矢量控制

无速度传感器的矢量控制变频器异步电机变频调速系统控制框图如图 5-27 所示。对比图 5-26，两者的差别仅在使用的变频器不同。由于使用无速度传感器矢量控制的变频器，可以分别对异步电机的磁通和转矩电流进行检测、控制，自动改变电压和频率，使指令值和检测实际值达到一致，从而实现了矢量控制。虽说它是开环控制系统，但是大大提升了静态精度和动态品质。转速精度约等于 0.5%，转速响应也较快。

如果生产要求不是十分高的情形下，采用矢量变频器无传感器开环异步电机变频调速是非常合适的，可以达到控制结构简单、可靠性高的实效。

3）带速度传感器矢量控制

带速度传感器矢量控制变频器的异步电机闭环变频调速系统控制框图如图 5－28 所示。

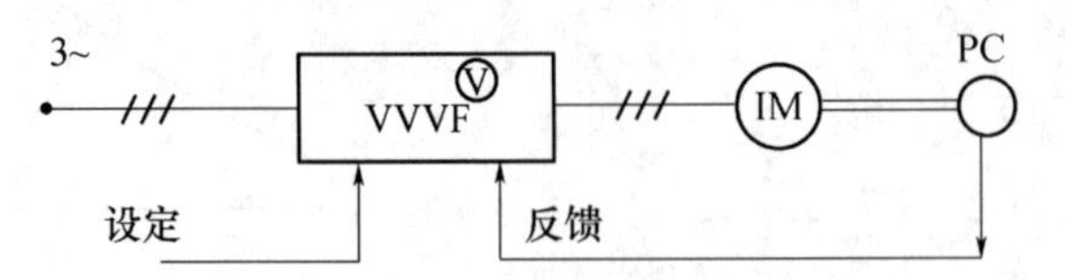

图 5－28　异步电机闭环控制变频调速

PG—速度脉冲发生器。

矢量控制异步电机闭环变频调速是一种理想的控制方式。它具有可以从零转速起进行速度控制，即甚低速亦能运行，因此调速范围很宽广，可达 100∶1 或 1000∶1；可以对转矩实行精确控制；系统的动态响应速度甚快；电机的加速度特性很好等优点。

然而，带速度传感器矢量控制变频器的异步机闭环变频调速技术性能虽好，但是毕竟它需要在异步电机轴上安装速度传感器，严格地讲，已经降低了异步电机结构坚固、可靠性高的特点。况且，在某些情况下，由于电机本身或环境的因素无法安装速度传感器。再则，多了反馈电路和环节，也增加了出故障的机率。

因此，如若非采用不可的情况下，对于调速范围、转速精度和动态品质要求不是特别高的条件场合，往往采用无速度传感器矢量变频器开环控制异步机变频调速系统。

4）永磁同步电机开环控制

永磁同步电机开环控制的变频调速系统控制框图如图 5－29 所示。

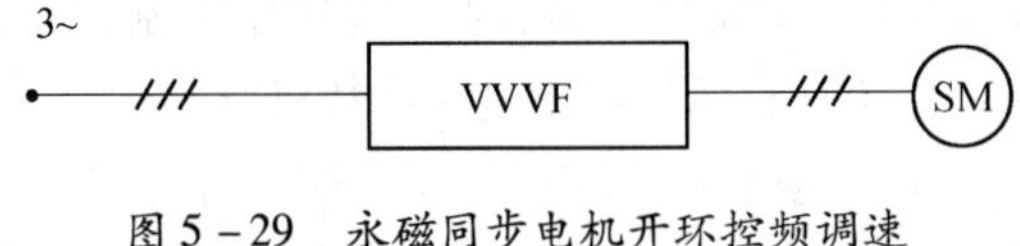

图 5－29　永磁同步电机开环控频调速

SM—同步电机。

假如将图 5－26 中异步电机（IM）换成永磁同步电机（PM、SM），就是第四种变频调速控制方案。它具有控制电路简单、可靠性高的特点。由于是同步电机，它转速始终等于同步转速，转速只取决于电机供电频率 f_1，而与负载大小无关（除非负载力矩大于或等于失步转矩，同步电机会失步，转速迅速停止），其机械特性曲线为一根平行横轴直线，绝对硬特性。

如果采用高精度的变频器（数字设定频率精度可达 0.01%），在开环控制情形下，同步电机的转速精度亦为 0.01%。因为同步电机转速精度与变频器频率精度相一致（在开环控制方式时），所以特别适合多电机同步传动。

至于同步电机变频调速系统的动态品质问题，若采用通用变频器 V/F 控制，响应速度较慢；若采用矢量控制变频器，响应速度很快。

五、数控步进液压马达（缸）

数控步进液压马达（缸），有时也称为电液脉冲马达（缸），或简称为数控马达（缸）、步进马达（缸）等。它是由数字量控制的电液组件，包括步进电机、阀、反馈器件、液压马达（缸）等。近年来，这种组件由于与计算机连接容易，控制方便，得到了很大的发展。它具有使用方便、控制精度高、负载影响小、工作可靠等优点。

数控步进液压马达(缸)有不同的结构形式,现以伺服阀控制、螺纹反馈型式的数控步进液压缸为例介绍如下。

如图 5－30 所示,步进电机经过弹性联轴节带动伺服阀阀芯转动,由于阀芯端部的螺纹在反馈螺母中转动,使阀芯产生轴向移动,所以阀口被打开。压力油经伺服阀到液压缸使活塞移动。活塞移动时,其内部的滚珠丝杠转动,带动反馈螺母旋转,使阀芯回复到原来的位置。一定数量的脉冲对应于一定量的活塞位移。步进电机转向不同,则活塞移动方向相反。

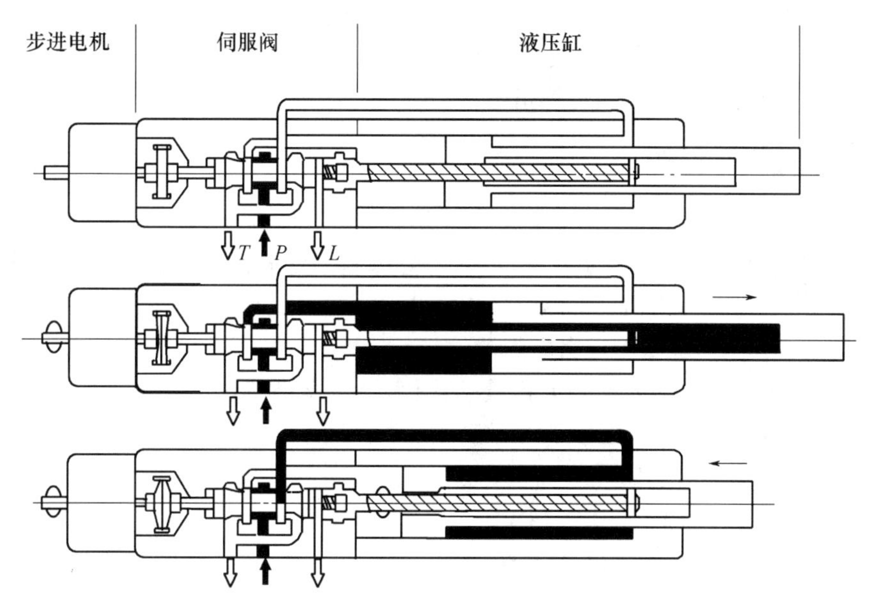

图 5－30　伺服阀控制、螺纹反馈型式的步进液压缸

这种数控步进缸可用于开环控制系统,也可用于闭环控制系统,用以控制位置或速度,具有较高的控制精度和分辨率。分辨率取决于步进电机的步距角,或在一定位移时的脉冲数,步距角越小,脉冲数越多则分辨率越高,但动态响应变慢。

当需要采用模拟量控制时,也可采用直流伺服电机取代步进电机。若将其中的液压缸改为液压马达,则成为数控步进液压马达。数控步进叶片式液压马达如图 5－31 所示。阀与马达之间可以直接反馈,如叶片式液压马达,也可以用皮带或齿轮,将液压马达的运

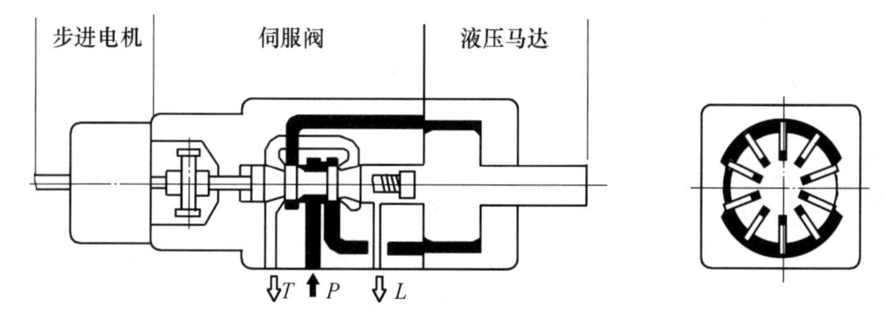

图 5－31　数控步进液压马达

动传到反馈螺母上，如柱塞式马达。这些液压马达容量大、精度高、响应快，能用于位置、速度或力控制系统中。

这种伺服阀控制、螺纹反馈的数控步进液压缸和马达结构紧凑，通用性好，控制部分可以互换，在机电一体化系统中应用比较方便。

第三节　电力电子变流技术

伺服电机的驱动电路实际上就是将控制信号转换为功率信号，为电机提供电能的控制装置，也称其为变流器，它包括电压、电流、频率、波形和相数的变换。变流器主要是由功率开关器件、电感、电容和保护电路组成。开关器件的特性决定了电路的功率、响应速度、频带宽度、可靠性和功率损耗等指标。

一、开关器件特性

传统的开关器件包括晶闸管(SCR)、电力晶体管(GTR)、可关断晶闸管(GTO)、电力场效应晶体管(MOSFET)等。近年来，随着半导体制造技术和变流技术的发展，相继出现了绝缘栅极双极型晶体管(Insulated Gate Bipolar Transistor,IGBT)、场控晶闸管(MOS Controlled Thyristor,MCT)等新型电力电子器件。

电力电子器件的性能要求是大容量、高频率、易驱动和低损耗。因此，评价器件品质因素的主要标准是容量、开关速度、驱动功率、通态压降、芯片利用率。目前，各类电力电子器件所达到的功能水平如下：

普通晶闸管：12kV、1kA；4kV、3kA。

可关断晶闸管：9kV、1kA；4.5kV、4.5kA。

逆导晶闸管：4.5kV、1kA。

光触晶闸管：6kV、2.5kA；4kV、5kA。

电力晶体管：单管1kV、200A；模块1.2kV、800A；1.8kV、100A。

场效应管：1kV、38A。

绝缘栅极双极型晶体管：1.2kV、400A；1.8kV、100A。

静电感应晶闸管(Static Induction Thyristor,SITH)：4.5kV、2.5kA。

场控晶闸管：1kV、100A。

图5-32示出主要电力电子器件的控制容量和开关频率的应用范围。

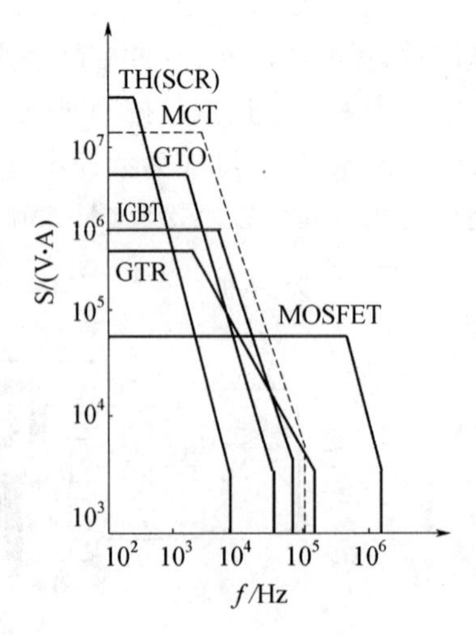

图5-32　电力电子器件的控制容量和开关频率的应用范围

开关器件分为晶闸管型和晶体管型，它们的共同特点是用正或负的信号施加与门极上(或栅极或基极)来控制器件的开与关。一般开关器件在其他教材中都有所介绍，下面主要介绍几种驱动功率小、开关速度快、应用广泛的新型器件。

1. 绝缘栅极双极型晶体管(IGBT)

IGBT 是在 GTR 和 MOSFET 之间取其长、避其短而出现的新器件,它实际上是用 MOSFET 驱动双极型晶体管,兼有 MOSFET 的高输入阻抗和 GTR 的低导通压降两方面的优点。电力晶体管饱和压降低,载流密度大,但驱动电流较大。MOSFET 驱动功率很小,开关速度快,但导通压降大,载流密度小。IGBT 综合了以上两种器件的优点,驱动功率小而饱和压降低。

IGBT 是多元集成结构,每个 IGBT 元的结构如图 5-33(a)所示,图 5-33(b)是 IGBT 的等效电路,它由一个 MOSFET 和一个 PNP 晶体管构成,给栅极施加正偏信号后,MOSFET 导通,从而给 PNP 晶体管提供了基极电流使其导通。给栅极施加反偏信号后,MOSFET 关断,使 PNP 晶体管基极电流为零而截止。图 5-33(c)是 IGBT 的电气符号。

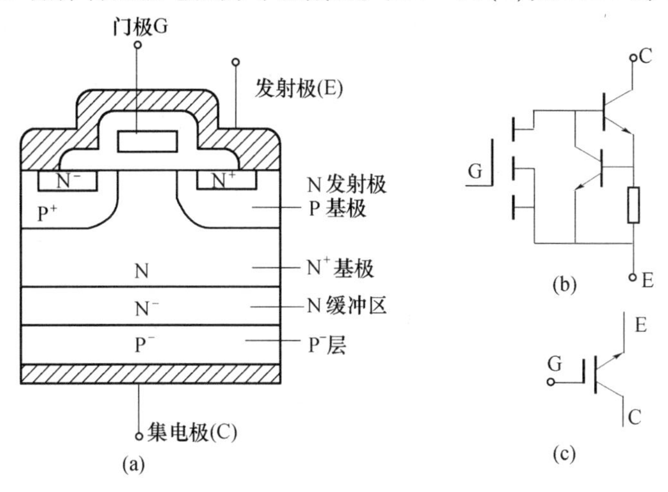

图 5-33　IGBT 的简化等效电路图

IGBT 的开关速度低于 MOSFET,但明显高于电力晶体管。IGBT 在关断时不需要负栅压来减少关断时间,但关断时间随栅极和发射极并联电阻的增加而增加。IGBT 的开启电压为 3V~4V,和 MOSFET 相当。IGBT 导通时的饱和压降比 MOSFET 低而和电力晶体管接近,饱和压降随栅极电压的增加而降低。

IGBT 的容量和 GTR 的容量属于一个等级,研制水平已达 1000V/800A。但 IGBT 比 CTR 驱动功率小,工作频率高,预计在中等功率容量范围将逐步取代 GTR。也已实现了模块化,并且已占领了电力晶体管的很大一部分市场。

2. 场控晶闸管(MCT)

MCT 是 MOSFET 驱动晶闸管的复合器件,集场效应晶体管与晶闸管的优点于一身,是双极型电力晶体管和 MOSFET 的复合。MCT 把 MOSFET 的高输入阻抗、低驱动功率和晶闸管的高电压大电流、低导通压降的特点结合起来,成为非常理想的器件。

一个 MCT 器件由数以万计的 MCT 元组成,每个元的组成为:PNPN 晶闸管一个(可等效为 PNP 和 NPN 晶体管各一个),控制 MCT 导通的 MOSFET(on-FET)和控制 MCT 关断的 MOSFET(off-FET)各一个。当给栅极加正脉冲电压时,N 沟道的 on-FET 导通,其漏极电流即为 PNP 晶体管提供了基极电流使其导通,PNP 晶体管的集电极电流又为 NPN 晶体管提供了基极电流而使其导通,而 NPN 晶体管的集电极电流又反过来成为 PNP 晶体管的基极电流，这种正反馈使 $\alpha_1+\alpha_2>1$，MCT 导通。当给栅极加负电压脉冲时，P 沟道的 off - FET 导通，使 PNP 晶体管的集电极电流大部分经 off - FET 流向阴极而不注入 NPN 晶体管的基极。因而 NPN 晶体管的集电极电流，即 PNP 晶体管基极电流减小，这又使得 NPN 晶体管的基极电流减小，这种正反馈使 $\alpha_1+\alpha_2<1$ 时 MCT 即关断。

MCT 阻断电压高，通态压降小，驱动功率低，开关速度快。虽然目前的容量水平仅为 1000V/100A，其通态压降只有 IGBT 或 GTR 的 1/3 左右，硅片的单位面积连续电流密度在各种器件中是最高的。另外，MCT 可承受极高的 di/dt 和 du/dr，这使得保护电路可以简化。MCT 的开关速度超过 GTR，开关损耗也小。总之，MCT 被认为是一种最有发展前途的电力电子器件。

3. 静电感应晶体管(SIT)

SIT(Static Induction Transistor)实际上是一种结型电力场效应晶体管，其电压、电流容量都比 MOSFET 大，适用于高频大功率的场合。在栅极不加任何信号时，SIT 是导通的，栅极加负偏时关断，这种类型称为正常导通型，使用不太方便。另外，SIT 通态压降大，因而通态损耗也大。

4. 静电感应晶闸管(SITH)

SITH 是在 SIT 的漏极层上附加一层和漏极层导电类型不同的发射极层而得到的。和 SIT 相同，SITH 一般也是正常导通型，但也有正常关断型的。SITH 的许多特性和 GTO 类似，但其开关速度比 GTO 高得多(GTO 的工作频率为 1kHz ~ 2kHz)，是大容量的快速器件。

另外，可关断晶闸管(GTO)是目前各种自关断器件中容量最大的，在关断时需要很大的反向驱动电流；电力晶体管(GTR)目前在各种自关断器件中应用最广，其容量为中等，工作频率一般在 10kHz 以下。电力晶体管是电流控制型器件，所需的驱动功率较大；电力 MOSFET 是电压控制型器件，所需驱动功率最小。在各种自关断器件中，其工作频率最高，可达 100kHz 以上。其缺点是通态压降大，器件容量小。

5. 开关器件的应用说明

变流器中开关器件的开关特性决定了控制电路的功率、响应速度、频带宽度、可靠性和功率损耗等指标。由于普通晶闸管是只具备控制接通、无自关断能力的半控型器件，因此在直流回路里，如要求将它关断，需增设含电抗器和电容器或辅助晶闸管的换相回路。另外，普通晶闸管的开关频率较低，故对于开关频率要求较高的无源逆变器和斩波器，就无法胜任，必须使用开关频率较高的全控型的自关断器件。例如将电力晶体管替代普通晶闸管用在变频装置的逆变器中，其体积可减少 2/3，而开关频率可提高 6 倍，还相应地降低了换相损耗，提高了效率。近年来，不间断电源和交流变频调速装置广泛采用电力电子自关断器件。

可以说，以全控型的开关器件来取代线路复杂、体积庞大、功能指标较低的普通晶闸管和换相电路，这是变流技术发展的规律。由于全控型器件开关频率的提高，变流器可采用脉宽调制(PWM)型的控制，既可降低谐波和转矩脉动，又提高了快速性，还改善了功率因数。目前国外的中小容量和较大容量的变频装置已大部分采用了由自关断器件构成的 PWM 控制电路，大功率的电机传动以及电力机车用 PWM 逆变器的功率达兆瓦级，开关频率为 1kHz ~ 20kHz。

在斩波器的直流—直流变换中，采用 PWM 技术亦有多年历史，其开关频率为 20kHz ~ 1MHz。应用场效应晶体管及谐振原理，采用软开关技术以构成直流—直流变流器，其开关损耗及电磁干扰均可显著减少，可使小功率变流器的开关频率达几兆赫，这时滤波用的电感和电容的体积显著减小，充分显示其优越性。

二、变流技术

包括晶闸管在内的电力电子器件是变流技术的核心，近年来，随着电力电子器件的发展，变流技术得到了突飞猛进的发展，特别是在交流调速应用方面获得了极大的成就。变流技术按其功能应用可分成下列几种变流器类型。

整流器——把交流电变为固定的（或可调的）直流电。

逆变器——把固定直流电变成固定的（或可调的）交流电。

斩波器——把固定的直流电压变成可调的直流电压。

交流调压器——把固定交流电压变成可调的交流电压。

周波变流器——把固定的交流电压和频率变成可调的交流电压和频率。

1. 整流器

整流过程是将交流信号转换为直流信号的过程，一般可通过二极管或开关器件组成的桥式电路来实现。图 5－34 所示为单相交流信号晶闸管桥式整流电路。

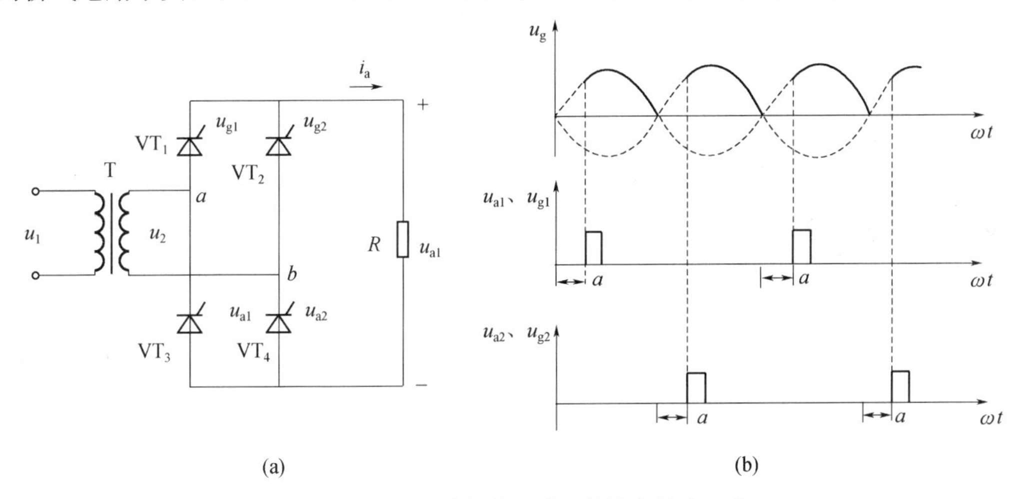

图 5－34　所示单相交流晶闸管桥式整流电路

（a）整流电路；（b）波形图。

图 5－34（a）中开关器件 VT 是晶闸管（或 GTR 等），具有正向触发控制导通和反向自关断功能。U_g 是控制引脚，按图 5－34（b）中波形输入控制信号，U_b 就是加载在电阻负载 R 上的整流电压波形。通过调整控制信号的相位角就可以实现输出直流电压的调节。

若将开关器件 VT 换成二极管，则该电路变成了不可调压的整流电路。

2. 斩波器

直流伺服电机的调速控制是通过改变励磁电压来实现的，因此把固定的直流电压变成可调的直流电压是直流伺服调速电路中不可缺少的组成部分。直流调压包括电位器调压和斩波器调压等办法。电位器调压法是通过调节与负载串联的电位器来改变负载压降，因此只适合小功率电器；斩波器调压的基本原理是通过晶闸管或自关断器件的控制，将直流电压断续加到负载（电机）上，利用调节通、断的时间变化来改变负载电压平均值。斩波器调压控制直流伺服电机速度的方法又称为脉宽调制（Pulse Width Modulation）直流调速。图5－35所示为脉宽调速原理示意图。

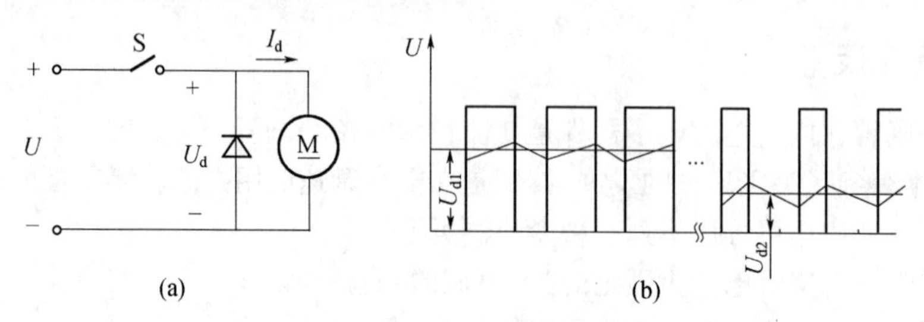

图5－35　脉宽调速示意图

（a）原理图；（b）加载在电机电枢上的电压波形。

将图5－35（a）中的开关S周期性地开关，在一个周期 T 内闭合的时间为 τ，则一个外加的固定直流电压 U 被按一定的频率开闭的开关S加到电机的电枢上，电枢上的电压波形将是一列方波信号，其高度为 U、宽度为 τ，如图5－35（b）所示。电枢两端的平均电压为

$$U_d = \frac{1}{T}\int_0^T U\mathrm{d}t = \frac{\tau}{T}U = \rho U \tag{5-17}$$

式中　$\rho = \tau/T = U_d/U (0 < \rho < 1)$；

ρ——导通率（或称占空比）。

当 T 不变时，只要改变导通时间 τ，就可以改变电枢两端的平均电压 U_d。当 τ 从 $0 \sim T$ 改变时，U_d 由零连续增大到 U。实际电路中，一般使用自关断电力电子器件来实现上述的开关作用，如GTR、MOSFET、IGBT等器件。图5－35中的二极管是续流二极管，当S断开时，由于电枢电感的存在，电机的电枢电流可通过它形成续流回路。

图5－36是直流伺服电机PWM调速和实现正反转控制的应用举例。该电路是由四个大功率晶功放电路，其作用是对电压—脉宽变换器输出的信号 U_S 进行放大，输出具有足够功率的信号，以驱动直流伺服电机。

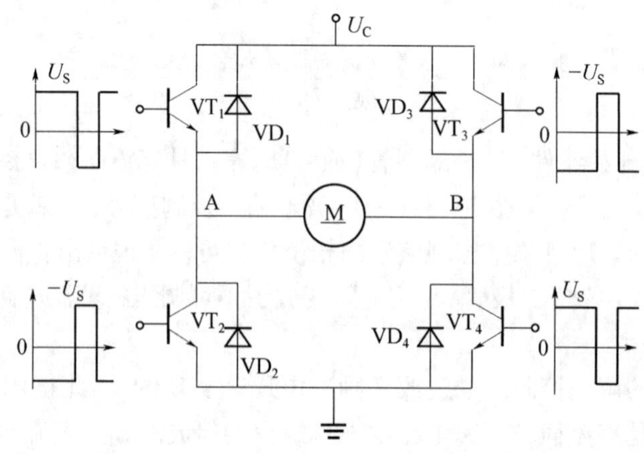

图5－36　H型桥式PWM晶体管功率放大器的电路原理图

双极式 H 型可逆换器电压和电流波形如图 5 - 37 所示。

大功率晶体管 $VT_1 \sim VT_4$ 组成 H 型桥式结构的开关功放电路，由续流二极管 $VD_1 \sim VD_4$ 构成在晶体管关断时直流伺服电机绕组中能量的释放回路。U_S 来自于电压—脉宽变换器的输出，$-U_S$ 可通过对 $+U_S$ 反相获得。当 $U_S>0$ 时，VT_1 和 VT_4 导通；当 $U_S<0$ 时，VT_2 和 VT_3 导通。按照控制指令的不同情况，该功放电路及其所驱动的直流伺服电机可有以下三种工作状态。

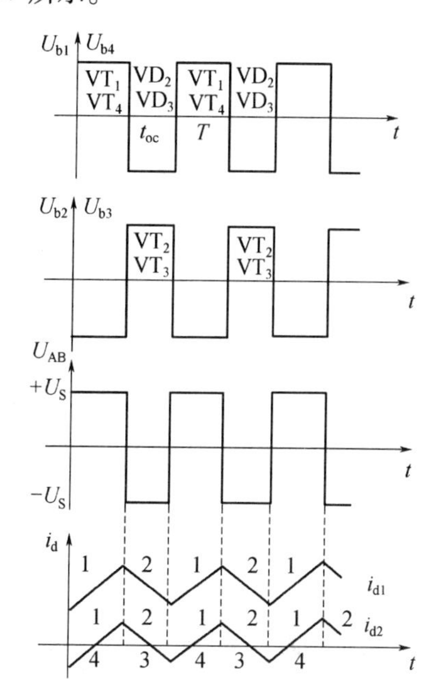

图 5 - 37　双极式 H 型可逆换器电压和电流波形

（1）当 $U_{AB}=0$ 时，U_S 的正、负脉宽相等，直流分量为零，VT_1 和 VT_4 的导通时间与 VT_2 和 VT_3 的导通时间相等，流过电枢绕组中的平均电流等于零，电机不转。但在交流分量作用下，电机在停止位置处微振，这种微振有动力润滑作用，可消除电机启动时的静摩擦，减小启动电压。

（2）当 $U_{AB}>0$ 时，U_S 的正脉宽大于负脉宽，直流分量大于零，VT_1 和 VT_4 的导通时间长于 VT_2 和 VT_3 的导通时间，流过绕组中的电流平均值大于零，电机正转，且随着 U_I 增加，转速增加。

（3）当 $U_{AB}<0$ 时，U_S 的直流分量小于零，电枢绕组中的电流千均值也小于零，电机反转，且反转转速随着 U_I 减小而增加。

（4）当 VT_1 和 VT_4 或 VT_2 和 VT_3 始终导通时，电机在最高转速下正转或反转。

该电路中，跨接在电源两端的上、下两个晶体管需要交替导通和截止。由于晶体管的关断过程中有一段关断时间 t_{off}，在这段时间内晶体管并未完全关断，如果在此期间，另一个晶体管已经导通，则将造成上、下两管直通，从而使电源正负极短路。为了避免发生这种情况，需要设置逻辑延时环节，并保证在对一个管子发出关闭脉冲后（如图 5 - 38 中的 U_{b1}），延时 t_{id}后再发出对另一个管子的开通脉冲（如 U_{b2}）。

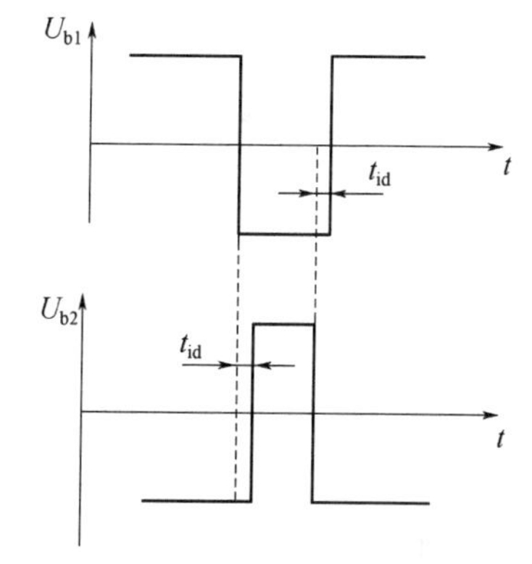

图 5 - 38　考虑开通延时的基极脉冲电压信号

图 5 - 39（a）所示是电力晶体管的基极驱动电路及波形，电力晶体管 VT（如 GTR 等）的基极需要有一定功率的驱动电路控制，驱动电路的任务是将控制电路的输出信号进行功率放大，使之具有足够的功率去驱动 GTR。理想的基极驱动器应满足开通时过驱动；正常导通时浅饱和；关断时要反偏。图 5 - 39（b）所示就是 GTR 的一种驱动电路和输入输出波形。

3. 逆变器

将直流电变换成交流电的电路称为逆变器。当蓄电池和太阳能电池等直流电源需要

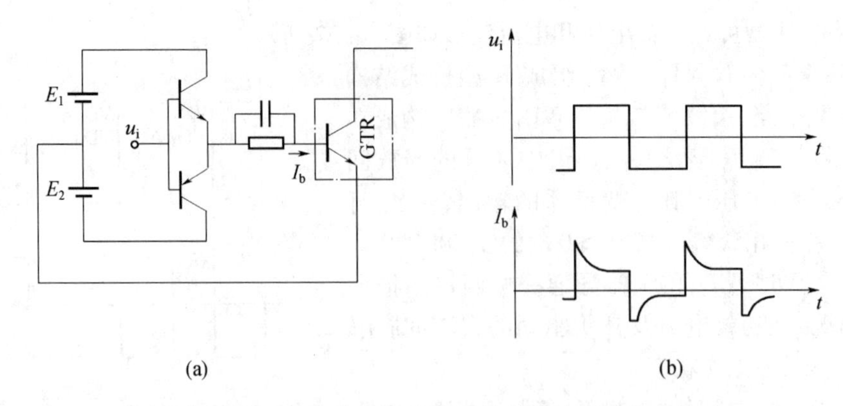

图 5-39　电力晶体管 GTR 的基极驱动电路及波形

向交流负载供电时，就需要通过逆变电路将直流电转换为交流电。逆变过程还往往应用在变频电路中，变频就是将固定频率的交流电变成另一种固定或可变频率的交流电。变频的方法通常有两种：一种是将交流整流成直流，再将直流逆变成负载所需要的交流（交—直—交）；另一种是直接将交流变换成负载所需要的交流（交—交）。前一种直流变交流的过程就应用了逆变的方法。

1）半桥逆变电路

半桥逆变电路原理如图 5-40(a)所示，它有两个导电臂，每个导电臂由一个可控元件和一个反并联二极管组成。在直流侧接有两个相互串联的足够大的电容，使得两个电容的联结点为直流电源的中点。

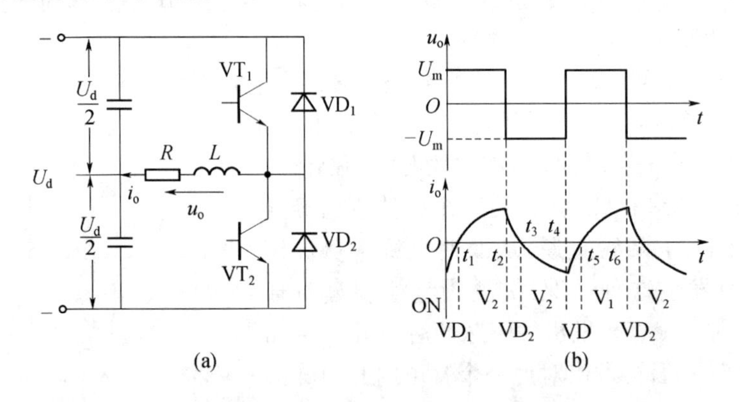

图 5-40　半桥逆变电路及其波形图

设电力晶体管 VT_1 和 VT_2 基极信号在一个周期内各有半周正偏和反偏，且二者互补。当负载为感性时，其工作波形如图 5-40(b)所示。输出电压波形 u_0 为矩形波，其幅值为 $U_m = U_d/2$ 输出电流 i_0 波形随负载阻抗角而异。设 t_2 时刻以前 VT_1 导通。t_2 时刻给 VT_1 关断信号，给 VT_2 导通信号，但感性负载中的电流 i_0 不能立刻改变方向，于是 VD_2 导通续流。当 t_3 时刻 i_0 降至零时 VD_2 截止，VT_2 导通，i_0 开始反向。同样，在 t_4 时刻给 VT_2 关断信号，给 VT_1 导通信号后，VT_2 关断，VD_1 先导通续流，t_5 时刻 VT_1 才导通。

当 VT_1 或 VT_2 导通时，负载电流和电压同方向，直流侧向负载提供能量；而当 VD_1 或 VD_2 导通时，负载电流和电压反方向，负载中电感的能量向直流侧反馈，即负载将其吸收的无功能量反馈回直流侧。反馈回的能量暂时储存在直流侧电容中，直流侧电容起到缓冲这种无功能量的作用。二极管 VD_1、VD_2 是负载向直流侧反馈能量的通道，同时起到使负载电流连续的作用，VD_1、VD_2 称为反馈二极管或续流二极管。

2）负载换相全桥逆变电路

图 5－41（a）是全桥逆变电路应用的实例。电路中四个桥臂均由电力晶体管控制，其负载是电阻、电感串联后再和电容并联的容性负载。电容是为了改变负载功率因数而设置的。在直流电源侧串接一个很大的电感 L_d，因而在工作过程中直流侧电流 i_d 基本没有波动。

电路的工作波形如图 5－41（b）所示。因负载是并联谐振型负载，对基波阻抗很大而对谐波阻抗很小，故负载电压 u_0 波形接近正弦波。由于直流接有大电感 L_d，所以负载电流 i_0 为矩形波。

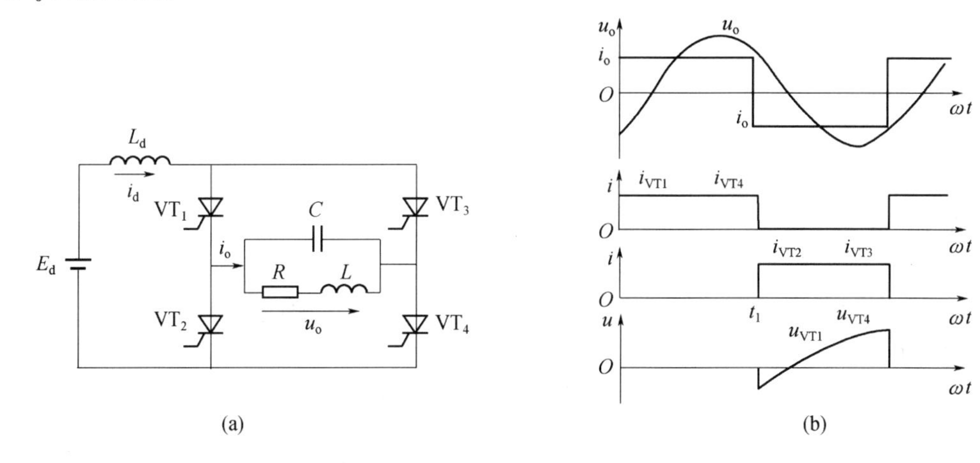

图 5－41　负载换相全桥逆变电路及波形

设在 t_1 时刻前 VT_1、VT_4 导通，u_0、i_0 均为正。在 t_1 时刻触发 VT_2、VT_3，则负载电压加在 VT_1、VT_4 上使其承受反向电压 u 而关断，电流从 VT_1、VT_4 转移到 VT_2、VT_3。触发 VT_2、VT_3 的时刻 t_1 必须在 u_0 过零前并留有足够的裕量，才能使换相顺利进行。

该逆变电路适合于负载电流的相位超前于负载电压的容性负载等场合。另外，负载为同步电机时，由于可以控制励磁使负载电流的相位超前于反电动势，因此也适用本电路。

第四节　PWM 型变频电路

第三节介绍了整流和逆变的过程，将可控整流电路和一个逆变电路结合到一起就组成了变频电路。图 5－38 所示即为交—直—交变频电路。逆变电路采用上节介绍的方法具有以下缺点。

（1）输出电压为矩形波，其中含有较多的谐波，对负载有不利影响。

（2）用相控方式来改变中间直流环节的电压，使得输入功率因数降低。

（3）整流电路和逆变电路两级均采用可控的功率环节，较为复杂，也提高了成本。

（4）中间直流环节有大电容存在，因此调节电压时惯性较大，响应缓慢。

为了克服上述缺点,变频器中的逆变电路通常采用 PWM(Pulse Width Modulation)逆变方式。PWM 型变频器就是对逆变电路开关器件的通断进行控制,使输出端得到一系列幅值相等而宽度不相等的脉冲,用这些脉冲来代替正弦波或所需要的波形。图 5-42 中的可控整流电路在这里由不可控整流电路代替,逆变电路常采用自关断器件。这种 PWM 逆变电路主要具有以下特点。

(1) 可以得到相当接近正弦波的输出电压。

(2) 整流电路采用二极管,可获得接近 1 的功率因数。

(3) 只用一级可控的功率环节,电路结构较简单。

(4) 通过对输出脉冲宽度的控制就可改变输出电压,大大加快了变频器的动态响应。

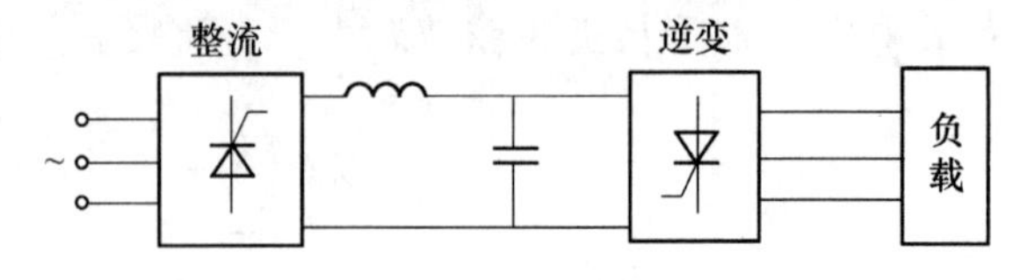

图 5-42　交—直—交变频电路结构图

一、SPWM 波形原理

在采样控制理论中有一个重要的结论:冲量相等而形状不同的窄脉冲加在具有惯性的环节上时,其效果基本相同。冲量即指窄脉冲的面积。这里所说的效果基本相同,指环节的输出响应波形基本相同。下面来分析一下如何用一系列等幅而不等宽的脉冲代替一个正弦电波。

把图 5-43(a)所示的正弦半波波形分成 N 等份,就可把正弦半波看成由 N 个彼此相连的脉冲所组成的波形。这些脉冲宽度相等,都等于 π/N,但幅值不等,且脉冲顶部不是水平直线,而是曲线,各脉冲的幅值按正弦规律变化。如果把上述脉冲序列用同样数量的等幅而不等宽的矩形脉冲序列代替,使矩形脉冲的中点和相应正弦等分的中点重合,且使矩形脉冲和相应正弦部分面积(冲量)相等,就得到图 5-43(b)所示的脉冲序列,这就是 PWM 波形。可以看出,各脉冲的宽度是按正弦规律变化的。根据冲量相等效果相同的原理,PWM 波形和正弦半波是等效的。对于正弦波的负半周,也可以用同样的方法得到 PWM 波形。像这种脉冲的宽度按正弦规律变化而和正弦波等效的 PWM 波形,也称为 SPWM(Sinusoidal PWM)波形。

二、单相 SPWM 控制原理

调制过程就是把所希望的波形作为调制信号,把接受调制的信号作为载波,通过对载波的调制得到所期望的 PWM 波形。SPWM 一般采用三角波载波信号和正弦波调制信号叠加形成。通常采用等腰三角波作为载波,因为等腰三角波上下宽度与高度成线性关系且左右对称,当它与任何一个平缓变化的调制信号波相交时,如在交点时刻控制电路中开关器件的通断,就可以得到宽度正比于信号波幅值的脉冲,这正好符合 PWM 控制的要求。

图 5-44 是采用电力晶体管作为开关器件的电压型单相桥式逆变电路,设负载为电感性,对各晶体管的控制按下面的规律进行:在正半周期,让晶体管 VT_1 一直保持导通,

而让晶体管 VT_4 交替通断。当 VT_1 和 VT_4 导通时，负载上所加的电压为直流电源电压 U_d。当 VT_1 导通而使 VT_4 关断后，由于电感性负载中的电流不能突变，负载电流将通过二极管 VD_3 续流，负载上所加电压为零。如负载电流较大，那么直到使 VT_4 再一次导通之前，VD_3 一直持续导通。如负载电流较快地衰减到零，在 VT_4 再一次导通之前，负载电压也一直为零。这样，负载上的输出电压 u_0 就可得到零和 U_d 交替的两种电平。同样，在负半周期，让晶体管 VT_2 保持导通。当 VT_3 导通时，负载被加上负电压 $-U_d$，当 VT_3 关断时，VD_4 续流，负载电压为零，负载电压 u_0 可得到 $-U_d$ 和零两种电平。这样，在一个周期内 VT_4 逆变器输出的 PWM 波形就由 $\pm U_d$ 和 0 三种电平组成。

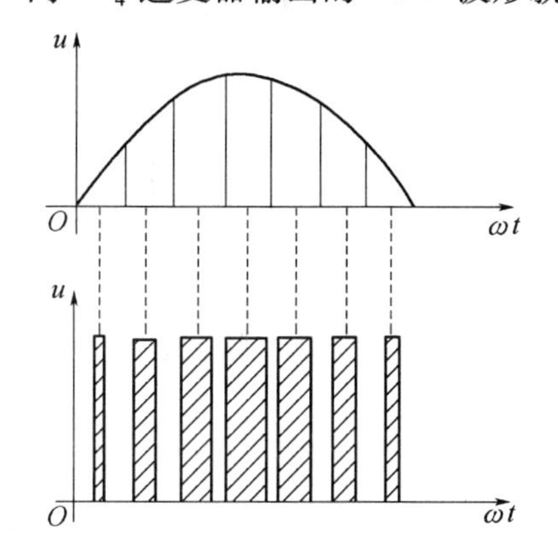

图 5－43　正弦波 PWM 原理示意图

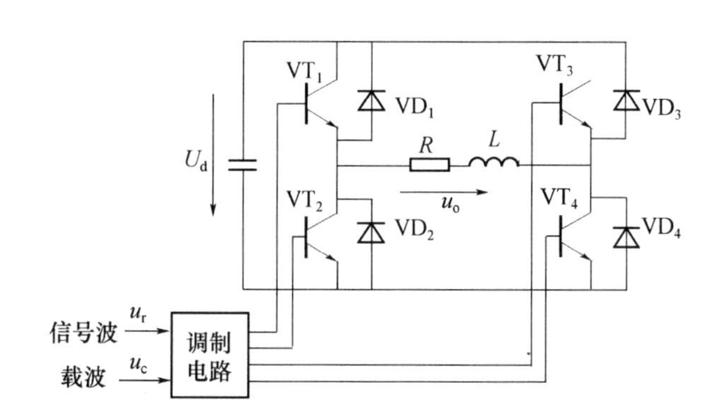

图 5－44　单相桥式 PWM 逆变电路

控制 VT_4 或 VT_3 通断的方法如图 5－45 所示。载波 u_c 在信号波 u_r 的正半周为正极性的三角波，在负半周为负极性的三角波。调制信号 u_r 为正弦波。在 u_r 和 u_c 的交点时刻控制晶体管 VT_4 或 VT_3 的通断。在 u_r 的正半周，VT_1 保持导通，当 $u_r > u_c$ 时使 VT_4 导通，负载电压 $u_0 = U_d$，当 $u_r < u_c$ 时使 VT_4 关断，$u_0 = 0$；在 u_r 的负半周，VT_1 关断，VT_2 保持导通，当 $u_r < u_c$ 时使 VT_3 导通，$u_0 = -U_d$，当 $u_r > u_c$ 时使 VT_3 关断，$u_0 = 0$。这样，就得到了 SPWM 波形。图中的虚线 u_{0f} 表示 u_0 中的基波分量。像这种在 u_r 的半个周期内三角波载波只在一个方向变化，所得到的 PWM 波形也只在一个方向变化的控制方式称为单极性 PWM 控制方式。

单极性 PWM 控制方式与双极性 PWM 控制方式不同。单相桥式逆变电路在采用双极性控制方式时的波形如图 5－46 所示。在双极性方式中 u_r 的半个周期内，三角波载波是在正负两个方向变化的，所得到的 PWM 波形也是在两个方向变化的。在 u_r 的一个周期内，输出的 PWM 波形只有 $\pm U_d$ 两种电平。仍然在调制信号 u_r 和载波信号 u_c 的交点时刻控制各开关器件的通断。在 u_r 的正负半周，对各开关器件的控制规律相同。当 $u_r > u$ 时，给晶体管 VT_1 和 VT_4 以导通信号，给 VT_2、VT_3 以关断信号，输出电压 $u_0 = U_d$。当 $u_r < u_c$ 时，给 VT_2、VT_3 以导通信号，给 VT_1、VT_4 以关断信号，输出电压 $u_0 = -U_d$，可以看出，同一半桥上下两个桥臂晶体管的驱动信号极性相反，处于互补工作方式。在电感性负载的情况下，若 VT_1 和 VT_4 处于导通状态时，给 VT_1 和 VT_4 以关断信号，而给 VT_2 和 VT_3 以导通信号后，则 VT_1 和 VT_4 立即关断，因感性负载电流不能突变，VT_2 和 VT_3 并不能立即导通，二极管 VD_2 和 VD_3 导通续流。当感性负载电流较大时，直到下一次 VT_1 和 VT_4 重新导通前，负载电流方向始终未变，VD_2 和 VD_3 持续导通，而 VT_2 和 VT_3 始终未导通。

当负载电流较小时，在负载电流下降到零之前，VD_2 和 VD_3 续流，之后 VT_2 和 VT_3 导通，负载电流反向。不论 VD_2 和 VD_3 导通，还是 VT_2 和 VT_3 导通，负载电压都是 $-U_d$。从 VT_2 和 VT_3 导通向 VT_1 和 VT_4 导通切换时，VD_1 和 VD_4 的续流情况和上述情况类似。

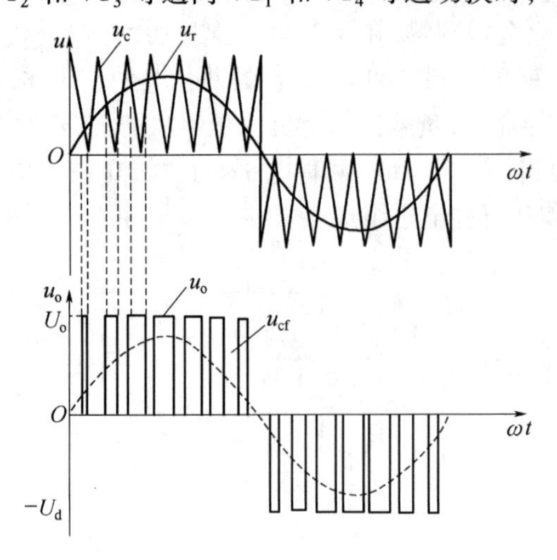

图 5-45　单极性 PWM 控制方式原理

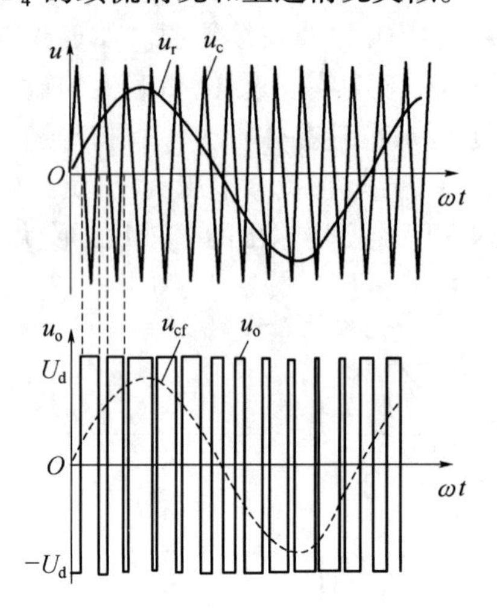

图 5-46　双极性 PWM 控制方式原理

三、三相 SPWM 控制原理

在 PWM 型逆变电路中，使用最多的是图 5-47(a)的三相桥式逆变电路，其控制方式一般都采用双极性方式。U、V 和 W 三相的 PWM 控制通常公用一个三角波载波 u_c，三相调制信号 U_{ru}、U_{rv}和 U_{rw}的相位依次相差 120°。U、V 和 W 各相功率开关器件的控制规律相同，现以 U 相为例来说明。当 $U_{ru} > u_c$ 时，给上桥臂晶体管 VT_1 以导通信号，给下桥臂晶体管 VT_4 以关断信号，则 U 相相对于直流电源假想中点 N'的输出电压 $U_{UN}' = U_d/2$。当 $U_{ru} < u_c$ 时，给 VT_4 以导通信号，给 VT_1 以关断信号，则 $U_{UN}' = U_d/2$。VT_1 和 VT_4 的驱动信号始终是互补的。当给 VT_1(VT_4)加导通信号时，可能是 VT_1(VT_4)导通，也可能二极管 VD_1(VD_4)续流导通，这要由感性负载中原来电流的方向和大小来决定，和单相桥式逆变电路双极性 SPWM 控制时的情况相同。V 相和 W 相的控制方式和 U 相相同。U_{UN}'、U_{VN}'和 U_{wn}'的波形如图 5-47(b)所示。可以看出，这些波形都只有 $\pm U_d$ 两种电平。像这种逆变电路相电压(u_{UN}'、u_{VN}'和 u_{WN}')只能输出两种电平的三相桥式电路无法实现单极性控制。图中线电压 U_{UV}的波形可由 $U_{UN}' - U_{VN}'$得出。可以看出，当臂 1 和 6 导通时，$U_{UV} = U_d$，当臂 3 和 4 导通时，$U_{UV} = -U_d$，当臂 1 和 3 或 4 和 6 导通时，$U_{uv} = 0$，因此逆变器输出线电压由 $+U_d$、$-U_d$、0 三种电平构成。负载相电压 U_{UN}可由下式求得：

$$u_{UN} = u_{UN}' - \frac{U_{UN}' + U_{VN}' + U_{WN}'}{3} \tag{5-18}$$

从图 5-47 中可以看出，它由$(\pm 2/3)U_d$、$(\pm 1/3)U_d$ 和 0 共 5 种电平组成。

在双极性 SPWM 控制方式中，同一相上下两个臂的驱动信号都是互补的。但实际上为了防止上下两个臂直通而造成短路，在给一个臂施加关断信号后，再延迟 Δt 时间，才给

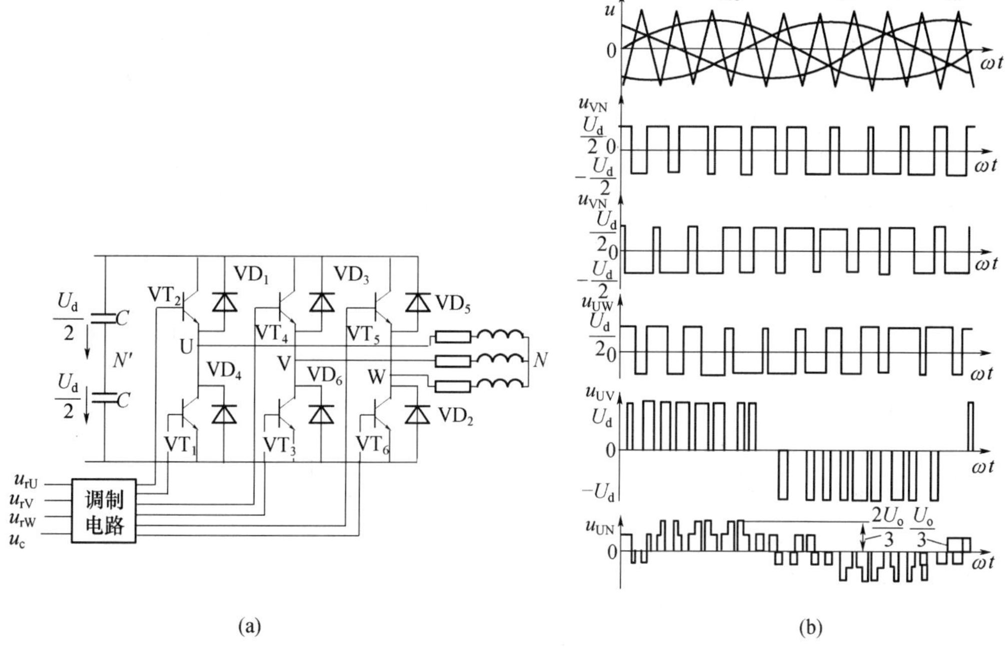

图 5－47　三相 SPWM 逆变电路及波形

另一个臂施加导通信号。延迟时间的长短主要由功率开关器件的关断时间决定。这个延迟时间将会给输出的 PWM 波形带来影响，使其偏离正弦波。

四、SPWM 逆变电路的调制方式

在 PWM 逆变电路中，载波信号频率 f_c 与调制信号频率 f_r 之比 $N=f_c/f_r$ 称为载波比。根据载波和信号波是否同步及载波比的变化情况，PWM 逆变电路可以有异步调制和同步调制两种控制方式。

1. 异步调制

载波信号和调制信号不保持同步关系的调制方式称为异步方式。图 5－47 的波形就是异步调制三相 SPWM 波形。在异步调制方式中，调制信号频率 f_r 变化时，通常保持载波频率 f_c 固定不变，因而载波比 N 是变化的。这样，在调制信号的半个周期内，输出脉冲的个数不固定，脉冲相位也不固定，正负半周期的脉冲不对称，同时，半周期内前后 1/4 周期的脉冲也不对称。

当调制信号频率较低时，载波比 N 较大，半周期内的脉冲数较多，正负半周期脉冲不对称和半周期内前后 1/4 周期脉冲不对称的影响都较小，输出波形接近正弦波。当调制信号频率增高时，载波比 N 就减小，半周期内的脉冲数减少，输出脉冲的不对称性影响就变大，还会出现脉冲的跳动。同时，输出波形和正弦波之间的差异也变大，电路输出特性变坏。对于三相 SPWM 型逆变电路来说，三相输出的对称性也变差。因此，在采用异步调制方式时，希望尽量提高载波频率，以使在调制信号频率较高时仍能保持较大的载波比，改善输出特性。

2. 同步调制

载波比 N 等于常数，并在变频时使载波信号和调制信号保持同步的调制方式称为同步调制。在基本同步调制方式中,调制信号频率变化时载波比 N 不变。调制信号半个周期内输出的脉冲数是固定的,脉冲相位也是固定的。在三相 SPWM 逆变电路中,通常公用一个三角波载波信号,且取载波比 N 为 3 的整数倍,以使三相输出波形严格对称,同时,为了使一相的波形正负半周对称,N 应取为奇数。图 5-48 的例子是 $N=9$ 时的同步调制三相 SPWM 波形。

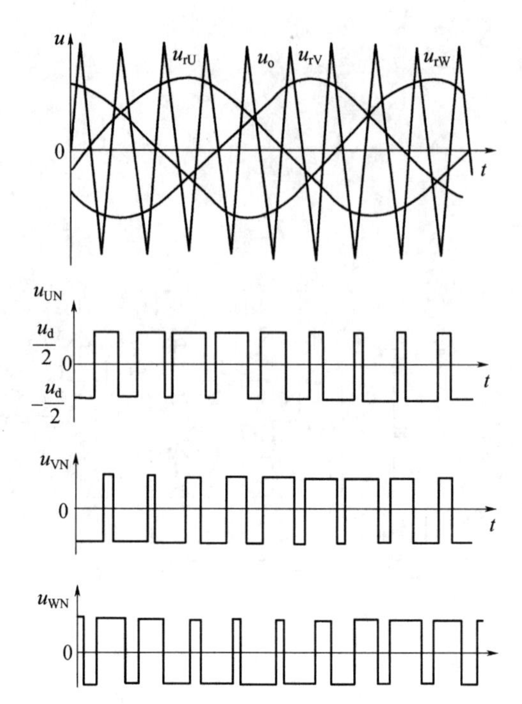

图 5-48 同步调制三相 SPWM 波形

当逆变电路输出频率很低时,因为在半周期内输出脉冲的数目是固定的,所以由 SPWM 调制而产生的 f_c 附近的谐波频率也相应降低。这种频率较低的谐波通常不易滤除,如果负载为电机,就会产生较大的转矩脉动和噪声,给电机的正常工作带来不利影响。

为了克服上述缺点,通常都采用分段同步调制的方法,即把逆变电路的输出频率范围划分成若干个频段,每个频段内都保持载波比 N 为恒定,不同频段的载波比不同。在输出频率的高频段采用较低的载波比,以使载波频率不致过高,在功率开关器件所允许的频率范围内。在输出频率的低频段采用较高的载波比,以使载波频率不致过低而对负载产生不利影响。各频段的载波比应该都取 3 的整数倍且为奇数。

五、SPWM 型变频器的主电路

SPWM 型逆变器所需提供的直流电源,除功率很小的逆变器可以用电池外,绝大多数都要从市电电源整流后得到,整流器和逆变器构成变频器。整流器一般采用不可控的二极管整流电路。小功率变频器可以采用单相整流电路,也可以采用三相整流电路,中大功率变频器一般都采用三相整流电路。交流电力机车所用的变频器容量很大,但因为输电线路只能提供单相电源,因此也用单相整流电路。使用单相电源和三相电源的 SPWM 型变频器主电路分别如图 5-49 和图 5-50 所示。

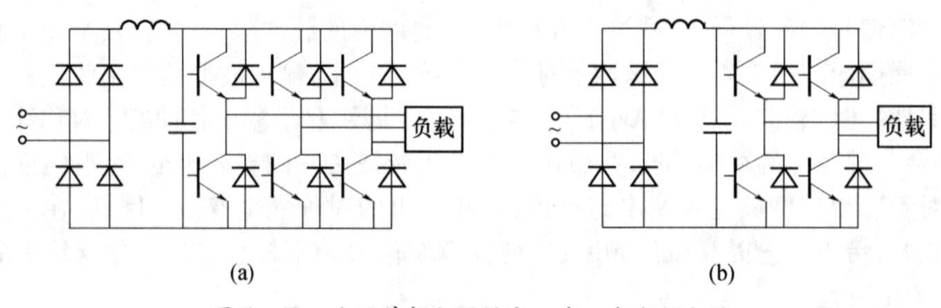

图 5-49 使用单相电源的交—直—交变频电路

(a) 三相输出; (b) 单相输出。

当变频器的整流电路采用二极管整流时，因为输入电流和输入电压相比没有相位滞后，所以一般认为功率因数为1。但这指的是基波功率因数，即位移因数。实际上，因为输入电流中含有大量的谐波成分，因此输入回路总的功率因数是小于1的。

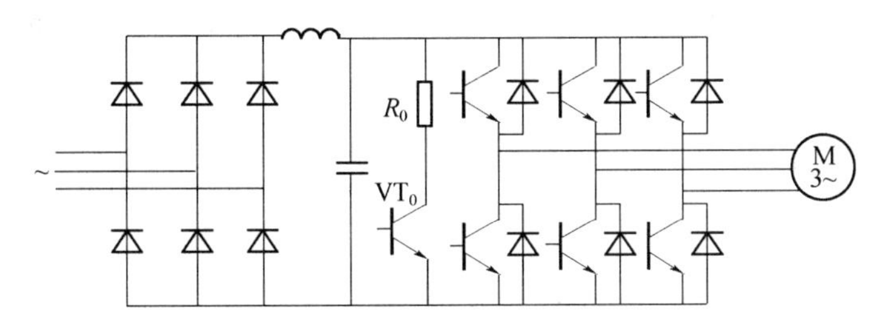

图5－50　用三相电源的交—直—交变频电路

当变频电路的负载是电机时，电机的制动过程使电机变成发电机，其能量通过续流二极管流入直流中间电路，使直流电压升高而产生过电压（泵升电压）。图5－50所示为了限制泵升电压，在电路中的直流侧并联了电阻R_0和可控晶体管VT_0，当泵升电压超过一定数值时，使VT_0导通，让R_0消耗掉多余的电能。

第五节　伺服系统设计

伺服系统的设计实际上就是机电有机结合、参数相互匹配的过程。由于伺服系统本身的多样性和复杂性，就决定了其很难有统一的设计格式或方法。实际的伺服系统设计往往需要经过多次反复修改和调试才能完成。下面仅对伺服系统设计的一般步骤和方法作简单介绍。

一、方案设计

在进行系统方案设计时，需要考虑以下方面的问题。

(1) 系统闭环与否的确定。当系统负载不大、精度要求不高时，可考虑开环控制；反之，当系统精度要求较高或负载较大时，开环系统往往满足不了要求，这时要采用闭环或半闭环控制系统。一般情况下，开环系统的稳定性不会有问题，设计时仅考虑满足精度方面的要求即可，并通过合理的结构参数匹配，使系统具有尽可能好的动态响应特性。

(2) 执行元件的选择。选择执行元件时应综合考虑负载能力、调速范围、运行精度、可控性、可靠性以及体积、成本等多方面的要求。一般来讲，对于开环系统可考虑采用步进电机、电液脉冲马达和伺服阀控制的液压缸和液压马达等，应优先选用步进电机。对于中小型的闭环系统可考虑采用直流伺服电机、交流伺服电机，对于负载较大的闭环伺服系统可考虑选用伺服阀控制的液压马达等。

(3) 传动机构方案的选择。传动机构是执行元件与执行机构之间的一个连接装置，用来进行运动和力的变换与传递。在伺服系统中，执行元件以输出旋转运动和转矩为主，而执行机构则多为直线运动。用于将旋转运动转换成直线运动的传动机构主要有齿轮齿条和丝杠螺母等。前者可获得较大的传动比和较高的传动效率，所能传递的力也较大，但高精度的齿轮齿条制造困难，且为消除传动间隙而结构复杂；后者因结构简单、制造容易而应用广泛。

(4) 控制系统方案的选择。控制系统方案的选择包括微型机、步进电机控制方式、驱动电路等的选择。常用的微型机有单片机、单板机、工业控制微型机等,其中单片机由于在体积、成本、可靠性和控制指令功能等许多方面的优越性,在伺服系统的控制中得到了广泛的应用。

二、系统稳态设计

系统方案确定后,应进行方案实施的具体化设计,即各环节设计,通常称为稳态设计。其内容主要包括执行元件规格的确定、系统结构的设计、系统惯量参数的计算以及信号检测、转换、放大等环节的设计与计算。稳态设计要满足系统输出能力指标的要求。

(一) 负载的等效换算

被控对象就是系统的负载,它与系统执行元件的机械传动联系有多种形式。机械运动是伺服系统的主要组成部分,它们的运动学、动力学特性对整个系统的性能影响极大。负载的运动形式有直线运动和回转运动,执行元件与被控对象有直接联结的,也有通过传动装置联结的。为了便于系统运动学、动力学的分析与计算,将负载运动部件的转动惯量等效地变换到执行元件的输出轴上,并计算输出轴承受的转矩(回转运动)或力(直线运动)。

下面以机床工作台的伺服进给系统为例加以说明。图 5-51 所示系统由 m 个移动部件和 n 个转动部件组成。m_i、V_i 和 F_i 分别为移动部件的质量(kg)、运动速度(m/s)和所承受的负载力(N);J_j、$n_j(\omega_j)$ 和 T_j 分别为转动部件的转动惯量(kg · m^2)、转速(r/min 或 rad/s)和所承受负载力矩(N · m)。

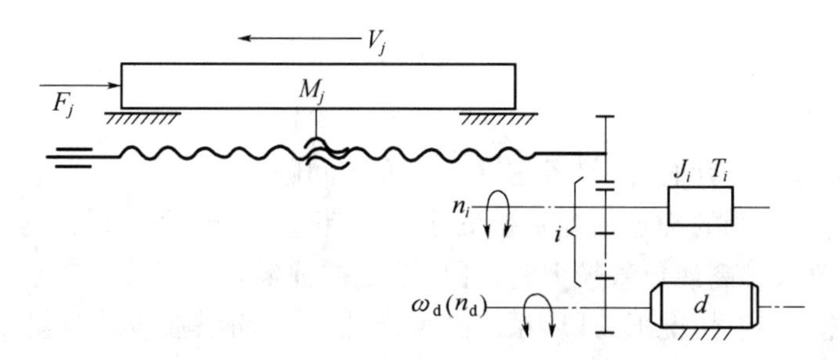

图 5-51 伺服进给系统示意图

1. 系统等效转动惯量 J_{dx} 的计算

系统运动部件动能的总和为

$$E = \frac{1}{2}\sum_{i=1}^{m} M_i \cdot V_i^2 + \frac{1}{2}\sum_{j=1}^{n} J_j \cdot \omega_j^2 \tag{5-19}$$

设等效到执行元件输出轴上的总动能为

$$E_{dx} = \frac{1}{2}J_{dx} \cdot \omega_d^2 \tag{5-20}$$

根据动能不变的原则,有 $E_{dx}=E$,系统等效转动惯量为

$$J_{dx} = \sum_{i=1}^{m} M_i\left(\frac{V_i}{\omega_d}\right)^2 + \sum_{j=1}^{n} J_j\left(\frac{\omega_j}{\omega_d}\right)^2 \quad (5-21)$$

式中　ω_d——执行元件输出轴的转速(rad/s)。

2. 等效负载转矩 T_d 的计算

设上述系统在时间 t 内克服负载所做的功的总和为

$$W = \sum_{i=1}^{m} F_i V_i t + \sum_{j=1}^{n} T_j \omega_j t \quad (5-22)$$

执行元件输出轴在时间 t 内的转角为 $\varphi_d = \omega_d t$,则执行元件所做的功为

$$W_d = T_d \omega_d t \quad (5-23)$$

由于 $W_d = W$,所以执行元件输出轴所承受的负载转矩为

$$T_d = \sum_{i=1}^{m} \frac{F_i V_i}{\omega_d} + \sum_{j=1}^{n} \frac{T_j \omega_j}{\omega_d} \quad (5-24)$$

(二)执行元件功率的匹配

1. 系统执行元件的转矩匹配

设机床工作台的伺服进给运动轴所采用电机的额定转速 n(r/min)是所需最大转速,其额定转矩 T(N·m)应大于所需要的最大转矩,即 T 应大于等效到电机输出轴上的负载转矩 T_d 与克服惯性负载所需要的转矩 $T_g = J_{dx}\varepsilon_d$($\varepsilon_d$ 为电机加减速时的角加速度,rad/s^2)之和。即电机轴上的总负载力矩为

$$T_{\sum} = T_d + T_g \quad (5-25)$$

考虑机械传动效率 η,则

$$T'_{\sum} = (T_d + T_g)/\eta \quad (5-26)$$

例如,机床工作台某轴的伺服电机输出轴上所承受等效负载力矩 $T_d = 2.5$N·m,等效转动惯量为 $J_{dx} = 3 \times 10^{-2}$kg·m^2,由工作台某轴的最高速度换算为电机输出轴角速度 ω_d 为 50rad/s,等加速和等减速时间 $\Delta t = 0.5$s,机械传动系统的传动总效率为 0.85,则

$$T_g = J_{dx}\varepsilon_d = J_{dx}\omega_d/\Delta t = 3 \times 10^{-2} \times 50/0.5 = 3(\text{N}\cdot\text{m})$$

因此

$$T'_{\sum} = (2.5 + 3)/0.85 = 6.47(\text{N}\cdot\text{m})$$

若选用反应式步进电机 110BF003,其最大静转矩 $T_{jmax} = 7.84$N·m。当采用三相六拍通电方式,为保证带负载能正常启动和定位停止,电机的启动和制动转矩 T_q 应满足下列要求:

$$T_q \geq T'_{\sum} \quad (5-27)$$

查技术资料可知,该电机 $T_q/T_{jmax} = 0.87$,所以 $T_q = 0.87 \times T_{jmax} = 6.82$(N·m)。因为 $T_q > T'_{\sum}$,所以可选用该电机。

2. 系统执行元件(直流、交流伺服电机)的功率匹配

从上述可知,在计算等效负载力矩和等效负载惯量时,需要知道电机的某些参数。在选择电机时,常先进行预选,然后再进行必要的验算。预选电机的估算功率 P 可由下式

确定：

$$P = (T_d + J_{dx}\varepsilon_d)\omega_{max}\lambda_P = \frac{\lambda_P T_{\sum} n_{max}}{9.55} \quad (W) \tag{5-28}$$

式中 ω_{max}——电机的最高角速度(rad/s)；

n_{max}——电机的最高转速(r/min)；

λ_P——考虑电机的功率富裕系数，一般取 $\lambda_P = 1.2 \sim 2$，对于小功率伺服系统 λ_P 可达2.5。

在预选电机功率后，应进行以下验算。

(1) 过热验算。当负载力矩为变量时，应用等效法求其等效转矩 T_{dx}，在电机励磁磁通 Φ 近似不变时：

$$T_{dx} = \sqrt{\frac{T_1^2 \cdot t_1 + T_2^2 \cdot t_2 + \cdots}{t_1 + t_2 + \cdots}} \quad (N \cdot m) \tag{5-29}$$

式中 $t_1, t_2, \cdots$——时间间隔，在此时间间隔内的负载力矩分别为 T_1、T_2、…。则所选电机的不过热条件为

$$\begin{cases} T_e \geqslant T_{dx} \\ P_e \geqslant P_{dx} \end{cases} \tag{5-30}$$

式中 T_e——电机的额定转矩(N·m)；

P_e——电机的额定功率(W)；

P_{dx}——由等效转矩 T_{dx} 换算的电机功率，$P_{dx} = (T_{dx} \cdot n_e)/9.55$(W)($n_e$ 为电机的额定转速(r/min))。

(2) 过载验算。瞬时最大负载转矩 T_{max} 与电机的额定转矩 T_e 的比值应不大于过载系数 λ，即

$$\frac{T_{\sum max}}{T_e} \leqslant \lambda \tag{5-31}$$

式中 λ——一般由电机产品目录给出。

(三) 减速器传动比的计算及分配

减速器传动比 i 应满足驱动部件与负载之间的位移、转速和转矩的关系。不但要求传动构件要有足够的强度，还要求其转动惯量尽量小，以便在获得同一加速度时所需转矩小，即在同一驱动功率时，其加速度响应为最大。以步进电机为例，其传动比可按下式计算：

$$i = \frac{\theta \cdot p}{360\delta_P} \tag{5-32}$$

式中 θ——步进电机步距角(°)；

p——丝杠导程(mm)；

δ_P——工作台运动的脉冲当量(mm)。

如计算出的 i 值较小，可采用同步齿形带或一级齿轮传动，否则应采用多级齿轮传动。选择齿轮传动级数时，一方面应使齿轮总转动惯量 J_P 与电机轴上主动齿轮的转动惯

量J_1 的比值较小，另一方面还要避免因级数过多而使结构复杂。传动级数 N 一般可按图 5-52 来选择。

齿轮传动级数确定之后，为了紧凑传动结构以及提高传动精度和动态特性，通常是根据重量最轻或等效转动惯量最小或输出轴转角误差最小的原则进行各级传动比 i_i 的分配。一般可按图 5-53 来分配各级传动比，且应使各级传动比 i_i 按传动顺序逐级增加。

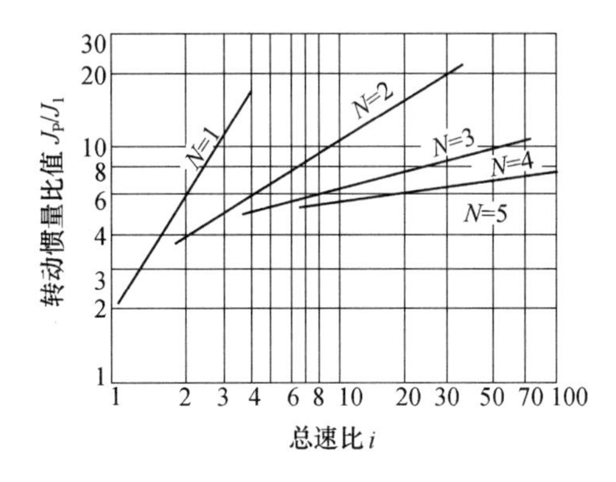

图 5-52　传动级数 N 选择曲线

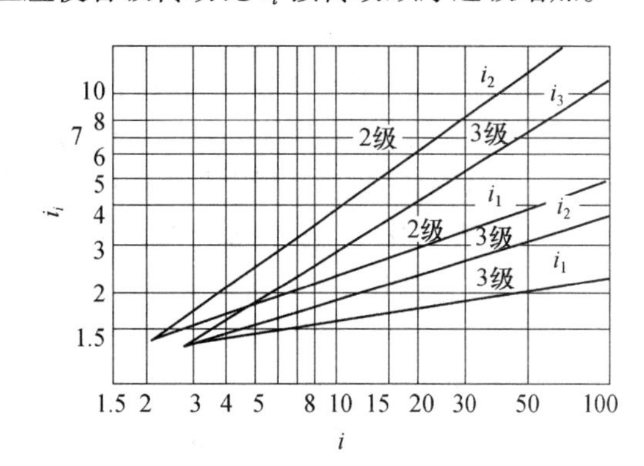

图 5-53　传动比分配曲线

例如当 $i=4$ 时，按图 5-52 可取传动级数 N 为 2 或 3，对应的 J_P/J_1 值分别为 6 和 5.4，显然，取 $N=2$ 传动比较合理。因为若取 3 级传动，J_P/J_1 的减小并不显著，却使减速器结构复杂，传动效率和扭转刚度降低，传动间隙增加，得不偿失。按传动级数 $N=2$ 和总传动比 $i=4$ 查图 5-53 可得 2 级传动时各级传动比分别为 $i_1=1.8$，$i_2=2.2$；若取 $N=3$，则 $i_1=1.45$，$i_2=1.55$，$i_3=1.8$。

（四）信号检测、转换及放大和电源等装置的选择与设计

执行元件与传动系统确定之后，要考虑信号检测、转换和放大装置以及校正补偿装置的选择与设计的问题，同时还要考虑相邻环节的连接、信号的有效传递、输入与输出的阻抗匹配等，以保证各个环节在各种条件下协调工作，系统整体上达到设计指标。

概括起来，主要考虑以下几个方面的问题。

（1）检测传感装置的精度、灵敏度、反应时间等性能参数要合适，这是保证系统整体精度的前提条件。

（2）信号转换接口电路尽量选用商品化的产品，要有足够的输入/输出通道，与传感器输出阻抗和放大器的输入阻抗要匹配。

（3）放大器应具有足够的放大倍数和线性范围，其特性应稳定可靠。

（4）功率输出级的技术参数要满足执行元件的要求。

（5）电源的设计：一是要考虑到放大器各放大级的不同需要；二是要考虑到动力电源稳定性能和抗干扰性能。

总之，系统设计牵涉的面较广，需要考虑的问题较细，要求设计人员不仅要有一定的理论基础，而且还要有一定的实践经验。

三、伺服系统动态设计

由稳态设计所确定的系统，一般来讲不能满足动态品质的要求，甚至是不稳定的。为此必须进一步进行系统的动态分析与设计。动态设计要满足系统精度的要求。

用阶跃响应分析系统虽比较直观,但求解计算量大,因而在工程上并不方便。频率特性法是一种分析和研究控制系统的工程方法,它的优点是不需要把输出量变化全过程计算出来,就能分析系统中各个参量与系统性能的关系。下面简要介绍一种频率特性的图解法——对数频率特性曲线(伯德图)法。

(一) 伯德图

伯德图包括对数幅频特性曲线和对数相频特性曲线,两者的横坐标即频率 ω 坐标是按频率 ω 的对数(以 10 为底)进行分度的,所以对频率 ω 来讲,横坐标是不均匀的。在横坐标上,角频率变化倍数常用频程表示。频程是指高频与低频频率比的对数,因为 $\lg 10 = 1$,因此角频率变化 10 倍,在横坐标上的距离相差 1 个单位,即横坐标上的每等分格叫做一个 10 倍频程,以 dec(decade)表示。

对数幅频特性纵坐标以 $L(\omega)$ 值表示,其定义为 $L(\omega) = 20\lg|G(j\omega)|$,单位为 dB;对数相频特性曲线的纵坐标是相角的度数,两者均为均匀分度。

幅频特性用对数幅频特性表示时,可写为

$$L(\omega) = 20\lg A(\omega) = 20\lg\frac{1}{\sqrt{(\tau\omega)^2+1}} = -20\lg\sqrt{(\tau\omega)^2+1} \qquad (5-33)$$

ω 取不同值,可求得相应的 $L(\omega)$ 值,并逐点绘出曲线如图 5-54(a)所示。

根据式(5-33),相应的对数相频特性为

$$\varphi(\omega) = -\arctan\tau\omega$$

同理,ω 取不同值,可求得对应的相角度数,如图 5-54(b)所示。按对数进行分度使横轴所表示的频率范围得到拓宽,且低频部分得到更详尽的描述。对数幅频和相频特性曲线需要计算多个点才能精确绘制。在工程中只需计算几个特殊点来近似描绘。由式(5-33)可知,当 $\omega\tau \ll 1$,即 $\omega \ll \frac{1}{\tau}$ 时,可略去根号中的 $(\tau\omega)^2$,则

$$L(\omega) \approx -20\lg 1 = 0 \qquad (5-34)$$

当 $\omega\tau \gg 1$,即 $\omega \gg \frac{1}{\tau}$ 时,可略去根号中的 1,则

$$L(\omega) \approx -20\lg\tau\omega \qquad (5-35)$$

由式(5-35)可知,当频率 ω 每增大为原来的 10 倍时,$L(\omega)$ 则减少 20dB,这个关系可用下式表示:

$$L(10^n\omega\tau) = -20\lg(10^n\omega\tau) = -20\lg\omega\tau - 20n$$

综上所述,惯性环节的对数幅频特性曲线可用两条渐进线近似表示。在 $\omega \leqslant \frac{1}{\tau}$ 的低频范围内,$L(\omega)$ 是一条与横轴重合的 0dB 线,常称为低频渐近线;在 $\omega \geqslant \frac{1}{\tau}$ 的高频范围内,$L(\omega)$ 是一条斜率为 -20dB/dec 的直线,常称为高频渐近线;当 $\omega = \frac{1}{\tau}$ 时,这两条渐近线在 $\omega = \frac{1}{\tau}$ 处相交,相交点的频率 ω_c 称为转折频率。转折频率将近似的对数幅频特性分

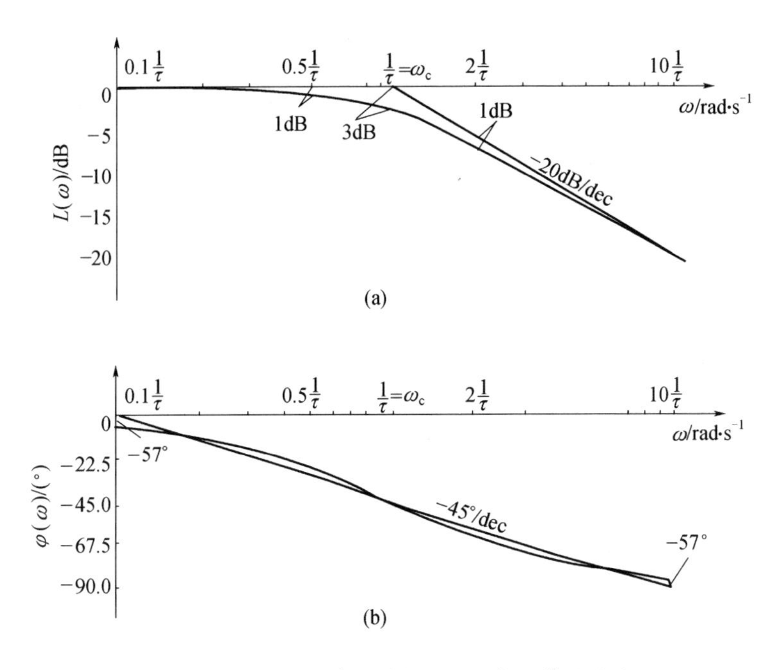

图 5－54　惯性环节的对数幅频和相频特性曲线

为低频段和高频段。上述惯性环节的对数幅频渐近线替代实际的对数幅频特性会产生误差。最大误差发生在转折频率 ω_c 处，其值为 $\Delta L(\omega) \approx 3\text{dB}$；在上下一倍频程 $\left(\frac{1}{2}\omega_c、2\omega_c\right)$ 处，其误差约为 $\Delta L(\omega)=1\text{dB}$，如图 5－54(a) 所示。

由式(5－33)知，当 $\omega \ll \omega_c$ 时，对数相频特性 $\varphi(\omega) \approx 0$；$\omega \gg \omega_c$ 时，$\varphi(\omega) \approx 90°$；而在 $\omega=\omega_c$ 时，$\varphi(\omega)=-45°$。这样就可用三段直线近似表示 $\varphi(\omega)$ 曲线。近似曲线在 $\omega=0.1\omega_c$ 和 $\omega=10\omega_c$ 处的最大误差为 $\pm 5.7°$，如图 5－54(b) 所示。

(二) 控制系统开环频率特性伯德图的绘制

系统开环伯德图可以看成是由各个串联环节伯德图组合而成。若串联的两个环节的传递函数为 $G(s)=G_1(s)G_2(s)$，则其频率特性为

$$
\begin{aligned}
L(\omega) &= L[A(\omega)] = 20\lg A(\omega) = 20\lg A_1(\omega) + 20\lg A_2(\omega) \\
&= L[A_1(\omega)] + L[A_2(\omega)]
\end{aligned}
$$

$$
\varphi(\omega) = \arg G(\mathrm{j}\omega) = \arg G_1(\mathrm{j}\omega) + \arg G_2(\mathrm{j}\omega) = \varphi_1(\omega) + \varphi_2(\omega) \quad (5-36)
$$

可见串联环节总的对数幅频特性等于各环节对数幅频特性的代数和，总的对数相频特性等于各环节对数相频特性之和。

绘制控制系统开环频率特性伯德图的一般步骤如下：

(1) 由系统的传递函数写出频率特性 $G(\mathrm{j}\omega)$。

(2) 将 $G(\mathrm{j}\omega)$ 转化成若干典型环节相乘的数学表达式。

(3) 确定各典型环节的转折频率。

(4) 绘出各典型环节幅频特性的渐近线，并进行修正，得出精确曲线。

(5) 将各环节的对数幅频特性叠加，得到系统的对数幅频特性。

(6) 作各环节的相频特性，然后叠加便得到系统的相频特性。

例题:已知某一单回路即只有主反馈回路没有局部反馈回路的最小相位系统,其开环传递函数为 $G(s)=\dfrac{100(s+2)}{s(s+1)(s+20)}$,请绘制其开环伯德图。

解:(1)将传递函数转化为典型环节频率特性相乘的表达式:

$$G(s)=\frac{10(\mathrm{j}0.5\omega+1)}{\mathrm{j}\omega(\mathrm{j}\omega+1)(\mathrm{j}0.05\omega+1)}$$

(2)上式由以下典型环节组成。

比例环节:$K_P=10$;

积分环节:$\dfrac{1}{\mathrm{j}\omega}$;

微分环节:$(\mathrm{j}0.5\omega+1)$,$\omega_{c2}=2\mathrm{rad/s}$;

两个惯性环节:$\dfrac{1}{\mathrm{j}\omega+1}$和$\dfrac{1}{\mathrm{j}0.05\omega+1}$,$\omega_{c1}=1\mathrm{rad/s}$ 和 $\omega_{c3}=20\mathrm{rad/s}$。

(3)选定伯德图各坐标轴的比例尺及频率范围。注意不能取零作为图上的最低频率,一般取最低频率值为系统最低转折频率的 1/10 左右,最高频率值取最高转折频率的 10 倍左右。因而本例的频率范围便可取 $\omega\approx0.1\mathrm{rad/s}\sim200\mathrm{rad/s}$,如图 5-55 所示。

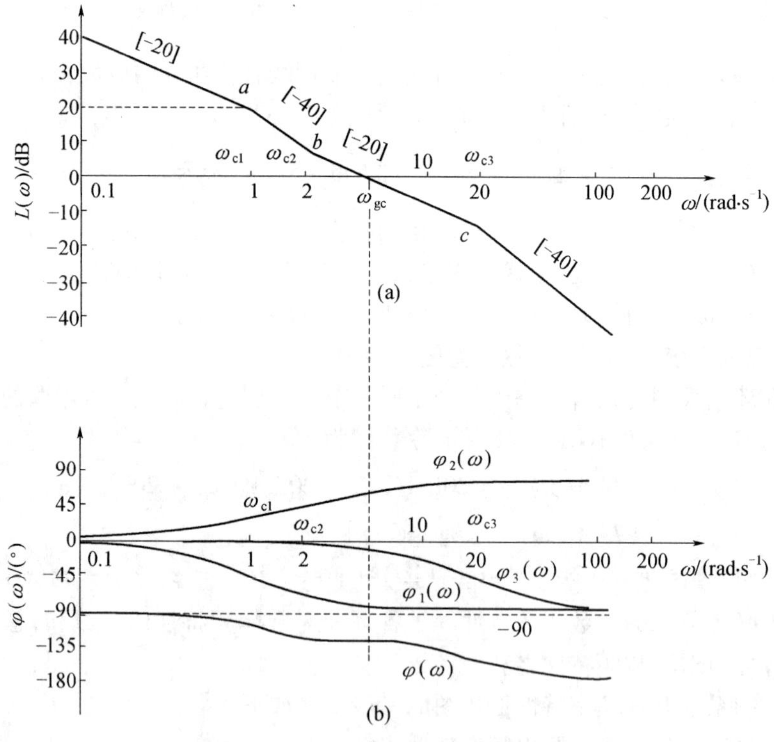

图 5-55 系统开环伯德图的绘制

(4)第一个转折频率前对数幅频特性曲线的绘制。由于第一个转折频率 $\omega_{c1}=1$,在此点积分环节纵坐标 $L(\omega)$ 值为零,因此 $\omega=1$ 处的 $L(\omega)$ 取决于 K_P,即为 $20\lg K_P=20\mathrm{dB}$。这样从横轴 $\omega=1$ 处垂直上移 20dB 得点 a,过点 a 作一条斜率为 -20dB 的直线,这就是积分环节和比例环节对数幅频特性相加的结果，如图 5－55(a)所示。

(5) 从第一个转折频率点起，把与该频率相对应环节的高频渐近线的斜率加到前面所得到的渐近线的斜率中去，可得到又一段渐近线。把这段渐近线延长至第二个转折频率处，得到又一个起点。不断重复上述过程，就可绘出系统的开环伯德图。

本例中第一个转折频率为 $\omega_{c1}=1$，惯性环节高频渐近线的斜率为 －20dB/dec，故 ab 段斜率为 －40dB/dec。由于 ω_{c2} 是微分环节的转折频率，它的高频渐近线为 $20\lg 0.5\omega$，故其斜率为 ＋20dB/dec，因此 ω_{c2} 后斜率又为 －20dB/dec 直至 ω_{c3}，这就是图中 bc 线。bc 线与 ω 相交点称为幅值穿越频率 ω_{gc}。ω_{c3} 又是惯性环节转折频率，故过 c 点后斜率又为 －40dB/dec，直至 $\omega_{c3}=200$ 处，如图 5－55(a)所示。

(6) 在已画好的对数渐近幅频特性基础上进行适当修正，便可画出系统精确的对数幅频特性曲线。

(7) 绘出各环节的相频特性，叠加后得到系统的相频特性，如图 5－55(b)所示，即

$$\begin{aligned}\varphi &= -90^\circ + \arctan 0.5\omega - \arctan\omega - \arctan 0.05\omega \\ &= -90^\circ + \varphi_2(\omega) + \varphi_1(\omega) + \varphi_3(\omega)\end{aligned}$$

(三) 稳定性判据与稳定裕量

对数频率稳定性判据是用开环频率特性曲线来判断系统闭环的稳定性，这在实际工程中是很有实用价值的。

1. 对数频率稳定判据

对于如图 5－56 所示的控制系统，其闭环频率特性为

$$G_c(\mathrm{j}) = \frac{C(\mathrm{j}\omega)}{R(\mathrm{j}\omega)} = \frac{G(\mathrm{j}\omega)}{1+G(\mathrm{j}\omega)H(\mathrm{j}\omega)} = \frac{G(\mathrm{j}\omega)}{1+G_0(\mathrm{j}\omega)} \tag{5-37}$$

式中 $G_0(\mathrm{j}\omega)=G(\mathrm{j}\omega)H(\mathrm{j}\omega)$——系统开环频率特性。

可见，当 $G_0(\mathrm{j}\omega)=-1$ 时，$G_c(\mathrm{j}\omega)\to\infty$，这表明系统的增益为无穷大，任一微小扰动，都会引起极大的输出，这和正反馈一样会引起等幅或发散振荡。对于 $G_0(\mathrm{j}\omega)=-1$ 可理解为：信号经过开环通道反馈到输入端时的幅度不衰减，但相位滞后 180°。也就是说原来设计为负反馈(相移 －180°)的情况，现在又附加 －180°，从而相移变为 360°，相当于该频率信号现已变为“正反馈”，那当然要振荡了。

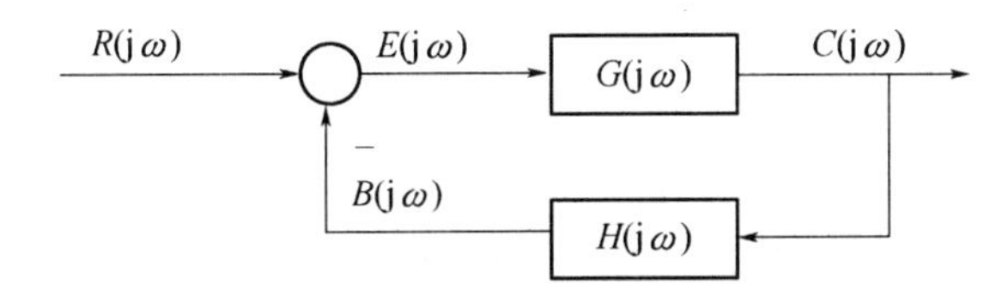

图 5－56 闭环频率特性

从开环频率特性伯德图来看，小于 ω_c 的频率范围称为通频带或频宽，当 $\omega\leqslant\omega_c$ 时，$L(\omega)\approx 0$，即系统的输出与输入幅值比 $A(\omega)\approx 1$，说明系统的输出始终能很好地跟踪系统的输入。当 $\omega>\omega_c$ 时，输出不能跟踪输入，且 $L(\omega)$ 随 ω 函数的对数成反比下降。

因而用开环频率特性判别系统闭环稳定的条件为

$$A(\omega) < 1,\quad \varphi(\omega) = -180^\circ$$

或

$$A(\omega) = 1, \quad \varphi(\omega) > -180° \tag{5-38}$$

若用对数幅频特性表示,则稳定条件为

$$L(\omega) < 0, \quad \varphi(\omega) = -180°$$

或

$$L(\omega) = 0, \quad \varphi(\omega) > -180° \tag{5-39}$$

2. 稳定性裕量

在系统开环频率特性中引入一个稳定性裕量来衡量系统的相对稳定性。

在图 5-57 中,ω_{gc}是对数幅频特性与 0dB 线相交处的频率,称为幅值穿越频率。若系统满足稳定条件,则 $L(\omega_{gc})=0$ 时,要求 $\varphi(\omega_{gc})>-180°$。$\varphi(\omega_{gc})$ 比 $-180°$ 大得越多,越不易振荡。所以,一般以 $L(\omega_{gc})=0$ 时相频特性曲线在 $-180°$以上多少度,即使系统达到稳定临界状态所剩余的相角来衡量稳定程度,称为相位裕量,用 φ_M 表示:

$$\varphi_M = \varphi(\omega_{gc}) - (-180°) = 180° + \varphi(\omega_{gc}) \tag{5-40}$$

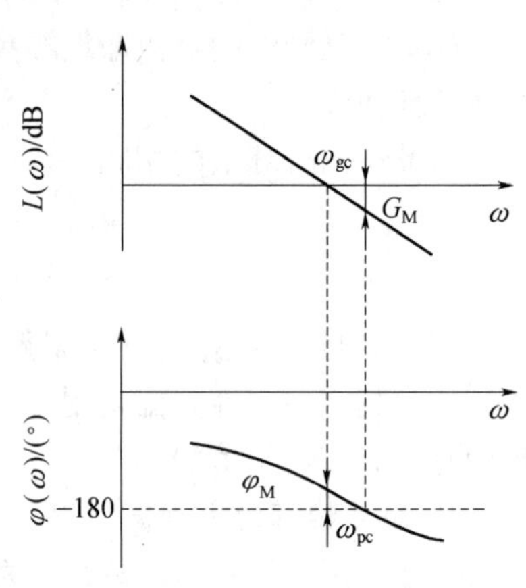

图 5-57 相位裕量与增益裕量

显然,$\varphi_M>0$,系统闭环是稳定的,φ_M 越大,系统相对稳定性越好;$\varphi_M=0$,系统处于临界稳定;$\varphi_M<0$,系统是不稳定的。

ω_{pc}是对数相频特性与 $-180°$线相交处的频率,称为相位穿越频率。所以可以固定 ω_{pc},观察 $L(\omega)$低于 0dB 线多少分贝,以此来衡量稳定程度,称为增益裕量,用 G_M 表示:

$$G_M = -20\lg A(\omega_{pc}) \tag{5-41}$$

增益裕量也如图 5-57 所示。显然 $G_M>0$,系统闭环是稳定的,G_M 越大,系统相对稳定性越好;$G_M=0$ 时,系统处于临界稳定,$G_M<0$ 时,系统是不稳定的。

(四)系统的校正

设计控制系统时,可以通过调整结构参数或加入辅助装置来改善原有系统的性能。在多数情况下,仅仅调整参数,并不能使系统全面满足性能指标的要求。例如,增大开环增益能减小稳态误差,但影响系统的瞬态响应,甚至破坏系统的稳定性。因此,常引入辅助装置来改善系统的性能。这就是系统的校正,所用的辅助装置叫做校正装置。引入校正装置将使系统的传递函数发生改变,以实现系统校正的目的。

按照校正装置在系统中的联接方法,可把校正分为串联校正和并联校正。

1. 串联校正

校正装置 $G_c(s)$串联在前向通道中称为串联校正。如图 5-58 所示,串联校正装置一般都放在前向通道的前端,以减小功率消耗。

串联校正按校正环节 $G_c(s)$的性质又可分为增益调整、相位超前校正、相位滞后校正、相位滞后—超前校正等。其中,增益调整的实现比较简单。增益的调整只能使对数幅

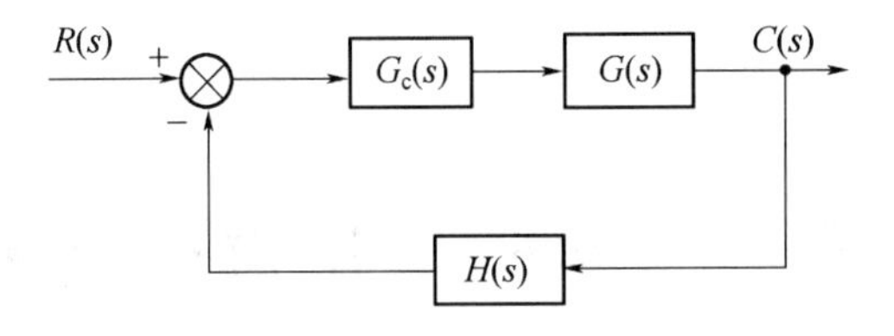

图 5－58　串联校正

频特性曲线上下平移,不能改变曲线的形状。因此,单凭调整增益,往往不能很好地解决各指标之间相互制约的矛盾,还必须附加校正装置。

2. 并联校正

按校正环节的并联方式,并联校正可分为反馈校正和顺馈校正。图 5－59 所示反馈校正是从系统某一环节的输出中取出信号,经过校正网络加到该环节前面某一环节的输入端,并与那里的输入信号叠加,从而改变信号的变化规律,实现对系统校正的目的。应用比较多的是对系统的部分环节建立局部负反馈。图 5－60 所示顺馈校正是从输入(包括干扰)测取信号,经过校正网络,再加给系统的回路,从而实现对系统校正的目的。

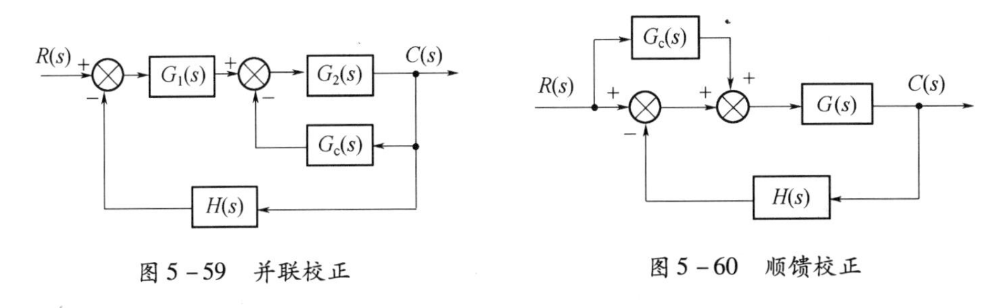

图 5－59　并联校正　　图 5－60　顺馈校正

除上述串联、并联校正方式外,还可以采用混合校正方式。

思考题

1. 根据机械特性曲线,试分析当负载转矩恒定不变时,直流伺服电机的调压过程。

2. 步距角小,最大静转矩大的步进电机,为什么启动频率和运行频率高?

3. 负载转矩和转动惯量对步进电机的启动频率和运行频率有何影响?

4. 对伺服系统有哪些基本的要求? 它们之间有何关系?

5. 试举出几个具有伺服系统的机电一体化产品实例,说明其伺服系统的结构组成及属于何种类型的伺服系统。

6. 试通过分析人对手、脚等进行伺服控制的过程,进而探讨具有视觉和触觉的步行机或智能机器人的伺服控制原理。

7. 一台 5 相反应式步进电机,采用 5 相 10 拍运行方式时,步距角为 1.5°,若脉冲电源的频率为 3000Hz,请问转速是多少 r/min?

8. 什么是 SPWM? SPWM 信号是数字信号形式还是模拟信号形式?

9. 用 SPWM 进行交流变频调速所对应的传统方法有哪些? 各有什么特点?

第六章　机电一体化抗干扰技术

干扰问题是机电一体化系统设计和使用过程中必须考虑的重要问题。在机电一体化系统的工作环境中,存在大量的电磁信号,如电网的波动、强电设备的启停、高压设备和开关的电磁辐射等,当它们在系统中产生电磁感应和干扰冲击时,往往就会扰乱系统的正常运行,轻者造成系统的不稳定,降低了系统的精度;重者会引起控制系统死机或误动作,造成设备损坏或人身伤亡。

抗干扰技术就是研究干扰的产生根源、干扰的传播方式和避免被干扰的措施(对抗)等问题。机电一体化系统的设计中,既要避免被外界干扰,也要考虑系统自身的内部相互干扰,同时还要防止对环境的干扰污染。国家标准中规定了电子产品的电磁辐射参数指标。

第一节　产生干扰的因素

一、干扰的定义

干扰是指对系统的正常工作产生不良影响的内部或外部因素。从广义上讲,机电一体化系统的干扰因素包括电磁干扰、温度干扰、湿度干扰、声波干扰和振动干扰等,在众多干扰中,电磁干扰最为普遍,且对控制系统影响最大,而其他干扰因素往往可以通过一些物理的方法较容易地解决。本节重点介绍电磁干扰的相关内容。

电磁干扰是指在工作过程中受环境因素的影响,出现的一些与有用信号无关的,并且对系统性能或信号传输有害的电气变化现象。这些有害的电气变化现象使得信号的数据发生瞬态变化,增大误差,出现假象,甚至使整个系统出现异常信号而引起故障。例如传感器的导线受空中磁场影响产生的感应电势会大于测量的传感器输出信号,使系统判断失灵。

二、形成干扰的三个要素

干扰的形成包括三个要素:干扰源、传播途径和接受载体。三个要素缺少任何一项干扰都不会产生。

1. 干扰源

产生干扰信号的设备被称作干扰源,如变压器、继电器、微波设备、电机、无绳电话和高压电线等都可以产生空中电磁信号。当然,雷电、太阳和宇宙射线属于干扰源。

2. 传播途径

传播途径是指干扰信号的传播路径。电磁信号在空中直线传播,并具有穿透性的传播称为辐射方式传播;电磁信号借助导线传入设备的传播被称为传导方式传播。传播途径是干扰扩散和无所不在的主要原因。

3. 接受载体

接受载体是指受影响的设备的某个环节吸收了干扰信号,并转化为对系统造成影响的电器参数。接受载体不能感应干扰信号或弱化干扰信号使其不被干扰影响就提高了抗干扰的能力。接受载体的接受过程又成为耦合,耦合分为两类,传导耦合和辐射耦合。传导耦合是指电磁能量以电压或电流的形式通过金属导线或集总元件(如电容器、变压器等)耦合至接受载体。辐射耦合指电磁干扰能量通过空间以电磁场形式耦合至接受载体。

根据干扰的定义可以看出,信号之所以是干扰是因为它对系统造成的不良影响,反之,不能称其为干扰。从形成干扰的要素可知,消除三个要素中的任何一个,都会避免干扰。抗干扰技术就是针对三个要素的研究和处理。

三、电磁干扰的种类

按干扰的耦合模式分类,电磁干扰包括下列类型。

1. 静电干扰

大量物体表面都有静电电荷的存在,特别是含电气控制的设备,静电电荷会在系统中形成静电电场。静电电场会引起电路的电位发生变化;会通过电容耦合产生干扰。静电干扰还包括电路周围物件上积聚的电荷对电路的泄放,大载流导体(输电线路)产生的电场通过寄生电容对机电一体化装置传输的耦合干扰,等等。

2. 磁场耦合干扰

大电流周围磁场对机电一体化设备回路耦合形成的干扰。动力线、电机、发电机、电源变压器和继电器等都会产生这种磁场。产生磁场干扰的设备往往同时伴随着电场的干扰,因此又统一称为电磁干扰。

3. 漏电耦合干扰

绝缘电阻降低而由漏电流引起的干扰。多发生于工作条件比较恶劣的环境或器件性能退化、器件本身老化的情况下。

4. 共阻抗干扰

共阻抗干扰是指电路各部分公共导线阻抗、地阻抗和电源内阻压降相互耦合形成的干扰。这是机电一体化系统普遍存在的一种干扰。如图 6-1 所示的串联的接地方式,由于接地电阻的存在,三个电路的接地电位明显不同。当 I_1(或 I_2、I_3)发生变化时,A、B、C 点的电位随之发生变化,导致各电路的不稳定。

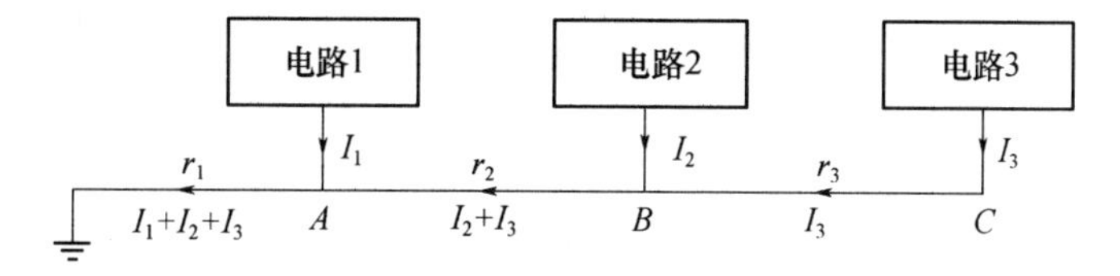

图 6-1 接地共阻抗干扰

5. 电磁辐射干扰

由各种大功率高频、中频发生装置、各种电火花以及电台电视台等产生的高频电磁波，向周围空间辐射，形成电磁辐射干扰。雷电和宇宙空间也会有电磁波干扰信号。

四、干扰存在的形式

在电路中，干扰信号通常以串模干扰和共模干扰形式与有用信号一同传输。

1. 串模信号

串模干扰是叠加在被测信号上的干扰信号，也称横向干扰。产生串模干扰的原因有分布电容的静电耦合，长线传输的互感，空间电磁场引起的磁场耦合，以及 50Hz 的工频干扰等。

在机电一体化系统中，被测信号是直流（或变化比较缓慢），而干扰信号经常是一些杂乱的波形和含有尖峰脉冲，如图 6－2(c)所示，图中 U_s 表示理想测试信号，U_c 表示实际传输信号，U_g 表示不规则干扰信号。干扰可能来自信号源内部（图 6－2(a)），也可能来源于导线的感应（图 6－2(b)）。

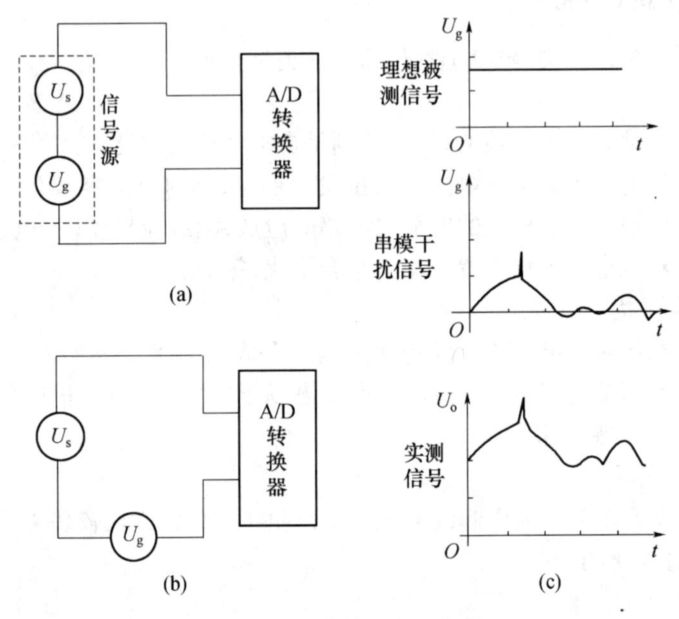

图 6－2　串模干扰示意图

2. 共模干扰

共模干扰往往是指同时加载在各个输入信号接口断的共有的信号干扰。如图 6－3 所示，检测信号输入 A/D 转换器的两个输入端上的公有的电压干扰。由于输入信号源与主机有较长距离，输入信号 U_s 的参考接地点和计算机控制系统输入端参考接地点之间存

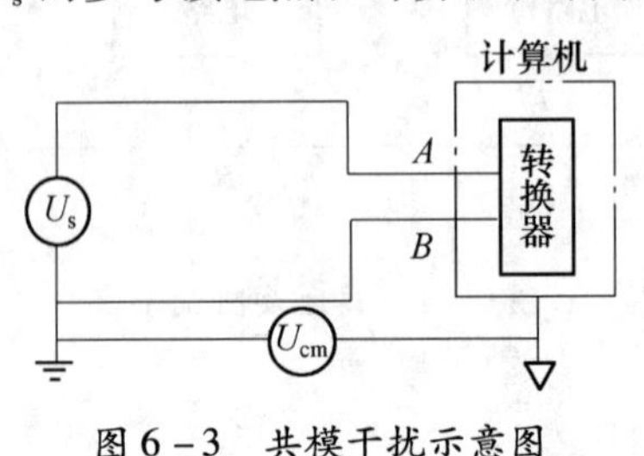

图 6－3　共模干扰示意图

在电位差 U_{cm}。这个电位差就在转换器的两个输入端上形成共模干扰。以计算机接地点为参考点，加到输入点 A 上的信号为 U_s+U_{cm}，加到输入点 B 上也有信号 U_{cm}。

第二节　抗干扰的措施

提高抗干扰的措施最理想的方法是抑制干扰源，使其不向外产生干扰或将其干扰影响限制在允许的范围之内。由于车间现场干扰源的复杂性，要想对所有的干扰源都做到使其不向外产生干扰，几乎是不可能的，也是不现实的。另外，来自于电网和外界环境的干扰，机电一体化产品用户环境的干扰源也是无法避免的。因此，在产品开发和应用中，除了对一些重要的干扰源，主要是对被直接控制的对象上的一些干扰源进行抑制外，更多的则是在产品内设法抑制外来干扰的影响，以保证系统可靠地工作。

抑制干扰的措施很多，主要包括屏蔽、隔离、滤波、接地和软件处理等方法。

一、屏蔽

屏蔽是利用导电或导磁材料制成的盒状或壳状屏蔽体，将干扰源或干扰对象包围起来从而割断或削弱干扰场的空间耦合通道，阻止其电磁能量的传输。按需屏蔽的干扰场的性质不同，可分为电场屏蔽、磁场屏蔽和电磁场屏蔽。

电场屏蔽是为了消除或抑制由于电场耦合引起的干扰。通常用铜和铝等导电性能良好的金属材料作屏蔽体。屏蔽体结构应尽量完整严密并保持良好的接地。

磁场屏蔽是为了消除或抑制由于磁场耦合引起的干扰。对静磁场及低频交变磁场，可用高磁导率的材料作屏蔽体，并保证磁路畅通。对高频交变磁场，由于主要靠屏蔽体壳体上感生的涡流所产生的反磁场起排斥原磁场的作用。选用材料也是良导体，如铜、铝等。

如图 6－4 所示的变压器，在变压器绕组线包的外面包一层铜皮作为漏磁短路环。当漏磁通穿过短路环时，在铜环中感生涡流，因此会产生反磁通以抵消部分漏磁通，使变压器外的磁通减弱。屏蔽的效果与屏蔽层数量和每层厚度有关。

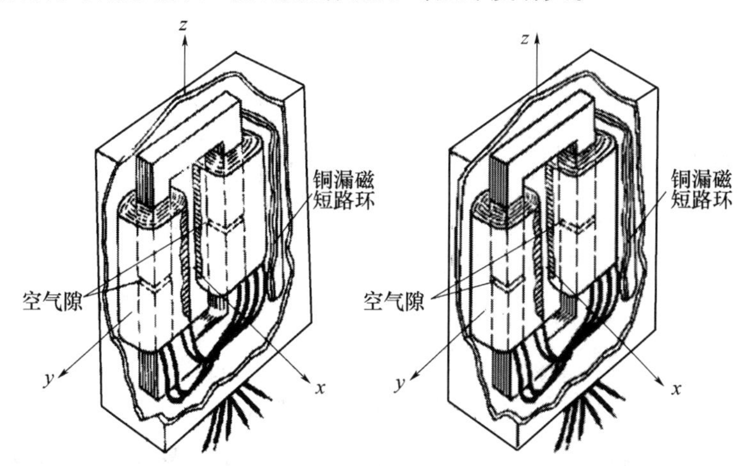

图 6－4　变压器的屏蔽

如图6－5所示的同轴电缆中,为防止在信号传输过程中受到电磁干扰,在电缆线中设置了屏蔽层。芯线电流产生的磁场被局限在外层导体和芯线之间的空间中,不会传播到同轴电缆以外的空间。而电缆外的磁场干扰信号在同轴电缆的芯线和外层导体中产生的干扰电势方向相同,使电流一个增大,一个减小而相互抵消,总的电流增量为零。许多通信电缆还在外面包裹一层导体薄膜以提高屏蔽外界电磁干扰的作用。

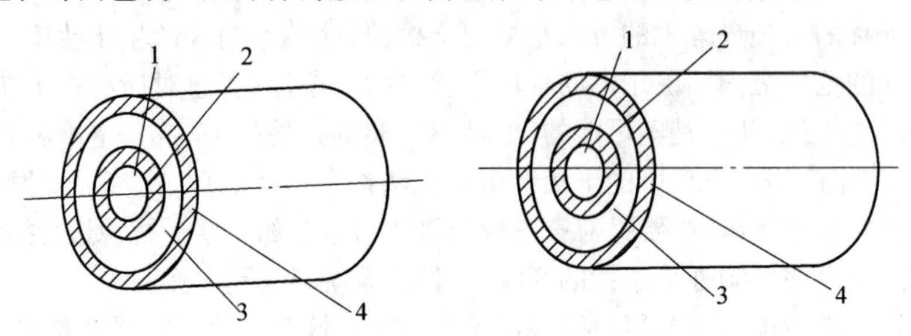

图6－5　同轴电缆示意图

1—芯线;2—绝缘体;3—外层导线;4—绝缘外皮。

二、隔离

隔离是指把干扰源与接收系统隔离开来,使有用信号正常传输,而干扰耦合通道被切断,达到抑制干扰的目的。常见的隔离方法有光电隔离、变压器隔离和继电器隔离等方法。

1. 光电隔离

光电隔离是以光作媒介在隔离的两端间进行信号传输的,所用的器件是光电耦合器。由于光电耦合器在传输信息时,不是将其输入和输出的电信号进行直接耦合,而是借助于光作为媒介物进行耦合,因而具有较强的隔离和抗干扰的能力。图6－6(a)所示为一般光电耦合器组成的输入/输出线路。在控制系统中,它既可以用作一般输入/输出的隔离,也可以代替脉冲变压器起线路隔离与脉冲放大作用。由于光电耦合器具有二极管、三极管的电气特性,使它能方便地组合成各种电路。又由于它靠光耦合传输信息,使它具有很强的抗电磁干扰的能力,从而在机电一体化产品中获得了极其广泛的应用。

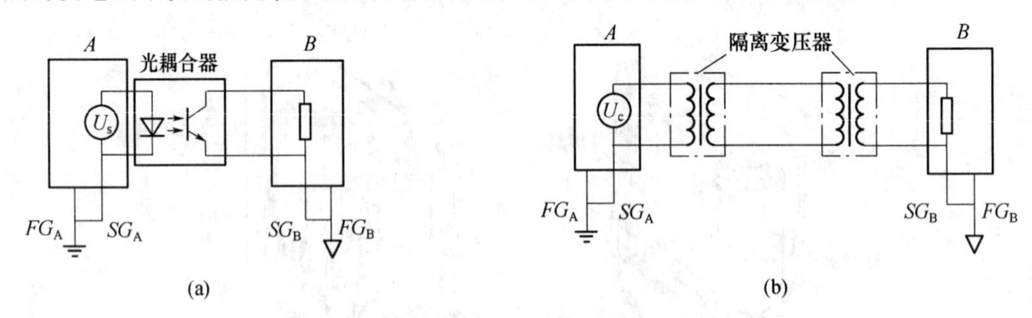

图6－6　光电隔离和变压器隔离原理

(a) 光电隔离;(b) 变压器隔离。

由于光耦合器共模抑制比大、无触点、寿命长、易与逻辑电路配合、响应速度快、小型、耐冲击且稳定可靠,因此在机电一体化系统特别是数字系统中得到了广泛的应用。

2. 变压器隔离

对于交流信号的传输一般使用变压器隔离干扰信号的办法。隔离变压器也是常用的隔离部件,用来阻断交流信号中的直流干扰和抑制低频干扰信号的强度。图 6-6(b)所示变压器耦合隔离电路。隔离变压器把各种模拟负载和数字信号源隔离开来,也就是把模拟地和数字地断开。传输信号通过变压器获得通路,而共模干扰由于不形成回路而被抑制。

图 6-7 所示为一种带多层屏蔽的隔离变压器。当含有直流或低频干扰的交流信号从一次侧端输入时,根据变压器原理,二次侧输出的信号滤掉了直流干扰,且低频干扰信号幅值也被大大衰减,从而达到了抑制干扰的目的。另外,在变压器的一次侧和二次侧线圈外设有静电隔离层 S_1 和 S_2,其目的是防止一次和二次绕组之间的相互耦合干扰。变压器外的三层屏蔽密封体的内外两层用铁,起磁屏蔽的作用,中间用铜,与铁芯相连并直接接地,起静电屏蔽作用。这三层屏蔽层是为了防止外界电磁场通过变压器对电路形成干扰,这种隔离变压器具有很强的抗干扰能力。

3. 继电器隔离

继电器线圈和触点仅有机械上形成联系,而没有直接的电的联系,因此可利用继电器线圈接收电信号,而利用其触点控制和传输电信号,从而可实现强电和弱电的隔离(图 6-8)。同时,继电器触点较多,且其触点能承受较大的负载电流,因此应用非常广泛。

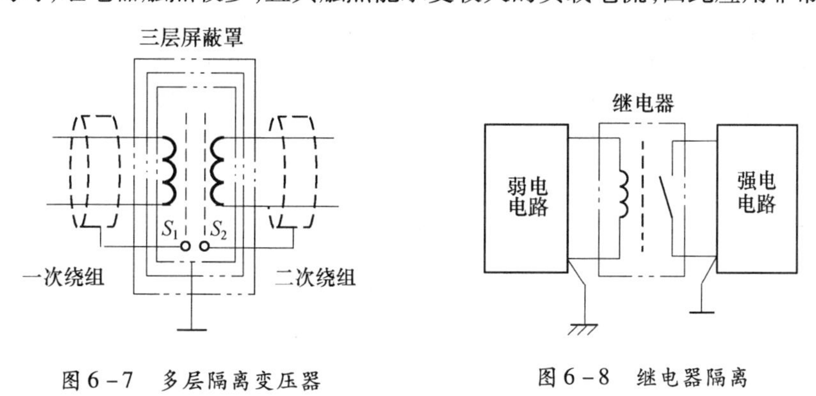

图 6-7 多层隔离变压器　　　　图 6-8 继电器隔离

实际使用中,继电器隔离指适合于开关量信号的传输。系统控制中,常用弱电开关信号控制继电器线圈,使继电器触电闭合和断开。而对应于线圈的触点,则用于传递强电回路的某些信号。隔离用的继电器,主要是一般小型电磁继电器或干簧继电器。

三、滤波

滤波是抑制干扰传导的一种重要方法。由于干扰源发出的电磁干扰的频谱往往比要接收的信号的频谱宽得多,因此,当接收器接收有用信号时,也会接收到那些不希望有的干扰。这时,可以采用滤波的方法,只让所需要的频率成分通过,而将干扰频率成分加以抑制。

常用滤波器根据其频率特性又可分为低通、高通、带通、带阻等滤波器。低通滤波器只让低频成分通过,而高于截止频率的成分则受抑制、衰减,不让通过。高通滤波器只通过高频成分,而低于截止频率的成分则受抑制、衰减,不让通过。带通滤波器只让某一频带范围内的频率成分通过，而低于下截止和高于上截止频率的成分均受抑制，不让通过。带阻滤波器只抑制某一频率范围内的频率成分，不让其通过，而低于下截止和高于上截止频率的频率成分则可通过。

在机电一体化系统中，常用低通滤波器抑制由交流电网侵入的高频干扰。图6-9所示为计算机电源采用的一种LC低通滤波器的接线图。含有瞬间高频干扰的220V工频电源通过截止频率为50Hz的滤波器，其高频信号被衰减，只有50Hz的工频信号通过滤波器到达电源变压器，保证正常供电。

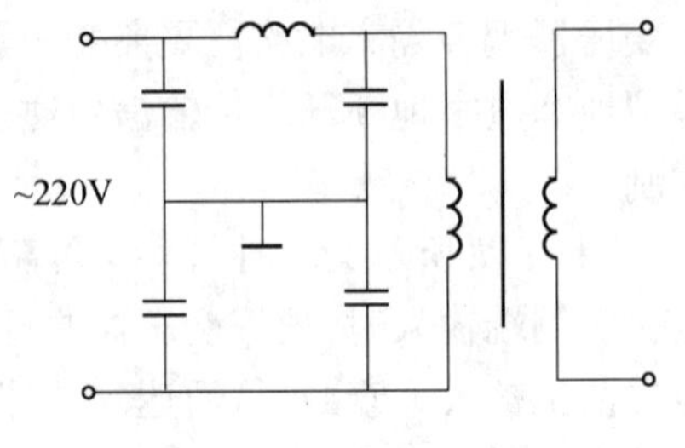

图6-9 低通滤波器

图6-10所示电路中，6-10(a)所示为触点抖动抑制电路，对于抑制各类触点或开关在闭合或断开瞬间因触点抖动所引起的干扰是十分有效的。图6-10(b)所示电路是交流信号抑制电路，主要是为了抑制电感性负载在切断电源瞬间所产生的反电势。这种阻容吸收电路，可以将电感线圈的磁场释放出来的能力，转化为电容器电场的能量储存起来，以降低能量的消散速度。图6-10(c)所示电路是输入信号的阻容滤波电路。类似的这种线路，既可作为直流电源的输入滤波器，亦可作为模拟电路输入信号的阻容滤波器。

如图6-11所示为一种双T型带阻滤波器，可用来消除工频(电源)串模干扰。图中输入信号 U_1 经过两条通路送到输出端。当信号频率较低时，C_1、C_2 和 C_3 阻抗较大，信号主要通过 R_1、R_2 传送到输出端，当信号频率较高时，C_1、C_2 和 C_3 容抗很小，接近短路，所以信号主要通过 C_1、C_2 传送到输出端。只要参数选择得当，就可以使滤波器在某个中间频率 f_0 时，由 C_1、C_2 和 R_3，支路传送到输出端的信号 U_2'，与由 R_1、R_2 和 C_3 支路传送到输出端的信号 U''_2 大小相等、相位相反，互相抵消，于是总输出为零。f_0 为双T型滤波器的谐振频率。在参数设计时，使 $f_0=50\text{Hz}$，双T型带阻滤波器就可滤除工频干扰信号。

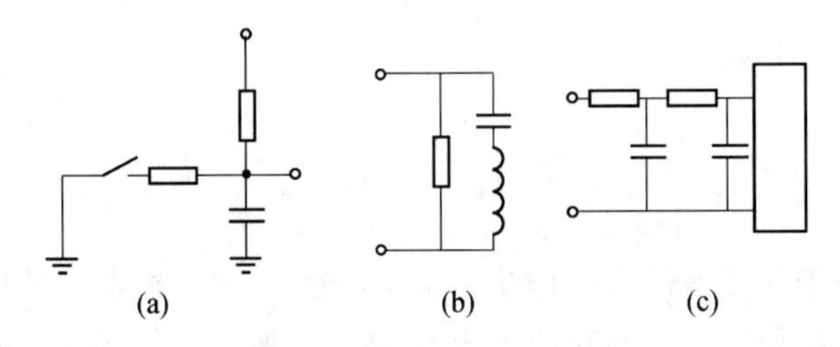

图6-10 干扰滤波电路

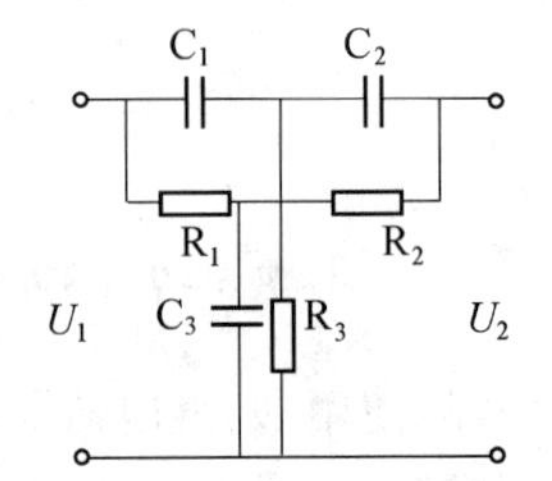

图6-11 双T型带阻滤波器

四、接地

将电路、设备机壳等与作为零电位的一个公共参考点(大地)实现低阻抗的连接，称为接地。接地的目的有两个：①为了安全，例如把电子设备的机壳、机座等与大地相接，当设备中存在漏电时，不致影响人身安全，称为安全接地；②为了给系统提供一个基准电位，如脉冲数字电路的零电位点等，或为了抑制干扰，如屏蔽接地等，称为工作接地。工作接地包括一点接地和多点接地两种方式。

1. 一点接地

图6-1所示为串联一点接地，由于地电阻 r_1、r_2 和 r_3，是串联的，所以各电路间相互

发生干扰，虽然这种接地方式很不合理，但由于比较简单，用的地方仍然很多。当各电路的电平相差不大时还可勉强使用；但当各电路的电平相差很大时就不能使用，因为高电平将会产生很大的地电流并干扰到低电平电路中去。使用这种串联一点接地方式时还应注意把低电平的电路放在距接地点最近的地方，即图 6－1 中最接近于地电位的 A 点上。

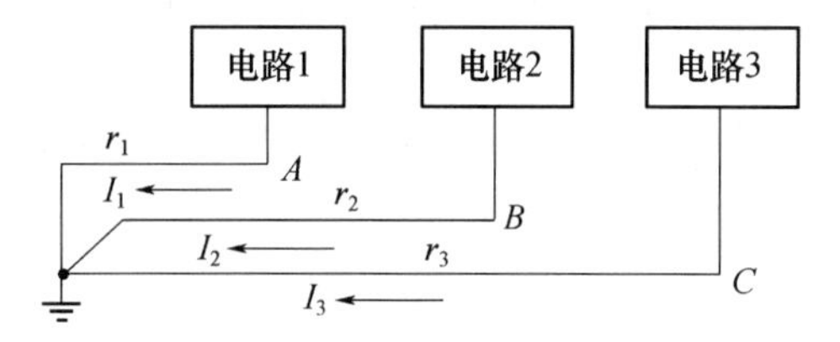

图 6－12　并联一点接地

如图 6－12 所示是并联一点接地方式。这种方式在低频时是最适用的，因为各电路的地电位只与本电路的地电流和地线阻抗有关，不会因地电流而引起各电路间的耦合。这种方式的缺点是，需要连很多根地线，用起来比较麻烦。

2. 多点接地

多点接地所需地线较多，一般适用于低频信号。若电路工作频率较高，电感分量大，各地线间的互感耦合会增加干扰。如图 6－13 所示，各接地点就近接于接地汇流排或底座、外壳等金属构件上。

3. 地线的设计

机电一体化系统设计时要综合考虑各种地线的布局和接地方法。图 6－14 所示是一台数控机床的接地方法。从图中可以看出，接地系统形成三个通道：信号接地通道，将所有小信号、逻辑电路的信号、灵敏度高的信号的接地点都接到信号地通道上；功率接地通道，将所有大电流、大功率部件、晶闸管、继电器、指示灯、强电部分的接地点都接到这一地线上；机械接地通道，将机柜、底座、面板、风扇外壳、电机底座等机床接地点都接到这一地线上，此地线又称安全地线通道。将这三个通道再接到总的公共接地点上，公共接地点与大地接触良好，一般要求地电阻为 4Ω ~ 7Ω。并且数控柜与强电柜之间有足够粗的保护接地电缆，如截面积为 5.5mm^2 ~ 14mm^2 的接地电缆。因此，这种地线接法有较强的抗干扰能力，能够保证数控机床的正常运行。

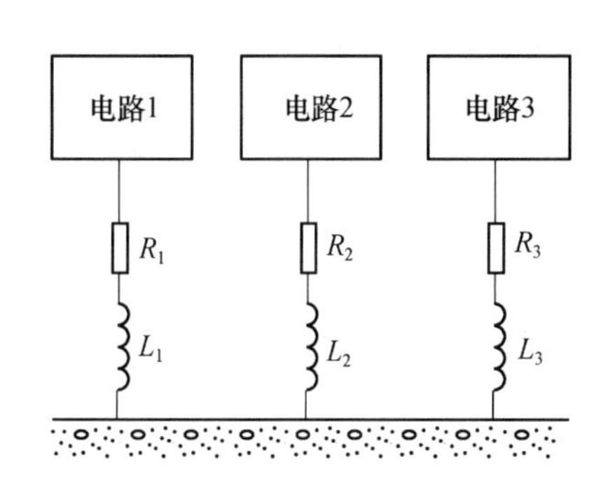

图 6－13　多点接地

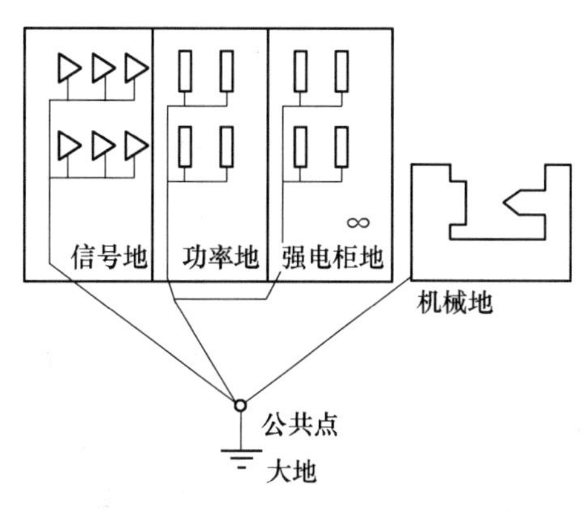

图 6－14　数控机床的接地

五、软件抗干扰设计

1. 软件滤波

用软件来识别有用信号和干扰信号，并滤除干扰信号的方法，称为软件滤波。识别信号的原则有两种：

（1）时间原则。如果掌握了有用信号和干扰信号在时间上出现的规律性，在程序设计上就可以在接收有用信号的时区打开输入口，而在可能出现干扰信号的时区封闭输入口，从而滤掉干扰信号。

（2）空间原则。在程序设计上为保证接收到的信号正确无误，可将从不同位置、用不同检测方法、经不同路线或不同输入口接收到的同一信号进行比较，根据既定逻辑关系来判断真伪，从而滤掉干扰信号。

（3）属性原则。有用信号往往是在一定幅值或频率范围的信号，当接收的信号远离该信号区时，软件可通过识别予以剔除。

2. 软件"陷井"

从软件的运行来看，瞬时电磁干扰可能会使 CPU 偏离预定的程序指针，进入未使用的 RAM 区和 ROM 区，引起一些莫名其妙的现象，其中死循环和程序"飞掉"是常见的。为了有效地排除这种干扰故障，常用软件"陷井法"。这种方法的基本指导思想是，把系统存储器（RAM 和 ROM）中没有使用的单元用某一种重新启动的代码指令填满，作为软件"陷井"，以捕获"飞掉"的程序。一般当 CPU 执行该条指令时，程序就自动转到某一起始地址，而从这一起始地址开始，存放一段使程序重新恢复运行的热启动程序，该热启动程序扫描现场的各种状态，并根据这些状态判断程序应该转到系统程序的哪个入口，使系统重新投入正常运行。

3. 软件"看门狗"

"看门狗"（WATCHDOG）就是用硬件（或软件）的办法要求使用监控定时器定时检查某段程序或接口，当超过一定时间系统没有检查这段程序或接口时，可以认定系统运行出错（干扰发生），可通过软件进行系统复位或按事先预定方式运行 。"看门狗"，是工业控制机普遍采用的一种软件抗干扰措施。当侵入的尖锋电磁干扰使计算机"飞程序"时，"看门狗"能够帮助系统自动恢复正常运行。

第三节　提高系统抗干扰的措施

从整体和逻辑线路设计上提高机电一体化产品的抗干扰能力是整体设计的指导思想，对提高系统的可靠性和抗干扰性能关系极大。对于一个新设计的系统，如果把抗干扰性能作为一个重要的问题来考虑，则系统投入运行后，抗干扰能力就强。反之，如等到设备到现场发现问题才来修修补补，往往就会事倍功半。因此，在总体设计阶段，有几个方面必须引起特别重视。

一、逻辑设计力求简单可靠

对于一个具体的机电一体化产品，在满足生产工艺控制要求的前提下，逻辑设计应尽量简单，以便节省元件，方便操作。因为在元器件质量已定的前提下，整体中所用到的元器件数量越少，系统在工作过程中出现故障的概率就越小，亦即系统的稳定性越高。但值得注意的是，对于一个具体的线路，必须扩大线路的稳定储备量，留有一定的负载容度。因为线路的工作状态是随电源电压、温度、负载等因素的大小而变的。当这些因素由额定情况向恶化线路性能方向变化，最后导致线路不能正常工作时，这个范围称为稳定储备量。此外，工作在边缘状态的线路或元件，最容易接受外界干扰而导致故障。因此，为了提高线路的带负载能力，应考虑留有负载容度。例如，一个 TTL 集成门电路的负载能力是可以带 8 个左右同类型的逻辑门，但在设计时，一般最多只考虑带 5 个 ~6 个门，以便留有一定裕度。

二、硬件自检测和软件自恢复的设计

由于干扰引起的误动作多是偶发性的，因此应采取某种措施，使这种偶发的误动作不致直接影响系统的运行。因此，在总体设计上必须设法使干扰造成的这种故障能够尽快地恢复正常。通常的方式是，在硬件上设置某些自动监测电路。这主要是为了对一些薄弱环节加强监控，以便缩小故障范围，增强整体的可靠性。在硬件上常用的监控和误动作检出方法通常有数据传输的奇偶检验（如输入电路有关代码的输入奇偶校验），存储器的奇偶校验以及运算电路、译码电路和时序电路的有关校验等。

从软件的运行来看，瞬时电磁干扰会影响堆栈指针 SP、数据区或程序计数器的内容，使 CPU 偏离预定的程序指针，进入未使用的 RAM 区和 ROM 区，引起一些如死机、死循环和程序“飞掉”等现象，因此，要合理设置软件“陷阱”和“看门狗”并在检测环节进行数字滤波（如粗大误差处理）等。

三、从安装和工艺等方面采取措施以消除干扰

1. 合理选择接地

许多机电一体化产品，从设计思想到具体电路原理都是比较完美的。但在工作现场却经常无法正常工作，暴露出许多由于工艺安装不合理带来的问题，从而使系统容易接受干扰，对此，必须引起足够的重视。例如：选择正确的接地方式方面考虑交流接地点与直流接地点分离；保证逻辑地浮空（是指控制装置的逻辑地和大地之间不用导体连接）；保证使机身、机柜的安全地的接地质量；甚至分离模拟电路的接地和数字电路的接地；等等。

2. 合理选择电源

合理选择电源对系统的抗干扰也是至关重要的。电源是引进外部干扰的重要来源。实践证明，通过电源引入的干扰噪声是多途径的，如控制装置中各类开关的频繁闭合或断开，各类电感线圈（包括电机、继电器、接触器以及电磁阀等）的瞬时通断，晶闸管电源及高频、中频电源等系统中开关器件的导通和截止等都会引起干扰，这些干扰幅值可达瞬时千伏级，而且占有很宽的频率。显而易见，要想完全抑制如此宽频带范围的干扰，必须对交流电源和直流电源同时采取措施。

大量实践表明，采用压敏电阻和低通滤波器可使频率范围在 20kHz ~ 100MHz 范围的干扰大大衰减。采用隔离变压器和电源变压器的屏蔽层可以消除 20kHz 以下的干扰，而为了消除交流电网电压缓慢变化对控制系统造成的影响，可采取交流稳压等措施。

对于直流电源通常要考虑尽量加大电源功率容限和电压调整范围。为了使装备能适应负载在较大范围变化和防止通过电源造成内部噪声干扰,整机电源必须留有较大的储备量,并有较好的动态特性。习惯上一般选取0.5倍~1倍的余量。另外,尽量采用直流稳压电源。直流稳压电源不仅可以进一步抑制来自交流电网的干扰,而且还可以抑制由于负载变化所造成的电路直流工作电压的波动。

3. 合理布局

对机电一体化设备及系统的各个部分进行合理的布局,能有效地防止电磁干扰的危害。合理布局的基本原则是使干扰源与干扰对象尽可能远离,输入和输出端口妥善分离,高电平电缆及脉冲引线与低电平电缆分别敷设等。

对企业环境的各设备之间也存在合理布局问题。不同设备对环境的干扰类型、干扰强度不同,抗干扰能力和精度也不同,因此,在设备位置布置上要考虑设备分类和环境处理,如精密检测仪器应放置在恒温环境,并远离有机械冲击的场所,弱电仪器应考虑工作环境的电磁干扰强度等。

一般来说,除了上述方案以外,还应在安装、布线等方面采取严格的工艺措施,如布线上注意整个系统导线的分类布置,接插件的可靠安装与良好接触,注意焊接质量等。实践表明,对于一个具体的系统,如果工艺措施得当,不仅可以大大提高系统的可靠性和抗干扰能力,而且还可以弥补某些设计上的不足之处。

思考题

1. 简述干扰的三个组成要素。
2. 机电一体化系统中的计算机接口电路通常使用光电耦合器,请问光电耦合器的作用有哪些?
3. 控制系统接地通常要注意哪些事项?
4. 目前,我国强制进行机电产品的“3C”认证。“3C”认证是什么含义?有什么意义?
5. 为什么国家严令禁止个人和集体私自使用大功率无绳电话?
6. 请解释收音机(或电台)的频道(信号)接收工作原理。
7. 什么是工频?工频滤波原理是什么?
8. 计算机控制系统中,如何用软件进行干扰的防护?

第七章　机电一体化系统实例

机电一体化技术和产品的应用范围非常广泛,涉及工农业生产过程的所有领域,因此,机电一体化产品的种类很多。按照机电一体化产品的功能将其分成下述几类。

(1) 数控机械类。主要产品包括数控机床、机器人、发动机控制系统以及全自动洗衣机等。这类产品的特点是执行机构为机械装置。

(2) 电子设备类。主要产品包括电火花加工机床、线切割机、超声波加工机以及激光测量仪等。这类产品的特点是执行机构为电子装置。

(3) 机电结合类。主要产品包括自动探伤机、形状自动识别装置、CT 扫描诊断机以及自动售货机等。这类产品的特点是执行机构为电子装置和机械装置的有机结合。

(4) 电液伺服类。主要产品为机电液一体化的伺服装置,如电子伺服万能材料试验机。这类产品的特点是执行机构为液压驱动的机械装置,控制机构是接收信号的液压伺服阀。

(5) 信息控制类。主要产品包括传真机、磁盘存储器、磁带录像机、录音机、复印机等。这类产品的特点是执行机构的动作由所接收的信息类信号来控制。

下面以具体的机电一体化产品为例进一步说明机电一体化技术及应用,这些例子涵盖了上述几大类别。

实例 1　黄瓜收获机器人和等级自动判别

黄瓜收获机器人属于生物生产机器人,一般来讲,工业机器人主要处理其物理特性是规则的和静止的主体,然而生物生产机器人要能够处理正在生长的生物主体。生长中的植物和动物是动态的,这就要求生物生产机器人能够适应工作对象明显变化的特性。因此其构造和特性与工业机器人不同,是数控机械类机电一体化产品在农业中的应用,也是机电一体化技术的典型应用。下面以黄瓜机器人为例说明生物生产机器人的典型构造。

一、倾斜格子架栽培黄瓜收获机器人

日本根据黄瓜的倾斜格子架栽培,研制出了黄瓜收获机器人(图 7-1),包括机械手、末端执行器、视觉与图像处理系统、控制系统和移动机构。机械手和末端执行器是黄瓜收获机器人的手足,主要由精密机械系统实现,视觉与图像处理系统是黄瓜收获机器人的感觉器官,由传感与检测技术实现,控制系统接收传感与检测系统反馈的信息,作出运算与决策,按照要求对机械手或末端执行器的运行进行控制。移动机构在伺服系统的驱动下,带动机械手和末端执行器完成规定的动作。

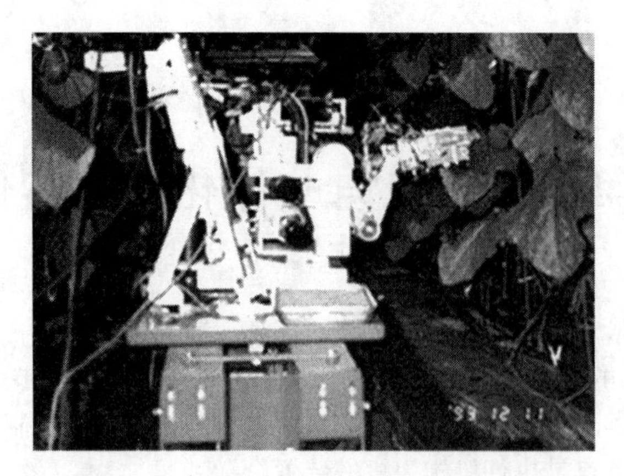

图 7-1　倾斜格子架栽培黄瓜收获机器人

1. 机械手

为适应黄瓜的栽培模式,机械手(图 7-2)在根部有一个与黄瓜倾斜格子架角度相同的直动关节,使整个机械手可以在与倾斜格子架平行的方向移动,另 5 个旋转关节可以做出各种姿态接近果实。

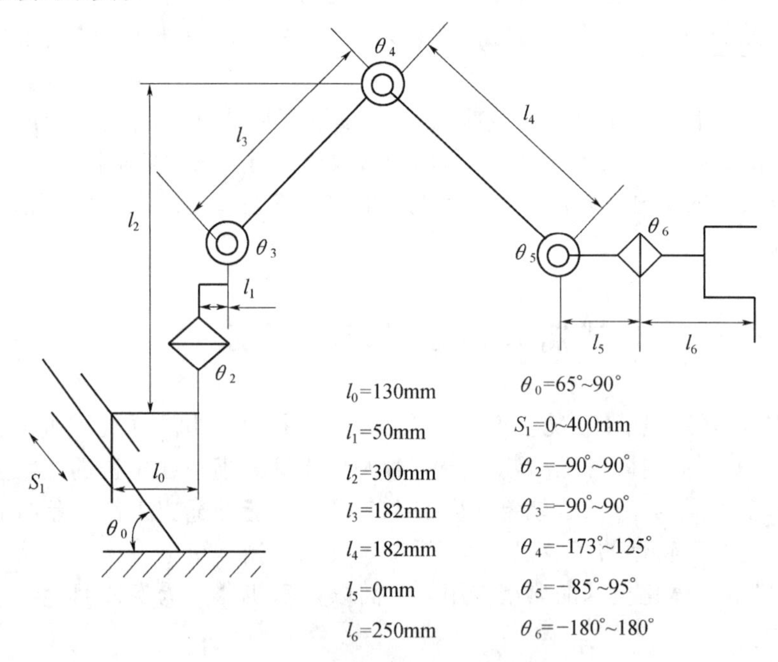

图 7-2　黄瓜收获机器人的机械手

2. 末端执行器

成熟的黄瓜遍身带刺,并且在顶部带有黄花,这些刺和花是衡量黄瓜质量好坏的标准之一,因此收获时必须尽量减少对黄瓜表面的损伤,要轻柔地抓住并切断果梗。

该机器人的末端执行器(图 7-3)包括一个手爪、一个检测器和一个剪刀。手指先用 6N 的力在离果实顶部 3cm 的位置抓住果实,然后检测器和剪刀向上滑动,并且保持检测器与果实一直接触,直到电位计检测到果实和果梗之间的连接点,完成检测,安装在检测器下方的切刀用 12 N 的力将果梗剪断。

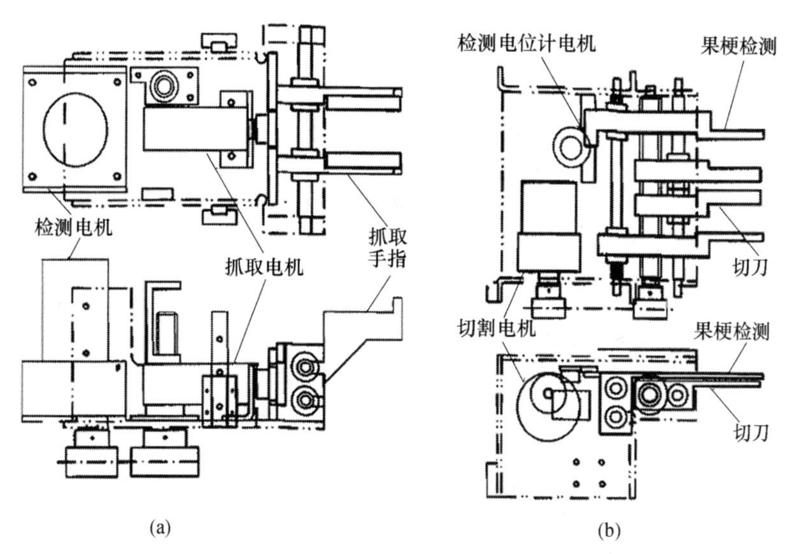

图 7－3　黄瓜收获机器人的末端执行器

（a）手抓部分；（b）检测和切刀部分。

3. 视觉系统

由于黄瓜果实与茎叶的颜色相似，该机器人采用远红外传感器检测黄瓜的距离，并利用黄瓜与茎叶不同的光反射波长进行检测。这里采用带有 550nm 和 850nm 过滤器的黑白摄像机，利用两个不同的过滤器得到两个图像，可以将果实同周围背景物区分开来而辨认出果实并探测出它的位置。（图 7－4）

按下述公式计算：

$$R = \frac{850\text{nm 的灰度值}}{550\text{nm 的灰度值} + 850\text{nm 的灰度值}}$$

由于果实在 850nm 的反射强，使果实图像的灰度值增大，而其他对象在 850 nm 的反射比较弱，可以很容易区分有阴影果实的阈值，通过比较两个果实的尺值，就可以判断哪个果实的距离更近。

图 7－4　辨认出的黄瓜图像

（1）黄瓜果实质量的评定。黄瓜在植物上的分布是随机的，不定期成熟，因此在收获前必须探测出每一根黄瓜的位置及成熟度。在清晰条件下（收获前摘掉叶子），通过测量它的直径和长度，依据它的体积估算果实的成熟度。

（2）果实精确位置的确定。在末端执行器上安装了一个手指大小的微型摄像机，用于快速和精确定位。为了精确测定在切割装置两个电极之间的果梗的位置，还采用了一个局部传感器，可以在 0.3m 范围内测量果实位置。

4. 作业流程

该收获机器人收获流程框图如图 7－5 所示。机器人采用三维视觉传感器，获取果实的位置。张开手爪抓住果实，检测和切断机构上升，直至检测出果梗的位置，判断果梗的直径是否小于 6mm。若小于 6mm，检测机构停止上升，切断机构闭合。切断果梗，把持机构闭合，检测切断机构下降，结束作业。若果梗直径大于 6mm，重新检测果梗的位置。

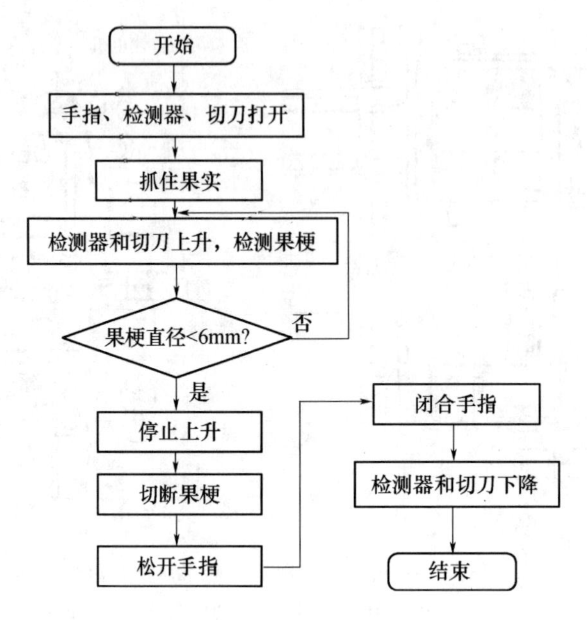

图 7-5　倾斜格子架栽培黄瓜收获机器人的作业流程图

5. 移动系统

移动系统主要用于机械手和末端执行器的定位,通过视觉系统的信号控制机器人的行走、机械手的动作、末端执行器的抓取和切割动作。机器人的行走速度为 0.8m/s,每前进 0.7m 就停下来进行收获作业。

三、黄瓜的等级判别

为提高黄瓜的商品价值,有必要对黄瓜进行分级。黄瓜属于长型瓜类,人工分级时一般以瓜的均匀性、长度、直径等作为评价指标。日本经济农业协同联合会制订出了黄瓜的等级标准(图 7-6),黄瓜的品质等级分为 A、B、C 级 3 个等级:A 级形状匀称,弯度不超过 1.5cm,色泽和鲜度品质良好,无病虫害;B 级形状较为匀称,弯度不超过 3cm,鲜度品质良好,无病虫害;C 级畸形,弯度超过 3cm,过熟,有疤痕。大小按质量分为 2L、L、M 和 S,质量分别为 130g、110g、95g 和 80g 左右。

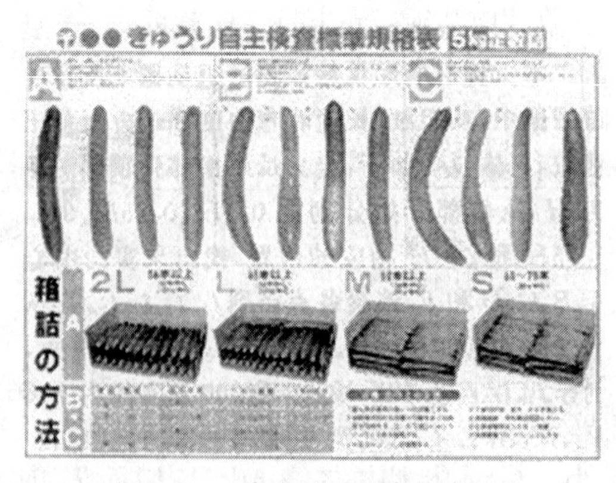

图 7-6　日本的瓜果检查标准规格

1. 等级判别装置

硬件装置(图 7－7)包括 CCD 摄像机、图像采集卡、PC 计算机、日光灯型的照明装置和监视器。

图 7－7　黄瓜等级判别装置

2. 形状特征值的提出

根据黄瓜形状特征(图 7－8)的二值图像,提取粗细、长度和弯曲度三个方面的参数。瓜果根部到顶部的距离为 H,从根部开始分别在 $0.1H$、$0.25H$、$0.5H$、$0.75H$ 和 $0.9H$ 相应的位置,找出果实的中心点 A、B、C、D 和 E,连接各点得到 l_1、l_2、l_3 和 l_4。再从根部开始在 $0.2H$、$0.3H$、$0.7H$、$0.8H$ 的位置,分别作 l_1、l_2、l_3、l_4 的垂线,检出果实的宽度 W_1、W_2、W_3 和 W_4。C 点的宽度 W 按水平方向检出,点 A 和 E 之间的距离定义为 L。由此定义形状特征函数如下:

$$\begin{cases} F_1 = W_1/W; F_2 = W_2/W; F_3 = W_3/W \\ F_4 = W_4/W; F_5 = L/(l_1 + l_2 + l_3 + l_4) \\ F_6 = W/(l_1 + l_2 + l_3 + l_4) \end{cases} \tag{7-1}$$

式中　F_1, F_2, F_3, F_4——果实均匀性的特征参数;

F_5——果实的弯曲特征参数;

F_6——果实的粗细特征参数。

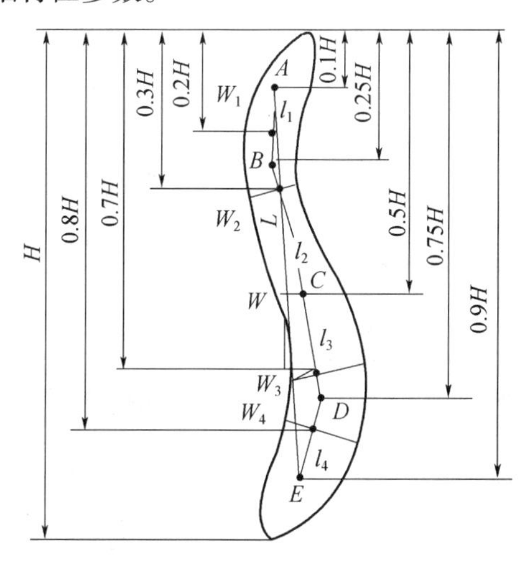

图 7－8　黄瓜形状特征的提取

3. 基于神经网络的判别

采用前向多层神经网络(图7-9)进行判别。神经网络包含输入层、隐层和输出层,输入层为与6个参数相对应的6个输入单元,输出层为2个输出单元(用于表示3种等级状态A、B、C),隐层的单元数要根据训练状况决定。

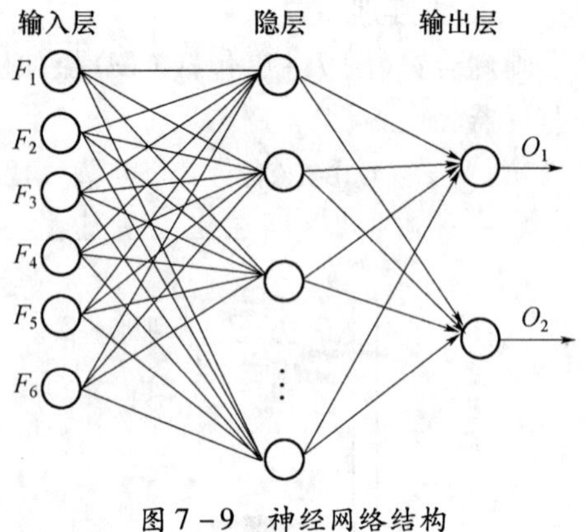

图7-9 神经网络结构

长型瓜果等级判别程序(图7-10)从功能上可分为学习部分和判别部分。学习部分包括图像处理、特征抽出和网络训练;判别部分包括图像处理、特征抽出、特征判断及结果显示。可通过计算机上的屏幕和键盘,以人机对话的方式引导挑选机器人进入学习训练或挑选判别状态。

该系统还适合其他长型瓜果的判别,具有较高的准确性、通用性和简便性。

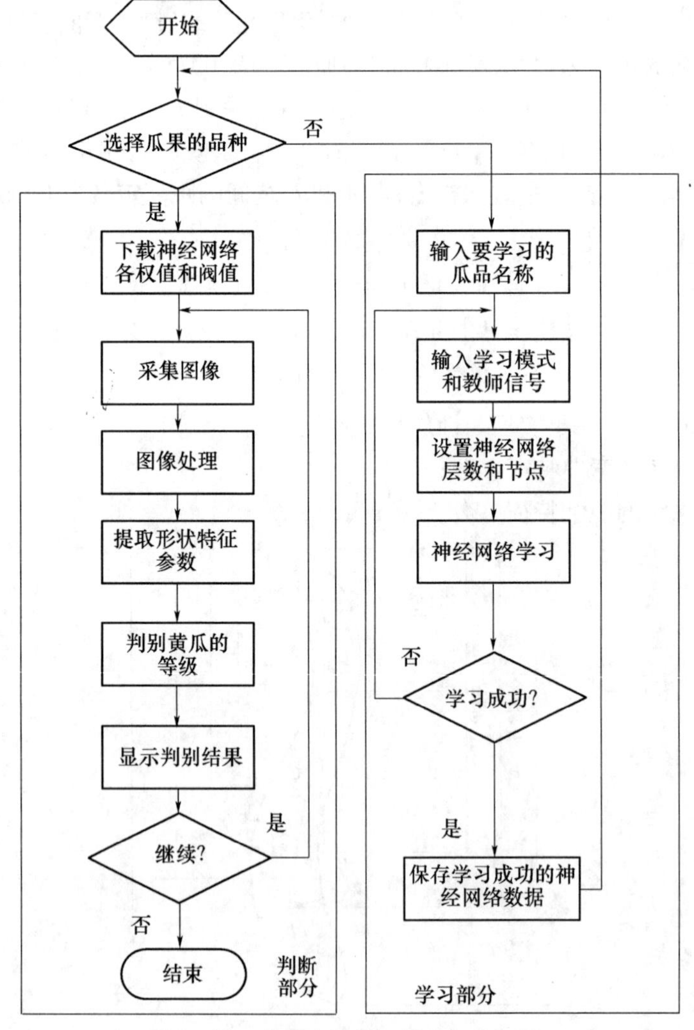

图7-10 长型瓜果等级判别程序框图

实例2 三维激光扫描仪

三维激光扫描仪(3D Laser Scanner)是一种高性能的三维扫描设备,通过激光测距原理,瞬时非接触式测得测量对象三维坐标值。结合使用计算机视觉技术、计算机及微软视窗操作系统,具有扫描速度快、精度较高等特点,可广泛用于逆向工程设计、快速成形应用、零件质量测量等方面。三维激光扫描仪是典型的光机电一体化产品之一。

一、三维激光扫描仪的组成

三维激光扫描仪的基本组件包括计算机控制系统,扫描头组件,数控转台,X、Y、Z 轴运动组件,控制机柜和操作台,如图 7-11 所示。

图 7-11 LSG 300 三维激光扫描仪

也可以把整个系统分为硬件和软件两部分,硬件除机械测量平台、激光扫描头外,还包括步进电机与步进电机驱动器、工控机以及插在工控机主板上的图像采集卡和运动控制卡。图像采集卡将 CCD 摄像机拍摄的视频信号转换为计算机能够处理的数字图像。步进电机驱动器可以设置脉冲的细分数,并从运动控制卡获取脉冲与运动方向信息,驱动步进电机运动。

软件部分包括测量与数据处理两部分,测量部分的软件功能主要是控制运动、图像获取、图像处理以及坐标换算,完成表面形状的数字化过程。数据处理主要包括测量数据的平滑、光顺、网格建模、显示、缩放等功能,完成表面形状的重构过程。在系统设计过程中,转台中心轴线标定和多视拼合及重叠数据区域的处理是影响测量结果的两个重要因素。

二、三维激光扫描仪工作原理

三维激光扫描仪向目标发射激光脉冲,采用仪器坐标系下的三维空间点组成的点云图来表达对目标采样的结果。三维激光扫描系统通过内置伺服驱动电机系统精密控制多面反射棱镜的转动,使脉冲激光束沿横轴方向和纵轴方向快速扫描,快速获得测量目标的三维坐标和反射强度。三维激光扫描仪所获得的原始观测数据主要是根据两个连续转动的用来反射脉冲激光的镜子的角度值得到的激光束的水平方向值和竖直方向值;根据脉冲激光传播的时间计算得到仪器到扫描点的距离值。前两种数据用来计算扫描点的三维坐标值,扫描点的反射强度则用来给反射点匹配颜色。三维激光扫描仪工作原理图如图7-12所示。

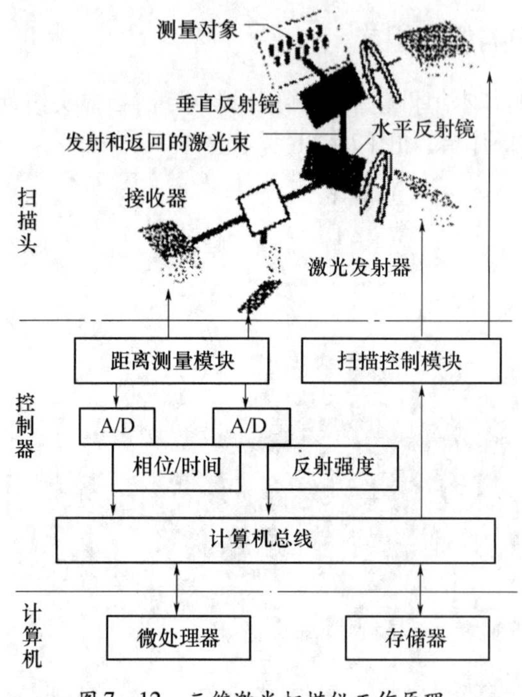

图7-12　三维激光扫描仪工作原理

三、三维激光扫描技术的特点

(1) 非接触式测量。可以测量柔软、薄工件及不可接触的工件,大型物体分块测量、自动拼合。

(2) 三维测量。传统测量所测的数据最终输出的都是二维结果,如CAD图。在逐步数字化的今天,三维已经逐渐的代替二维。现在的三维激光扫描仪每次测量的数据不仅仅包含X、Y、Z点的信息,还包括R、G、B颜色信息,同时还有物体反色率的信息,这样全面的信息能给人一种物体在计算机里真实再现的感觉,是一般测量手段无法做到的,如图7-13所示。

(3) 扫描速度快。在常规测量手段里,每一点的测量费时都在2s~5s不等,甚至更高。而三维激光扫描仪的扫描速度可达到5000点/s~10000点/s。

(4) 扫描精度高。可达0.02mm~0.05mm。

(5) 扫描景深可达到60mm~100mm,配合精密控制的四轴系统(三轴平动一轴转动),可以实现对各种凸凹物体的360°精密测量,扫描数据自动拼接,操作简便。

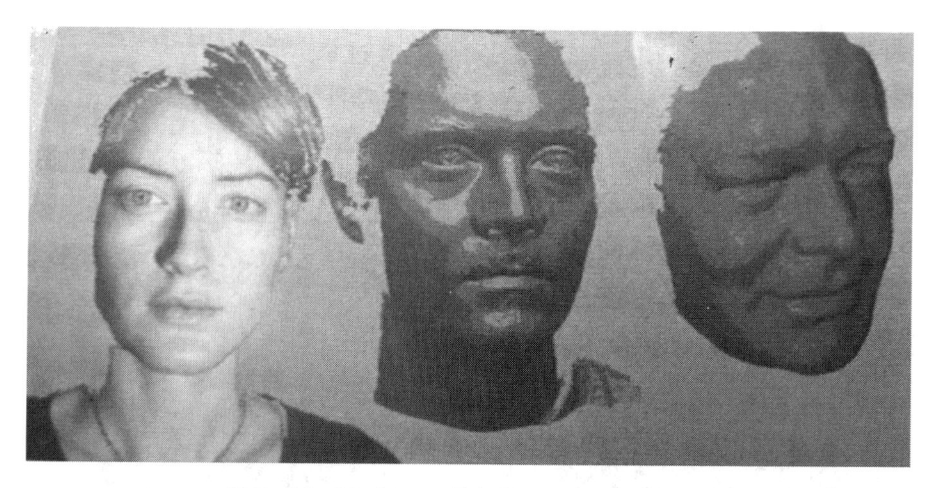

图 7－13　Mephisto 三维扫描仪的未处理扫描图

（6）应用领域广泛。三维激光扫描仪已经成功地在文物保护、城市建筑测量、地形测绘、采矿业、变形监测、工厂、大型结构、管道设计、飞机船舶制造、公路铁路建设、隧道工程、桥梁改建等领域里应用。

四、应用

（1）逆向工程。为后续市场产品设计提供所需的速度、精确度和易用性。

（2）包装设计。通过扫描产品样品，获得精确的几何形状和质地数据，从而用于设计定制包装。

（3）人机工程学设计。轻松扫描手工制作样品，从零开始，制作出复杂的设计方案。

（4）数字化存档。通过将刀具、样品和原型以数字化方式存储下来，节约仓储成本。

（5）数字化媒体、游戏和动画。根据艺术家的概念模型创建生成计算机游戏和电影用的数字媒体。

（6）传承艺术和文化遗产。生成对艺术和文化遗产影响度很低的高分辨率扫描图像，精确地复原和重建珍贵无比的艺术珍品和建筑杰作。记录、研究，甚至复制杰出艺术作品，用于转运、包装博物馆商品及历史存档。利用三维扫描仪进行文物无损扫描、数字网格优化整理、再修补文物数字模型、纹理贴图优化处理。最后用三维浏览软件进行全方位控制观看，分别如图 7－14～图 7－19 所示。

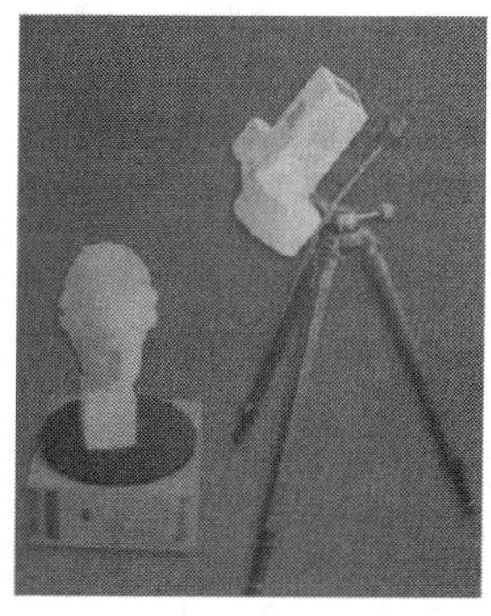

图 7－14　文物三维扫描

图 7－15　对实物进行全方位拍照

图 7-16　点云数据生成矢量网格

图 7-17　三维网格线优化

图 7-18　表面降噪、光滑处理

图 7-19　纹理匹配三维模型

（7）医学教育。创建复杂器官和骨骼结构的高度仿真复制品。

（8）医学矫形。定制设计支架和其他装置，提供精密的舒适度。

实例 3　激光切割技术

一、概述

激光切割技术是光机电一体化技术在制造行业中的应用。激光切割（Laser Beam Cutting）是激光加工行业中最重要的一项应用技术，它占整个激光加工业任务的 70% 以上。激光切割与其他切割方法相比，最大区别是它具有高速、高精度和高适应性的特点，同时还具有割缝细、热影响区小、切割面质量好、切割时无噪声、切割过程容易实现自动化控制等优点。激光切割板材时，不需要模具，可以替代一些需要采用复杂大型模具的冲切加工方法，能大大缩短生产周期和降低成本。因此，目前激光切割已广泛地应用于汽车、机车车辆制造、航空、化工、轻工、电器与电子、石油和冶金等工业部门。

图 7-20 为激光切割。

二、激光切割原理

激光切割是用聚焦镜将激光束聚焦在材料表面，使材料熔化，同时用与激光束同轴的压缩气体吹走被熔化的材料，并使激光束与材料沿一定轨迹作相对运动，从而形成一定形状的切缝。它充分利用激光和计算机技术来实现“速度快、精度高、省料”，不会造成机械变形，从而提高产品档次。激光加工无需模具，更有利于新产品的开发。激光切割属于热切割方法之一。激光切割的原理如图 7-21 所示。

图 7-20　激光切割

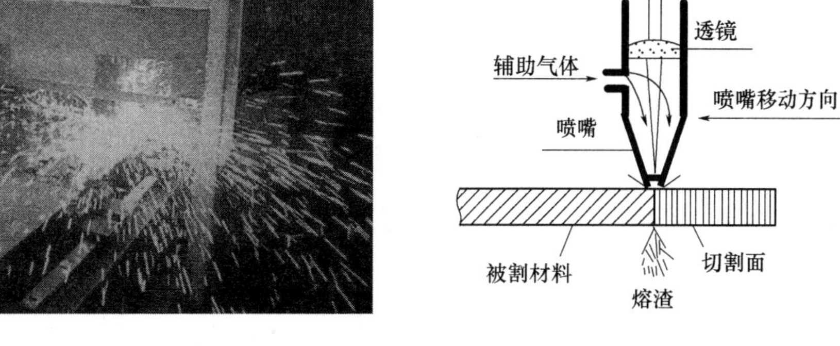

图 7-21　激光切割的原理

三、激光切割机的构成

激光切割机一般由激光源、激光器、导光系统、数控运动控制系统、割具、操作台、气源、水源和排烟系统等组成。

（1）激光产生系统。激光电源提供产生激光所需的大功率高压电源，激光振荡器用于产生激光。

（2）激光传输系统。由聚焦透镜、反射镜等组成，用于将激光导向所需要的方向并且进行聚光，已形成高强度激光束。

（3）割具。由枪体、聚焦透镜和辅助气体喷嘴等组成。

（4）切割工作台。用于安放被切割工件，并能按照控制程序正确而精确地进行移动，通常由伺服电机驱动。

（5）割具驱动系统。用于按照程序驱动割具沿 X 轴和 Y 轴方向移动，由伺服电机和滚珠丝杠等传动件构成。

（6）数控装置。用于对割具和工作台的运动进行控制，同时也对激光器的输出功率进行控制。

（7）操作台。用于对整个切割过程进行控制。

（8）储气、输气装置。包括激光工作介质气瓶、辅助气瓶和输气管道等，用于补充激光振荡的工作气体和切割用的辅助气体。

（9）水冷却系统。由于激光器是利用电能转换为激光能量的装置，例如 CO_2 激光器的转化效率为20%。有80%的电能转化为热量。冷却水必须把多余的热量带走，以维持激光振荡器的正常工作。

（10）空气干燥器：用于向激光振荡器和光束通路提供清洁干燥的空气，以保证道路和反射镜的正常工作。

四、激光切割机器人

激光切割机器人有 CO_2 气体激光切割机器人和 YAG 固体激光切割机器人。通常激光切割机器人既可进行切割又能用于焊接。

1. CO_2 激光切割机器人

L－1000 型 CO_2 激光切割机器人结构简图如图 7－22 所示。

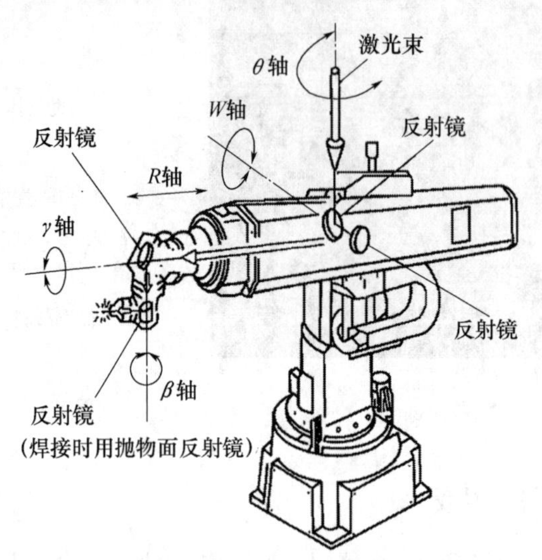

图 7－22 L－1000 型 CO_2 激光切割机器人结构简图

L－1000 型 CO_2 激光切割机器人是极坐标式 5 轴控制机器人，配用 C1000～C3000 型激光器。光束经由设置在机器人手臂内的 4 个反射镜传送，聚焦后从喷嘴射出。反射镜用铜制造，表面经过反射处理，使光束传递损失不超过 0.8%，而且焦点的位置精度相当好。为了防止反射镜受到污损，光路完全不与外界接触，同时还在光路内充入经过滤器过滤的洁净空气，并具有一定的压力，从而防止周围的灰尘进入。

2. 多关节 YAG 固体激光切割机器人

日本研制的多关节型 YAG 激光切割机器人的结构如图 7－23 所示。

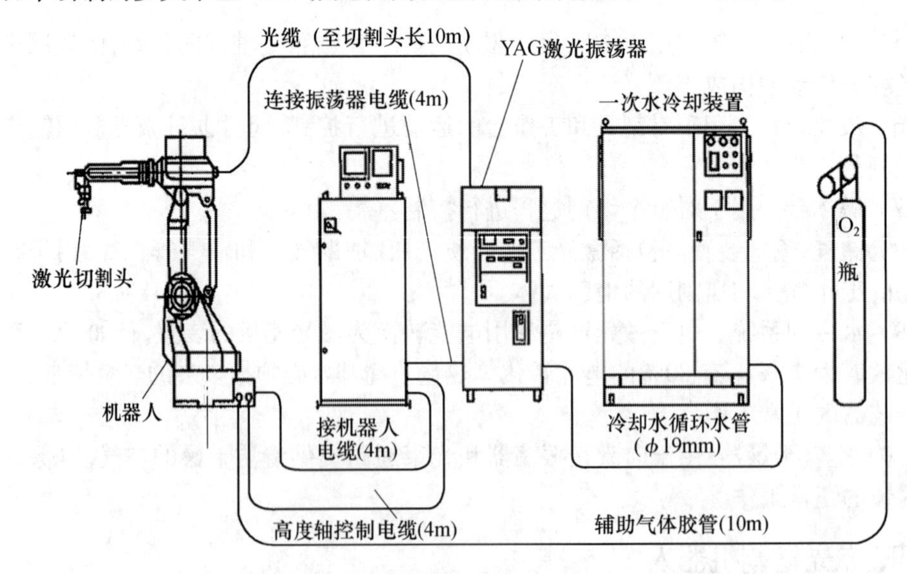

图 7－23 多关节型 YAG 激光切割机器人的结构

多关节型 YAG 激光切割机器人是用光纤维把激光器发出的光束直接传送到装在机器人手臂的割炬中,因此比 CO_2 气体激光切割机器人更为灵活。这种机器人是由原来的焊接机器人改造而成的,采用示教方式,适用于三维板金属零件,如轿车车体模压件等的毛边修割、打孔和切割加工。

五、激光切割的应用

激光切割是激光加工行业中最量要的一项应用技术,由于具有诸多特点,已广泛地应用于汽车、机车车辆制造、航空航天、化工、轻工、电器与电子、环保设备、家用电器制造、石油和冶金等工业部门。大多数激光切割机都由数控程序进行控制操作或做成切割机器人。激光切割作为一种精密的加工方法,几乎可以切割所有的材料,包括薄金属板的二维切割或三维切割。

1. 金属材料的激光切割

虽然几乎所有的金属材料在室温对红外波能量有很高的反射率,但发射处于远红外波段 10.6μm 光束的 CO_2 激光器还是可成功应用于许多金属的激光切割。金属对 10.6μm 激光束的起始吸收率只有 0.5% ~10%,但是,当具有功率密度超过 $10^6W/cm^2$ 的聚焦激光束照射到金属表面时,却能在微秒级的时间内很快使表面开始熔化。处于熔融态的大多数金属的吸收率急剧上升,一般可提高 60% ~80%。图 7 – 24 为金属材料的激光切削。

图 7 – 24　金属材料的激光切削

在汽车制造领域,小汽车顶窗等空间曲线的切割技术都已经获得广泛应用。德国大众汽车公司用功率为 500W 的激光器切割形状复杂的车身薄板及各种曲面件。在航空航天领域,激光切割技术主要用于特种航空材料的切割,如钛合金、铝合金、镍合金、铬合金、不锈钢、氧化铍、复合材料、塑料、陶瓷及石英等。用激光切割加工的航空航天零部件有发动机火焰筒、钛合金薄壁机匣、飞机框架、钛合金蒙皮、机翼长桁、尾翼壁板、直升机主旋翼、航天飞机陶瓷隔热瓦等。

法利莱公司独创的汽车变档套全自动激光切割设备如图 7 – 25 所示。该设备定位准确,精度高,切割质量更好,端面光滑,切割效率比传统方式高一倍。

图 7-25　汽车变档套全自动激光切割设备

2. 非金属材料的激光切割

激光切割成形技术在非金属材料领域也有着较为广泛的应用。不仅可以切割硬度高、脆性大的材料,如氮化硅、陶瓷、石英等,还能切割加工柔性材料,如布料、纸张、塑料板、橡胶等。如用激光进行服装剪裁,可节约布料 10% ~12%,提高功效 3 倍以上。10.6μm 波长的 CO_2 激光束很容易被非金属材料吸收,导热性不好且蒸发温度低又使吸收的光束几乎整个输入材料内部,并在光斑照射处瞬间汽化,形成起始孔洞,进入切割过程的良性循环。图 7-26 为激光切削的非金属材料样品。

图 7-26　激光切割的非金属材料样品

实例 4　汽车 ABS 系统

一、概述

随着世界汽车工业的迅猛发展,安全性日益成为人们选购汽车的重要依据。目前广泛采用的防抱制动系统(Autolock Braking System,ABS)是在制动过程中,自动调节车轮制动力,防止车轮抱死以取得最佳制动效能的电子装置。它是提高汽车被动安全性的一个重要装置。

如图 7-27 所示的汽车 ABS 系统是目前世界上普遍公认的提高汽车制动安全性的有效措施之一。

图 7-27 汽车 ABS 系统

二、汽车 ABS 系统的工作原理

汽车 ABS 系统的工作原理是,依靠装在车轮上的转速传感器及车身上的车速传感器,通过计算机对制动力进行控制。紧急制动时,一旦发现某个车轮抱死,计算机立即指令压力调节器对该轮的制动分泵减压,使车轮恢复转动。在驾驶员、汽车和环境三者所组成的闭环系统中,汽车与环境之间最基本的联系是轮胎与路面之间的作用力。由于汽车行驶状态主要是由轮胎与路面之间的纵向作用力与横向作用力决定的,因此车轮与路面之间的作用力必然要受到轮胎与路面之间附着力的限制。ABS 系统可最大限度地利用轮胎与路面的纵向和横向附着系数,从而在制动过程中增强汽车的稳定性,防止侧滑和摆尾,同时在紧急制动过程中保持转向操纵能力,有效利用纵向附着力可以缩短汽车制动距离,同时也使轮胎的磨损大为减轻。

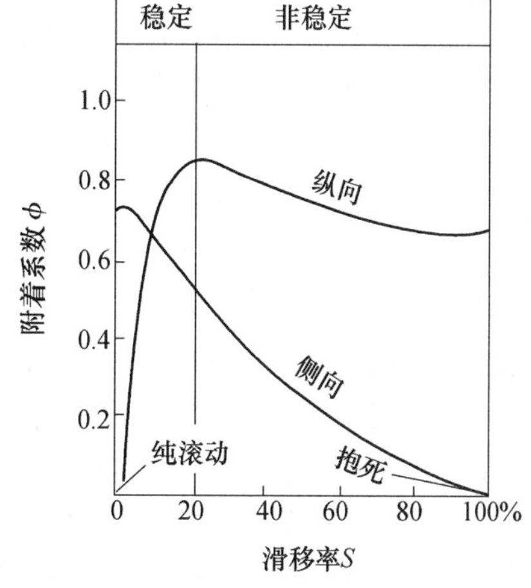

图 7-28 附着系数与滑移率曲线

汽车制动时由于车轮速度与汽车速度之间存在着差异,因而会导致车轮与路面之间产生滑移。从图 7-28 所示的道路附着系数与车轮滑移率关系曲线可以看出:当车轮以纯滚动方式与路面接触时,其滑移率为零;当车轮速度为汽车速度的 80% 时,即车轮滑移率为 20% 左右时,车轮处于连滚带滑状态,此时车轮具有最大的纵向附着力和较高的侧向附着力;当车轮抱死并转速为零时,即车轮滑移率为 100% 时,其侧向附着力就变得很小,只要存在很小的侧向力干扰,如侧风、制动力不均匀、路面倾斜等,汽车便产生侧滑。研究表明:当滑移率为 8% ~

35%之间时,能传递最大的制动力。制动防抱死的基本原理就是依据上述的研究成果,通过控制调节制动力,使制动过程中,车轮滑移率控制在合适的范围内,以取得最佳的制动效果。

三、汽车 ABS 系统的组成

通常,汽车 ABS 系统是在普通制动系统的基础上加装车轮速度传感器、ABS 电控单元、制动压力调节装置及制动控制电路等组成的,如图 7-29 所示。

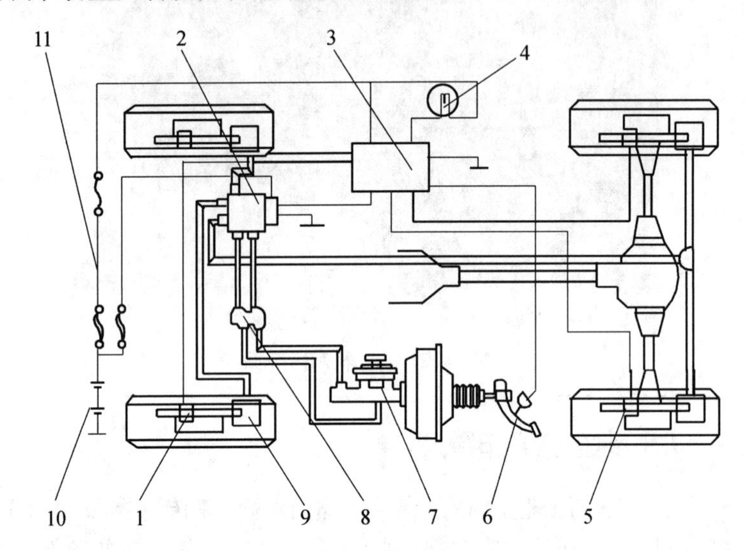

图 7-29　汽车 ABS 系统的组成

1—前轮速度传感器; 2—制动压力调节装置; 3—ABS 电控单元; 4—ABS 警告灯; 5—后轮速度传感器; 6—停车灯开关; 7—制动主缸; 8—比例分配阀; 9—制动轮缸; 10—蓄电池; 11—点火开关。

在制动过程中,ABS 电控单元 3 不断地从传感器 1 和 5 获取车轮速度信号,并加以处理,分析是否有车轮即将抱死拖滑。如果没有车轮即将抱死拖滑,制动压力调节装置 2 不参与工作,制动主缸 7 和各制动轮缸 9 相通,制动轮缸中的压力继续增大,此即汽车 ABS 系统制动过程中的增压状态。

如果电控单元判断出某个车轮(假设为左前轮)即将抱死拖滑,它即向制动压力调节装置发出命令,关闭制动主缸与左前制动轮缸的通道,使左前制动轮缸的压力不再增大,此即汽车 ABS 系统制动过程中的保压状态。

1. 车轮转速传感器

如图 7-30 所示的转速传感器的功用是检测车轮的速度,并将速度信号输入 ABS 的中央电控单元 ECU。其安装位置如图 7-31 所示。目前,用于 ABS 系统的常用车轮转速传感器有电磁感应式和霍尔式两种。

(1) 电磁感应式车轮转速传感器。它是通过线圈的磁通变化,感应出脉冲电压信号的装置。电磁感应式车轮转速传感器由磁感应传感头和齿圈两部分组成。传感头为静止部件,由永久磁铁、感应线圈和磁极(极轴)构成,安装在每个车轮的托架上,有两根引线(屏蔽线)接至电控单元。齿圈为运动部件,安装在轮毂或轮轴上,和车轮一起旋转。其齿数的多少与车型及电控单元有关,不同车型的 ABS 装置不通用。

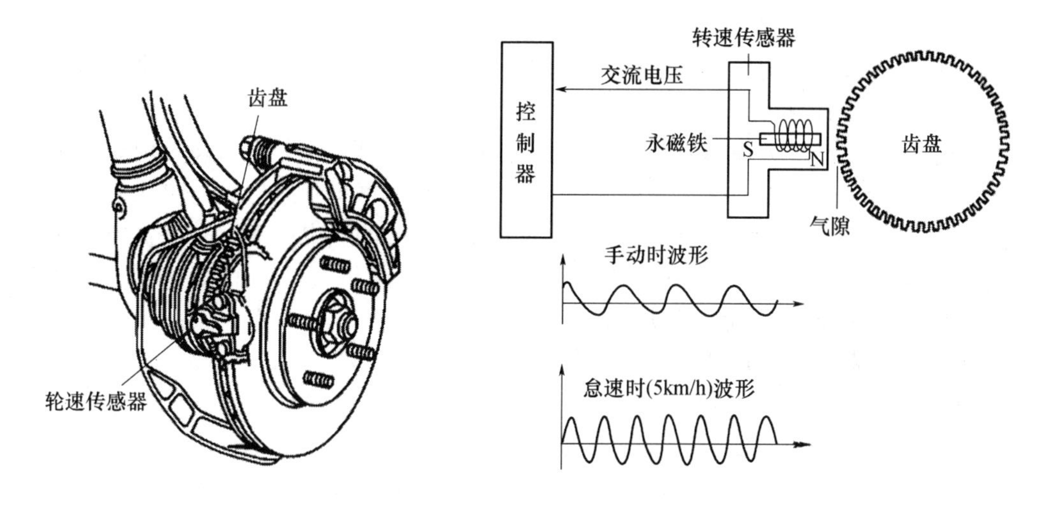

图 7-30　车轮转速传感器

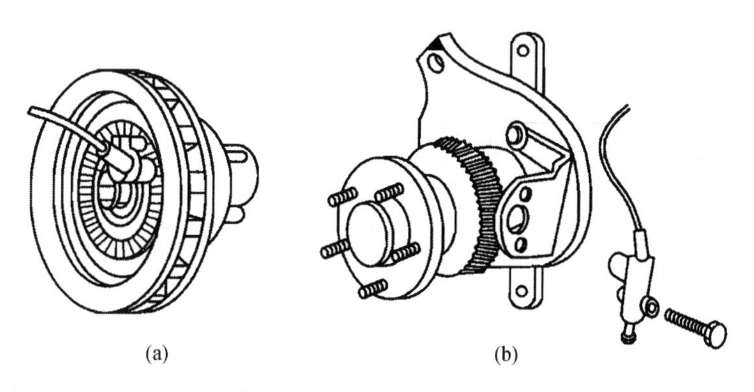

图 7-31　车轮转速传感器在传动系统中的安装位置

(a) 前轮；(b) 后轮。

(2) 霍尔式车轮转速传感器由传感头和齿圈两部分构成。传感头由永磁体、霍尔元件和电子电路等组成。霍尔式车轮转速传感器工作原理如图 7-32 所示。图 7-32(a)中穿过霍尔元件的磁力线分散，磁场较弱；图 7-32(b)中则相反，磁场较强。这样齿圈随车轮转动时，使得穿过霍尔元件的磁力线密度发生变化，从而产生霍尔电压(毫伏级准正弦波电压)，此电压信号再由电子电路转换成标准的脉冲电压信号输入电控单元。

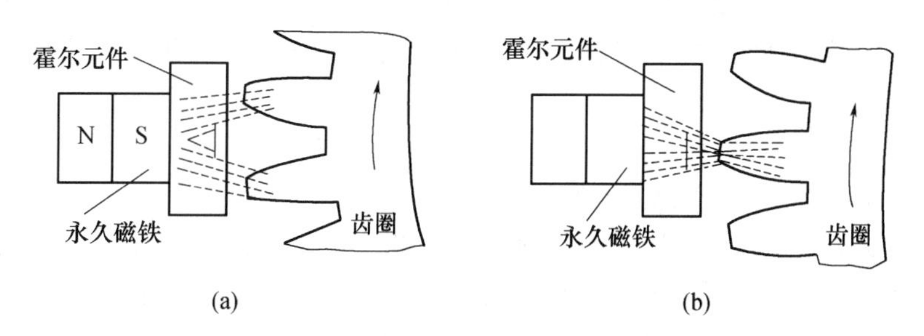

图 7-32　霍尔式车轮转速传感器工作原理示意图

(a) 霍尔式元件磁场较弱；(b) 霍尔式元件磁场较强。

2. 制动压力调节装置

制动压力调节装置的作用是根据 ECU 的指令,调节各个车轮制动器的制动压力。常用制动系统有液压式、机械式、气压式和空气液压复合式等。

液压循环式制动压力调节器主要由一只电动泵、储能器、八个电磁阀等构成一个整体。八个电磁阀分别控制通往前后轮的四个管路的油压,每个管路中一对电磁阀中的一个是常开进油阀,另一个是常闭出油阀。八个电磁阀的开闭由电控单元控制。电动泵两端的进出油路上分别设置有一个吸入阀和压力阀。储能器和电动泵并联,用以存储从制动工作缸流回的制动液,并减轻油压的脉动。

液压循环式制动压力调节器的压力调节可分为四个阶段:

(1) 制动油压建立(初始制动阶段)。

(2) 制动压力保持阶段。随着制动压力升高和车轮转速下降到一定程度,车轮开始出现部分滑移现象。当车轮的滑移率达到 10% ~20% 时,ABS 中的电控单元将输出控制信号给进油阀,使其通电而关闭油路,出油阀不通电仍处于关闭状态。此时,制动工作缸内油压将保持不变,即处于某一个稳定的油压状态下。

(3) 制动压力降低阶段。当制动油压保持不变而车轮转速继续下降,车轮的滑移率超过 10% ~20% 时,ABS 中的电控单元将输出控制信号给出油阀,使其通电而处于打开状态,进油阀继续通电而处于关闭状态,从而使制动工作缸内的高压油从出油阀经管路流入储能器中,制动工作缸内的制动油压下降,车轮转速由下降逐渐变为上升,滑移率也由增加逐渐变为下降。与此同时,ABS 中的电控单元还将输出控制信号给电动液压泵,使其工作,并把储能器和由出油阀流出的压力液压泵回制动主缸,以保证制动工作缸内的制动液压能迅速有效地下降。

(4) 制动压力增加阶段。前提条件是脚一直踏在制动踏板上,使其液压油路中形成液压。当车轮转速上升,滑移率下降到低于 10% ~20% 时,ABS 中的电控单元将输出控制信号给进、出油阀,使其断电。此时,进油阀打开,出油阀关闭,制动主缸和制动工作缸油路接通,制动主缸的压力油进入制动工作缸,制动油压增加,车轮转速又开始下降。同时电动泵继续工作,以保证制动油压的增加更快速有效。如此交替控制进、出油阀的开闭(其变化频率约为 5 次/s ~6 次/s),使车轮的滑移率始终被控制在 10% ~20% ,从而使汽车的制动性能达到最佳状态。

3. 中央电控单元(ECU)

中央电控单元 ECU 由硬件和软件两部分组成。

硬件是安装在印制电路板上的各元器件及线路,软件则是固存在只读存储器中的一系列控制程序。

ABS ECU 是制动防抱死系统的控制中枢,ECU 的主要功能是把各车轮转速传感器传来的信号进行比较、分析和判别;再通过精确计算得出车轮制动时的滑移状况,形成相应的指令,控制制动液压力调节装置及其他装置(如副节气门、步进电机等)对制动液压力进行调节;使进入制动分泵中的制动液以最合适的压力值来控制各车轮的转速,将滑移率控制在 10% ~25% 的范围内,以达到最佳制动效果。ECU 控制系统如图 7 – 33 所示。

可见汽车 ABS 系统是集传感检测,自动控制,伺服驱动等技术为一体的机电一体化产品的典型应用,大大地提高了汽车的安全性能。

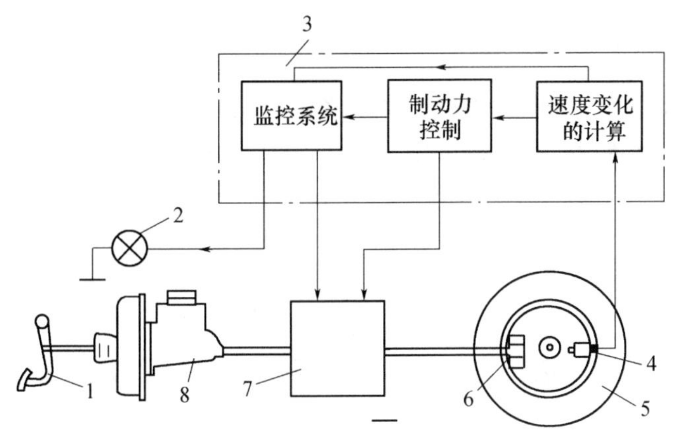

图 7-33 控制系统示意图

1—制动踏板；2—报警灯；3—ECU；4—车轮转速传感器；5—车轮；
6—制动分泵；7—制动液压力调节装置；8—制动总泵。

实例 5 喷水织机

喷水织机是机电一体化产品在纺织机械中的典型应用。

一、喷水织机的引纬系统

喷水织机的引纬系统如图 7-34 所示。在织机引纬时刻，夹纬器 3 开放，释放纬纱，喷射凸轮 7 工作点从大半径转入小半径。于是喷射泵 5 的活塞在内部压缩弹簧的恢复力作用下快速移动，将液流经水管压向喷嘴 4，并通过喷嘴射出。喷嘴的射流牵引纬纱，将纬纱从定长储纬器 1 上退解下来，引入梭口。引纬结束后，夹纬器关闭，夹持纬纱。这时，喷射凸轮的工作点已从小半径转入大半径，将水由水箱 8 吸入喷射泵中，为下一次喷射做好准备。

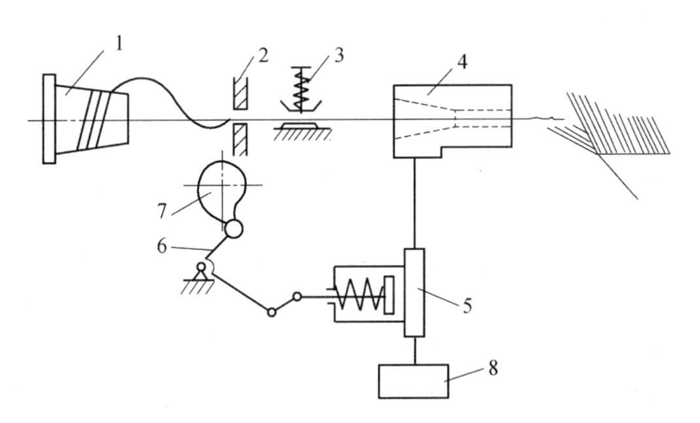

图 7-34 喷水织机的引纬系统

1—定长储纬器；2—导纱器；3—夹纬器；4—喷嘴；
5—喷射泵；6—双臂杆；7—喷射凸轮；8—水箱。

二、喷水织机的传动系统

图 7－35 所示为 NISSANI － LW54 型喷水织机的传运系统框图。它没有主轴离合器,揿启动按钮使制动解除,主电机工作,织机开始正常运转。

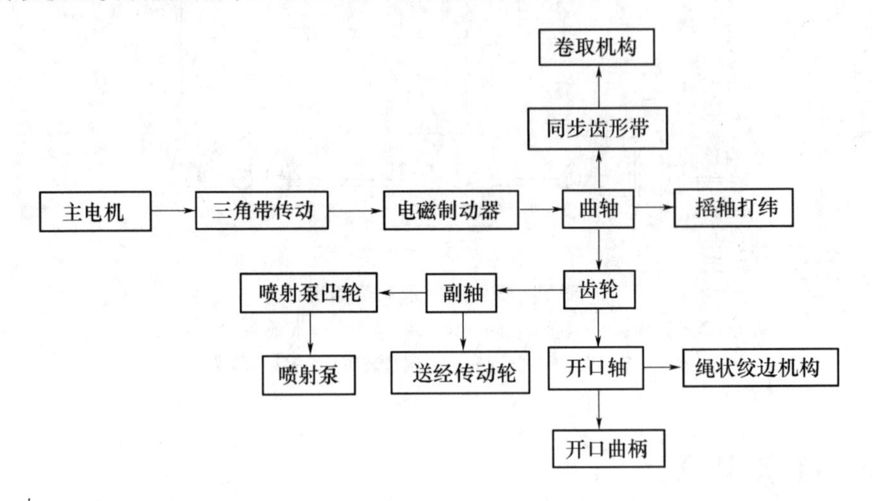

图 7－35　LW54 型喷水织机的传动框图

三、喷水织机的电控系统

喷水织机电控系统因其自身的特点,从而有许多控制方式,如快速启动、定位制动、纬丝检测、自停控制、剪边控制、双色选纬、电子送经、电子卷取以及电子补纬等。

1. 概述

喷水织机电控系统以集成化元件的逻辑控制为中枢,织机的准备、主电机的点动、正转、反转、停止、定位制动以及各处故障检测(经丝张力、左右绞边、废丝处理、绞边筒子、定长及纬丝检测等),均通过逻辑电路的分析处理后通过执行元件(接触器或继电器)来进行控制的。其电控框图如图 7－36 所示。

2. 动作原理

当织机电源接通时,逻辑控制单元及各变压器通电,为开车做好准备。等按下“准备”按钮后,除湿吸水风机及储纬器电机开始运转,为正式开车做好准备;对于电子测长的织机,此时储纬电源箱通电,各个通道打开;电磁制动器释放。“开车”(正转)钮接通,主电机瞬时启动,织机开始运转。随着接近开关的动作,探纬单元及其他故障监测单元亦同时开始工作。当探纬单元发出缺纬信号、故障监测单元发出故障信号或按钮发出停止指令时,逻辑单元通过执行元件使主电机停止运转,并使电磁制动器通电迅速定位停车;此时,故障点通过信号灯及发光二极管显示。故障处理结束后方可再次开车。

假如不操作准备按钮,可以直接进行“点动正转”或“点动反转”的操作。在 LW 型或 ZW 型喷水织机中,通常具有反转点动两周的功能,使每次点动都能准确地实现定位停车,从而极大地方便了织机的操作。

织机的定位停车由制动单元(电磁制动器)及电机的反接制动开关来保证。织机的定位停车以及断纬与多处的故障监测、手动停车等都通过接近开关作时序控制。

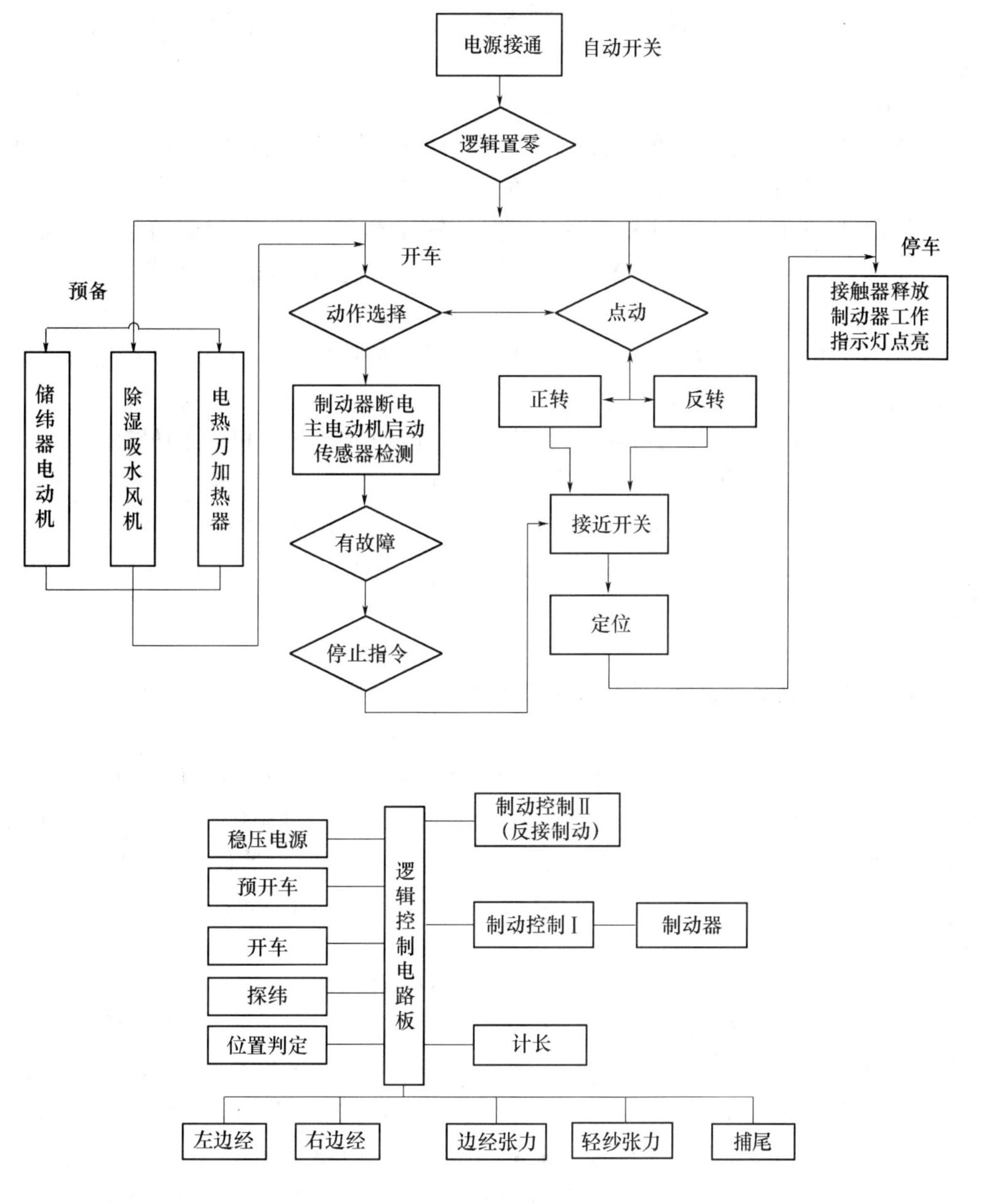

图7－36　电控系统框图

电控系统的选用部分包括电子卷取、电子送经与电子多臂等。

1）故障检测及自停装置

喷水织机工艺故障及自停装置保证了织机的正常运转及织物的完美质量，其主要作用有如下几项：

（1）废丝处理自停。通常采用霍尔开关或杠杆式工艺触点。

（2）废纬绞边筒子自停。通常采用导纱钩式工艺触点。

（3）左右侧绞边自停。通常采用电刷式工艺触点或霍尔开关。

（4）经丝超张力自停。通常采用微动开关或限位开关。

（5）满匹自停（定长自停）。通常采用微动开关，或使用光电脉冲电子计数表，当达到预置长度时发出停机信号。

2）逻辑控制单元

逻辑控制单元亦称主控单元，为喷水织机中枢控制系统。它直接接收织机的各种指令，经过分析处理后，送给各处执行元件，完成织机的运行。

逻辑控制单元直接控制电机的各种工作状态，如启动、停止、反接制动等，也控制了制动单元的工作状态，并随时监测各处工艺触点的现时状态，做出相应的对策。

3）主电机

喷水织机因其高速运转的特点，对主电机提出了特殊要求：高启动转矩及快速制动时的极高扭矩、频繁的正反向点动、反接制动等。

喷水织机主电机在星形连接时，启动转矩必须大于或等于电机额定转矩的4倍~5.5倍。在三角形连接时，因启动电流急剧升高，绕组必须能够承受10倍以上的启动电流。

为了安全运行，电机内部一般都内置温度开关，进行电机保护。使用中，为了保证织机足够的启动转矩，主电机皮带必须具有足够的张力，通常使用弹簧秤（直压式）对皮带张力进行检测。

4）制动系统

喷水织机因其高速运转的特征，为保证良好的织物质量，故必须有良好的定位制动性能。其刹车由电气开关板内的反接制动及制动系统两方面来实现。

当织机的主控系统发出停车指令后，制动系统立即输出一个较高直流电压，使安装于织机主轴上的电磁制动器产生高于额定值数倍的制动力矩，强迫织机迅速制动。在织机停止运转时，制动系统立即改变输出电压，以“略低于电磁制动器额定电压的参数供电，使织机在停止状态时仍保持在原停车位置。喷水织机制动系统必须保证主轴停止在170°±20°。

制动系统由制动电源装置、电磁制动器及控制回路组成。

（1）制动电源装置。制动电源装置由变压器及整流器组成，它将交流100V电压经降压及整流后，改变为两组直流电源。电源装置一般均采用短路保护，温度保护及过电压保护，根据织机的转速及织物品种变化，可调整不同的强磁制动电压。

（2）电磁制动器。喷水织机普遍采用的是单片式电磁制动器，其结构简单、维修方便。早期喷水织机大多使用制动力矩160N·M的制动器。近年来，随着喷水织机向高速重磅发展，制动器的额定力矩已提高一倍以上。

制动器一般采用过热或过压保护。

四、纬丝检测装置

喷水织机的纬丝检测装置主要由三个部分组成，即探纬器、电源、信号放大及处理。其中电源主要向探纬器提供500V或700V的直流电压。

1. 探纬器

探纬器主要指纬丝探测的传感器，习惯称为“探纬头”或“探针”，它是探纬系统最关键的部件，通常使用的三种形式。

1）机电式探纬器

其工作原理类同于有梭织机的“鸡啄米”式探纬器，利用其本身的工艺触点进行纬丝探测，现已很少使用。

2）触指式探纬器

其工作原理是利用探纬单元产生的直流电压供给探纬器触指（探针），织机运转时，使含水的纬丝同时与高、低压侧的探针接触，利用纬纱导电电阻变化来检测有无纬丝。这是喷水织机使用最多的探纬器。

触指式探纬器如图5－4所示。探纬器装有两个探针1（又称电极），电极位置对准钢筘3的筘齿空档。引纬工作正常时，纬纱能到达筘齿空档位置。梭口闭合后，处于筘齿空档处的纬纱受织物边经纱和假边经纱所夹持。随着钢筘将纬纱打向织口，张紧的湿润纬纱将电极导通；引纬工作不正常时，筘齿空档处无纬纱，于是电极相互绝缘。对应着电极的导通和绝缘，探纬传感器发出纬纱到达（高电平“1”）或纬纱未达（低电平“0”）的检测信号。微处理器在织机主轴某一角度区域内，对电阻传感器输出的检测信号进行采样、积分平均，并据此判断纬纱的飞行状况，避免纬纱与电极的瞬间接触不良等原因造成的无故停车。引纬工作不正常时，微处理器按照判断结果通过驱动电路和电磁制动器执行织机的停车动作。

3）光电式探纬器

光电式控纬器通常采用砷化镓红外光源发光电管完成对纬丝的探测其工作原理为：织造时纬丝喷射至预定位置，使其进入光电检测区域。这时，由于其将光线遮挡使检测电路中产生纬丝信号，此信号与织机同步信号比较，再经控制单元比较放大后，向织机中枢控制系统发出相应信号来控制织机的运转状态。光电探纬器的主要特点是适应纬丝品种面广，不受水质影响，灵敏度较高，抗干扰能力较强等。

2. 信号放大处理

信号放大及处理单元首先利用织机绞边轴上安装的接近开关的时序信号进行时序控制，将放大整形后的探纬信号进行计数比较，然后输出操作指令，来控制主机的运转或停止。同时，将处理后的探纬信号送入机上指示灯，以醒目地显示织机上纬丝工作状态：纬丝正常时，指示灯有规律地闪烁，出现故障时，或闪动异常，或长亮，或不亮。探纬处理电路一般有数字电路与模拟电路两种。探纬放大电路一般采用射极跟随电路，将微弱的探纬信号进行高倍数放大。

喷水织机的探纬电路主要是准确检测每根纬丝是否准确地经过经丝的梭口飞行至预定位置，且被绞边机构牢牢绞住，以保证布面的织造良好。其检测的关键问题是准时、准位，只有这样，才能保证布面质量。

3. 探纬电路的工作原理

以触指式探纬器为例，织机运转时，水流及含水的纬丝与探针接触。由于水的导电性，使一定的电流从高压侧探纬针流向低压侧探纬针，从而使探纬信号处理单元接收到所需的纬丝探测信号。探纬电路接收到的信号，如纬丝信号、水信号、纬尾信号、漏电信号等，也同时输入至信号处理单元中去。探纬电路的输入信号实际上是由多种信号组成的混合信号，这就是喷水织机与其他织机探纬信号的根本区别图7－37为LW型喷水纵机探纬系统框图，图7－38为ZW型喷水织机探纬系统框图。

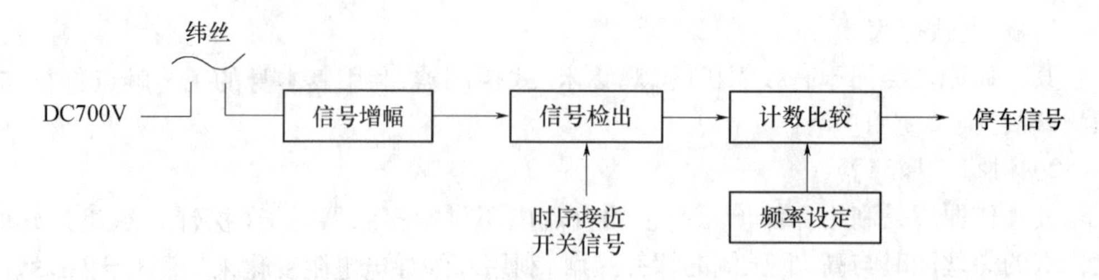

图 7－37　LW 型喷水纵机探纬系统框图

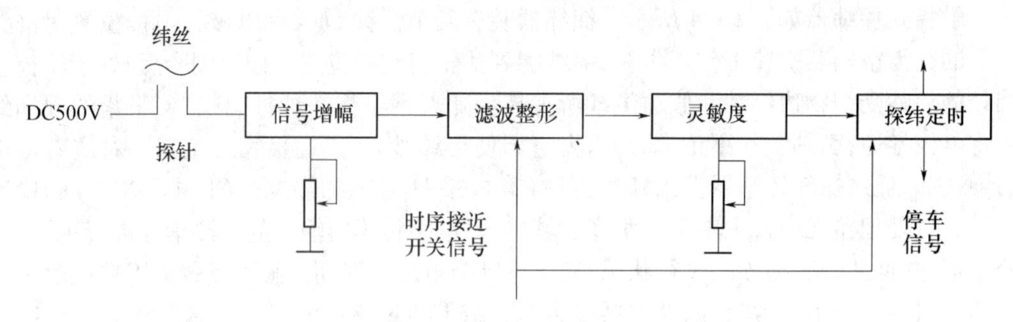

图 7－38　ZW 型喷水织机探纬系统框图

实例 6　立体车库

一、概述

汽车工业的迅猛发展和社会对汽车需求的迅猛上升，直接影响到停车问题。而目前国内较为普及的平面停车在各个大中城市已经远远不能满足车位需求，因此，如图 7－39 所示的立体停车设备顺应市场经济的发展，在市场需求的迫切影响下应运而生了。这一新型设备一改传统的停车场单层平面停放方法，向空中或地下发展，在用地紧张、车多位少的状况下，将车辆多层存放，在现代都市停车中将大显身手。

图 7－39　立体车库

二、常见立体车库类型及特点

按照立体车库相对地面所处位置,城市立体车库可分为:地下立体车库、地上立体车库、地上地下立体车库三种基本形式。如果按照车辆存放方式分类,则可分为坡道式立体车库、半机械化立体车库、全自动化立体车库三种。不同类型的车库在建筑风格、车库容量、车库效能、车库内的设备等方面有很大差别,也使其基本建设投资、使用中的维护费用、车库使用的方便性等有一定差别。目前,立体车库主要有以下几种形式:升降横移式、巷道堆垛式、垂直提升式、垂直循环式、箱型水平循环式、圆形水平循环式。下面简要介绍前四种立体车库。

1. 升降横移式

升降横移式立体车库采用模块化设计,每单元可设计成两层、三层、四层、五层、半地下等多种形式,车位数从几个到上百个。此立体车库适用于地面及地下停车场,配置灵活,节省占地,建设周期短,消防、外装修、土建地基等投资少,造价较低,可采用自动控制,构造简单,安全可靠,运行平稳,工作噪声低,存取车迅速,等候时间短。

升降横移式车库以钢结构框架为主体,采用电机驱动链条带动载车板作升降横移运动,实现存取车辆。其工作原理为:每个车位均有载车板,所需存取车辆的载车板通过升降横移运动到达地面层,驾驶员进入车库,存取车辆,完成存取过程。停泊在这类车库内地面层的车辆只作横移,不必升降;而停泊在顶层的车辆只作升降,不作横移。中间层则通过升降横移运动为顶层车辆让出空位,或存取车辆。图 7－40 为升降横移式立体停车库的示意图。

(a)

(b)

图 7－40　升降横移式立体停车库

（a）正面图;（b）侧面图。

升降横移式立体车库的主要特点如下:

（1）变化形式较多,对场地的适应性较强,可根据不同的地形和空间进行组合排列,规模可大可小。

（2）安全系数大,系统具有防坠落装置、紧急停止按钮、超限运行防止装置、前面光电开关、超高报警等多重保护装置确保车库安全。

（3）制造工艺、技术水平达到国际先进水平,车库整体设计与周围建筑容为一体,美观大方。

1) 双层升降横移式

本设备的上层载车板可作上下升降运动，而下层载车板可作左右横移运动。由于下层设有一个空位，上层载车板可下降至地面，从而取出上层汽车。地面的下层载车板上的汽车则不需任何动作，可以直接出车，如图 7-41 所示。

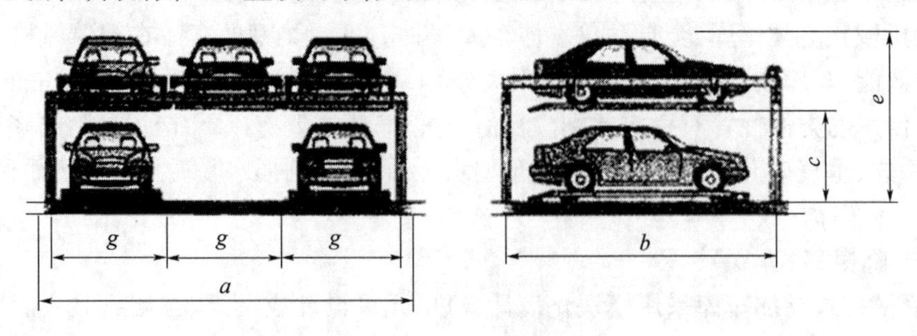

图 7-41　双层升降横移式车库

(a) 正面尺寸图；(b) 侧面尺寸图。

其主要技术性能参数见表 7-1。

表 7-1　主要技术性能参数

停车数	见车位布置图	上车位	下 车 位		
适用车辆参数	车型	D(大型)	D(大型)	T(特大型)	面包车
	车辆长/mm	≤5000	≤5000	≤5300	≤5000
	车辆宽/mm	≤1850	≤1850	≤1900	≤1850
	车辆高/mm	≤1550	≤1550	≤1550	≤2050
	车辆自重/kg	≤1700	≤1700	≤2350	≤1850
停车数	见车位布置图	上车位	下 车 位		
车库容量/mm (见图 7-41)	车型	D(大型)	T(特大型)		下层停面包车
	a	7200 ±2	7200 ±2		7200 ±2
	b	5695 ±2	5895 ±2		5695 ±2
	c	1800	1800		2250
	e	≥3500	≥3500		≥3900
	g	2400	2400		2400
驱动方式	电机，链条				
电机	升降	功率/kW	2.2		
		速度范围 /(m/min)	5.4~6.5		
	模移	功率/kW	0.2		
		速度范围 /(m/min)	6~7.8		
操作方法	按钮箱、触摸屏、磁卡、上位机(可选)自动、搬运操作				
电源	3 相 380V50Hz				
平均存取时间/s	≤50				

2）三层升降横移式

该停车设备的出入口在第一层。中层台板既可作升降运动，又可进行横移运动。上层台板只可以作升降运动，而下层台板则仅可以作横移动作。通过中层和下层的空位，利用台板运动变换空位，将汽车下降至第一层，从而取出汽车。第一层的汽车可直接开出，无需倒车，如图 7－42 所示。其主要技术性能参数见表 7－2。

表 7－2　主要技术性能参数

停车数	见车位布置图	上车位	下 车 位		
适用车辆参数	车型	D(大型)	D(大型)	T(特大型)	面包车
	车辆长/mm	≤5000	≤5000	≤5300	≤5000
	车辆宽/mm	≤1850	≤1850	≤1900	≤1850
	车辆高/mm	≤1550	≤1550	≤1550	≤2050
	车辆自重/kg	≤1700	≤1700	≤2350	≤1850
车库容量/mm（见图 7－42）	车型	D(大型)	T(特大型)		下层停面包车
	a	7350 ±2	7350 ±2		7350 ±2
	b	5895 ±2	5895 ±2		5895 ±2
	e	5845	5845		5845
	h	4000	4000		4428
	c	1800	1800		2250
	g	2480	2450		2480
停车数	见车位布置图	上车位	下 车 位		
驱动方式	电机(链条)				
电机	升降	功率/kW	2.2		
		速度/(m/min)	6.5		
	模移	功率/kW	0.2		
		速度/(m/min)	8.0～9.0		
操作方法	按钮箱、触摸屏、磁卡、上位机(可选)自动、手动操作				
电源	3 相 380V50Hz				
平均存取时间/s	≤60				

2. 巷道堆垛式

巷道堆垛式立体车库采用堆垛机作为存取车辆的工具，所有车辆均由堆垛机进行存取，因此对堆垛机的技术要求较高。单台堆垛机成本较高，所以巷道堆垛式立体车库适用于车位数需要较多的客户使用，如图 7－43 所示。

3. 垂直提升式库

垂直提升式立体车库类似于电梯的工作原理。在提升机的两侧布置车位，一般地面需一个汽车旋转台，可省去司机调头。垂直提升式立体车库一般高度较高（几十米），对设备的安全性，加工安装精度等要求都很高，因此造价较高，但占地却最小。

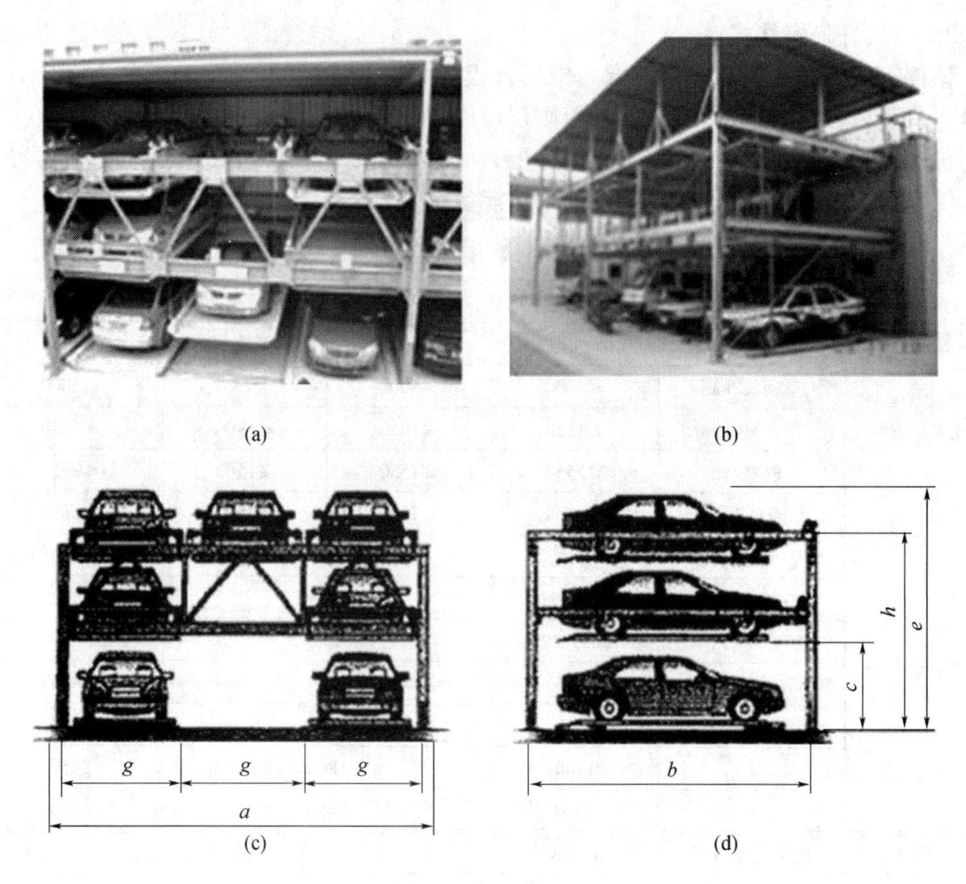

图 7-42　三层升降横移式车库

（a）正面图；（b）侧面图；（c）正面尺寸图；（d）侧面尺寸图。

图 7-43　堆垛式立体车库

4. 垂直循环式

其主要特点是占地少，两个泊位面积可停 6 辆～10 辆车。外装修可只加顶棚，消防可利用消防栓。价格低，地基、外装修、消防等投资少，建设周期短。可采用自动控制，运行安全可靠。

三、车库设置及机械执行系统

某单层车库内部设置如图7-44所示。库位为地下4层钢筋混凝土结构,其中靠近地面的1层为面包车车位,其余为轿车车位。停车位上没有任何传动机构及电气系统,所有存取动作均由独立于库位的机械执行系统完成。车位设计成重列布置,巷道两侧各有两个并列的车位,这样可使车库的容量提高一倍。

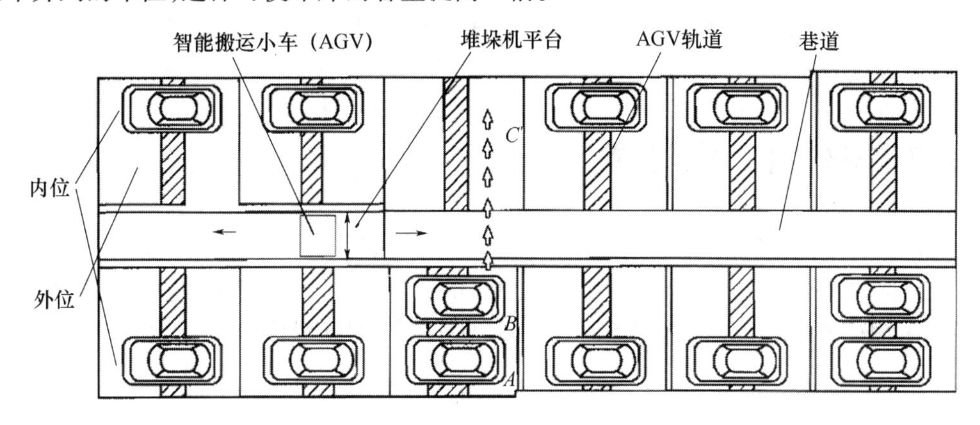

图7-44 单层车库俯视简图

机械执行系统包括堆垛机、智能搬运小车(AGV)及卷帘门、转盘等辅助设备,负责完成进车和取车的连续动作。其中堆垛机完成层、列两个方向的运动,智能搬运小车在库位与堆垛机之间进行车辆搬运。地上部分有两个出入口,可允许两辆车同时进车或一取一存。进车和出车时由出入口内的转盘进行车辆转向。安装在转盘上的履带可在进车时对车辆的横向位置进行调整。

四、控制系统

按照上层任务与底层控制相分离的原则,控制系统分为如图7-45所示的层次。各计算机之间通过局域网相连,上位机负责任务的分配、车库数据库的管理及设备状态的显示,管理员可通过上位机对存取车任务进行干预。服务器对用户的刷卡请求作出响应,并担负上位机、激光检测系统与底层可编程控制器(PLC)之间通信的任务。由于服务器在系统中处于承上启下的地位,且其上连接的端口较多,因此它在正常运行时不配备键盘和鼠标等交互设备,以避免由于外设的请求造成机器死机等故障而中断系统运行。激光检测系统在进车和出车时对出入口转盘上的车辆进行检测分析,给出车

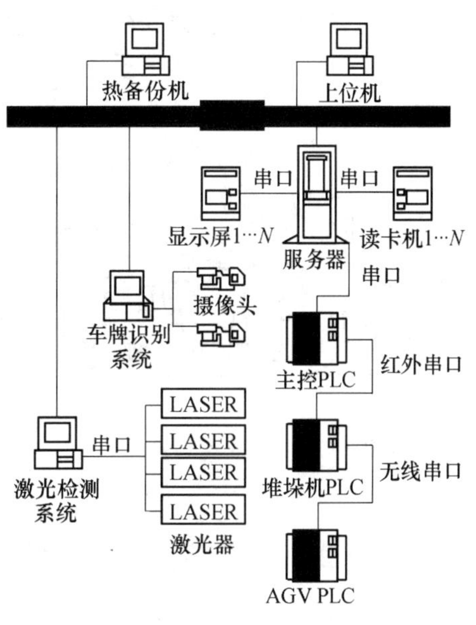

图7-45 控制系统结构图

辆位置姿态的调整命令或有无车的判断信息。车牌识别系统在进车时对车牌号码进行拍摄,通过识别软件将图形转化为文本信息,并上传至上位机存入数据库,确保车辆信息的完整和准确。服务器与主控 PLC 间使用串行通信方式,由于堆垛机和搬运小车为运动设备,无法进行有线连接,故根据实际情况,主控 PLC 与堆垛机 PLC、堆垛机 PLC 与小车 PLC 之间分别选用了红外和无线模块进行通信。各 PLC 接收其上级下发的命令,完成属于本级的控制操作,并发送属于下级 PLC 的任务,同时对设备状态进行逐级上传,供服务器和上位机进行任务处理和状态显示。除以上各部分外,系统还为上位机配备了热备份机,在上位机出现死机等异常情况时,能够迅速地接替其工作,保持记录数据的完整性。

实例 7 装载机工作装置

装载机工作装置是机电一体化产品在工程运输领域中的典型应用。装载机是一种用途非常广泛的铲土运输机械。它以沿地面薄层铲土为主,能在较短距离内实现自装自运,不需要另备运输工具。该类机械作业效率高,只需一人驾驶操作,生产率可达 $1000m^3/h$,土方挖运费用较低。

一、装载机工作装置类型及结构

装载机是在底盘的前方铰装由动臂、连杆机构和装载斗组成的工作装置,在行进中铲装、运送和卸载的自行式土方机械。在建筑工程中广泛用于散粒物料的装载、运送和卸载,也可以进行铲掘和平整作业。其特点是运行速度高、机动灵活,具有较好的工作效率。

装载机分履带式(图 7-46)和轮胎式两种(图 7-47)。履带式装载机接地比压小、对地面的附着力大,可以在任何地面行走,但机动性差,作业效率低,应用不广。轮胎式装载机机动灵活,行驶速度快,并可在一定距离内自铲自运,得到广泛应用。

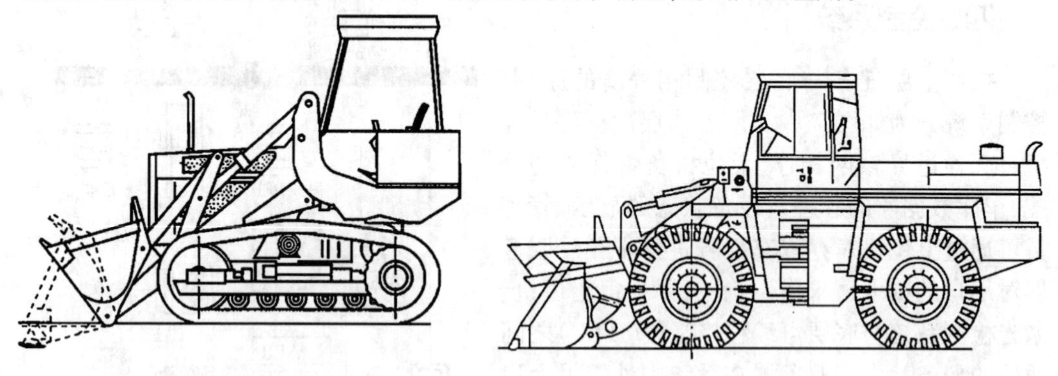

图 7-46 履带式装载机　　　　图 7-47 轮胎式装载机

二、装载机工作装置控制系统

装载机是施工机械中使用最为广泛的土石方机械,对它的控制经历了状态监控、远距离无线电遥控及工作装置自动作业等过程,目前,机器人化装载机的研究已引起了世界各国工程机械研究开发人员的普遍关注，并已取得了一定成果。我国“863”计划“ZL50G 机器人化装载机”项目中的主要技术成果“工作装置电液比例控制系统”采用了具有自主知识产权的脉宽调制电液比例控制模块，通过计算机控制技术实现了装载机工作装置的电液比例控制，极大地改善了装载机的控制性能，在机器人化装载机的研究中做出了重要的贡献。

1. 工作装置控制系统的要求

装载机工作装置是利用液压系统控制动臂和铲斗液压缸的伸缩并通过执行机构实现铲掘、装载等作业，其中，液压系统的设计是整个系统的关键。一个好的液压系统必须满足以下要求：工作安全可靠，操作灵活，操作力小，运行平稳。

装载工作装置液压控制系统的发展主要经历了三个阶段：由操纵杆手动直接控制换向阀阀芯，到由手动先导比例减压阀液控主换向阀，之后发展为目前先进的计算机控制下的电液比例控制技术，其控制性能及自动化程度逐步提高。

2. 主要功能

装载机工作装置电液比例控制系统主要通过操作控制手柄产生数字式电信号，控制电液比例先导阀的输出压力，从而控制主换向阀阀芯的位置；实现控制工作液压缸的工作速度。由于计算机控制模块能够实现工作装置的电子定位，并具有记忆、自动回位及自动放平的逻辑控制功能，使装载机具有一定的“智能机器人”的特性，从而减轻了操作者的体力劳动，提高了整机作业时的可靠性和操纵性。

装载机动臂、铲斗液压缸的主要控制过程如图 7－48 所示。

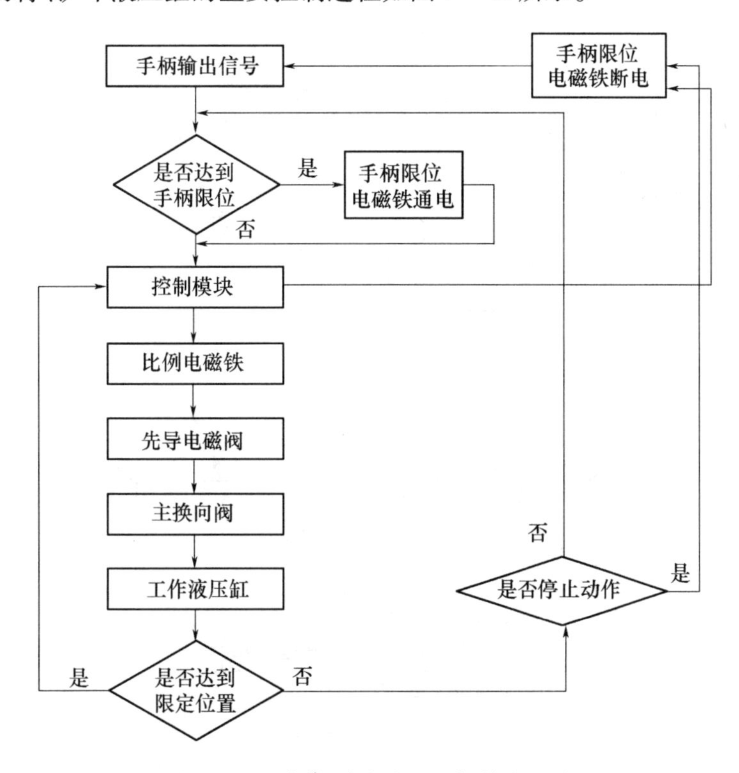

图 7－48　动臂、铲斗液压缸控制流程图

3. 系统的组成及工作原理

1）系统组成

工作装置电液比例控制系统的基本构成如图 7-49 所示。

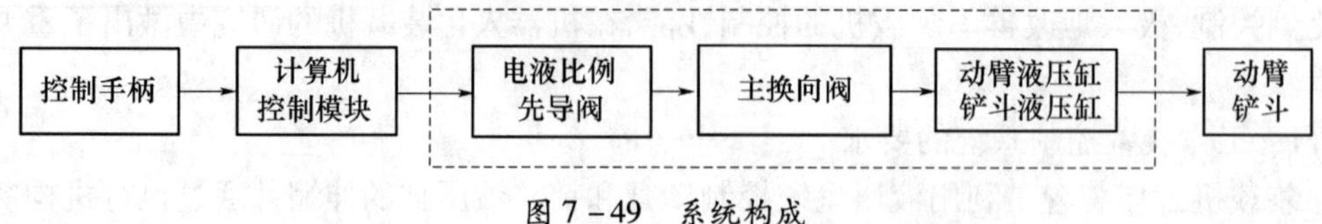

图 7-49 系统构成

该系统的主要组成元件有电控操作手柄、计算机控制模块、电液比例先导阀、主换向阀、液压泵和工作液压缸等。

2）液压系统工作原理

液压系统如图 7-50 所示，工作装置电液比例控制系统由两个液压泵供油，主泵为 CBAa2100，用于控制动臂和铲斗液压缸的运动；先导泵为 CBAa0016，用于控制电液比例先导阀，进而控制主换向阀芯的位移，以便控制动臂和铲斗液压缸的工作速度。先导泵的油液首先通过减压阀减至先导控制系统所需的控制压力，然后进入控制油路安全锁定阀。安全锁定阀是为了防止误操作而设置的，它是一个二位二通电磁换向阀，当操作者将控制开关置于“关闭”位置时，电磁铁处于断电状态，此时对操作手柄的任何操作都不会使工作装置动作。当将控制开关置于“开启”位置时，控制油液进入电液比例先导阀，通过操作手柄控制电液比例先导阀完成工作装置的动作。

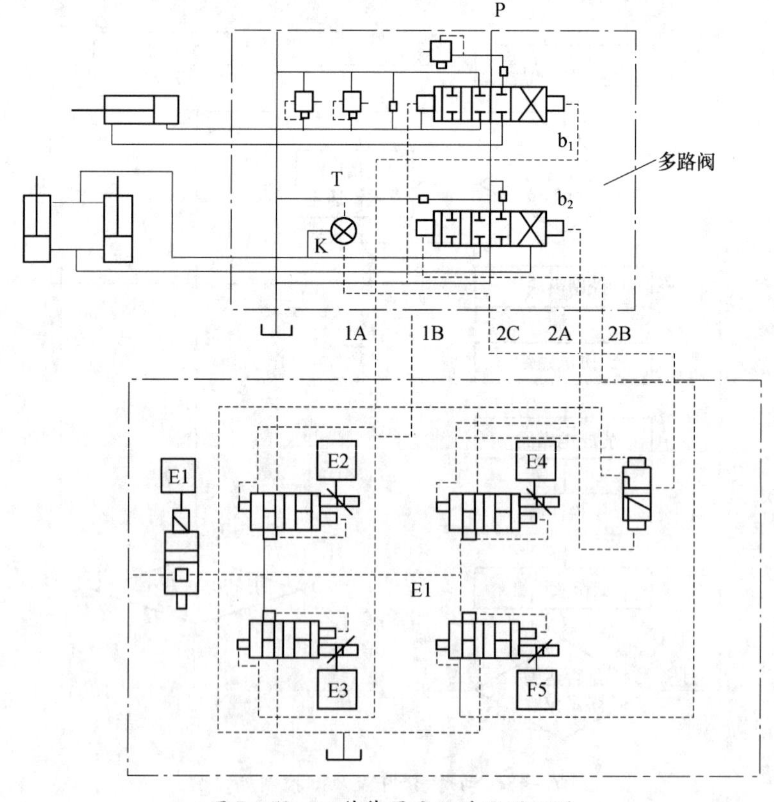

图 7-50 工作装置液压系统原理图

（1）动臂上升。拉动操作手柄向后移动，此时手柄的位置传感器输出的电信号进入电液比例先导减压阀的比例电磁铁，先导减压阀输出的压力信号与输入电信号成比例，即手柄的角度越大，输出的电信号越大。电液比例先导减压阀的输出压力越大，控制主换向阀阀芯的位移越大，主换向阀通过的流量越大，动臂上升的速度越快。当操作手柄拉至极限位置时，手柄中的限位电磁铁通电，手柄在极限位置被吸合，动臂以最大的速度上升，当升至动臂上位限位开关所限定的位置时，计算机控制模块控制操作手柄限位电磁铁断电，手柄自动恢复到中位，动臂就可保持在所限定的位置上。在动臂上升的过程中，若需要动臂在某一位置停止，则需将操作手柄退回到中位。

（2）动臂下降。操纵手柄向前移动，此时操作手柄中的位置传感器发出与动臂上升时相反的控制信号，控制动臂下降的比例电磁铁工作，电液比例减压阀输出相应的控制压力，控制主换向阀阀芯向下运动，动臂下降。当操作手柄推至极限位置时，手柄中的限位电磁铁通电，手柄在极限位置被吸合，动臂以最大的速度下降。当动臂下降到限位传感器所限定的位置时，计算机控制模块控制手柄电磁铁断电，手柄恢复到中位，此时动臂在限定位置停止。在这个过程中，若需要在任何位置停止，需将手柄拉回中位。

（3）动臂浮动。将手柄推至动臂浮动工作工况，此时手柄位置传感器向控制器发出浮动工作信号，控制器将电液比例先导减压阀置于最大压力输出状态，输出的压力控制先导阀组中的二位三通阀位于下位工况。主阀中的液控单向阀处于反向导通工况。动臂液压缸的上下腔通过单向阀导通，此时的动臂处于浮动工作工况。当浮动工作停止时将手柄拉至中位，浮动工作结束。

（4）铲斗装载。向后拉动铲斗控制手柄，手柄中位置传感器输出电信号通过控制模块控制电液比例先导阀输出与之成正比的电信号，从而控制主换向阀中的铲斗控制阀，使铲斗液压缸运动，完成装载动作。当手柄拉至最大位置时，手柄中限位电磁铁通电，手柄在极限位置时被吸合，铲斗以最大速度向上翻转。当转至最大位置时，限位传感器发出信号，手柄自动恢复到中位，此时铲斗在极限位置停止。同样，驾驶员也可以手动控制手柄回到中位，使铲斗停留在任意一个位置上。

（5）铲斗卸载。反方向拉动铲斗控制手柄，其控制过程如上所述。

4. 电控系统工作原理

1）控制手柄

工作装置控制手柄是系统中的输入信号，随着手柄位置的变化，输出相应的电信号，由计算机控制模块将信号放大并驱动相应的比例电磁铁，从而控制电液比例减压阀输出相应的控制压力，控制主换向阀阀芯的位移。

2）计算机控制模块

计算机控制模块的主要功能是：接收、控制手柄输入的电信号，用于控制动臂及铲斗的动作；接收动臂及铲斗限位输入信号，用于设定动臂和铲斗的理想位置；控制工作装置锁定电磁铁及手柄极限位置电磁铁；与中央电控模块进行数据交换用以诊断工作装置控制系统的故障。电控系统的控制关系如图 7－51 所示。

工作装置电控系统由工作装置操作手柄的位置传感器、动臂位置传感器、控制开关、

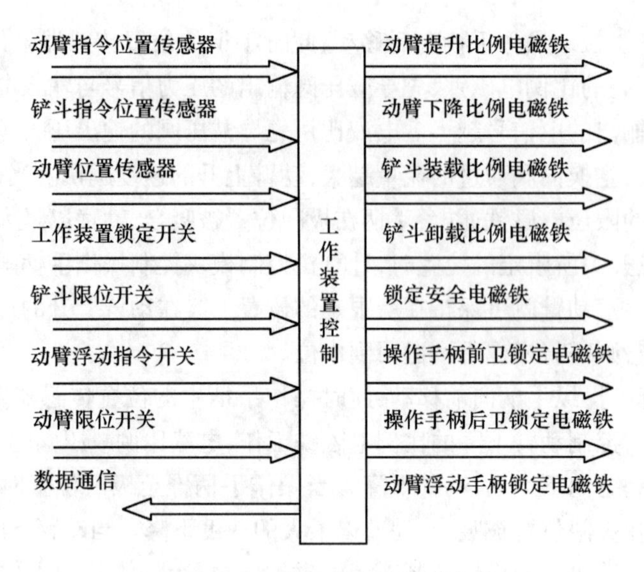

图 7－51　电控系统的控制关系

行程开关、锁定电磁铁、电液先导阀比例电磁铁及工作装置控制器组成。控制器通过电缆接收与输出信号，并通过通信线路与监控系统和行走驾驶系统交换数据。

（1）输入信号。

① 动臂指令位置传感器：安装在动臂操作柄上，它发出的电信号代表了手柄的位置。控制器将信号解释为动臂运动方向和速度的指令信号。

② 铲斗指令位置传感器：安装在铲斗操作手柄上，它发出的电信号代表了手柄的位置。控制器将信号解释为铲斗运动方向和速度的指令信号。

③ 工作装置安全锁定开关：是一个两位开关，两个位置分别代表工作装置处于锁定和解锁状态，由驾驶员选择。当开关置于锁定位置时，操作手柄和液压阀不起作用。

④ 铲斗定位开关：指示预先设定的铲斗铲掘角度。

⑤ 动臂定位设置开关：是一个自动复位的开关，当动臂位置传感器连续测量动臂的位置时，利用此开关可以将动臂上限位置设定在动臂中位以上的任何位置，也可以把动臂的下限位置设定在动臂中位以下的任何位置，这两个位置在自动定位控制时使用。

⑥ 动臂浮动指令开关：发出动臂浮动指令信号，该信号与动臂操作手柄向前最大位置有连锁逻辑。

（2）输出信号。

① 控制铲斗装载电液比例电磁铁：控制铲斗向后翻转。

② 控制铲斗卸载电液比例电磁铁：控制铲斗向前翻转。

③ 控制动臂上升电液比例电磁铁：控制动臂上升。

④ 控制动臂下降电液比例电磁铁：控制动臂下降。

⑤ 动臂手柄前位锁定电磁铁：当动臂操作手柄向前推至最大位置时，该电磁线圈通过电流，产生电磁力使手柄保持向前最大位置。此时动臂连续下降，当达到预先设置的下限位置时，该信号自动切断，手柄自动返回中位。

实例8 盾构机

盾构机(Tunnel Boring Machine,TBM)全名叫盾构隧道掘进机,也称为盾构掘进机,是地下暗挖隧道的一种专用工程机械,如图7-52所示。现代盾构机集光、机、电、液、控等技术于一体,具有开挖切削土体、输送土碴、拼装隧道衬砌、测量导向纠偏等功能。用盾构机进行隧洞施工具有自动化程度高、施工速度快、开挖时可控制地面沉降、减少对地面建筑物的影响和在水下开挖时不影响水面交通等特点,在地下水位较高、隧洞洞线较长、埋深较大的情况下,用盾构机施工更为经济合理,因而盾构机广泛用于地铁隧道、越江隧道、铁路隧道、水电隧道、市政公路隧道等工程的建设。

图7-52 盾构机外形

一、盾构机的类型和组成

根据工作原理的不同,盾构机可以分为手掘式盾构机、挤压式盾构机、半机械式盾构机(局部气压、全局气压)和机械式盾构机(开胸式切削盾构机、气压式盾构机、泥水加压盾构机、土压平衡盾构机、混合型盾构机、异型盾构机);根据适用的土质及工作方式的不同,盾构机可以分为开胸式、压缩空气式、泥水式、土压平衡式、组合式、插板式、多断面式盾构机及微型盾构机等。按直径大小可以分为特大、大、中小及微型盾构机;按开挖断面分为部分断面开挖和全断面开挖的盾构机等。目前作为主流技术的主要有泥水加压平衡盾构机、土压平衡盾构机、组合式盾构机和微型盾构机等。

土压平衡式盾构机的组成如图7-53所示,其基本装置是切削刀盘及其轴承和驱动装置、开挖室及螺旋输送机等。

二、土压平衡式盾构机工作原理

土压平衡式盾构机的掘进原理是在推力的作用下,刀盘切削土体,通过调节螺旋机的转速、控制土室的排土量,达到土室与开挖面的土压力动态平衡。它是目前国际、国内隧道施工的主力机型,其工作原理如图7-54所示。

当盾构机在不稳定的地层中掘进时,可以通过制造支撑压力来防止隧道掌子面失稳情况的发生。使用土压平衡盾构机开挖,切削刀盘1开挖下来的黏性土体用来支撑掌子面,而不像通过其他开挖方式的盾构机,其掌子面依靠另外的介质支撑。刀盘旋转的盾体

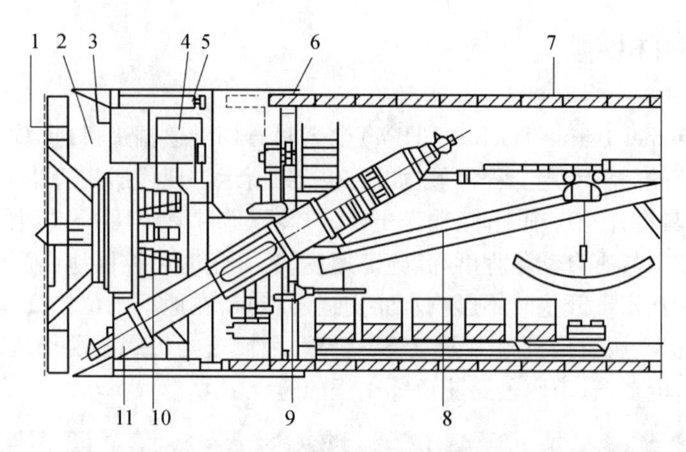

图 7－53　土压平衡式盾构机的组成

1—切削刀盘；2—开挖室；3—承压隔板；4—压缩空气闸室；5—推进千斤顶；6—尾盾密封；7—油箱；8—带式输送机；9—管片拼装机；10—刀盘驱动；11—螺旋输送机。

图 7－54　土压平衡式盾构机的工作原理

1—切削刀盘；2—开挖室；3—承压隔板；4—液压缸；5—螺旋输送机；6—管片拼装机；7—管片。

区域称为开挖室 2，它通过承压隔板 3 与常压下的盾体区域分开。刀盘旋转，带动刀具挖掘土壤。挖掘下来的土壤通过刀盘开口进入开挖室，与开挖室内已有的黏性土浆混合。推进液压缸 4 的推力通过压力挡板传给开挖室内土体，从而保证开挖面的稳定。当开挖室内的土体不再受外部土压力和水压力压紧时，就达到了土压平衡。

开挖仓内的渣土通过螺旋输送机 5 输送出去。渣土输送量由螺旋速度和上部螺旋输送机驱动器的开口十字架控制。螺旋输送机把渣土输送到第一段输送带上，再转运到反转带上。当输送带反方向输送时，渣土被倾倒进入运输渣车中。隧道通常使用预应力钢筋混凝土管片 7 进行衬砌。管片在常压下通过管片拼装机 6 安装在盾体区域的压力室壁后面，然后用螺栓临时固定。砂浆经由盾尾上的注浆口或直接通过管片上的开口连续注入管片外面和围岩之间的空隙。

1．盾构测控系统

1）盾构控制系统

图 7－55 为某盾构控制系统，其主要由 PLC 可控制编程控制器和显示操作终端机组

成。PLC 采用主从结构,有 1 个主站和 2 个从站,另有一套注浆 PLC。PLC 主站设在控制台,主 CPU 带 3 个显示操作终端机,编号为 GC1、GC2、GC7。其中 GC1、GC2 分别操作盾构设备,互为备用,GC7 操作加泥设备。1#从站设在盾构内,带 3 个显示操作终端机,编号为 GC3 ~ GC5。其中 GC3、GC4 操作盾构千斤顶,GC5 远程操作注浆。2#从站设在 2#车架上,带 1 个显示操作终端机(触摸屏),编号为 GC6,操作注浆设备。

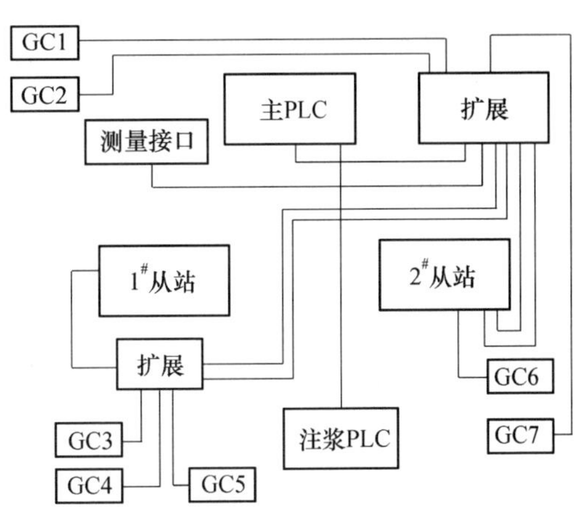

图 7-55 盾构控制系统图

主站同 1#、2#从站通过两个并行的电缆环路连接(双环网)。系统采用了高速可靠的数据通信,即 MELSECNET/Ⅱ数据通信系统。它采用 2 个并行的电缆环路连接各 PLC 站,其中一个称为正向环路(或主环路),另一个称为反向环路(或副环路)。当主环路内发生电缆断裂时,通信自动切换到副环路,继续保持数据通信;如果 2 个环路均断裂或者均脱接,除断裂的 PLC,连接的站之间仍继续保持通信。

注浆 PLC 独立于 PLC 系统外,通过 I/O 口同 PLC 主站进行信号的交换。PLC 配置了开关量输入/输出组件、模拟量输入/输出组件、通信接口组件和计算机通信组件。

2)姿态测控系统

盾构机姿态是指盾构机前端刀盘中心三维坐标和盾构机简体中心轴线在三个相互垂直平面内的转角等参数。盾构的姿态测控系统由盾构和地面两部分组成。盾构部分主要由全站仪、棱镜、测量接口、控制单元、计算机(显示器)等设备组成。地面部分主要由计算机(显示器)和集线器等设备组成。盾构与地面部分通过一对兆比特调制解调器(SDSL)进行信号的连接,如图 7-56 所示。该系统通过高精度的测量仪器和专用软件来实现盾构姿态的自动测量,可以取得的实时数据信息有:

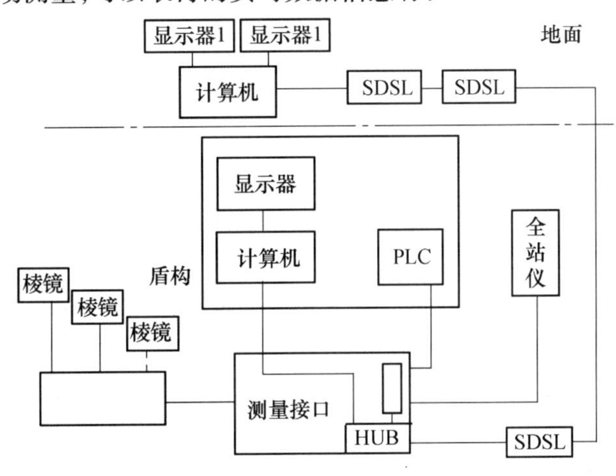

图 7-56 姿态测控系统

(1) 后视点、站的坐标和登录名称。

(2) 测量目标的数据。

(3) 测量时的盾构俯角和转角。

(4) 盾构前、中、后的坐标值,方位偏差等计算结果。

在盾构内,全站仪测量得到的姿态信号和 PLC 获取的盾构施工信号在测量接口单元中集成在一起,在盾构计算机显示器上显示,并送地面计算机。

3) 检测系统

根据盾构测控系统的需求,配置了基本的检测仪器,检测的模拟量信号有土仓土压力,推进千斤顶油压、行程、速度,四区油压,螺旋机油压、转速,铰接千斤顶行程,刀盘变频器输出功率,刀盘密封温度,螺旋机闸门开度,注浆压力,注浆桶浆液位,泡沫压力,加泥压力,加泥流量,盾构的坡度和转角等。配置的传感器(变送器)共有 40 多套,见表 7-3。

表 7-3 传感器一览表

序号	名称	数量	量程	用途
1	土压传感器(放大)	4	0~0.5MPa	土仓土压力
2	倾斜仪倾角	1	-5~+5°	盾构姿态
3	倾斜仪转角	1	-5~+5°	盾构姿态
4	测速仪	1	0~25r/min	螺旋机转速
5	行程仪	3	0~2000mm	推进千斤顶行程(上,左,右)
6	测速仪	3	0~10m/min	推进速度(上,左,右)
7	温度计	2	0~100℃	刀盘密封温度
8	压力传感器(放大)	4	0~5MPa	1″~4″注浆压力
9	压力传感器	5	0~45MPa	四区油压力螺旋机油压
10	拉线行程仪	2	0~700mm	1″,2″闸门开度
11	行程仪	4	0~200mm	1″~4″铰接千斤顶行程
12	功率变送器	5	0~180kW	刀盘变频器输出功率
13	液位计	1	200~2000mm	注浆桶浆液位
14	液量计	1	0~200L/min	加泥流量
15	压力变送器	4	0~5MPa	1″,2″泡沫压力

另外,对开关量信号的检测,配置了 60 余个限位继电器和 10 多个压力继电器。

主要检测拼装机回转左/右限位状态,拼装机电缆盘左/右限位状态,螺旋机的伸/缩状态,螺旋机闸门的开/关状态,气阀、加泥阀、注浆阀、盾尾密封阀的开/闭状态,集中润滑的油脂油位,盾尾油脂油位等,以及集中润滑油脂泵和管道的压力高/低,盾尾密封油压高低,稀油润滑堵塞等信号。

2. 盾构机激光导向系统

激光导向系统是综合运用测绘技术、激光传感技术、计算机技术及机械电子等技术指导盾构隧道施工的有机体系。系统由激光全站仪、信号传输和供电装置、激光接收靶、棱镜和定向点、盾构机主控室和液压缸杆伸长量测量装置等组成。盾构机主控室由程控计算机(预装隧道掘进软件,具有显示和操作面板)、控制盒、网络传输 MO - DEM 和可编程逻辑控制器(PLC)四部分组成,其中,隧道掘进软件是盾构机激光导向系统的核心。

地铁盾构法施工过程如图 7 - 57 所示。在隧道掘进模式下,激光导向系统是实时动态监测和调整盾构机的掘进状态,保持盾构机沿设计隧道轴线前进工具之一。在整个盾构施工过程中,激光导向系统起着极其重要的作用。

(1) 在显示面板上动态显示盾构机轴线相对于隧道设计轴线的准确位置,报告掘进状态;并在一定模式下,自动调整或指导操作者人工调整盾构机掘进的姿态,使盾构机沿隧道设计轴线附近掘进。

(2) 获取掘进姿态及最前端已装环片状态,指导环片安装。

(3) 通过标准的隧道设计几何元素自动计算隧道的理论轴线坐标。

(4) 和地面计算机相连,对盾构机的掘进姿态进行远程实时监控。

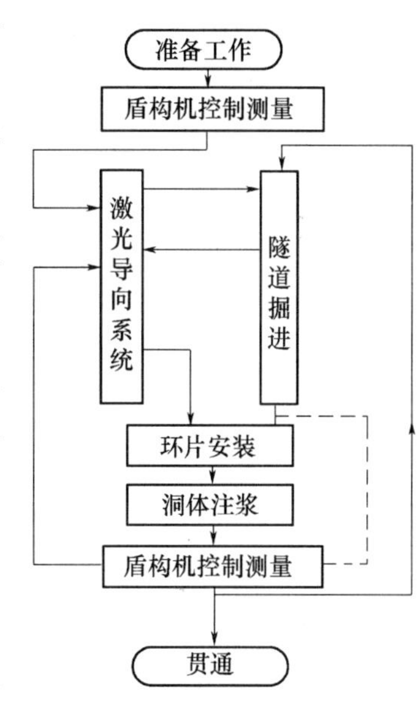

图 7 - 57　盾构施工基本过程

从图 7 - 57 的盾构施工基本过程图可以看出,激光导向系统不能够独立完成导向任务,在盾构机始发、该系统启用之前,还需要做一些辅助工作。首先,激光全站仪首次设站点及其定向点坐标,需用人工测定。其次,必须使用人工测量的方法,对盾构机姿态初值进行精确测定,以便对激光导向系统中有关初始参数(如激光标靶上棱镜的坐标,内部的光栅初始位置及两竖角测量仪初值等)进行配置。

盾构机姿态除了可以通过人工测量、单独解算方式获得外,还可以由导向系统实时、自动地获取。用人工测量方式获得盾构机姿态的过程,称作“盾构机控制测量”。盾构机控制测量的另一个作用是在盾构机掘进过程的间隙,对激光导向系统采集的盾构机姿态参数进行检核,对激光导向系统中有关配置参数进行校正。

实例 9　自动售货机

目前自动售货机在一些国家已达到普及的程度。自动售货机有自动售饮料机、自动售香烟机和自动服务机,等等。下面以应用最多的自动售饮料机为对象来介绍自动售货机。自动售货机上装备的机电一体化装置有硬币机构、纸币确认机构、主控制箱等。另外为了促进商品销售,还配有机电一体化的供顾客选用装置、语音合成装置(可发出“欢迎光临”、“谢谢”等声音)和节能装置。

一、硬币验钞机构

硬币验钞机构用于检测所投入的硬币的真伪,伪币退回到硬币退还口,真币则合计金额并与所售商品价格作比较。如果投入的金额等于或大于商品售价,则发出允许出售信号。待接到售货终了信号后,进行找零钱计算,并启动找零钱电机,把以不同币种适当组合而成的零钱,送到退还口。它要求机械技术与电子技术紧密地结合。现在所有的货币机构都由微机进行控制。

图7-58是硬币验钞机构简图。由硬币检测部分、运算控制部分、找零钱机构、自动售货机主体和接口部分组成,硬币验钞机构中机电一体化最引人注目的是钱币检查部分实现了电子化。

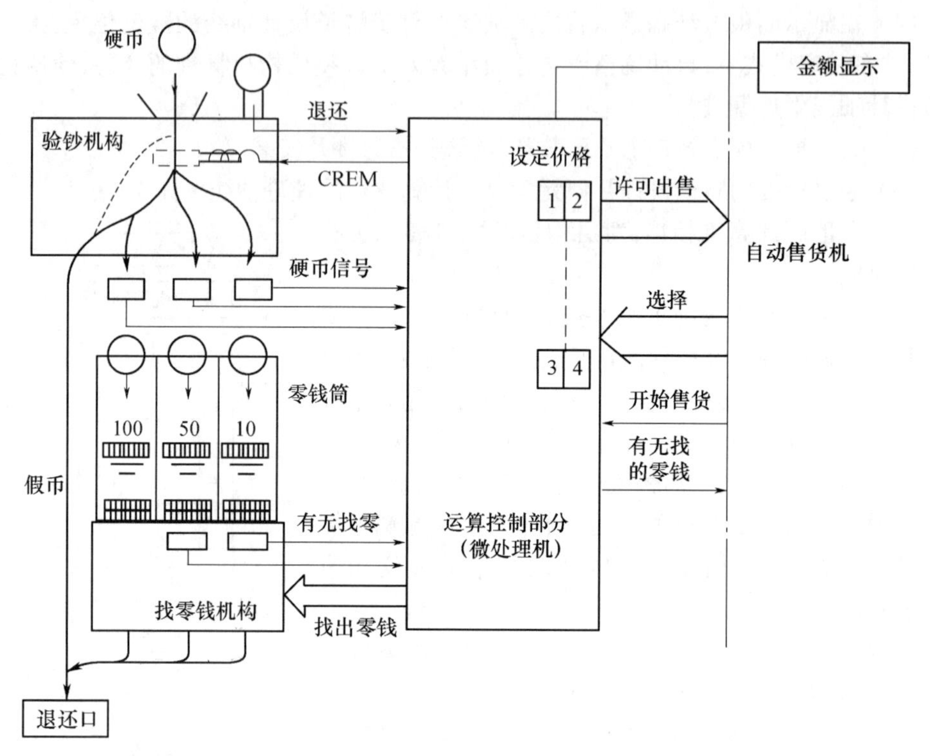

图7-58 硬币验钞机构简图

二、纸币验钞确认机构

纸币验钞确认机构的功能是识别纸币真伪。只有真纸币,才向外部发出“收到”的信号。其控制部分也由微机构成。纸币验钞确认机构简图如图7-59所示。

纸币验钞确认机构已实现机电一体化。即使只有纸币一部分插入纸币插入口,也会由位置传感器检测到,并启动机内电机使其正方向旋转,通过传送带,拉进机器内,同时进行真伪鉴别。如是假币,则电机逆转,退还纸币;如是真币,则发出“收进”的信号,并往里稍拉进一些,以暂存状态等待。其理由是,若顾客确要买东西,则与上述硬币机联动,从其找零钱部找出适当的零钱,机器完成正常收款动作。顾客若改变想法,中止购物时,按下自动售货机的退返按钮,则纸币验钞确认机的电机逆转,把原纸币退还。

三、自动售货机的控制系统

纸杯式果汁售货机售出的饮料是根据顾客的要求进行调配的。顾客按下桔汁或葡萄汁等品种选择按钮后,机器自动调理机内原料,即把水、二氧化碳气体、糖浆、冰等进行调理,然后供给取出口。自动售货机的控制系统构成如图7-60所示。输入微机的信号有:

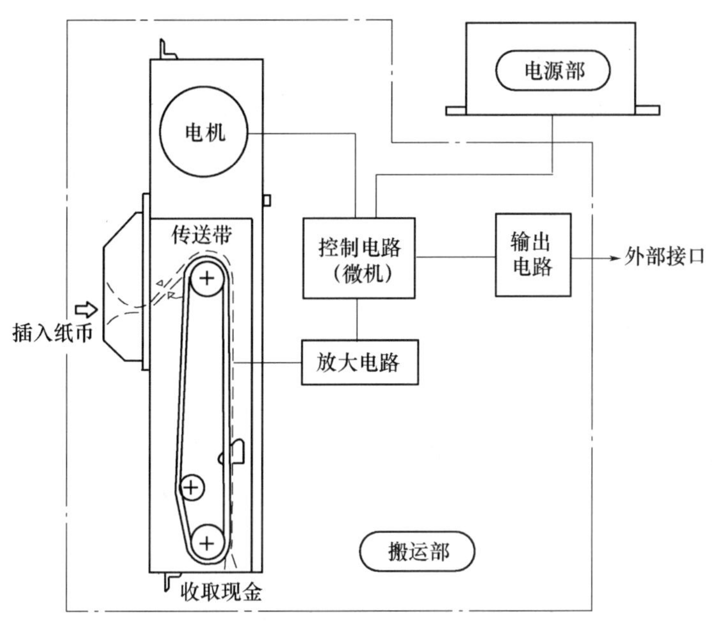

图 7-59　纸币验钞确认机构简图

来自硬币机构的可出售信号，选择按钮信号，原料系统的原料售完传感器信号，以及从用于调配原料的时间和份量的设定数字开关来的输入信号，等等。其输出信号有：表示“在该品种选择按钮，已投足所定金额，可以出售”的指示灯信号。运送杯子用电机的驱动信号，原料排放阀的开、关控制信导，以及制冰或冷水用压缩机的起动、停止等信号。

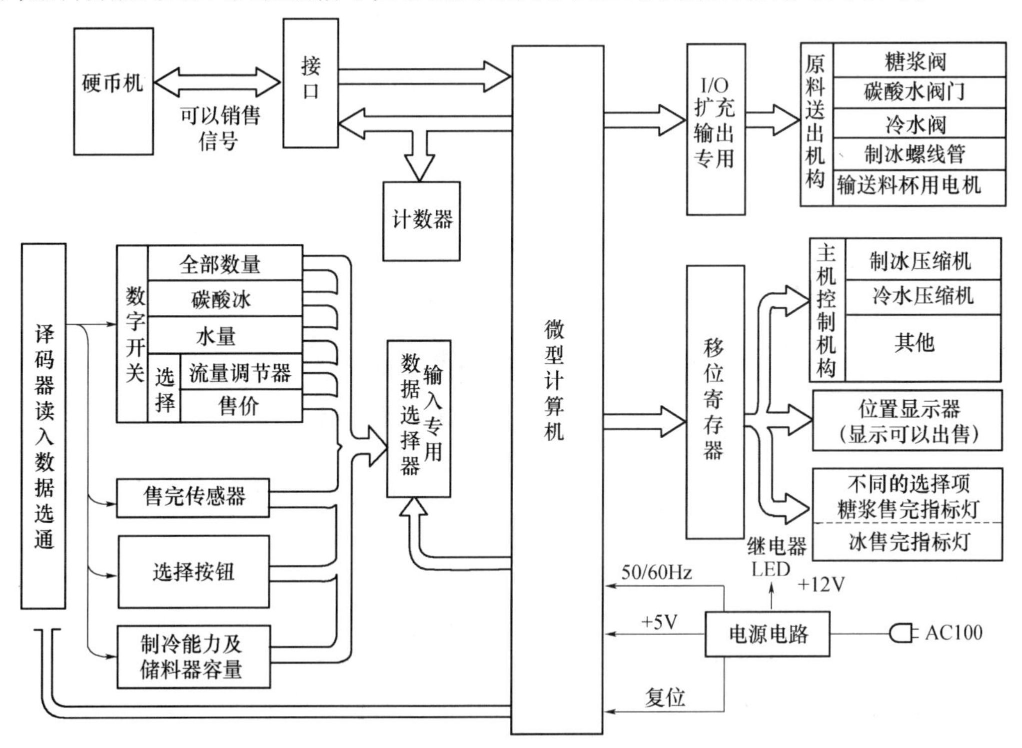

图 7-60　自动售货机的控制系统构成

自动售货机的内部有两个控制系统,即计算硬币数目的硬币机控制系统和主机控制系统。作为自动售货机主机控制的今后发展方向,是要把二者归为一体。其理由是:①原来的设计硬币机是以继电器式顺序控制方式同被控制的主机连接的。因此,当主机控制电子化后,则出现了一个多余的接口部分而造成很大的浪费。②现在的两个控制部分;分别有各自的微机。如果它共用一台微机,既能充分满足控制要求,而且又不需要相互间的联系,可以非常简单化。

实例 10　自动旋转门

自动旋转门是楼宇设备中的光机电一体化技术产品,其最大优点在于它"永远开门,又永远关门",即对于人来说,门总可以打开,可对于建筑物来说,门又总是关着。因此,自动旋转门在保安功能方面具有独到的特性,且其动态密封效果在经常使用的条件下相对其他自动门要好。由于自动旋转门的人流量有限,通常在自动旋转门两侧另设自动或手动平开门,一方面增加通行能力,另一方面当自动旋转门出现故障时,不影响人的通过。但在静态密封效果方面,自动旋转门远不如其他自动门,因为其门体运动方式决定着只能使用毛条密封。

一、自动旋转门的主要类型

1. 自稳定性自动旋转门(三翼和四翼旋转门)

三翼和四翼旋转门(见图 7-61)的中心门轴通过轴承机构垂直安装于地面,门翼呈发散式固定在中心门轴上,各门扇之间的角度相等。中心门轴的上方安装电机及其他电气控制部件,再配以感应装置和安全装置,就成为自动旋转门。这种结构的稳定性好,使用的可靠性很高,使用寿命长。考虑到旋转门在停止时一定要密封,所以三翼旋转门的每个分隔可以容纳更多的人,可是门的净开口宽度较小。而四翼旋转门的每个分隔可以容纳较少的人,但门的净开口宽度较大。

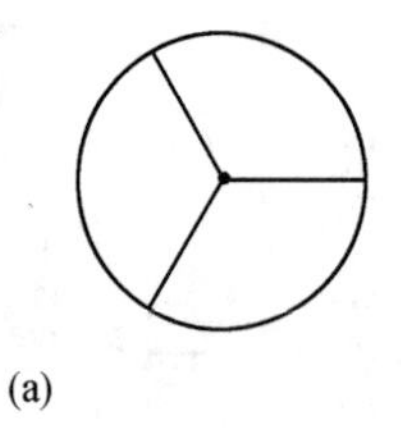
(a)

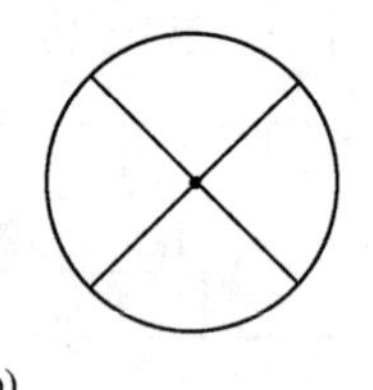
(b)

图 7-61　三翼和四翼旋转门示意图
(a) 三翼旋转门;(b) 四翼旋转门。

2. 悬挂式自动旋转门(两翼旋转门)

为扩大旋转门人员流量,扩大旋转门门扇之间的距离,可以将旋转门的门扇数量减为两个。但是,两翼旋转门已不可能再采用原有的中心门轴结构,因为两个门扇使中心驱动的力矩过大,而驱动力的作用力点又很少。另外,中心门轴结构难以实现两翼旋转门的紧急打开功能。于是两翼旋转门采用了上部圆周导轨悬挂整个门体的设计,以一个或两个电机驱动。控制部分与稳定性自动旋转门相同。值得一提的是,两翼旋转门的紧急打开功能从结构上变得很容易,即在中间设置两个自动平移门或手动平开门。两翼旋转门的停门位置有两个,一个是门体与入口平面平行,中间的自动平移门或手动平开门可直接使用;另一个是门体与入口平面垂直,门体两端的圆弧将旋转门的两个开口同时封住,在冬季可获得好的密封隔热效果,如图 7-62 所示。

图 7-62　框架玻璃装饰的两翼自动旋转门

二、自动旋转门系统的结构特点和工作原理

图 7-63 所示为一可环绕固定立柱安装和旋转的三翼自动旋转门,自动旋转门本体分为外壳部分 2 和内部结构部分 4~9。内部结构主要是起旋转支撑作用的定心导向圈 6 和定心导向圈固定座 7,其中定心导向圈固定座 7 又与立柱 5 牢固连接,它们之间又连接成完整的圆环体,从而附着固定于立柱 5 上,成为旋转运动部件定心和导向的可靠约束。此圆环体的另一个作用是用来安装旋转门的驱动变速驱动装置 8,驱动变速驱动装置 8 主要由交流电机和输出轴带驱动小齿轮的摆线针轮减数器构成,用来驱动固定在旋转部分 4 上的大齿圈 9,旋转部分 4 的主体部分是一个有足够强度和刚度,重量又较轻的薄壁圆柱形网筒,借大齿圈的转动可以绕立柱体 3 的轴线旋转,圆柱形网筒上按等分角度固定安装了规定数目的旋转门扇 2(一般为 2 扇~4 扇)随筒旋转,就形成了旋转门装置。

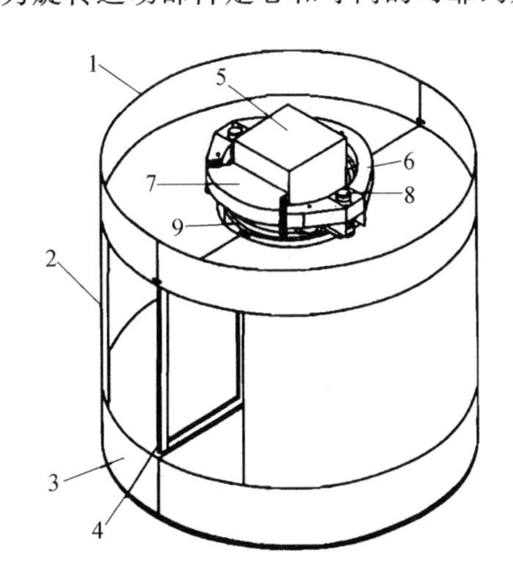

图 7-63　三翼环柱式自动旋转门

1—华盖; 2—外壳部分; 3—外壳底边; 4—旋转部分; 5—固定立柱; 6—定心导向圈; 7—定心导向圈固定座; 8—变速驱动装置; 9—对开大齿圈。

另一方面,对环柱式旋转门的控制功能的要求和安全并未因其制作难度的增加而有所降低,相反,由于环柱式旋转门的旋转质量远大于普通旋转门的旋转质量,使得对环柱式旋转门运动的精确定位控制带来了困难，这导致一般不能简单地将普通旋转门的控制系统移到环柱旋转门上。

三、自动旋转门的主要控制功能

目前普遍采用的旋转门控制和安全功能主要有以下几项：

（1）自动启停功能。由接传感器通知系统是否有移动物体接近或进入，以启动旋转门以常速（4 r/min）自动旋转，或停止旋转门运行。

（2）自动定位停功能。自动在锁门位置和密封位置停止。

（3）防夹功能。在右边曲壁立柱（由外入内）侧，安装了红外式防夹开关装置，以防止门扇与曲壁立柱夹伤行人及宠物等。

（4）防碰功能。旋转门驱动电机与电流检测传感器相连，当行人碰到门时会导致电机电流的变化，传感器会将这一变化检测出来，防止门扇碰伤行人。

（5）残疾人调速功能。自动转门设置着残疾人按钮，当残疾人通过时，按下该按钮，转门可以低速 1r/min ~ 2r/min 转动，待残疾人顺利通过后，转门自动恢复常速。

（6）紧急按钮。自动转门设有紧急停止按钮，遇有特殊情况发生，需要转门停止旋转时，可按下此按钮。

（7）紧急疏散通道。当出现紧急情况时（如火警），门扇可折叠抒开，形成畅通无阻通道，符合消防安全需要。

（8）调速功能。常速为 4 r/min；慢速为 2 r/min；快速为 6 r/min。

（9）夜间闭锁功能。夜间开启电子锁锁定转门，具有保安作用。

（10）自动报警功能。当门玻璃遭到破坏时，可自动报警，便于有关方面对事故进行处理，并具有保安作用。

四、环柱式自动旋转门的驱动控制系统设计

根据对自动旋转门上述工作和安全能力的基本要求，制定出以下的功能和性能参数作为控制系统的设计依据。

1. 旋转门的功能特点

（1）变速功能。旋转门设有低速、中速和高速三种旋转速度，分别对应残疾、middle 和 high 三个按钮进行切换，以适应残疾人通过、正常运转和紧急疏散对转速的不同要求。

（2）自动转停功能。来人时自动启动，并以正常转速运转，15s 无人进出，则自动停转并封门。

（3）防夹功能。当门扇运转靠近曲壁立柱时，如果行人试图从两者之间（防夹区）进入旋转门，则门立即自动停转以防夹伤行人。行人离开防夹区，门自动恢复运转。

（4）防撞功能。当行人紧靠右侧立柱或遇物体碰撞右侧立柱时，则旋转门马上停转，以防止撞伤行人或撞坏物体。行人或物体离开右侧立柱，门自动恢复运转。

（5）防碰功能。行人在旋转门内通行过程中，如遇门扇碰行人脚后跟，则门立即自动停转，以防止碰伤行人。行人离开门扇，门自动恢复运转。

（6）锁门功能。采用电磁锁方式锁门，只要转动锁匙即可完成自动锁门工作，快捷方便。

（7）急停功能。当出现紧急意外事故时，按下急停按钮，门立即停转；解除急停信号，

门又自动恢复运转。

(8) 暂停功能(STOP 钮)。与急停功能相当,不同的是按 STOP 钮后,必须用残疾、middle 或 high 三个按钮中的一个进行恢复。

(9) 残疾优先功能。当按下残疾按钮后,30s 内门始终以 2r/min 的速度低速运转,此时按 middle 钮或 high 钮无效,以确保残疾人安全通过。30s 后来人,门自动以正常速度运转。

(10) 电机过载保护功能。当电机过载时,门停转并且指示灯闪烁报警。过载消除后门自动恢复运转。

2. 旋转门的主要性能参数

(1) 电机。交流电机两台,每台功率为 750W。

(2) 门转速。门转速分为低速(2r/min)、中速(4r/min)和高速(6r/min)。

3. 旋转门电机系统驱动控制原理

(1) 电气控制系统接线方案。旋转门采用 Y 型三相交流异步电机驱动,日立 SJ100 变频器进行变频调速,以适应不同转速的需要。电气控制系统接线图如图 7-64 所示。电机转速通过 SJ100 智能端子 3、4 电平高低组成的速度控制字进行设定,速度设定单元为变频器的 A20、A21、A22、A23 四个单元,其设定值(频率)见表 7-4,其中 A23 为直流制动前频率。

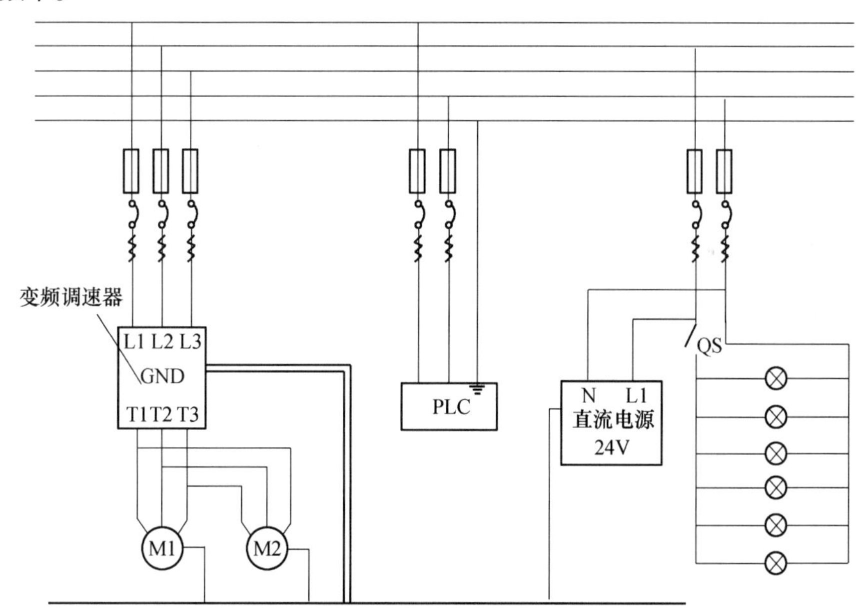

图 7-64 电气控制系统接线图

表 7-4 电机转速设定表

速度控制字	智能端子电平高低		速度设定单元	速度设定值/Hz	备注
	端子 4	端子 3			
00	0	0	A20	50	高速
01	0	1	A21	33.3	中速
10	1	0	A22	16.7	低速
11	1	1	A23	10	制动前速度

(2) 传感器设置方案。选用的各种类型传感器及其安装位置如图 7-65 所示。红外线被动式感应器 1 安装于旋转门的进口和出口华盖上,每处各安装两个红外线感应器,感应行人进入门体,门扇马上以正常速度旋转。红外线防夹安全感应器 2 防止门扇与曲壁柱之间夹伤行人,当门扇接近曲壁立柱时,感应器 2 与接近开关 1 信号同时生效,门扇马上停止。防撞胶条安装于入口右侧门立柱上,胶条内装有内藏式感应器 3,如遇物体碰撞或受压,门扇马上停止转动,防止夹伤行人,胶条内感应器 3 恢复正常后,转门也随之恢复正常运转。每扇门扉底边装有全开宽内藏式感应器 4,如碰到物体或受压,门扇马上停止转动,防止门扇打倒行人,胶条内感应器 4 恢复正常后,转门也随之恢复正常运转。此外,还采用了 4 只测量范围为 5 mm 的电感式接近开关,如图 7-66 所示。接近开关用于防夹位置区域设定、直流制动封门及锁门定位。

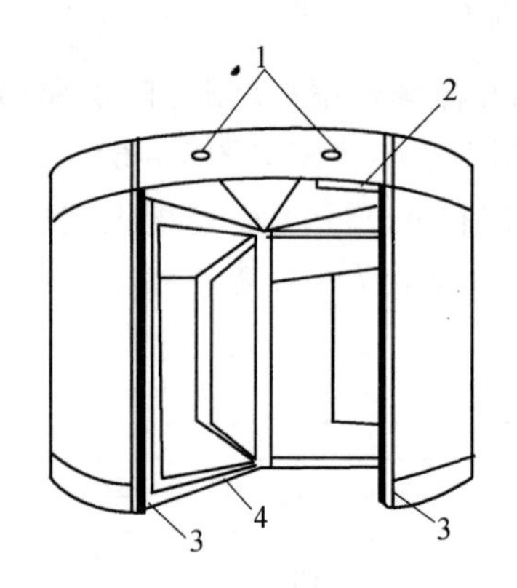

图 7-65 各种传感器的安装位置

1—动作感应器; 2—红外线防夹安全感应器;
3—防撞感应器; 4—防碰感应器。

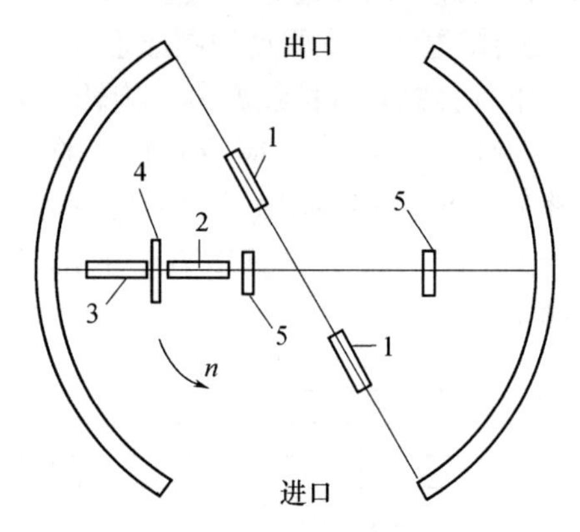

图 7-66 接近开关安装位置示意图

1—防夹接近开关; 2—直流制动接近开关; 3—锁门接近开关;
4—锁门开关感应片; 5—防夹、直流制动开关感应片。

(3) PLC 控制系统设计。旋转门控制系统的中央处理器采用 SIEMENS 公司的 PLC,通过与其他电气部件的连接(图 7-67)和执行所编写的控制程序,可以实现旋转门系统全部控制功能。表 7-5 和表 7-6 列出了 PLC 控制信号清单。

表 7-5 输入点信号表

输入点	信号内容	输入点	信号内容	输入点	信号内容
I0.0	急停	I1.0	红外感应器 1	I2.0	红外感应器 3
I0.1	残疾开关	I1.1	防撞传感器 1	I2.1	红外感应器 4
I0.2	STOP 开关	I1.2	防碰传感器 1	I2.2	防撞传感器 2
I0.3	Middle 开关	I1.3	防夹传感器 1	I2.3	防碰传感器 2
I0.4	High 开关	I1.4	变频器报警输出	I2.4	防碰传感器 3
I0.5	锁匙	I1.5	锁门接近开关	I2.5	防夹传感器 2
I0.6	直流制动接近开关	I1.6	防夹接近开关 2	I2.6	
I0.7	防夹接近开关 1	I1.7	红外感应器 2	I2.7	

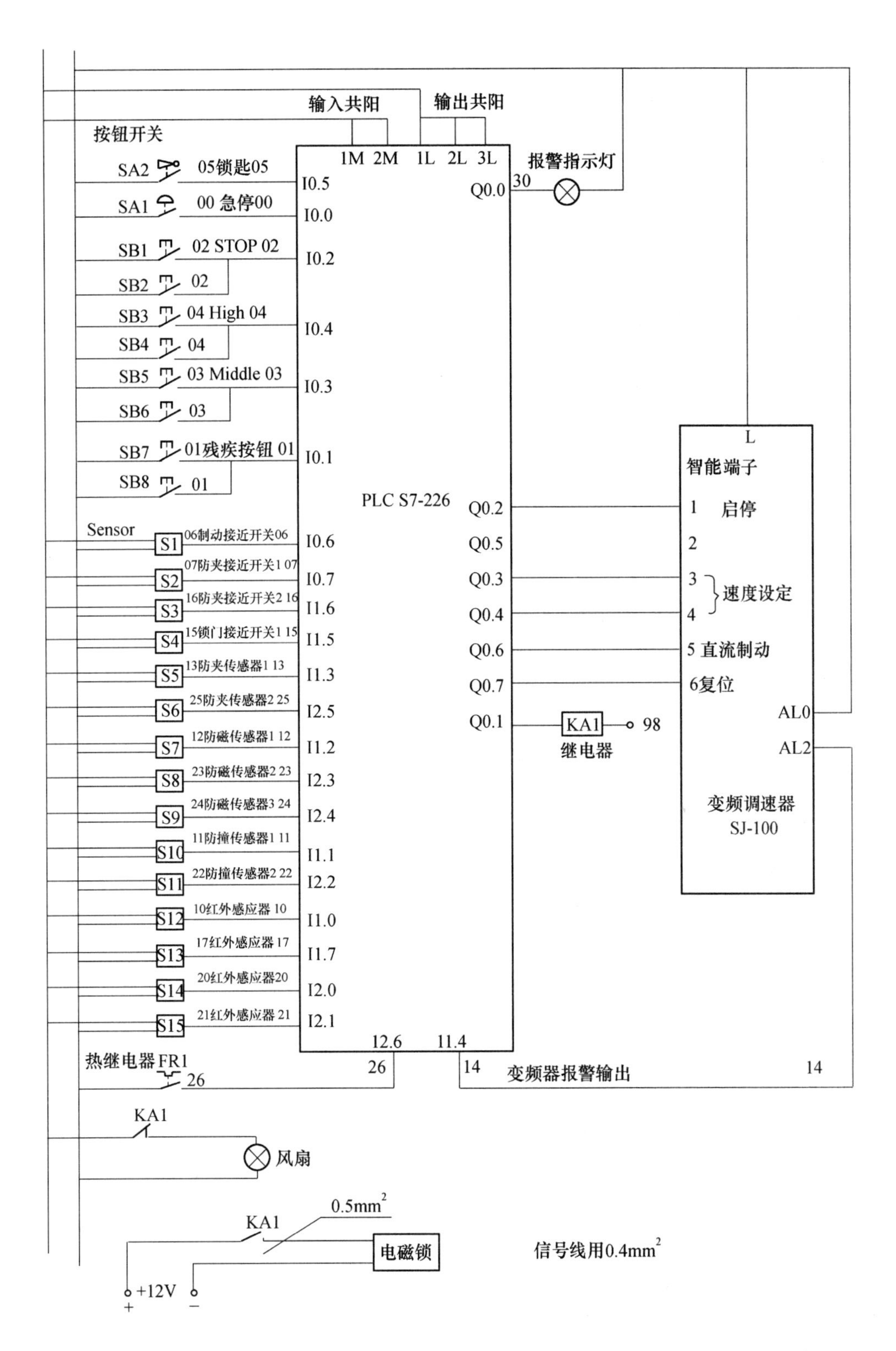

图 7－67 旋转门控制系统接线图

表 7 - 6　输出点信号表

输出点	信号内容	输出点	信号内容
Q0.0	上电及报警指示灯	Q0.4	速度控制(变频器智能端子 4)
Q0.1	电磁锁控制继电器	Q0.5	
Q0.2	电机启停(变频器智能端子 1)	Q0.6	直流制动(变频器智能端子 5)
Q0.3	速度控制(变频器智能端子 3)	Q0.7	变频器复位(变频器智能端子 6)

实例 11　计算机数控机床

一、机械加工中心(MC)

1. 基本构成

机电一体化典型产品——机械加工中心,随着机、电技术的相互促进,得到了很大发展。开发机械加工的中心目的是实现加工过程自动化,减少切削加工时间和非切削加工时间,提高劳动生产率。

以日本 FHN100T 机械加工中心为例,其机械装置的规格见表 7 - 7。机械加工中心通常由以下几个部分构成:①数控 x、y、z 三个移动装置;②能够进行工件多面加工的回转工作台;③ 自动换刀装置(ATC);④CNC 控制器。

表 7 - 7　FHN100T 机械加工中心规格

项目		规格
机械本体	回转工作台尺寸	1050mm × 1050mm
	回转工作台的分度角	5°(自动)
	工作台移动距离(x 轴)	1600mm
	主轴头移动距离(z 轴)	1200mm
	立柱移动距离(y 轴)	1050mm
	快速进给速度	10000mm/min
	切削进给速度	1mm/min ~ 3600mm/min
	主轴中心与工作台面间	100mm ~ 1300mm
	主轴端面与工作台中心的距离	250mm ~ 1300mm
	主轴转速(变速方法)	20r/min ~ 3600r/min(无级调速)
	主轴端锥度	ISOR297/锥度 No. 50
	主轴用电机	AC26(30min 额定)/22kW(连续)
	所需安装底面积(装有随行夹具交换装置时)	5100mm × 5100mm(6600mm × 5000mm)
	净重(装有随行夹具交换装置时)	205000N(245000N)
ATC(自动换刀装置)	刀具存放数量	48 把,64 把
	刀具选择方式	随机选择
	刀具(直径 × 长度)	φ120mm × 400mm
	刀具重量	250N

2. 机床的机械装置(图 7-68)

(1) 床身、工作台、立柱。床身上装有两个正交导轨,以实现工作台的 x 轴运动和立柱的 y 轴运动。在立柱上设置有主轴头上、下(z 轴)运动的导轨,以实现 z 轴运动。各轴都通过与伺服电机直接连接的大直径滚珠丝杠驱动,以实现高精度定位。

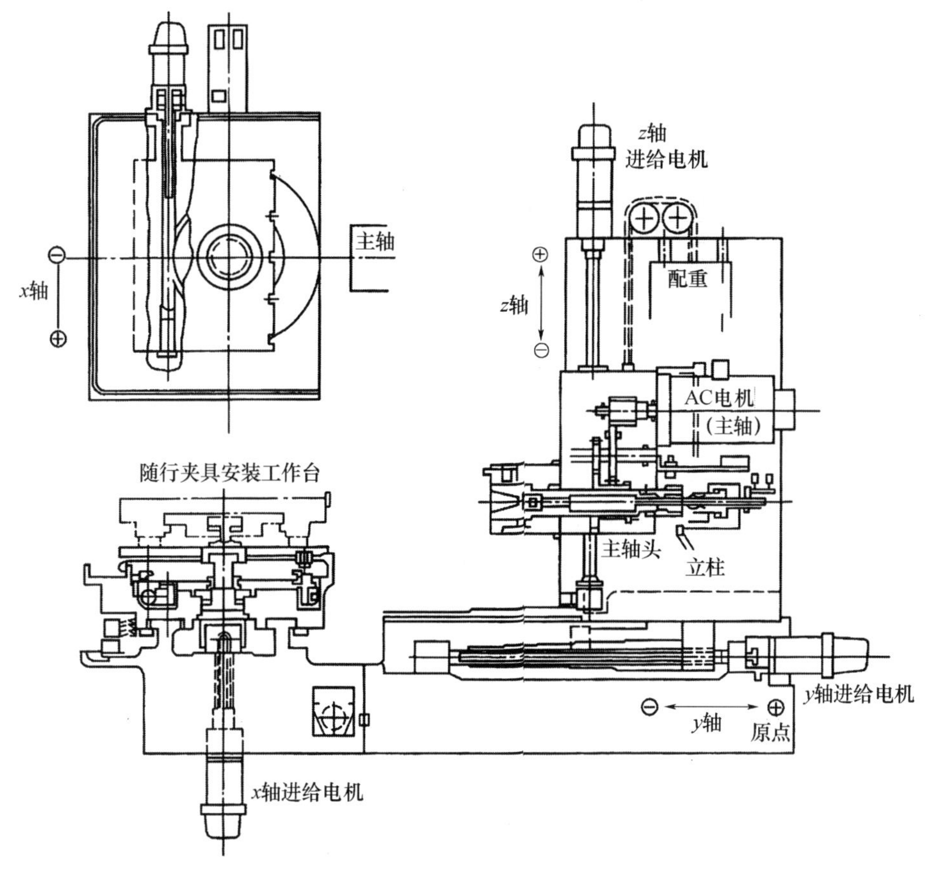

图 7-68 机床的机械装置

(2) 回转工作台。安装工件用回转工作台,由电机驱动进行粗定位,并通过具有 72 个齿的(每齿 5°)端齿分度装置进行精密定位。

(3) 主轴头。主轴头通过 26 kW(30 分额定)/22 kW(连续额定)的交流伺服电机实现 20r/min ~ 3600r/min 的无级调速驱动。主轴轴承使用了具有高刚性和高速性的双列向心球轴承和复合圆锥滚子止推轴承,并使用控制温度的润滑油进行强制循环来抑制热变形。

(4) 自动换刀装置(ATC)。ATC 由存放 48 把、64 把刀具的刀库和换刀机械手组成。刀具是按就近判别刀具号码进行选择并迅速更换的。

(5) 随行夹具更换装置。在前一个工件的加工过程中,就要进行下一个工件或夹具的安装,以便第一个工件加工完后,立即更换装有下一个工件的随行夹具。随行夹具存放处一般可存放 6 个 ~ 10 个随行夹具,以实现长时间地无人化加工。

(6) 立式加工设备。该加工中心设备有立式加工设备。这种设备由垂直刀架和垂直加工用刀具及其输送装置组成(图 7－69)。垂直刀架由垂直输送装置搬送并安装到主轴上。

标准刀库存放的刀具可利用同一输送装置装存垂直刀架上。

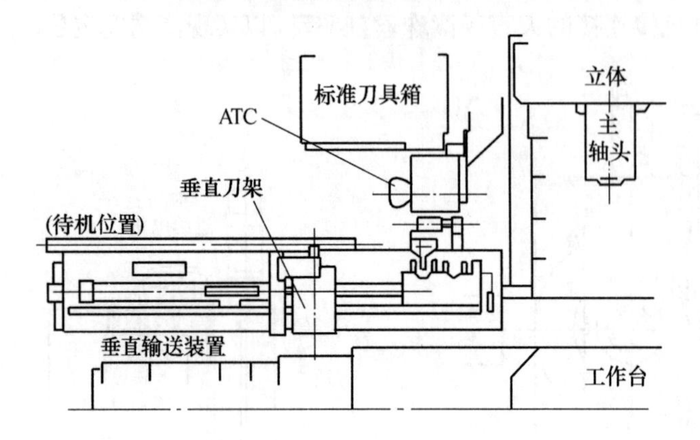

图 7－69　立式加工设备(俯视图)

3. 数控(CNC)系统

本机的控制系统框图如图 7－70 所示,控制电路中采用了高速微处理器及许多专用大规模集成电路,它以顺序控制为主,实现接触式传感功能、管理功能、自适应功能,利用工(刀)具码(T 码)选择工(刀)具,利用速度码(S 码)选择主轴转速,以及旋转 T 作台的分度控制等。控制系统的人机对话型 CNC 系统框图如图 7－71 所示。

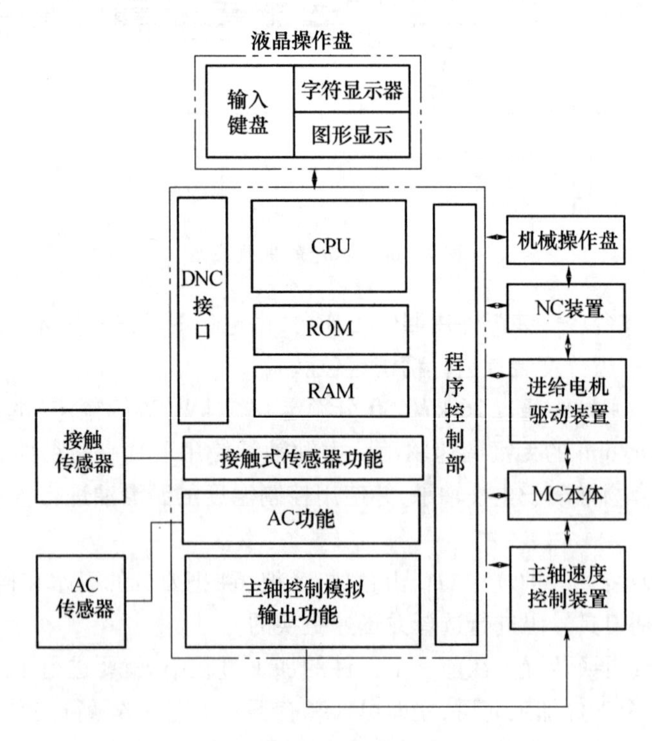

图 7－70　控制系统框图

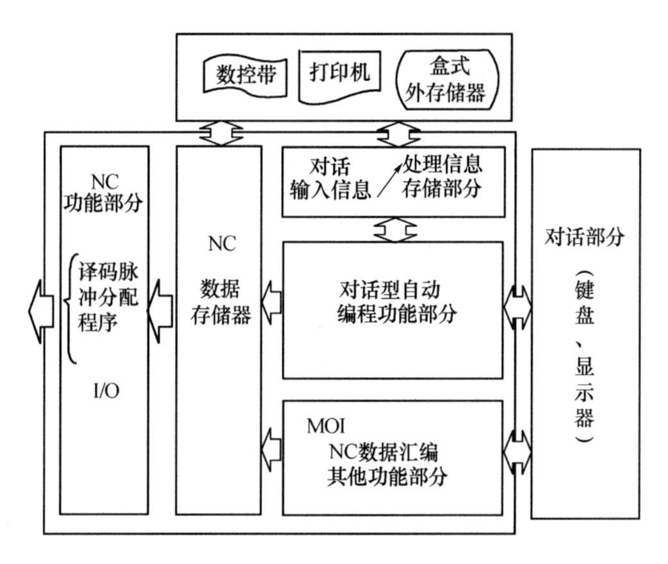

图 7－71　人机对话型 CNC 系统框图

1）接触式传感器功能(图 7－72)

(1) 自动定心功能。以主轴中心孔为基准,实现工(刀)具的自动定心,自动定心刀具和定心功能如图 7－72(a)所示,工(刀)具以此孔为加工基准,可以连续自动运转,不受主轴热变形和不同工件的影响,维持较高的工作精度。

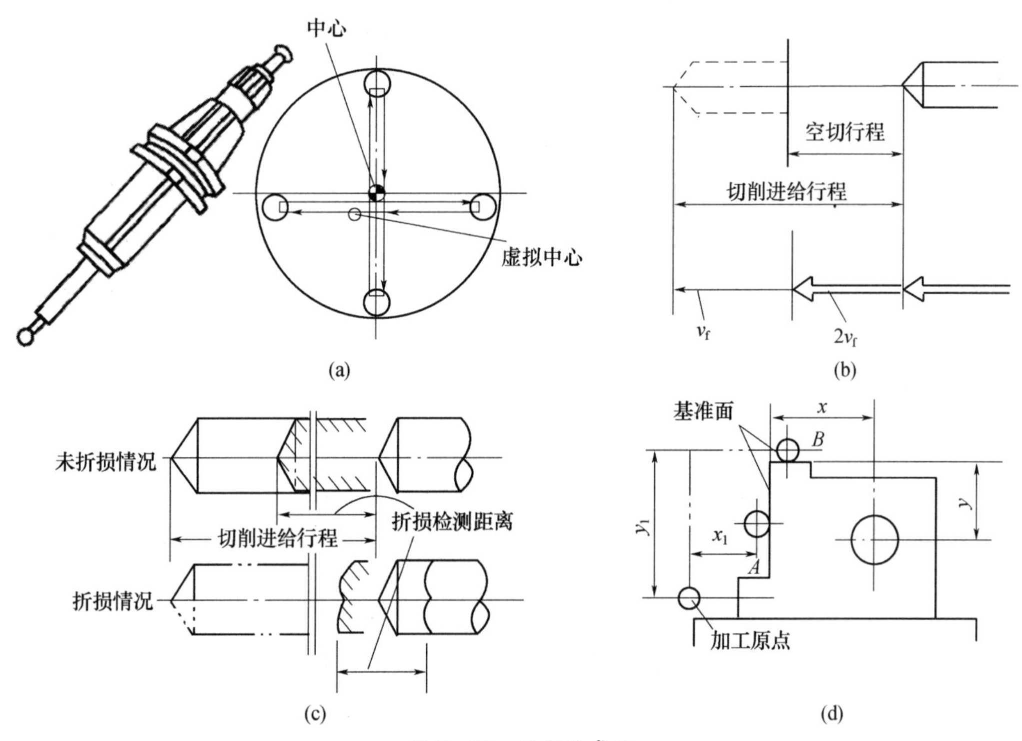

图 7－72　接触传感器

(a) 自动定心刀具和定心功能；(b) 缩小空切时间功能；
(c) 工具折损检测功能；(d) 基准面校正功能。

(2) 刀具折损检测功能。能判断刀具的折损,使机床停止运转,从而防止下一把刀具折损或损伤工件。它采用在切削进给中预先设定的刀具与工件未接触的范围内进行检测的方式,如图 7 - 72(c)所示。

(3) 短空切时间功能。是在切削进给行程范围内,以指定空切范围内以进给速度 vt 的两倍的速度自动空切送进,当检测到工具与工件接触时,开始用正常进给速度进给,从而缩短了空切时间,如图 7 - 72(b)所示。

(4) x、y、z 轴基准面校正功能。如图 7 - 72(d)所示,该功能可自动检测并求出主轴位置与基准面之间的关系[测试 x_1、y_1 决定基准面 A(x 轴)和 B(y 轴),以此为加工基准实施程序,并以其实际位置为加工基准,连续自动运转。这种功能消除了热变形和不同工件尺寸变化的影响,提高了加工精度。

(5) 自动检测校正系统。利用接触式传感技术,自动检测孔径大小,并以该检测结果自动调整刀具,以确保加工尺寸的自动校正。自动检测校正的目的有两个:一个是掌握批量生产中工件尺寸的变化,适时校正刀头伸出量,确保加工工件的尺寸接近目标值;另一个是使批量生产的首件加工靠操作人员试削→检测→调整刀头的过程实现自动化。

2) 管理功能

(1) 刀具的寿命管理。通过预先设定的刀具寿命与实际使用时间进行比较来更换刀具。

(2) 备用刀具的自动更换功能。如果刀库中预先准备有备用刀具,则这种功能通过刀具寿命管理功能,在发出更换刀具指令时便可自动地换成备用刀具。

(3) 监视功能和故障诊断功能。更换刀具的T码显示和接触式传感器校正量的显示等,在监视各种管理信息的同时,通过时序电路、输入/输出信号的显示,便可发现确切的故障,从而大幅度地减少故障时间。

3) 自适应控制(AC)功能

这种功能是通过为各轴进给电机和主轴电机设置的检测器,检测加工过程中的负载变化情况,如负载在设定值范围内变化,则属正常;如负载突然减小、到设定范围以下,可自动加快进给速度、缩短加工时间;如负载突然增大,超过设定范围,可自动降低进给速度,以防止刀具损伤;如果负载变化过大,应做异常处理。

二、BKX - I 型变轴数控机床

BKX - I 型变轴数控机床是以 Stewart 平台为基础构成的一种新型并联机床,由六根伸缩杆带动动平台实现刀具的六个自由度运动,从而实现复杂几何形状表面零件的加工,又由于数控加工所需的运动轴 X、Y、Z、A、B、C 并不真正存在,所以这种机床又称虚拟轴机床。机床的结构模型如图 7 - 73 所示。图 7 - 74 为单伸缩杆硬件系统示意图。

1. BKX - I 的机构原理及其坐标设置

如图 7 - 75 所示,BKX - I 机床主要由三部分组成:支架顶部的静平台、装有电主轴的动平台和六根可伸缩的伺服杆,伺服伸缩杆的上端通过万向联轴器与静平台相连接,下端通过球铰与动平台相连接。每个伺服伸缩杆均由各自的伺服电机通过同步带与滚珠丝杠传动,带动动平台进行 6 自由度运动,从而改变电主轴端部的刀具相对于工作台上所装工件的相对空间位置,满足加工中刀具轨迹的要求。机床整体结构自封闭,具有较高的刚

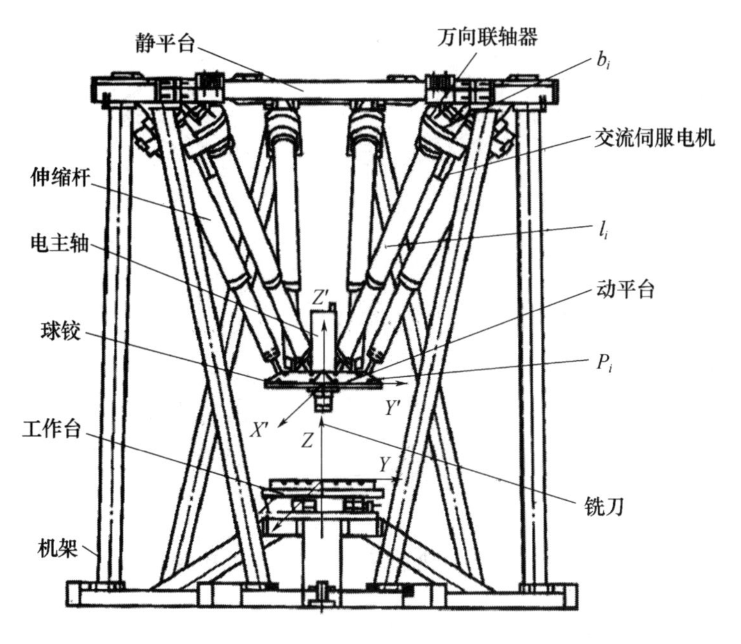

图 7－73　机床的结构模型

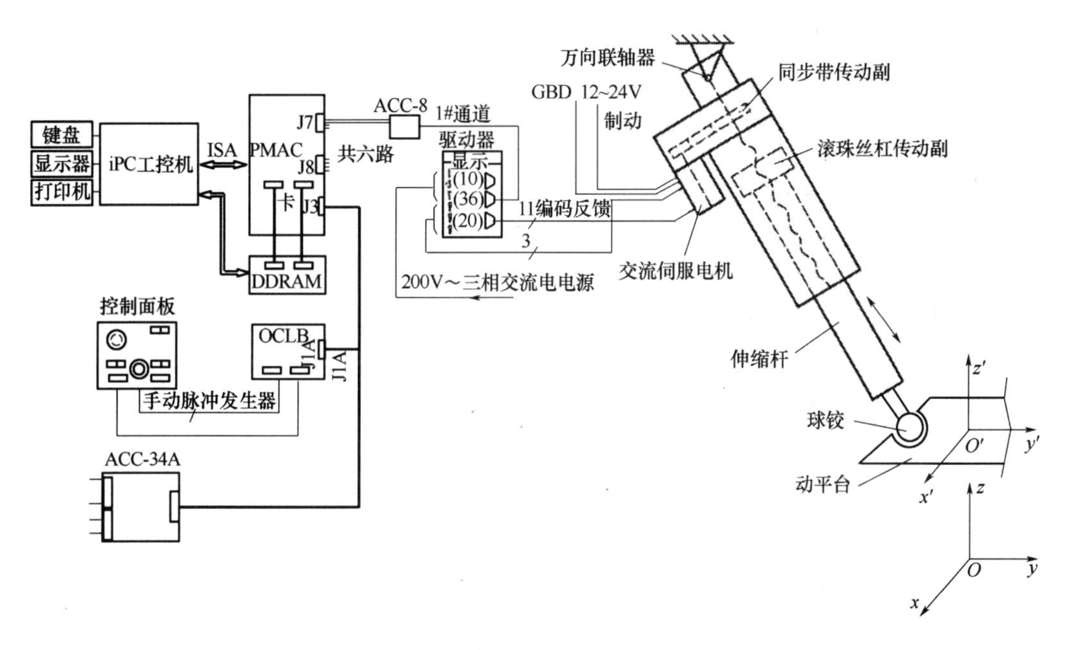

图 7－74　单伸缩杆硬件系统示意图

性。部件设计模块化，易于异地重新安装。

2. BKX－I 型机床数控（CNC）系统原理

在其机械系统中，数控加工所需的运动轴 X、Y、Z、A、B、C 不真正存在，不能对其直接控制，而直接关节空间六个伺服杆的伸缩长度 l_i。伺服杆的伸缩将改变动平台在操作空间的位姿，从而实现给定的加工任务。图 7－75 中，$O-XYZ$ 为与工作台固联的参考坐标系. $O'-X'Y'Z'$为与动平台固联的相对坐标系。动平台在工作空间中的位置用其中心点

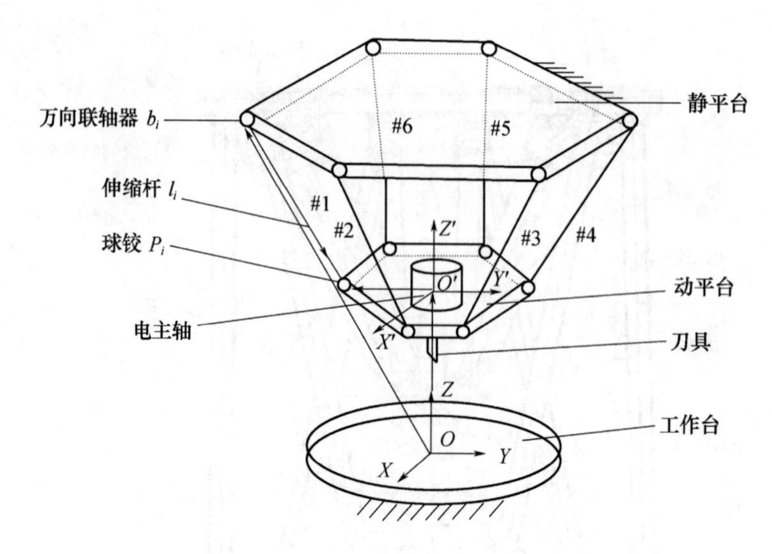

图 7－75　BKX－I 型机床的坐标设置

的坐标($x_{o'},y_{o'},z_{o'}$)表示,姿态用 Z－X－Z 欧拉角矩阵描述。利用 BKX－I 的逆运动学,l_i 可以用($x_{o'},y_{o'},z_{o'}$)和(α,β,γ)显式表示为

$$l_i = |P_iB_i| = |X_{bi} - (\boldsymbol{R}X'_{pi} + X_o')|$$

式中　X_{bi}——静平台上铰链中心点的参考坐标;

X'_{pi}——动平台上铰链中心点的相对坐标;

$\boldsymbol{R}$——由 α、β、γ 表示的姿态矩阵;

$X_{o'}$——动平台中心的参考坐标。

由于 l_i 与操作空间中的六个运动自由度之间是非线性关系,无法直接使用现有数控算法。为解决此问题,采用"工业 PC ＋DSP"的主从式控制策略,即工业 PC 作为主机,在操作空间对刀具轨迹进行规划,求出一系列的刀位数据,并通过逆运动学将其映射为关节空间的伸缩杆长,而 DSP 作为从机,对关节空间的离散点列作进一步的密化并驱动执行机构实施,其控制系统原理如图 7－79 所示,图 7－80 为 BKX －I 型变轴数控机床控制系统的功能模块图。

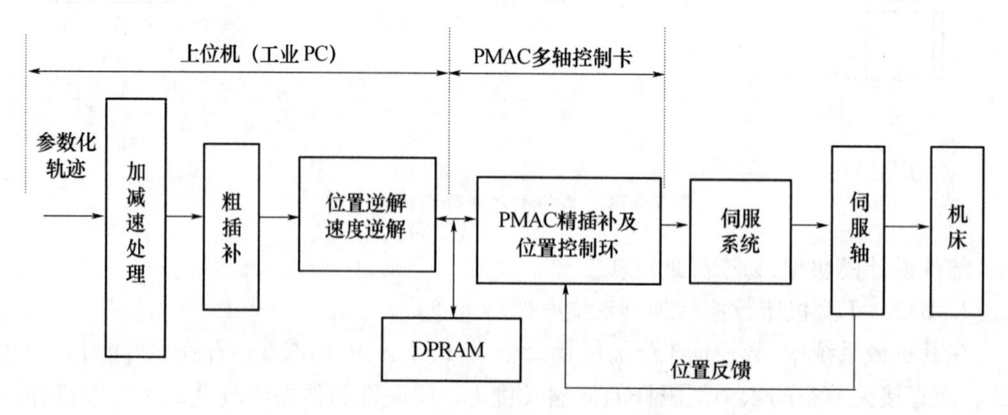

图 7－79　BKX －I 型变轴数控机床的数控系统原理

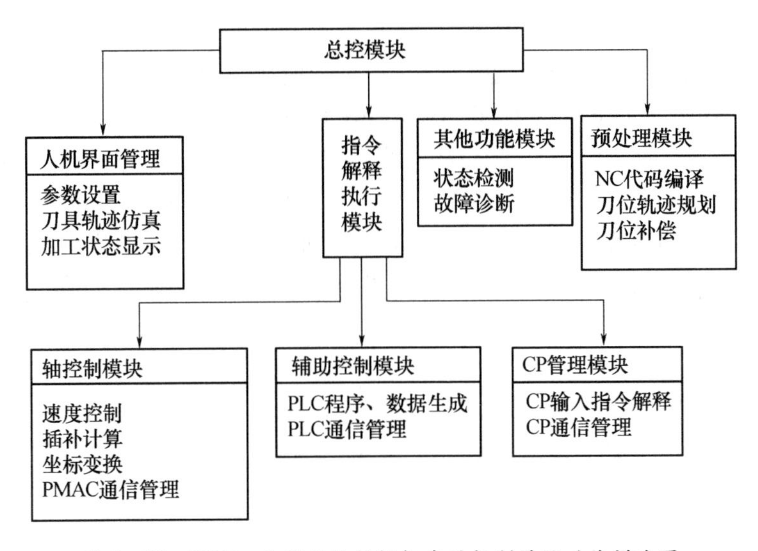

图 7-80　BKX -Ⅰ型变轴数控机床的控制系统功能模块图

1）硬件平台

图 7-81 为 BKX -1 系统硬件平台。上位机选用美国 CONTEC 公司的工业 PC - iPC - 500EⅡ，标准 PC 总线，PII450 CPU、标准监视器、64MB 内存、10 G 硬盘。DSP 选用美国 DehaTau 公司的 8 轴 PMAC（Programmable Multi - Axis Controller）运动控制卡。PMAC 卡的 CPU 选用 Motorola DSP56001，主频 20MHZ，PC 总线方式，128KB ×8E^2PROM，284KB 静态 RAM，可同时控制 8 个伺服轴，伺服更新时间为 442μs，具有 LINEAR、SPLINE、PVT、CIRCLE 插补方式。通过 PMAC 的 JMACH1 和 JMACH2 两接口将 6 套交流伺服系统与 PMAC 的 6 个通道分别相连，实现交流电机转速信号的输出及光电编码器反馈信号的采集，以控制各轴的运动。通过 PMAC 卡 I/O 接口和内置 PLC，实现检测行程限位、机床回零、控制电主轴电机和面板操作等功能。PMAC 卡直接插在工业 PC 的 ISA 插

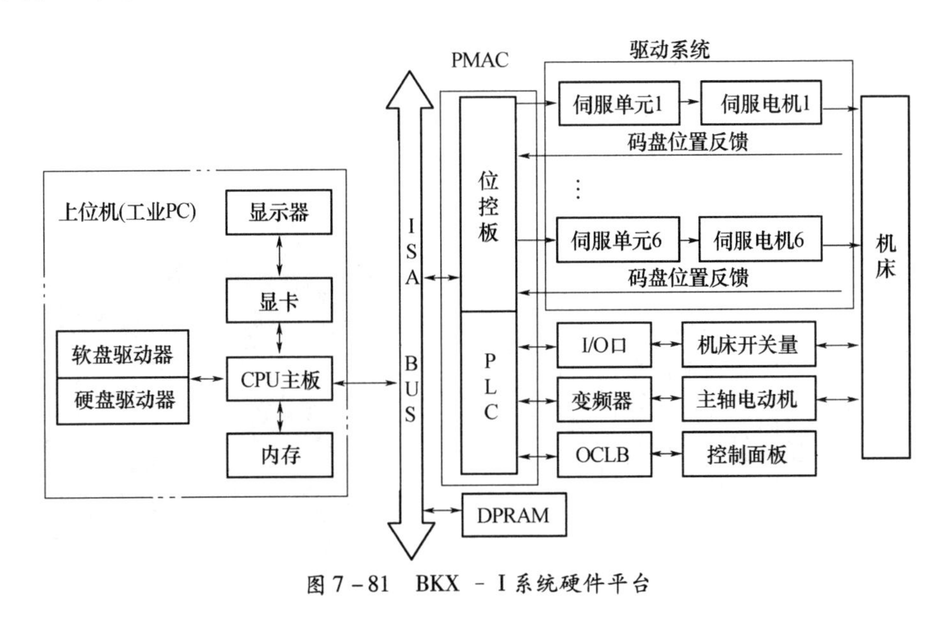

图 7-81　BKX - Ⅰ系统硬件平台

槽中，接收主机发来的指令并分析执行，同时也将响应数据上传给主机。当工业PC与PMAC卡之间有大量数据传输时，这样的方式显然造成了通信瓶颈，难以实现实时控制，为此采用8KB×16位DPRAM－Dual Port RAM（具有两套独立的地址、数据和控制总线）为工业PC和PMAC卡开辟共享快速缓存区，实现主从计算机信息高速并行传输。主机完成计算后，不断将位置数据写到DPRAM中，由PMAC读取后执行；PMAC实时将系统的状态信息写入DPRAM中，由工业PC读取后显示。如此重复，直至完成加工任务。驱动系统由松下MINAS驱动器和交流伺服电机组成，脉冲分辨率为10000次/r，电机上带有制动器，掉电时电机制动，避免丝杠松脱。

2）软件平台

BKX－I的数控系统在Windows下用Visual Basic编写完成。在VB中调用Delta Tau的PCOMM32动态连接库实现工业PC与PMAC卡的通信和工业PC对DPRAM的读写。系统软件采用模块化设计，各功能模块如图7－82所示。

主程序：负责整个系统的管理。

参数设置模块：可以设置或修改机构参数。

轨迹规划模块包括两部分：一部分是对典型形状零件（如直线型、圆型和球面型等）的轨迹进行规划并生成6坐标的刀位文件（X、Y、Z、A、B、C）；另一部分是与CAD/CAM接口，读取生成的刀位文件。

轨迹校验模块：对6坐标的刀位文件进行运动学逆运算，并根据机构自身的约束条件判别轨迹是否在机构的有效工作空间之内，若满足约束条件则生成由6个杆长组成的控制文件，若不满足则给出警告信息。

通信模块：初始化并设置工业PC与PMAC卡和DPRAM之间的通信。

点动模块：实现在操作空间和关节空间的点动运动，以灵活调整动平台的位姿。

I/O模块：检测行程限位、机床回零、控制电主轴电机和面板操作等。

人机交互模块：实时接收由外设输入的在线命令，实时显示加工过程的三视图和有关数据等。

加工运行模块：若轨迹校验通过了，则可以运行控制文件，完成加工任务。

3）加工实例

利用所开发的数控系统在BKX －I机床上进行了加工试验，图7－83为在Φ80 mm的铝件上刻写的“BIT”字样。

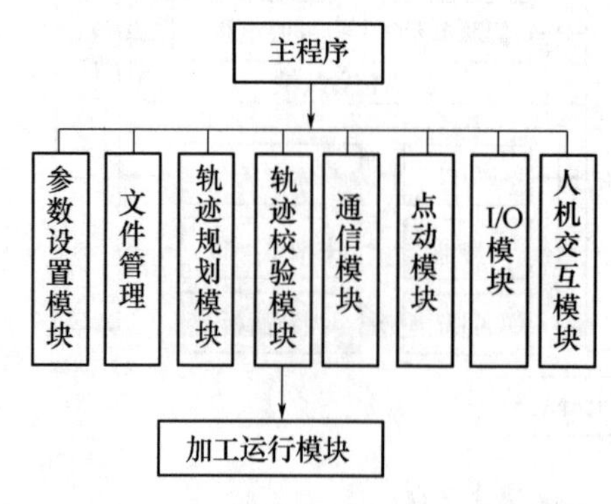

图7－82 BKX －I机床数控系统软件功能模块

图7－83 BKX －I机床加工例

思考题

1. 简述倾斜格子架栽培黄瓜收获机器人末端执行器的工作原理。

2. 简述黄瓜形状特征参数的提取过程。

3. 简述三维激光扫描仪的工作原理。

4. 激光切割机由哪几个系统组成,每个系统的具体作用是什么?

5. 简述汽车 ABS 系统的工作原理。

6. 汽车 ABS 系统的作用是什么?跟常规刹车有什么区别?

7. 探纬器主要指纬丝探测的传感器,习惯称为“探纬头”或“探针”,为什么说探纬器是探纬系统最关键的部件?

8. 通常使用的探纬器有那些形式?这些探纬器的使用情况如何?

9. 目前常见的立体车库有那些类型以及各自的特点和应用情况如何?

10. 简述立体车库的机械执行系统中堆垛机的重要性。

11. 简述装载机工作装置控制系统的主要功能。

12. 装载机工作装置控制系统中计算机控制模块的主要作用是什么?

13. 简述盾构机激光导向系统在整个盾构施工过程中所起的作用。

14. 简述自动售货机硬币验钞机构的组成。

15. 两翼旋转门和三翼、四翼旋转门在结构设计上有区别,为什么?

第八章　机电一体化生产制造系统

目前机电一体化生产制造系统特别是高度自动化制造系统,它的自动化水平代表了一个国家制造业的发达程度,它的普及应用会有效改善劳动条件,提高劳动生产率,提高产品质量,降低制造成本,提高劳动者素质,带动相关产业及技术发展,从而推动一个国家的制造业逐渐由劳动密集型产业向技术密集型产业发展。所以,目前我国正处于工业转型期,大力发展机电一体化生产制造系统意义重大。

第一节　概　述

自动化制造系统是指在较少的人工直接或间接干预下,将原材料加工成零件或将零件组装成产品,在加工过程中实现管理过程和工艺过程自动化。管理过程包括产品的优化设计;程序的编制及工艺的生成;设备的组织及协调;材料的计划与分配;环境的监控等。工艺过程包括工件的装卸、储存和输送;刀具的装配、调整、输送和更换;工件的切削加工、排屑、清洗和测量;切屑的输送、切削液的净化处理等。

自动化制造系统包括刚性制造和柔性制造,"刚性"的含义是指该生产线只能生产某种或生产工艺相近的某类产品,表现为生产产品的单一性。刚性制造包括组合机床、专用机床、刚性自动化生产线等。"柔性"是指生产组织形式和生产产品及工艺的多样性和可变性,可具体表现为机床的柔性、产品的柔性、加工的柔性、批量的柔性等。柔性制造包括柔性制造单元(Flexible Manufacturing Cell,FMC)、柔性制造系统(Flexible Manufacturing System,FMS)、柔性制造线(Flexible Assembly Line,FML)、柔性装配线(Flexible Assembly Line,FAL)、计算机集成制造系统(Computer Intergrated Manufacturing System,CIMS)等。

一、刚性自动化生产

1. 刚性半自动化单机

除上下料外,机床可以自动地完成单个工艺过程的加工循环,这样的机床称为刚性半自动化机床。这种机床一般是机械或电液复合控制式组合机床和专用机床,可以进行多面、多轴、多刀同时加工,加工设备按工件的加工工艺顺序依次排列;切削刀具由人工安装、调整,实行定时强制换刀,如果出现刀具破损、折断,可进行应急换刀;例如:单台组合机床,通用多刀半自动车床,转塔车床等。从复杂程度讲,刚性半自动化单机实现的是加工自动化的最低层次,但是投资少、见效快,适用于产品品种变化范围和生产批量都较大的制造系统。缺点是调整工作量大,加工质量较差,工人的劳动强度也大。

2. 刚性自动化单机

它是在刚性半自动化单机的基础上增加自动上、下料等辅助装置而形成的自动化机床。辅助装置包括自动工件输送、上料、下料、自动夹具、升降装置和转位装置等;切屑处理一般由刮板器和螺旋传送装置完成。这种机床实现的也是单个工艺过程的全部加工循环。这种机床往往需要定做或改装,常用于品种变化很小,但生产批量特别大的场合。主要特点是投资少、见效快,但通用性差,是大量生产最常见的加工装备。

3. 刚性自动化生产线

刚性自动化生产线是多工位生产过程,用工件输送系统将各种自动化加工设备和辅助设备按一定的顺序连接起来,在控制系统的作用下完成单个零件加工的复杂大系统。在刚性自动线上,被加工零件以一定的生产节拍,顺序通过各个工作位置,自动完成零件预定的全部加工过程和部分检测过程。因此,与刚性自动化单机相比,它的结构复杂,任务完成的工序多,所以生产效率也很高,是少品种、大量生产必不可少的加工装备。除此之外,刚性自动生产线还具有可以有效缩短生产周期、取消半成品的中间库存、缩短物料流程、减少生产面积、改善劳动条件、便于管理等优点。它的主要缺点是投资大、系统调整周期长、更换产品不方便。为了消除这些缺点,人们发展了组合机床自动线,可以大幅度缩短建线周期,更换产品后只需更换机床的某些部件即可(如可更换主轴箱),大大缩短了系统的调整时间,降低了生产成本,并能收到较好的使用效果和经济效果。组合机床自动线主要用于箱体类零件和其他类型非回转体的钻、扩、铰、镗、攻螺纹和铣削等工序的加工。刚性自动化生产线目前正在向刚柔结合的方向发展。

图 8-1 所示为加工曲拐零件的刚性自动线总体布局图。该自动线年生产曲拐零件 1700 件,毛坯是球墨铸铁件。由于工件形状不规则,没有合适的输送基面,因而采用了随行夹具安装定位,便于工件的输送。

该曲拐加工自动线由 7 台组合机床和 1 个装卸工位组成。全线定位夹紧机构由 1 个泵站集中供油。工件的输送采用步伐式输送带,输送带用钢丝绳牵引式传动装置驱动。因毛坯在随行夹具上定位需要人工找正,没有采用自动上下料装置。在机床加工工位上采用压缩空气喷吹方式排除切屑,全线集中供给压缩空气。切屑运送采用链板式排屑装置,从机床中间底座下方运送切屑。

自动线布局采用直线式,工件输送带贯穿各工位,工件装卸台 4 设在自动线末端。随行夹具连同工件毛坯经升降机 5 提升,从机床上方送到自动线的始端,输送过程中没有切屑撒落到机床上、输送带上和地面上。切屑运送方向与工件输送方向相反,斗式切屑提升机 1 设在自动线始端。中央控制台 6 设在自动线末端位置。

刚性自动线生产率高,但柔性较差,当加工工件变化时,需要停机、停线并对机床、夹具、刀具等工装设备进行调整或更换(如更换主轴箱、刀具、夹具等),通常调整工作量大,停产时间较长。

二、FMC

FMC 由单台数控机床、加工中心、工件自动输送及更换系统等组成。它是实现单工序加工的可变加工单元,单元内的机床在工艺能力上通常是相互补充的,可混流加工不同的零件。系统对外设有接口,可与其它单元组成柔性制造系统。

1. FMC 控制系统

FMC 控制系统一般分二级,分别是单元控制级和设备控制级。

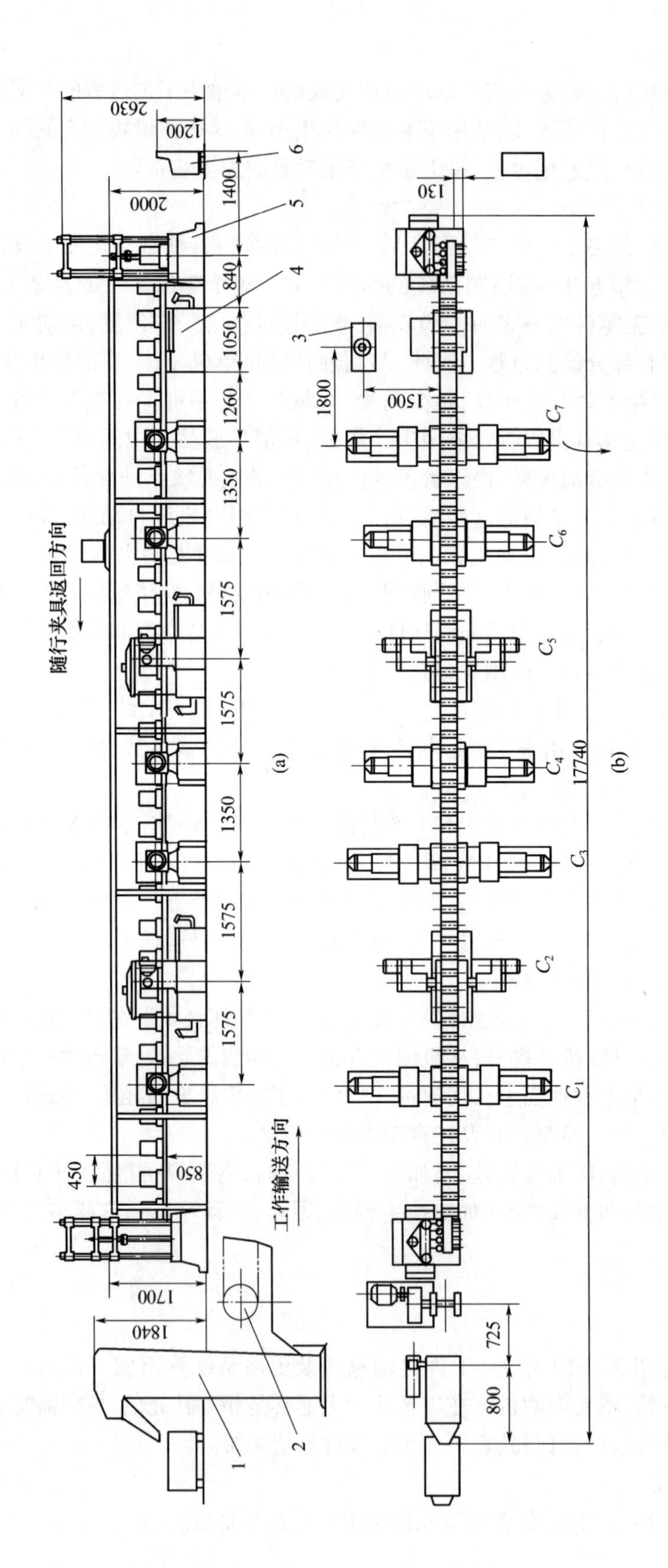

图8-1 曲拐加工自动线

(a) 正视图；(b) 俯视图。

1—斗式切屑提升机；2—链板式排屑装置；3—全线泵站；4—工件装卸台；5—升降机；6—中央控制台。

（1）设备控制级。是针对各种设备，如机器人、机床、坐标测量机、小车、传送装置等的单机控制。这一级的控制系统向上与单元控制系统用接口连接，向下与设备连接。设备控制器的功能是把工作站控制器命令转换成可操作的、有次序的简单任务，并通过各种传感器监控这些任务的执行。设备控制级一般采用具有较强控制功能的微型计算机、总线控制机或可编程控制器等工控机。

（2）单元控制级。这一级控制系统是指挥和协调单元中各设备的活动，处理由物料贮运系统交来的零件托盘，并通过控制工件调整、零件夹紧、切削加工、切屑清除、加工过程中检验、卸下工件以及清洗工件等功能对设备级各子系统进行调度。单元控制系统一般采用具有有限实时处理能力的微型计算机或工作站。单元控制级通过 RS232 接口与设备控制级之间进行通信，并可以通过该接口与其他系统组成 FMS。

2. FMC 的基本控制功能

（1）单元中各加工设备的任务管理与调度，其中包括制定单元作业计划、计划的管理与调度、设备和单元运行状态的登录与上报。

（2）单元内物流设备的管理与调度，这些设备包括传送带、有轨或无轨物料运输车、机器人、托盘系统、工件装卸站等。

（3）刀具系统的管理，包括向车间控制器和刀具预调仪提出刀具请求、将刀具分发至需要它的机床等。

图 8－2 所示为一加工回转体零件为主的柔性制造单元。它包括 1 台数控车床、1 台加工中心，两台运输小车用于在工件装卸工位 3、数控车床 1 和加工中心 2 之间的输送，龙门式机械手 4 用来为数控车床装卸工件和更换刀具，机器人 5 进行加工中心刀具库和机外刀库 6 之间的刀具交换。控制系统由车床数控装置 7、龙门式机械手控制器 8、小车控制器 9、加工中心控制器 10、机器人控制器 11 和单元控制器 12 等组成。单元控制器负

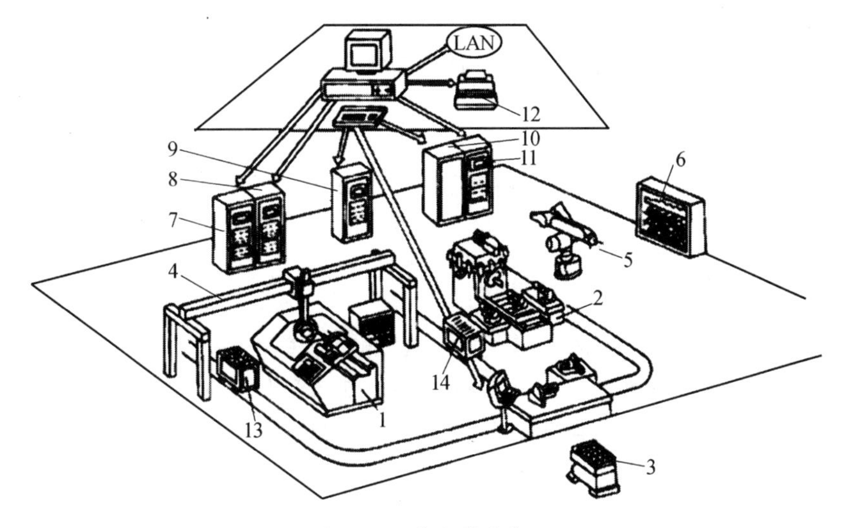

图 8－2　柔性制造单元

1—数控车床；2—加工中心；3—装卸工位；4—龙门式机械手；5—机器人；
6—加工中心控制器；7—车床数控装置；8—龙门式机械手控制器；9—小车控制器；
10—加工中心控制器；11—机器人控制器；12—单元控制器；13、14—运输小车。

责对单元组成设备的控制、调度、信息交换和监视。

图 8－3 所示是加工棱体零件的柔性制造单元。单元主机是一台卧式加工中心，刀库容量为 70 把，采用双机械手换刀，配有 8 工位自动交换托盘库。托盘库为环形转盘，托盘库台面支撑在圆柱环形导轨上，由内侧的环链拖动而回转，链轮由电机驱动。托盘的选择和定位由可编程控制器控制，托盘库具有正反向回转、随机选择及跳跃分度等功能。托盘的交换由设在环形台面中央的液压推拉机构实现。托盘库旁设有工件装卸工位，机床两侧设有自动排屑装置。

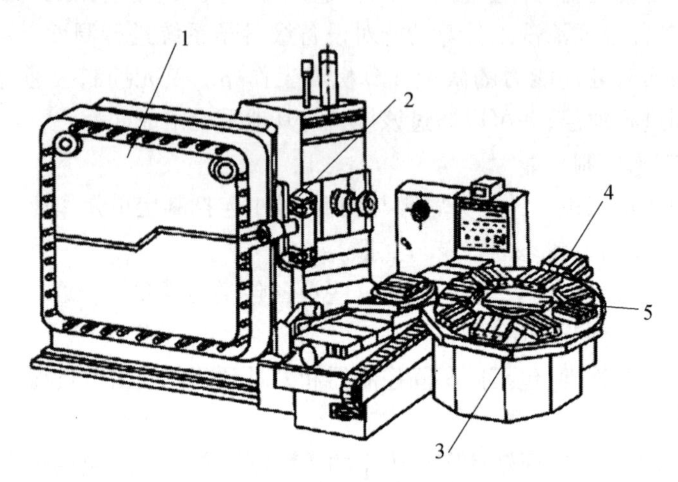

图 8－3　带托盘库的柔性制造单元

1—刀具库；2—换刀机械手；3—托盘库；4—装卸工位；5—托盘交换机构。

三、FMS

FMS 由两台或两台以上加工中心或数控机床组成，并在加工自动化的基础上实现物料流和信息流的自动化，其基本组成部分有自动化加工设备、工件储运系统、刀具储运系统、多层计算机控制系统等。

1. 自动化加工设备

组成 FMS 的自动化加工设备有数控机床、加工中心、车削中心等，也可能是柔性制造单元。这些加工设备都是计算机控制的，加工零件的改变一般只需要改变数控程序，因而具有很高的柔性。自动化加工设备是自动化制造系统最基本，也是最重要的设备。

2. 工件储运系统

FMS 工件储运系统由工件库、工件运输设备和更换装置等组成。工件库包括自动化立体仓库和托盘(工件)缓冲站。工件运输设备包括各种传送带、运输小车、机器人或机械手等。工件更换装置包括各种机器人或机械手、托盘交换装置等。

3. 刀具储运系统

FMS 的刀具储运系统由刀具库、刀具输送装置和交换机构等组成。刀具库有中央刀库和机床刀库。刀具输送装置有不同形式的运输小车、机器人或机械手。刀具交换装置通常是指机床上的换刀机构，如换刀机械手。

4. 辅助设备

FMS 可以根据生产需要配置辅助设备。辅助设备一般包括：①自动清洗工作站；

②自动去毛刺设备;③自动测量设备;④集中切屑运输系统;⑤集中冷却润滑系统等。

5. 多层计算机控制系统

FMS 的控制系统采用三级控制,分别是单元控制级、工作站控制级、设备控制级。图 8-4 就是一个 FMS 控制系统实例,系统包括自动导向小车(AGV)、TH6350 卧式加工中心、XH714A 立式加工中心和仓储设备等。

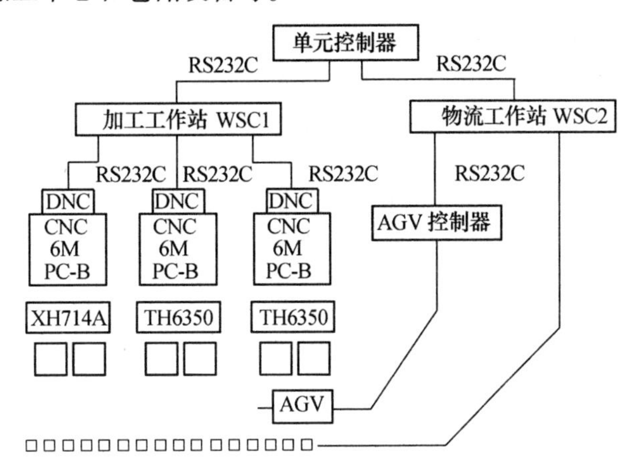

图 8-4 FMS 控制系统实例

(1) 设备控制级。是针对各种设备,如机器人、机床、坐标测量机、小车、传送装置以及储存/检索等的单机控制。这一级的控制系统向上与工作站控制系统用接口连接,向下与设备连接。设备控制器的功能是把工作站控制器命令转换成可操作的、有次序的简单任务,并通过各种传感器监控这些任务的执行。

(2) 工作站控制级。FMS 工作站一般分成加工工作站和物流工作站。加工工作站完成各工位的加工工艺流程、刀具更换、检验等管理;物流工作站完成原料、成品及半成品的储存、运输、工位变换等管理。这一级控制系统是指挥和协调单元中一个设备小组的活动,处理由物料储运系统交来的零件托盘,并通过控制工件调整、零件夹紧、切削加工、切屑清除、加工过程中检验、卸下工件以及清洗工件等功能对设备级各子系统进行调度。设备控制级和工作站控制级等控制系统一般采用具有较强控制功能的有实时控制功能的微型计算机、总线控制机或可编程控制器等工控机。

(3) 单元控制级。单元控制级作为 FMS 的最高一级控制,是全部生产活动的总体控制系统,同时它还是承上启下、沟通与上级(车间)控制器信息联系的桥梁。因此,单元控制器对实现底三层有效的集成控制,提高 FMS 的经济效益,特别是生产能力,具有十分重要的意义。单元控制级一般采用具有较强实时处理能力的小型计算机或工作站。

图 8-5 是一种较典型的 FMS,4 台加工中心直线布置,工件储运系统由托盘站 2、托盘运输无轨小车 4、工件装卸工位 3 和布置在加工中心前面的托盘交换装置 12 等组成。刀具储运系统由中央刀库 8、刀具进出站 6、刀具输送机器人移动车 7 和刀具预调仪 5 等组成。单元控制器 9、工作站控制器(图中未标出)和设备控制装置组成三级计算机控制。切屑运输系统没有采用集中运输方式,每台加工中心均配有切屑运输装置。

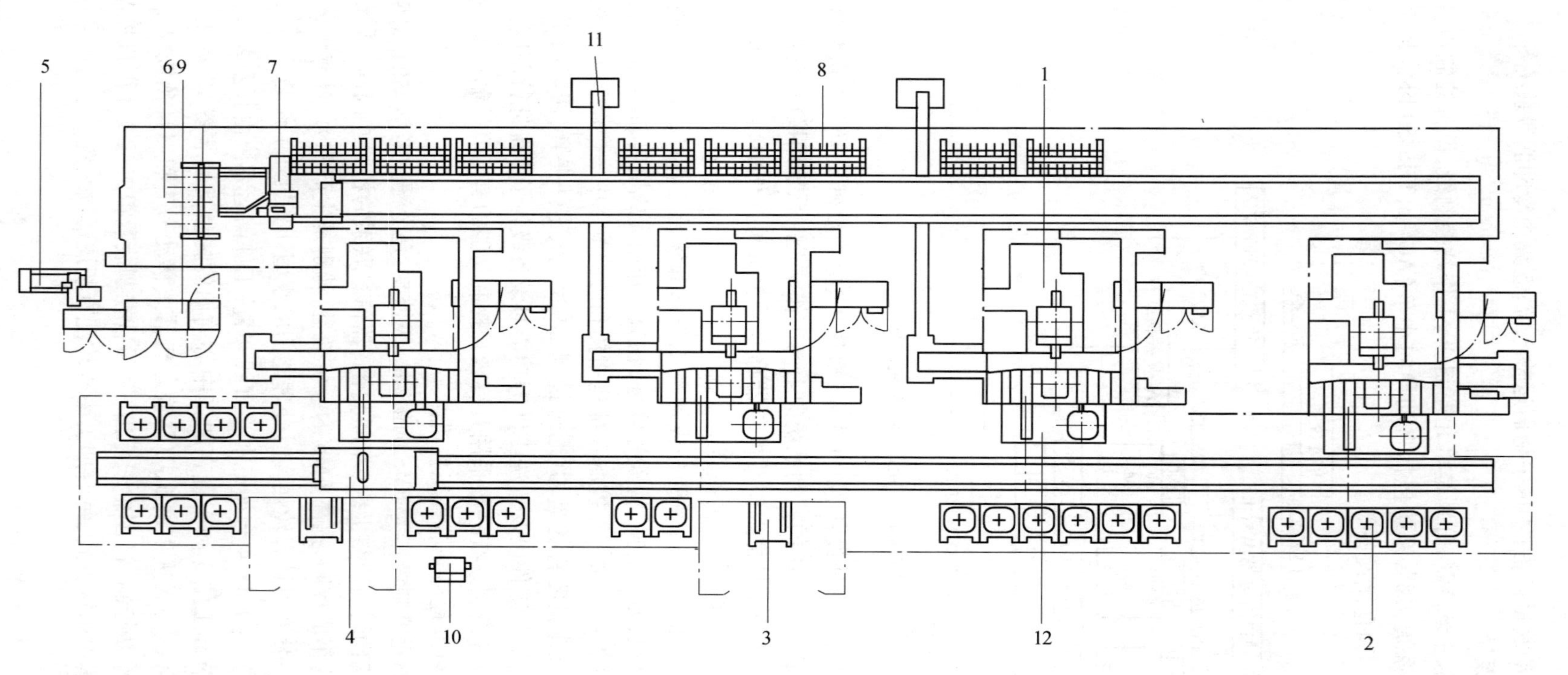

图8-5 柔性制造系统的组成

1—加工中心; 2—托盘站; 3—工件装卸工位; 4—托盘输送车; 5—刀具预调仪;6—刀具进出站;

7—机器人移动车; 8—刀具库; 9—单元控制器 ; 10—控制终端 ;11—切屑输送装置; 12—托盘交换装置。

图 8－6 所示是一个具有柔性装配功能的柔性制造系统。图的右部是加工系统，有一台镗铣加工中心 10 和一台车削中心 8。9 是多坐标测量仪，7 是立体仓库、14 是装夹站。图的左部是一个柔性装配系统，其中有一个装载机器人 12、三个装夹具机器人 3、4、12；一个双臂机器人 5、一个手工工位 2 和传送带。柔性加工和柔性装配两个系统由一个自动导向小车 15 与运输系统连接。测量设备也集成在总控系统范围内。

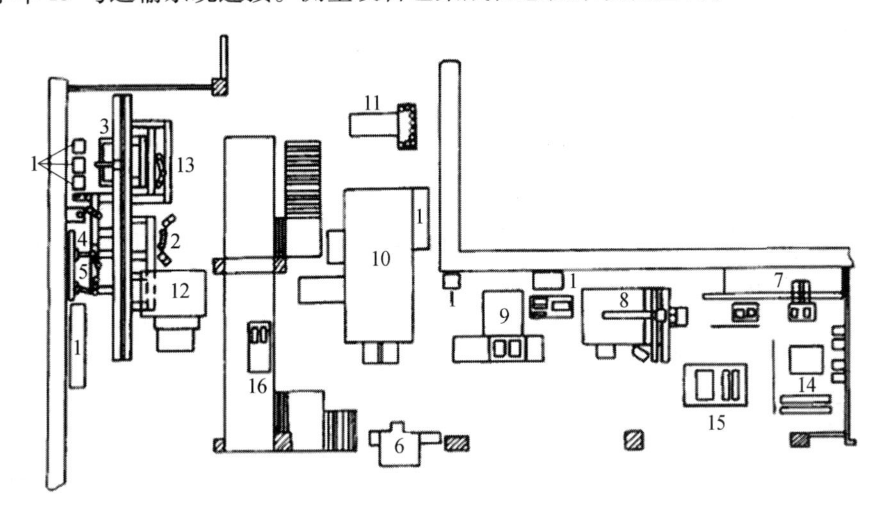

图 8－6　具有装配功能的柔性制造系统

1—控制柜；2—手工工位；3—紧固机器人；4，12—装配机器人；5—双臂机器人；
6—清洗站；7—仓库；8—车削加工中心；9—多坐标测量仪；10—镗铣加工中心；
11—刀具预调站；13—小件装配站；14—装夹站；
15—AGV（自动导引小车）；16—控制区。

柔性制造系统的主要特点有：①柔性高，适应多品种中小批量生产；②系统内的机床工艺能力上是相互补充和相互替代的；③可混流加工不同的零件；④系统局部调整或维修不中断整个系统的运作；⑤多层计算机控制，可以和上层计算机联网；⑥可进行三班无人干预生产。

四、FML

FML 由自动化加工设备、工件输送系统和控制系统等组成。柔性制造线 FML 与柔性制造系统之间的界限也很模糊，两者的重要区别是前者像刚性自动线一样，具有一定的生产节拍，工作沿一定的方向顺序传送，后者则没有一定的生产节拍，工件的传送方向也是随机性质的。柔性制造线主要适用于品种变化不大的中批量和大批量生产，线上的机床主要是多轴主轴箱的换箱式和转塔式加工中心。在工件变换以后，各机床的主轴箱可自动进行更换，同时调入相应的数控程序，生产节拍也会作相应的调整。

柔性制造线的主要优点是：具有刚性自动线的绝大部分优点，当批量不很大时，生产成本比刚性自动线低得多，当品种改变时，系统所需的调整时间又比刚性自动线少得多，但建立系统的总费用却比刚性自动线高得多。有时为了节省投资，提高系统的运行效率，柔性制造线常采用刚柔结合的形式，即生产线的一部分设备采用刚性专用设备（主要是组合机床),另一部分采用换箱或换刀式柔性加工机床。

1. 自动化加工设备

组成FML的自动化加工设备有数控机床、可换主轴箱机床。可换主轴箱机床是介于加工中心和组合机床之间的一种中间机型。可换主轴箱机床周围有主轴箱库,根据加工工件的需要更换主轴箱。主轴箱通常是多轴的,可换主轴箱机床对工件进行多面、多轴、多刀同时加工,是一种高效机床。

2. 工件输送系统

FML的工件输送系统和刚性自动线类似,采用各种传送带输送工件,工件的流向与加工顺序一致,依次通过各加工站。

3. 刀具

可换主轴箱上装有多把刀具,主轴箱本身起着刀具库的作用,刀具的安装、调整一般由人工进行,采用定时强制换刀。

图8-7为一加工箱体零件的柔性自动线示意图,它由2台对面布置的数控铣床、4台两两对面布置的转塔式换箱机床和1台循式换箱机床组成。采用辊道传送带输送工件。这条自动线看起来和刚性自动线没有什么区别,但它具有一定的柔性。FML同时具有刚性自动线和FMS的某些特征。在柔性上接近FMS,在生产率上接近刚性自动线。

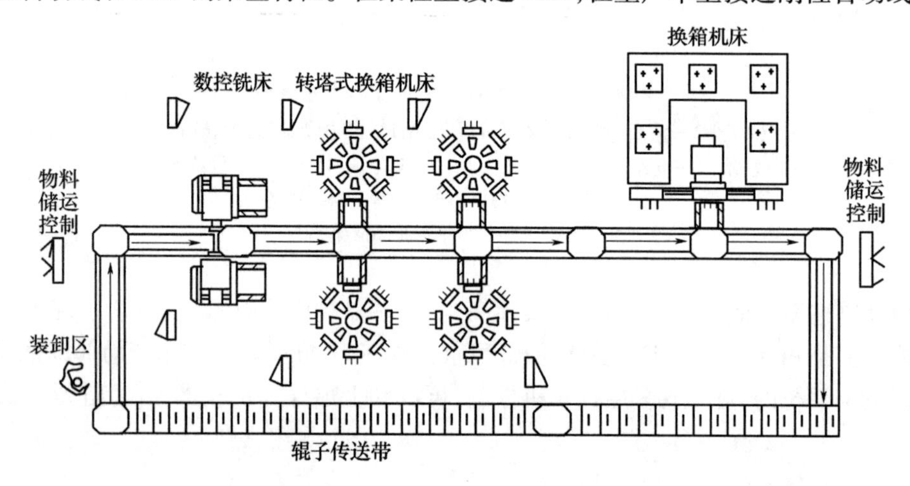

图8-7　柔性制造线示意图

五、FAL

FLA通常由装配站、物料输送装置和控制系统等组成。

1. 装配站

FAL中的装配站可以是可编程的装配机器人,不可编程的自动装配装置和人工装配工位。

2. 物料输送装置

在FAL中,物料输送装置根据装配工艺流程为装配线提供各种装配零件,使不同的零件和已装配成的半成品合理地在各装配点间流动,同时还要将成品部件(或产品)运离现场。输送装置由传送带和换向机构等组成。

3. 控制系统

FAL 的控制系统对全线进行调度和监控，主要是控制物料的流向、自动装配站和装配机器人。

图 8 -8 是 FAL 的示意图。FAL 由无人驾驶输送装置 1、传送带 2、双臂装配机器人 3、装配机器人 4、拧螺纹机器人 5、自动装配站 6、人工装配工位 7 和投料工作站 8 等组成。投料工作站中有料库和取料机器人。料库有多层重叠放置的盒子，这些盒子可以抽出，也称为抽屉，待装配的零件存放在这些盒子中。取料机器人有各种不同的夹爪，它可以自动地将零件从盒子中取出，并摆放在一个托盘中。盛有零件的托盘由传送带自动地送往装配机器人或装配站。

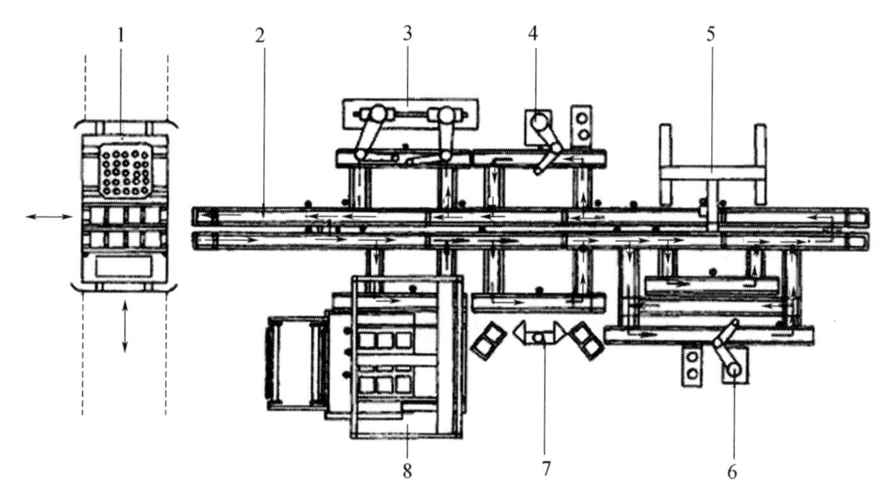

图 8 -8　柔性装配示意图

1—无人驾驶输送装置；2—传送带；3—双臂装配机器人；4—装配机器人；
5—拧螺纹机器人；6—自动装配站；7—人工装配工位；8—投料工作站。

六、CIMS

CIMS 是一种集市场分析、产品设计、加工制造、经营管理、售后服务于一体，借助于计算机的的控制与信息处理功能，使企业运作的信息流、物质流、价值流和人力资源有机融合，实现产品快速更新、生产率大幅提高、质量稳定、资金有效利用、损耗降低、人员合理配置、市场快速反馈和良好服务的全新的企业生产模式。

1. CIMS 的功能构成

CIMS 的功能构成包括下列内容，如图 8 -9 所示。

(1) 管理功能。CIMS 能够对生产计划、材料采购、仓储和运输、资金和财务以及人力资源进行合理配置和有效协调。

(2) 设计功能。CIMS 能够运用 CAD、CAE、CAPP(计算机辅助工艺编制)、NCP(数控程序编制)等技术手段实现产品设计、工艺设计等。

(3) 制造功能。CIMS 能够按工艺要求，自动组织协调生产设备(CNC、FMC、FMS、FAL、机器人等)、储运设备和辅助设备(送料、排屑、清洗等设备)完成制造过程。

(4) 质量控制功能。CIMS 运用 CAQ(计算机辅助质量管理)来完成生产过程的质量

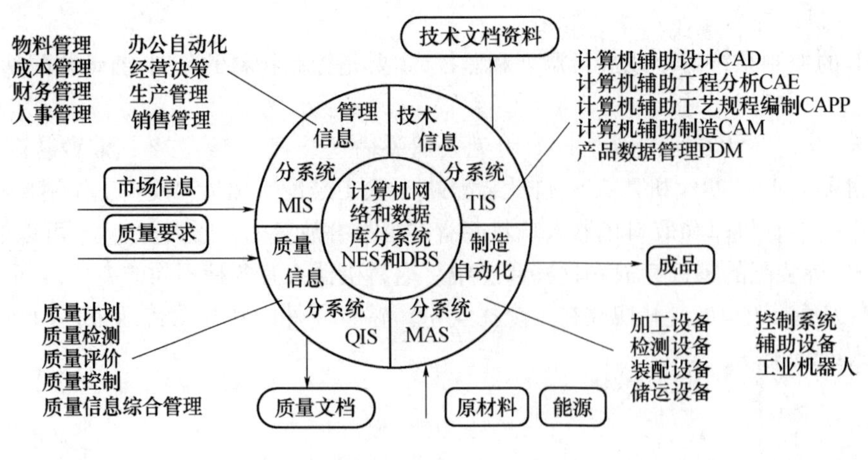

图 8-9　CIMS 的组成

管理和质量保证,它不仅在软件上形成质量管理体系,在硬件上还参与生产过程的测试与监控。

(5) 集成控制与网络功能。CIMS 采用多层计算机管理模式,如工厂控制级、车间控制级、单元控制级、工作站控制级、设备控制级等,各级间分工明确、资源共享,并依赖网络实现信息传递。CIMS 还能够与客户建立网络沟通渠道,实现自动定货、服务反馈、外协合作等。

从上述介绍可知,CIMS 是目前最高级别的自动化制造系统,但这并不意味着 CIMS 是完全自动化的制造系统。事实上,目前意义上 CIMS 的自动化程度甚至比柔性制造系统还要低。CIMS 强调的主要是信息集成,而不是制造过程物流的自动化。CIMS 的主要特点是系统十分庞大,包括的内容很多,要在一个企业完全实现难度很大。但可以采取部分集成的方式,逐步实现整个企业的信息及功能集成。

2. CIMS 的关键技术

CIMS 是传统制造技术、自动化技术、信息技术、管理科学、网络技术、系统工程技术综合应用的产物,是复杂而庞大的系统工程。CIMS 的主要特征是计算机化、信息化、智能化和高度集成化。目前各个国家都处在局部集成和较低水平的应用阶段,CIMS 所需解决的关键技术主要有信息集成、过程集成和企业集成等问题。

(1) 信息集成。针对设计、管理和加工制造的不同单元,实现信息正确、高效的共享和交换,是改善企业技术和管理水平必须首先解决的问题。信息集成的首要问题是建立企业的系统模型。利用企业的系统模型来科学的分析和综合企业的各部分的功能关系、信息关系和动态关系,解决企业的物质流、信息流、价值流、决策流之间的关系,这是企业信息集成的基础。其次,由于系统中包含了不同的操作系统、控制系统、数据库和应用软件,且各系统间可能使用不同的通信协议,因此信息集成还要处理好信息间的接口问题。

(2) 过程集成。企业为了提高 T(效率)、Q(质量)、C(成本)、S(服务)、E(环境)等目标,除了信息集成这一手段外,还必须处理好过程间的优化与协调。过程集成要求将产品开发、工艺设计、生产制造、供应销售中的各串行过程尽量转变为并行过程,如在产品设计时就考虑到下游工作中的可制造性、可装配性、可维护性等,并预见产品的质量、售后服务内容等。过程集成还包括快速反应和动态调整,即当某一过程出现未预见偏差,相关过程及时调整规划和方案。

(3) 企业集成。充分利用全球的物质资源、信息资源、技术资源、制造资源、人才资源和用户资源,满足以人为核心的智能化和以用户为中心的产品柔性化是 CIMS 全球化目标,企业集成就是解决资源共享、资源优化、信息服务、虚拟制造、并行工程、网络平台等方面的关键技术。

第二节　数控机床

数控机床(Numerical Control Tools)是采用数字化信号,通过可编程的自动控制工作方式,实现对设备运行及其加工过程产生的位置、角度、速度、力等信号进行控制的新型自动化机床。数控机床的计算机信息处理及控制的内容主要包括基本的数控数据输入/输出、直线和圆弧插补运算、刀具补偿、间隙补偿、螺距误差补偿和位置伺服控制等。一些先进的数控机床甚至还具有某些智能的功能,如螺旋线插补、刀具监控、在线测量、自适应控制、故障诊断、软键(SoftKey)菜单、会话型编程、图形仿真等。数控机床的大部分功能对实时性要求很强,信息处理量也较大,因此许多数控机床都采用多微处理器数控方式。

一、一般数控机床

一般数控机床通常是指数控车床、数控铣床、数控镗铣床等,它们的下述特点对其组成自动化制造系统是非常重要的。

1. 柔性高

数控机床按照数控程序加工零件,当加工零件改变时,一般只需要更换数控程序和配备所需的刀具,不需要靠模、样板、钻镗模等专用工艺装备。数控机床可以很快地从加工一种零件转变为加工另一种零件,生产准备周期短,适合于多品种小批量生产。

2. 自动化程度高

数控程序是数控机床加工零件所需的几何信息和工艺信息的集合。几何信息有走刀路径、插补参数、刀具长度和半径补偿;工艺信息有刀具、主轴转速、进给速度、冷却液开/关等。在切削加工过程中,自动实现刀具和工件的相对运动,自动变换切削速度和进给速度,自动开/关冷却液,数控车床自动转位换刀。操作者的任务是装卸工件、换刀、操作按键、监视加工过程等。

3. 加工精度高、质量稳定

现代数控机床装备有 CNC 数控装置和新型伺服系统,具有很高的控制精度,普遍达到 1μm,高精度数控机床可达到 0.2μm。数控机床的进给伺服系统采用闭环或半闭环控制,对反向间隙和丝杠螺距误差以及刀具磨损进行补偿,因而数控机床能达到较高的加工精度。对中小型数控机床,定位精度普遍可达到 0.03mm,重复定位精度可达到 0.01mm。数控机床的传动系统和机床结构都具有很高的刚度和稳定性,制造精度也比普通机床高。当数控机床有 3 轴 ~5 轴联动功能时,可加工各种复杂曲面,并能获得较高精度。由于按照数控程序自动加工,避免了人为的操作误差,因而同一批加工零件的尺寸一致性好,加工质量稳定。

4. 生产效率较高

零件加工时间由机动时间和辅助时间组成,数控机床加工的机动时间和辅助时间比普通机床明显减少。数控机床主轴转速范围和进给速度范围比普通机床大,主轴转速范围通常为10r/min~6000r/min,高速切削加工时可达15000r/min,进给速度范围上限可达到10m/min~12m/min,高速切削加工进给速度甚至超过30m/min,快速移动速度超过30m/min~60m/min。主运动和进给运动一般为无级变速,每道工序都能选用最有利的切削用量,空行程时间明显减少。数控机床的主轴电机和进给驱动电机的驱动能力比同规格的普通机床大,机床的结构刚度高,有的数控机床能进行强力切削,有效减少机动时间。

5. 具有刀具寿命管理功能

构成FMC和FMS的数控机床具有刀具寿命管理功能,可对每把刀的切削时间进行统计,当达到给定的刀具耐用度时,自动换下磨损刀具,并换上备用刀具。

6. 具有通信功能

现代数控机床一般都具有通信接口,可以实现上层计算机与数控机床之间的通信,也可以实现几台数控机床之间的数据通信,同时还可以直接对几台数控机床进行控制。通信功能是实现DNC、FMC、FMS的必备条件。

图8-10是数控装置的基本组成框图,其中1为加工零件的图样,作为数控装置工作的原始数据,2为程序编制部分,3为控制介质,也称为信息载体,通常用穿孔纸带、磁带、软磁盘或光盘作为记载控制指令的介质。控制介质上存储了加工零件所需要的全部操作信息,是数控系统用来指挥和控制设备进行加工运动的唯一指令信息。但在现代CAD/CAM系统中,可不经控制介质,而是将计算机辅助设计的结果及自动编制的程序加以后置处理,直接输入数控装置。

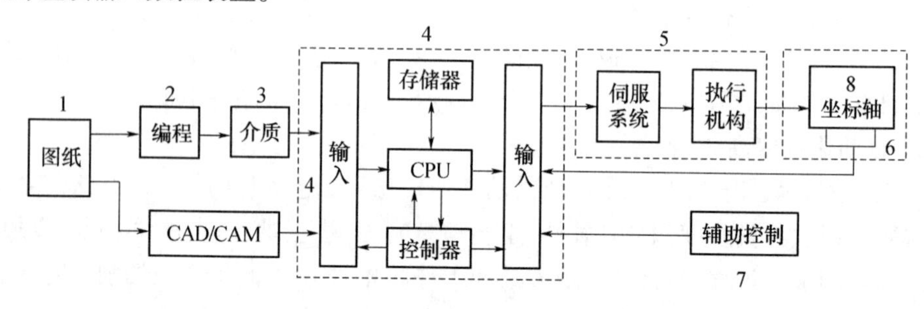

图8-10 数控装置的基本组成框图

图8-10中的4为数控系统,它是数控机床的核心环节。数控系统的作用是按接收介质输入的信息,经处理运算后去控制机床运行。按数控系统的软硬件构成特征来分类,可分为硬线数控与软线数控。传统的数控系统(即系统的核心数字控制装置)是由各种逻辑元件、记忆元件组成的随机逻辑电路,是采用固定接线的硬件结构,数控功能是由硬件来实现的,这类数控系统称为硬件数控。

随着半导体技术、计算机技术的发展,微处理器和微型计算机功能增强,价格下降,数字控制装置已发展成为计算机数字控制(Computer Numerical Contro1,CNC)装置,它由软件来实现部分或全部数控功能。CNC系统是由程序、输入输出设备、计算机数字控制装置、可编程控制器(PC或可编程逻辑控制器PLC)、主轴控制单元及速度控制单元等部分组成，如图 8-11 所示。CNC 系统中，可编程控制器 PC 是一种专为在工业环境下应用而设计的工业计算机。它采用可编程序的存储器，在其内部存储执行逻辑运算、顺序控制、定时、计数和算术运算等特定功能的用户操作指令，并通过数字式、模拟式的输入和输出，控制各种类型的机械或生产过程。PC 已成为数控机床不可缺少的控制装置。CNC 和 PC（PLC）谐调配合共同完成数控机床的控制，其中 CNC 主要完成与数字运算和管理有关的功能，如零件程序的编辑、插补运算、译码、位置伺服控制等。PC 主要完成与逻辑运算有关的一些动作，没有轨迹上的具体要求，它接受 CNC 的控制代码 M（辅助功能）、S（主轴转速）、T（选刀、换刀）等顺序动作信息，对其进行译码，转换成对应的控制，控制辅助装置完成机床相应的开关动作，如工件的装夹、刀具的更换、切削液的开关等一些辅助动作，它还接受机床操作面板的指令，一方面直接控制机床的动作，另一方面将一部分指令送往 CNC 用于加工过程的控制。

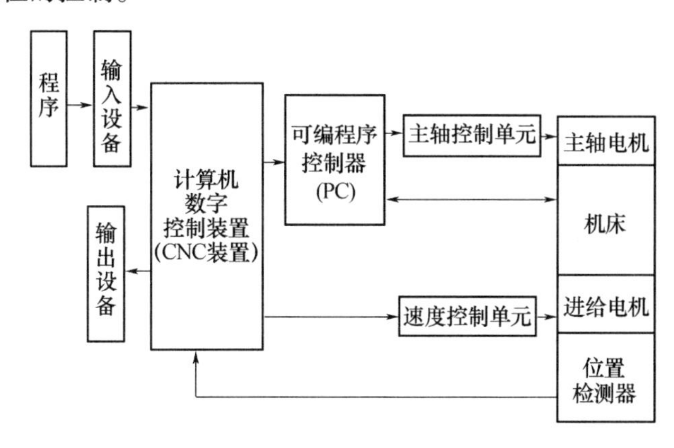

图 8-11　CNC 系统框图

图 8-10 中 5 为伺服驱动系统，它包括伺服驱动电路（伺服控制线路、功率放大线路）和伺服电机等驱动执行机构。它们与工作本体上的机械部件组成数控设备的进给系统，其作用是把数控装置发来的速度和位移指令（脉冲信号）转换成执行部件的进给速度、方向和位移。数控装置可以以足够高的速度和精度进行计算并发出足够小的脉冲信号，关键在于伺服系统能以多高的速度与精度去响应执行，整个系统的精度与速度主要取决于伺服系统。伺服驱动电路把数控装置发出的微弱电信号（5V 左右，毫安级）放大成强电的驱动电信号（几十、上百伏，安培级）去驱动执行元件。伺服系统执行元件主要有步进电机、电液脉冲马达、直流伺服电机和交流伺服电机等，其作用是将电控信号的变化转换成电机输出轴的角速度和角位移的变化，从而带动机械本体的机械部件作进给运动。

图 8-10 中 6 为坐标轴或执行机构的测量装置。前者用以测量坐标轴（如工作台）的实际位置，并将测量结果反馈到数控系统（或伺服驱动系统），形成全闭环控制；后者用以测量执行伺服电机轴的位置，并予以反馈，形成半闭环控制。测量反馈装置的引入，有效地改善了系统的动态特性，大大提高了零件的加工精度。

图 8-10 中 7 为辅助控制单元，用于控制其他部件的工作，如主轴的起停、刀具交换等。

图 8-10 中 8 为坐标轴，如平面运动工作台的 X、Y 轴。

数控系统的工作本体是加工运动的实际执行部件，主要包括主运动部件、进给运动执行部件、工作台及床身立柱等支撑部件，此外还有冷却、润滑、转位和夹紧等辅助装置，存放刀具的刀架、刀库或交换刀具的自动换刀机构等。对工作本体的要求是，应有足够的刚度和抗振性，要有足够的精度，热变形小，传动系统结构要简单，便于实现自动控制。

二、加工中心 MC

加工中心的系统基本组成与一般数控机床一样，只是在此基础上增加刀库和自动换刀装置而形成的一类更复杂，但用途更广，效率更高的数控机床。加工中心配置有刀库和自动换刀装置，所以能在一台机床上完成车、铣、镗、钻、铰、攻螺纹、轮廓加工等多个工序的加工。加工中心机床具有工序集中、可以有效缩短调整时间和搬运时间、减少在制品库存、加工质量高等优点，因此常用于零件比较复杂，需要多工序加工，且生产批量中等的生产场合。

加工中心通常是指镗铣加工中心，主要用于加工箱体及壳体类零件，工艺范围广。加工中心除配备有刀具库及自动换刀机构外，还配备有回转工作台或交换工作台等，有的加工中心还具有可交换式主轴头或卧—立式主轴。加工中心目前已成为一类广泛应用的自动化加工设备，它们可作为单机使用也可作为 FMC、FMS 中的单元加工设备。加工中心有立式和卧式两种基本形式，前者适合于平面形零件的单面加工，后者特别适合于大型箱体零件的多面加工。

加工中心的刀具库通常位于远离主轴的机床侧面或顶部。刀具库远离工作主轴的优点是少受切削液的污染，使操作者在加工时调换库中刀具免受伤害。FMC 和 FMS 中的加工中心通常需要大量刀具，除了满足不同零件的加工外，还需要后备刀具，以实现在加工过程中实时更换破损刀具和磨损刀具，因而要求刀库的容量较大。换刀机械手有单臂机械手和双臂机械手，回转 180°的双臂机械手应用最普遍。

加工中心刀具的存取方式有顺序方式和随机方式，刀具随机存取是最主要的方式。随机存取就是在任何时候可以取用刀库中任一把刀，选刀次序是任意的，可以多次选取同一把刀，从主轴卸下的刀允许放在不同于先前所在的刀座上，CNC 可以记忆刀具所在的位置。采用顺序存取方式时，刀具严格按数控程序调用刀具的次序排列。程序开始时，刀具按照排列次序一个接着一个取用，用过的刀具仍放回原刀座上，以保持确定的顺序不变。正确地安放刀具是成功地执行数控程序的基本条件。

回转工作台是卧式加工中心实现主轴运动的部件，主轴的运动可作为分度运动或进给运动。回转工作台有两种结构形式，仅用于分度的回转工作台用鼠齿盘定位，分度前工作台抬起，使上下鼠齿盘分离，分度后落下定位，上下鼠齿盘啮合，实现机械刚性连接。用于进给运动的回转工作台用伺服电机驱动，用回转式感应同步器检测及定位，并控制回转速度，也称数控工作台。数控工作台和 X、Y、Z 轴及其它附加运动构成 4 轴 ~ 5 轴轮廓控制，可加工复杂轮廓表面。

卧式加工中心可对工件进行 4 面加工，带有卧—立式主轴的加工中心可对工件进行 5 面加工。卧—立式主轴是采用正交的主轴头附件，可以改变主轴角度方位 90°，因而它得到用户的普遍认可和欢迎。另外，由于它是减少了机床的非加工时间和单件工时，可以提高机床的利用率。

加工中心的交换工作台和托盘交换装置配合使用,实现了工件的自动更换,从而缩短了消耗在更换工件上的辅助时间。

三、车削中心

车削中心比数控车床工艺范围宽,工件一次安装,几乎能完成所有表面的加工,如内外圆表面、端面、沟槽、内外圆及端面上的螺旋槽、非回转轴心线上的轴向孔、径向孔等。

车削中心回转刀架上可安装如钻头、铣刀、铰刀、丝锥等回转刀具,它们由单独电机驱动,也称自驱动刀具。在车削中心上用自驱动刀具对工件的加工分为两种情况:一种是主轴分度定位后固定,对工件进行钻、铣、攻螺纹等加工;另一种是主轴运动作为一个控制轴(C 轴),C 轴运动和 X、Z 轴运动合成为进给运动,即三坐标联动,铣刀在工件表面上铣削各种形状的沟槽、凸台、平面等。在很多情况下,工件无须专门安排一道工序单独进行钻、铣加工,消除了二次安装引起的同轴度误差,缩短了加工周期。

车削中心回转刀架通常可装刀具12把~16把,这对无人看管柔性加工来说,刀架上的刀具数是不够的。因此,有的车削中心装备有刀具库,刀库有筒形或链形,刀具更换和存储系统位于机床一侧,刀库和刀架间的刀具交换由机械手或专门机构进行。

车削中心采用可快速更换的卡盘和卡爪,普通卡爪更换时间需要5min~10min,而快速更换卡盘、卡爪的时间可控制在2min以内。卡盘有3套~5套快速更换卡爪,以适应不同直径的工件。如果工件直径变化很大,则需要更换卡盘。有时也采用人工在机床外部用卡盘夹持好工件,用夹持有新工件的卡盘更换已加工的工件卡盘,工件—卡盘系统更换常采用自动更换装置。由于工件装卸在机床外部,实现了辅助时间上和机动时间的重合,因而几乎没有停机时间。

现代车削中心工艺范围宽,加工柔性高,人工介入少,加工精度、生产效率和机床利用率都很高。

四、电火花加工

电火花加工设备属于数控机床的范畴,电火花加工是在一定的液体介质中,利用脉冲放电对导体材料的电蚀现象来蚀除材料,从而使零件的尺寸、形状和表面质量达到预定技术要求的一种加工方法。在机械加工中,电火花加工的应用非常广泛,尤其在模具制造业、航空、航天等领域有着极为重要的地位。

1. 电火花加工的原理与特点

电火花加工是在如图8-12所示的加工系统中进行的。加工时,脉冲电源的一极接工具电极,另一极接工件电极,两极均浸入具有一定绝缘度的液体介质(常用煤油或矿物油或去离子水)中。工具电极由自动进给调节装置控制,以保证工具与工件在正常加工时维持一很小的放电间隙(0.01mm~0.05mm)。当脉冲电压加到两极之间,便将当时条件下极间最近点的液体介质击穿,形成放电通道。由于通道的截面积很小,放电时间极短,致使能量高度集中(10^6W/mm^2~10^7W/mm^2),放电区域产生的瞬时高温足以使材料熔化甚至蒸发,以致形成一个小凹坑。第一次脉冲放电结束之后,经过很短的间隔时间,第二个脉冲又在另一极间最近点击穿放电。如此周而复始高频率地循环下去,工具电极不断地向工件进给,它的形状最终就复制在工件上,形成所需要的加工表面。与此同时,总能量的一小部分也释放到工具电极上,从而造成工具损耗。

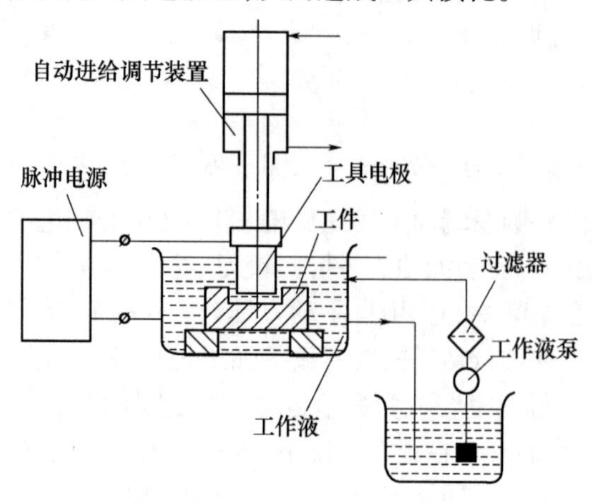

图 8-12　电火花加工原理图

从上面的叙述中可以看出,进行电火花加工必须具备三个条件:必须采用脉冲电源;必须采用自动进给调节装置,以保持工具电极与工件电极间微小的放电间隙;火花放电必须在具有一定绝缘强度($10^3\Omega\cdot m \sim 10^7\Omega\cdot m$)的液体介质中进行。

电火花加工具有如下特点:可以加工任何高强度、高硬度、高韧性、高脆性以及高纯度的导电材料;加工时无明显机械力,适用于低刚度工件和微细结构的加工:脉冲参数可依据需要调节,可在同一台机床上进行粗加工、半精加工和精加工;电火花加工后的表面呈现的凹坑,有利于储油和降低噪声;生产效率低于切削加工;放电过程有部分能量消耗在工具电极上,导致电极损耗,影响成形精度。

2. 电火花加工的应用

电火花加工主要用于模具生产中的型孔、型腔加工,已成为模具制造业的主导加工方法, 推动了模具行业的技术进步。电火花加工零件的数量在 3000 件以下时,比模具冲压零件在经济上更加合理。按工艺过程中工具与工件相对运动的特点和用途不同,电火花加工可大体分为电火花成形加工、电火花线切割加工、电火花磨削加工、电火花展成加工、非金属电火花加工和电火花表面强化等。

(1) 电火花成形加工。该方法是通过工具电极相对于工件作进给运动,将工件电极的形状和尺寸复制在工件上,从而加工出所需要的零件。它包括电火花型腔加工和穿孔加工两种。电火花型腔加工主要用于加工各类热锻模、压铸模、挤压模、塑料模和胶木膜的型腔。电火花穿孔加工主要用于型孔(圆孔、方孔、多边形孔、异形孔)、曲线孔(弯孔、螺旋孔)、小孔和微孔的加工。近年来,为了解决小孔加工中电极截面小、易变形、孔的深径比大、排屑困难等问题,在电火花穿孔加工中发展了高速小孔加工,取得良好的社会经济效益。

(2) 电火花线切割加工。该方法是利用移动的细金属丝作工具电极,按预定的轨迹进行脉冲放电切割。按金属丝电极移动的速度大小分为高速走丝和低速走丝线切割。我国普通采用高速走丝线切割,近年来正在发展低速走丝线切割,高速走丝时,金属丝电极是直径为 $\phi0.02mm \sim \phi0.3mm$ 的高强度钼丝,往复运动速度为 8m/s ~ 10m/s。低速走丝时,多采用铜丝,线电极以小于 0.2m/s 的速度作单方向低速运动。线切割时,电极丝不断移动，其损耗很小，因而加工精度较高。其平均加工精度可达0.01mm，大大高于电火花成形加工。表面粗糙度 *Ra* 值可达1.6μm或更小。

国内外绝大多数数控电火花线切割机床都采用了不同水平的微机数控系统，基本上实现了电火花线切割数控化。目前电火花线切割广泛用于加工各种冲裁模（冲孔和落料用）、样板以及各种形状复杂型孔、型面和窄缝等。

3. 电火花加工机床的发展趋势

电火花加工机床在提高精度和自动化程度同时，也在向结构的小型化方向发展。为提高零件加工精度，类似于加工中心的精密多功能微细电火花加工机床受到青睐，在这种机床上，从微细电极的制作到微细零件的加工，电极只需一次装夹，因此减小了多次装夹电极所带来的误差，并且可以通过对电极的重加工来修正被损耗电极的形状，从而提高了零件加工精度。在这种机床上，可实现电火花线电极磨削加工、电火花复杂形状微细孔加工及电火花铣削加工等功能，并有望实现微细电火花三维形体加工。

目前先进的多轴联动电火花数控机床发展趋势是集多种功能于一体，这些功能包括旋转分度、自动交换电极、自动放电间隙补偿、电流自适应控制以及加工规准的实时智能选择等，从而实现从加工规准的选择到零件的加工全过程自动化，夏米尔公司、阿奇公司、三菱电机公司、沙迪克公司等国外著名的电火花机床厂商都有成熟产品，国内的汉川机床厂、北京迪蒙公司和成都无线电专用设备厂也在生产这类产品。电极直接驱动的小型电火花加工系统是20世纪90年代才出现的一门新兴技术，其能在电极上附加轴向小振幅快速振动，并利用多电极同时加工。日本东京大学的方谷克司和丰田工业大学的毛利尚武等人，已经研制出蠕动式、冲击式和利用椭圆运动驱动的三种利用压电陶瓷的逆压电效应来直接驱动电极的小型电火花加工装置，我国的哈尔滨工业大学、南京航空航天大学分别利用蠕动式原理和冲击式原理制造出样机。

第三节　工件储运设备

在自动化制造系统的制造过程中，离不开工件运输设备和存储设备来完成各种物料的流动和仓储。存储是指将工件毛坯、在制品或成品在仓库中暂时保存起来，以便根据需要取出，投入制造过程，立体仓库是典型的自动化仓储设备。运输是指工件在制造过程中的流动，例如工件在仓库或托盘站与工作站之间的输送，以及在各工作站之间的输送等。广泛应用的自动输送设备有传送带、运输小车等。

一、有轨小车（RGV）

有轨小车（Rail Guide Vehicle）是一种沿着铁轨行走的运输工具，有自驱和它驱两种驱动方式。自驱动有轨小车是通过车上小齿轮和安装在铁轨一侧的齿条啮合，利用交、直流伺服电机驱动。它驱式有轨小车由外部链索牵引，在小车底盘的前后各装一导向销，地面上修有一组固定路线的沟槽，导向销嵌入沟槽内，保证小车行进时沿着沟槽移动。前面的销杆除作定向用外，还作为链索牵动小车的推杆。推杆是活动的，可在套筒中上下滑动。链索每隔一定距离有一个推头，小车前面的推杆可灵活的插入或脱开链索的推头，由埋设在沟槽内适当地点的接近开关和限位开关控制。推杆脱开链索的推头，小车就停止。

采用空架导轨和悬挂式机械手或机器人作为运输工具,也是一种发展趋势,其主要优点是充分利用空间,适合于运送中大型工件,如汽车车架、车身等。

有轨小车的特点是:①加速和移动速度都比较快,适合运送重型工件;②因导轨固定,行走平稳,停车位置比较准确;③控制系统简单、可靠性好、制造成本低、便于推广应用;④行走路线不便改变,转弯角度不能太小;⑤噪声较大,影响操作工监听加工状况及保护自身安全。

二、自动导向小车(AGV)

自动导向小车(Automatic Guide Vehicle)是一种无人驾驶的,以蓄电瓶驱动的物料搬运设备,其行驶路线和停靠位置是可编程的。20 世纪 70 年代以来,电子技术和计算机技术推动了 AGV 技术的发展,如具有了磁感应,红外线、激光、语言编程、语音等功能等。AGV 技术仍在发展中,目前有些语音控制的 AGV 能识别 4000 个词汇。

1. AGV 的结构

在自动化制造系统中用的 AGV 大多数是磁感应式 AGV,图 8 - 13 是一种能同时运送两个工件的 AGV,它由运输小车、地下电缆和控制器三部分组成,小车由蓄电池提供动力,沿着埋没在地板槽内的用交变电流激磁的电缆行走,地板槽埋没在地下 4cm 左右深处,地沟用环氧树脂灌封,形成光滑的地表,以便清扫和维护。导向电缆铺设的路线和车间工件的流动路线及仓库的布局相适应,AGV 行走的路线一般可分为直线、分支,环路或网状。

小车驱动电机由安装在车上的工业级蓄电池供电,通常供电周期为 20h 左右,因此必须定期到维护区充电或更换。蓄电池的更换一般是手工进行的,充电可以是手工的或者自动的,有些小车能按照程序自动接上电插头进行充电。

为了实现工件的自动交接,小车装有托盘交换装置,以便与机床或装卸站之间进行自动联接。交换装置可以是辊轮式,利用辊轮与托盘间的摩擦力将托盘移进移出,这种装置一般与辊式传送带配套。交换装置也可以是滑动叉式,它利用往复运动的滑动叉将托盘推出或拉入,两边的支撑滚子是为了减少移动时的摩擦力。升降台式交换装置是利用升降台将托盘升高,物料托架上的托物叉伸入托盘底部,升降台下降,托物叉回缩,将托盘移出。托盘移入的工作过程相反。小车还装有升降对齐装置,以便消除工件交接时的高度差。

AGV 小车上设有安全防护装置,小车前后有黄色警视信号灯,当小车连续行走或准备行走时,黄色信号灯闪烁。每个驱动轮带有安全制动器,断电时,制动器自动接上。小车每一面都有急停按钮和安全保险杠,其上有传感器,当小车轻微接触障碍物时,保险杠受压,小车停止。

2. AGV 的自动导向

图 8 - 13 是磁感应 AGV 自动导向原理图,小车底部装有弓形天线 3,跨设于以感应线 4 为中心且与感应线垂直的平面内。感应线通以交变电流,产生交变磁场。当天线 3 偏离感应线任何一侧时,天线的两对称线图中感应电压有差值,误差信号经过放大,驱动左、右电机 2,左右电机有转速差,经驱动轮 1 使小车转向,使感应线重新位于天线中心,直至误差信号为零。

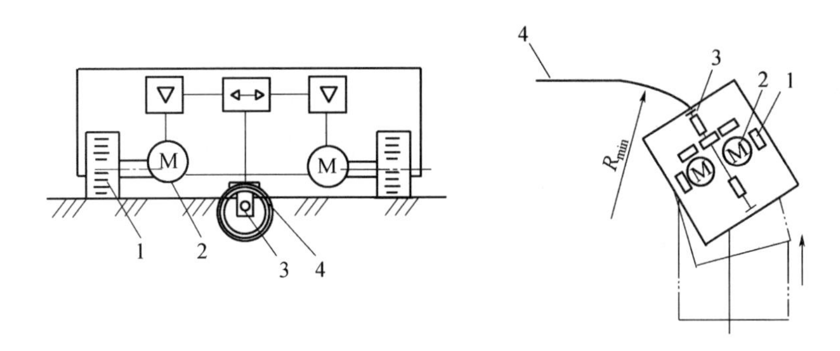

图 8－13　磁感应 AGV 自动导向原理图

1—驱动轮；2—电机；3—天线；4—感应线。

3. 路径寻找

路径寻找就是自动选取岔道，AGV 在车间行走路线比较复杂，有很多分岔点和交汇点。地面上有中央控制计算机负责车辆调度控制，AGV 小车上带有微处理器控制板，AGV 的行走路线以图表的格式存储在计算机内存中，当给定起点和目标点位置后，控制程序自动选择出 AGV 行走的最佳路线。小车在岔道处方向的选择多采用频率选择法，在决策点处，地板槽中同时有多种不同频率信号，当 AGV 接近决策点（岔道口）时，通过编码装置确定小车目前所在位置，AGV 在接近决策点前作出决策，确定应跟踪的频率信号，从而实现自动路径寻找。

自动导向小车的行走路线是可编程的，FMS 控制系统可根据需要改变作业计划，重新安排小车的路线，具有柔性特征。AGV 小车工作安全可靠，停靠定位精度可以达到 ±3mm，能与机床、传送带等相关设备交接传递货物，运输过程中对工件无损伤，噪声低。

三、自动化立体仓库

自动化立体仓库的主要特点有：①利用计算机管理，物资库存账目清楚，物料存放位置准确，对自动化制造系统物料需求响应速度快；②与搬运设备（如 AGV、有轨小车、传送带）衔接，能可靠及时地供给物料；③减少库存量，加速资金周转；④充分利用空间，减少厂房面积；⑤减少工件损伤和物料丢失；⑥可存放的物料范围宽；⑦减少管理人员，降低管理费用；⑧耗资较大，适用于一定规模的生产。

1. 自动化立体仓库的组成

自动化立体仓库主要由库房、货架、堆垛起重机、外围输送设备、自动控制装置等组成。图 8－14 所示为自动化立体仓库，高层货架成对布置，货架之间有巷道，随仓库规模大小可以有一条到若干条巷道。入库和出库一般都布置在巷道的某一端，有时也可以设计成由巷道的两端入库和出库。每条巷道都有巷道堆垛起重机。巷道的长度一般有几十米，货架的高度视厂房高度而定，一般有十几米。货架通常由一些尺寸一致的货格组成。货架的材料一般采用金属型材，货架上的托板用金属板或木板（轻型零件），多数采用金属板。进入高仓位的零件通常先装入标准的货箱内，然后再将货箱装入高仓位的货格中。每个货格存放的零件或货箱的重量一般不超过 1t，其体积不超过 $1m^3$，大型和重型零件因提升困难，一般不存入立体仓库中。

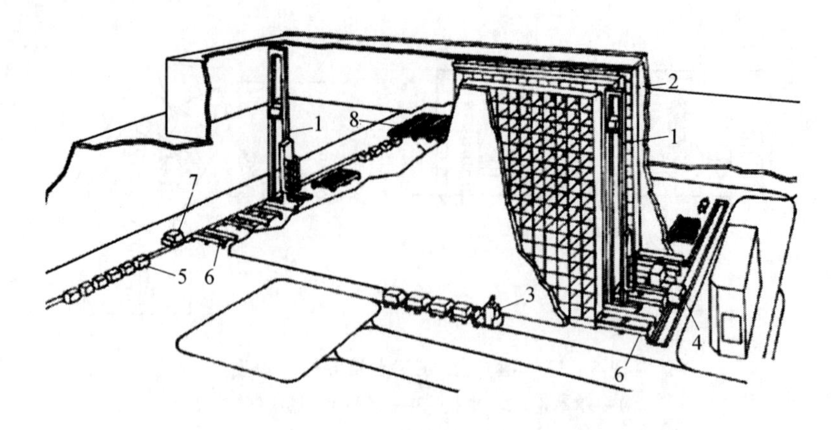

图 8－14　自动化立体仓库

1—堆垛机；2—高层货架；3—场内 AGV；4—场内有轨小车；
5—中转货位；6—出入库传送滚道；7—场外 AGV；8—中转货场。

2. 堆垛起重机

堆垛起重机是立体仓库内部的搬运设备。堆垛起重机可采用有轨或无轨方式，其控制原理与运输小车相似。仓库高度很高的立体仓库常采用有轨堆垛起重机。为增加稳定性，采用两条平行导轨，即天轨和地轨（图 8－15）。堆垛起重机的运动有沿巷道的水平移动、升降台的垂直上下升降和货叉的伸缩。堆垛机上有检测水平移动和升降高度的传感器，辩认货物的位置，一旦找到需要的货位，在水平和垂直方向上制动，货叉将货物自动推入货格，或将货物从货格中取出。

堆垛机上有货格状态检测器，采用光电检测方法，利用零件表面对光的反射作用，探测货格内有无货箱，防止取空或存货干涉。

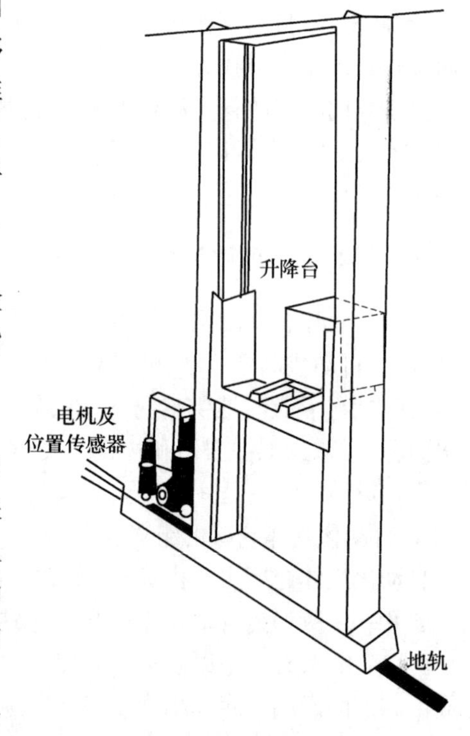

图 8－15　堆垛起重机

3. 自动化立体仓库的管理与控制

自动化立体仓库实现仓库管理自动化和出入库作业自动化。仓库管理自动化包括对账目、货箱、货位及其他信息的计算机管理。出入库作业自动化包括货箱零件的自动识别、自动认址、货格状态的自动检测以及堆垛机各种动作的自动控制等。

（1）货物的自动识别与存取。货物的自动识别是自动化仓库运行的关键，货物的自动识别通常采用编码技术，对货格和货箱进行编码，条形码贴在货箱或托盘的适当部位，当货箱通过入库传送滚道时，用条形码扫描器自动扫描条形码及译码，将货箱零件的有关信息自动录入计算机。

（2）计算机管理。自动化仓库的计算机管理包括物资管理、账目管理、货位管理及信息管理。入库时将货箱合理分配到各个巷道作业区,出库时按“先进先出”原则,或其他排队原则。系统可定期或不定期地打印报表,并可随时查询某一零件存放在何处。

(3)计算机控制。自动化仓库的控制主要是对堆垛起重机的控制。堆垛起重机的主要工作是入库、搬库和出库。从控制计算机得到作业命令后,屏幕上显示作业的目的地址、运行地址、移动方向和速度等,并显示伸叉方向及堆垛机的运行状态。控制系统具有货叉占位报警、取箱无货报警、存货占位报警等功能。

第四节　工业机器人

一、工业机器人概况

工业机器人是一种可编程的智能型自动化设备,是应用计算机进行控制的替代人进行工作的高度自动化系统。最近,联合国标准化组织采用的机器人的定义是:“一种可以反复编程的多功能的、用来搬运材料、零件、工具的操作机。”在无人参与的情况下,工业机器人可以自动按不同轨迹、不同运动方式完成规定动作和各种任务。机器人和机械手的主要区别是:机械手是没有自主能力,不可重复编程,只能完成定位点不变的简单的重复动作;机器人是由计算机控制的,可重复编程,能完成任意定位的复杂运动。

机器人是从初级到高级逐步完善起来的,它的发展过程可以分为三代。

第一代机器人是目前工业中大量使用的示教再现型机器人,它主要由夹持器、手臂、驱动器和控制器组成。它的控制方式比较简单,应用在线编程,即通过示教存储信息,工作时读出这些信息,向执行机构发出指令,执行机构按指令再现示教的操作。

第二代机器人是带感觉的机器人,它具有一些对外部信息进行反馈的能力,如力觉、触觉、视觉等。其控制方式较第一代机器人要复杂得多,这种机器人从1980年以来进入实用阶段。

第三代机器人是智能机器人,目前还没有一个统一和完善的智能机器人定义。国外文献中对它的解释是“可动自治装置,能理解指示命令,感知环境,识别对象,计划其操作程序以完成任务”。这个解释基本上反映了现代智能机器人的特点。近年来,智能机器人发展非常迅速,如机器人竞技、机器人探险等。

二、工业机器人的结构

工业机器人一般由主构架(手臂)、手腕、驱动系统、测量系统、控制器及传感器等组成。图8-16是工业机器人的典型结构。机器人手臂具有3个自由度(运动坐标轴),机器人作业空间由手臂运动范围决定。手腕是机器人工具(如焊枪、喷嘴、机加工刀具、夹爪)与主构架的连接机构,它具有3个自由度。驱动系统为机器人各运动部件提供力、力矩、速度、加速度。测量系统用于机器人运动部件的位移、速度和加速度的测量。控制器(RC)用于控制机器人各运动部件的位置、速度和加速度,使机器人手爪或机器人工具的中心点以给定的速度沿着给定轨迹到达目标点。通过传感器获得搬运对象和机器人本身的状态信息,如工件及其位置的识别、障碍物的识别、抓举工件的重量是否过载等。

工业机器人运动由主构架和手腕完成,主构架具有3个自由度,其运动由两种基本运动

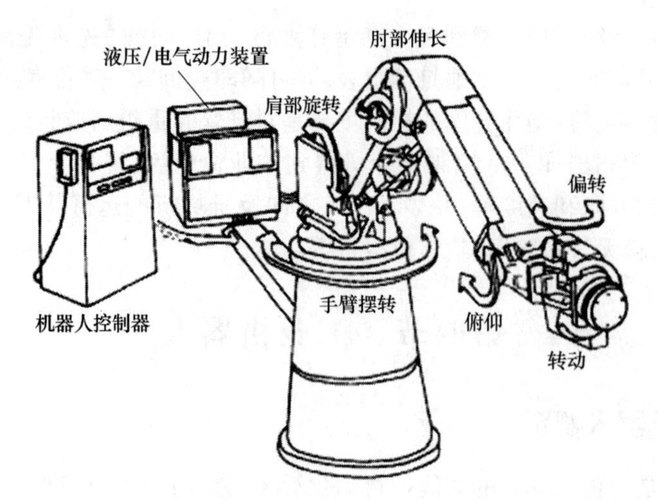

图 8-16　工业机器人的典型结构

组成:沿着坐标轴的直线移动和绕坐标轴的回转运动。不同运动的组合,形成各种类型的机器人(如图 8-17):①直角坐标型(图 8-17(a)是三个直线坐标轴);②圆柱坐标型(图 8-17(b)是两个直线坐标轴和一个回转轴);③球坐标型(图 8-17(c)是一个直线坐标轴和两个回转轴);④关节型(图 8-17(d)是三个回转轴关节和 8-17(e)是三个平面运动关节)。

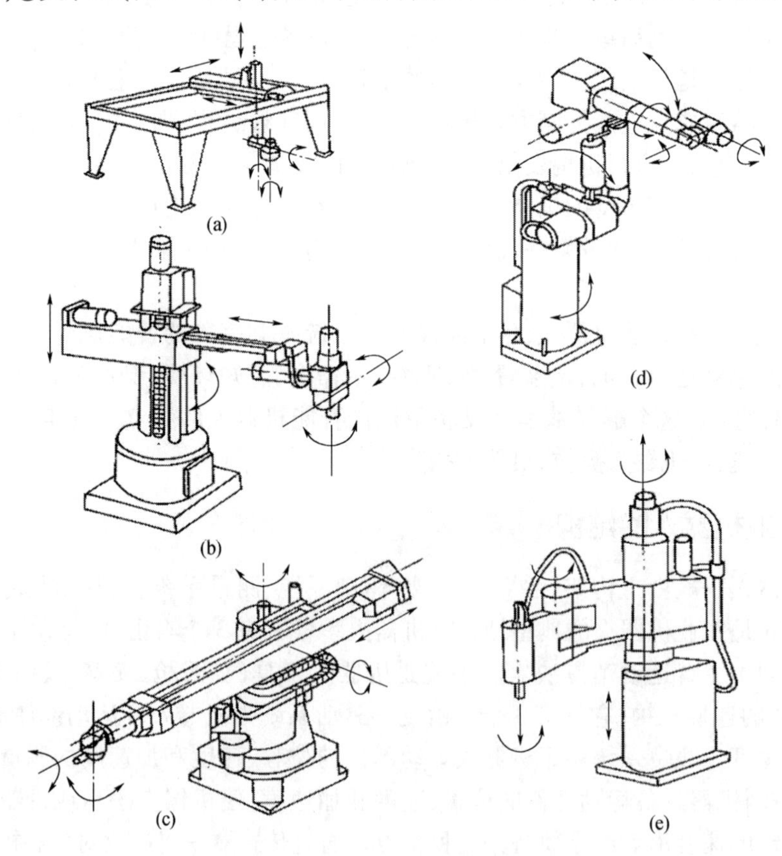

图 8-17　工业机器人的基本结构形式

(a) 直角坐标型; (b) 圆柱坐标型; (c) 球坐标型; (d) 多关节型; (e) 平面关节型。

三、工业机器人的应用

目前，工业机器人主要应用在汽车制造、机械制造、电子器件、集成电路、塑料加工等较大规模生产企业。

1. 汽车制造领域

汽车制造生产线中的点焊和喷漆工作量极大，且要求有较高的精度和质量，由于采用传送带流水作业，速度快，上下工序要求严格，所以采用焊接机器人和喷漆机器人作业可保证质量和提高效率。图 8－18 是一个喷漆机器人系统示意图。喷漆机器人的运动是采用空间轨迹运动控制方式。图 8－19 是一个焊接机器人系统的示意图。焊接机器人还分成采用点位控制的点焊机器人和轨迹控制的焊接机器人两种。

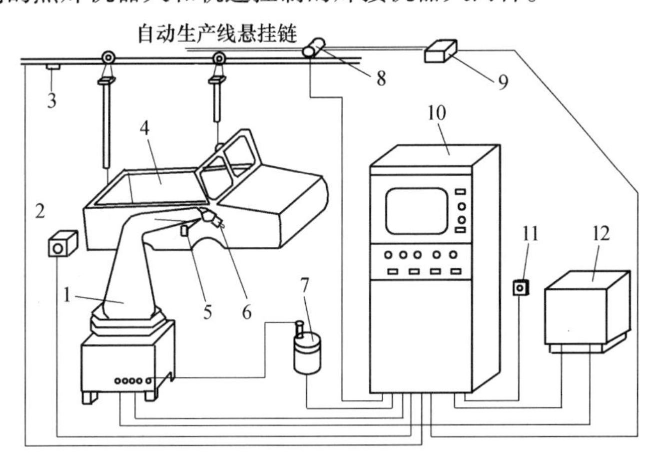

图 8－18　喷漆工业机器人系统示意图

1—操作机；2—识别装置；3—外起动；4—喷漆工件；5—示教手把；6—喷枪；
7—漆罐；8—外同步控制；9—生产线停线控制；10—控制系统；11—遥控急停开关；12—油源。

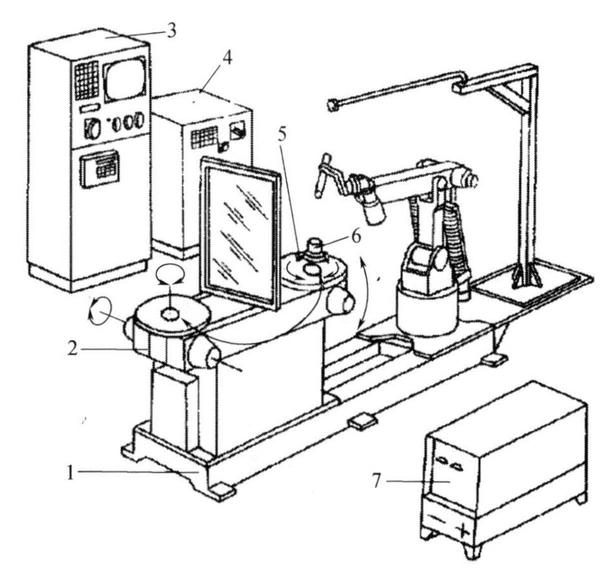

图 8－19　弧焊工业机器人系统

1—总机座；2—轴旋转换位器；3、4—控制装置；5—工件夹具；6—工件；7—焊接电源。

2. 机械制造领域

机械制造企业的柔性制造系统采用搬运机器人搬运物料、工件和工具，装配机器人完成设备的零件装配，测量机器人进行在线或离线测量。

图 8－20 所示是两台机器人用于自动装配的情况，主机器人是一台具有 3 个自由度，且带有触觉传感器的直角坐标机器人，它抓取第 1 号零件，并完成装配动作，辅助机器人仅有一个回转自由度，它抓取第 2 号零件，1 号和 2 号零件装配完成后，再由主机械手完成与 3 号零件的装配工作。

图 8－21 所示是一教学型 FMS，由一台 CNC 车床、一台 CNC 铣床、工件传送带、料仓、两台关节型机器人和控制计算机组成。两台机器人在 FMS 中服务：一台机器人服务于加工设备和传送带之间，为车床和铣床装卸工件；另一台位于传送带和料仓之间，负责上下料。

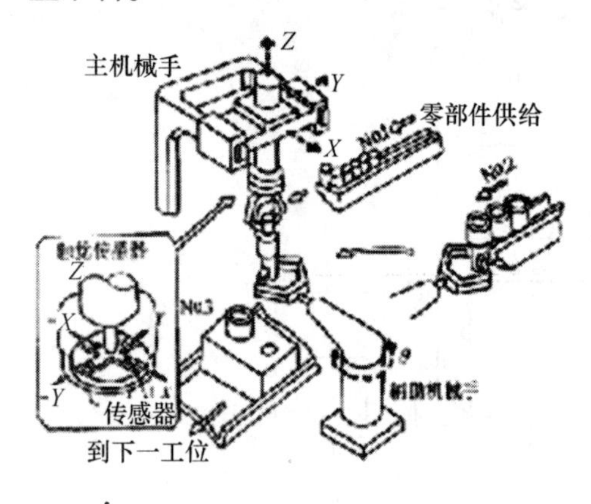

图 8－20　机器人用于零件装配

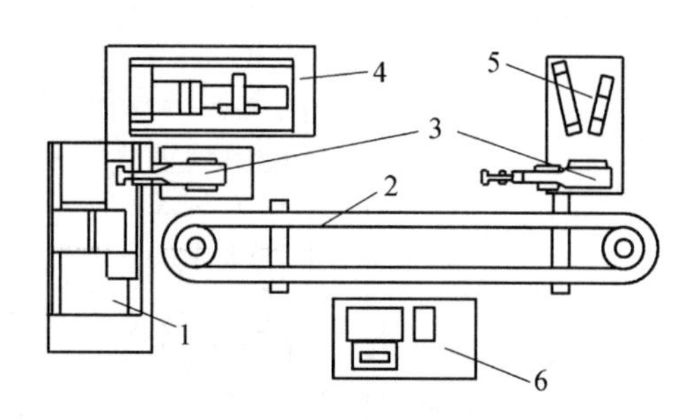

图 8－21　机器人上下料

1—CNC 铣床；2—传送带；3—机器人；4—CNC 车床；5—料仓；6—中央处理器。

在电路板生产流水线一般使用插装机器人完成器件的查找、搬运和装配，如图 8－17(e)就是插装机器人的典型结构，它主要有搬运器件的手臂的摆动和抓取插装过程的上下运动两个动作。

3. 其他领域

机器人在其他领域应用也非常广泛，如工业机器人可以取代人去处理一些如放射线、火灾、海洋、宇宙等环境的危险作业，如 2011 年 3 月 11 日，日本当地时间 14 时 46 分，日

图 8－22　用于震后搜索的机器人

本东北部海域发生里氏9.0级地震，造成日本福岛第一核电站1号~4号机组发生核泄漏事故。日本派出了机器人参与震后搜索。

第五节 检测与监控系统

一、检测与监控原理

在自动化制造系统的加工过程中，为了保证加工质量和系统的正常运行，需要对系统运行状态和加工过程进行检测与监控(图8-23)。运行状态检测监控功能主要是检测与收集自动化制造系统各基本组成部分与系统运行状态有关的信息，把这些信息处理后，传送给监控计算机，对异常情况作出相应处理，保证系统的正常运行。加工过程检测与监控功能主要是对零件加工精度的检测和加工过程中刀具的磨损和破损情况的检测与监控。

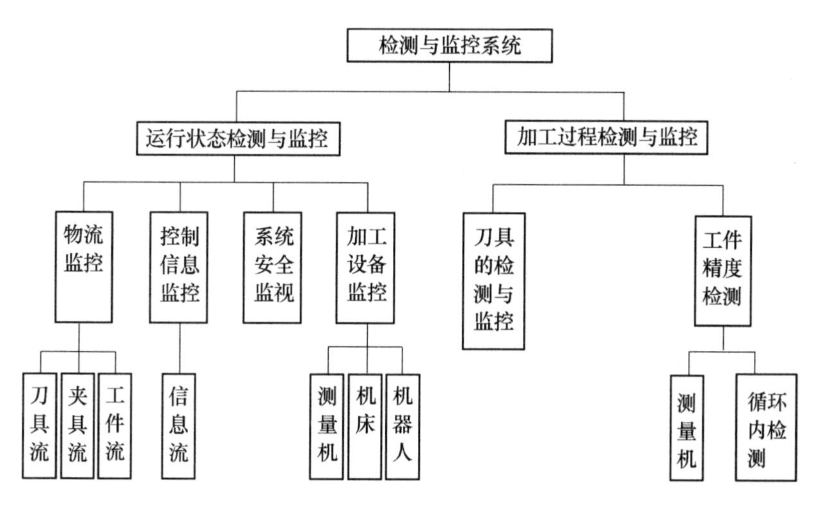

图8-23 检测监控系统的组成

1. 运行状态检测与监控

自动化制造系统中，需要检测与监控的运行状态通常包括：

(1) 刀具信息是指：①刀具是否损坏；②属于哪台机床；③刀具型号；④损坏的形式；⑤有无备用刀具；⑥是否已处理；⑦刀具使用情况统计等。

(2) 机床状态信息是指：①机床是否在正常使用；②机床主轴工作情况；③机床工作台工作情况；④换刀机构工作情况；⑤影响加工质量的振动情况；⑥主要的继电器情况；⑦停机时间等。

(3) 系统运行状态信息是指：①小车位置状态；②小车空闲情况；③托盘位置；④托盘空闲情况；⑤托盘站空闲情况；⑥工件的位置；⑦机器人工作状态；⑧清洗站是否有工件；⑨中央刀具库刀具情况等。

(4) 在线尺寸测量信息是指：①合格信息；②不合格信息(包括可返工、报废、尺寸变化趋势、工件质量综合信息等)。

(5) 系统安全情况信息是指:①电网电压情况;②火灾情况;③温度情况;④湿度情况;⑤人员情况等。

(6) 仿真信息是指:①零件的数控程序是否准确;②有无碰撞干涉情况;③仿真综合结果情况等。

2. 工件尺寸精度检测方法

工件尺寸精度是直接反映产品质量的指标,因此在许多自动化制造系统中都采用测量工件尺寸的方法来保证产品质量和系统的正常运行。

(1) 直接测量与间接测量。直接测量的测得值及其测量误差,直接反映被测对象及测量误差(如工件的尺寸大小及其测量误差)。在某些情况下,由于测量对象的结构特点或测量条件的限制,要采用直接测量有困难,只能通过测量另外一个与它有一定关系的量(如通过测量刀架位移量控制工件尺寸),即为间接测量。

(2) 接触测量和非接触测量。测量器具的量头直接与被测对象的表面接触,量头的移动量直接反映被测参数的变化,称为接触测量。量头不直接与工件接触,而是借助电磁感应、光束、气压或放射性同位素射线等强度的变化来反映被测参数的变化,称为非接触测量。由于非接触测量方式的量头不与测量对象发生磨损或产生过大的测量力,有利于在对象的运动过程中测量和提高测量精度,故在现代制造系统中,非接触测量方式的自动检测和监控方法具有明显的优越性。

(3) 在线测量和离线测量。在加工过程或加工系统运行过程中对被测对象进行检测称为在线检测或在线检验,有时还对测得的数据分析处理后,通过反馈控制系统调整加工过程以确保加工质量。如果在被测加工对象加工后脱离加工系统再进行检测,即为离线测量。离线测量的结果往往要通过人工干预,才能输入控制系统调整加工过程。在线测量又可分为工序间(循环内检测)和最终工序检测。工序间检测可实现加工精度的在线检测及实时补偿,而最终工序检测实现对产品质量的最终检验与统计分析。

3. 刀具磨损和破损的检测方法

(1) 刀具、工件尺寸及相对距离测定法。测量刀具和工件尺寸一般采用接触式测头,测头的安装方式有两种:一种是安装在机床床身上测量刀具的尺寸,称为刀具测头;一种是相当于一个特殊刀具,安装在机床主轴或刀架上测量工件的尺寸,称为工件测头。通过在线测量刀具的位移量和工件新表面的位移量确定刀具的磨损量。

(2) 放射线法。在刀刃的磨损部分渗入部分同位素,通过测量同位素的辐射量的大小来确定刀具的磨损量(或破损量)。

(3) 电阻法。其基本原理是:随着刀具磨损量的增加,刀具与工件的接触面增大,因而刀具—工件的接触电阻减少;或把一种精密的电阻材料均匀的涂在刀具的后表面上,随着磨损量的增加,电阻材料不断减少,电阻逐渐下降。

(4) 光学图象法。光学方法是利用磨损区比未磨损区具有更强的光发射能力的原理,把一束强光照射在后刀面上,根据发射光的强度来判定刀具的使用情况。

(5) 切削力法。测力仪的安装根据加工条件而定。一般情况是:在车床上将其安装在刀架或刀杆上;在铣床、钻床等机床上,则将其安装在工作台上。利用切削力监测刀具状态有多种实施方案,利用主切削力 F_X、F_Y 之比 F_X/F_Y 或 F_Y/F_X 及其变化率 $\mathrm{d}(F_Y/F_X)/\mathrm{d}t$ 综合地监测刀具的磨损和破损。此外,还可用机床的主轴扭矩和轴承力来监测刀具的切削状态。

(6) 切削温度法。测量切削温度主要有三种方法:热化学反应法、磁辐射法、热电势法。应用较多的是热电势法,它以热电偶作为测量元件,把热电偶嵌入刀具中可以测量切削温度,以监测刀具的磨损。切削温度法不适用于断续切削的情况,且不能用来监测刀具的破损。

(7) 切削功率法。磨损刀具消耗的功率比锋利刀具大,切削功率(主电机功率、进给电机功率)反映了切削力的大小。功率的测量可以采用交流互感器、直流互感器、霍耳功率计、分流分压器等。功率法的优点是信号获取简单、可靠,传感器便于安装,便于在生产中推广。但功率信号中的刀具磨损及破损信息较弱,灵敏度低。

(8) 振动法。将加速度传感器安装在机床工作台或刀架上,测量机床的振动信号,然后对其进行时域和频域分析,得出刀具的状态信息。

(9) 噪声分析法。测量并分析机床的噪声信号可以监测刀具的状态。一般说来,利用噪声信号中某一频段的能量来监测刀具状态更为有效。但此方法受环境干扰大。

(10) 声发射法。在材料发生塑性变形或破裂时,会释放出瞬时的弹性能,并以超声频率的声脉冲波强度变化形式表现出来。声发射信号的频率范围为几万赫到几十万赫,当刀具差不多破损时,声发射强度增加到正常值的 3 倍 ~7 倍。

(11) 加工表面粗糙度法。在切削过程中,当加工表面的表面粗糙度超差时,就认为刀具已不能再使用。表面粗糙度的测量,可以采用光干涉法和接触探针法。

目前,各国对刀具的磨损和破损的监测仍处于研究阶段,实用化的商品还比较少。普遍认为有发展前景的监测方法有切削力(扭矩)法、振动法、功率(电流)法和声发射法等。

二、检测与监控应用举例

例 8-1 加工中心(MC)需检测的运行状态信息

(1) 环境参数及安全检测。环境参数检测是检测加工前后及加工过程中,生产环境(包括温度、湿度、油压、电压等)是否满足加工的要求。安全检测主要指火灾、触电和生产过程中非法物进入生产环节的检测。

(2) 刀库状态检测。检测刀库中刀具位置、类别、型号是否准确。

(3) 机床负载检测。检测机床的主轴负载和进给负载,以防机床过载而损坏工件、刀具和机床系统。

(4) 换刀机构检测。检测换刀机构的动作是否正确。

(5) 交换工作台检测。检测工作台的交换动作是否完成,工作台上的工件是否夹紧。

(6) 工作台振动检测。检测加工过程中机床工作台的振动大小,它直接影响工件的质量,是机床运行状态的重要标志之一。

(7) 冷却与润滑系统检测。检测机床的冷却与润滑系统,使机床的运动部件处于良好的润滑状态,并使机床不致过热而影响加工精度。

(8) CNC/PC 系统检测。一般数控机床、加工中心的控制器均有自诊断功能,将这些功能进行集成就可以检测 CNC/PC 系统运行状态。

例 8-2 切削力法刀具磨损和破损的检测与监控切削力的变化能直接反映刀具的磨损情况,图 8-24 中Ⅰ和Ⅱ所示是切削力的变化过程,曲线Ⅰ表示的是锋利的刀具,曲线Ⅱ表示是磨钝了的刀具。切削力的差异ΔF是反映刀具实际磨损的标志。如果Ⅰ切削力突然上升或突然下降，可能预示刀具的折断。

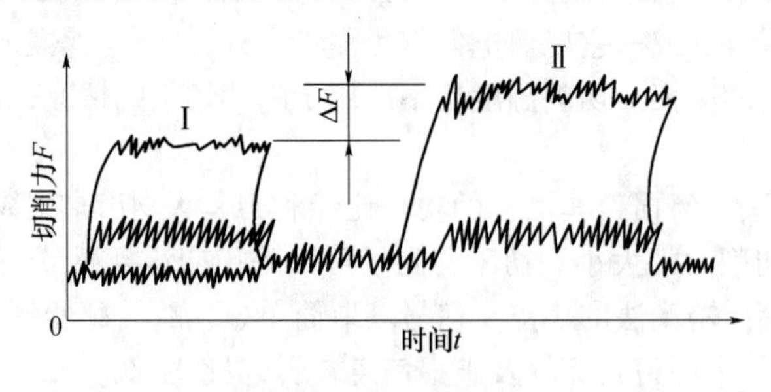

图 8-24 切削力图

图 8-25 所示为根据切削力的变化判别刀具磨损和破损的系统原理图。当刀具在切削过程中磨损时，切削力会随着增大，如果刀具崩刃或断裂，切削力会剧减。在系统中，由于工件加工余量的不均匀等因素也会引起切削力的变化，为了避免误判，取切削分力的比值和比值的变化率作为判别的特征量，即在线测量三个切削分力F_X、F_Y和F_Z的相应电信号，经放大后输入除法器，得到分力比F_X/F_Z和F_Y/F_Z，再输入微分器得到$\mathrm{d}(F_X/F_Y)/\mathrm{d}t$和$\mathrm{d}(F_Y/F_Z)/\mathrm{d}t$。将这些数据再输入相应的比较器中，与设定值进行比较。这个设定值是经过一系列试验后得出的，说明刀具尚能正常工作或已磨损或破损的阈值。当各参量超过设定值时，比较器输出高电平信号，这些信号输入由逻辑电路构成的判别器中，判别器根据输入电平值的高低可得出是否磨损或破损的结论。测力传感器（如应变片）安放在刀杆上测量效果最好，但由于刀具经常需要更换，结构上难以实现。因此，将测力传感器安放在主轴前端轴承外圈上，一方面不受换刀的影响；另一方面此处离刀具切削工件处较近，这对直接监测切削力的变化比较敏感，测量过程是连续的。这种检测方法实时性较好，具有一定的抗干扰能力，但需要通过实验确定刀具磨损及破损的阈值。

例 8-3 声发射法检测刀具

固体在产生变形或断裂时，以弹形波形释放出变形能的现象称为声放射。在金属切削过程中产生声发射信号的来源有工件的断裂、工件与刀具的摩擦、刀具的破损及工件的塑性变形等。因此，在切削过程中产生频率范围很宽的声发射信号，从几十千赫至几兆赫不等。声发射信号可分为突发型和连续型两种，突发型声发射信号在表面开裂时产生，其信号幅度较大，各声发射事件之间间隔时间较长；连续型声发射信号幅值较低，事件的频率较高，以致难以分为单独事件。

正常切削时，声发射信号是小幅值的连续信号。刀具破损时，声发射信号幅值远大于正常切削，它与刀具破损面积有关，增长幅度为 3 倍～7 倍。因此声发射信号产生阶跃突变是识别刀具破损的重要特征。图 8-26 所示为声发射钻头破损检测装置系统图。当切削加工中发生钻头破损时，安装在工作台上的声发射传感器检测到钻头破损所发出的信号，并由钻头破损检测器处理这个信号，当确认钻头已破损时，检测器发出信号，通知机床控制器发出换刀信号。钻头破损检测器由脉冲发生器和刀具破损检测电路组成。脉冲发生器具有和钻头破损时所发出的声发射波相同的声波，具有声发射波模拟功能。检测电路检测声发射的信号电平，并进行比较，具有发出钻头破损信号的功能。

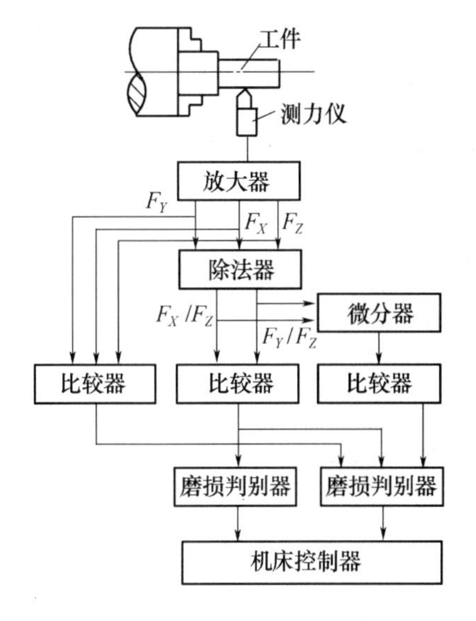

图 8－25　用切削力检测刀具状态框图

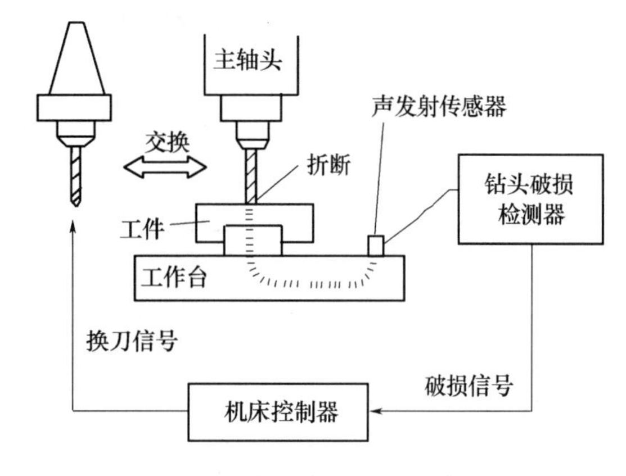

图 8－26　声发射钻头破损检测装置系统图

声发射信号受切削条件的变化影响较小，抗环境噪声和振动等随机干扰的能力较强。因此，声发射法识别刀具破损的精确度和可靠性较高，能识别出直径 1mm 的钻头或丝锥的破损，是一种很有前途的刀具破损监测方法。

三、检测设备

1. 坐标测量机（CMM）

坐标测量机（Coordinate Measuring Machine）又叫做三坐标测量机，是一种检测工件尺寸误差、形位误差以及复杂轮廓形状的自动化制造系统的基本测量设备。它可以单独使用或集成到 FMS 中，与 FMS 的加工过程紧密耦联。测量机能够按事先编制的程序（或来自 CAD/CAM 系统）实现自动测量，效率比人工高数十倍，而且可测量具有复杂曲面零件的形状精度。测量结束，还可以通过检验与检测系统送至机床的控制器，修正数控程序中的有关参数，补偿机床的加工误差，确保系统具有较高的加工精度。

（1）坐标测量机结构特点。CMM 和数控机床一样，其结构布局有立式和卧式两类，立式 CMM 有时是龙门式结构，卧式 CMM 有时是悬臂结构。两种结构形式的 CMM 都有不同的尺寸规格，从小型台式到大型落地式。图 8－27 是一悬臂式 CMM，由安放工件的工作台、立柱、三维测量头、位置伺服驱动系统、计算机控制装置等组成。CMM 的工作台、导轨、横梁多用高质量的花岗岩组成。花岗岩的热稳定性和尺寸稳定性好，强度、刚度和表面性能高，结构完整性好，校准周期长（两次校准的日期间隔）。CMM 的安装地基采用实心钢筋混凝土，要求抗振性能好。许多 CMM 能自动保持水平，采用抗振气压系统，有效地减少机械振动和冲击。因此在一般情况下，CMM 要求控制周围环境，它的测量精度及可靠性与周围环境的稳定性有关，CMM 必须安装在恒温环境中，防止敞露的表面和关键部件受污染。随着温度、湿度变化自动补偿及防止污染等技术的广泛应用，CMM 的性能已能适应车间工作环境。

CMM 测量头的精度非常高，其形式也有很多种，以适应测量工作的需要。有些测量

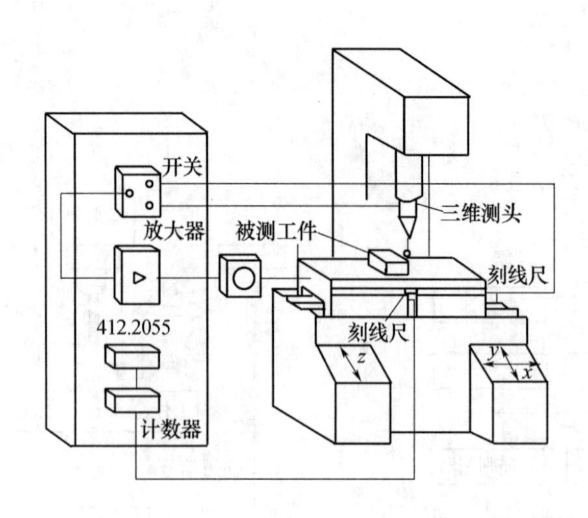

图 8-27　悬臂式坐标测量机

头是接触式的，测量头触针连接在开关上，当触针偏转时，开关闭合，有电流通过。CMM控制系统中有软件连续扫描测量头的输入，当检测出开关闭合时，系统采集 CMM 各坐标轴位置寄存器的当前值。测量精度与开关的可重复性、位置寄存器中的数值精确度和采集位置寄存器数值的速度有关。有些测量头能自动重新校准，有一种电动测量头可以连续测量复杂的形状，如工件内部型腔表面。

（2）坐标测量机的工作原理。CMM 和数控机床一样，其工作过程由事先编制好的程序控制，各坐标轴的运动也和数控机床一样，由数控装置发出移动脉冲，经位置伺服进给系统驱动移动部件运动，位置检测装置（旋转变压器、感应同步器、角度编码器、光栅尺、磁栅尺等）检测移动部件实际位置。当测量头接触工件测量表面时产生信号，读取各坐标轴位置寄存值，经数据处理后得出测量结果。CMM 将测量结果与事先输入的制造允差进行比较，并把信号回送到 FMS 单元计算机或 CMM 计算机。CMM 计算机通常与 FMS 单元计算机联网，上载和下载测量数据和 CMM 零件测量程序。

2. 利用数控机床进行测量

三坐标测量机的测量精度很高，但它对地基和工作环境的要求也很高，它的安装必须远离机床。如果零件的检测需要在几个不同的阶段进行，零件就需要反复搬运几次，对于质量控制要求不是特别精确的零件，显然是不经济的。由于数控机床和 CMM 在工作原理上没有本质区别，且三坐标测量机上用的三维测头的柄部结构与刀杆一样，因此可将其直接安装在机床（如加工中心）上。需要检测工件时将测量头安装在机床主轴或刀架上，测量工作原理与 CMM 相同；测量完成再由换刀机械手放入刀库。为了保证测试精度和保护测试头，工件在数控机床上加工结束后，必须经高压冷却液冲洗，并用压缩空气吹干后方可以进行检验测量。另外、数控机床用于测试，必须为数控机床配置专门外围设备，如各种测量头和统计分析处理软件等。

在数控机床上进行测量有如下特点：①不需要昂贵的 CMM，然而损失机床的切削加工时间；②可以针对尺寸偏差自动进行机床及刀具补偿，加工精度高；③不需要工件来回运输和等待。

3. 测量机器人

随着工业机器人的发展,机器人在测量中的应用也越来越受到重视。机器人测量具有在线、灵活、高效等特点,可以实现对零件 100% 的测量。因此,特别适合于自动化制造系统中的工序间和过程测量。同坐标测量机相比,机器人测量造价低,使用灵活且易入线。

机器人测量分直接测量和间接测量,直接测量称为绝对测量,是由机器人参与测试和数据处理,它要求机器人具有较高的运动精度和定位精度,因此造价也较高。间接测量也称辅助测量,特点是在测量过程中机器人坐标运动不参与测量过程,它的任务是模拟人的动作将测量工具或传感器送至测量位置,由测量仪器完成测试和数据传输过程。间接测量对传感器和测量装置要求较高,由于允许机器人在测量过程中存在运动或定位误差,因此,传感器或测量仪器应具有一定的智能和柔性,能进行姿态和位置调整并独立完成测量工作。

测量机器人可以是一般的通用工业机器人,如在车削自动线上,机器人可以在完成上下料工作后进行测量,而不必为测量专门设置一个机器人,使机器人在线具有多种用途。

由于机器人测量具有在线、灵活、高效等特点,特别适合于 FMS 中工序间和过程测量,在 FMS 中已得到广泛的应用。

4. 专用的主动测量装置

在大规模生产条件下,常将专用的自动检测装置安装在机床上,不必停机,就可以在加工过程中自动检测工件尺寸的变化,并能根据测得的结果发出相应的信号,控制机床的加工过程(如变换切削用量、刀具补偿、停止进给、退刀和停机等)。图 8 - 28 所示为磨床上工件外径自动测量及反馈控制装置的原理图。在磨床加工的同时,自动测量头对工件进行测量,将测得的工件尺寸变化量经信号转换和放大器,转换成相应的电信号,经放大后,返回机床控制系统,通过执行机构控制加工过程。

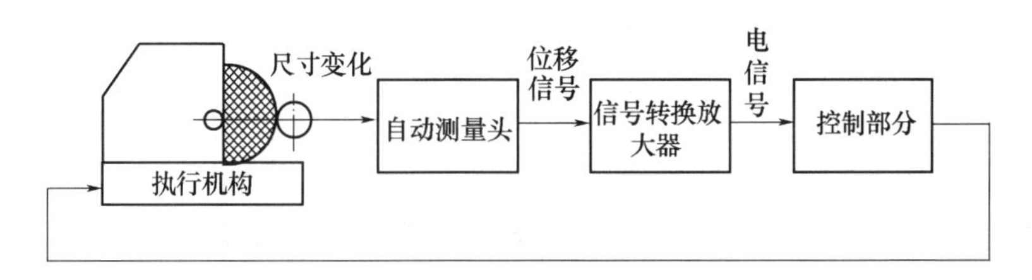

图 8 - 28　磨床上工件外径自动测量原理

第六节　辅 助 设 备

零件的清洗、去毛刺、切屑和冷却液的处理是制造过程中不可缺少的工序。零件在检验、存储和装配前必须要清洗及去毛刺;切屑必须随时被排除、运走并回收利用;冷却液的回收、净化和再利用,可以减少污染,保护工作环境。有些 FMS 集成有清洗站和去毛刺设备,实现清洗及去毛刺自动化。

一、清洗站

清洗机有许多种类、规格和结构，但是一般按其工作是否连续分为间歇式（批处理式）和连续通过式（流水线式），批处理式清洗站用于清洗质量和体积较大的零件，属中小批量清洗，流水线式清洗机用于零件通过量大的场合。

批处理式清洗机有倾斜封闭式清洗机、工件摇摆式清洗机和机器人式清洗机。机器人式清洗机是用机器人操作喷头，工件固定不动。有些大型批处理式清洗站内部有悬挂式环形有轨车，工件托盘安放在环形有轨车上，绕环形轨道作闭环运行。流水线式清洗站用辊子传送带运送工件，零件从清洗站的一端送人，零件在通过清洗站的过程中被清洗，在清洗站的另一端送出。再通过传送带与托盘交接机构相连接，进入零件装卸区。

清洗机有高压喷嘴，喷嘴的大小、安装位置和方向考虑到零件的清洗部位，保证零件的内部和难清洗的部位均能清洗干净。为了彻底冲洗夹具和托盘上的切屑，清洗液应有足够大的流量和压力。高压清洗液能粉碎结团的杂渣和油脂，能很好地清洗工件、夹具和托盘。对清洗过的工件进行检查时，要特别注意不通孔和凹处是否清洗干净。确定工件的安装位置和方向时，应考虑到最有效清洗和清洗液的排出。

吹风是清洗站重要的工序之一，它缩短干燥时间，防止清洗液外流到其他机械设备或 FMS 的其他区域，保持工作区的洁净。有些清洗站采用循环对流的热空气吹干，空气用煤气、蒸汽或电加热，以便快速吹干工件，防止生锈。

批处理式清洗站的切屑和冷却液往往直接排入 FMS 的集中冷却液与切屑处理系统，冷却液最后回到中央冷却液存储箱中。流水线式清洗站一般有自备的冷却液（或清洗液）存储箱，用于回收切屑，循环利用冷却液（或清洗液）。

清洗机可以说是污物、杂渣收集器。筛网和折流板用于过滤金属粉末、杂渣、油泥和其他杂质，必须定期对其进行清洗。油泥输送装置通过一个斜坡将废物送入油泥沉淀箱，沉淀后清除废物，液体流回中央存储箱。存储箱的定时清理非常重要，购买清洗设备时，必须考虑中央存储箱的检修和便于清洗。

在 FMS 中，清洗站接受主计算机或单元控制器下达的指令，由可编程序控制器执行这些指令。批处理式清洗站的操作过程如下：

（1）将工件托盘送到清洗站前。

（2）打开进入清洗站的门，将托盘送入清洗工作区，并将其固定在有轨吊车上，关闭站门。

（3）托盘随吊车绕轨道运行时，高压、大流量冷却液从喷嘴喷向工件托盘，使切屑、污物、油脂等落入排污系统。

（4）冲洗一定时间后，冷却液关闭，开始吹热空气进行干燥。

（5）吹风干燥一段时间后，有轨吊车返回其初始位置。

（6）从有轨吊车上取下工件托盘，打开清洗站大门，运走工件托盘。

有些 FMS 不使用专门的清洗设备，切削加工结束后，在机床加工区用高压冷却液冲洗工件和夹具，用压缩空气通过主轴孔吹去残留的冷却液。这种方法节省清洗站的投资、零件搬运和等待时间，但零件清洗占用机床切削加工时间。

二、去毛刺设备

以前去毛刺一直是由手工进行的，是重复的、繁重的体力劳动。最近几年出现了多种去毛刺的新方法，可以减轻人的体力劳动，实现去毛刺自动化。最常用的方法有机械的、振动的、热能的、电化学的方法等。

1. 机械法去毛刺

机械法去毛刺包括在 FMS 中使用工业机器人，机器人手持钢丝刷或砂轮打磨毛刺。打磨工具安放在工具存储架上，根据不同零件和去毛刺的需要，机器人可自动更换打磨工具。在很多情况下，通用机器人不是理想的去毛刺设备，因为机器人关节臂的刚度和精度不够，而且许多零件要求对其不同的部位采用不同的去毛刺方法。

2. 振动法去毛刺

振动法去毛刺机适用于清除小型回转体或棱体零件的毛刺，零件分批装入一个筒状的大容器罐内，用陶瓷卵石作为介质，卵石大小因零件类型、尺寸和材料而异。盛有零件的容器罐快速往复振动，在陶瓷介质中搅拌零件，去毛刺和氧化皮。振动强烈程度可以改变，猛烈地搅拌用于恶劣型毛刺，柔缓地搅拌用于精密零件的打磨和研磨。

3. 热能法去毛刺

热能法去毛刺用高温去毛刺和飞边，将待处理的零件装入一个小密闭室里，充满压缩易燃气体和氧气的混合物，将零件及其周边的毛刺、毛边完全包围，无论是外部、内部或盲孔都浸入混合气体中。用火星将煤气混合物点燃，产生猛烈的热爆炸，毛刺或飞边燃烧成火焰，立刻被氧化并转化为粉末，前后经历时间为 25s ~ 30s，然后用溶剂清洗零件。

热能法去毛刺的优点是能极好地除去零件所有表面上的多余材料，即使是不易触及的内部凹入部位和孔相贯部位也不例外。热能法去毛刺适用零件范围宽，包括各种黑色金属和有色金属。

4. 电化学法去毛刺

电化学法去毛刺通过电化学反应将工件上的材料溶解到电解液中，对工件去毛刺或成形。与工件型腔形状相同的电极工具作为负极，工件作为正极，直流电流通过电解液、电极工具进入工件时，工件材料超前电极工具被溶解。通过调节电流来控制去毛刺和倒棱，材料去除率与电流大小有关。

电化学法去毛刺的过程慢，优点是电极工具不接触工件，无磨损，去毛刺过程中不产生热量，因此不引起工件热变形和机械变形。因而，高硬度材料非常适合用电化学法。

三、切屑和冷却液的处理

在自动化制造系统中，对切屑的排除、运输和冷却液的净化、循环利用非常重要，这对环境保护、节省费用、增加废物利用价值有重要意义，许多 FMS 装备有切屑排除、集中输送和冷却液集中供给及处理系统。

切屑的处理包括三个方面的内容：①把切屑从加工区域清除出去；②把切屑输送到系统以外；③把切屑从冷却液中分离出去。

1. 切屑排除

从加工区域清除切屑有下列几种方法。

(1) 靠重力或刀具回转离心力将切屑甩出，靠切屑的自重落到机床下面的切屑输送带上。床身结构应易于排屑，例如倾斜床身或将机床安置在倾斜的基座上，并利用切屑挡板或保护板使加工空间完全密闭，防止切屑飞散，使之容易聚集和便于清除，同时也使环境安全、整洁。

(2) 用大流量冷却液冲洗加工部位，将切屑冲走，然后用过滤器把切屑从冷却液中分离出来。

(3) 采用压缩空气吹屑。

(4) 采用真空吸屑，此方法最适合于干式磨削工序和铸铁等脆性材料在加工时形成的粉末状切屑，在每一加工工位附近，安装与主吸管相通的真空吸管。

2. 切屑输送

切屑集中输送机一般设置在机床底座下的地沟中，从加工区域排出来的切屑和冷却液直接落入地沟，由切屑输送机运出系统外。切屑输送机有机械式、流体式和空压式，机械式应用范围广，适合于各种类型的切屑。机械式排屑机有多种类型，其中以平板链式、刮板式和螺旋式切屑输送机较为常见。

(1) 平板链式切屑输送机。图 8-29 所示为平板链式切屑输送机，以滚轮链轮牵引的钢质平板链带在封密箱中运转，加工中的切屑落到链带上被带出机床，由 AGV 将切屑仓斗运送到切屑收集区，将切屑压制成块，以便运走。这种切屑输送机一般为每台机床配置一台，在车削类机床上使用时，多与机床冷却液箱合为一体，以简化机床结构。

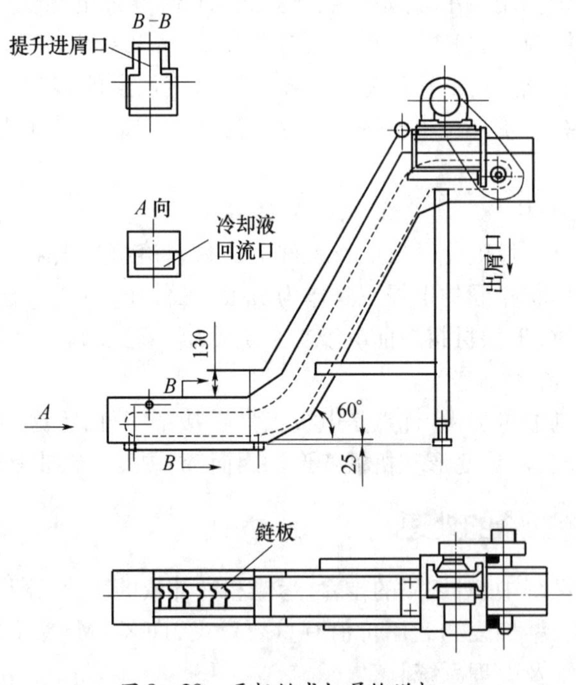

图 8-29　平板链式切屑输送机

(2)刮板式切屑输送机 图 8-30 所示为敷设在地沟内的刮板式切屑输送机，封闭式链条 3 装在两个链轮 5 和 6 上。焊在链条两侧的刮板 2 将地沟中的切屑和冷却液刮到地下储液池中，提升机将切屑提起倒入运输车中运走。下面的链条用纵贯全线的支撑 1 托着，使刮板不与槽底接触。为了不使上边的链条下垂，用上支撑4托住。主动轮要根据刮屑方向确定，保证链条下边是紧边。

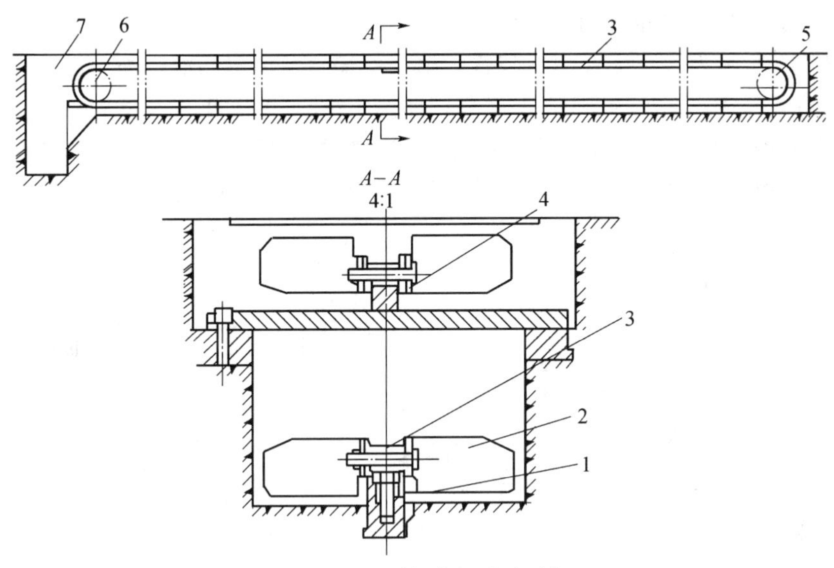

图8-30 刮板式切屑输送机

1—支撑；2—刮板；3—链条；4—上支撑；5、6—链轮；7—储液池。

双输送沟槽用于黑色和有色切屑的分类输送，沟槽中的切屑分路挡板控制黑色或有色切屑分别进入其收集仓斗，避免不同切屑混合在一起，从而增加废料的使用价值。

（3）螺旋式切屑输送机。图8-31所示为螺旋式切屑输送机，电机经减速装置驱动安装在排屑槽中的螺旋杆。螺杆转动时，槽中的切屑由螺旋杆推动连续向前运动，最终排入切屑收集箱内。螺旋杆有两种形式：一种是用扁型钢条卷成螺旋弹簧状；另一种是在轴上焊接紧密贴合的螺旋片。螺旋式切屑输送长度可调节，螺杆可一节一节地连接起来，常在一台机床上设置一台，或几台机床设置一台，也可贯穿全线。螺旋式切屑输送机结构简单，占据空间小，排屑性能良好，但只适合于水平或小角度倾斜直线方向排屑，不能大角度倾斜、提升或转向排屑。

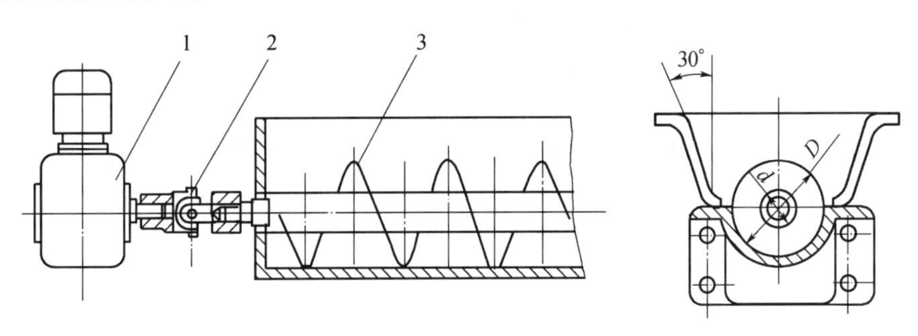

图8-31 螺旋式切屑输送机

1—减速器；2—万向接头；3—螺旋。

3. 切屑分离

（1）将切屑连同冷却液一起排送到冷却站。通过孔板或漏网时，冷却液漏入沉淀池中，通过迷宫式隔板及过滤器进一步清除悬浮杂物后被泵重新送入压力主管路。留在孔板上的切屑可用刮板式排屑、输屑装置将其排出和集中。

(2) 切屑和冷却液一起直接送入沉淀池,然后用输屑装置将切屑运出池外,这种方法适用于冷却液冲洗切屑的自动排屑场合。

图 8-32 所示为带刮板式输屑装置的单独冷却站。切屑和冷却液一起沿着斜槽 2 进入沉淀池的接受室。在沉淀池内,大部分切屑向下沉淀,顺着挡板 6 落到刮板式输屑装置 1 上,随即将切屑排出池外。冷却液流入液室 7,再通过两层网状隔板 5 进入液室 8。已经净化的冷却液可由泵 3 通过吸管 4 送入压力管路,以供再次使用。

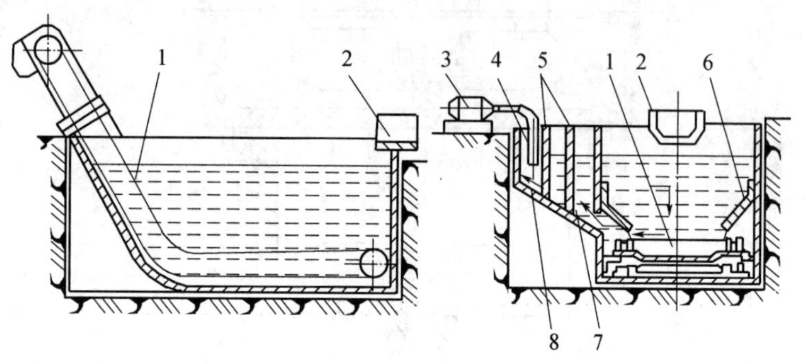

图 8-32 带刮板式输屑装置的单独冷却站

1—输屑装置; 2—斜槽; 3—泵; 4—吸管; 5—隔板; 6—挡板; 7、8—液室。

对于极细碎的切屑或磨屑的处理,一般在冷却站内采用电磁带式输屑装置,将碎屑或粉屑吸在皮带上排送池外。从浮化池中分离出细的铝屑是很困难的,因为它们不容易沉淀,可使用专门的纸质或布质的过滤器、纸带或布带不断地从一个滚筒缠到另一个滚筒上,从而将沉淀在带表面上的屑末不断地清除掉。

思考题

1. 柔性制造系统和柔性制造单元的本质区别是什么?
2. 简述加工中心和组合机床在零件制造方面的共同点和区别。
3. 请分析加工中心和数控车床所适宜加工零件的特征。
4. 请分析数控车床和车削中心在工作原理方面的差别。
5. 请用机电一体化系统五大组成要素的观点分析数控机床和机器人的要素组成。

参考文献

[1] 吕强,李锐,李学生. 机电一体化原理及应用. 北京:国防工业出版社,2010.
[2] 舒志兵, 曾孟雄, 卜云峰. 机电一体化系统设计与应用. 北京:电子工业出版社,2007.
[3] 梁景凯, 盖玉先. 机电一体化技术与系统. 北京: 机械工业出版社,2007.
[4] 姜培刚, 盖玉先. 机电一体化系统设计. 北京: 机械工业出版社,2003.
[5] 黄筱调,赵松年. 机电一体化技术基础及应用. 北京:机械工业出版社,2003.
[6] 刘政华. 机械电子学. 长沙:国防科技大学出版社,1999.
[7] 魏天路. 机电一体化系统设计. 北京:机械工业出版社,2006.
[8] 张建民. 机电一体化系统设计. 北京:北京理工大学出版社,1996.
[9] 魏俊民. 机电一体化系统设计. 北京:中国纺织出版社,1998.
[10] 张 瑜. 机电一体化技术. 北京:机械工业出版社,1987.
[11] 张立勋. 机电一体化电气系统设计. 哈尔滨:哈尔滨工程大学出版社,2008.
[12] 李成华,杨世凤,袁洪印. 机电一体化技术. 第 2 版. 北京:中国农业大学出版社,2008.
[13] 朱喜林,张代治. 机电一体化设计基础 . 北京:科学出版社, 2004.
[14] 徐丽明. 生物生产机器人. 北京:中国农业大学出版社,2009.
[15] 林宋,郭瑜茹. 光机电一体化技术应用 100 例. 北京:机械工业出版社,2010.
[16] 裘愉发,吕波. 喷水织机原理与使用. 北京:中国纺织出版社,2008.
[17] 刘胜利. 矿山机械. 北京:煤炭工业出版社,2011.
[18] 王春行. 液压伺服控制系统. 北京: 机械工业出版社, 1982.
[19] 魏余芳. 微机数控系统设计. 成都: 西南交通大学出版社, 1996.
[20] 王维平. 现代电力电子技术及应用. 南京: 东南大学出版社, 2001.
[21] 张桂香, 王辉, 计算机控制技术. 成都: 电子科技大学出版社, 1999.
[22] 金钰, 胡祐德. 伺服系统设计. 北京: 北京理工大学出版社, 2000.
[23] 李玉琳. 液压元件与系统设计. 北京: 北京航空航天大学出版社, 1991.
[24] 陈愈等. 液压阀. 北京: 中国铁道出版社, 1983.
[25] 张华光. 模糊自适应控制理论及其应用. 北京: 北京航空航天大学出版社,2011.
[26] 朱晓春. 数控技术. 北京: 机械工业出版社, 2002.
[27] 朱龙根. 机械系统设计. 北京: 机械工业出版社, 2001.
[28] 何立民. 单片机应用系统设计. 北京: 北京航空航天大学出版社,2011.
[29] 黄越平, 徐进进. 自动化机构设计构思实用图例 . 北京:中国铁道社, 1993.
[30] 雷天觉. 液压工程手册. 北京: 机械工业出版社, 1990.
[31] 庄心复. 电磁元件. 北京: 航空工业出版社, 1989.
[32] 秦忆. 现代交流伺服系统. 武汉: 华中理工大学出版社, 1995.
[33] 吕俊芳. 传感器与检测仪器电路. 北京: 北京航空航天大学出版社,2011.
[34] 吴启迪, 严隽薇, 张浩. 柔性制造自动化的原理与实践. 北京: 清华大学出版社, 1997.
[35] 白英彩, 唐冶文. 计算机集成制造系统——CIMS 概论. 北京: 清华大学出版社, 1997.
[36] 钟约先, 林亨. 机械系统计算机控制 . 北京: 清华大学出版社, 2008.
[37] 曾芬芳, 景旭文. 智能制造概论 . 北京: 清华大学出版社, 2001.
[38] 邹慧君. 机械系统概念设计. 北京: 机械工业出版社, 2003.
[39] 林述温. 机电装备设计. 北京: 机械工业出版社, 2002.

[40] 张海根. 机电传动控制. 北京：高等教育出版社，2001.
[41] 范宁军. 光机电一体化系统设计. 北京:机械工业出版社,2010.
[42] 俞竹青. 机电一体化系统设计. 北京:电子工业出版社，2011.
[43] 冈本嗣男. 生物农业智能机器人. 北京:科学技术文献出版社,1994.
[44] 王天然. 机器人. 北京:化学工业出版社,2002.
[45] 孙迪生,王炎. 机器人控制技术. 北京:机械工业出版社,1998.
[46] 马香峰. 工业机器人的操作际设计. 北京:冶金工业出版社,1996.
[47] 高森年. 机电一体化. 北京:科学出版社,2001.
[48] 三浦宏文. 机电一体化实用手册. 北京:科学出版社,2001.
[49] 王孙安,等. 机械电子工程. 北京:科学出版社,2003.
[50] 梁景凯. 机电一体化技术与系统. 北京:机械工业出版社,2002.
[51] 杨平,廉仲. 机械电子工程设计. 北京:国防工业出版社,2001.
[52] 杨汝清. 现代机械设计. 上海:上海科学技术文献出版社,2000.
[53] 张立彬,计时鸣,等. 农业机器人的主要应用领域和关键技术. 浙江工业大学学报，2002,30(1):36 - 41.
[54] 赵匀,武传宇,等. 农业机器人的研究进展及存在的问题. 农业工程学报,2003,19(1):20 - 24.
[55] 方沂. 数控机床编程与操作. 北京:国防工业出版社,1999.
[56] 杨有君. 数字控制技术与数控机床. 北京:机械工业出版社,1999.
[57] 王侃夫. 机床数控技术基础. 北京:机械工业出版社,2001.
[58] 张伯霖,杨庆东,陈长年. 高速切削技术及应用. 北京:机械工业出版社,2002.
[59] 艾兴. 高速切削加工技术. 北京:国防工业出版社,2003.
[60] 郭力,李波. 机床高速电主轴的原理与应用. 磨床与磨削,2000(4):44 - 47.
[61] 孟彬,杜世昌,王乾廷. 高速电主轴技术的研究. 电气技术与自动化,2003(1):56 - 58.
[62] 张国雄. 三坐标测量机. 天津:天津大学出版社,1999.
[63]《航空制造工程手册》总编委会. 航空制造工程手册——工艺检测. 北京:航空工业出版社,1993.
[64] 花国梁. 精密测量技术. 北京:中国计量出版社,1990.
[65] 花国梁. 精密测量技术. 北京:清华大学出版社,1986.
[66] 杨桂珍. 三维测量技术实验指导书. 南京:南航机电学院中心实验室,2002.
[67] 余志生. 汽车理论. 北京:机械工业出版社,2000.
[68] Mitschke M. Dynamik der Kraftfahrzeug，Band A，Antrieb und Bremsung. Berlin：Springer - Verlag，1982.
[69] Burckhardt，M. Radschlupf - Regelsystem. Würzburg：Vogel Buchverlag，1993.
[70] 程军. 汽车防抱死制动系统的理论与实践. 北京:北京理工大学出版社,1999.
[71] 孟宗,崔艳萍. 现代汽车防抱死制动系统和驱动力控制系统. 北京:北京理工大学出版社,1997.
[72] 皇鉴,范明强. 现代汽车电子技术与装置. 北京:北京理工大学出版社,1999.
[73] 付百学. 汽车电子控制技术(下册). 北京:机械工业出版社,2000.
[74] 陈昌巨,等. 汽车 ABS 的控制方法研究. 武汉理工大学学报·信息与管理工程版,2003(1):72 - 74.
[75] 蔡象元. 现代蔬菜温室设施和管理. 上海:上海科学技术出版社,2000.
[76] 崔引安. 农业生物环境工程. 北京:中国农业出版社,1994 .
[77] 白广存,等. 计算机在农业生物环境测控与管理中的应用. 北京:清华大学出版社,1998.
[78] 徐昶昕. 农业生物环境控制. 北京:中国农业出版社,1994.
[79] 罗锡文. 农业机械化生产学(下册). 北京:中国农业出版社,2002.